J. C. POGGENDORFF

Biographisch-literarisches Handwörterbuch
der exakten Naturwissenschaften

J. C. POGGENDORFF

BIOGRAPHISCH-LITERARISCHES HANDWÖRTERBUCH DER EXAKTEN NATURWISSENSCHAFTEN

Unter Mitwirkung der Akademien der Wissenschaften zu Berlin, Göttingen, Heidelberg, München und Wien

herausgegeben von der

Sächsischen Akademie der Wissenschaften zu Leipzig

Redigiert von

PROF. DR. RUDOLPH ZAUNICK

und PROF. DR. HANS SALIÉ

BAND VIIa · TEIL 1: A—E

Berichtsjahre 1932 bis 1953

1956

AKADEMIE-VERLAG · BERLIN W 8

Erschienen im Akademie-Verlag GmbH, Berlin W 8, Mohrenstraße 39
Lizenznummer 202 100/104/55
Satz und Druck: (III/18/203) VEB Leipziger Druckhaus, Leipzig
Bestell- und Verlagsnummer 3013/I
Printed in Germany

Vorwort

Der erste erscheinende Fortsetzungsband des „Poggendorff" drängt die beiden Bearbeiter dazu, über die das Werk beeinflussenden Ereignisse seit 1940 und über die Technik ihrer Arbeit zu berichten.

HANS STOBBE, der Redaktor des Bandes VI, war am 3. April 1938 verschieden. Seit dieser Zeit war die Redaktion verwaist; trotzdem gelang die Drucklegung von Teil 3 und 4. Die teilweise Zerbombung der Leipziger Universitätsbibliothek im April 1945 hatte die Adressenkarteien, Titelsammlungen und alles Sonstige unbrauchbar gemacht und von dieser Zeit an jede Redaktionsarbeit stillgelegt. Nach der Wiedereröffnung der Sächsischen Akademie der Wissenschaften zu Leipzig schritt dessen Präsidium zur Neuerrichtung der Poggendorff-Redaktion, die uns am 1. August 1949 übertragen wurde.

Wir standen damals vor dem Nichts. Es mußte zunächst eine neue Personenkartei der alten und der neuaufzunehmenden „Poggendörffler" angelegt, sodann unter erschwerten Bibliotheksverhältnissen das biobibliographische Material für die Berichtsjahre ab 1932 gesammelt werden. Früher war dies so geschehen, daß laufend über 3500 Zeitschriften nach ihren für den „Poggendorff" wesentlichen Abhandlungen verzettelt wurden. Diese „horizontale" Dauerarbeit mußte notgedrungen durch eine „vertikale" Schnelldokumentation ersetzt werden, d. h., es mußte für die alten Poggendörffler des Bandes VI einzeln das biographisch-literarische Material seit 1932 zusammengesucht werden, ebenso die zur Neuaufnahme kommenden Autoren, die wir aus den Personal- und Vorlesungsverzeichnissen der Hochschulen, aus Mitgliederlisten der wiederanlaufenden Fachgesellschaften und auf Grund eines umfangreichen Briefwechsels auswählten.

Um das Jahr 1950 lagen die Beziehungen Deutschlands zum Ausland noch sehr im argen. Wir konnten also – um möglichst schnell etwas Druckreifes zu schaffen – zunächst noch nicht die globale Tendenz des „Poggendorff" verfolgen. Wir beschränkten uns daher einstweilen auf die Gelehrten Deutschlands, Österreichs und der Schweiz, eingeschlossen die von hier Emigrierten. Daß aber die globale Tendenz nicht aufgegeben ist, sondern daß in dem folgenden Band VIIb die übrigen Länder erfaßt werden sollen, dies sei nachdrücklichst betont. Im übrigen wird gerade die Fachwelt der nicht-deutschsprachigen Länder den Inhalt des Bandes VIIa begrüßen; denn auch diese Länder waren von 1939 an von der deutschen gelehrten Literatur abgeschlossen, wie Deutschland von der ihrigen.

Aber auch schon die vorläufige Beschränkung auf Deutschland, Österreich und die Schweiz stellte die Redaktion vor eine beträchtliche Arbeit. Gerade die deutsche Gelehrtenwelt hatte seit 1933 Veränderungen erfahren und Verluste erlitten wie nie zuvor. Einwohnermeldeamts- und Standesamtskarteien waren vor und im Jahre 1945 verlorengegangen, desgleichen Universitäts- und Fakultätsregistraturen, wie auch Personalarchive großer Firmen. Systematische Nachfragen nach dem Verbleib alter Poggendörffler waren und blieben leider oft vergeblich.

Nach der Aufstellung einer neuen Personenkartei gingen wir im Frühjahr 1951 an die Versendung eines Fragebogens. Durch beigedruckte Musterbeispiele wollte er dem Befragten die Ausfüllung erleichtern, hat aber vielleicht durch seine Ausführlichkeit auch manchen abgeschreckt. Immerhin wurden seinerzeit doch rund 70% der Fragebogen beantwortet. Auch bei „Kürschners Deutschem Gelehrten-

Kalender“ (7. Ausg. 1950; 8. Ausg. 1954) – mit dem stets enge Verbindung gehalten wurde – war diese Quote nicht wesentlich günstiger als bei uns; schrieb doch Gerhard Oestreich im Vorwort (1954), daß die „Fragebogenmoral ständig sinkt“.

Das durch die Fragebogen hereingekommene literarische Material mußte zu einem guten Teil erst an den Originalien verifiziert und verbessert werden, denn viele Autoren verstehen es nicht, selbst ihr eigenes Druckwerk lege artis aufzuführen. Auch die den Nekrologen angefügten „Schriftenverzeichnisse“ bedurften oft erst mühevoller Überarbeitung.

Auf Grund des redigierten Fragebogenmaterials und auf Grund „vertikal“ durchgeführter systematischer Sammelarbeit aus Zentralblättern, Fachschriften-, Hochschulschriften- und Zeitschriftenbibliographien, Fortschrittsberichten, Sammelwerken, Handbüchern, Festschriften usw. wurden die für den Druck bestimmten einzelnen Biobibliographien mit Maschine geschrieben und sodann zur Korrektur und Ergänzung an die Autoren oder bei Verstorbenen an deren Hinterbliebene, Freunde und Amtsnachfolger geschickt. Die Objektivität unserer Biobibliographien bewog daraufhin noch viele Autoren, die den Fragebogen unbeantwortet gelassen hatten, zur eigenen Mitarbeit – im Text gekennzeichnet durch die hinter der Kurzbiographie stehende Bemerkung „Eig. Mitt.“ Die Bemerkung „Ohne eig. Mitt.“ charakterisiert der Fachwelt gegenüber die absoluten Schweiger. Ihre Quote beträgt im vorliegenden Teilband 1/VIIa leider noch rund 10%. Es ist nicht Schuld der Redaktion, wenn diese Biobibliographien lücken- und fehlerhaft sind. Die Redakteure haben wissenschaftlich und – persönlich getan, was sie tun konnten, doch: ultra posse nemo obligatur!

Wenn manche Autoren meinen, ihre Publikationen seien durch die „Zentralblätter“ bzw. „Abstracts“ u. ä. vor dem Vergessenwerden bewahrt, und sie bedürften nicht der Mittlerrolle des „Poggendorff“, so täuschen sie sich. Unsere Erfahrungen hierin führen zur Skepsis. Denn wenn Autoren, die zuerst den Fragebogen nicht beantwortet hatten, nach Erhalt der von uns nach allen einschlägigen Zentralblättern usw. geschaffenen Bibliographien darin wesentliche Lücken feststellten und ergänzten, so erweist das die nur lückenhafte Erfassung durch die Referatorgane.

Soviel von der Vorgeschichte des neuen Bandes VIIa. Nunmehr das Wichtigste über dessen Neugestaltung.

Das Schwergewicht des Bandes VIIa liegt auf den Berichtsjahren 1932 bis 1953. Zudem vollendet er bislang nicht abgeschlossene Biobibliographien, z. T. noch aus Band IV. Ebenso bringt er aber auch vor das Jahr 1932 zurückgehende neue Biobibliographien von Autoren, die in den früheren Bänden nicht vertreten waren.

Der neue Band VIIa enthält vorzugsweise fast alle lebenden und verstorbenen Fachvertreter der Mathematik und der exakten Naturwissenschaften an den deutschen, österreichischen und schweizerischen Universitäten und Hochschulen während der Jahre 1932 bis 1953.

Dazu wurden in reichem Maße auch die führenden Wissenschaftler der Forschungs-Institute der deutschen Akademien, der Max-Planck-Gesellschaft, der Industrie usw. aufgenommen. Überdies wurde der Autorenkreis fachlich erweitert durch die Hereinnahme zahlreicher markanter Ingenieurwissenschaftler und einer Reihe von Medizinern der physiologischen, pharmakologischen sowie physikalischen und chemotherapeutischen Richtung. Schließlich wurden zur Horizonterweiterung die in Band 1 und 2 (1953, 1954) der „Neuen Deutschen Biographie“ dargebotenen Naturforscher- und Techniker-Biographien in unseren Teilband 1 (A–E) eingearbeitet.

Erweiterungen des aufzunehmenden Personenkreises hatte schon Hans Stobbe mit Erfolg angebahnt, so daß wir seine Tendenzen im Grunde nur verstärkten. Er hatte sich überdies bemüht, ihm begegnende Festschriften, Biographien und Nekrologe jeweils mit aufzuführen. In dieser Richtung gingen wir konsequent ungleich weiter. Um diese Neugestaltung zu verstehen, bedarf es folgender Feststellungen:

JOHANN CHRISTIAN POGGENDORFF (1796–1877) hatte seinerzeit, als er vom Januar 1858 bis August 1863 in 5 Lieferungen die Bände I/II seines „Biographisch-literarischen Handwörterbuches" herausbrachte, dieses mit Fug und Recht als ein „Biographisch-literarisches Handwörterbuch zur Geschichte der exakten Wissenschaften" bezeichnen können. Denn bahnbrechend gab er die Biobibliographien der markantesten Mathematiker, Astronomen, Physiker, Chemiker, Mineralogen, Geologen usw. „aller Völker und Zeiten" von der Antike her, 8501 an der Zahl. Daß POGGENDORFF dabei nicht umfassend war, dürfen wir ihm heute nicht nachtragen, nachdem neben der Medizingeschichte das Fach der „Wissenschaftsgeschichte" heranwuchs. Immerhin wurden manche seiner Artikel erst vor 20 Jahren wieder zu einem chemisch-pharmazeutischen Bio-Bibliographikon benutzt, ohne rektifiziert oder ergänzt zu werden.

POGGENDORFFS Nachfolgern, BEREND WILHELM FEDDERSEN (1832–1918) und ARTHUR VON OETTINGEN (1836–1920), lag das wissenschafts-historische Ziel fern. Sie wollten in ihren Bänden III (1898) und IV (1904) lediglich die in der Zwischenzeit von 1858 her verstorbenen und die bis zur Jahrhundertwende neu hinzugetretenen Wissenschaftler nach ihrer Kurzbiographie und Gesamtbibliographie erfassen. Sie fügten 7649 neue Autoren hinzu, so daß bis mit 1904 insgesamt 16150 Autoren im „Poggendorff" zu finden sind.

Den Band V (Berichtsjahre 1904–1922) mit den Lebensdaten und literarischen Leistungen von 5222 Fachgelehrten (davon 2124 neu aufgenommenen) gab dann seit 1921 im Auftrag der Sächsischen Akademie der Wissenschaften PAUL WEINMEISTER (1856–1927) im Jahre 1926 heraus; ihm mangelte jede wissenschaftshistorische Tendenz. HANS STOBBE (1860–1938), sein Redaktionsnachfolger, dagegen bemühte sich, wie oben schon gesagt, jeweils biographische Jubiläums- und Nekrologliteratur beizufügen, wie er auch über ältere und älteste Poggendörffler neue Artikel mit biographischer Literatur (so z. B. AGRICOLA, AMPÈRE, ARISTOTELES, MARCELLIN BERTHELOT, DESCARTES, GALILEI usw.) brachte. HANS STOBBE war ein in chemischen Fachkreisen hochgeschätzter Organiker, aber nicht Wissenschaftshistoriker. Er unterließ die Verkartung der drei großen Referatorgane: „Mitteilungen zur Geschichte der Medizin, der Naturwissenschaften und der Technik" (Bd. **1**ff., 1902ff.), GEORGE SARTONS († 1956) „Isis" (Bd. **1**ff., 1913ff.) und ALDO MIELIS († 1950) „Archivio di storia della scienza" (Bd. **1**–**8**, 2, 1919/20–1927) bzw. „Archeion" (**8**, 3ff., 1927ff.). Dies hatte schon am Band V HEINRICH WIELEITNER: Mitt. Gesch. Med. Naturwiss. **25** (1926) S. 278f. scharf kritisiert. Doch STOBBE dürfte diese Zeilen nicht zu Gesicht bekommen haben; denn auch er folgte nicht WIELEITNERS Anregung. Eine spätere Rezension von RUDOLPH ZAUNICK: Mitt. Gesch. Med. Naturwiss. Techn. **38** (1939) S. 300–302 brachte bei allem dem Band VI/1.2 gezollten Lob den Vorschlag, daß im „Poggendorff" „künftig die biographische Literatur auf dem Gebiete der Naturwissenschaften und auch der Technik systematisch verzeichnet werden" müßte, mit anderen Worten: der „Poggendorff" müsse das Gepräge eines aktuellen und zugleich wissenschaftshistorischen Biobibliographikums annehmen, er müsse unmittelbare Gegenwartsnähe mit wissenschaftsgeschichtlicher Tendenz vereinen.

Zehn Jahre später war nun die Möglichkeit gegeben, diesen Vorschlag in die Tat umzusetzen und vom ersten Tag der Redaktionsführung dem Fortsetzungsband VIIa diesen historischen Akzent zu geben. Es wurde größter Wert darauf gelegt, in den einzelnen Artikeln sowohl über die seither Verstorbenen als auch über die Lebenden den literarischen Apparat für das Biographische möglichst vollständig zu bringen: also die Festschriften, Aufsätze und Adressen zu Amts-, Berufs- und Geburtstagsjubiläen, Nekrologe und Grabreden, Kurz-, Lang- und Selbstbiographien und schließlich auch moderne Fachaufsätze, die lediglich das Werk des Verstorbenen im Zusammenhang mit der Gesamtentwicklung der wissenschaftlichen Problematik würdigen; dazu Angaben über genealogische Literatur, Bildnisse (ohne oder mit

Namensfaksimile) und Büsten sowie Medaillen, Schriftenverzeichnisse, Aufbewahrungsort literarischer Nachlässe. Sodann wurden neu die Biobibliographien kürzlich verstorbener und lebender Naturwissenschafts-, Technik-, Pharmazie- und Medizinhistoriker aufgenommen; freilich bedurfte es hier der Beschränkung auf die markantesten Persönlichkeiten. Schließlich wurden hier und da auch Übersichten über weltbekannte Familien ausgearbeitet: wie die Instrumenten-BREITHAUPTS, die Chemie-FRESENIUS', die Metall-HEUSLERS; stets unter Einschaltung bisher ausgelassener Familienmitglieder.

Damit ist schon jetzt in Band VIIa zusammen mit der Fülle aktueller Dokumentationsmasse reichlich bibliographisches Material zur personengeschichtlichen Unterrichtung den Benutzern geboten.

Die ursprüngliche Absicht, systematische Bibliographien der Literatur über Leben und Werk älterer und neuerer Naturforscher, Techniker und Mediziner einzufügen, mußte im Interesse eines schnelleren Erscheinens der vier Teilbände des neuen Bandes VIIa für einen eigenen Supplementband VIIa zurückgestellt werden; denn diese bibliographische Sammelarbeit erfordert neben Zeit die Möglichkeit des laufenden Kontaktes mit der fachgeschichtlichen und biographischen Weltliteratur in der Redaktionsbibliothek.

Der jetzige Teil 1 (A–E) führt 1507 Namen auf. Bei 14 dieser Namen wird auf den künftigen Band VIIb verwiesen, teilweise auf Wunsch der Autoren, bei 155 der Namen auf den soeben besprochenen Supplementband VIIa. Mithin bringt der vorliegende erste Teilband 1338 Biobibliographien, die sich auf die Gelehrten folgender Fachgebiete verteilen:

Mathematik	137
Astronomie und Astrophysik	42
Geodäsie	16
Physik (einschl. techn. Physik)	207
Geophysik und Meteorologie	53
Elektrotechnik und Nachrichtentechnik	52
Chemie (einschl. techn. und pharmazeutischer Chemie)	453
Geologie und Paläontologie (einschl. Bergbau)	88
Mineralogie	34
Geographie	18
Techn. Wissenschaften (Ing.-Wissenschaften, außer Elektrotechnik)	116
Physiologie	40
Pharmakologie, Hygiene u. Bakteriologie, Anatomie u. Anthropologie, Allgem. Biologie, Chemotherapie und Innere Medizin	54
Geschichte der Naturwissenschaften, Technik und Medizin	24
Philosophie der Naturwissenschaften	4

Von diesen 1338 Biobibliographien sind 619 Fortsetzungen bzw. abschließende Artikel aus früheren Bänden des Werkes (davon 545 aus Band VI).

Eine statistische Übersicht über das bisherige Poggendorff-Werk zeigt folgende Fakten:

Band	Erschein.-jahre	Verlag	Berichtsjahre	Seitenumfang	Anzahl der Artikel	Anzahl der Neuaufgenommenen
I/II	[1858]–63	Joh. Ambr. Barth, Leipzig	bis 1858	VIII + 1526	8501	8501
III	[1896]–98		1858–1883	VIII + 1496	5574	4275
IV	[1902]–04		1883–1903	XII + 1718	5844	3374
V	1926	Verlag Chemie, Berlin	1904–1922	IV + 1423	5222	2114
VI	1936–40		1923–1931	CXXIII + 2975	10887	6495
				CLV + 9138	36028	24759

Bibliographische Werke machen den Gebrauch von Kürzungen im Text und in den Titeln von Werken, Zeitschriften usw. erforderlich. Die früheren Bearbeiter des „Poggendorff" verfuhren hierbei nach ihrem Gutdünken bzw. eigenem Usus. Erst HANS STOBBE normalisierte für Band VI die Bibliographierung, insbesondere durch Einführung der Titelkürzungen des damaligen „Code international d'abréviations des titres de périodiques". Doch hielt STOBBE an dem alten „Poggendorff"-Brauch fest, von den einzelnen Zeitschriften-Abhandlungen stets nur den Seiten-Umfang, nicht aber die Seitenzahlen selbst anzugeben. Wir haben versucht, möglichst überall die Anfangs- und Endseitenzahlen zu verzeichnen, sodaß jeder Benutzer die jeweilige Abhandlung sofort, ohne Suchen im Register (wenn vorhanden!), aufschlagen oder auch Photokopien bzw. Filme bei auswärtigen Bibliotheken genauestens bestellen kann. Desgleichen haben wir die Titelaufnahme der selbständig erschienenen Bücher, Privatdrucke, Dissertationen, Habilitationsschriften usw. systematisch modernisiert und vereinheitlicht, nicht getreu der „Preußischen Instruktion", aber doch so, daß zumindest ein den Benutzer beratender Bibliothekar sicher weiterführen kann.

Für die Kürzungen der Titel der Periodica wurden grundsätzlich die vom Deutschen Normenausschuß angenommenen „Zeitschriftenkurztitel" DIN-Norm 1502 (1931 mit Beiblatt vom März 1940) benutzt, freilich in manchen Fällen kombiniert, mit der Oxforder „World List of scientific periodicals, published in the years 1900–1950" ³(London 1952) und PFLUCKE-HAWELEKS „Periodica chimica" (Berlin 1952). Ein Verzeichnis aller in Band VIIa gebrauchten Zeitschriftenkurztitel kann erst Teil 4 bringen. Der vorliegende Teil 1 enthält jedoch im Anschluß an dieses Vorwort auf S. XII/XV die „Abkürzungen der Verlagsorte" und „Häufig gebrauchte Textkürzungen".

Wer den jetzigen Teilband 1/VIIa mit den früheren Bänden vergleicht, wird allerlei dem schnelleren und besseren Gebrauche dienende Veränderungen im Textbild bemerken: nach der sofort in die Augen fallenden Hervorhebung der Geburts- (und Sterbe-) Daten und der biographischen Literatur ist das Werk eines jeden Autors systematisch aufgegliedert nach: Erfindungen (**Erf.**), Herausgeberschaften (**H.**, **MH.**, **HZ.** und **MHZ.**), Übersetzertätigkeit (**Ue.**), Beiträgen zu Sammelwerken, Handbüchern, Festschriften usw. (**S.**), selbständig erschienenen Werken (**W.**) und anschließend Abhandlungen in Zeitschriften (in deren rein alphabetischer Titelfolge aneinandergereiht). Selbständig erschienene Drucke sind jeweils durch einen Punkt (•) vor dem Titel hervorgehoben.

Es erschien uns eine Pflicht, dies alles beim Hinausgehen des Teilbandes 1/VIIa nach sechsjähriger Arbeit den künftigen Benutzern wie auch den Rezensenten mitzuteilen. Ebenso obliegt uns noch die angenehme Pflicht der Danksagung nach den verschiedensten Seiten. Zunächst gegenüber dem Präsidium der Sächsischen Akademie der Wissenschaften zu Leipzig, das dem Poggendorff-Unternehmen alle nur mögliche Unterstützung gab, sowie dem Akademie-Verlag zu Berlin, der die Drucklegung übernahm und auf alle unsere Wünsche verständnisvoll einging. Wesentliche Förderung verdankt die Redaktion auch den Herren Direktoren der Leipziger Universitätsbibliothek und der Deutschen Bücherei zu Leipzig mit allen ihren Mitarbeitern bis zu den unermüdlich die Bände bereitstellenden Magazinangestellten. Von großem Wert war, daß das laufend wachsende Mitglieder-Archiv der Deutschen Akademie der Naturforscher (Leopoldina) zu Halle wie auch deren große Fachbibliothek in den Dienst des „Poggendorff" eingespannt werden konnte. Die Deutsche Akademie der Wissenschaften zu Berlin unterstützte uns durch die Erlaubnis der Benutzung der von Herrn Akademie-Archivar FRITZ LANGE zusammengestellten handschriftlichen Bibliographie über die ordentlichen Akademie-Mitglieder. Der Zusammenarbeit mit der Redaktion von Kürschners Deutschem Gelehrten-Kalender in Berlin wurde schon oben einmal gedacht. Förderung verdanken wir auch der Redaktion der „Neuen Deutschen Biographie" in München, ferner Herrn Dr. FRIEDRICH KLEMM als Direktor der Bibliothek des Deutschen Museums zu München, Herrn Oberregierungsrat Dr. KARL KEIL als Leiter der Wetterdienstbibliothek in Bad Kissingen und Herrn Dr. ADALBERT PLOTT als Archivar der Sächsischen Akademie der Wissenschaften zu Leipzig.

Die Zahl der sonstigen Helfer innerhalb und außerhalb Deutschlands geht in die Hunderte; ihrer kann hier nur summarisch gedacht werden. Schließlich danken wir allen früheren und jetzigen Mitarbeitern unserer Redaktion, mit Fräulein Dr. Maria Schwarzburger an der Spitze, herzlichst für ihre Bemühungen; denn ohne deren aufopfernden Fleiß und unermüdliche Ausdauer hätten wir das gesteckte Ziel noch lange nicht erreicht. Nicht zuletzt gilt unser Dank dem VEB Leipziger Druckhaus, Leipzig, das den schwierigen Satz unseres Werkes mit größter Sorgfalt ausführte.

So mag nun der erste Teilband des Bandes VIIa in die Welt hinausgehen zu Nutz und Frommen der die Völker verbindenden Wissenschaft und damit zum Wohl der Menschheit!

Es geht allen bibliographischen Werken so, daß man sie benutzt wie Wasser, Luft und Sonne, ohne ihrer Erwähnung zu tun. Stellt man aber Lücken fest, so moniert man diese gern öffentlich. Wir sind uns dessen voll bewußt, daß auch unser Band Stückwerk ist wie alle menschlichen Geisteserzeugnisse. Aber bei der die Welt immer mehr überschwemmenden Literaturflut und der wachsenden Ohnmacht der Bibliotheksverwaltungen deren rapid steigendem Pegel zu folgen, wird die bibliographische Arbeit immer mühsamer und lückenhafter. Wir glauben, daß Band VIIa immerhin einen wesentlichen Beitrag zur Biobibliographie der exakten Naturwissenschaften darstellt.

Halle/S. und Leipzig, 2. Mai 1956

Dr. Rudolph Zaunick

Professor mit Lehrstuhl für Geschichte und Dokumentation der Naturwissenschaften an der Martin-Luther-Universität Halle-Wittenberg und Director Ephemeridum der Deutschen Akademie der Naturforscher (Leopoldina) zu Halle

Dr. Hans Salié

Professor mit Lehrauftrag für Mathematik an der Karl-Marx-Universität Leipzig

Übersicht zum Aufbau der Biobibliographien

Autobiogr. . . . . Autobiographie
Biogr. . . . . Biographie
Nekr. . . . . Nekrolog
Bibliogr. . . . . . Bibliographie
Erf. . . . . Erfindungen
H. . . . . Herausgeber
MH. . . . . Mitherausgeber
HZ. . . . . Herausgeber von Zeitschriften
MHZ. . . . . Mitherausgeber von Zeitschriften
Ue. . . . . Übersetzer
S. . . . . Beiträge zu Sammelwerken, Handbüchern, Festschriften usw.
W. . . . . Werke (Bücher)
• . . . . bedeutet, daß es sich um selbständig erschienene Drucke handelt
^{3}(Bln '54) . . . . . Die hochgestellte kleine Ziffer beim Erscheinungsvermerk von Büchern gibt die Auflage (im Beispiel die dritte) an.
f. . . . . hinter einer Seitenzahl gibt die auf diese Zahl folgende an, also
23f. 23–24

Es folgen die wissenschaftlichen Veröffentlichungen in Zeitschriften, deren Titel alphabetisch geordnet sind.

Die im Werke verwendeten Kürzungen der Zeitschriftentitel werden im Teil 4 des Bandes VIIa gegeben.

Abkürzungen der Verlagsorte

Augsb.	Augsburg
Bln	Berlin
Bln-G.-H.	Berlin-Göttingen-Heidelberg
Bambg.	Bamberg
Brschw.	Braunschweig
Bresl.	Breslau
Darmst.	Darmstadt
Dortm.	Dortmund
Dsdn	Dresden
Dsdn-Lpz.	Dresden-Leipzig
Düsseld.	Düsseldorf
Frkf./M.	Frankfurt/Main
Frkf./O.	Frankfurt/Oder
Gött.	Göttingen
Greifsw.	Greifswald
Hambg	Hamburg
Hannov.	Hannover
Heidelb.	Heidelberg
Karlsr.	Karlsruhe
Königsb.	Königsberg/Pr.
Konst.	Konstanz
Langens.	Langensalza
Leningr.	Leningrad
Lond.	London
Lpz.	Leipzig
Madr.	Madrid
Magdeb.	Magdeburg
Mannh.	Mannheim
Marb.	Marburg
Mosk.	Moskau
Münch.	München
Nürnb.	Nürnberg
Oldenb.	Oldenburg
Pdborn	Paderborn
Rgsb.	Regensburg
Rost.	Rostock
Salzb.	Salzburg
Stockh.	Stockholm
Stuttg.	Stuttgart
Tüb.	Tübingen
Weinh./Bergstr.	Weinheim/Bergstr.
Wiesb.	Wiesbaden
Wolfenb.	Wolfenbüttel
Würzb.	Würzburg

Häufig gebrauchte Textkürzungen

Abb.	Abbildung
Abh.	Abhandlung(en)
Abkömml.	Abkömmling
Abschn.	Abschnitt
absol.	absolut
Abt.	Abteilung
Abt.Leiter	Abteilungsleiter
Abt.Vorst.	Abteilungsvorstand
a. D.	außer Dienst
AEG	Allgemeine Elektrizitätsgesellschaft
AG	Aktiengesellschaft
Agfa	Aktiengesellschaft f. Anilinfabrikation
Akad.	Akademie
akt.	aktiv
algebr.	algebraisch
allg.	allgemein
Alm.	Almanach
Amer.	Amerika (amerikanisch)
amtl.	amtlich
analyt.	analytisch
Anat.	Anatomie
anatom.	anatomisch
Angest.	Angestellter
angew.	angewandt
Anm.	Anmerkung
anorg.	anorganisch
Anst.	Anstalt
ao. Prof.	außerordentl. Professor
apl. Prof.	außerplanmäß. Professor
Apoth.	Apotheke, Apotheker
Appar.	Apparat
Apr.	April
Arb.	Arbeit, Arbeiter
Arch.	Archiv
Ass.	Assistent
Astrol.	Astrologie (astrologisch)
Astron.	Astronomie (astronomisch)
Astrophys.	Astrophysik
Atmosph.	Atmosphäre
Atomgew.	Atomgewicht
Aufg.	Aufgabe
Aufl.	Auflage
Aug.	August
Ausg.	Ausgabe
ausl.	ausländisch
außerd.	außerdem
Autobiogr.	Autobiographie
BA	Bergakademie
b.	bei, beim
Ballist.	Ballistik
balt.	baltisch
bayer.	bayerisch
Bd	Band
Bde	Bände
Bearb.	Bearbeiter
Beauftr.	Beauftragter
Beeid.	Beeidigter
Beih.	Beiheft
Beil.	Beilage
Beisp.	Beispiel
Beitr.	Beitrag
belieb.	beliebig
Bem.	Bemerkung
Beob.	Beobachtung
Ber.	Bericht
berat.	beratender
Berücks.	Berücksichtigung

bes.	besonders
Best.	Bestimmung
betr.	betreffend
Bew.	Beweis
Bez.	Bezirk
Bildn.	Bildnis
Biogr.	Biographie
Biol.	Biologie (biologisch)
Bot.	Botanik
botan.	botanisch
Br.	Breisgau
bzw.	beziehungsweise
Calif.	Californien
Chem.	Chemie (chemisch)
Congr.	Congress
ČSR	Tschechoslowakische Republik
d.	der, die, das
DAB	Deutsches Arzneibuch
dän.	dänisch
Darst.	Darstellung
DBP	Deutsches Bundespatent
DDR	Deutsche Demokrat. Republik
Denkschr.	Denkschrift
Deriv.	Derivat(e)
desgl.	desgleichen
dess.	dessen
Dez.	Dezember
d. h.	das heißt
Dipl.	Diplom
Dipl.-Ing.	Diplom-Ingenieur
Dir.	Direktor
Diss.	Dissertation
Doz.	Dozent
Dr. ès sc.	Docteur en les sciences
Dr.-Ing.	Doktor d. Ingenieurwissenschaft
Dr. med.	Doktor d. Medizin
Dr. med. vet.	Doktor d. Veterinärmedizin
Dr. mont.	Doktor d. montanist. Wissenschaft
DRP	Deutsches Reichspatent
Dr. phil.	Doktor d. Philosophie
Dr. rer. nat.	Doctor rerum naturalium
Dr. rer. pol.	Doctor rerum politicarum
Dr. rer. techn.	Doctor rerum technicarum
Dr. theol.	Doctor theologiae
dtsch.	deutsch
Dtschl.	Deutschland
Dyn.	Dynamik (dynamisch)
ebda.	ebenda
e.h.	ehrenhalber
Eigensch.	Eigenschaft
Eig. Mitt.	Eigene Mitteilung
einf.	einfach
Einfl.	Einfluß
einschl.	einschließlich
Eisenhüttenkde	Eisenhüttenkunde
elektr.	elektrisch
Elem.	Element (elementar)
em.	emeritiert
Engl.	England
enth.	enthalten
Enzykl.	Enzyklopädie
Erf.	Erfindung(en)
Erg.-Bd	Ergänzungs-Band
Erg.-H.	Ergänzungs-Heft
Ergebn.	Ergebnis(se)
erl.	erläutert
ETH	Eidgenössische Technische Hochschule
Exp.	Experiment (experimentell)
Exped.	Expedition
f.	für
Fa	Firma
FA	Forstakademie
Fabr.	Fabrik
Fak.	Fakultät
Faks.	Faksimile
Febr.	Februar
Festschr.	Festschrift
FH	Forstliche Hochschule
Finnl.	Finnland
Forsch.	Forschung(en)
Fortschr.	Fortschritt(e)
Frankr.	Frankreich
Frhr.	Freiherr
Friesl.	Friesland
FU	Freie Universität
Funkt.	Funktion
Geb.	Gebiet
geb.	geboren
Geb.tag	Geburtstag
gef.	gefallen
gegenüb.	gegenüber
Gegenw.	Gegenwart
gegr.	gegründet
Geod.	Geodäsie
Geol.	Geologie (geologisch)
Geom.	Geometrie (geometrisch)
Geophys.	Geophysik (geophysikalisch)
ges.	gesamt
Ges.	Gesellschaft
Gesch.	Geschichte
Glasw.	Glaswerke
gold.	golden
Gouvernm.	Gouvernement
Grunds.	Grundsatz
Gymn.	Gymnasium
H.	Herausgeber
H.	Heft
H	Hochschule
HA	Handelsakademie
habil.	habilitiert
Hab.schr.	Habilitationsschrift
Handb.	Handbuch
h. c.	honoris causa
Herst.	Herstellung
heut.	heutig
HH	Handelshochschule
Hilfsarb.	Hilfsarbeiter
Histor.	Historiker
höh.	höher
hoh.	hoher
Holl.	Holland
Hon.-Prof.	Honorarprofessor
Hosp.	Hospital
Hrsg.	Herausgeber (herausgegeben)
Hydrogr.	Hydrographie
Hydrol.	Hydrologie
Hyg.	Hygiene
IG Farbenind.	Interessengemeinschaft Farbenindustrie
Ind. (Industr.)	Industrie (industriell)
Ing.	Ingenieur
Inh.	Inhaber
inn.	innere
insb.	insbesondere
Inst.	Institut
Instrum.	Instrument
int.	international
Integr.	Integral
Integr.-Rechng.	Integral-Rechnung
i. R.	im Ruhestand

Ital.	Italien (italienisch)
i. V.	in Vertretung
Jahrb.	Jahrbuch
Jan.	Januar
Jber.	Jahresbericht
Jg.	Jahrgang
Jhdt.	Jahrhundert
jr.	Junior
Jubil.	Jubiläum
Kal.	Kalender
Keram.	Keramik
KG	Kommanditgesellschaft
kgl.	königlich
Kl.	Klasse
Klimakde	Klimakunde
Klimatol.	Klimatologie
Klin.	Klinik (klinisch)
Kolon.	Kolonie
Kom.	Komitee
Komm.	Kommission
kompr.	komprimiert
Kongr.	Kongress
Konst.	Konstante
Konstr.	Konstruktion
Kr.	Kreis
Kristallogr.	Kristallographie
Kt.	Kanton
Kurzbiogr.	Kurzbiographie
KWInst.	Kaiser-Wilhelm-Institut
KWStoff	Kohlenwasserstoff
KZ	Konzentrationslager
Labor.	Laboratorium
Landwirtsch.	Landwirtschaft
LAuftr.	Lehrauftrag
LBeauftr.	Lehrbeauftragter
leb.	lebend
Lebensbeschr.	Lebensbeschreibung
Lehrb.	Lehrbuch
Lehrk.	Lehrkanzel
Lehrkr.	Lehrkraft
Lekt.	Lektor
Lfg.	Lieferung
LH	Landwirtschaftliche Hochschule
Lit.	Literatur
Luftf.	Luftfahrt
M.	Main
m.	mit
MA	Medizinische Akademie
Mag.	Magazin
magn., magnet.	magnetisch
Mar.	Marine
Masch.	Maschine
Masch.schr.	Maschinenschrift
Mater.Prüf.Amt	Materialprüfungsamt
Math.	Mathematik
Max.	Maximum (Maxima)
Mech.	Mechanik (mechanisch)
Med.	Medizin (medizinisch)
mehrf.	mehrfach
Metallkde	Metallkunde
Metallogr.	Metallographie (metallographisch)
Meteorol.	Meteorologie (meteorologisch)
Meth.	Methode (methodisch)
MH	Mitherausgeber
MHZ	Mitherausgeber v. Zeitschriften
Min.	Minimum (Minima)
Mineral.	Mineralogie
Mitarb.	Mitarbeiter
Mitgl.	Mitglied
Mitt.	Mitteilung(en)
Mont. H	Montanistische Hochschule
MPInst.	Max-Planck-Institut
Ms.	Manuskript
Mus.	Museum
Nachr.	Nachricht(en)
Nachtr.	Nachtrag
Nachw.	Nachweis
nat.	national
Naturf.	Naturforscher
Navig.	Navigation
n. beamt.	nicht beamtet
NDB	Neue Deutsche Biographie
Nekr.	Nekrolog
N.-Österr.	Nieder-Österreich
norm.	normal
Not.	Notiz
Nov.	November
Nr.	Nummer
N. Y.	New York
Ob.Ass.	Oberassistent
Ob.Ing.	Oberingenieur
Ob.Reg.Rat	Oberregierungsrat
Observat.	Observatorium
Ob.Stud.Rat (Dir.)	Oberstudienrat(direktor)
öff.	öffentlich
Österr.	Österreich
Okt.	Oktober
o. O.	ohne Ort
o. ö. Prof.	ordentlicher öffentlicher Professor
O.-Österr.	Oberösterreich
o. Prof.	ordentlicher Professor
Opt.	Optik
org.	organisch
Ostpr.	Ostpreußen
päd.	pädagogisch
Pat.	Patent
Patentabt.	Patentabteilung
Pathol.	Pathologie
PDoz.	Privatdozent
period.	periodisch
persönl.	persönlich
Petrogr.	Petrographie
Pharmakogn.	Pharmakognosie
Pharmakol.	Pharmakologie
Pharmaz.	Pharmazie (pharmazeutisch)
Philos.	Philosophie
Photogr.	Photographie
physik.	physikalisch
Physiol.	Physiologie
pl. Prof.	planmäßiger Professor
Pogg.-Arch.	Poggendorff-Archiv
poln.	polnisch
Polytechn.	Polytechnikum
Präpar.	Präparat
Präs.	Präsident
prakt.	praktisch
Preuß.	Preußen (preußisch)
priv.	privat
Probl.	Problem
Prod.	Produkt(e)
Prof. m. LStuhl	Professor mit Lehrstuhl
Prof. m. voll. LAuftr.	Professor mit vollem Lehrauftrag
Prosem.	Proseminar
rat.	rational
Rdsch.	Rundschau
Realsch.	Realschule
Redakt.	Redakteur
redig.	redigiert
Ref.	Reform

Reg.-Bez.	Regierungsbezirk
Reg.-Rat	Regierungsrat
rev.	revidiert
Rh.	Rhein
Rücktr.	Rücktritt
S.	Sammelwerk oder Seite
s.	siehe
Sa.	Sachsen
Schles.	Schlesien
Schriftl.	Schriftleiter
Schriftst.	Schriftsteller
Schr.verz.	Schriftenverzeichnis
schweiz.	schweizerisch
sd	suicid
Seew.	Seewarte
seitd.	seitdem
Sekret.	Sekretär
Sem.	Seminar
sen.	Senior
Sept.	September
Ser.	Serie
Slg.	Sammlung
sogen.	sogenannt
soz.	sozial
Spektr.	Spektrum
spez.	spezial
St.	Sankt, Saint
staatl.	staatlich
Standp.	Standpunkt
Stat.	Station
Stellv.	Stellvertreter
Sternw.	Sternwarte
Strukt.	Struktur
Stud.	Studium (studiert)
Stud.-Rat	Studienrat
Subst.	Substanz
Suppl.	Supplement
Syst.	System
Synth.	Synthese
Tab.	Tabelle
TäH	Tierärztliche Hochschule
Taf.	Tafel
Techn.	Technik
Technol.	Technologie
Telegr.	Telegraph
Teleph.	Telephonie
Temp.	Temperatur
TH	Technische Hochschule
Theor.	Theorie
theoret.	theoretisch
Therap.	Therapie
Therapeut.	Therapeutik (therapeutisch)
Thür.	Thüringen
titl. Prof.	Titularprofessor
Todesanz.	Todesanzeige
Topogr.	Topographie
Toxikol.	Toxikologie
U (Univ.)	Universität
u. a.	unter anderem, und andere
u. a. m.	und anderes mehr
UB	Universitäts-Bibliothek
u. d. T.	unter dem Titel
Ue.	Übersetzer, Übersetzung
üb.	über
ultraviol.	ultraviolett
umgearb.	umgearbeitet
Un.	Union
Ung.	Ungarn
univ.	universell
unt.	unter
Unterr.	Unterricht
Unters.	Untersuchung
Unters.Abt.	Untersuchungsabteilung
USA	United States of America
USSR	Union d. soz. Sowjet-Republiken
v.	von, vom
VDE	Verband Deutscher Elektrotechniker
VDI	Verband Deutscher Ingenieure
Ver.	Verein
Verb., Verbb.	Verbindung, Verbindungen
Verf.	Verfahren
vergl.	vergleichende
Verh.	Verhandlung(en)
Vermess.	Vermessung
Vermessungswes.	Vermessungswesen
Veröff.	Veröffentlichung
Vers.	Versuch(e)
Vers.Abt.	Versuchsabteilung
Vers.Anst.	Versuchsanstalt
versch.	verschieden
Versich.Ges.	Versicherungsgesellschaft
Versich.Math.	Versicherungsmathematik
Verz.	Verzeichnis
vielf.	vielfach
viol.	violett
Vizepräs.	Vizepräsident
Vjschr.	Vierteljahrsschrift
vol.	volume
vorh.	vorhanden
Vork.	Vorkommen
vorm.	vormals
Vors.	Vorsitzender
Vorschr.	Vorschrift
Vorst.	Vorstand
Vortr.	Vortrag
W.	Werke
Wbl.	Wochenblatt
Wes.	Wesen
Westf.	Westfalen
Wetterw.	Wetterwarte
wirkl.	wirklich
Wirtsch.	Wirtschaft (wirtschaftlich)
Wiss.	Wissenschaft (wissenschaftlich)
Wschr.	Wochenschrift
Württ.	Württemberg
Z.	Zeitschrift
z.	zum, zur
zahlr.	zahlreich
Zentr.	Zentrum
zerlegb.	zerlegbar
Zivilingen.	Zivilingenieur
Ztg.	Zeitung
zugl.	zugleich
zus.	zusammen
zw.	zwischen

Weitere Beispiele für Kürzungen von Wort-Endungen

...disch	period.	periodisch
...dünnt	verd.	verdünnt
...dung	Bildg.	Bildung
...fluß	Einfl.	Einfluß
...graph	Photogr.	Photograph
...heit	Gesundh.	Gesundheit
...kunde	Erdkde	Erdkunde
...keit	Fähigk.	Fähigkeit
...lich	amtl.	amtlich
...logie	Morphol.	Morphologie
...ment	Elem.	Element
...nis	Ergebn.	Ergebnis
...schaft	Eigensch.	Eigenschaft
...schlag	Vorschl.	Vorschlag
...stanz	Subst.	Substanz
...tig	gegenseit.	gegenseitig
...tion	Funkt.	Funktion
...tiv	posit.	positiv
...tur	Strukt.	Struktur
...weis	Nachw.	Nachweis

usw. usw.

Umschau. Gegossene Häuser: **29** ('25) 295.

Z. krit. Okkultismus. Alchemie: **1** ('25) 13–21.

IV **Dathe,** Ernst → VIIa/Suppl.

David, Erwin Johann Hermann. Physik. — 1929–34 stud. U Hamburg u. München; '34 Dr. rer. nat. U Hamburg; '39–42 Wetterdienst, '43–45 Entwicklungsarb. Luftwaffe; '41 PDoz. Physik U Hamburg. [Eig. Mitt.]
*1911, Jan. 10, Hamburg.

Math. Z. Best. v. Pfaffschen Formen m. vorgegeb. Ableitungsgleichungen: **40** ('35) 110–26.

Physik. Z. Intensitätsformeln z. Lichtbeugg. an schwachen Ultraschallwellen: **38** ('37) 587–91. — Anschaul. Betrachtg. z. Lichtbeugg. an schwachen Ultraschallwellen: 592–96. — Theor. d. opt. Ultraschallabsorptionsmessg.: **41** ('40) 37–41.

Z. Physik. Spinwechselwirkg. m. Austausch b. Alkali-Atomen: **91** ('34) 289–317 [Diss.]. — Zu V. Weißkopf: Polarisat. d. Elektronen b. d. Streuung an Kristallen: **105** ('37) 747–49. — Deutg. d. Anomalien d. opt. Konst. dünner Metallschichten: **114** ('39) 389–406 [Hab.schr. 1]. — Lichtstreuung an dünnen Metallschichten: **116** ('40) 514–21 [Hab.schr. 2]. — Elektronenradius: **125** ('48) 274. — Isotopentrenng. m. kontinuierl. arb. Trennrohren: **134** ('53) 377–96.

Dawihl, Walther. Metallkunde. — 1923–27 stud., '28 Dr. phil. U Berlin (M. Bodenstein); '42 habil., '43 Doz. Metallkunde TH Berlin, '44 TH Stuttgart; '53 LBeauftr. U d. Saarlandes. [Eig. Mitt.]
*1904, Nov. 15, Glogau.

W. • Über d. Chlorierung v. Abfallphosphaten d. Seltenen Erden u. üb. saure Phosphate d. Thoriums. Diss. (Bln '28) 53 S. — • Handbuch d. Hartmetallwerkzeuge (m. Erich Dinglinger) **1** (Bln-G.-H. '53): Dreh- u. Hobelwerkzeuge.

Angew. Chem. Quellg. v. Kalken u. ihre Bedeutung f. d. Baupraxis: **46** ('33) 461–64.

Arch. Eisenhüttenwes. Schwindg. v. Pulvern aus nicht bildsamen metall. Stoffen: **23** ('52) 483–88.

Ber. Dtsch. keram. Ges. Einwirkg. v. Phosphorsäure auf keram. Rohstoffe sowie gebrannte Erzeugn. u. ein neues Verf. z. rationellen Analyse v. Tonen[a]): **13** ('32) 54–60. — Art d. Wasserbindg. im Kaolinmolekül, 1[a]): **14** ('33) 97–105; ∼ 2[1a]): **15** ('34) 459–63.

Chem. Fabrik. Wärmeleitfähigk. v. Emails: **8** ('35) 327–29, 477. — Vorschläge z. Normg. d. Prüfg. v. Emails gegen chem. Angriffe: **9** ('36) 15–18. — Korrosionsfestigk. v. Hartmetall-Legierungen: **13** ('40) 133–35.

Chemiker-Ztg. Hartmetallegierungen: **65** ('41) 146–48.

Forsch. u. Fortschr. Entwicklg. d. Hartmetalllegierungen unt. Berücks. d. neuesten Forschungsergebn.: **17** ('41) 17–20.

Glashütte. Glasschmelzsande: **65** ('35) 507–11.

Glastechn. Ber. Ursachen d. Festigkeitsänderg. v. Quarzglas b. Temperaturerhöhg.[7]): **18** ('40) 265–67.

Keram. Rdsch. Zur Frage haarrissefreier Töpferglasuren: **40** ('32) 399–401. — Über einen b. Beizen auftretenden Fehler b. d. Fabrikation v. Emailwaren: 416. — Art d. Wasserbindg. im Kaolinmolekül[a]): **41** ('33) 172–74. — Verwendg. v. Segerkegeln z. Best. d. Schmelzbark. v. Emails: 279f. — Meth. z. Best. d. Porenraumes im Email: 406f. — Normalisierg. d. Säurebeständigkeitsprüfg. v. Geschirremails: 567–69. — Best. d. Mahlfeinheit v. Emails m. Hilfe d. Sedimentationsmeth.: **42** ('34) 109f. — Wärmespeicherg. u. Wärmeleitfähigk. als Faktoren b. d. Beurteilg. keram. Erzeugn.: 183f. — Löslichk. v. Alkalien b. d. Naßmahlg. v. Emails als Mittel z. Betriebskontrolle: 207f. — Prüfg. v. Emailgeschirr auf Koch- u. Säurefestigk.: 271f. — Löslichk. v. Trübungsmitteln in Emails: 423f. — Kochfestigk. v. emaillierten Geschirren: 474. — Keramik unplast. Massen: 547f. — Best. kleiner Mengen Fluor in Emails: 607f. — Normalisierg. d. Säurebeständigk. v. Email: **43** ('35) 522f.

Kolloid-Z. Aufbau v. Hartmetallegierungen[5]): **104** ('43) 233–36.

Maschinenbau, Betrieb. Grenzen d. Wirtschaftlichk. b. Drehen v. Stahl m. Hartmetallwerkzeugen: **17** ('38) 511–13. — Diamant-Hartmetall f. Schleifzwecke[1b]): **18** ('39) 349f. — Grundlagen d. Verwendg. v. Hartmetallegierungen: **19** ('40) 521–24. — Leistungserprobg. d. Austauschmittel f. Diamantwerkzeuge: **21** ('42) 239–44. — Schleifpassg. b. Einsatz diamantfreier Abrichtgeräte: 381–83. — Hartmetallkleinabrichter f. Schleifscheiben[6b]): 451–54.

Metallurgia [Manchester]. Abhängigk. zw. d. Schweißbark. u. d. Verschleiß v. Schneidewerkzeugen[7]): **29** ('44) 270–72.

Microtecnic. La format. de grains dans les alliages frittés: **6** ('52) 165–73.

Res. and Progress. Entwicklg. d. Hartmetalllegierungen im Lichte d. neuesten Forschungsergebn.: **7** ('41) 142–51.

Schleif- u. Poliertechn. Neues Verf. z. zahlenmäß. Best. d. Arbeitswertes v. Schleifpulvern[a])[1a]): **14** ('37) 1–3. — Verwendg. v. Borcarbid z. Bearbeitg. v. Halbedelsteinen[a]): **15** ('38) 175f. — Schleifen v. Hartmetallwerkzeugen m. Siliciumkarbidscheiben u. d. Messen d. Schneidengüte: **17** ('40) 127–30. — Diamanteinsparg. auf d. Ziehsteingeb.: **19** ('42) 132–34.

Schweiz. Arch. angew. Wiss. u. Techn. Vorgänge b. d. Sinterg. v. Metallpulvern: **17** ('51) 91–96.

Sprechsaal. Vorschlag z. Hydrolyse v. Email: **66** ('33) 576f.

Stahl u. Eisen. Wiss. u. techn. Grundlagen d. Pulvermetallurgie u. ihre Anwendungsbereiche: **61** ('41) 909–19 [Hab.schr.]. — Vorgänge b. Verschleiß v. Hartmetallegierungen : 210–13. — Zusammenhänge zw. Herst. v. Eisenpulvern u. d. Eigensch. v. Sinterkörpern[a]): **65** ('45) 9–14.

Tonind.-Ztg. Vers. z. Säurebeständigkeitsprüfg. keram. Baustoffe u. Geräte: **55** ('31) 1259f. — Bewertungsarten f. Kiessand: **56** ('32) 137f. — Phosphorsäure als Trennungsmittel b. d. Analyse keram. Rohstoffe gebrannter Erzeugn. u. Mörtel[a]): 306–08. — Wirkg. lösl. Salze im Mauerwerk: 434f. — Zusammensetzg. v. Magnesiumoxychlorid: 781f. — Freier Kalk im Zement durch Zersetzg. b. höherer Temp.: 1040. — Härtungsvorgang b. Kalksandstein: **57** ('33) 266. — Quellg. v. Kalken u. ihre Bedeutg. f. d. Baupraxis: 963f.,

988–90. — Unters. im Geb. hoher u. höchster Temp.: **58** ('34) 449–51, 463–65, 477f., 485–87. — Messungen üb. d. Wasserbindg. im Breikalk unt. Verwendg. d. Dielkometers: 561f. — Prüfg. d. Ausblühneigung von Ziegeln: **60** ('36) 111f. — Herst. säurefester Kitte m. festem Wasserglas: 186–88. — Löschvorgang v. gebranntem Kalk[2][6a]: 761–63.

Werkstattstechn. u. Werksleiter. Verhalten v. reinem Borcarbid als Werkstoff[9]): **31** ('37) 201–04. — Feinschleifen v. Hartmetallwerkzeugen m. Borkarbid[11]): **33** ('39) 373. — Leistungsfähiges Schleifen v. Diamant m. diamantarmen Schleifmitteln[4][9]): **36** ('42) 65f. — Normung v. Diamantkörng.: **37** ('43) 37f. — Hartmetalldrehwerkzeuge m. Sparplättchen[5]): **37/22** ('43) 393–96.

Werkstatt u. Betrieb. Prüfg. u. Arbeitsweise v. Schleifscheiben f. Hartmetall: **85** ('52) 287–90.

Z. anorg. allg. Chem. Saure Phosphate d. Thoriums[1]): **178** ('29) 252–56. — Herst. u. Eigensch. v. Titanmonoxyd[9]): **233** ('37) 178–83. — Löslichk. v. Wolframsäure u. Ammoniumparawolframat in wäßr. Ammoniak: **244** ('40) 1–12. — Gitterkonst. d. Carbide u. Nitride d. Titans u. Vanadins[7]): 191–97. — Zustand d. Wolframsäure in Ammoniumwolframatlösg. u. d. Absorpt. v. Wolframsäure an Ferrihydroxyd: 198–204. — Rundkristallbildg. u. d. Existenz d. Molybdäncarbids MoC: **262** ('50) 212–17.

Z. Metallkunde. Ätzverf. z. Ermittlg. d. Gefüges v. geschmolzenem Borcarbid[2]): **29** ('37) 135–37. — Eigensch. v. Hartmetallegierg. u. ihr Zusammenhang mit d. Verschleißfestigk.: **32** ('40) 320–25. — Zusammenhang zw. Verschweißungsfestigk. u. Verschleiß b. spanabhebend arbeitenden Werkzeugen[7]): **34** ('42) 156–59. — Zusammenhänge zw. d. Ausdehnungsverhalten u. d. Eigenschaft. v. Metallpulvern[7]): **36** ('44) 197–200. — Beeinflussg. d. Schwundes durch Zugkräfte b. Sintern v. Metallpulvern[7]): **40** ('49) 115–17. — Zusammenhänge zw. Herstellungsverf. v. Eisenpulvern u. d. Kristallhärte[8]): 117–19. — Vorgänge b. d. Sinterung v. Hartmetallegierungen[9]): **41** ('50) 231–33. — Bläherscheinungen u. Zonenbildg. an Hartmetallegierungen: **42** ('51) 193–97. — Sinterg. v. Wolframcarbid-Kobalt-Hartmetallen als Oberflächenreakt.: **43** ('52) 20–22. — Gleitschwindg. b. Metalloxydgemischen u. b. Borcarbid: 138–42. — Bem. zu Gurland u. Norton: Gerüstbildg. in Hartmetallen: **44** ('53) 69f.

Z. Physik. Festigkeitssteigerg. v. Quarzglas durch Temperaturerhöhg.[7]): **112** ('39) 654–66.

Z. techn. Physik. Temperaturabhängigk. d. mech. Festigk. v. Quarzglas[7]): **19** ('38) 294–96. — Einfluß von Diffus. u. Legierungsbildg. auf d. Verschleißfestigk. v. Hartmetallegierungen: **21** ('40) 44–48. — Unters. üb. d. Vorgänge b. d. Abnutzg. v. Hartmetallwerkzeugen: 336–45.

Z. VDI. Ermittlg. d. Arbeitswertes versch. Schleifmittel im Vergl. zu Diamant[9][10]): **80** ('36) 1001–03. — Verhalten v. reinem Borcarbid als Werkzeugstoff[9]): **81** ('37) 1116. — Neue Verf. z. Bearbeiten v. Diamanten[3]): **85** ('41) 265–68. — Austauschstoffe f. Diamanten: **86** ('42) 780–82.

Mit: [1]) J. D'Ans; [1a]) Wilhelm Büssem; [1b]) Adolf Fehse; [2]) Rosa Flüshöh; [3]) Otto Fritsch; [4]) Rudolf Gross; [5]) Josef Hinnüber; [6]) Hans Hirsch; [6a]) Karl May; [6b]) Josef Müller; [7]) Walter Rix; [8]) Ursula Schmidt; [9]) Karl Schröter; [10]) Max Stockmayer; [11]) Erich Wesenberg.

I, III, IV **Debus,** Heinrich → VIIa/Suppl.

V, VI **Debye,** Peter Joseph Wilhelm. Physik, Chem. – 1927–35 o. Prof. U Leipzig; '35–40 U Berlin u. Dir. KW-Inst. f. Physik; '40 Cornell Univ. Ithaca, N. Y. – '30 Rumford Medal (Roy. Soc., London); '35 Gold. Lorentz-Medaille (Kgl. Niederl. Akad. Wiss., Abt. Naturwiss.); '36 Nobelpreis f. Chemie; '37 Franklin-Medaille (Franklin Inst., Philadelphia); '49 William Gibbs Medal (Amer. Chem. Soc., Chicago); Faraday-Medaille; '50 Max-Planck-Medaille; '55 Dr. h. c. (ETH Zürich). [Eig. Mitt.]
*1884, März 24, Maastricht/Holl.

Autobiogr. ● Les Prix Nobel en 1936 ('37) 88 (m. Bildn. u. Faks.). Nobelvortrag, 19 S.

Biogr. R. W. Asmussen, Fysisk Tidsskr. **35** ('37) 11–16. — D. M. Bose, W. N. Saha, Sci. and Cult. **2** ('36) 302–04. — P. H. Brodersen, Umschau **40** ('36) 955f. — ● The Nobel prize-winners (Zürich '38) 166 (Bildn. S. 473). — ● E. Farber, Nobel prize winners in chemistry 1901–50 (New York '53) 147–51 (m. Bildn.). — A. Flammersfeld, Dtsch. Chemiker **3** ('37) 3f. (m. Bildn.). — H. Kramers in: ● T. P. Sevensma, Nederlandsche helden d. wetenschap (Amsterdam '46) S. 335–51. — L. B. Vanzetti, Biochim. Terap. sperim. **24** ('37) 146–49. — Annu. Pontificia Accad. Sci. **1**, ('37) 268–76 (m. Schr.verz.).

Zum 60. Geb.tag. Physik. Z. **45** ('44) vor S. 1 (m. Bildn. u. Faks.).

Zum 70. Geb.tag. J. M. Kolthoff, J. Polymer Sci. **13** ('54) 2 (m. Bildn.). — M. v. Laue, Z. Elektrochem. **58** ('54) 151–53 (m. Bildn.). — K. Wirtz, Z. Naturforsch. **9a** ('54) 368.

Erf. „Debyeflex", Röntgenappar. f. Feinstrukt.-Unters.

H. ● Leipziger Vorträge. Magnetismus (Lpz. '33) 8 + 110 S.

S. ● Handb. Radiol. **6,2** ²(Lpz. '34) 69–204: Theor. d. elektr. Molekulareigensch. (m. H. Sack). — ● Festschr. Heinrich Zangger **2** (Zürich-Lpz.-Stuttg. '35) 877–87: Kompressibilität v. Ionenlösungen. — ● Die Welt d. Strahlen (H. Wolter-eck) (Lpz. '37) 1–66: Grundlagen d. Strahlungsphysik (m. W. Ramm).

W. ● Struktur d. Materie (Lpz. '33) 4 + 50 S. — ● Röntgen u. seine Entdeckg. (Bln '34) 17 S. (Dtsch. Mus., Abh. u. Ber. **6,4**). — ● Kernphysik (Lpz. '35) 34 S. — ● Methoden z. Best. d. elektr. u. geom. Struktur v. Molekülen (Nobelvortr.) (Lpz. '37) 34 S. — ● The collected papers of Peter Debye (New York '54) 722 S.

Ann. Physik. Hochfrequenzverluste u. quasikristalline Strukt. v. Flüssigk.[10]): (5) **28** ('37) 28–34. — Abkühlg. durch adiabat. Entmagnetisierg.: **32** ('38) 85–101. — Fourieranalyse v. interferometr. Messg. an freien Molekülen[9]): **33** ('38) 617–29. — Theor. d. Clusiusschen Trennungsverf.: **36** ('39) 284–94.

Ber. Sächs. Akad. Wiss. Schallwellen als opt. Gitter: **84** ('32) 125–27. — Einfl. d. molekularen Feldes auf d. Verlauf adiabat. Entmagnetisierungsprozesse b. tiefsten Temp.: **86** ('34) 105–14.

Chem. Reviews. Dielektr. Eigensch. reiner Flüssigk.: **19** ('36) 171–82.

C. R. Acad. Sci. Paris. Expériences sur la diffract. de la lumière par des ultrasons[11])[4]): **198** ('34) 922–24.

Indian J. Physics. Note on comparison of electric resistance at low and radio frequencies: **6** ('31) 261f.

J. chem. Physics. Meth. for the determinat. of the mass of electrolytic ions: **1** ('33) 13–16. — Scattering of light by sodium silicate solut.: **17** ('49) 664. — Light scattering by concentrated polymer solut.[2]): **18** ('50) 1423–25. — Electric moments of polar polymers in relat. to their struct.[3]): **19** ('51) 589–94. — Long-lifetime phosdhorescence and the diffus. process[8]): **20** ('52) 236–39. — Distribut. of segments in a coiling polymer molecule[9]): 1337f. — Measurement of self-diffusion in solid polymers [3]) [4]): 1956–58. — Exp. on polymer solut. in inhomogeneous electric fields[6])[7])[1]): **22** ('54) 152f.

J. Franklin Inst. Struct. in electrolytic solut.: **224** ('39) 135–44.

Naturwiss. Kaiser-Wilhelm-Inst. f. Physik: **25** ('37) 257–60.

Nuovo Cimento (N. S.). Dispers. u. Absorpt. polarer Subst.[10]): **14** ('38) 226–31.

Physic. Rev. Relat. between intrinsic viscosity and molecular weight in polymer solut.: (2) **71** ('47) 486. — Study of crystallite sizes in polymers by a light scattering meth.: **81** ('51) 303.

Physik. Z. Zerstreuung v. Licht durch Schallwellen: **33** ('32) 849–56. — Hochfrequenzverluste u. Molekülstrukt.: **35** ('34) 101–06. — Magnet. Meth. z. Erzeugg. tiefster Temp.: 923–28. — Rotationszustand v. Molekülen in Flüssigk.: **36** ('35) 100f. — Dielektr. Sättigg. u. Behinderg. d. freien Rotat. in Flüssigk.: 193f. — Bem. z. Artikel v. Gehrcke: Wie d. Energieverteilg. d. schwarzen Strahlg. in Wirklichk. gefunden wurde: **37** ('36) 439. — Unters. d. freien Elektronen in Metallen m. Hilfe v. Röntgenstrahlen: **38** ('37) 161–65. — Paramagnet. Relaxat.: **39** ('38) 616–18. — Neues Aufnahmeverf. v. Elektroneninterferenzen an einzelnen Molekülen: **40** ('39) 66. — Elektroneninterferenzen an leichten Molekülen nach d. Sektorverf.: 404–06. — Sektorverf. b. d. Aufn. v. Elektroneninterferenzen: 507f. — Unters. eines neuen Vorschlags z. Fourier-Analyse v. Elektronenaufn.: 573–77.

S.-Ber. Preuß. Akad. Wiss. Dielektr. Verluste u. Molekülstrukt.: **1938,** 183–85.

Science [New York]. A note on the phosphorescence of proteins: **116** ('52) 143f.

Science in Progress. Magnetic approach to the abs. zero of temp.: **4** ('47) 150–68.

Stahl u. Eisen. Wege d. modernen Forschg. in d. Physik: **58** ('38) 1–8.

Trans. Faraday Soc. Energy absorpt. in dielectrics with polar molecules: **30** ('34) 679–84.

Verh. Dtsch. physik. Ges. Magnet. Erscheinungen b. tiefsten Temp.: (3) **18** ('37) 124f. — Max Wien †: **19** ('38) 1.

Z. Elektrochem. Elektr. Leitfähigk. v. Elektrolytlösungen in starken Feldern u. b. hohen Frequenzen: **39** ('33)478–82. — Demonstrat. d. Hochfrequenzeffektes b. Elektrolyten[11]): 512f. — Quasikristalline Strukt. v. Flüssigk.: **45** ('39) 174–80.

Z. techn. Physik. Magnet. Meth. z. Erzeugg. tiefster Temp.: **15** ('34) 499–504. — Geburt d. Wirkungsquantums: **19** ('38) 121–23.

Mit: [1]) W. A. Barber; [2]) A. M. Bueche; [3]) F. Bueche; [4]) W. M. Cashin; [5]) F. Coulon; [6]) P. P. Debye; [7]) B. H. Eckstein; [8]) John O. Edwards; [9]) M. H. Pirenne; [10]) W. Ramm; [11]) H. Sack; [12]) F. W. Sears.

I, III, IV **von Dechen,** Heinrich → VIIa/Suppl.

V, VI **von Dechend,** Hermann Albrecht Julius. Physik. — 1934 beeid. Sachverständ. Radiowesen u. Lizenzen, Handelskammer Stuttgart. - Weitere Lebensdaten unbekannt.

*1883, Aug. 27, Kleinenbroich/Rheinl.

Zum 50. Geb.tag. M. Pirani, Z. techn. Physik **14** ('33) 376.

V, VI **Decker,** Herman Gustav Carl. Chem. (org.). — 1888 Dr. phil. U Freiburg/Br.; dann in d. chem. Industr. tätig; '09–14 PDoz. TH Hannover; '14 Prof. U Lausanne; seit '21 in Jena.

*1869, Mai 29, Moskau;
†1939, Mai 11, Lausanne.

Kurzbiogr. ● P. Trommsdorff, Lehrkörper TH Hannover 1831–1931 (Hannov. '31) 25 (m. Bildn.).

Ber. Dtsch. chem. Ges. Destillat. m. Quecksilberdampf u. Bildg. v. Stupp: **67** ('34) 1636–40.

Decker, Peter. Physiol. Chem. — 1935–39 stud. U Jena, '39–40 U München; '42 Dr. rer. nat. U München (H. Wieland); '43 wiss. Mitarb. Labor. II. Med. U Klinik München (A. Schittenhelm u. K. Dirr); dazu '51 Stipendiat d. Dtsch. Forschungsgemeinschaft; '55 Ass. Tä. H Hannover. [Eig. Mitt.]

*1916, April 29, Jalta/Krim.

Sohn v. Herman Decker[VIIa].

Erf. Verf. u. Appar. z. kontinuierl. Gegenstromverteilg., DRP 858986 ('50).

W. ● Untersuchungen in d. Pteridinreihe. Diss. (Münch. '42) 51 gez. Bl. Masch.schr.

Arch. Gynäkol. Papierchromatogr. Unters. üb. d. Ausscheidg. v. Milchzucker im Harn gesunder Schwangerer u. Wöchnerinnen[4])[5]): **181** ('52) 607–10.

Biochem. Z. Nichteiweißstickstoff d. Hefe, 1: Gesamtpuringehalt[2]): **316** ('44) 239–44; ∼ 2: Zusammensetzg. d. Purinfrakt. u. d. Extrakt. d. Nucleinsäuren[2]): 249–54. — Wert d. Wuchshefen f. d. menschl. Ernährg.[2]): 245–48.

Chemiker-Ztg. Papierchromatogr. m. wassermischb. Lösungsmitteln[4]): **74** ('50) 261. — Einf. Entsalzappar. nach Consden, Gordon u. Martin: 268f. — Theor. d. Papierchromatogr.[4]): 273.

Hoppe-Seylers Z. physiol. Chem. Flügelpigmente d. Schmetterlinge, 13: Nachw. u. Best. v. Leukopterin: **274** ('42) 223–30.

Klin. Wschr. Papierchromatogr. Bestimmung d. Aminosäuren im Urin[4])[5]): **29** ('51) 418–20. — Quantitat. Histidin-Best.[4])[1]): 642. — Qualitat. u. quantitat. papierchromatogr. Erfassg. versch. Zucker im Harn[4])[5]): **30** ('52) 350f.

Liebigs Ann. Chem. Flügelpigmente d. Schmetterlinge, 11: Methylierg. u. Molekulargew. v. Leukopterin[6]): **547** ('41) 180–84.

Naturwiss. Präparative Papierchromatogr.: **38** ('51) 287f. — Mehrdimensionale Papierchromatogr.[4])[3]): 288.

Pharmazie. Papierchromatogr.: **8** ('53) 371–78, 477–84.

Z. Lebensmittel-Unters. u. -Forsch. Papierchromatogr. Unters. üb. d. Nichteiweißstickstoff d. Hefe: **94** ('52) 116.

Mit: [1]) H. Breher; [2]) Karl Dirr; [3]) Gertrud Oberneder; [4]) Wolfg. Riffart; [5]) H. Wagner; [6]) Heinrich Wieland.

Deckert, Adalbert Antonius. Methodik d. Math. – 1902–06 stud. TH u. U München; '11 Dr. sc. nat. U Tübingen; '06–08 Physiker b. Steinheil u. d. Dtsch. Museum München; '08–18 Marine-Ing.-Schule Kiel; '18 Prof. Schiffstechn. H Triest; '18–20 Prof. Technol. Gewerbemuseum Wien; '20–24 Referent d. Telegr. Techn. Reichsamtes Berlin; Doz. Math. Verwaltungs-Akad. Berlin; '32–35 Prof. U Wutschang u. Shanghai (Tung Chi); '35–45 Forsch.Arb.; '46–48 Prof. m. voll. LAuftr. U Rostock; '48 Prof. m. LStuhl Pädag.H Berlin; '48 i. R. in Wilhelmshaven. [Eig. Mitt.]
*1884, Juni 12, Kohlhof/Neunkirchen, Saar.

Erf. DRP 204410 ('08) Elektr. Ofen m. Widerstandsheizg. — DRP 205178 ('08) Ablesevorrichtg. f. Gefäß- u. Heberbarometer.

H. ● Lebende Bücher (Wittenb. '21)ff.

S. ● Taschenb. d. drahtl. Telegraphie u. Telephonie (F. Banneitz)(Bln '27)16–48: Mathematik.

W. ● Lehrbuch d. Math. 3 Tle (Bresl. '13). — ● Infinitesimalrechnung **1**: Differentialrechnung (Hildesh.-Lpz. '14) 8+238 S.; **2**: Integralrechnung ('16) 8+229 S.; **3**: Mech. Wärmetheor. ('20) 110 S. — ● Stereometrie (Bresl. '14) 91 S. — ● Trigonometrie (Bresl. '14) 80 S. — ● Einführung in die Vektorrechnung (Kempten-Münch. '16) 6+84 S.; ('24) 8+94 S. (Slg. Kösel 81). — ● Einführung in d. Funkentelegraphie, 1: Physikalische Grundlagen; 2: Sender u. Empfänger (Kempten-Münch. '17–19) (Slg. Kösel 82, 87). — ● Anleitungen u. Lösungen z. Einf. in Algebra u. Planimetrie (Bresl. '17) 36 S. — ● Analytische Geom. (Bresl. '18) 4+239 S. — ● Gleichstrom u. Wechselstrom (Kempten-Münch. '18) 33 S. — ● Einführung in d. sphär. Trigonom. (Wilhelmsh. '18) 64 S. — ● Mechanik (Kempten-Münch. '19) 183 S. — ● Magnetismus u. Elektrizität [2](Kempten-Münch.-Wien '20) 117 S. — ● Einführung in d. Trigonometrie (Kempten '22) 7+86 S. (Lebende Bücher). — ● Logarithmen d. trigonometr. Funkt. u. d. natürl. Zahlen (Kempten '22) 22 S. — ● Über gewöhnl. Differentialgleichungen (Kempten '22) 8+227 S. — ● Planimetrie (Kempten '23) 8+232 S. — ● Einführung in d. Stereometrie (Kempten '23) 7+59, 19 S. — ● Algebra (Kempten '23) 7+122 S. (Lebende Bücher). — ● Tafeln d. Hyperbelfunkt. (m. Ulfilas Meyer) (Kempten '24) 4+78 S. — ● Grundbegriffe d. ebenen Trigonometrie (Bln '27) 75 S. — ● Mathematische Hilfsmittel f. Techniker (m. E. Rother) 2 Bände (Wittenb. '27) 11+254 S. u. 8+128 S. — ● Grundbegriffe d. Technik (Bln '27) 64 S. — ● Aufgaben u. Stoffe d. math. Unterr. an Mittelsch. (m. Albert Wruck) 6 Hefte (Wittenb. '27) Ausg. f. Knaben-Schulen; Ausg. f. Mädchen-Schulen. — ● Grundbegriffe d. ebenen Geom. (Bln '27) 181 S. — ● Rechentafeln (Wittenb. '27) Taf. 1–9. — ● Die sieben Rechnungsarten m. Anwendg. (Bln '27) 221 S. (Anfangsunterr.). — ● Grundlagen d. Raummessg. (Lpz. '29) 71 S. — ● Grundbegriffe d. Chemie (Lpz. '29) 47 S. — ● Kurze Einführg. in d. Grundlagen d. Elektrotechn. (Bln '30) 77 S. — ● Logarithmen d. natürl. Zahlen u. d. Kreisfunkt. (Bln '48) 48 S. — ● Analytische Geom. (Lpz. '41); [2](Füssen '49) 8+184 S. (Lehrb. d. Feinwerktechn. 6). — ● Tafeln d. Exponential-, Hyperbel- u. Kreisfunkt. (m. U. Meyer) (Füssen '56) 84 S.

VI **Dede,** Robert Wilhelm Louis. Chem. (anorg.). – 1932 ao. Prof. U Gießen.
*1884, Aug. 7, Hamburg;
†1951, Aug. 23, Heiligenberg.

HZ. (Red.) Physik. Ber. **15** ('34) – **27** ('48).

Ber. Dtsch. chem. Ges. Innere Molekülverbb.[1]): **67** ('34) 147–53.

Chemiker-Ztg. Aufg. d. Chemikers in d. Balneol.: **58** ('34) 609–11.

Z. analyt. Chem. Oxydat. d. Nickel(II)-hydroxyds u. Kobalt(II)-hydroxyds durch Persulfat[2]): **124** ('42) 25–27.

Mit: [1]) A. Rosenberg; [2]) Hedwig Zieriacks.

I–VI **Dedekind,** Julius Wilhelm Richard → VIIa/Suppl.

IV, VI **Deecke,** Johannes Ernst Wilhelm. Geol. u. Paläontol. – 1907–23 Dir. d. Badischen Geol. Landesanst.; '23 i.R. in Freiburg/Br.
*1862, Febr. 25, Lübeck;
†1934, Okt. 23, Freiburg/Br.

Zum 70. Geb.tag. Deecke-Festschr. (Bln '32) 26+532 S. (Fortschr. Geol. u. Paläontol. **11** ('32) H. 33–37) (m. Bildn. u. Faks.), darin VII–XX: Schr.verz. 1881–1931; XXI–XXIV: C. Schnarrenberger, W. D. als Dir. d. Bad. Geol. Landesanst. — Widmung u. Verz. wiss. Arb. z. Urgesch., Gesch. u. Landeskde 1887–1931 (ergänzte Auswahl): Bad. Fundber. **2** ('29/32) 337–39.

Nekr. Karl A. Grönwall, Förhandl. Geol. Fören. Stockholm **56** ('34) 619f. (m. Bildn.). — W. Soergel, Jahresber. u. Mitt. Oberrhein. geol. Ver. N. F. **24** ('35) XIIIf. (m. Bildn. u. Faks.).

W. ● Geologie rechts u. links d. Eisenb. im Schwarzwald (Freiburg/Br. '32) 12+175 S. (Geol.-geogr. Wanderg. im Schwarzwald 1). — ● Hydrographie d. Dinkelberge b. Basel (Bln-Lpz. '32) 50 S. (Abh. Heidelb. Akad. Wiss. 20). — ● Die mitteleurop. Silices nach Vorkommen, Eigensch. u. Verwendg. in d. Prähistor. (Jena '33) 6+112 S. — ● Die Tektonik des Schwarzw. Grundgebirges (Bln '33) 204 S. (Fortschr. Geol. u. Paläontol. 31).

V, VI **Defant,** Albert Joseph Maria. Meteorol., Geophysik. – 1927–45 o. Prof., Dir. Inst. u. Mus. f. Meereskde U Berlin; '45 o. Prof. u. Dir. Inst. f. Meteorol. u. Geophysik U Innsbruck; '49–50 Gast-

prof. California U (La Jolla, Inst. of Oceanography); '51–54 Gastprof., '54 Hon.Prof. U Hamburg. [Eig. Mitt.]
*1884, Juli 12, Trient.

Autobiogr. [Antrittsrede] S.-Ber. Preuß. Akad. Wiss. Berlin **1936**, XC–XCII.

Kurzbiogr. ● Reichshandbuch Dtsch. Ges. **1** (Bln '30) 301 (m. Bildn.).

Zum 60. Geb.tag. G. Neumann, Ann. Hydrogr. **72** ('44) 219–21. — H. Thorade, Naturwiss. **32** ('44) 165f. (m. Bildn. u. Faks.).

Zum 70. Geb.tag. Festschr. (Wien '54) Arch. Meteorol., Geophysik Bioklimatol. (A) **7**; (B) **6**, 1/2. — A. Schumacher, G. Böhnecke, Dtsch. hydrogr. Z. **7** ('54) 1.

S. ● Aus fünfzig Jahr. dtsch. Wiss. (Bln '30) 371–83: Ozeanogr. — ● Wiss. Ergebn. Dtsch. Atlant. Expedit. „Meteor" 1925–27. **6**, 1, Lfg. 3 (Bln '36) 11 + 123 S.: Troposph.; **6**, 2, Lfg. 2, 55–94: Ausbreitungs- u. Mischungsvorgänge im antarkt. Bodenstrom u. im subantarkt. Zwischenmeer; Lfg. 4, 183–90: Relat. Topogr. einz. Druckflächen im Atlant. Ozean; Lfg. 5 (Bln '41) 191–260: Absol. Topogr. d. physik. Meeresniveaus u. d. Druckflächen sowie d. Wasserbewegg. im Atlant. Ozean; Lfg. 6, Atlas ('36) 7 + 103 Taf.: Schichtg. u. Zirkulat. d. Atlant. Ozeans (m. Georg Wüst); **7**, 1 ('32) 12 + 318 S.: Gezeiten u. inn. Gezeitenwellen d. Atlant. Ozeans. — ● Berl. geogr. Arb. **5** (Bln '33) 10–14: Ferd. v. Richthofen als Begr. d. Inst. u. Mus. f. Meereskde. — ● Polarbuch (Bln '33) 55–84: Eisberge u. Eissicherungsdienst im Nordatlant. Ozean (Das Meer in volkstüml. Darst. 1). — ● Tiefseebuch (Bln '34) 46–63: Ist die Tiefsee in Ruhe? (~3). — ● Wind, Wetter u. Wellen auf d. Weltmeere (Bln '40) 1–27: Ozean u. Atmosphäre (~8). — ● Handwörterb. d. Naturwiss. (Dittler, Joos u. a.) **5** ²(Jena '34) 186–97: Gezeiten (Verf. G. K. Darwin, erg. v. Defant). — ● Länderkundl. Forschung. Festschr. N. Krebs (Stuttg. '36) 52–66: Kaltwasserauftriebsgeb. vor d. Küste Südwestafrikas. — ● Dtsch. Wiss., Arb. u. Aufg. (Bln '39) 177–80: Ozeanogr. — ● Festschr. z. 80. Geb.tag v. Schmidt-Ott (Bln '40): Bedeutg. ozeanogr. Expedit. f. d. Entwicklg. d. wiss. Meereskde 1930–40. — ● Die Gezeiten d. festen Erde, des Meeres u. d. Atmosphäre (Bln '42) 36 S. (Vortr. u. Schr. Preuß. Akad. Wiss. 10). — ● Studienführer Gr. 3: Naturwiss. Einf.-Bd (Heidelb. '43) 41f.: Ozeanogr. — ● Atti Convegno di studi sulla radioaktivitá idroclim. **1** (Merano '48) 53–57: Clima di Merano. — ● J. Johnstone Memorial Vol. Liverpool Univ. '34): Gedanken üb. interne Wellen.

W. ● Ebbe u. Flut d. Meeres (Bln '32) 31 S. (Meereskde 203). — ● Strommessung u. ozeanogr. Serienbeob. d. 4-Länder-Unternehmg. im Kattegat 1931 (m. Theod. K. O. Schubert) (Bln '34) 144 S. (Veröff. d. Inst. f. Meereskde N. F. A, 25). — ● Ozeanographische Arb. d. Vermessungsschiffes „Meteor" in d. Dänemarkstr. u. in d. Irmingersee währ. d. Fischereischutzfahrten 1929, 1930, 1933 u. 1935. **1** (m. G. Böhnecke u. H. Wattenberg) (Bln '36) 152 S. (~ N. F. A, 32). — ● Memorandum conc. the work of the Marine Life Research Progr. Scripps Instn. of Oceanogr. 1950 [Als Ms. gedr.]. — ● Ebbe u. Flut des Meeres, der Atmosph. u. d. Erdfeste (Bln-G.-H. '53) 7 + 119 S. (Verständl. Wiss. 49).

Abh. Preuß. Akad. Wiss. Ozeanogr. Unters. im zentr. u. östl. Teil d. Nordatlant. Ozeans im Frühsommer 1938[3]): **1939**, H. 5, 1–39. — Altair-Kuppe: 40–45. — Durch Niederschl. verursachte Störg. d. Salzgeh. im Ozean u. deren Ausgl. durch Turbulenz[2]): H. 10, 10 S.

Ann. Hydrogr. Erklärg. d. Seiches d. Schwarz. Meeres: **61** ('33) 56–58. — C. G. Rossby, Dynam. station. ozean. Ströme im Lichte d. exp. Stromlehre: **65** ('37) 58–68. — Ozeanogr. Arb. auf d. 1. Teilfahrt d. Dtsch. Nordatlant. Expedit. d. „Meteor" Febr.-Mai 1937: Beih. 6–14. — Druck- u. Stromfeld in Stromsyst.: **67** ('39) 234–42. — Scilla u. Charibdis u. d. Gezeitenströmg. in d. Str. v. Messina: **68** ('40) 145–57. — Int. Golfstrom-Unters. Frühsommer 1938 im Geb. nördl. d. Azoren: Juni-Beih. 3–14. — Lage d. Forschungsschiffes „Altair" auf d. Ankerstat. 16.–20. Juni 1938 u. d. gewonn. Beob.-Mater.: Okt.-Beih. 35 S. — Ozeanogr. Verhältn. währ. d. Ankerstat. d. „Altair" am Nordrand d. Hauptstromstriches d. Golfstromes nördl. d. Azoren: Nov.-Beih. 35 S. — Absol. Berechng. ozean. Ströme nach d. dynam. Verf.: **69** ('41) 169–73. — Dynam. d. äquatorial. Gegenstromes: 249–60. — Thermodyn. Wirkungsgrad d. Atmosph.[2]): **70** ('42) 161–68. — Einf. Beweis d. Clairaut'schen Theorems[2]): **71** ('43) 122f. — Grundl. d. Wasserhaushaltes d. Atmosph. u. Berechng. d. mittl. Austauschkoeffiz. d. spezif. Feuchtigk. aus d. Niederschlagsmenge[2]): 269–73.

Arch. Meteorol., Geophysik, Bioklimatol. (A). Interne Gezeitenwellen u. ihre Stabilitätsbedingg.: **1** ('49) 39–61. — Ansichten üb. d. allg. Zirkulat. d. Atmosph.: 273–94. — Windstau u. Auftrieb an ozean. Küsten: **4** ('51) 296–308.

Beitr. Physik frei. Atmosph. Theoret. Limnol.: **19** ('32) 143–50.

Dtsch. hydrogr. Z. Zwei Hauptprobl. d. physik. Ozeanogr.: **3** ('50) 13–20. — Theoret. Überlegg. z. Phänomen d. Windstaus u. d. Auftriebs an ozean. Küsten: **5** ('52) 69–80.

Dtsch. Lotse. Ebbe u. Flut: **3** ('32) 61–63.

Forsch. u. Fortschr. Ozeanogr. Arb. d. Vermessungsschiffes „Meteor" in d. Dänemarkstr. u. in d. Irmingersee im Febr./März 1933: **9** ('33) 324f. — Aufbau u. Zirkulat. d. Atlant. Ozeans: **12** ('36) 290–93. — Einfl. d. Windes auf d. Massenfeld u. d. Konvektionsströme im Meer: **21/23** ('47) 24f.

Geofis. pura e appl. Scilla e Charibdi e la marea nello stretto di Messina: **2** ('40).

Geografiska Ann. Einfl. d. Baikalsees auf d. Klima seiner Umgebg.: **17** ('35) 285–99. — Konvekt. u. Eisbereitsch. in polaren Schelfmeeren: **31** ('49) 25–35.

Geol. Rdsch. Aufn.morphol. Einzelh. d. Meeresbodens mitt. d. Echolotes: **30** ('39) 121–31.

Jahrb. Preuß. Akad. Wiss. Abschließ. Ber. üb. d. wiss. Ergebn. d. Dtsch. Atlant. Expedit. d. „Meteor" 1925–27: **1941** ('42) 161–65.

J. Marine Research. Reality and illusion in oceanogr. surveys: **9** ('50) Nr. 471. — Origin of internal tide waves in the open sea: Nr. 478.

Marine-Rdsch. Grundl. d. Theor. d. Gezeiten: **39** ('34) 269–73.

Nature [London]. German North Atlantic expedition: **141** ('38) 214.

Naturwiss. Phänomen d. Scilla u. Charibdis in d. Str. v. Messina: **28** ('40) 729–34. — Herm. Wattenberg z. Gedächtn.: **32** ('44) 370–72. — Stromvorgänge in Meeresstraßen u. ihre Bedeutg. f. d. Tiefenzirkulat. d. Ozeane: **33** ('46) 15–19.

Pädagog. Warte. Gezeitenbeob.: **41** ('34) 914–17.

S.-Ber. Preuß. Akad. Wiss. Abfluß schwerer Luftmassen auf geneigtem Boden nebst Bem. z. Theor. station. Luftströme: **1933**, 624–35. — Äquatorialer Gegenstrom: **1935**, 450–72. — Ozeanogr. Unters. d. „Meteor" in d. Dänemarkstr. u. in d. Irmingersee, 3: **1936**, 232–42. — Erster Tl d. Dtsch. Nordatlant. Expedit. d. „Meteor" Febr./Mai 1937: **1937**, 246–61. — Aufbau u. Zirkulat. d. Atlant. Ozeans: **1938**, 145–71.

Seewart. Ozean u. Atmosph.: **6** ('37) 349–53.

Veröff. wiss. Inst. Kopenhagen. Einfl. d. Reflexionsvermögens v. Wasser u. Eis auf d. Wärmeumsatz d. Polargeb.: **1**, 5 ('42) 7 S.

Z. Geophysik. Gezeitenströme u. inn. Gezeitenwellen d. Atlant. Ozeans: **9** ('33) 63–74. — Dynam. d. antarkt. Bodenstromes im Atlant. Ozean: **11** ('35) 50–55. — Entstehg. u. Erhaltg. d. tropo-sphär. Sprungschicht: **12** ('36) 281–86.

Z. Ges. Erdkunde Berlin. Wiss. Ergebn. d. Dtsch. Südpol-Expedit. d. „Gauss" 1901–03: **1934**, 11–17. — Dtsch. meereskdl. Forschungen 1928–38: **1939**, 81–102. — Physik. Meeresniveau des Atlant. Ozeans: **1941**, 145–63.

Mit: [1]) Günther Böhnecke; [2]) Hans Ertel; [3]) Bjoern Helland-Hansen.

Defant, Friedrich Richard Wolfgang. Meteorol., Geophysik. — Stud. U Berlin, '40 Dr. phil.; '47 PDoz., seit '52 ao. Prof. U Innsbruck; zugl. Leiter d. Wetterdienststelle f. Tirol u. Vorarlberg; '51–53 Gastprof. Dep. of Meteorol. U Chicago. [Ohne eig. Mitt.]
*1914, April 14, Wien.

W. ● Trägheitsschwingungen im Ozean u. in d. Atmosphäre. Diss. (Rudolstadt '40) 66 S. (Veröff. Meteorol. Inst. U Berlin **4**, 2).

Arch. Meteorol., Geophysik, Bioklimatol. (A). Theor. d. Steuerg. u. Spaltg. v. Bodendruckstörg. durch quasi-stationäre Höhendruckverteilung: **1** ('49) 149–232, 464. — Theor. d. Hangwinde, nebst Bem. z. Theor. d. Berg- u. Talwinde: 421–50. — Mittl. meridionales Temp.-Profil in d. Troposphäre als Effekt v. vertikalen u. horizontalen Austauschvorgängen u. Kondensat.-Wärme: **2** ('50) 184–206. — Theor. d. Land- u. Seewinde: 404–25. — Kondensationswärme u. Strahlungsbilanz in einem mittl. Meridionalschnitt d. Troposphäre: **3** ('50) 268–89. — Änderg. d. meridionalen Windprofils durch Kondensationswärme u. Turbulenzvorgänge: **4** ('51) 156–75. — Theor. d. Seiches d. Michigansees u. ihre Abwandlung durch Wirkg. d. Corioliskraft: **6** ('53) 218–41.

I **Degen,** Jakob → VIIa/Suppl.

VI **Déguisne,** Carl. Angew. Physik. — Prof. em. U Frankfurt/M.
*1870, Sept. 16, Barr/Elsaß; †1946, Dez. 30, Frankfurt/M.

VI **Dehlinger,** Ulrich. Physik. — 1934 Abt.Leiter, '38 wiss. Mitgl. KW-Inst. f. Metallforschg.; '39 o. Prof., Dir. Inst. f. theor. u. angew. Physik TH Stuttgart. [Eig. Mitt.]
*1901, Juli 6, Ulm.

S. ● Handbuch Metallphysik (G. Masing) [1](Lpz. '35) 1–180: Gitteraufbau metall. Syst. — ● Die Welt d. Strahlen (H. Woltereck) (Lpz. '37) 240–85: Die techn. Anwendg. d. Strahlen. — ● Handb. Werkstoffprüfg. (E. Siebel) **2** (Bln '38) 1–30: Physik. Grundlagen des metall. Zustandes. — ● Nat. u. Med. Dtschl. 1939–46, **8** (Wiesb. '47) 77–83: Strukt. d. Metalle. — ● Die Techn. Hochschule Stuttgart 1954 (Stuttg. '54) 39–42: Inst. f. theoret. u. angew. Physik (m. Erwin Fues).

W. ● Chemische Physik d. Metalle u. Legierg. (Lpz. '39) 11 + 174 S. (Physik u. Chem. u. ihre Anwendg. in Einzeldarst. 3). — ● Grundbegriffe d. Physik (Stuttg. '49) 219 S.

Ann. Physik. Existenz v. Resistenzgrenzen b. Mischkristallen m. ungeordneter Atomverteilg., [2]): (5) **16** ('33) 100–10. — Theor. d. Umwandlungen v. metall. Mischphasen: **20** ('34) 646–49. — Keimbildg. in wässer. Lösg.[11]): **39** ('41) 226–40.

Arch. Eisenhüttenwes. Auswirkg. d. Röntgenstrahlenunters. auf d. Entwicklg. d. Metallkde: **7** ('33) 523–26. — Mechanism. v. Ausscheidungen u. Umwandlungen: **10** ('36) 101–07.

Ber. naturforsch. Ges. Freiburg/Br. Fließen d. Metalle: **37** ('42) 184–86.

Metallforschung. Gleiten d. Metallkristalle: **1** ('46) 11–17.

Metallwirtschaft. Mechanism. d. allotropen Umwandlg. v. Kobalt u. Thallium: **11** ('32) 223–25.

Naturwiss. Biol. Grundfragen in physik. Betrachtg.[11]): **30** ('42) 250–53. — Messg. d. reflektierten Röntgenintensität in Abhängigk. v. Grad d. plastischen Verformg. b. Metallen[7]): **31** ('43) 548.

Physik regelmäß. Ber. Aufbau d. Kristalle, 1: **1** ('33) 7–20; ∼2: **5** ('37) 9–22; ∼3[9]): **10** ('42) 35–49.

Physik. Z. Submikroskop. Unterschiede zw. Guß- u. Rekristallisationszustand v. Metallen: **34** ('33) 836–38. — Plastizität u. Mosaikstrukt. b. gegossenen u. bei rekristallisierten Metallen [1]): **35** ('34) 862–64. — Elektronenkonfigurat. d. supraleitenden Metalle: **36** ('35) 892–94. — Gen-Modell[10]): **40** ('39) 67–70. — Gleichgewicht u. Keimbildg. b. Schmelzen u. Erstarren: **42** ('41) 197–203.

Z. Elektrochem. Elektronenaufbau u. Eigenschaft d. Metalle: **38** ('32) 148–54. — Metall. Bindg. als Nebenvalenzbindg.: **46** ('40) 402 f. — Intermetall. Phasen m. teilweise heteropolarer Bindg.: 627–34.

Z. Kristallogr. (A). Linienverbreiterung v. verformten Metallen[5]): **101** ('39) 134–48. — Kristallchem. d. Verbb. v. Typ $MgCu_2$ u. $MgZn_2$[9]): **102** ('40) 377–90.

Z. Metallkunde. Verlauf d. Schmelzkurven im Zustandsdiagr. d. Bronzen: **31** ('39) 17 f. — Gibt es eine wahre Kriechgrenze?: 187–91. — Röntgenograph. Messg. d. Teilchengröße u. d. verborgen elast. Spanng. in kaltverformten Blechen[5]): 231–34. — Entstehg. d. Widmannstättenschen Gefüges in Eisen-Nickel-Meteoriten: **32** ('40) 196–98. — Dauerstandfestigk., Wechselfestigk. u. ihr Zusammenhang m. d. wahren Kriechgrenze: 199 f. — Begründg. einer Rekristallisationstheor.: **33** ('41) 16–20. — Ausbildg. d. Spanng. b. d. Biegg. v. Ein- u. Vielkristallen[3]) [5]) [6]): 233–35. — Thermodyn. d. Kaltaushärtg.[4]): **43** ('52) 227–36. — Vergleich zw. röntgenograph. u. ferromagnet. best. inneren Spannungen: **44** ('53) 136–38. — Physik. Vorgänge b. d. Wechselbeanspruchg.: 240–42.

Z. Physik. Umwandlg. v. festen Metallphasen, 3: **74** ('32) 267–90; ∼4: **79** ('32) 550–57; ∼5:

83 ('33) 832–42; ∼ 6: **105** ('37) 21–35. — Deutg. d. Hume-Rotheryschen Regel f. intermetall. Verbb.: **94** ('35) 231–40. — Kristallstrukt. u. Elektronenkonfigurat. d. Übergangs- u. einwert. Metalle: **96** ('35) 620–33. — Thermodyn. Erweiterg. d. Diffusionsgleichg.: **102** ('36) 633–40. — Verformungsempfindlichk. d. metall. Überstrukt.: **105** ('37) 588–94. — Theor. d. Wechselfestigk.: **115** ('40) 625–38. — Eigenbewegg. in Kristallgittern[5]): **116** ('40) 576–85.

Z. physik. u. chem. Unterr. Diffusion, Entmischg. u. Keimbildg.: **50** ('37) 134–39. — Physik d. Stahlhärtg.: **52** ('39) 129–33.

Z. techn. Physik. Elektronenkonfigurat. d. supraleitenden Metalle: **16** ('35) 498–500. — Spanng. b. Fließen vielkristalliner Werkstoffe: **23** ('42) 140–43.

Mit: [1]) F. Gisen; [2]) Richard Glocker; [3]) Helmut Held; [4]) H. Knapp; [5]) Albert Kochendörfer; [6]) Erwin Lörcher; [7]) H. Schäcke; [8]) Herbert Scholl; [9]) Gustav E. R. Schulze; [10]) Kurt Sommermeyer; [11]) E. Wertz.

Dehm, Richard. Paläontol. u. Geol. — 1926–30 stud. U Erlangen u. U München; '30 Dr. phil. U München (Ferd. Broili, dess. Ass. '32–41); '35–41 Doz. U München ('39 m. J. Schröder Forschungsreise nach Vorderindien u. Australien); '41 Konservator Bayer. Staatssammlg. f. Paläontol. u. histor. Geol.; '41–44 pl. ao. Prof. Paläontol. U Straßburg; '46–48 LAuftr. f. Geol. u. Paläontol. U Tübingen; '49 Geol. TH Stuttgart; '48–50 Hauptkonservator Geol.-paläontol. Inst. U Tübingen; '50 o. Prof. Paläontol. u. histor. Geol. U München u. Dir. d. Bayer. Staatssammlg. f. Paläontol. u. histor. Geol. München. [Eig. Mitt.]
*1907, Juli 6, Nürnberg.

H. Wiss. Nachlaß v. Leonhard Lehner (†1928 Nürnberg): 8 Arb. üb. d. fränk. albüberdeckende Kreide in: Zbl. Mineral. ('33–36) u. Palaeontographica ('37).

S. • Nat. u. Med. in Dtschl. 1939–46, **45**, 2 ('49) 97–102: Australien u. Ozeanien.

Abh. Bayer. Akad. Wiss. Tertiäre Spaltenfüllg. im Fränk. u. Schwäb. Jura: **29** ('35) 1–86 [Hab.-schr.]. — Raubtiere aus d. Mittel-Miocän (Burdigalium) v. Wintershof-West b. Eichstätt in Bayern: **58** ('50) 141 S.

Abh. naturwiss. Ver. Schwaben. Geol. Unters. im Ries. Das Geb. d. Blattes Harburg[1]): **5** ('50) 1–147.

Naturwiss. Geol. Erdalter u. astrophysik. Weltalter: **36** ('49) 166–71.

Neues Jahrb. Mineral., Geol. Paläontol. Geol. Unters. im Ries. Das Gebiet d. Bl. Monheim: **67 B** ('31) 139–256 [Diss.]. — Jüngeres Tertiär in Südbayern als Lagerstätte v. Säugetieren, bes. Dinotherien: **1949**, 1–30. — Oligocän-Miocän-Grenze: 141–46. — Eocän-Oligocän-Grenze: **1950**, 193–200. — Gliederg. d. jungtert. Molasse in Süddtschl. nach Säugetieren: **1951**, 140–52. — Mitteldiluv. Kalktuffe u. ihre Molluskenfauna b. Schmiechen nahe Blaubeuren (Schwäb. Alb): 247–76.

Notizbl. Hess. Landesamt Bodenforsch. Rhenechinus hopstätteri nov. gen. nov. sp., ein Seeigel aus d. rhein. Unterdevon: **81** ('53) 88–95.

S.-Ber. Bayer. Akad. Wiss. Unters. an Cystoideen d. rhein. Unterdevons: **1934**, 19–43. — Ber. üb. eine paläontol.-geol. Reise nach Vorderindien u. Australien[1]): **1940**, 167–73.

Zbl. Mineral. (B). Beob. im ob. Bunten Keuper Mittelfrankens: **1935**, 97–109. — Neue tertiäre Spaltenfüllg. im südl. Fränk. Jura: **1937**, 349–69. — Neue tertiäre Spaltenfüllg. im Fränk. u. Schwäb. Jura: **1939**, 113–24.

12 morphol.-syst. Arb. in: Abh. Bayer. Akad. Wiss. ('51); Neues Jahrb. Mineral. ('32–50); S.-Ber. Bayer. Akad. Wiss. ('34); Vorgeschichtsbl. ('37); Zbl. Mineral. ('34–50). — Populäre Aufs. in: Aus d. Heimat ('51); Bl. Schwäb. Albver. ('50); Schwabenland ('34); Schwäb. Heimat ('50) u. a.

Mit: [1]) Joachim Schröder.

V, VI **Dehn,** Max. Math. — 1921–35 o. Prof. U Frankfurt/M; '39–40 TH Trondheim; '41–42 Ass. Prof. U Idaho; '42–43 Visit. Prof. Illinois Inst. Technol. Chicago; '43–44 Tutor St. John's College, Annapolis/Maryland; '45–52 Black Mountain College, Black Mountain (North Carolina, USA) u. em. Prof. U Frankfurt/M. [Mitt.: Wolfgang Franz[VIIa]]
*1878, Nov. 13, Hamburg;
†1952, Juni 27, Black Mountain/USA.

Biogr. W. Magnus, R. Moufang, Math. Ann. **127** ('54) 215–27 (m. Bildn., Faks. u. Schr.verz.).

S. • Enzykl. der math. Wiss. **3**, 1 (Lpz.-Bln '07) 153–220: Analysis situs (m. Poul Heegard). — • Pascals Repert. d. höh. Math. **2**, 1 (Lpz.-Bln '10) 174–94: Topologie. — • Royal Soc. Edinburgh. Tercentenary Memorial Vol. (Edinburgh '39) 468–78: On Gregory's Vera Quadratura (m. E. Hellinger).

Acta math. [Stockholm]. Kombinator. Topologie: **67** ('36) 123–68. — Gruppe d. Abbildungsklassen (Das arithmet. Feld auf Flächen): **69** ('39) 135–206.

Amer. math. Monthly. Certain math. achievements of James Gregory[1]): **50** ('43) 149–63. — Mathematics 600 BC – 400 BC: 357–60. — Mathematics 400 BC – 300 BC: 411–14. — Mathematics 300 BC – 200 BC: **51** ('44) 25–31. — Mathematics 200 BC – 600 AD: 149–57.

Forh. Norske Vid. Selsk. Bogen u. Sehnen im Kreis, Paare v. Größensyst.: **13** ('40) 103–06.

Jber. Dtsch. Math. Ver. Moritz Pasch: **44** ('34) 120–42.

Mathematics Student. On the approximat. of a funct. by a power series: **15** ('47) 79–82.

Mat. T. (B). Üb. einige neuere Forschungen in d. Grundlagen d. Geom.: **1931**, 63–83. — Üb. Abb.: **1939**, 25–48. — Abb. geschlossener Flächen auf sich: **1950**, 146–51.

Norsk mat. T. Ornamentik: **21** ('39) 121–53.

Quellen u. Stud. z. Gesch. Math., Astron. u. Physik (B). Beziehg. zw. d. Philos. u. d. Grundlegg. d. Math. im Altertum: **4** ('37) 1–28.

Schrift. Hess. Hochsch. Moritz Pasch. Gedenkrede: **1931**, 8 S.

Scientia. Das Mathemat. im Menschen: **52** ('32) 61–74. — Raum, Zeit, Zahl b. Aristoteles v. math. Standpunkt aus, 1: **60** ('36) 12–21; ∼ 2: 69–74.

Mit: [1]) Ernst Hellinger.

von Deines, Ortwin. Chem. (anorg.). – 1920–24 stud., '24 Dr. phil. U Berlin (A. Binz); '24 Ass. Physik.-chem. Inst. U Berlin (M. Bodenstein); '35 Leiter d. wiss. Labor. d. Chem. Fabrik Tempelhof.
*1889, Juni 24;
†1935, März 14, Berlin.

Nekr. M. Bodenstein, Ber. Dtsch. chem. Ges. **68** ('35) 62.

W. ● Derivate d. Oxy-methylen-merkaptans. Diss. (o. O. '24) 51 S. Masch.schr. [Ausz. in: Jahrb. d. Diss. Phil. Fak. Bln 1923/24, S. 330–33].

Asphalt u. Teer. Probl. d. künstl. Herst. v. Trinidadasphalt: **29** ('29) 691f.

Kolloid-Z. Natur d. kolloiden Schwefels: **62** ('33) 145–51.

Naturwiss. Stoffwechsel d. Schwefelbakterien: **21** ('33) 873–76. — Entstehg. d. vulkan. Schwefelablagerg.: **22** ('34) 129–34.

Z. anorg. allg. Chem. Bem. zu Dietzel u. Schlemmer: Unters. üb. d. unterchlorige Säure u. d. Alkalisuperchloride: **149** ('25) 99f. — Zersetzg. v. Thiosulfat durch Salzsäure: **177** ('28) 13–16. — Exp. z. Entstehg. d. Wasserstoffpolysulfide: 124–28. — Konstitut. d. hydroschwefl. Säure[2]): **191** ('30) 340–81. — Amorpher Schwefel: **213** ('33) 183–88. — Schwermetallpolythionate u. ihre Darst.[1]): 209–39. — Zweite monokline u. rhomboedr. Modifikat. d. Schwefels: **214** ('33) 330–36. — Vorg. b. d. Reakt. zw. Schwefelwasserstoff u. schwefliger Säure in wässerigen u. alkal. Lösg. u. ihre präparat. Ausnutzg.: **220** ('34) 337–69.

Mit: [1]) E. Christoph; [2]) G. Elstner.

Deininger, Karl August. Massivbau, Baustatik. – 1918–21 stud. TH Stuttgart; '21–39 b. d. Fa. Wayss u. Freytag, Niederlassung Stuttg., München, Nürnberg, Hamburg; '31 Dr.-Ing. (E. Mörsch), '39 o. Prof. TH Stuttgart. [Eig. Mitt.]
*1896, März 13, Stuttgart.

S. ●Fortschr. u. Forsch. im Bauwesen, R. A. **6** (Bln '42) 17–24: Grundsätzl. zum Bau v. Lehrgerüsten f. weitgespannte massive Bogenbrücken. — ● Die TH Stuttgart 1954. Ber. z. 125-jähr. Bestehen (Stuttg. '54) 95-97: Lehrstuhl f. konstruktiven Ing.-Bau (A) u. Statik (A).

W. ● Entwicklung d. Eisenbeton-Schornsteins in Theorie u. Praxis (Stuttg. '31) 6 + 75 S. — (Mitarb.) ● Emil Mörsch, Die Bemessg. im Eisenbetonbau [5](Stuttg. '50) 11 + 346 S.

Bauen u. Wohnen. Sicherungsmaßnahmen u. Behelfskonstrukt. f. teilweise zerstörte Massivbrücken m. zwei u. mehr Öffnungen: **1** ('46) 130–44. — Massivdecke im Wohnungsbau: **2** ('47) 44–49. — Instandsetzg. v. Stahlbetonbauten: 251–56. — Normung v. Decken aus Fertigbauteilen: 336–38. — Konstruktive Aufg. b. kriegsbeschädigten u. unversehrten Kirchenbauten: **3** ('48) 304–14. — Wiederaufbau d. König-Karls-Brücke b. Stuttgart: 349–58.

Bauwirtschaft. Spannbeton: **6** ('52) 133–38. — Verankerung vorgespannter Betonstähle: **7** ('53) 563–67.

Bau-Ztg. Anwendungsgeb. des Spannbetons: **58** ('53) 119–25.

Beton u. Eisen. Höchster monolith. Eisenbetonschornstein Europas: **31** ('32) 113–16. — Vers. als Grundlage d. Theorie d. Stahlbetons b. Haft-, Schub- u. Scherspannung: **42** ('43) 33–35.

Z. VDI. Spannbeton im Industriebau: **95** ('53) 65–72.

Deiß, Eugen. Chem. (analyt.). – 1925–40 Vorst. d. Abt. anorg. Chem. Staatl. Mat. Prüf. Amt Berlin-Dahlem; '40 i. R., in Berlin lebend. [Mitt.: Bibl. d. Mat. Prüf. Amtes Berlin-Dahlem]
*1875, Sept. 14, Stuttgart;
†1949, Sept. 13, Berlin.

Wiss. Nachlaß z. T. in Bibl. d. Mat. Prüf. Amtes Berlin-Dahlem.

S. ● Materialprüfungswesen (F. W. Hinrichsen) [1](Stuttg. '12) 97–121: Analyse v. Eisen u. Stahl; 159–64: Chem. Unters. d. Eisen- u. Manganerze; (K. Memmler) [2](Stuttg. '24) 161–92: Analyse v. Eisen u. Stahl; 224–44: Analyse d. Erze. — ● Werkstoffe (P. Krais) **1** [1](Lpz. '21) 293–305: Eisen u. Stahl, BVI Chem. Unters.

W. ● Probenahme u. Analyse v. Eisen u. Stahl (mit O. Bauer) [1](Bln '12) 8 + 258 S.; engl. (New York '15); [2]('22) 8 + 304 S.

Arch. Eisenhüttenwes. Verhalten d. Sulfide d. Hochofenschlacke in Zementmörtel u. Beton[4]): **8** ('34) 181–86.

Bautenschutz. Zusammenbruch d. Oderbrücke b. Gartz[4]): **4** ('33) 73–77.

Chemiker-Ztg. Explos. v. Überchlorsäure: **66** ('42) 415.

Kolloid-Z. Runge-Bilder u. Liesegang-Ringe auf Filtrierpapier: **89** ('39) 146–61.

Mitt. Dtsch. Materialprüf.-Anst. Analyse von kupfer-nickel-plattiertem Stahlmaterial[3]): Sonderheft **22** ('33) 32–37.

Vedag-Buch. Beschädigg. an Zinkrinnen u. Vorstoßblechen v. Bitumenpappdächern: **9** ('36) 123–35.

Wiss. Abh. Dtsch. Materialprüf.-Anst. Verhalten v. Steinholz u. ähnl. zusammengesetzten Massen gegenüb. Baustoffen u. Metallen: (1) **1** ('38) 97–102. — Einige durch Verwendg. ungeeigneter Kittmassen aufgetretene Schadensfälle: 103–06. — Verhalten des Zinks an Bauwerken gegenüber atmosphär. Einflüssen: **2** ('41) 31–45. — Zinkkorrosionen u. d. konservier. Nachbehandlg. v. Pappdächern: 46–51. — Chem. Zusammensetzg. v. Zinkkorrosionsprod. in Abhängigk. v. d. Korrosionsursache[2]): **6** ('44) 44–62.

Z. analyt. Chem. Probenahme u. Analyse v. Rotguß u. a. z. Seigerg. neigenden Legierungen[1]): **79** ('29) 47–53. — Seigerg. in einem Silberblock[1]): **92** ('33) 161–65. — Best. v. Tellur im Stahl[5]): **105** ('36) 323–25. — Verhalten d. Überchlorsäure b. analyt. Arb.: **107** ('36) 8–14.

Mit: [1]) Oswald Bauer; [2]) H. Blumenthal; [3]) Walter Böhm; [4]) Heinrich Burchartz; [5]) H. Leysath.

V, VI **Dember,** Harry. Physik. – 1923–33 o. Prof. u. Dir. Physik. Inst. TH Dresden; '33–41 o. Prof. m. LStuhl u. Dir. Physik. Inst. U Istanbul; '42 Lecturer, '42–43 Visiting Prof. Physic.

Inst. Rutgers U, New Brunswick/New Jersey, USA. [Mitt. d. Witwe: Frau Agnes Dember, Pasadena/Calif., USA]
*1882, Juli 11, Leimbach/Mansfeld; †1943, März 22, Highland Park/New Brunswick, New Jersey, USA.

Biogr. • Reichshandb. Dtsch. Ges. **1** (Bln '30) 308 (m. Bildn.).

Nekr. G. Winchester, Science [N.Y.] **97** ('43) 502.

Erf. „Dember-Effekt" (Kristallphotoeffekt).

Naturwiss. Kristallphotoeffekt in klarer Zinkblende: **20** ('32) 758.

Ostasiat. Z. Ostasiat. Zauberspiegel: **9** ('33) 203–07.

Physik. Z. Vorwärtsbewegg. v. Elektronen durch Licht: **33** ('32) 207f. — Temp.-Abhängigk. d. Kristallphotoeffekts[1]): **34** ('33) 284–86.

Rev. Fac. Sci. Univ. Istanbul. Bewegg. d. Erdschattens in d. Atmosph.[2]): **4** ('39) 53–82. — Kristallphotoeffekt in hochisolierenden Kristallen, 1: Zinkblende[2]): 271–81.

Mit: [1]) G. Barth; [2]) Thomas Mendelssohn.

Demole, Viktor Laurent. Neurol., Pharmakol. — 1918 Dr. med. U Genf (M. Askanazy); '35 Prof. Pharmakol. U Lausanne. [Eig. Mitt.]
*1887, April 19, Genf.

S. • Traité de physiol. normale et pathol. (G. H. Roger et Léon Binet) **12** (Paris '40) Art.: E-Vitamine (m. P. Karrer).

W. • Carcinome papillaire primitif de la plèvre. Diss. (Genf '18) 104 S.

Arb. Ung. biol. Forsch.-Inst. Kristallisiertes Carotin in d. Ovarien d. Kuh: **6** ('33) 230f.

Arch. int. Pharmacodynam. Thérap. Rétent. et cumulat. de l'ergostérol irradié: **38** ('30) 535–42. — Stabilité de l'acétylcholine en solut. aqueuse: **39** ('30) 37–40. — Résorpt. du principe oestrogène par voie buccole: **43** ('32) 1–9.

Arch. Suisses Neurol. Psychiatr. Connexions des noyaux dentelés du cervelet: **20** ('27).

Biochem. J. Physiol. act. of ascorbic acid and some related compounds: **28** ('34) 770–73.

Biochem. Z. Vork. v. Ascorbinsäure in Linse u. Kammerwasser[9]): **281** ('35) 80–85.

Bull. Acad. Méd. Jode-fluor-carié dentaire: **7** ('51) 430–39. — Fluor-thyroide-carié dentaire: 440–62. — Etude hydrominéral. des eaux de Sambrancher (F, Ca, Mg): **9** ('53) 146–56.

Cervello. Pharmacodyn. et centres du sommeil: **7** ('28) 22–25.

Dtsch. med. Wschr. Pharmakol. d. Allylisopropylacetylcarbamids (Sedormid „Roche"): **54** ('28) 1166.

Experientia. Valeur diététique du fluor, son effet anticarié: **9** ('53) Suppl. I, 262–79.

Helvet. chim. Acta. Beziehg. d. Carotingehaltes z. Vitamin-A-Wirkg. in versch. pflanzl. Materialien: **13** ('30) 1078–83. — Weitere Beob. üb. d. Beziehg. d. Wachstumsfaktors zum Carotin[2])[14]) [6]): **14** ('31) 831–33. — Antiskorbut. Wirksamk. d. 6-Desoxy-1-ascorbinsäure: **21** ('38) 277–79. — Ester d. α-Tocopherols[5])[12])[13]) [6]): **22** ('39) 65–68.

Helvet. physiol. pharmacol. Acta. p-Aminobenzoesäure als Entgiftungssubst.[8]): **1** ('43) 241–47. — Appareil à respirat. artificielle d'un prix modique: **9** ('51) 47f. — Titrat. de la ouabaïne par la méth. électrocardiogr. chez le cobaye: **10** ('52) C 10–C 12.

Hoppe-Seylers Z. physiol. Chem. Vitamin C u. Ascorbinsäure: **217** ('33) 83–88. — Antithyreotox. Wirkg. v. Ascorbinsäure[4]): **235** ('35) 226–32.

Klin. Mbl. Augenheilkunde. Augenerkrankg. b. einigen Vitamin-E-frei ernährten Ratten[7]): **106** ('41) 238f.

Klin. Wschr. Histochem. d. Zahngewebe; Nachweis d. C-Vitamine im Zahngewebe: **14** ('35) 966f.

Naunyn-Schmiedebergs Arch. exp. Pathol. Pharmakol. Pharmakol.-anatom. Unters. z. Probl. d. Schlafes: **120** ('27) 229–58. — Serumcalcium u. Organverkalkg. unt. d. Wirkg. v. bestrahltem Ergosterin[3]): **146** ('29) 347–60. — Wirkung des D-Vitamins am nebenschilddrüsenexstirpierten Hund: 361–76. — Polyanetholsulfosaures Natrium, ein neues synthet. Mittel z. Hemmg. d. Blutgerinng.[11]): **158** ('30) 211–18.

Probl. Biol. Méd., Basel. Behandlg. d. parathyreopriven Tetanie mittels bestrahlten Ergosterins: **1935,** 429f.

Rev. méd. Suisse rom. Syndromes neuromusculaires précoces et tardifs des rats atteints d'avitaminose E. Caractères différentiels[10]): **60** ('40) 464–76. — Prophylaxie de l'hypovitamine C dans la populat. et l'armée: 953–60.

Schweiz. med. Wschr. Frühjahrsmüdigk., Psychoneurosen u. Vitamin-C-Unterernährg.: **66** ('36) 685–87. — Synth. et titrat. biol. de la vitamine E[6]): **68** ('38) 954–59. — Neuromuskuläre Schädigg. v. Jungtieren E-hypovitaminot. Ratten u. ihre Behandlg. m. synthet. Vitamin E[10]): **69** ('39) 123–25. — Heilg. d. degenerat. Schädigg. d. Uterus d. Ratte durch Tocopherolacetat: **71** ('41) 1251–53. — Fluor et santé générale: **83** ('53) 362.

Strahlentherapie. Serumcalcium u. Organverkalkg. unt. d. Wirkg. v. bestrahltem Ergosterin[3]): **34** ('29) 632f.

Verh. 1. int. Kongr. therapeut. Union. Narcose par voie intraveineuse. Etude pharmacol. de l'allylisopropyl-n-methyl-barbiturate de Na (Narconumal Roche): **1937,** 196–204, 248–50.

Verh. 3. int. Kongr. Neurol. Pénétrat. des vitamines hydrosolubles (B_1, B_2, C) dans le liquide céphalo-rachidien et leur éliminat.[1]): **1939,** 877–84. — Origine périphérique de la paralysie musculaire précoce des jeunes rats atteints d'avitaminose E: 927–31.

Z. Vitaminforsch. Prakt. Skorbutkost Nr. 111 aus Haferflocken u. Trockenmilch: **3** ('34) 89–91. — Verträglichk. d. Lactoflavins: **7** ('38) 138–43. — Pharmakol. üb. Vitamin E (Verträglichk. d. synthet. dl-α-Tocopherols u. seines Acetats): **8** ('39) 338–41. — Tumorbild. Wirkg. d. Weizenkeimöls: 341–47.

Mit: [1]) Henri Bersot; [2]) Hans v. Euler; [3]) Konrad Fromherz; [4]) Franz Ippen; [5]) Otto Isler; [6]) Paul Karrer; [7]) Paul Knapp; [8]) Silvio Markees; [9]) Karl-Hans Müller; [10]) Hilde Pfaltz; [11]) Marcus Reinert; [12]) Bernhart Hans Ringier; [13]) Hans Salomon; [14]) Albert Weinhagen.

IV–VI **Denckmann,** Heinrich Wilhelm Martin August. Geol.
*1860, Mai 6, Salzgitter/Goslar; †1925, März 7, Siegburg/Rheinl.

Nekr. A. Fuchs, Jahrb. Preuß. geol. Landesanst. **46** ('25) LXIII–LXXIX (m. Bildn., Faks. u. Schr.verz. 75 Nr.).

Denecke, Karl Wilhelm Adolf. Tropenhyg., Mikrobiol. – 1925–30 stud., '31 Dr. med. U Leipzig (P. Schröder); '32–34 Ass. U Leipzig, U Münster, Tropeninst. Hamburg; '38–40 Stipendiat d. Notgemeinschaft d. dtsch. Wiss. (Antwerpen, Paris, Fernando Po); Tätigk. als prakt. Arzt; '47 habil. U Münster; '49 Ass. U Erlangen; '50 PDoz. Tropenhyg. U Münster; '53–54 Leiter mikrobiol. Abt. Royal Hospital, Mosul u. Hillah. [Eig. Mitt.]

*1905, April 13, Bösdorf/Elster.

W. ● Casuistischer Beitrag z. Encephalitis lethargica b. Kindern u. Jugendlichen. Ergebn. einer Nachunters. Diss. (Lpz. '31) 103 S. — ● Änderung d. Gesundheitsverhältnisse b. d. Eingeborenen d. trop. Westafrikas durch die Einwirkg. d. Europäer. Hab.schr. (Münster '47) 206 S.

Ann. Parasitol. humaine comparée. Recherches de chimiothérap. sur la strongyloidose des rats[2]): **17** ('39) 200–05.

Arch. Dermatologie Syphilis. Über d. Bedeutg. d. Reagintiters b. d. Wassermannschen Reakt., insbes. m. „Cardiolipin"-Antigen[1])[3]): **190** ('50) 478–85.

Arch. Hyg. Bakteriol. Qualitat. u. quantitat. titrimetr. Serumunters. m. Cardiolipin- u. Kahn-Antigen z. Syphilisdiagnose: **133** ('50) 69–78. — Limnol. Unters. eines Rieselfeld-Filterwassergrabens: **136** ('52) 615–30. — Streptomyceten aus dem Boden eines Modellrieselfeldes: **137** ('53) 126–39. — Die Helminthosen im Irak: **138** ('54) 149–56. — Hygien. Beob. u. Probl. in d. gegenwärt. Mesopotamien: 209–26. — Vorkommen v. Kala-Azar im Irak[4]): 345–48.

Dermatol. Wschr. Komplementbindungsreakt. v. Tuberkelbazillen-, Staphylokokken- u. Streptokokken-Antigenen in Seren Erythematodeskranker: **125** ('52) 73–82.

Z. Immunitätsforsch. exp. Therap. Falsch- u. irreführend-positive Luesreakt. m. menschl. u. tier. Seren: **108** ('50) 266–77. — Bewertg. posit. Luesreakt. in Seren Tbc-Kranker: **109** ('52) 466–74.

Mit: [1]) Maximilian Boeck; [2]) Albert Erhardt; [3]) Wolfgang Möllhausen; [4]) G. L. Pfannemüller.

VI **Denecke,** Walter Paul Heinrich. Metallkunde. – 1929 Stud.Rat in Osnabrück, '42 Leibnizschule in Hannover. [Eig. Mitt.]

*1891, Juni 6, Eilsdorf/Halberstadt.

Gießerei. Ergebn. d. Korrosionsforschg. u. neuere Verf. z. Prüfg. v. Werkstoffen auf Beständigk. gegen Korros. u. Erosion: **20** ('33) 89–93.

Math. u. naturwiss. Unterr. Neue Theorie d. Lösung: **4** ('51/52) 230–38.

Praxis Physik, Chem. u. Photogr. Unterr. Schule. Kristallkeimzahl und Kristallisationsgeschwindigkeit. Eine Einführung in molekulares Geschehen: **1** ('52) 382–87.

Denk, Franz Josef Martin Julius. Math., Pädagogik. – 1916–20 stud. TH u. U München, '21 Prüfg. f. d. höh. Lehramt; '27–30 Gymnas. Pirmasens, '30 Stud.Rat Ob.Realsch. Erlangen; '48–51 LBeauftr. f. prakt. Math. Phil.-Theol. H Regensburg. [Eig. Mitt.]

*1897, Sept. 2, Ingolstadt.

Schriftl. Archimedes **1** ('49) ff.

S. ● Actes du XIme Congrès int. de philos. Bruxelles **6** (Brüssel '53) 197–202: Probl. d. Zweckmäßigk. in d. Natur.

W. ● Anleitung f. Erwachsene z. Umgang m. Geschriebenem u. Gedrucktem (Regensbg. '46) 126 S. — ● Das Probl. d. Bürokratism. im 20. Jhdt. (Regensbg. '48) 24 S. — ● Bibliogr. d. Flugdrachens unt. bes. Berücks. seiner Gesch. ('49) 81 S. Masch.-schr. [vorh.: Bibl. Dtsch. Mus. Münch.; Dtsch. Bücherei Lpz.; Palais de la Découverte Paris]. — ● Die math. Erfindg. m. Ausblicken auf eine allg. Heuristik (Regensbg. '51) 15 S. — ● Algebra (m. Fr. Löwenhaupt) (Münch. '53) 272 S.

Archimedes. Tetraederschwerpunkt u. Affinität: **4** ('52) 17–22. — Vorschlag einer verbesserten algebr. Zeichenschrift: 92f. — Haben d. exakten Wiss. eine soziale Mission?: **5** ('53) 49–53. — Math. Erziehg.: 117–22.

J. reine u. angew. Math. Aufbau d. Permutat. geordnet. Elem.: **176** ('36) 18–24. — Eindeutigk. d. Zerlegg. d. Permutat. geordnet. Elem.: **178** ('37) 127f. — Singularitäten reeller Bogen im R_n[1]): **183** ('41) 69–91. — Gewöhnl. u. signierte Permutat.[1]): **186** ('45) 170–83. — Windungsmonotonie d. Elementarbogen im R_n[1]): **187** ('49) 95–108.

Neues Land. Was haben Math. u. Physik m. Sozialkunde zu tun?: **4** ('52) 16–18.

Physik. Bl. Sprachl. Instrum. d. exakten Wiss.: **8** ('52) 49–54. — Probl. der Zweckmäßigk. in d. Natur: **9** ('53) 481–87.

S.-Ber. physik.-med. Soz. Erlangen. Elem. Punkte höh. Ordng. auf Kurven im R_n: **67** ('35) 1–3. — Zwei mittelalterl. Dokumente z. Fluggesch. u. ihre Deutg.: **71** ('39) 353–63.

Synthese. Sprache, Modell u. Exakth.: **6** ('47/48) 487–94. — Probl. d. exakt. Sozialwiss.: **7** ('48/49) 134–41. — ABC d. Sprache u. ABC d. Gedankens: **8** ('49/50).

Unterr.-Bl. Math. u. Naturwiss. Rechner. Behandlg. d. Tiefenschärfe: **42** ('36) 164–66. — Einf. Nomogramm z. Best. d. Tiefenschärfe: **43** ('37) 114f.

Z. math. u. naturwiss. Unterr. Math. Denken u. sprachl. Werkzeug: **71** ('41) 246–50.

Weitere (popul., pädag., didakt.) Arb. in: Archimedes ('49 ff.), Neues Land ('32), Schule u. Gegenwart ('50f.), Sphinx ('34–38), Unterr.-Bl. Math. u. Naturwiss. ('36–41).

Mit: [1]) Otto Haupt.

Denk, Johann Georg Lorenz. Chem. (anorg. u. analyt.). – 1929–35 stud. U Heidelberg, Erlangen, Halle; '35 Dr. sc. nat. U Halle (R. Scholder, dess. Ass. '35–37); '38–41 IG Farben Bitterfeld; '43 Obering. Chem. Inst., '44 PDoz., '55 apl. Prof. TH Karlsruhe. [Eig. Mitt.]

*1908, Nov. 20, Eysölden / Nürnberg.

W. ● Studien üb. Hyposulfit. Diss. (Lpz. '35) 39 S. [auch in: Z. anorg. allg. Chem. **222** ('35) H. 1].

Ber. Dtsch. chem. Ges. Bas. Sulfate d. Cadmiums: **82** ('49) 336–41.

Z. analyt. Chem. Best. v. Cadmium als Sulfid[3]): **130** ('50) 383–90. — Alkalimetr. Best. d. Cadmiums: **136** ('52) 336–44. — Alkalimetr. Best. v. Calcium, Strontium, Barium u. Sulfat: **137** ('52) 99–104. — Alkalimetr. Best.-Meth. v. Kupfer, Quecksilber u. Nickel: **140** ('53) 103–09. — Alkalimetr. Bestimmungsmeth. v. Zink u. Blei[1]): **142** ('54) 357–60.

Z. anorg. allg. Chem. Therm. Zersetzg. v. Cadmiumoxalat[4]): **257** ('48) 145–50. — Bas. Sulfate u. Selenate d. Nickels[4]): **266** ('51) 83–90. — Verbb. v. Quecksilberoxyd m. Erdalkalihalogeniden[4]): 91–97. — Bildg. bas. Salze b. Auflösen v. Aluminium in Salzsäure[2]): **267** ('51) 89–96. — Bas. Sulfate u. Selenate d. Zinks[4]): **268** ('52) 169–76. — 5/6 bas. Aluminiumchlorid u. -sulfat[1]): **269** ('52) 244–48.

Mit: [1]) J. Alt; [2]) L. Bauer; [3]) F. Denk; [4]) Wolfgang Dewald.

Denkhaus, Hans Günter. Techn. Mech. u. Stoffkunde. — 1939–42 stud. TH Berlin; '43–45 Ass. Inst. f. Maschinengestaltung TH Berlin (E. A. Cornelius); '48 Dr.-Ing. TH Braunschweig (O. Föppl, '46–49 dess. Ass.); '49–52 Ob.Ing. u. komm. Leiter Inst. f. mech. Schwingungstechn. TH Karlsruhe; '52 Senior Res. Officer Mech. Engng. Res. Unit des South African Council f. Scient. and Industr. Res., Pretoria. [Eig. Mitt.]
*1920, Aug. 3, Duisburg.

S. ● Hütte. Des Ingenieurs Taschenbuch **2 A** [28](Bln '54) Abschn. 3: Maschinendyn.

Beton- u. Stahlbetonbau. Verhalten v. Spannbetonbalken b. Biegeschwingg.[1]): **47** ('52) 59–62.

Ingenieur-Arch. Werkstoffdämpfg. b. Biegeschwingungen: **17** ('49) 300–07.

J. chem., metallurg. Mining Soc. South Africa. An analysis of the probl. of rock bursts in deep level mining[2]): **55** ('54) 103–24.

Metalloberfläche. Anwendg. d. Oberflächendrückens b. d. Einspanng. v. Probestäben b. Dauerbeanspruchg.: **4** ('50).

Werkstatt u. Betrieb. Veränderg. d. Werkstoffs b. Dauerbeanspruchg. v. gedrückt. u. ungedrückt. Gewinden aus Stahl: **82** ('49) 355–63 [Diss.].

Z. angew. Math. u. Mech. Zu O. Föppl: Günstigste Werte f. d. Oberflächendrücken v. zylindr. Drehstabfedern: **25/27** ('47) 170.

Mit: [1]) Gerhard Dück; [2]) Abraham J. A. Roux.

Deshusses, Jean Jules. Chem. — 1921 stud. U Genf; '30 Dr. sc. phys. U Genf (E. Briner); '47 Chimiste cantonal, Dir. Labor. cantonal de chim. (Inst. d'hygiène); '47 Chargé de cours U Genf. — '54 Prix et Médaille Werder. [Eig. Mitt.]
*1901, März 29, Genf.

W. ● Recherches sur la format. et la décomposit. du cyanogène. Diss. (Genf '30) 47 S.

Helvet. chim. Acta. Analyse par conductibilité. Déterminat. de l'acide phosphor.[3]): **7** ('24) 681–88. — Quelques méth. de dosage de l'arsenic trivalent[3]): **10** ('27) 517–30. — Rech. sur l'act. chim. des décharges électr.[1]): **13** ('30) 629–50. — Analyse et la normalisat. des carbolineums[3]): **15** ('32) 1030–48. — Sels de la guanylurée et de la biguanide[3]): **16** ('33) 783–92.

Mitt. Gebiete Lebensmittelunters. Hyg. [Bern]. Rech. de la farine de riz dans le poivre moulu: **30** ('39) 1 f. — Coloration anormale d'un beurre causée par une variété de B. janthinus[4]): 2–7. — Identificat. des bases organ. entrant dans la composit. des teintures pour cheveux: 10–26. — Identificat. des éthers de l'acide salicyl. et dosage bromométr. de ces éthers[6]): 85 f. — Dosage bromométr. des éthers de l'acide p-oxybenzoique[6]): 88–94. — Présence d'o-toluidine dans cert. teintures pour cuir[6]): **31** ('40) 57–61. — Dosage du fluosilicate de baryum dans les insecticides[3]): 62–65. — Dosage de l'amidon dans les fèces[5]): 249–59. — Dosage du café dans les mélanges de café et de succédanés par la méth. de Tillmans et Hollatz: **32** ('41) 91–95. — Dosage de l'orthotoluidine dans les teintures pour cuir: 176–79. — Réact. et dosage bromométr. de la sulfanilamide: 242–49. — Dosage du p-chloro-m-crésol: 250–54. — Réact. nouv. pour la rech. de l'acide o-chlorobenzoique: **34** ('43) 211–17. — Réact. colorée pour la rech. de l'acide p-chlorobenzoique: **35** ('44) 1–7. — Digestibilité des amidons crus chez le cobaye[5]): 8–13. — Nouv. réact. pour la rech. de l'acide p-chloro-benzoique: **36** ('45) 41–43. — Rech. et dosage du gallate de propyle dans les corps gras[5]): **40** ('49) 221–26. — Dosage des hydrocarbures halogénés dans le blé traité par cert. insecticides[2]): **41** ('50) 39–45. — Dosage des hydrocarbures halogénés dans les cafés sans caféine[2]): 381–84.

Pharmac. Acta Helvet. Réact. pour la rech. des barbitales contenant le radical phényle et cyclohexényle: **19** ('44) 358–60. — Nouv. réact. des barbitur. contenant le radical cyclohexényle: **20** ('45) 199 f. — Réact. de Mohler pour la rech. de l'acide benzoique: **21** ('46) 183–86. — Analyse et appréciat. des eaux de fleur d'oranger: **22** ('47) 208–16. — Analyse et appréciat. des eaux de rose: 320–22.

Mit: [1]) Emile Briner; [2]) Paul Desbaumes; [3]) Louis Deshusses; [4]) Emile Novel; [5]) Joseph Terrier; [6]) Charles Valencien.

V, VI **Dessauer,** Friedrich. Physikal. Grundlagen d. Med. — 1934–37 Prof. Radiol. u. Biophysik U Istanbul; '37 o. Prof. u. Dir. Physik. Inst. U Freiburg/Schweiz, seit '50 zugl. U Frankfurt/M. — Goethe-Plakette d. Stadt Frankfurt/M.; Inh. d. gold. Schlüssels (Amer. Ges. f. Physiotherap.); '51 Dr. med. h. c. (U Frankfurt/M.); '52 Dr. theol. h. c. (U Würzburg). [Eig. Mitt.]
*1881, Juli 19, Aschaffenburg.

Autobiogr. F.D., Einige Erinnerungen aus 50 J. Forscherarb.: Academia Fribourg. **10** ('52) 11–15.

Biogr. ● H. Hartmann, Schöpfer d. neuen Weltbildes (Bonn '52) 291–315 (m. Bildn.). — ● Reichshandb. Dtsch. Ges. **1** (Bln '30) 312 (m. Bildn.).

Zum 70. Geb.tag. B. Rajewsky, Strahlentherapie **85** ('51) 353–61 (m. Bildn.).

Ue. • Henry de Wolf Smyth, Atomenergie u. ihre Verwertg. im Kriege (Basel '47) 352 S.

W. • Philosophie der Technik [3](Bonn '33) 11+181 S. — • Der Fall Galilei u. wir [4](Luzern '43) 83 S.; (Frkf./M. '47) 81 S. — • Wilh. C. Röntgen (Frkf./M. '45) 167 S. — • Weltfahrt d. Erkenntnis [Biogr. Isaac Newtons] (Zürich '45) 4+429 S. — • Seele im Bannkreis d. Techn. (m. X. v. Hornstein) (Olten, Schweiz '45) 288 S. — • L'Energie atomique et ses applicat. (Neuchâtel '48) 300 S. — • Atomenergie u. Atombombe [2](Frkf./M. '48) 294 S. — • Die Teleol. in d. Natur (Münch.-Basel '49) 70 S. (Glauben u. Wissen 3). — • Mensch u. Kosmos (Frkf./M. '49) 231 S. — • Unvergänglicher Humanismus (Aschaffenb. '50) 7 S. (Die Aula 1950, Sonder-Nr.). — • Religion im Lichte d. heut. Naturwiss. (Frkf./M. '50) 49 S. — • Am Rande d. Dinge (Frkf./M. '51) 56 S. — • Die Begegnung zw. Naturwiss. u. Theol. (Frkf./M. '52) 59 S. — • Quantenbiologie (Bln-G.-H. '54) 4+178 S. — • Auf den Spuren d. Unendlichk. (philos. u. naturwiss. Unendlichk.) (Frkf./M. '54) 103 S.

Arch. Meteorol., Geophysik, Bioklimatol. Atmosphär. Pulsat.[2])[8]): **3** (A) ('51) 453-63.

Experientia. Erinnerungen aus d. Entwicklg. d. Röntgentechn.: **1** ('45) 9.

Fortschr. Röntgenstrahlen. Kinematogr. m. Röntgenstrahlen: **56** ('37) 126-31. — Rotationsbestrahlg.[1]): 218-22.

Helvet. physica Acta. Verhalten flüss. Leiter im Magnetfeld[9]): **13** ('40) 343-45. — Dynam. Linse, 1[4]): **14** ('41) 271-80; ~2: 574-82. — Menschl. Standort gegenüb. d. Materie-Energieprobl.: **15** ('42) 108-10. — Demonstrat. üb. d. dynam. Linse[4]): 315. — Elektr. Messg. kleinster atmosph. Druckschwankungen[6]): **16** ('43) 435f. — Mikroschwankungen d. Atmosphärendrucks: **24** ('51) 587-90. — Einfl. schneller Schwerkraftänderung auf die Atmosphäre[5])[7]): **25** ('52) 476f. [auch in: Arch. des Sci. **5** ('52) 97f.].

Schweiz. Rdsch. Weltraumstrahlg.: **40** ('40/41) 610-24.

Strahlentherapie. Neue Aufgaben d. Biophys.: **47** ('33) 17-24. — Strahlg. u. Ladg. in d. Atmungsluft: **55** ('36) 614-32. — Theoret. Grundlagen d. Kurzwellentherap.: **57** ('36) 582-92. — Vers. m. d. Rotationsbestrahlg.[3])[1]): **60** ('37) 546-56. — Bestrahlungsreakt. kolloider Syst.: **94** ('54) 29—44.

Z. Naturforsch. Bem. üb. Distanzkräfte zw. kolloiden Schwebeteilchen, insbes. großen Molekülen: **4b** ('49) 313-18.

Z. Physik. Quantenphysik d. biol. Röntgenstrahlenwirkg.: **84** ('33) 218-21.

Mit: [1]) Mutherem Gökmen; [2]) W. Graffunder; [3]) Kurt Lion; [4]) Franz Meier; [5]) André Mercier; [6]) L. Saxer; [7]) Edith Schaffhauser; [8]) J. Schafhauser; [9]) Bonav. Thürlemann.

I **Detharding,** Georg sen. → VIIa/Suppl.

I **Detharding,** Georg jun. → VIIa/Suppl.

Dettmar, Georg Max Richard. Elektrotechn. — 1891 Ind. Praxis; 1905-20 Generalsekr. Verb. Dtsch. Elektrotechn. Berlin; '20-36 o. Prof. f. elektr. Anlagen, elektr. Bahnen u. elektr. Kraftübertragg. TH Hannover; '37 i. R. in Bückeburg. — '18 Dr.-Ing. e. h. (TH Berlin). [Mitt.: Karl Humburg VIIa] *1871, Okt. 14, Ohlau/Schles.; †1950, Okt. 25, Bückeburg.

Zum 70. Geb.tag. Elektrotechn. Z. **62** ('41) 877f. (m. Bildn.).

Nekr. K. Humburg, Elektrotechn. Z. **71** ('50) 666 (m. Bildn.).

Biogr. • P. Trommsdorff, Lehrkörper TH Hannover ('31) 86 (m. Bildn.).

H. • Normalien, Vorschr. u. Leitsätze d. VDE [4-10](Bln '09-21). — • Statistik d. Elektriz.-Werke in Dtschl. (Bln'13). — • Dtsch. Kalender f. Elektrotechniker (Bln-Münch. '14-28). — • Österr. Kalender f. Elektrotechn. (Bln-Wien-Münch. '13-26). — • Elektrowärme-Jahrb. 1931 (Bln '31) ff.

MHZ. Elektr. Kraftbetriebe u. Bahnen **20** ('22). — Elektr. Betrieb **21** ('23) — **23** ('25).

S. • Dtschl. unter Kaiser Wilhelm II. **2** (Bln '14) 559-78: Elektrizitätsind. unt. Wilhelm II. — • 11. Hannov. Hochschultag d. Hannov. Hochschulgemeinsch. (Bln '30) 21-35: Elektrizitätsversorgg. Dtschl.

W. • Elektrizität im Hause (Bln '11) 7+217 S. — • Erläuterung z. d. Maschinennormalien, Anschlußbedingg. v. Motoren u. Klemmenbezeichng. [3](Bln '11) 116 S.; [4]('14); [5]('16) 175 S. — • Erläuterung zu d. Regeln f. Maschinen u. Transformatoren (auch auf Bahnen u. anderen Fahrzeugen), Anschlußbedingg. u. Klemmenbezeichng. [6](Bln '25) 7+234 S.; [7]('30) 8+410 S. — • Erläuterung zu d. Vorschr. f. d. Konstrukt. u. Prüfg. v. Installationsmaterial, z. d. Vorschr. f. d. Konstr. und Prüfg. v. Schaltapp. f. Spanng. bis einschl. 750 V (Bln '15) 201 S. — • Beseitigung d. Kohlennot unt. bes. Berücks. d. Elektrotechn. (Bln '20) 112 S. — • Gutachten üb. d. Stromversorgg. d. Berliner Stadt- u. Ringbahn nebst Vorortstrecken (Hannov. '26) 20 S. — • Wegweiser f. d. vorschriftsmäß. Ausführg. von Starkstromanl. [1](Bln '27) 6+302 S.; [2]('32) 6+372 S. — • Auskunftsbuch üb. d. vorschriftsmäß. Unterhaltg. u. Betriebsführg. v. Starkstromanlagen [1](Bln '28) 6+273 S.; [2]('32) 7+285 S. — • Entwicklung d. Starkstromtechnik in Dtschl. **1** (Bln '40) 333 S.

Dinglers polytechn. J. Neue Vers. üb. Lagerreibg. nebst neuer Berechnungsmeth. ders.: **315** ('00) 88-95.

Elektr. Betrieb. Lage d. Elektrizitätserzeuger u. Verbraucher: **22** ('24) 169-72. — Wichtigste Änderg. nach d. Verbandsbest. betr. Masch. u. Transformatoren: 193-97. — Bedeutg. d. Leipz. Techn. Messe f. d. Betriebsleiter ind. elektr. Anlagen: **23** ('25) 199-201. — Entwicklg. d. dtsch. Elektrizitätswerke seit 1913[1]): 221-24. — Ausgl. d. Einzellasten b. Elektrizitätswerken: **24** ('26) 9f., 19-25, 31-34. — Notwendigk. öffentl. Akkumulatoren-Lade- bzw. Austauschstellen f. Elektrofahrzeuge: **35** ('37) 61-63.

Elektr. Kraftbetriebe u. Bahnen. Zusammenhang zw. Stromkosten u. Benutzungsdauer: **6** ('08) 141-45. — Wirtschaftl. Bedeutg. d. öffentl. Elektrizitätswerke Dtschl.: **8** ('10) 261-65, 290-94, 323-30.

Elektrotechn. Z. Zusätzl. Eisenverlust in elektr. Maschinen: **19** ('98) 252-55. — Trenng. v. Hysteresis-Foucaultstrom- u. Reibungsverlusten in elektr. Maschinen: **20** ('99) 203-05, 218-20. — Reibungsverluste in elektr. Maschinen: 380-83, 397-400. — Günst. Dimensionierg. d. Stromabnehmer b. Schleifring u. Kollektoren: **21** ('00) 429–36. — Notwendigk. d. Aufstellg. v. Normen f. d. Best. u. Angabe v. Leistg., Erwärmg. u. Wirkungsgrad elektr. Maschinen: 727–33. — Verteilg. d. Kraftlinien b. Nutenankern v. Gleich- u. Wechselstrommaschinen: 944–48. — Erläuterg. zu d. Normalien z. Prüfg. v. elektr. Maschinen u. Transformatoren: **22** ('01) 499–506. — Erläuterg. zu d. Änderg. u. Ergänzg. d. Normalien f. elektr. Maschinen u. Transformatoren: **23** ('02) 489–91. — Appar. z. Unters. v. Lagerölen u. Lagermetallen: 741–45. — Beziehg. d. Elektrotechn. zu d. anderen Zweigen d. Techn.: **26** ('05) 334–36. — Beeinflussg. d. Gleichstrommaschinenbaues durch Einführg. d. Wendepole: **27** ('06) 23–25. — Erträgn. v. Elektrizitätswerken in mittleren u. kleinen Städten: 968–73, 989–93. — Erträgn. v. Elektrizitätswerken in größeren Städten u. ihre Beeinflussg. durch d. Stromlieferg. f. eine Bahn: 1111–15, 1212. — Vergl. bzgl. d. Verwendg. v. Elektrizität u. Gas: **28** ('07) 523–27. — Sicherh. elektr. Anlagen bzgl. Feuer u. Leben: 553–57. — Entwurf d. Elektrizitätssteuergesetzes in techn. Beleuchtg.: **29** ('08) 1187–99. — Fortbildg. v. Monteuren u. Wärtern elektr. Anlagen: **30** ('09) 678–82. — Beeinflussg. v. Gasanstalten durch d. Bau eines Elektrizitätswerkes am gleichen Ort: **31** ('10) 577–84. — Gegenwärt. Stand d. Elektrotechn. in Dtschl.: 1017–20, 1036–39. — Entwicklg. d. Anschlußwertes b. Elektrizitätswerken v. 1900–1909: **32** ('11) 487–89. — Elektr. Starkstromanl. Dtschl. u. ihre Sicherh.: **34** ('13) 523–28, 550–55, 588–91, 1152. — Maßnahmen z. Verringerg. d. Verbrauchs elektr. Arb.: **39** ('18) 73–76. — Kennzeichng. d. Freileitg. f. Luftfahrer: **40** ('19) 449–52. — Ausgleich d. Einzelbelastg. b. Elektrizitätswerken (Verschiedenheitsfaktor): **47** ('26) 33–36, 78–82, 100–04, 184–89. — Stromversorgg. d. Berliner Stadt- u. Ringbahn nebst Vorortstrecken: 757–61. — Gleitlager m. verringertem Reibungsverlust: **48** ('27) 175–82. — Ausgl. v. Einzelbelastg. b. Elektrizitätswerken: 668. — Forschungsinst. f. Elektrowärmetechn. an d. TH Hannover: **49** ('28) 649–51. — Elektrizitätsversorgg. Sowjetrußl.: **50** ('29) 665–73, 705–11. — Verwendungsmöglichk. v. Kupferpanzerstahl in d. Elektrotechn.: 1580–85. — Elektrotechn. in China: **52** ('31) 199–204. — Öffentl. Elektrizitätsversorgg. wenig entwickelter Länder: **54** ('33) 225–57, 281–84, 379f. — Bedeutg. d. Ebenh. v. Platten u. Topfböden f. d. Wirtschaftlichk. d. Kochens: 517f. — Entwicklg. u. Aussichten d. Elektrowärmetechn.: 645f. — Neues Verf. z. Messg. d. mittleren Unebenh. v. Kochplatten u. Topfböden: 1216f. — Elektrowärmetechn. in d. letzten 25 Jahren: **57** ('36) 1131–34. — Erhöhg. d. Nachbelastg. v. Elektrizitätswerken durch Speicheröfen: **58** ('37) 357–59. — Bezeichng. b. Meßgeräten: **71** ('50) 624.

Elektrotechn. u. Maschinenbau. Bisher. u. zukünft. Entwicklg. d. Elektrowärmetechn.: **51** ('33) 357–61.

Elektrowärme. Zukunft d. Elektrowärmetechn.: **1** ('31) 35–42. — Prüfg. v. Kochplatten u. Kochtopfböden auf Ebenh.: **3** ('33) 2f. — Wasserspeicherofen m. sehr großer Regelfähigk.: **5** ('35) 280–82.

Elektrowärme-Jahrb. Bisher. u. zukünft. Entwicklg. d. Elektrowärmetechn. in Dtschl.: **1933**, 17–30.

Helios. Elektr. Speicheröfen u. ihre Anwendungsmöglichk.: **42** ('36) 1323–26.

J. Gasbeleucht. Angebl. Gefährlichk. d. Leuchtgases im Lichte statist. Tatsachen: **50** ('07) 1106–08.

Ostasiat. Rdsch. Chines. Elektrizitätsfragen: **12** ('31) 189.

Mit: [1]) Erich Hoffmann.

Dettweiler, Christian Friedrich. Pflanzenphysiol. — 1937–42 stud. U Rostock, Jena, München; '42 Dr. phil. U Rostock (H. v. Guttenberg, dessen Ass. '41–47); '46–47 LBeauftr. Pharmakogn. U Rostock; '48 Gast Inst. Pflanzenschutz LH Hohenheim (B. Rademacher); '49–53 Forsch.Ass. Dtsch. Forschungsgemeinsch. Botan. Inst. TH Stuttgart (H. Ullrich). [Eig. Mitt.]
*1915, Sept. 5, Rostock.

Blutsverw. m. Justus von Liebig VIIa/Suppl.

Erf. Verf. z. Keimungshemmung d. Kartoffel durch Atmungsgifte, insbes. Urethane, DP Anm. 1. 6. 1943 u. 1. 10. 1948; Wachstumshemmg. von Schimmelpilzen durch Narkotica, DP Anm. 1. 10. 1948. — Keimungsstimulierung durch Urethane b. d. Kartoffel.

Kartoffelwirtschaft. Chem. Meth. d. Kartoffelkonservierg.: **1** ('48) Nr. 4.

Planta. Einfluß d. Heteroauxins auf d. Wuchsstoffbildg. in höheren Pflanzen: **33** ('42) 258–77 [Diss.]. — Zusammenhänge zw. Austreiben u. Atmg. b. d. Kartoffelknolle, 1: Keimungshemmg. durch Fermentgifte, insbes. Urethane: **41** ('52) 214–39.

Deubel, Fritz Hugo Franz. Geol. — 1917–22 stud. U Halle, Jena; '22 Dr. phil. U Jena (G. Linck u. W. v. Seidlitz, dess. Ass. '22); '22–24 Ass. U Greifswald (O. Jaekel); '24–34 Landesgeol. Thür. geol. Landesunters.; '25 Mitarb. Preuß. geol. Landesanst.; '34–39 Leiter Thür. geol. Landesunters.; '39–49 Leiter Zweigstelle Thür. d. Reichsamtes f. Bodenforschg. ('45 Geol. Landesanst. d. DDR); '36 LBeauftr., '37 Hon. Prof. angew. Geol., '49–52 Prof. m. LStuhl u. seit '54 Gast-Prof. Geol. U Jena; seit '52 Prof. m. LStuhl Humboldt-U Berlin. — '52 Nationalpreis 3. Kl. DDR. [Eig. Mitt.]
*1898, Sept. 9, Weilar/Kr. Eisenach.

Biogr. F. Stock, Geologie **1** ('52) 367f. (m. Bildn. u. Faks.). — ● Nationalpreisträger 1952 (Bln '53) 157–60 (m. Bildn.).

W. ● Beiträge z. Geol. d. Südostrandes d. Münchberger Gneisgeb. in d. Umgebg. v. Schwarzenbach a. d. Saale (Oberfranken). Diss. 69 S. Masch.schr. [Auszug in: Phil. Fak. Jena, Verzeichn. d. Diss. 1921/22 S. 15f.] [auch in: Zbl. Min. 1923, 394–400, 427–33]. — ● Neue Methoden d. Erdunters. u. ihre Bedeutg. f. d. Prov. Pommern (Greifswald '24) 29 S. — ● Blatt Gräfenthal d. Geol. Karte von Preußen (m. E. Naumann) erl. [2](Bln '29). — ● Blatt Kahla d. Geol. Karte von Preußen (m. E. Naumann, E. Schröder, W. Hoppe) [2](Bln '29) Nr. 2999 = Gradabt. 71, Bl. 8. — ● Blatt Blankenburg d. Geol. Karte von Preußen (m. E. Naumann, E. Schröder) (Bln '30). — ● Geologische Strukturkarte d. Thür. Mulde (m. O. Burre, C. Dietz u. a.)

(Bln '35). — • Geologische Übersichtskarte von Thür. 1:500000 (Gotha '42).

Abh. Dtsch. Akad. Wiss. Zur Frage d. unterird. Abwasserversenkg. in d. Kaliind.: **1954**, H. 3, 1-23.

Abh. Reichsamt Bodenforsch. Geol. Grundlagen u. derzeit. Stand d. Wasserversorgg. in Thür.: N. F. **209** ('44) 165-76.

Arch. Lagerstättenforsch. Eisenerzvorräte Thür.[6]): **58** ('34) 79-97. — Eisenerze d. Thür. Untersilurs[1])[4]): **75** ('42) 140-50.

Beitr. Geol. Thür. Orogenet. u. magmat. Vorgänge im Paläozoikum Thür.: **1** ('25) H. 1, 16-48. — Zwei geol. Exkurs. im mittl. Thür. Wald: **1** ('26) H. 2, 45-50. — Versinkg. d. Ilm u. ihre geol. Ursachen: **1** ('26) H. 3, 17-35. — Bem. über d. Untersilur auf Blatt Gräfenthal: 39f. — Exkurs. durch d. Paläozoikum d. Bl. Gräfenthal[9]): **1** ('26) H. 4, 40-44. — Beziehg. zw. geol. Aufbau u. Wasserversorgung in Thür.: **1** ('28) H. 6, 54-69. — Exkurs. in d. Keuper- u. Jurageb. nordwestl. von Eisenach: 84-86. — Ernst Zimmermann u. seine Verdienste um d. geol. Erforschg. Thür.: **2** ('28) I-XVI. — Herkunft d. Quellen d. unt. Nessetales b. Eisenach: 38-42. — Neuaufschlüsse im thür. Bergbau: **5** ('38) 57-62.— Lehrausflug in d. Verbreitungsgeb. ordoviz. Eisenerze südwestl. Saalfeld. - Lehrausflug in d. ältere Paläozoikum d. Schwarzburger Sattels: **5** ('40) 309-11. — Grundwassergewinng. aus Bohrg. im Thür. Buntsandstein: **6** ('40) 25-30.

Bergbau u. Energiewirtsch. Erdgasvork. in Thür.: **1** ('48) 26.

Chem. d. Erde. Neues Vork. v. Speckstein am Südostrand d. Münchberger Gneismasse: **5** ('30) 87-95.

Fortschr. Mineral. Lehrausflug d. Dtsch. Mineral. Ges. 1933. (Nutzb. Lagerstätten d. Thür. Waldes): **18** ('34) 3f.

Geologie. Ernst Zimmermann †: **1** ('52) 210-14. — Ernst Naumann 80 J.: **2** ('53) 231-36. — Erdöl u. Erdgas im Zechstein d. Thür. Beckens: **3** ('54) 804-31.

Metall u. Erz. Neuaufschluß- u. Erweiterungsarb. im thür. Erzbergbau: **33** ('36) 23-25.

Mitt. wasserwirtsch. Verb. Thür. Geol. Grundlagen d. Wasserversorgg. in Thür.: **1927**, 7-19. - Derzeit. Wasserversorgungslage Thür. u. ihre geol. Ursachen: **1940**, 18-26.

Wiss. Ann. Entwicklung u. Bedeutung d. geol. Kartenwesens: **3** ('54) 174-84.

World Petrol. Congr. London. Geol. Grundlagen f. d. Bildg. v. Erdöllagerstätten im mitteldtsch. Zechstein: Preprint **120** ('33) 1-5.

Zbl. Mineral. Rogensteingeschiebe v. Treptow (Tollense) in Vorpommern: **1924**, 241-45.

Z. Dtsch. geol. Ges. Erdölhöffigk. Thür.: **84** ('32) 389-95. — Lehrausflüge vor u. nach der Hauptversammlg. d. Dtsch. Geol. Ges. in Jena: 741-43. — Ernst Zimmermann †: **102** ('50) 129-33.

Z. Geophysik. Seismik, 1[8])[7]): **3** ('27) 106-18.

Mit: [1]) Georg Berg; [2]) Otto Burre; [3]) Curt Dietz; [4]) Hans R. v. Gaertner; [5]) Walter Hoppe; [6]) O. Kästner; [7]) Hans Martin; [8]) Otto Meißer; [9]) Ernst Naumann; [10]) Gerhard Richter-Bernburg; [11]) Eckart Schröder.

Deubner, Alexander Lindley. Physik. – 1922 stud. U Freiburg/Br., '24 U München; '27 Dr. phil. nat. U Freiburg/Br. (G. Mie); '32-36 Ass. U Berlin (W. Nernst, A. Wehnelt), '37-41 KW-Inst. Physik Berlin-Dahlem (P. Debye), '45-48 U Berlin (C. Gerthsen); '38 Dr. habil., '46 Doz., '48 Prof. m. LAuftr. u. '50 Abt.Leiter am 1. Physik. Inst. Humb.-U Berlin; '52 Prof. m. LStuhl Physik Landwirtsch.-Gärtn. Fak. U Berlin. [Eig. Mitt.]
*1905, April 28, Bonn a. Rh.

Ann. Physik. Dielektrizitätskonst. sehr verdünnter Elektrolytlösungen: (4) **84** ('27) 429-56 [Diss.]. — Präzisionsmeth. z. Vergl. v. Elektrolytwiderst. b. Hochfrequenz: (5) **5** ('30) 305-24. — Widerstandsänderung dünner Metallschichten durch Aufladg.: **20** ('34) 449-62 [Hab.schr.]. — Leitfähigkeitsmessg. an hochverdünnten wässer. Elektrolytlösungen[3]): (6) **9** ('51) 213-24.

Naturwiss. Nachw. d. Widerstandsänderg. dünner Metallschichten durch Aufladg.: **22** ('34) 239. — Vers. m. zwei aufeinandergepreßten Metallschichten: **23** ('35) 575.

Physik in regelmäß. Ber. Thermodyn. u. Elektrophysik flüss. Elektrolytlösg., 2: **8** ('40) 97-112.

Physik. Z. Empfindl. Meth. z. Vergl. v. Elektrolytwiderst. b. Hochfrequenz: **30** ('29) 946-48. — Hochfrequenzleitfähigk. v. Elektrolyten auf kalorimetr. Wege: **33** ('32) 223-27. — Niederfrequenzleitfähigk. v. Mischungen wässer. Elektrolytlösg.[2]): **36** ('35) 139-42, 232. — Neues einf. Magnetometer f. mittl. bis stärkste Felder: **39** ('38) 716-18. — Wien-Effekt d. inneren Reibg. v. Elektrolyten: **41** ('40) 110f.

Z. Physik. Absorptionsspektr. d. Wasserstoffs, 2[1])[4]): **98** ('35) 181-97.

Z. techn. Physik. Neues niederohmig. Galvanometer m. kurzer Einstelldauer: **11** ('30) 163-65.

Mit: [1]) Hans Beutler; [2]) Albert Dobenzig; [3]) Ruth Heise; [4]) Heinz Otto Jünger.

Deuel, Hans Erwin. Chem. (hochmolek.). – 1934-39 stud., '43 Dr. sc. nat. ETH Zürich (H. Pallmann, dess. Ass. '39-49); '47 PDoz., '49 o. Prof. Agr.-Chem. ETH Zürich. [Eig. Mitt.]
*1916, Mai 4, Leipzig.

S. • Traité de chim. végétale (Brunel) **3** (Tourcoing '48) 169-205: Matières pectiques.

W. • Kolloidchemische Unters. an Pektinstoffen. Diss. (Zürich '43) 98 S. [auch: Ber. Schweiz. botan. Ges. **53** ('43) 219-316].

Chimia [Zürich]. Chem. u. Physik d. Pektinstoffe[16]): **1** ('47) 27-56.

Clay Minerals Bull. Organic derivates of clay minerals: **1** ('52) 205-14.

Experientia. Einwirkg. v. Chlordioxyd auf Pektinstoffe[16]): **1** ('45) 89f. — Wasserdurchlässigk. v. Hydrogelen[16]): 325f. — Einfluß v. Carubin u. Flohsamenschleim auf d. mech. Eigensch. v. Agar-Agar-Gelen[10])[17]): **6** ('50) 138f. — 100 Jahre Ionenaustausch[9]): 445-56. — Kontaktaustausch an Ionenaustauschern[2])[17]): **7** ('51) 294f. — Selektive Ionenaustauscher für Fe^{+++}[19]): **10** ('54) 137f.

Helvet. chim. Acta. Oxydat. Abbau v. Pektin in wässer. Lösg.: **26** ('43) 2002-25. — Viskosität wässer. Lösungen von Pektinstoffen[18]): **28** ('45) 1089-1110. — Einwirkg. v. Formaldehyd auf Pektinstoffe: **30** ('47) 1269–85 [Hab.schr.]. — Glykolester d. Pektinsäure: 1523–34. — Quellg. v. vernetzten Pektinstoffen versch. Veresterungsgrades[10]: **33** ('50) 10–13. — Koagulat. v. Natriumpektinaten[2]: 559–62. — Salzbrücken zw. Makromolek. v. Polyelektrolyten[10][2]: 563–67. — Enzymat. Abbau v. Carubin, d. Galactomannan aus Ceratonia siliqua L.[13][10]: 942–46. — Geliervermögen v. Polygalacturonsäuremethylester[10][13]: 1226–28. — Org. Deriv. v. Tonmineralien[10][12]: 1229–32. — Verhalten lösl. Polyelektrolyte gegenüber Ionenaustauschern[17][2]: 2171–78. — Mechanism. d. sauren Dekarboxylierg. v. Hexuronsäuren[10]: **34** ('51) 853–58. — Alkoxy-, Alkyl- u. Arylderiv. d. Montmorillonits[10]: 1697. — Selekt. Reakt. an Ionenaustauschern[17][2][10]: 1849. — Redukt. d. 3,5-Dinitrosalicylsäure d. Zucker[9][4]: 2132–39. — Unters. an acetylierter Pektinsäure[17]: 2242–49. — Aldobionsäure aus d. Samenschleim v. Plantago arenaria Waldst. et Kit.[9]: 2440–45. — Quantitat. Zuckerbest. m. 3,5-Dinitrosalicylsäure u. Phenol[4][9]: **35** ('52) 115–20. — Enzymat. Abbau v. Pektinsäure u. d. Isolierg. v. Oligogalakturonsäuren[1]: 1422–26. — Org. Deriv. von Tonmineralien, 3: Phenylmontmorillonite[10][8]: 1799–1802. — Mechanism. d. enzymat. Abbaues v. Pektinstoffen versch. Veresterungsgrades[17][2]: 2363–67. — Isolierg. v. Tetragalakturonsäure aus enzymat. abgeb. Pektinsäure[1]: **36** ('53) 340–42. — Quantitat. Trenng. v. Oligogalakturonsäuren an Ionenaustauschern[21]: **37** ('54) 657–59. — Konstitut. d. Digalakturonsäure[1]: 770–73. — Ein Polysaccharid im Beerensaft von Vitis vinifera L.[5]: 1392–98.

J. Polymer Sci. Cross linking of sodium alginates by mustard gas[15]: **4** ('49) 755–57. — Stretching of dissolved chain molecules by the introduct. of side groups[15]: 759–61.

Kolloid-Z. Bildg. v. Pektingelen auf kaltem Wege[6]: **117** ('50) 97–102. — Elektrolytkoagulat. v. wasserlösl. Polysacchariden u. anderen Hochpolymeren[17]: **124** ('51) 65–69. — Org. Deriv. v. Tonmineral.: 164–69.

Makromolekulare Chem. Reakt. v. Borsäure u. Borax m. Polysacchariden u. anderen hochmolekul. Polyoxy-Verbb.[15]: **3** ('49) 13–30. — Wasserunlösl. Kupferkomplexe v. Polysacchariden[15]: **4** ('49) 97–100.

Mitt. Gebiete Lebensmittelunters. Hyg. Poids spécif. de l'extrait d. vins[7]: **38** ('47) 5–11. — Best. u. Charakteristik von Pektinen m. Hilfe v. Ionenaustauschern[2][17]: **42** ('51) 91–105. — Best. v. Gesamtpektin durch saure Dekarboxylierg.[10]: 526–31. — Unters. über Pektingehalt einiger Traubenmoste[17][5]: **43** ('52) 303–07. — Klärg. v. Fruchtsäften m. polymeren Basen[20][17]: **45** ('54) 73–84. — Lindstoffe fadenziehender Weine[5]: 222–29.

Nature [London]. Deriv. of pectic acid as models of proteins[15]: **159** ('47) 882f. — React. of boric acid with polysaccharides[15][18]: **161** ('48) 96f.

Phytopathol. Z. Störg. d. Spurenelementhaushaltes d. Pflanzen durch Welketoxine (Literaturbesprechg.): **21** ('54) 537–48.

Rec. Trav. chim. Pays-Bas. Aktivität d. Pektinase[16][14][18]: **65** ('46) 633–40.

Schweiz. landwirtsch. Mh. Tone d. Bodens: **28** ('50) 392–422. — Künstl. Bodenkrümelg.: **30** ('52) 145–52.

Schweiz. Z. Pilzkunde. Boden: **19** ('41) 99–101.

Vjschr. naturforsch. Ges. Zürich. Einfluß v. Heteroauxin auf d. Quellg. v. Membransubst.[3]: **88** ('43) 161–75. — Pektinstoffe u. ihre Eigenschaften[17][1]: **98** ('53) 49–86.

Z. Elektrochem. Selekt. Verh. v. Ionenaustauschern[11][17]: **57** ('53) 172–78.

Mit: [1] Hans Altermatt; [2] Lorenz Anyas-Weisz; [3] Fritz Blank; [4] Eric Borel; [5] Walter Büchi; [6] Walter Eggenberger; [7] Charles Godet; [8] Hans H. Günthard; [9] Fritz Hostettler; [10] Georg Huber; [11] Kurt Hutschneker; [12] Rolf Iberg; [13] Rudolf Leuenberger; [14] Jan Matus; [15] Hans Neukom; [16] Hans Pallmann; [17] Jürgen Solms; [18] Fritz Weber; [19] J. P. Cornaz; [20] Adolf Denzler; [21] R. Derungs.

Deuker, Ernst-August Hermann Gustav. Math. — 1932–37 stud., '43 Dr.-Ing. (G. Prange), '37–46 Ass. TH Hannover (G. Prange u. L. Collatz); '46 Mitarb. D. E. F. A. Paris. [Eig. Mitt.]

*1912, Sept. 19, Wuppertal-Langerfeld.

Dtsch. Math. Grundgleichg. d. klass. Elastizitätstheor. in allg. Koordinaten: **5** ('40) 94–107. — Beitr. z. Theor. endl. Verformg. u. d. Stabilitätstheor. d. elast. Körpers: 546–62.

Ingenieur-Arch. Strenge Lösg. d. Eigenwertaufgabe f. d. Kippstab: **21** ('53) 399–408.

Rev. gén. Hydraul. Ecoulement radial d'un fluide visqueux entre deux disques très rapprochés. Théor. du palier à air, 1,2: **65/66** ('51) 227–34, 285–94.

Z. angew. Math. u. Mech. Stabilität d. elast. Schalen, 1, 2: **23** ('43) 81–100, 169–79 [Diss.]. — Verteilungsfunktionen v. Vektorsummen: **34** ('54) 162–74.

Deuring, Max Friedrich. Math. — 1926 stud., '30 Dr. phil. U Göttingen (E. Noether); '31 Ass. U Leipzig (B. L. van der Waerden); '35 habil. U Göttingen; '38 Doz. U Jena; '43–45 ao. Prof. U Posen; '47 o. Prof. U Marburg; '48 o. Prof. U Hamburg; '50 o. Prof. Math. U Göttingen. [Eig. Mitt.]

*1907, Dez. 9, Göttingen.

MH. ● Enzyklop. math. Wiss. **1**, Lfg. 1, 2 (Lpz. '52); ²(Lpz. '52–54).

MHZ. J. reine u. angew. Math. **187** ('50) – **195** ('54).

S. ● Verh. Int. Math. Kongr. Zürich 1932, **2** ('32) 4f.: Imaginäre quadrat. Zahlkörper u. d. Nullstellen d. Riemannschen Zetafunkt. — ● Ber. üb. Math. Tagg. Tübingen 1946 (Tüb. '46) 62f.: Teilbark.-Eigensch. d. singulären Moduln d. ellipt. Funkt. — ● Nat. u. Med. Dtschl. 1939–46, **2** (Wiesb. '48) 149–62: Algebr. Funktionenkörper u. algebr. Geom. — ● Das Probl. d. Gesetzlichk. **2** (Hambg '49) 25–34: Sinn u. Bedeutg. d. math. Erkenntnisse.

W. ● Algebren (Bln '35) 5+143 S. (Ergebn. Math. 4, 1).

Abh. math. Sem. Univ. Hamburg. Typen d. Multiplikatorenringe ellipt. Funktionenkörper: **14** ('41) 197–272. — Theor. d. ellipt. Funktionenkörper: **15** ('47) 211–61. — Algebr. Begründg. d. kompl. Multiplikat.: **16** ('49) 32–47.

Ann. Math., Princeton. Epstein's zeta funct.: (2) **38** ('37) 585–93.

Arch. Math. Zum Cauchyschen Integralsatz: **1** ('49) 321f.

Comment. math. Helvet. Teilbarkeitseigensch. d. singulären Moduln d. ellipt. Funkt. u. d. Diskrim. d. Klassengleichg.: **19** ('46) 74–82.

Jber. Dtsch. Math. Ver. Anzahl d. Typen v. Maximalordng. einer definiten Quaternionenalgebra m. primer Grundzahl: **54** ('50) 24–41.

J. reine u. angew. Math. Zetafunkt. quadrat. Formen: **172** ('35) 226–52 [Hab.schr.]. — Neuer Beweis d. Bauerschen Satzes: **173** ('35) 1–4. — Hauptsatz d. Algebrentheor.: **175** ('36) 63f. — Einbettg. v. Algebren in Algebren m. kleinerem Zentrum: 124–28. — Arithmet. Theor. d. Korrespondenzen algebraischer Funktionenkörper, 1: **177** ('37) 161–91; ~ 2: **183** ('40) 25–36.

Math. Ann. Verzweigungstheorie bewerteter Körper: **105** ('31) 277–307. — Arithmet. Theor. d. algebr. Funkt.: **106** ('32) 77–102 [Diss.]. — Theor. d. Idealklassen in algebr. Funktionskörpern: 103–06. — Galoissche Theor. u. Darstellungstheor.: **107** ('32) 140–44. — Tschebotareffscher Dichtigkeitssatz: **110** ('34) 414f. — Anwendg. d. Darst. v. Gruppen durch lineare Substit. auf d. Galoissche Theor.: **113** ('36) 40–47. — Automorphismen u. Divisorenklassen d. Ordng. 1 in algebraischen Funktionenkörpern: 208–15. — Strukt. d. ellipt. Funktionenkörper u. d. Klassenkörper d. imaginären quadrat. Zahlkörper: **124** ('52) 393–426.

Math. Z. Imaginäre quadrat. Zahlkörper m. d. Klassenzahl 1: **37** ('33) 405–15. — Theor. d. Moduln algebr. Funktionenkörper: **47** ('41) 34–46. — Invarianten u. Normalformen ellipt. Funktionenkörper: 47–56. — Redukt. algebr. Funktionenkörper nach Primdivisoren d. Konstantenkörpers: 643–54.

Nachr. Ges. Wiss. Göttingen. Theor. d. Normen relativzykl. Körper: **1931,** 199f. — Anzahl d. Typen v. Maximalordng. in einer Quaternionenalgebra v. primer Grundzahl: **1945,** 83–85. — Bürmann-Lagrangesche Reihe: **1946,** 33–35. — Zetafunkt. einer algebr. Kurve v. Geschlechte 1: **1953,** 85–94.

Rend. Sem. Mat. Univ. Roma. Teoria aritmetica della funzioni algebr. di una variabile: (5) **2** ('41) 361–412.

V, VI **Deußen,** Franz Jakob Paul Ernst. Chem. – 1905 PDoz. Chem. u. '30 Sterilisierkunde U Leipzig. [Mitt. d. Sohnes: E. Deußen, Leipzig-Markkleeberg]

*1868, Sept. 28, Sagan;
†1944, Sept. 10, Leipzig.

Biogr. • Bruno Volger, Sachsens Gelehrte (Lpz.-Gohlis '07/08) 21f. (m. Bildn). — Altersbildn. im Pogg.-Archiv.

Arch. Pharmazie. Kopaivabalsam: **270** ('32) 263–76. — Sterilisat. im Apothekenbetriebe, 2: **276** ('38) 27–39.

Deuticke, Hans Joachim. Physiol. Chem. – 1919–22 stud. med. U Halle, Rostock, Königsberg, München, Breslau; '23 Dr. med. U Breslau (H. Küttner); '23–34 Ass. U Frankfurt/M. (G. Embden); '24 wiss. Arb. am Inst. techn.-org. Chem. TH Drontheim, Norwegen; '26–27 Inh. Rockefeller Fellowship am pharmakol. Inst. u. II. chem. Inst. U Wien; '27 Physiol. Inst. U Cambridge, Engl.; '29 PDoz. Physiol. u. physiol. Chem. U Frankfurt/M.; '29 wiss. Arb. physiol. Inst. U Lund, Schweden; '33 Inh. Rockefeller Fellowship am physik.-chem. Inst. U Uppsala, Schweden; '34 PDoz., '36 nb. ao. Prof., '38 b. ao. Prof. U Bonn; '39 b. ao. Prof. u. Inst.-Dir., '46 o. Prof. U Göttingen ('49 Gast am biochem. Inst. U Uppsala). [Eig. Mitt.]

*1898, März 8, Arendsee/Altmark.

MHZ. Pflügers Arch. ges. Physiol. **250** ('48)ff.

S. • Handbuch d. norm. u. pathol. Physiol. **8,** 1 (Bln '25) 442–75: Chem. d. Muskulatur (m. G. Embden, H. Hentschel, H. Jost, E. Lehnartz).

W. • Über Nephrektomie wegen sekundärer Blutg. Diss. (Bresl. '23) 25 S. Masch.schr. [Auszug: (Osterwieck-Harz '23) 2 Bl.]. — • Über Kolloidzustandsänderg. d. Muskelproteine b. Absterben u. b. d. Ermüdg. Hab.schr. (Frkf./M.'29) 56 S.

Angew. Chem. Proteine d. peripheren Nerven: **62** ('50) 169.

Ergebn. Physiol. Nachruf auf G. Embden: **35** ('33) 32–49.

Hoppe-Seylers Z. physiol. Chem. Bedeutg. v. Ionen f. die Muskelfunkt., 7: Wirkg. versch. org. Anionen auf d. Lactacidogenwechsel: **141** ('24) 196–224. — Chemism. d. Totenstarre: **149** ('25) 259–97. — Verlauf d. Milchsäurebildg. bei Tetanus[2)][8)][14)]: **151** ('26) 209–31. — Untersch. im chem. u. biol. Verhalten lebensfrischer Muskulatur versch. Fischarten[2)][14)][15)]: **162** ('27) 155–71. — Isolierg. v. Muskeladenylsäure aus d. Niere[2)]: **190** ('30) 62–66. — Einwirkg. v. Adenosinmonophosphorsäure u. Adenosintriphosphorsäure auf Dehydrierungsvorgänge durch pflanzl. u. tier. Fermente: **192** ('30) 193–216. — Kolloidzustandsänderg. d. Muskelproteine bei d. Muskeltätigk.: **210** ('32) 97–124. — Sedimentationskonst. v. Muskelproteinen: **224** ('34) 216–28. — Vork. einer opt. akt. Phosphoglycerinsäure b. d. Glykolyse in d. Muskulatur[2)][13)]: **230** ('34) 12–28. — Bedeutg. d. Phosphoglycerinsäure f. d. Glykolyse in d. Muskulatur[2)]: 29–49. — Einwirkg. v. Fluorid u. Bromessigsäure auf d. Intermediärvorgänge b. d. Glykolyse in d. Muskulatur[3)]: 50–62. — Chem. Vorgänge b. d. Kompressionsverkürzg. d. Muskels[1)]: **247** ('37) 79–102. — Glykolyse d. Leber[16)]: **251** ('38) 233–57. — Vork. u. Schicksal d. Phosphoglycerinsäure im Herzmuskel[17)]: **254** ('38) 29–38. — Ablauf fermentat. Reakt. unt. hohem Druck[5)]: **256** ('38) 169–83. — Chem. Vorgänge b. d. isoton. u. isometr. Kompressionsverkürzg. d. Muskels[6)]: 184–92. — Vork. v. Hexosediphosphorsäure im Skelettmuskel[9)]: **258** ('39) 160–77. — Löslichk. d. Proteine d. Kaltblütermuskels in versch. Extraktionsgemischen[3)]: **284** ('49) 55–78.

Klin. Wschr. Intermediäre Vorgänge bei der Glykolyse in d. Muskulatur[3)][13)]: **12** ('33) 213–15.

Naturwiss. Abderhalden 70 Jahre: **33** ('46) 319f. — Analyse v. Algenlipoiden[13)][4)]: **36** ('49) 60f.

Pflügers Arch. ges. Physiol. Kolloidzustandsänderg. d. Muskelproteine b. Absterben u. bei d. Ermüdg.: **224** ('30) 1–43. — Einfl. d. Hypophyse auf d. Tätigk. d. quergestreiften Muskels: **227** ('31) 24–44. — Einfl. v. Adenosin u. Adenosinphosphorsäuren auf d. isolierten Meerschweinchenuterus:

230 ('32) 537–55. — Einwirkg. v. Adenosinphosphorsäuren auf Dehydrierungsvorgänge durch pflanzl. u. tier. Fermente, 2: 556–62. — Stoffwechsel d. Muskels im Wundstarrkrampf[9])[16]): **248** ('44) 39–49. — Proteine peripherer Nerven [19])[20]): **255** ('52) 46–57.

Proc. Soc. exp. Biol. Med. Influence of thyroid and insulin treatment on lactacidogen synth.[10]): **24** ('27) 559f.

Mit: [1]) Ulrich Ebbecke; [2]) Gustav Embden; [3]) Dorothea Gebers; [4]) Richard Harder; [5]) Franz Harren; [6]) Otto Hasenbring; [7]) H. Hentschel; [8]) Herbert Hirsch-Kauffmann; [9]) Siegfried Hollmann; [10]) Lawrence Irving; [11]) Hans Jost; [12]) Hans Kathen; [13]) Gert Kraft; [14]) Emil Lehnartz; [15]) Hans Perger; [16]) Hans Schaefer; [17]) Helmuth Wagner; [18]) Wilhelm Zens; [19]) Otto Hövels; [20]) Karl Lauenstein.

Deutler, Hermann. Angew. Mech. 1921 25 stud. TH München, '27–31 U Göttingen; '31 Dr. phil. (L. Prandtl), '31–34 Ass. U Göttingen (W. Prager, G. Angenheister); '34–35 Ass. TH München (L. Föppl); '35–39 Gruppenleiter Dtsch. Versuchsanst. Luftfahrt Berlin; '39–45 Abt.-Vorst. Physik. Vers.-Anst. Krupp, Essen; '45–51 Privatgelehrter in Dillingen/Donau; '52 wiss. Mitarb. Eisenbahn-Vers.-Anst. München. [Eig. Mitt.]
*1902, Juli 7, Schretzheim.

Forsch. Ing.-Wes. Kritik d. Kraftflußbegriffes[3]): **12** ('41) 137–42.

Ingenieur-Arch. Biegg. rechteckiger Balken aus sprödem Stoff: **5** ('34) 394–415. — Versuchsmäß. Lösg. v. Torsionsaufg. m. Hilfe d. Seifenhautgleichn.: **9** ('38) 280–82.

Jahrb. Dtsch. Luftfahrtforsch. Günstigste Gestalt d. Hohlkehlen b. verdrehbeanspruchten Wellen[1]): **1937** II, 132–36. — Spannungsopt.: **1938** II, 361–65.

Maschinenbau, Betrieb. Anziehen von Schrauben: **18** ('39) 185–87.

Meßtechnik. Selbsttätige Regelg. d. Belastungsgeschwindigk. b. Zugvers.[2]): **19** ('43) 211–18. — Dehnungsmesser f. 100 mm Meßlänge: **20** ('44) 121f.

Physik. Z. Exp. Unters. üb. d. Abhängigk. d. Zugspanng. v. d. Verformungsgeschwindigk.: **33** ('32) 247–59 [Diss.].

Techn. Mech. u. Thermodyn. Graph. Best. v. Eigenfrequenzen b. mehrgliedr. ungedämpft. Schwingungsanordng.: **1** ('30) 434–38.

Mit: [1]) Alfons Havers; [2]) Bruno Jacoby; [3]) Ruth Moufang.

VI **Deutsch,** Walter. Physik. — 1919–39 Physiker Lurgi Ges. f. Apparatebau Frankfurt/M.; '39–40 Sturtevant Engin. Comp. London; '41–47 Leiter Dr. Rosin Ind. Res. Labor. (Wembley) London; '45 Fellow Inst. Physics. [Mitt. d. Witwe: Frau Alice Deutsch, London]
*1885, Sept. 19, Troppau;
†1947, Okt. 20, London.

Bildn. Pogg.-Arch.

Ann. Physik. Dichteverteilg. unipolarer Ionenströme: (5) **16** ('33) 588–612. — Einfl. hochfrequenter Schwingungen auf d. posit. Spitzenentladg.: **26** ('36) 193–218.

Metall u. Erz. Elektr. Fällg. metallhalt. Staubes aus Industriegasen: **24** ('27) 356–64.

Philos. Magazine. Pseudo-plastic state: (7) **36** ('45) 115–21.

Physik. Z. Koronaströmg. in d. Elektrofiltern: **34** ('33) 448–53.

Deutschbein, Otto. Physik. — 1927–32 stud., '32 Dr. phil. U Marburg (R. Tomaschek); '39–45 Doz. TH München; weitere Daten nicht bekannt.
*1907, Okt. 30, Dresden.

Ann. Physik. Linienhafte Emiss. u. Absorpt. d. Chromphosphore, 1: (5) **14** ('32) 712–28 [Diss. Tl. 1]; ~ 2: 729–54; ~ 3: **20** ('34) 828–42. — Emiss. d. Phosphore[1]): **16** ('33) 930–48. — Fluorescenz Seltener Erden in Lösg., 1[1]): **29** ('37) 311–23. — Exp. Unters. üb. d. Vorgänge b. d. Lichtemiss.: **36** ('39) 183–88 [auch in: Verh. Dtsch. physik. Ges. (3) **20** ('39) 96f.].

Glastechn. Ber. Erschließg. d. Glasstrukt. aus Fluoreszenzbeob.[1]): **16** ('38) 155–63.

Nature [London]. Fluorescence of pure salts of the rare earths[1]): **131** ('33) 473.

Physik. Z. Spektren d. Chroms in Kristallen: **33** ('32) 874–77. — Fluoreszenz d. reinen Salze d. Seltenen Erden[1]): **34** ('33) 374–76.

Verh. Dtsch. physik. Ges. Lumineszenz v. Gläsern: (3) **19** ('38) 3f.

Z. Physik. Deutg. d. linienhaften Emissions- u. Absorptionsspektr. d. Chromphosphore: **77** ('32) 489–504 [Diss. Tl. 2]. — Zusammenhang d. Emissions- u. Absorptionsspektr. d. Salze d. Seltenen Erden im festen Zustand, 1[1]): **82** ('33) 309–27. — Fluoreszenz Seltener Erden in Gläsern: **102** ('36) 772–80.

Mit: [1]) Rudolf Tomaschek.

Deutschmann, Walter. Fernmeldetechnik. — 1905–11 stud. TH München, Danzig, Berlin; '11 Dr. phil. U Berlin; '12/13, '20, '45–50 TH Berlin; '20–39 Obering. Siemens & Halske, München; '50–52 Prof. U Alexandria/Ägypten. [Mitt. d. Witwe: Frau Helene Deutschmann]
*1887, Jan. 6, Stuhm;
†1953, Juni 21, München.

W. ● Volumänderung binärer Gemische. Diss. (Bln '11) 54 S. — ● C. C. I. F. Weißbuch. Fernsprechübertragung (m. C. A. Hartmann) (Bln-Siemensstadt '38) 197 S.

Elektr. Nachr.-Techn. Grundlagen f. d. Beurteilg. v. Fernsprechverstärkern[4]): **3** ('26) 8–21. — Bedeutg. d. Hysterese b. Pupinspulen: **6** ('29) 80–86. — Massekerne: **9** ('32) 421–33.

Elektrotechn. Z. Neuzeitl. Fernsprechverstärkerämter[3]): **47** ('26) 1514–19, 1539–44. — Frage d. Kennzeichng. von Fernsprechübertragungssystemen: **51** ('30) 1543–45.

Funk u. Ton. Phasenlaufzeit u. Gruppenlaufzeit u. ihre Messg.: **2** ('48) 607–21.

Physik. Z. Mechanism. d. Richtwirkg. in Kupferoxydulgleichrichtern[5]): **30** ('29) 839–46.

Telegr.- u. Fernspr.-Techn. Röhrenvoltmeter als Anzeigeinstrum. f. Oberwellen: **18** ('29) 24–26. — Günstige Ausmaße v. Pupinspulenkernen: **20** ('31).

Wiss. Veröff. Siemens-Konz. Flattereffekt b. pupinisiert. Leitg.: **8** ('29) 22–44.

Z. Fernmeldetechn. Zusammenhang zw. Abgleichfehlern u. Selbsterzeugungsgrenze b. Doppelrohrzwischenverstärkern: **6** ('25) 31.

Z. physik. Chem. (A). Spezif. Drehg. opt.-akt. Flüssigk. im reinen Zustande u. in Lösungen: **95** ('20) 385–406. — Dichte u. spezif. Drehg. von Flüssigkeitsgemischen m. einer opt. akt. Komponente: **96** ('21) 428–36.

Z. techn. Physik. Flattereffekt b. pupinisierten Leitungen: **10** ('29) 511–15.

Mit: [1]) Carl Albert Hartmann; [2]) G. Leyh; [3]) H. Nottebrock; [4]) B. Pohlmann; [5]) Walter Schottky.

Déverin, Edouard Louis. Mineral. – 1904–08 stud., '21 Dr. phil. U Lausanne (L. Cayeux); '10–20 Prof. Lycée de Monaco; '20–22 Aufenthalt in Paris b. Prof. Cayeux u. Lacroix; '22 o. Prof. U Lausanne. [Eig. Mitt.]
*1886, Febr. 11, Lausanne.

MHZ. (Red.-Komm.) Schweiz. mineral. u. petrogr. Mitt. **4** ('24) ff.

W. (Réd. franç.) ● Geotechnische Karte der Schweiz. Carte géotechn. de la Suisse 1 : 200000. Hrsg. v. d. Geotechn. Kommiss. der Schweiz. naturforsch. Ges. Bl. 1, Erl. (Bern '34) 65 S.; 3, Erl. ('36) 4+104 S. — ● Etudes pétrogr. des minerais de fer oolithiques du Dogger des Alpes suisses ('45) 8 + 115 S. (Beitr. Geol. Schweiz, geotechn. Ser., Lfg. 13, 2).

Bull. Serv. Carte géol. France. Etude lithol. des Roches Crétacées des Alpes-Maritimes: **26** ('23) Nr. 150, 113 S.

Bull. Soc. Vaudoise Sci. natur. Affleurement de la molasse chattienne[1]): **56** ('29/32) 245. — Dessin des polyèdres et réseaux cristallins en perspect. parall.: 383f. — Contribut. à l'étude cristallogr. des fluoborates: 545–52. — Structures cristall. et géochimie: **58** ('36) 35–50. — Struct. cristall. des métaux et de leurs alliages: 277–90. — Symptômes de métamorphisme précoce dans les roches sédimentaires: format. de silicates authigènes: **59** ('36) 41–44. — Recherches cristallogr. sur les composés à formule symétr. dér. du benzène par substitut. triple ou sextuple: 417–28. — Minéral. des fonds de la tourbière des Tenasses et de quelques dépôts glaciaires du canton de Vaud: **64** ('48) Nr. 271.

Schweiz. mineral. petrogr. Mitt. L'étude lithologique des roches sédimentaires: **4** ('24) 29–50. — Minéraux authigènes dans les roches sédimentaires: **5** ('25) 433f. — Sur la tourmaline authigène dans les roches sédimentaires: **14** ('34) 528. — Liquides nouveaux pour la déterminat. des indices de réfract. par la méth. d'immersion: 529f. — Un cas rare de pseudomorphose : **17** ('37) 530. — Composit. minéral. d'un calcaire à silicates de la bordure du massif de Bergell. Gisements de humites sur territoire suisse: 531. — Origine des ovulites chamosit. dans les minerais de fer oolithiques de la Suisse. Migrat. de la chamosite: **18** ('38) 672f. — Notes de cristallochimie: 673. — Minerais de fer oolithiques du Dogger des Alpes suisses: **20** ('40) 101–16. — Notes de cristallochim., 3: **21** ('41) 336–38. — Roches broyées de la région du Simplon: **22** ('42) 381. — Silicates formés dans le gypse des environs de Viège (Valais): **26** ('46) 278f. — Oolithes ferrugineuses des Alpes et du Jura: **28** ('48) 95–102. — Recherches nouvelles sur les silicates authigènes dans les roches sédimentaires[2]): **29** ('49) 545f.

Verh. Schweiz. naturforsch. Ges. Origine des ovulites chamositiques dans les minerais de fer oolithiques de la Suisse. Migrat. de la chamosite: **119** ('38) 164f. — Notes de cristallochimie, 2: **120** ('39) 51–53.

Mit: [1]) W. Custer; [2]) M. Topkaya.

VI **Dhéré,** Charles Adolphe. Physiol. Chem. — 1900 Prof. Physiol. Fac. Sci. U Freiburg/Schweiz.
*1876, März 5, Paris;
†1955, Jan. 18, Genf.

W. ● La fluorescence en biochimie (Paris '37) 4, 12 + 319 S.

Ann. Physiol. Physicochim. biol. Spektroskop. u. spektrogr. Studium biol. Fluoreszenzen: **8** ('32) 760–81.

Arch. Sci. physiques natur. Sur les bandes d'absorption ultraviolette dites „Bandes de Soret": (5) **23** ('41) 137–65.

Boissiera. Opt. Eigensch. d. Hypericins: **1943**, 423–36.

Bull. Soc. Chim. biol. Spectrochim. de fluorescence des pigments chlorophylliens[4]): **17** ('35) 1385–1413.

Bull. Soc. chim. France. Recherches sur les spectres de fluorescence de quelques hydrocarbures de la famille des rubènes[4]): (5) **2** ('35) 1424–30.

C. R. Acad. Sci. Paris. Sur la fluorescence de la phylloérythrine et sur la struct. de ces spectres de fluorescence: **195** ('32) 336–38. — Sur la porphyrine tégumentaire du Lumbricus terrestris: 1436–38. — Sur les spectres de fluorescence de l'hypéricine et de la mycoporphyrine: **197** ('33) 948–50. — Fluorescence de la pyocyanine synthétique: **198** ('34) 126–28. — Spectres de fluorescence du rubène en solut. benzénique et à l'état solide[5]): **200** ('35) 386–88. — Rayonnement infrarouge qu'émettent par fluorescence des feuilles vertes frappées par la lumière[5]): 1146–48. — Spectres de fluorescence des phénophorbides[6]): 1367–69. — La feuille de Géranium vivante émet un rayonnement de fluorescence qui s'étend dans l'infrarouge jusqu'à λ 830 mμ[2]): **203** ('36) 412–14. — Sur les propriétés de photoluminescence de la flavine synthétique[3]): **206** ('38) 2003–05.

C. R. Soc. Biol. Fluorescence d'une diatomée marine[1]): **108** ('31) 385–87. — Remarques critiques et pratiques sur l'observat. des fluorescences rouges en biol. et en biochim.: 864–67. — Spectres de fluorescence de l'oxypénicilliopsine[3]): **128** ('38) 815–18. — Déterminat. comparative des spectres d'absorpt. et de fluorescence de l'oxypénicilliopsine: **131** ('39) 669–72. — Spectres de fluorescence de deux pigments provenant de Pucerons aphidiens: la lanigérine et la strobinine: 672–74. — Beitr. z. Absorptions- u. Fluoreszenzspektrochem. in d. Gruppe d. Vitamine D[4]): **142** ('48) 17–20.

Pharmaz. Zentralhalle. Fluorescenzreaktionen einiger Sterine, Nebennierenrinden- u. Sexualhormone m. neutralem Methylsulfat[4]): **87** ('48)

83-85 [auch in: C. R. Acad. Sci. Paris **224** ('47) 681-83].

Fortschr. Chem. org. Naturstoffe. Fluoreszenzspektrochem. b. d. Unters. d. biol. Prod.: **2** ('39) 301-41. — Neue Fortschr. in d. Fluoreszenzspektrochem. d. biol. Stoffe: **6** ('50) 311-56.

Helvet. chim. Acta. Bem. z. Elektrodialyse: **27** ('44) 1079f.

Schweiz. Chemiker-Ztg. Fluoreszenzspektrochem. bei d. Unters. org. Prod.: **27** ('44) 164-66.

Schweiz. med. Wschr. Fluoreszenz in d. Mikrobiol.: **68** ('38) 948-51.

Mit: [1]) Eudoxie Bachrach; [2]) Oskar Biermacher; [3]) Vero Castelli; [4]) Ladislas Laszt; [5]) Anne Raffy.

Dialer, Kurt. Chem. Technol. — 1938-46 stud. U Innsbruck, Wien; '47 Dr. phil. U Innsbruck (E. Cremer); '53 PDoz. TH Hannover. [Eig. Mitt.]
*1920, Sept. 15, Zell am See/Österr.

W. ● Untersuchungen üb. d. Syst. Cermischmetall-Wasserstoff. Diss. (Innsbruck '46) 48 S.

Experientia. Molekulargewichtsverteilung von Blutersatzpräpar. aus Polyvinylpyrrolidon[10])[11]): **7** ('51) 96f.

Helvet. chim. Acta. Üb. d. Ester u. Äther d. synthet. Vitamins A[5])[8])[1])[3])[4]): **32** ('49) 489-505. — Charakterisierg. fraktionierter Polyvinylalkohole[9])[6]): **35** ('52) 869-85.

Helvet. med. Acta. Unters. z. Frage d. Bence-Jonesschen Proteinurie u. Proteinämie[7])[2]): **18** ('51) 401-04 [auch in: Praxis **40** ('51) 614].

Makromolekulare Chem. Beziehg. v. Molekulargewicht u. Viskosität b. Polyvinylacetaten[9]): **2** ('48) 271-78. — Molekulargewichtsverteilg. v. Polyvinylpyrrolidon[11]): **6** ('51) 191-96.

Mh. Chem. [Wien]. Cermischmetall-Wasserstoff: **79** ('48) 296-310. — Bildungsfrage b. d. Hydriden d. Seltenen Erden: 311-15.

Z. Elektrochem. Charakterisierg. v. pathol. Serumproteinen m. d. Ultrazentrifuge: **55** ('51) 525-29.

Mit: [1]) Waldemar Guex; [2]) A. Hässig; [3]) N. C. Hindley; [4]) Walter Huber; [5]) Otto Isler; [6]) Franz Patat; [7]) G. Riva; [8]) Alfred Ronco; [9]) Walter Stabentheiner; [10]) Alfred Studer; [11]) Karl Vogler.

VI **Dick,** Julius Hermann Gustav. Astron. — 1922 Ass. (P. Guthnick), '34-46 Observator U Sternw. Berlin-Babelsberg; '36 habil., '42-46 Doz. Astron. U Berlin; '46-48 Forsch.-Beauftr. U Berlin; '48 Observator Sternw. Babelsberg; '49 Leiter d. „Gesch. d. Fixsternhimmels" Dtsch. Akad. Wiss. Berlin; '51 Abt.-Leiter Astron. Recheninst. Dtsch. Akad. Wiss. Berlin. [Eig. Mitt.]
*1891, Dez. 4, Mannheim.

Kurzbiogr. ● Porträtgal. Astron. Ges. (Budap. '31) 18 (m. Bildn.).

W. ● Geschichte d. Fixsternhimmels Abt. 2, **24** [4](Bln '52) 14+64 S. — (Mitarb.) ● Populäre Astron. (Newcomb-Engelmann) [8](Lpz. '48) 10+1017 S.

Astron. Nachr. Meridiankreisbeob. v. 433 Eros: **250** ('33) 81-84. — Beob. v. Eros am 65 cm-Refraktor d. Sternw. Berlin-Babelsberg: **259** ('36) 295-98. — Beob. d. Saturnringes: **261** ('37) 311f. — Bem. z. mikrometr. Parallelbest.: **276** ('48) 117. — Standardkoord. u. Eigenbewegg. d. Perseusbogens f. Äquinox u. Epoche 1950,0: **277** ('49) 73f.

Himmelswelt. Zeitmessg., Schwankg. d. Zeitmaße u. Newtonsche Zeit: **52** ('42) 3-8, 17-22.

Sterne. Beob. d. sekundären Lichts auf d. Saturnring: **17** ('37) 45. — Eros: 264. — Objekt Reinmuth 1937 UB: 284. — Zeitgleichg. u. damit zusammenhäng. Fragen: **26** ('50) 1-6. — 250 Jahre Berliner Sternwarte: 161-71 [engl. C. Friese, 250th anniversary of the Berlin Observ.: Popular Astron. **59** ('51) 524-35]. — Zwei unbekannte Entwürfe Gottfried Schadows zu einem Kopernikus-Denkmal: **28** ('52) 177-81. — Dtsch. Meridianvorhaben in Australien: **29** ('53) 89-94. — Gesch. d. Fixsternhimmels: 129-38.

Sternenwelt. Metr. Uhr: **2** ('50) 225f. — Zeitrechng. d. franz. Revolut.: **5** ('53) 59-61.

Veröff. Univ.-Sternw. Berlin-Babelsberg. Katalog v. 627 Eros-Anhaltsternen 1. Ordng.: **10** ('33) H. 4, 46 S. — Methodik d. Meridiananschlüsse. Zonenbeob. d. Anhaltsterne f. d. Wiederholg. d. AG-Katalogs: **11** ('37) H. 4, 47 S.

Wiss. Ann. Planetoid Eros u. seine Bedeutg. f. d. Best. astron. Konst.: **1** ('52) 219-28. — Nikolaus Kopernikus' De revolutionibus: **2** ('53) 450-59.

Z. Astrophysik. Graph. Verf. z. Integrat. d. Emdenschen Differentialgleichg.: **6** ('33) 207-12.

Weitere Arbeiten in: Naturwiss., Dtsch. Uhrmacher-Ztg., Beob. Zirk. d. Astron. Nachr.

Dickel, Gerhard. Physikal. Chem. — 1933-36 stud. TH, '36-39 U München; '39 Dr. rer. nat. (K. Clusius, dess. Ass. '39-47), '47-50 LBeauftr. physik. Chem., '50 PDoz., '51 Konservator am Physik.-Chem. Inst. U München. [Eig. Mitt.]
*1913, Okt. 28, Augsburg.

Erf. Trennrohr-Verf. nach Clusius u. Dickel.

S. ● Nat. u. Med. Dtschl. 1939-46, **23** (Wiesb. '48) 121-23: 1. 2. 3. Isotopentrenng.; **30** ('48) 7-17: Inakt. Isotope, ihre Trennung u. Anwendg.; 37-41: Thermodiffus. u. Diffusionsthermik; 43-46: Spezif. Wärme von Gasen; 199-204: Adsorpt. u. Desorpt.

W. ● Gasentmischung u. Isotopentrenng. durch therm. Diffus. Diss. (o. O. '39) 60 Bl. Masch.schr. [Auszug u. d. T.: Das Trennrohr, zus. m. K. Clusius in: Z. physik. Chem. **44** B ('39) 397-473]. — ● Thermodynamischer Wirkungsgrad bei Trennverf. u. d. spez. Überprüfg. d. Leistungsfähigkeit d. Münchner Trennrohranlagen. Hab.schr. (Münch. '50) 60 S.

Angew. Chem. Ionenaustauscher als Hilfsmittel im Labor.[5]): **63** ('51) 450-57.

Helvet. physica Acta. Trennrohr, 8: Anreicherung v. C im Methan[3]): **23** ('50) 103-07.

Naturwiss. Neues Verf. z. Gasentmischg. u. Isotopentrenng.[3]): **26** ('38) 546. — Trenng. d. Chlorisotope[3]): **27** ('39) 148. — Trennrohrverf. b. Flüssigk.[3]): 148f. — Isolierg. d. leichten Chlorisotops m. d. Atomgew. 34, 979 im Trennrohr[3]): 487. — Gewinng. v. je 2,5 l d. reinen Isotope ^{20}Ne u. ^{22}Ne nach d. Trennrohrverf.[3]): **28** ('40) 461f. — Abspaltg. eines Gemisches von ^{84}Kr u. ^{86}Kr aus norm. Krypton im Trennrohr[3]): 711. — Reindarst. d. Isotops ^{86}Kr im Trennrohr[3]): **29** ('41) 560. — Reindarst. d. schweren Sauerstoffisotops $^{18}O_2$ u. d. Stickstoffs $^{14}N^{15}N$[1])[3]): **31** ('43) 210. —

 Ziffern vor den Namen verweisen auf die Bände I bis VI

Thermodyn. Wirkungsgrad b. Isotopentrennverf.: **37** ('50) 164f.

Z. Elektrochem. Schmelzpunkt- u. Tripelpunktsdruck v. $H^{35}Cl$ u. $H^{37}Cl$[3]): **45** ('39) 661. — Neue Möglichk. d. Isotopentrenng. mittels Ionenaustauschern: **54** ('50) 353–57. — Anwendg. v. Ionenaustauschern in Gegenstromaustauschsäulen[2]): **57** ('53) 201–07. — Kinetik d. Ionenaustausches an Harzaustauschern[4]): 901–08.

Z. physik. Chem. (A). Trennrohr, 5: Darst. d. Isotops ^{18}O[3]): **193** ('44) 274–86.

Z. physik. Chem. (B). Trennrohr, 1: Grundlagen eines neuen Verf. z. Gasentmischg. u. Isotopentrenng. durch Thermodiffus.[3]): **44** ('39) 397–450; ~ 2: Trenng. d. Chlorisotope[3]): 451–73; ~ 3: Gewinng. v. je 2,5 l d. reinen Isotope ^{22}Ne u. ^{20}Ne[3]): **48** ('40) 50–62; ~ 4: Darst. d. Isotope ^{84}Kr u. ^{86}Kr[3]): **52** ('42) 348–67; ~ Nachtr.: **53** ('43) 178.

Zwei weitere Arb. in: Umschau ('40 u. '49).

Mit: [1]) E. Becker; [2]) G. Böhm; [3]) Klaus Clusius; [4]) A. Meyer; [5]) K. Titzmann.

VI **Dickens,** Hans Peter. Eisenforschg. — 1924 wiss. Mitarb. KWInst. Eisenforschg. Düsseldorf; dann Obering. u. Chefchemiker Hüttenwerk Hückingen AG, Duisburg-Hückingen. [Ohne eig. Mitt.]

*1900, Aug. 26, Düsseldorf.

Zum 50. Geb.tag. Chemiker-Ztg. **74** ('50) 506 (m. Bildn.).

Arch. Eisenhüttenwes. Potentiometr. Best. v. Eisen u. Vanadin in Ferrovanadin, sowie v. Eisen u. Chrom im Ferrochrom[5]): **6** ('33) 379–88. — Potentiometr. Best. d. Molybdäns im Stahl[1]): 437–44. — Potentiometr. Best. v. Schwefel in Eisen: **7** ('33/34) 357–62. — Potentiometr. Best. v. Kobalt u. Mangan m. Ferricyankalium in Stählen u. Legierg.[2]): **9** ('36) 487–98. — Vereinf. Best. v. Mangan, Chrom u. Vanadin nebeneinander[5]): **11** ('38) 583–88.

Metallurgia Ital. Kupolofen m. Windregelg.: **30** ('38) 727–30.

Mitt. KWInst. Eisenforsch. Düsseldorf. Anwendg. d. potentiometr. Maßanalyse im Eisenhüttenlabor., 3: Best. v. Eisen u. Vanadin nebeneinander[5]): **14** ('32) 169–77; ~ 4: Best. v. Eisen u. Chrom nebeneinander in Eisen-Chromlegierg.[5]): 179f.; ~ 5: Best. v. Molybdän[1]): 249–59; ~ 7: Best. v. Kobalt u. Mangan mit Ferricyankalium[2]): **17** ('35) 191–202; ~ 8: Vereinf. Best. v. Mangan, Chrom u. Vanadium nebeneinander: **20** ('38) 35–41.

Naturwiss. Potentiometr. Maßanalyse im Eisenhüttenlabor.[5]): **20** ('32) 407–09.

Stahl u. Eisen. Zweckmäß. Beizen v. Stahl: **58** ('38) 1343–46. — Wiedergewinng. v. Laboratoriumsreagenzien: 1403–06. — Bas. Zustellg. v. kernlosen Induktionsöfen: 1436–38. — Beizen m. aufgebreiteter Schwefelsäure: **59** ('39) 364–70. — Gewinng. v. Jod u. Kaliumchlorid aus Hochofenflugstaub[3]): **62** ('42) 518–25. — Herst. v. Hochofenschlackenwelle ohne Umschmelzen[4]): **72** ('52) 297–302.

Mit: [1]) Rudolf Brennecke; [2]) Gerd Maaßen; [3]) Walther Middel; [4]) Gerhard Naeser; [5] Gustav Thanheiser.

Dickmann, Johannes Franz Eduard. Strömungslehre. — 1927, '30–34 stud., '38 Dr.-Ing. (F. Horn), '35–39 Ass. TH Berlin; '39–45 Obering. Stettiner Vulkanwerft AG; '43–45 Chefing. u. Vorstandsmitglied b. d. Wiking-Schiffbau-Ges. Berlin; '46–49 Hauptrefer. b. Niedersächs. Minist. f. Arbeit, Aufbau u. Gesundh., stellvertr. Leiter d. Aufbau-Abt.; seit '49 o. Prof. TH Karlsruhe. [Eig. Mitt.]

*1909, Aug. 17, Berlin-Zehlendorf.

Bildn. • Festschr. TH Fridericiana Karlsruhe (Karlsr. '50) 108.

S. • Proc. 5th Int. Congr. appl. Mech., Boston, USA 1938: 497–503: Wellenwiderstand v. Propellern. — • Verh. 8. Int. Kongr. angew. Math. u. Mech., Istanbul 1952: Pumpwirkg. turbulenter Grenzschichten; Dreidimensionale Strömg. in Pumpen u. Turbinen.

W. • Wechselwirkung zw. Propeller u. Schiff unter bes. Berücks. d. Welleneinfl. Hab.schr. (Bln '39) 51 S. [auch in: Jahrb. schiffsbautechn. Ges. **40** ('39) 234–92].

Ingenieur-Arch. Schiffskörpersog, Wellenwiderstand eines Propellers u. Wechselwirkung m. Schiffswellen: **9** ('38) 452–86 [Diss.]. — Grundl. z. Theor. ringförm. Tragflügel (frei umströmte Düsen): **11** ('40) 36–52.

Schiffbau. Auswertg. v. Schraubenvers.: **37** ('36) 113–18. — Propeller u. Oberflächenwellen: **39** ('38) 434–37. — Neue Düsentheor. m. Anwendg.: **40** ('39) 387–93.

Schiff u. Hafen. Schiffsantrieb m. instationären Vortriebsorganen: **2** ('50) 252.

Z. VDI. Fortschr. in d. strömungstechn. Forschg.: **94** ('52) 1015–19.

Weitere Veröff. in: Dtsch. Techn., Rdsch. Dtsch. Techn., Schiffbau, Umschau, Werft-Reederei-Hafen, Z. VDI.

V, VI **Dieckmann,** Max Wilhelm Friedrich. Physik. — 1936 ao. Prof. u. Dir. Inst. Radiotechn. u. Flugfunkwes. TH München; '37 Leiter Flugfunk-Forschungsinst. Oberpfaffenhofen; '47 em. Gräfelfing b. München. [Eig. Mitt.]

*1882, Juli 5, Hermannsacker b. Stolberg/Harz.

Zum 60. Geb.tag. F. Berndorfer, Hochfrequenztechn. u. Elektroakust. **60** ('42) 1f. (m. Bildn.). — Luftfahrtforsch. **19** ('42) 215f.

Zum 70. Geb.tag. W. Rave, Naturwiss. Rdsch. **5** ('52) 395.

Würdigg. Arch. Post- u. Fernmeldewes. **5** ('53) 270–73, 279 (m. Bildn. S. 271).

Erf. Lichtelektr. Bildzerlegerröhre f. Fernsehen ('25) DRP 450 187.

S. • Kultur d. Gegenwart, Tl 3, Abt. 3, **1** (Lpz. '25): Drahtlose Telegr. u. Telephonie. — • Meisterwerke Dtsch. Schiffbautechn. **11** ('26) 102–05: Funkbildübertragg. v. Wetterkarten im Hinblick auf d. Schiffahrt.

Elektr. Nachr.-Techn. Peil-Registrierungen d. Nachteffektes: **9** ('32) 46–48.

Ges. Vorträge Hauptversamml. Lilienthal-Ges. Luftfahrtforsch. Ber. üb. d. elektr. Unters. aus Anlaß d. Hindenburg-Katastrophe: **1937**, 19–22. — Rahmen im abnormal polarisierten Strahlungsfeld: 338–43.

Jahrb. drahtl. Telegr. Drahtlostelegr. Orientierungs- u. meteorol. Beratungsdienst f. d. Luftschiffahrt[4]): **7** ('12) 51–70. — Luftschiffahrt und drahtlose Telegr.: 70–85. — Telefunken-Kompaß: 85–93. — Wettkampf d. Funkenspruchsyst.: 93–97. — Unilaterales Peilwinkelzeigergerät m. rotier. Goniometer-Ankopplungsspule[2]): **35** ('30) 98–105.

Jahrb. Dtsch. Akad. Luftfahrtforsch. Funktechn. u. atmosphär.-elektr. Probl. d. Stratosphärenforschg.: **1939/40**, 280–89.

Jahrb. Dtsch. Luftfahrtforsch. Peilrahmen innerhalb v. Metallflugzeugen[1]): **1938** III, 59–62.

Luftwissen. Ber. d. Dtsch. Ausschusses über d. Unglück d. Luftschiffes „Hindenburg" am 6. 5. 1937 in Lakehurst, USA[3]) u. a.: **5** ('38) 3–12.

Prometheus. Fernübertragungseinrichtg. hoher Mannigfaltigk.: **20** ('09) 337–41.

S.-Ber. Bayer. Akad. Wiss. Funkentelegr. Empfangsstörg.: **1910**, 33f.

Z. Hochfrequenztechn. Wirksame Höhe kurzer Linearantennen: **37** ('31) 126f.

Mit: [1]) K. Bärner; [2]) F. Berndorfer; [3]) H. Eckener; [4]) G. Eichhorn.

Diedrich, Christian Wilhelm Paul. Chemotherap., pharmaz. Chem. – 1913–21 stud. U Jena; '21 Dr. phil. U Jena (W. Schneider); '21 Forschungschemiker u. Abt.-Leiter Hauptlabor. Schering AG, Berlin. [Eig. Mitt.]
*1893, April 5, Spandau.

Erf. Harndesinfiziens „Neotropin", DRP 543288 ('28). — Röntgenkontrastmittel „Uroselectan B", DRP 545266 ('30), 545916 ('30). — Röntgenkontrastmittel „Biliselectan", DRP 704549 ('39) u. 706938 ('39). — Sulfonamide: „Albucid", DRP 767015 ('38), 833810 ('42), 833811 ('43), 840241 ('38), 850891 ('38). — „Globucid, Pyrimal", Belg. P. 439871 ('41), Franz. P. 873472 ('41).

W. ● Synthese einiger neuer Thioglukoside. Diss. (Jena '21) 23 S. Masch.schr.

Liebigs Ann. Chem. Chem. d. Pyridins: **494** ('32) 284–302.

V,VI **Diels,** Otto Paul Hermann. Chem. (org.). – 1916–47 o. Prof. U Kiel; '47 em. in Kiel. – '04 Gold. Medaille Weltausstellung St. Louis; '31 Ad. v. Baeyer-Denkmünze (Ver. Dtsch. Chem.); '46 Dr. med. h. c. (U Kiel); '50 Nobel-Preis f. Chem. [Eig. Mitt.]
*1876, Jan. 23, Hamburg;
†1954, März 7, Kiel.

Sohn des Berliner klass. Philologen Hermann Diels (1848–1922); Bruder des Berliner Botanikers Ludwig Diels (1874–1945) u. des Münchner slav. Philologen Paul Diels (*1882).

Biogr. ● Reichshandb. Dtsch. Ges. **1** (Bln '30) 321 (m. Bildn.). — ● Les prix Nobel 1950 ('51) 116 (m. Bildn. u. Faks.), 151–56 Nobel-Vortr.: Darst. u. Bedeutg. d. aromat. Grundskeletts d. Steroide. — ● E. Farber, Nobel prize winners in chemistry 1901–50 (New York '53) 204–07 (m. Bildn.).

Zum 75. Geb.tag. W. Klemm, Angew. Chem. **63** ('51) 180.

Nekr. J. Sass, Laboratoriums-Praxis **6** ('54) 37–41. — H. Wieland, Jahrb. Bayer. Akad. Wiss. **1954**, 200–02 (m. Bildn. zw. S. 208/209). — Chimica e l'industria **1954**, 343; Naturwiss. Rdsch. **7** ('54) 219.

Erf. Kohlensuboxyd C_3O_2 ('06); Selen-Dehydrierg. u. $C_{18}H_{16}$ [sog. „Diels-KWStoff"] ('27); Dien-Synth. ('28ff.); „Diels-Säure" $C_{27}H_{44}O_4$ (Steroide).

W. ● Einführung in d. org. Chem. [1](Lpz. '13); [6]('29) 15+332 S.; [7]('32); [8]('36); [9]('39); [10]('41); [11]('42); [13]('48); [14](Weinh.-Bln '49); [15]('53) 344 S.

Ber. Dtsch. chem. Ges. Dehydrierg. d. Cholesterins u. d. Cholsäure: **66** ('33) 487f. — Dehydrierg. d. Cholesterins: 1122–27. — Dehydrierg. d. Cholesterins u. Ergosterins u. Nichtidentität d. KW Stoffs $C_{18}H_{16}$ mit 1,2-Cyclopenteno-phenanthren[8]): **67** ('34) 113–22. — Identitätsnachweis d. Dehydrierungs-KWStoffes $C_{18}H_{16}$ aus Sterinen u. Geninen mit γ-Methyl-cyclopentenophenanthren: **68** ('35) 267–72. — Bem. zu d. Mitt. v. Heinz Hillemann: „Üb. d. Identität v. γ-Methyl-1,2-cyclopentenophenanthren m. d. Dielsschen KW Stoff $C_{18}H_{16}$[20]): 325f. — Dien-Synth. u. Selen-Dehydrierg. in ihrer Bedeutg. f. d. Entwicklg. d. org. Chem.: **69** ('36) 195–208. — Dien-Synth., 29: α-Terpinen[9])[4]): **71** ('38) 1163–72; ∼ 30: Chlorid d. Acetylen-dicarbonsäure[24]): 1173–78; ∼ 31: Verhalten d. Azibutanons gegen ungesätt. Syst.[11]): 1179–85; ∼ 32: Anthracen u. Azodicarbonsäureester[21])[25]): 1186–89. — Osazone, 3: Dehydro-osazone[2])[23])[12]): 1189–96. — Pentacarbondioxyd: 1197–1200. — Mechanism. d. Dien-Synth., 1: Reaktionsverlauf zw. Malonestern sowie Cyanessigester u. Acetylendicarbonsäureester b. Gegenw. v. Pyridinacetat: **75** ('42) 1452–67.

Chemiker-Ztg. Dien-Synth. stickstoffhalt. heterocycl. Syst.: Aufbau v. Alkaloiden: **56** ('32) 784f. — Org. chem. Entdeckungen u. ihre Bedeutg. f. Gegenw. u. Zukunft: **61** ('37) 7f.

Fortschr. Chem. org. Naturstoffe. Bedeutg. d. Dien-Synth. f. Bildg., Aufbau u. Erforschg. v. Naturstoffen: **3** ('39) 1–29.

Jaarb. natuur-philos. Fac.-Ver., Groningen. „Dien-Synth." als Aufbauprinzip u. Hilfsmittel org.-chem. Forschg.: **1934**.

J. prakt. Chem. (N. F.). Durch Pyridin bewirkte Polymerisationsvorgänge, 4: Phenanthrenchinon, Pyridin u. Fruktose[24]): **156** ('40) 186–94. — Dien-Synth., 34: Phenanthridin u. Acetylendicarbonsäureester[24]): 195–204; ∼ 35: Synthet. Vers. in d. Reihe d. Cantharidins, Nor- u. Iso-cantharidins[15]): 285–316.

Liebigs Ann. Chem. Synth. in d. hydroaromat. Reihe, 16: Dien-Synth. d. Pyrrole, Imidazole u. Pyrazole[1]): **498** ('32) 1–15; ∼ 17: Dien-Synth. d. Pyridins, Chinolins, Chinaldins u. Iso-chinolins[1]): 16–44; ∼ 18: Chinolizin, Indolizin, Norlupinan u. Pseudolupinin[1]): **505** ('33) 103–50; ∼ 19: Primärprod. b. d. Dien-Synth. d. Pyridins, Chinolins u. Chinaldins[1]): **510** ('34) 87–128; ∼ 20: Anlagerg. v. Acetylen-dicarbonsäureester an Hydrazobenzol[19]): **511** ('34) 168–82; ∼ 21: Verlauf d. Dien-Synth. d. Pyridins in methylalkohol. Lösg.[13]): **513** ('34) 129–45; ∼ 22: Anthracen-C_4O_3-Addukte, ihre Eigng. zu Dien-Synth. u. ein neues Prinzip z. Synth. v. Phthalsäuren u. Dihydrophthalsäuren[3]): 145–55; ∼ 23: Stilbazol u. Acetylen-Bicarbonsäureester[14]): **516** ('35) 45–61; ~ 24: Aus Chinaldin u. Acetylen-dicarbonsäureester entsteh. Addukte[7]): **519** ('35) 140–46; ~ 25: Addukte aus Acetylen-dicarbonsäureester u. Hydrazoverbb.[19]): 147–57; ~ 26: Aus Isochinolin u. Acetylen-dicarbonsäureester entsteh. Addukte[5]): **525** ('36) 73–94; ~ 27: Abbau d. „gelben Subst." zu einem Isomeren d. Norlupinans[22]): **530** ('37) 68–86; ~ 28: α-Picolin u. Acetylendicarbonsäureester[17]): 87–98; ~ 33: Acridin u. Acetylen-dicarbonsäureester[24]): **543** ('39) 79–94. — Osazone, 1: Anhydro-Osazone[13]): **519** ('35) 157–64; ~ 2: Strukt. d. Anhydroosazone u. Spaltg. d. Osazone durch Basen[13])[16]): **525** ('36) 94–118. — Identität d. Dehydrier.-KW Stoffe $C_{25}H_{24}$ aus Cholesterin u. Ergosterin[23]): **527** ('37) 279–90. — Durch Pyridin bewirkte Polymerisationsvorgänge, 1: Polymerisat. d. p-Chinons[6]): **530** ('37) 51–67; ~ 2: Bildg. eines blaugefärbten 1,2,3-Triketons aus Phenanthren-Chinon[6]): **536** ('38) 78–88; ~ 3: Zwischenprod. b. d. Polymerisat. d. p-Chinons[18]): **543** ('39) 94–103. — Mechanism. d. Dien-Synth.[10]): **556** ('44) 38.

Svensk kem. T. Diensynth.[1]): **62** ('50) 239–46.

Mit: [1]) Kurt Alder; [2]) Erhard Oluss; [3]) Wilhelm Friedrichsen; [4]) Hans Frost; [5]) Johann Harms; [6]) Rolf Kassebart; [7]) Hermann Kech; [8]) Hermann Klare; [9]) Werner Koch; [10]) U. Kock; [11]) H. König; [12]) Rudolf König; [13]) Reinhard Meyer; [14]) Friedrich Möller; [15]) Sigurd Olsen; [16]) Onno Onnen; [17]) Horst Pistor; [18]) Horst Preiß; [19]) Johannes Reese; [20]) Hans Ferdinand Rickert; [21]) Susanne Schmidt; [22]) Hans Schrum; [23]) Hans Joachim Stephan; [24]) Wolfgang Ernst Thiele; [25]) Wilhelm Witte.

Diem, Max Karl. Meteorol. – 1932–37 stud. TH Karlsruhe, TH Darmstadt, U Frankfurt/M.; '37 Dr. phil. nat. U Frankfurt/M. (F. Linke); '38 Ass. U Jena (H. Siedentopf), '39 TH Darmstadt (R. Mügge); '39–45 Mitarb. Dtsch. Forsch.-Anst. Segelflug, Darmstadt; '43 LBeauftr. TH Karlsruhe; '45 PDoz. U München; '47–48 als Wissensch. in USA; '47 Doz., '53 apl. Prof. TH Karlsruhe. [Eig. Mitt.]
*1913, Febr. 8, Karlsruhe/Baden.

S. ● Handbuch Kältetechn. (Bln-G.-H. '52).

Ann. Hydrogr. Erfahrg. m. d. vereinf. Zeißschen Registriertheodoliten: **66** ('38) 575–79. — Wasserfallart. Hinderniswolken in d. Alpen: **68** ('40) 433f. — Messg. d. Größe v. Wolkenelem.: **70** ('42) 142–50.

Arch. Meteorol., Geophysik, Bioklimatol. Messg. d. Feuchte in d. freien Atmosph. m. Hilfe d. Taupunkts: **2** (A) ('50) 436–66 [Hab.schr.]. — Tagesgang d. relat. Feuchtigk. in d. bodennahen Luftschicht im Gras: **2** (B) ('51) 441–47.

Gerlands Beitr. Geophysik. Bodenatmung. Meßtechn. u. Ergebn.: **51** ('37) 146–66 [Diss.].

Meteorol. Rdsch. Messg. d. Größe v. Wolkenelem., 2: **1** ('48) 261–73.

Meteorol. Z. Stengeleis: **54** ('37) 267f.

Naturwiss. Schneeforschg.: **32** ('44) 12–20.

Z. angew. Meteorol. Wolkenleewirbel umgekehrt. Drehsinns: **51** ('34) 373f. — Messg. an einer Schneedecke: **61** ('44) 37–49.

Weitere Arb. in: Umschau (1938–44), Das neue Universum ('43–51).

Diemair, Willibald. Lebensmittelchem. u. Technol. – 1924 Dr.-Ing. TH München, '31 Dr. phil. U München; '35 Dr.-Ing. habil., '36 Doz. U München; '37 ao. Prof., seit '42 o. Prof. Lebensmittelchem. u. Technol. U Frankfurt/M.; zugl. Dir. d. Städt. Lebensmittel-Untersuchungsamtes Frankfurt/M. – '51 Joseph-König-Gedenkmünze (Ges. Dtsch. Chemiker). [Eig. Mitt.]
*1899, Okt. 4, München.

HZ. Z. Lebensmittel-Unters. **88** ('48) ff.

S. ● Handbuch d. Lebensmittelchem. **7** (Bln '38) 1–31: Alkohol. Gärg. (m. B. Bleyer); 32–141: Bier (m. B. Bleyer). — ● Atti X. Congr. int. Chim., Roma **4** ('38) 494–517: Physiol. wirksame Reizstoffe in d. Nahrg. u. deren chemische Nachweismöglichk. — ● Ernährungslehre (W. Stepp) (Bln '39) 196–253: Verarb. d. Nahrungsmittel. — ● Die Ernährung (Konr. Lang, R. Schoen) (Bln-G.-H. '53) 135–96: Verarbeitg. d. Nahrungsmittel. — ● Handb. d. Kältetechn. (R. Plank) **9** (Bln-G.-H. '52) 1–83: Chem. Grundlagen d. Lebensmittelfrischhaltg. — ● Handb. d. physiol.- u. pathol.-chemischen Analyse (Hoppe-Seyler-Thierfelder) **5** [10](Bln-G.-H. '53) 666–82: Unters. d. Milch.

W. ● Zur Kenntn. d. Roßkastanie u. ihrer gärungstechn. Verwertg. Diss. München (o. O. '24/28) 62 S. Masch.schr. — (Bearb.) ● Wasser u. Luft (m. B. Bleyer) **1** (Bln '39) 17 + 745 S. (Handb. d. Lebensmittelchem. Bd 8). — ● Haltbarmachg. v. Lebensmitteln (Stuttg. '41) 7 + 546 S.; [2]('46) 12 + 511 S.

Angew. Chem. Chem. d. „natürl." Antioxydantien[8]): **52** ('39) 484–87. — Hefephosphatide, 1[17]): **60** ('48) 155–57.

Arch. Pharmazie. Einfl. v. Konservierungsmitteln auf enzymat. Vorgänge[3])[19]): **271** ('33) 539–52.

Ber. Dtsch. chem. Ges. Einige neue Azoverbb. u. Jodderiv. d. Histidins u. Histamins[8]): **71** ('38) 2493–99.

Biochem. Z. Wasserstoffionenkonzentrat. u. ihre Bedeutg. in d. Brennerei[40]): **198** ('28) 1–18; ~ 2[40]): **204** ('29) 414–30; ~ 3[40]): **210** ('29) 286–95. — Pflanzl. Phosphatide u. Lecithine, 1: Phosphatid d. Mohrrübe[3]): **235** ('31) 243–58 [Diss.]; ~ 2: Phosphorhalt. dialysierb. Stoff d. Mohrrübe[3]): **238** ('31) 197–211 [Diss.]; ~ 3: Phosphatid d. Weizenkeimlings[3]): **275** ('35) 242–47; ~ 4: Phosphatide d. Gerste, d. Weizens u. d. Hafers[3])[35]): **294** ('37) 353–64; ~ 5: Phosphatid d. Lupine[45]): **302** ('39) 112–20; ~ 6: Phosphatid d. Rapses[3])[45]): 167–72. — Milchphosphatide[3])[38]): **272** ('34) 119–32. — Zubereitg. d. Nahrg. u. deren ernährungsphysiol. Bedeutg., 1[3])[7])[43]): Einfl. d. Röstens b. Kaffee, Kaffee-Ersatz u. sonstigen Vegetabilien: **286** ('36) 402–28; ~ 2: Einfl. d. Röstens b. versch. Vegetabilien: **289** ('36) 27–37; ~ 3: Histobasengehalt versch. ungerösteter Vegetabilien[3])[7]): **292** ('37) 301–11; ~ 4: Unters. üb. d. Vorgänge b. d. Kupplg. d. Histidins u. Histamins m. Diazoniumsalzen[8]): **298** ('38) 38–50. — Erfahrungen b. d. fraktionierten Destillat. v. Phosphatidfettsäuren[35]): **294** ('37) 348–52. — Z. Kenntn. d. Bitterwerdens v. Phosphatiden[45]): **302** ('39) 173–76. — Ascorbinsäureoxydase, 1: Darst., Reinigg. u. Charakterisierg. d. Enzyms[47]): **316** ('44) 189–201; ~ 2[47]): 335–50. — Wuchshefen u. ihre chem. Zusammensetzg.[27]): **319** ('49) 257–62. — Phospha-

Z. Volksernähr. Bekömmlichk. v. Bier[6])[7]): **10** ('35) 18–20.

Mit: 1) F. Arnold; 1a) L. Acker; 2) R. Baier; 3) Benno Bleyer; 4) O. Boresch; 5) F. Erbe; 6) W. Fischer; 7) Franz Fischler; 8) Hermann Fox; 9) E. Frank; 10) Wilh. Fresenius; 11) G. Hermann-Tross; 12) L. Hüter; 13) J. Idstein; 13a) R. Jäger; 14) H. Janecke; 15) H. Keller; 16) J. Kleber; 17) J. Koch; 18) G. Krieger; 19) K. Leonard; 20) G. Lix; 21) E. Lötzbeyer; 22) M. Löweneck; 23) H. Ludwig; 24) Gisela Manderscheid; 25) F. Mayr; 26) K. Mollenkopf; 27) Hermann Neu; 28) M. Ott; 29) Werner Poetsch; 30) K. Reuland; 31) H. Riffart; 32) M. Rüdiger; 33) Alfons Schloemer; 34) E. Schmelck; 35) W. Schmidt; 36) L. Schneider; 37) J. Schormüller; 38) K. H. Schröder; 39) O. Schülcke; 40) K. Sichert; 41) Robert Strohecker; 42) B. Szelinski; 43) Kurt Täufel; 44) J. Waibel; 45) K. Weiß; 46) R. Zacharias; 47) K. Zerban.

Dieminger, Walter Eduard. Geophysik, Hochfrequenztechn. — 1926 stud., '35 Dr. rer. techn. TH München; '34–43 wiss. Mitarb. f. Hochfrequenztechn. Erprobungsstelle Rechlin; '43–45 Leiter Zentralst. f. Funkberatung, Leobersdorf/N. D.; '45 Leiter Fraunhofer Inst., Ried/Innkreis; '46 Leiter, '51 Direktor Inst. f. Ionosphärenforschg. Max-Planck-Ges., Lindau/Harz, '49–56 PDoz., '56 apl. Prof. U Göttingen. [Eig. Mitt.] *1907, Juli 7, Würzburg.

Erf. Anwendg. d. Ionosphärenforschg. auf Funkverkehr (m. Karl Rawer).

S. ● Nat. u. Med. Dtschl. 1939–46, **17,** 1 (Wiesb. '47) 93–163: Ionosphäre. — ● Physik. Wörterb. (Westphal) (Bln-G.-H. '52) Art.: Zahlenwerte. — ● Zahlenwerte u. Funkt. (Landolt-Börnstein) **3** *(Bln-G.-H. '52) 718–28: Ionosphäre.

W. ● Fortlaufende Senkrechtlotg. d. Ionosph. auf 3670 kHz (m. H. Plendl) (Bln '39) 46 S. (Abh. geophysik. Inst. Potsdam 4). — ● Die Streustrahlung bei kurzen Radiowellen. Hab.schr. (Gött. '49) 50 S. Masch.schr. [in UB Göttingen]. — ● Jenseits d. Stratosphäre (Münch. '53) 35 S. (Abh. u. Ber. Dtsch. Mus. 21, 2).

Arch. elektr. Übertr. Radioastron.: **7** ('53) 555–60.

Ber. Dtsch. Wetterdienst US-Zone. Bewegungsvorg. in d. Ionosph.: **1952,** Nr. 35, 224–27.

Ergebn. exakt. Naturwiss. Ionosphäre u. ihr Einfl. auf d. Ausbreitg. elektr. Wellen: **17** ('38) 282–324.

Fernmeldetechn. Z. Regelmäßige Ionosphärenbeob. üb. Mitteldtschl.: **1** ('48) 222–24.

Gerlands Beitr. Geophysik. Abnormale Erscheing. in d. Ionosph. während d. Nordlichts v. 24./25. Febr. 1939[5]): **55** ('39) 189–92.

Hochfrequenztechn. u. Elektroakustik. Störg. d. Ionosph.[3])[7]): **44** ('34) 2–17. — Zusammenhang zw. d. Zustand d. Ionosph. u. d. Ausbreitungsersch. elektr. Wellen: **46** ('35) 109–19 [Diss.]. — Abnormale Erscheing. in d. Ionosph. b. Auftreten v. Nordlicht[5]): **51** ('38) 117–20.

J. atmospheric terrestr. Physics. Solare u. terrestr. Beob. während d. Mögel-Dellinger-Effektes am 19. 11. 1949[2]): **1** ('49) 222. — Ursache d. excessiven Absorpt. in d. Ionosph. an Wintertagen: **2** ('52) 340f.

Naturwiss. Zwei Arten d. abnormalen E-Schicht: **33** ('46) 154–56. — Beob. v. Meteoren durch Radiowellen: **34** ('47) 29–32. — Streuerscheing. b. Mehrfachreflex. zw. Erde u. Ionosph.: 88. — Magnet. Dreifachaufspaltg. in d. Ionosph.[4]): **36** ('49) 56. — Häufigk. u. Strukt. d. E2-Schicht d. Ionosph.[1]): **37** ('50) 90f. — Reflexionen v. Kurzwellen aus Höhen unt. 100 km: **39** ('51) 84f.

Naturwiss. Rdsch. Inst. f. Ionosphärenforschg. in d. Max-Planck-Ges., Lindau/Harz: **4** ('51) 216–18.

Proc. physic. Soc. (B). Scattering of radio waves: **64** ('51) 142–58.

Research. Ionosph. sounding exp. in Germany: **2** ('49) 571.

Umschau. Neuer Ausbreitungsweg f. Ultrakurzwellen üb. große Entferng.: **54** ('54) 118f.

Z. angew. Physik. Echolotg. d. Ionosphäre b. schrägem Einfall: **3** ('51) 90.

Z. Geophysik. Ergebn. v. Dauerregistrierg. d. Ionosphäre[5]): **14** ('38) 315–27.

Z. Naturforsch. Wirksam., mittägl. Rekombinationskoeffizient d. F2-Schicht, berechn. aus d. Grenzfrequenzverl. während d. M.D.E. am 19. 11. 1949[1]): **5a** ('50) 308–11.

Z. techn. Physik. Ergebn. v. Dauerregistrierg. d. Ionosphäre[6]): **11** ('38) 429.

Ferner mehr. Arb. in: Dtsch. Luftfahrtforsch. ('43 u. '44) u. 4 weitere Arb. in: Forsch. u. Fortschr., Naturwiss., Umschau, Techn. Hausmitt. NWDR.

Mit: 1) Walter Becker; 2) Karl Heinz Geisweid; 3) Georg Goubau; 4) Hans Georg Möller; 5) Hans Plendl; 6) Karl Rawer; 7) Jonathan Zenneck.

Dienst, Cornelius. Physiol. Chem., Inn. Med. — 1919–24 stud. U Gießen, München, Frankfurt; '24 Dr. med. U Frankfurt (G. Katsch); '29 Ass. Aachen, '29–30 Med. Klinik Mainz, '30–45 Med. U Klinik Köln; '32 habil., '38 nb. ao. Prof., '39 beamt. apl. Prof. Stoffwechsel u. Ernährg. U Köln. [Eig. Mitt.] *1900, Febr. 13, Flörsheim/Main.

W. ● Über d. Einfluß d. Sauerstoffs auf d. Magensekret. Diss. ('24) 28 S. Masch.schr. [Auszug in: Frankfurter med. Diss. in Auszügen **6,** 142f.]. — ● Rationelle Küchenwirtsch. u. Gesundh. (m. Rud. Schwamborn u. E. Winter) (Bln '40) 7+244S. — ● Großküchenbetrieb u. Forderg. d. heut. Ernährungslehre (Stuttg. '44, Wiesb. '54) 100 S. — (Bearb.) ● Lehrbuch d. Krankenernährg. (C. R. Schlayer, J. Prüfer) **1, 2** (Münch.-Bln '51) darin v. ihm: **1,** 125–41: Küchentechn. u. Nährwerterhaltg.

Arch. Verdauungskrankh. Einfl. d. Wasserstoffsuperoxydes u. d. Magnesiumperhydrols auf d. Magensekret.: **38** ('26) 325–38.

Dtsch. Arch. klin. Med. Bedeutg. d. Magenschleims, 1: Magenschleim u. Salzsäure: **171** ('31) 52–60.

Dtsch. med. Wschr. Ist Rohkost schwerer verdaulich?: **62** ('36) 1084–86. — Ödem, Transmineralisat. u. Säurebasenhaushalt: **63** ('37) 471–74. — Ist d. Diabetes durch die Vitamine B u. C beeinflußbar?: **65** ('39) 710–15. — Vitamin-C-Verluste b. Waschen d. Gemüse: **66** ('40) 1100–02. — Auswirkg. einiger im Haushalt übl. Zubereitungsarten, insbes. d. z. Farbaufbesserg. dienenden Verf., auf d. Vitamin-C-Gehalt d. Gemüse: **67** ('41) 543–47. — Wie sind gekochte Speisen im Hinblick auf mögl. Schonung d. Vitamine aufzubewahren u. aufzuwärmen?: **68** ('42) 400–02.

Dtsch. zahnärztl. Wschr. Mineralverluste b. Waschen frischer u. gekochter Gemüse: **43** ('40) 746–48.

Ernährung. Wege z. quantitat. u. qualitat. Steigerg. d. Rohsaftausbeute pflanzl. Prod.: **6** ('41) 53–59. — Exp. Unters. z. Frage: Ist Vollkornbrot als Magenschonkostkomponente geeignet u. indiziert?: **7** ('42) 75–83. — Großküchenpraxis im Krankenhaus u. neuzeitl. Ernährungslehre: 193–202.

Fortschr. Röntgenstrahlen. Intrahepat. Gallengangskonkremente im Röntgenbild: **36** ('27) 1232–36.

Fortschr. Therap. Bekämpfg. abnormer Magensekret.: **9** ('33) 586–90.

Hippokrates. Schlaf, Schlafstörg. u. Schlafmittel: **8** ('37) 1215–17. — Veränderg. unserer Nahrg. durch Hitzezubereitg. u. ihre Beurteilg. f. d. Gesundh.: **12** ('41) 906–10, 931–33.

Klin. Wschr. Wirkung eines Magnesiumperhydrols m. 45°/₀ MgO_2 Gehalt auf d. Magensekret.: **7** ('28) 46. — Sekretionsvorgänge im Magen b. pharmakol. Prüfg.: **12** ('33) 741–44. — Wasserstoffionenkonzentrat. im Duodenalsaft[8]): **14** ('35) 1748–50. — Mechanism. d. Säurebasenregulat. im Harn b. gestörter Nierenfunkt.: **16** ('37) 390–92. — Bedeutg. d. Elektrolyte b. d. Ödementstehg. u. Ödembehandlg.: **17** ('38) 124–27. — Regulationsvorgänge b. Schlaf u. Schmerz: 380–82. — Wechselwirkg. zw. Magen u. Nieren. Beitr. z. Ganzheitsbetrachtg. in d. Med.: **18** ('39) 541–44. — Insulin u. Säurebasen-Haushalt: 1614f. — Alkalibehandlg. d. Diabetes: **20** ('41) 858–60. — Vitamin-A- u. β-Carotinspiegel d. Blutes im Alter, b. Hypertonie u. Apoplexie[1]): **21** ('42) 298–300. — Zur Kontrolle d. Vitamin-A-Haushaltes[4])[1]): 1054–56.

Krankenhaus. Reform d. Krankenhausgroßküche: **45** ('53) 65–68.

Med. Klinik. Klin. Beob. üb. seltenere Krankheitskombinat.: **30** ('34) 1257f.

Med. Welt. Diätet. Behandlg. v. Leber- u. Gallenwegserkrankg.: **8** ('34) 512–15. — Natriumstoffwechsel Ödemkranker: **10** ('36) 9f. — Wandlungen in d. Ernährungslehre: **12** ('38) 1799–1802. — Traumat. Gefäßkrampf: **14** ('40) 812f. — Kann Vitaminmangel durch falsche Zubereitg. v. Nahrungsmitteln entstehen?: **16** ('42) 61–63. — Ambulante Behandlg. m. Depotinsulin: 864–67.

Münch. med. Wschr. Scharlach u. Menstruat.[6]): **81** ('34) 597f. — Zucker als Medikament: **83** ('36) 1671–73. — Zur diätet. Behandlg. Nierenkranker: **84** ('37) 418–20. — Säurebasenregulat. durch Ernährg.: 812–14. — Mineralverluste b. Waschen frischer u. gekochter Gemüse: **87** ('40) 1180–82. — Gefahren d. Depotinsulinbehandlg. u. Vorschläge zu ihrer Bekämpfg.: **88** ('41) 364–66.

Naunyn-Schmiedebergs Arch. exp. Pathol. Pharmakol. Ascites u. Natriumretent.[5]): **182** ('36) 262–67. — Natrium-Kalium-Antagonism. in seiner Bedeutg. f. d. Wasserstoffwechsel: 567–76. — Reaktionsregulierg. d. Säurebasenhaushaltes im Harn Gesunder: **184** ('37) 547–57. — Regulier. Funkt. peroraler Kochsalzgaben b. acidot. Stoffwechsellage. Wirkungsweise d. Neutralsalzes: **187** ('37) 183–91. — Exp. üb. Hypoglykämie u. hypoglykäm. Schock: **191** ('39) 649–60. — Sauerstoffmangel u. Säurebasengleichgewicht: **202** ('43) 85–96; ∼ 2: Morpholog. Regulationsvorgänge im Blute b. Drosselg. d. Sauerstoffzufuhr u. ihrer Abhängigk. b. Säurebasengleichgewicht[1]): 326–36.

Röntgenpraxis. Lungensyphilis d. Erwachsenen: **4** ('32) 703–10.

Therap. d. Gegenwart. Sind den Magenkranken Gemüse erlaubt?: **77** ('36) 439–43. — Depotinsulinbehandlg. u. hypoglykäm. Schock: **82** ('41) 164–67.

Verh. Dtsch. Ges. inn. Med. Magenschleimhautschutz: **44** ('32) 451f. — Diabet. Restacidose u. ihre therapeut. Bedeutg.: **52** ('40) 442–45.

Wiener klin. Wschr. Leichter Insulinschock als Schlaf- u. schmerzstillendes Mittel: **51** ('38) 269.

Z. ges. exp. Med. Klin. u. exp. Unters. üb. d. Magenpepsin: **81** ('32) 421–27. — Probl. d. Magensekret., 1: Physiol., 2: Pathol.: **83** ('32) 718–34 [Hab.schr.].

Z. klin. Med. Chloride im reinen Magensaft: **117** ('31) 602–06. — Schlaf, Blutzucker u. Säure-Basenhaushalt. Physiol. d. Schlafes[7]): **133** ('37) 91–104. — Blutzucker u. Blutketonkörper d. Diabetikers im Nüchternzustand u. ihre Bewertg. im Gesamtstoffwechsel: **136** ('39) 659–63.

Z. Kreislaufforsch. Scillaprobl.: **21** ('29) 185–92.

Z. Volksernähr. Kampf d. Verderb — auch beim Wässern d. Gemüse: **15** ('40) 318–20.

Z. wiss. Bäderkunde. Einfl. d. Aachener Thermalwassers auf d. Digestionsorgane: **2** ('28) 784–89.

Mit: [1]) Hans van Berber; [3]) Doering; [4]) M. Glees; [5]) Wilh. Klodt; [6]) Ernst Neter; [7]) Bernd Winter.

Dienst, Paul. Geol. — 1913 Dr. phil. U Marburg; '18 Kustos; '24 Prof.; '30 Landesgeol. Geol. Landes-Anst. Berlin; '39 em.
*1881, Juli 31, Elberfeld;
†1939, Juni 20, Berlin.

Nekr. W. Weissermel, Jahrb. Reichsstelle f. Bodenforsch. **60** ('41) 507–12 (m. Bildn., Faks. u. Schr.verz.).

Diepgen, Paul Robert. Gesch. d. Med. — 1897–1902 stud. U Tübingen, Leipzig, Bonn, Freiburg/Br.; '02 Dr. med. (A. Hegar), '08 Dr. phil. U Freiburg/Br. (H. Finke); '02–04 Ass. U Frauenklinik Freiburg/Br. (A. Hegar); '04–05 Assistent Hl. Geist-Hosp. Frankfurt/M. (G. Treupel); '05–14 Ass. Gynäkol. (E. Sonntag) Privatfrauenklinik Vinzentiushaus Freiburg/Br.; '10 PDoz. Gesch. d. Med., '15 ao. Prof., '20 o. Hon. Prof. u. Dir. d. Seminars f. Gesch. d. Med. U Freiburg/Br.; '29–47 o. Prof. u. Dir. Inst. f. Gesch. d. Med. u. Naturwiss. U Berlin; '41 Dir. d. staatl. med.-hist. Sammlg. u. d. Sammlg. ärztl. Lehrmittel Kaiserin-Friedrich-Haus; seit '47 Gastprof. f. Gesch. d. Med. u. Dir. d. med.-hist. Inst. U Mainz; '47 em., in Mainz lebend. — '35 Dr. med. h. c. (Madrid); '54 Dr. med. h. c. (U Freiburg/Br.); Sudhoff-Medaille (Dtsch. Ges. Gesch. Med., Nat. u. Techn.). [Eig. Mitt.]
*1878, Nov. 24, Aachen.

Autobiogr. Meine Freiburger Lehrer u. d. Med. ihrer Zeit, Dtsch. med. J. **5** ('54) 542–47.

Biogr. • Reichshandb. d. Dtsch. Ges. **1** (Bln '30) 322 (m. Bildn.).

Zum 60. Geb.tag. • Medizin u. Kultur (Walt. Artelt, Edith Heischkel, J. Schuster) (Stuttg. '38) 309 S. (m. Bildn. u. Schr.verz. v. 1902–38).

Zum 70. Geb.tag. Grenzgebiete Med. **1** ('48) 245 (m. Bildn.).

Ue. • Arnoldus de Villanova, Parabeln d. Heilkunst (Lpz. '22) 68 S. (Klass. d. Med. 26).

MH. • Abh. z. Gesch. d. Med. u. d. Naturwiss. **1** ('34) ff. — • Neue dtsch. Forschg., Abt. Gesch. d. Med. u. Naturwiss. **1** ('36) ff. — • Das Universitäts-Klinikum in Berlin, seine Ärzte u. seine wiss. Leistg. 1810–1933 (Lpz. '39).

MHZ. Quellen u. Stud. Gesch. Naturwiss. u. Med. **1** ('31) – **8** ('41/42). — Sudhoffs Arch. Gesch. Med. Naturwiss. **29** ('37) ff.

S. • Individualpathol. (Adam, Curtius) (Jena '39) 21–33: D. kranke Mensch u. d. Krankh. in d. Gesch. d. Med. — • Medicina. Catal. de libros med. d. idioma aleman, publ. en el ano 1938 (R. Kadner) (Avila '39) 1–8: Medicina Alemana. — • Memoralia Herman Boerhaave optimi medici (Haarlem '39) 23–32: D. Weg v. Boerhaaves Med. nach Dtschl. — • Aschoff-Vorlesg. d. Freiburger Med. Ges. **1** (Freiburg/Br. '41) 107–41: Vorromant. Med. — • Robert Mayer u. d. Energieprinzip (Bln '42) 51–96: Robert Mayer u. d. Med. seiner Zeit. — • Festschr. f. Albert Stöhr (Mainz '50) 195–206: Einfl. d. Theol. auf d. ärztl. Ethik u. Pflichtenlehre im Mittelalter.

W. • Das physik. Denken in d. Gesch. d. Med. (Stuttg. '39) 39 S. — • Kurze Übersichtstab. z. Gesch. d. Med. (m. Ludwig Aschoff) [4](Münch. '40); [5]('43); [6]('45) 8+89 S. — • Die Heilkde u. d. ärztl. Beruf [2](Bln-Münch. '47) 7+340 S.; [3]('49); [4]('51) unt. d. Tit.: Einführg. in d. Studium d. Med. 6+304 S. — • Lateinisches Lesebuch aus med. Quellen z. Vorbereitg. auf d. kleine Latinum f. Mediziner (m. W. Kahlenberg) (Stuttg. '48) 8+68, 23 S. — • Geschichte d. Med. Die hist. Entwicklg. d. Heilkde u. d. ärztl. Lebens **1, 2** (Bln '49, '51) 355 S.; 271 S. — • Schöpferisches Alter im Gelehrtenheim. Priv.druck ('49). — • Zur Frauenheilkde im byzant. Kulturkreis d. Mittelalters (Mainz '50) 14 S. (Mainzer Akad. d. Wiss. u. d. Lit., Abh. d. geistes- u. sozialwiss. Kl. 1950, 1). — • Bacchus u. Äskulap. Boehringer Ingelheim (Münch. '51). — • Die alte Mainzer med. Fakultät u. d. Wiss. ihrer Zeit (Mainz '51) 31 S. (Mainzer Universitätsreden 18). — • Einführung in d. Studium d. Med. [Die Heilkde u. d. ärztl. Beruf] (Münch. u. Bln '51) 6+304 S. — • Geschichte d. Med. **2,** 1 (Bln '51) 271 S. — • Das Elexir, die köstlichste d. Arzneien (Ingelheim '51) 45 S. — • Die Lehre v. d. Entzündg. Von d. Begründg. d. Zellularpathol. bis z. Aufk. der Bakteriol. (Wiesb. '53) (Akad. d. Wiss. u. d. Lit., Abh. d. math.-nat. Kl. 1953, 3). — • Das Analzäpfchen in d. Gesch. d. Therap. (Stuttg. '53) 44 S.

Alma mater croatica. O fizikalnom misljenjn u povisjesti medicine: **11** ('39) 125–27.

Ann. Merck. Esculape, ses fils et batards dans la littérature médiévale: **9** ('39) 359–68.

Arch. Gynäkol. Kulturgesch. d. Frau u. die Frauenheilkde: Kongreßbd **173** ('41) 12–36.

Berlin. med. Z. Deutg. u. Gesch. d. hippokrat. Eides: **1949,** 17–19.

Centaurus. Verstorbene innerhalb d. dtsch. Sprachgeb. seit Herbst 1939: **1** ('50) 81–86, 167–73.

Dtsch. Apotheker-Ztg. Märchen v. d. Chinarinde: **92** ('52) 740f.

Dtsch. Gesundheitswes. Rudolf Virchow, Persönlichk. u. Werk: **1** ('46) 800–09.

Dtsch. Hebammen-Z. Wertg. u. soziale Stellg. d. Frau in d. Kultur d. Mittelalters: **1950,** 1–3, 20f.

Dtsch. med. J. Kernsprüche v. Rudolf Virchow: **3** ('52) 369–73.

Dtsch. med. Wschr. Ein großer Arzt [Diokles] u. eine große Zeit in d. Gesch. d. griech. Med.: **65** ('39) 303–06. — Georg Buchan †: **69** ('43) 87f. — D. Arzt Robert Mayer u. d. Med. seiner Zeit: 195–99. — Was wissen wir sicher üb. d. Aufenthalt d. Paracelsus in Skandinavien?: 603–05.

Ensayos y Estudios. El medico Theophrast v. Hohenheim (Llamado Paracelso) 1493–1541: **3** ('41) H. 5/6, 1–16.

Forsch. u. Fortschr. Gesch. d. Med. in Dtschl.: **16** ('40) 365–70. — Theophrast v. Hohenheim, gen. Paracelsus, d. Arzt zw. d. Zeiten: **17** ('41) 293–99. — Vorromant. Med.: **18** ('42) 101. — Wiederkehr führ. Denkweisen in d. geschichtl. Entwicklg. d. Med.: **21/23** ('47) 46–49. — Walther Pfeilsticker z. 70. Geb.tag: **26** ('50) 290.

Geburtshilfe u. Frauenheilkunde. Frauenkundl. in d. Scholastik d. 13. Jhdts.: **9** ('49) 245–50.

Gesundheitsführung. Was wissen wir von Paracelsus sicher, u. was bedeutet er uns heute?: **1941,** 287–99.

Göttinger Univ.-Ztg. Gelehrtenheim: **4** ('49) Nr. 4, 5f.

Hippokrates. Hermann Boerhaave u. d. Med. seiner Zeit m. bes. Berücks. seiner Wirkg. nach Dtschl.: **10** ('39) 289–306, 345–51. — Frauenheilkde d. Paracelsus: **11** ('40) 108–13, 130–37. — Felix Buttersack z. Gedächtn.: **22** ('51) 134 [s. auch: Nachr.-Bl. Dtsch. Vereinigung Gesch. Med., Nat. u. Techn. **1952,** Nr. 2, 13].

Hist. Jahrb. Z. Frage der unentgeltlichen Behandlg. des armen Kranken durch den mittelalterl. Arzt: **72** ('53) 171–75.

Invest. y Progr. Teofrasto de Hohenheim, Llamado Paracelso, el medico entre dos edades del mundo: **12** ('41) 322–39.

Jahrb. Mainz. Akad. Wiss. u. Lit. Ber. d. Komm. f. Gesch. d. Med. u. Naturwiss. 1950: **1951,** 69–71.

Klin. Wschr. Johann Peter Frank (1745–1821) im Lichte d. Gegenw.: **19** ('40) 534–36. — Gerichtsmed. Beob. aus d. späten Mittelalter u. d. Renaissance: **23** ('44) 392–94.

Lychnos. Arnald v. Villanova u. d. Med. d. Mittelalters: **1939,** 222–42.

Mainzer Stud.-Ztg. Poema triste (Correctori mundi cuidam dedicatum): SS **1950,** Nr. 3, 8.

Med. Klin. Doktorarb., Doktoranden u. Doktorväter: **43** ('48) 494f.; **44** ('49) 120.

Med. Z. Paracelsus u. d. mod. Med.: **15** ('41) 243–46.

Mitt. Gesch. Med., Naturwiss. Techn. 11. Int. Kongr. f. Gesch. d. Med. in Jugoslawien v. 1.–14. Sept. 1938: **38** ('39) 117–22. — Wilhelm Haberlings Leben u. Wirken: **39** ('40) 90–93. — Neue Ergebn. d. Erforschg. d. altind. Heilkde: **40** ('41/42) 212–27.

Münch. med. Wschr. Die Hippokratiker u. d. Lehre v. Blutkreislauf: **86** ('39) 299–301. — Paracelsus u. d. mod. Med.: **88** ('41) 1041. — Ägypt. Vers. einer pränatalen Geschlechtsbest.: 1118. — Ernest Wickersheimer z. 70. Geb.tag: **92** ('50) 486. — Zehn J. Ciba-Z.: 566f. — Mechanism. u. Vitalism. in d. zweiten Hälfte d. 19. Jhdt.: **96** ('54) 203–05. — Gg. B. Gruber 70 J. alt: 206.

Nachr.-Bl. Dtsch. Vereinig. Gesch. Med. Unsere Ehrenmitglieder: **1950,** Nr. 1, 1f.; **1951,** Nr. 1, 6–8.

Naturwiss. Rdsch. Entwicklg. d. Med. in d. letzten 50 Jahren: **4** ('51) 331–35.

Pro Medico. Ernest Wickersheimer 70 J. alt: **19** ('50) 308 [s. auch: Nachr.-Bl. Dtsch. Vereinigg. Gesch. Med., Nat. u. Technik **1951,** Nr. 1, 7f.]. — Theol. u. Heilkde: **22** ('53) 5–7.

Pharmazie. Gemeinschaftsarb. d. Mediziner u. Pharmazeuten z. Förderg. d. Arzneimittellehre: **1** ('46) 44–48. — Nachtr. zu d. Arb. v. W. Heubner: Zauber d. Arznei: **2** ('47) 474.

Regensburger Jahrb. ärztl. Fortbildung. Der prakt. Arzt u. d. Wiss. vor 100 J.: **2** ('51) 173–79.

Res. and Progr. Study of the hist. of med. in Germany: **7** ('41) 233–46. — Theophrastus v. Hohenheim, surnamed Paracelsus, the physician who bridged the ages: **8** ('42) 107–24.

Scientia. Lehre v. d. leibseel. Konstitut. u. d. spezielle Anatom. u. Physiol. d. Frau im Mittelalter: (6) **43** ('49) 97–103, 132–34.

Sudhoffs Arch. Gesch. Med. Stellg. d. nosolog. Syst. in d. Gesch. d. Med.: **34** ('41) 61–67.

Technik-Gesch. Techn. Zierat an alten chirurg. Instrum.: **30** ('41) 125–27.

Umschau. Schlaf u. Traum, aus d. Gesch. ihrer Lehre u. ihrer Verwertg. am Krankenbett: **45** ('41) 673–76.

Universitas. Wandlg. d. Arztideals: **5** ('50) 1331–44, 1461–71.

Virchows Arch. pathol. Anatom. Physiol. Ehrenrettg. Rudolf Virchows u. d. dtsch. Zellforscher[2]): **307** ('41) 457–89. — Virchows Arch. als Spiegel d. Med. seiner Zeit: **315** ('48) 4–31.

Z. ärztl. Fortbild. Rudolf Virchow u. d. ärztl. Praxis: **37** ('40) 212–14.

Zbl. Bibliothekswes. Bibliotheken u. Mediziner: **60** ('43) 401–05. — Krankengesch. aus d. Mittelalter u. d. Renaissance als Quellen z. Kultur- u. Geistesgesch.: Beih. **75** ('51) 260–72.

Zbl. Gynäkol. Ernst Sonntag: **63** ('39) 705–08. — Romant. Einfl. auf d. dtsch. Frauenheilkde: **65** ('41) 520–26. — Blasensteinschnitt b. Weibe in d. Antike u. im Mittelalter[1]): **70** ('48) 113–28. — Z. mittelalterl. Lehre v. d. Entwicklg. d. Embryo: **73** ('51) 382–86.

Z. Ver. Gesch. Berlin. Rudolf Virchow u. d. Med. seiner Zeit: **60** ('43).

Ferner Arb. in: Die Bewegung, Du u. die Welt, Das goldene Tor, Leipz. Neueste Nachr.

Mit: [1]) Helmut Kraatz; [2]) Erwin Rosner.

IV–VI **Diepolder,** Emil Josef. Chem. – Zuletzt Ass. Chem. Labor. U Erlangen. *1870, Juli 10, München; †1923, Dez. 9, Erlangen*.

*Mitt.: Standesamt Erlangen.

VI **Diepschlag,** Ernst. Metallurgie. – 1921–45 o. Prof. Eisenhüttenkde u. Gießereikde TH Breslau; '46–53 o. Prof. Eisenhütten- u. Gießereikde BA Freiberg/Sa. [Eig. Mitt.] *1885, Febr. 20, Wengern/Ruhr; †1953, Dez. 28, Freiberg/Sa.

Nekr. J. Czikel, Forsch. u. Fortschr. **28** ('54) 125f. — F. Großer, Gießerei **41** ('54) 356. — Bergakademie [Freiberg] **6** ('54) 81 (m. Bildn.).

Erf. Gewinng. v. Eisen aus Erzen, Schlacken od. anderen eisenhalt. Stoffen, DRP 528678 ('29); Einrichtg. z. selbständ. Regelg. d. Verteilg. d. Heizgasstromes in Wärmespeichern, DRP 679578 ('39); Schleudervorrichtg. f. flüss. Metall, DRP 693302 ('40); Verf. z. Gewinng. v. Metallen aus oxyd. Erzen durch Chlorierg., DRP 728703 ('39).

MH. ● Schweißtechn. im Stahlbau (K. Klöppel) **1** (Bln '39) 9+191 S.

S. ● Int. Gießereikongr. Düsseldorf 1936, Techn.-wiss. Vortr. (Düsseld. '37) Nr. 8, 1 7: Oberflächenbeschaffenh. u. Oberflächeneigensch. v. Gußeisen.

W. ● Der Hochofen (Lpz. '32) 8+313 S. (D. Industrieofen in Einzeldarst. 6). — ● Die Gieß- u. Anschnittechn. in d. Gießereien, vornehml. in d. Graugießereien (m. J. Czikel) (Halle '49) 142 S. — ● Die Anwendbarkeit d. Regelungstechn. in d. Hüttenind. (Bln '52) 37 S. (Ber. Verh. Sächs. Akad. Wiss. Leipzig 99,3). — ● Eisenhüttenkunde **1—8** (m. M. Richter-Meinhold) (Bln '53/54) (Lehrbr. d. Fernstudiums BA Freiberg).

Angew. Chem. Entphosphorg. v. Eisen durch Oxydat.[14]): **46** ('33) 61f.

Arch. Eisenhüttenwes. Umsetzg. v. Eisensulfid, Mangansulfid u. Calziumsulfid m. d. Oxyden d. Eisens u. d. dabei auftret. Nebenreakt.[6]): **4** ('30/31) 375–82. — Schaffg. einer Einrichtg. f. d. Messg. d. Viskosität v. Siemens-Martin-Schlacken[3]): **6** ('32/33) 525–37. — Elastizitätsverhältn. in Schweißverbb. u. deren Zugschwingungsfestigk.[8])[12]): **9** ('35/36) 341–45. — Redukt. v. Eisenerzen unt. Anwendg. höherer Drücke: **10** ('36/37) 179–81. — Analyt. Unters. bas. Siemens-Martin-Schlacken: **14** ('40/41) 421–26.

Arch. Metallkunde. Erschmelzen v. bas. Elektrostahl[11]): **3** ('49) 369–76. — Dämpfungseigensch. v. Kohlenstoffstählen b. Beanspruchg. im elast. Verformungsbereich[11]): 400–06.

Autogene Metallbearb. Korros. v. geschweißten Stählen in feuchter warmer Luft: **29** ('36) 113–17.

Chem. Techn. Hochofenbetrieb m. Sauerstoffverwendg.: **5** ('53) 591f.

Congr. Chim. ind. Oberfläche d. flüssigen Gußeisens im Laufe d. Erstarrg.: **18** I ('38) 324–30.

Feuerungstechnik. Verf. z. Prüfg. d. Temp. tropfbarer Verflüssigg. v. Brennstoffaschen, Schlacken u. Steinen: **21** ('33) 115–17. — Verhalten d. Flußspates in Siemens-Martin-Schlacken[3]): **22** ('34) 65–70. — Strömungswiderstände b. Durchgang v. Gasen durch Haufwerke v. geschütteten Stoffen: **23** ('35) 133. — Rechner. Unters. an Gewölben v. Siemens-Martin-Öfen: **28** ('40) 234.

Feuerfest. Verteilg. d. Wärmespeicherfläche in einem Winderhitzer: **9** ('33) 97–99.

Foundry. Altmetalle für Nichteisenmetallguß: **70** ('43) 51f.

Gießerei. Schneidfähigk. v. Grauguß in Abhängigk. v. Silicium- u. Kohlenstoffgehalt[4]): **18** ('31) 313–18. — Einfl. d. Schlackenzusammensetzg. auf d. Gefüge grauer Eisenlegierg.[17]): 705–10. — Gattieren synthet. Formsande m. Hilfe ihrer spezif. Oberfläche[16]): **19** ('32) 342–46. — Gußhaut: **21** ('34) 408–12. — Einfl. d. Schlackenführg. auf d. Gefügeausbildg. v. Roh- u. Gußeisen[10]): 493–96. — Oberflächenbeschaffenh. u. Oberflächeneigensch. v. Gußeisen: **23** ('36) 466–71. — Gefügeausbildg. im Gußeisen u. ihre Beziehg. zu keimerreg. Fremdkörpern in d. Schmelze: **24** ('37) 437–41. — Gußeisen in d. letzten 100 Jahren: **25** ('38) 345–49 [auch in: Foundry Trade J. **59** ('38) 153–55]. — Künstl. Formsande: **27** ('40) 257–62. — Rechner. Grundlagen f. d. Schleuderguß: **28** ('41) 465–69. — Prakt. Winke f. d. Gattieren u. d. Kupolofenbetrieb[15]): **29** ('42) 2–7.

Gießerei verein. Gießerei-Ztg. Formsandprüfg. u. Formsandwirtsch.: **31** ('44) 37–43.

Gjuteriet. Beschaffenh. u. Eigensch. d. Oberfläche d. Gußeisens: **27** ('37) 55–60.

Kohle u. Erz. Manganaufwendg. d. dtsch. Ind.: **31** ('34) 204f.

Metalloberfläche. Abweichg. d. chem. Zusammensetzg. d. Randschicht v. Gußeisen v. d. Gesamtzusammensetzg. u. d. Ursachen dieser Erscheing., insbes. d. Einfluß d. Formsandes: **3** ('49) 1–8.

Metallurgia Ital. Behandlung v. Gußeisen m. Natriumcarbonat: **11** ('34) Nr. 61, 9–11.

Metallwirtsch. Eignung v. Drahtsorten b. Verwendg. in Aufbereitungssieben[7]): **13** ('34) 224–26.— Vers. z. restlosen Redukt. v. Manganoxyd in flüss. Eisen: **14** ('35) 107–10. — Mangan in d. Stahlherst.: **17** ('38) 1299–1302. — Entkohlungsgeschwindigk. in Siemens-Martin-Stahlschmelzen: **20** ('41) 21–23. — Best. v. Graphit in Roh- u. Gußeisen u. d. Auswertg. d. Ergebn. z. Qualitätsbest.: 571–77. — Vorausbest. d. Oberflächenhärte v. Hartgußwalzen aus d. Härte kl. Probegüsse u. d. Kohlenstoff-Gehalt: **21** ('42) 779–84.

Stahl u. Eisen. Bewertg. v. Eisenerzen f. d. Hochofen[18])[13]): **52** ('32) 1154–62. — Gußhaut[1]): **58** ('38) 786.

Technik. Gußhaut, ihre Entstehg., Eigensch. u. Beziehg. zu d. weiteren Eigensch. d. Gußeisens: **3** ('48) 15–21.

Trans. Amer. Inst. Mining metallurg. Engr. Exp. Meth. z. Stud. d. Stahlherst.: **140** ('40) 126–29.

Z. anorg. allg. Chem. Best. d. inneren Reibg. v. Roh- u. Gußeisen nach d. Torsionsverf.[5]): **239** ('38) 197–215. — Gewinng. v. Eisen aus Oxyden u. oxyd. Erzen m. Chlorwasserstoffgas[8]): **245** ('40) 409–28.

Z. VDI. Neuzeitl. Bau u. Betrieb v. Siemens-Martin-Öfen: **75** ('31) 1005–12.

Mit: [1]) Joachim Babrowski; [2]) Erich Brennecke; [3]) Friedrich Karl Buchholtz; [4]) Fritz Eggert; [5]) Otto Gessner; [6]) Erich Horn; [7]) Erhard Körner; [8]) Alexander Matting; [9]) Horst Meissner; [10]) Max Michalke; [11]) Herbert Müller; [12]) Geert Oldenburg; [13]) Hans Poetter; [14]) H. Schürmann; [15]) Carl Stieler; [16]) H. Teuber; [17]) Leonhard Treuheit; [18]) Max Zillgen.

VI **Diergart,** Paul. Gesch. d. Chem. – Privatgelehrter in Bonn.
1875, Jan. 16, Duisburg; †1943, Okt. 26, Bonn.

*Mitt.: Standesamt Bonn.

Autobibliogr. Proteus **2** ('37) 327–54 (m. Bildn.).

Zum 60. Geb.tag. Mitt. Gesch. Med., Naturwiss. Techn. **34** ('35) 199f.

HZ. Proteus **1** ('31), **2** ('37), **3**, 1–4 ('40–43).

Archeion. Aus d. Lebensarbeit v. Martin W. Neufeld: **14** ('32) 535f.

Arch. Gesch. Math., Naturwiss. Techn. Erfindungsgesch. d. europ. Porzellans: **13** ('30) 167–87. — Begründg. d. Bonner Chem. durch Ferdinand Wurzer um 1790: **29** ('36) 113–22.

Beitr. Gesch. Techn. u. Ind. Falsche u. richtige Wege auf d. Suche nach d. Erfinder d. europ. Porzellans: **20** ('30) 179–81 [auch in: Keramos **9** ('30) 419–22].

Chemiker-Ztg. Bem. z. neuzeitl. Bor-Befund in Terrasigillata-Glasur: **60** ('36) 997.

Jahrb. Ges. Gesch. u. Bibliogr. Brauwes. Danziger Brauereien d. Familie Hewelke u. d. große Himmelsforscher Hevelius als Brauer u. Deutscher: **1938,** 133–42.

Janus, Haarlem. Medizinisches aus d. 15. u. 16. Jhdt., z. 700jährig. Stadtjubil. v. Rheinberg (Niederrhein): **36** ('32) 352–60.

Mitt. Gesch. Med., Naturwiss. Techn. Wilhelm Haberling z. Gedächtn.: **39** ('40) 101f. — Carl Clemen †: 362. — Friedrich Marx †, Otto Ohmann †, Armin Tille †: **40** ('41/42) 190f. — [Weiterhin zahlr. Notizen u. Nachrichten: S. 181–86, 313f.]

Proteus [Bonn]. Vorschläge zu einer planmäßig. Gestaltg. chemiegeschichtl. Arbeit: **2** ('37) 74–83.— Offene Frage z. Herst. d. berühmten Bleiweißes v. Rhodos u. Korinth: 251f. — Zink, Bergmannbücher, Bas.-Valentinus-Sage, ein Nachruf auf Woldemar Hommel (Klaustal) als Chemiegeschichtler: 313f. — Rechtfertigg. d. „Kohlenphilosophen" Joh. Casp. Staudt, den Goethe im J. 1770 v. Straßburg aus besuchte: **3,1** ('40) 11–13. — Franz de le Boe-Sylvius (1614–1672) in seiner Beziehg. z. rhein. Apothekergeschlecht Schombart u. in seinem falschen u. echten Bildnis: 13f.

Sudhoffs Arch. Gesch. Med. Wie soll d. dtsch. Schreibweise v. „Coppernicus" sein?[1]): **30** ('37) 174–76.

Volk u. Schrift. Mehr Einheitlichk. in d. Schreibg. v. Eigen-, Vor- u. Ortsnamen in Gesch. u. Gegenw.: **8** ('37) 65–70.

Z. ges. Naturwiss. Bleiweiß v. Rhodos: **1** ('36) 205–09.

Mit: [1]) Ernst Zinner.

Dierichs, Alfred Ernst. Chem. (org.). – 1922–25 stud. U Köln; '25 Dr. phil. U Köln (A. Darapsky); '25–27 Ass. U Köln (R. Rinkel); '27–45 wiss. Chemiker IG Werk Bayer-Leverkusen, Leit. d. Kohleforsch.Abt.; '45–52 Werkleiter VEB Mineralölwerk Herrenleite, VVB „Kohlestoffe" Halle; '52 o. Prof. org. Chem. u. Chem. d. Kohle u. Öle BA Freiberg/Sa. – '50 Verdienter Erfinder d. DDR. [Eig. Mitt.]
*1903, März 6, Wuppertal-Elberfeld.

Zum 50. Geb.tag. R. Künzelmann, Bergakad. [Freiberg] **5** ('53) 115f. (m. Bildn.). — Kraftfahrzeugtechn. **3** ('53) 96.

Bildn. Bergakademie [Freiberg] **7** ('55) 259.

Erf. Phenosolvan-Verf. s. Chemiker-Ztg. **66** ('42) 288–93 u. Chem. Techn. **2** ('50) 224–29. — Metasolvan-Verf. s. Chem. Techn. **2** ('50) 79–83. — Iso-Verf. s. Chem. Techn. **3** ('51) 268–70.

MHZ. Chem. Technik **3** ('51). — (Red.-Ausschuß) Kraftfahrzeugtechnik **2** ('52) ff.

S. ● Schmierstoff- u. Lagerfragen (Bln '52) (Metallkundl. Ber. 27) 64–77: Unters. m. Ölen, d. direkt aus paraffinbas. getoppten Ölen gewonnen werden; Bedeutung v. Ölen, die nach dem Iso-Verf. durch direkte Extrakt. aus paraffinbas. getoppten Ölen gewonnen wurden. — Wiss. Ber. (1) Metallogie u. Gießereiwes. (Bln '53) 13–26: Verschleißeffekt in Abhängigk. v. Schmierölen.

W. ● Über Bromaethin u. Brompropin. Diss. (Köln '27) 44 S. — ● J. Marcusson: Unters. d. Fette u. Öle. Laboratoriumsbuch f. d. Prüfg. v. Fetten, Mineralölen u. ihren techn. Verarbeitungsprod. (m. Fritz Püschel neu bearb.) [4](Halle '52) 322 S.

Bergakademie [Freiberg]. Schmieröle sind Werkstoffe: **3** ('51) 15–17.

Chem. Techn. Selekt. Extrakt. v. Phenolen aus Teeren (Metasolvan-Verf.): **2** ('50) 79–83. — Entwicklg. d. Phenosolvan-Verf.: 224–29. — Physik.-chem. Unters. u. Strukturanalysen v. Mineralölen: **3** ('51) 53–58. — Schmierölwirkstoffe: 263–68. — Bedeutg. v. Ölen, d. durch direkte Extrakt. aus paraffinbas. getoppten Erdölen gewonnen wurden (Iso-Öle): 268–70. — Zusammenarb. zw. Wiss. u. Praxis: **5** ('53) 55f. — Entwicklg. d. extrakt. Entferng. v. Phenolen aus Industrieabwässern: 275.

Chemiker-Ztg. Entphenolung von Industrieabwässern u. -ölen nach d. Phenosolvan-Verf.: **66** ('42) 288–93.

Freiberger Forschungsh. Beziehg. zw. d. Anforderg. an Schmierölen u. deren Produktionsmöglichk.: **7** ('51) 94–99. — Entwicklg. b. d. extrakt. Gewinng. v. Phenolen aus Ind.-Abwässern: **14 A** ('52) 19–25. — Stand unserer Erkenntn. üb. die Wirkg. v. Schmierstoffen: **23 A** ('54) 102–28.

Kraftfahrzeugtechn. Motorenöl aus Werkstoff: **1** ('51) 9f. — Beziehg. zw. Polarität, Schmierfähigkeit u. Farbe v. Motorenölen: 160–62. — Erfahrg. in d. Verwendung v. Kraft- u. Schmierstoffen b. Betrieb v. Ackerschleppern: **1** ('52) 275–77.

Technik. Polarität u. Filmfestigk. d. Schmieröle: **7** ('52) 663–66.

VI **de Diesbach,** Henri. Chem. — o. Prof. Chem. II. chem. Labor. U Freiburg/Schweiz. [Ohne eig. Mitt.]
*1880, Mai 15, Romont, Kt. Freiburg/Schweiz.

W. ● Quelques problèmes de la chim. mod. (Fribourg '35) 12 S.

Helvet. chim. Acta. Etude sur des dérivés cétoniques de l'anthracène et de l'anthraquinone[16])[2]): **15** ('32) 1241–50. — Etude sur les dérivés benzoylés de l'indigo, 1[16]): **16** ('33) 148–54; ∼ 2[3])[25]): **17** ('34) 113–28; ∼ 3[7]): **19** ('36) 1213–22; ∼ 4[19]): **20** ('37) 132–41; ∼ 5[12])[28]): **23** ('40) 469–84; ∼ 6[14]): **24** ('41) 158–73; ∼ 7[23])[13]): **26** ('43) 1869–85; ∼ 8[11])[27]): **31** ('48) 724–35; ∼ 9[4])[9]): **32** ('49) 1214–27; ∼ 10[9a]): **37** ('54) 701–05. — Sur quelques dérivés de l'anthraflavone[22]): **17** ('34) 105–13. — Recherches sur les dérivés ω-aminés de différentes cétones: **23** ('40) 1232–52. — Les acides 1,4-dialdéhydo-benzène-2,5-dicarbonique et 1,3-dialdéhydo-benzène-4,6-dicarbonique[24]): **24** ('41) 1306–16. — Indirubine et indileucine[30]): **28** ('45) 690–700; ∼ 2[8]): 1387–91. — Quelques dérivés de la phénanthridine[1]): 1392–98. — Quelques dérivés de la tétrahydro-quinoléine[15]): 1399–1405. — Synth. de nouveaux dérivés anthroniques[17]): **31** ('48) 673–77. — Contribut. à l'étude des hydroxy-4-phénylamino-3-quinoléines[26])[5]): 716–24. — Essais comparatifs dans la série des indigoïdes[11]): **32** ('49) 687–91. — Quelques dérivés des phényl-hydroxy-quinoléines[10])[29]): **34** ('51) 1050–60. — Etude sur les cétones quinoléiques, 1[21])[18])[20])[6]): **35** ('52) 2322–32.

Mit: [1]) Jean Aeschbach; [2]) Hans Benz; [3]) Edouard de Bie; [4]) Miro Capponi; [5]) Georges Cavin; [6]) Jos. Dessibourg; [7]) Théodore Dobbelmann; [8]) Charles Fässler; [9]) Jean Farquet; [9a]) Michel Frossard; [10]) Jean Gross; [11]) Erich Heppner; [12]) Otto Jacobi; [13]) Tao-Shing Kiang; [14]) Oscar Klement; [15]) Hans Kramer; [16]) Hans Lempen; [17]) Alph. Miserez; [18]) François Morard; [19]) Edouard Moser; [20]) Wojciech Nowaczinski; [21]) André Pugin; [22]) Salvador Gil Quinza; [23]) Gérald Rey-Bellet; [24]) Henri Riat; [25]) Fritz Rubli; [26]) Ant. Schürch; [27]) Yves Siegwart; [28]) Carlo Taddei; [29]) Walter Tschannen; [30]) Franz Xav. Wiederkehr.

V **Diesel,** Rudolf → VIIa/Suppl.

IV–VI **Diesselhorst,** Hermann Georg Heinrich. Physik. — 1910–36 o. Prof. Physik TH Braunschweig; '36 em. in Braunschweig. — '33 Gauß-Weber-Denkmünze (U Göttingen). [Eig. Mitt.]
*1870, Dez. 1, Peine.

Zum 80. Geb.tag. G. Cario, Arch. elektr. Übertr. **4** ('50) 529–31 (m. Schr.verz. 46 Nr. u. Bildn.). — J. Euler, Elektrotechn. Z. **71** ('50) 666 (m. Bildn.). — Chemiker-Ztg. **75** ('51) 76.

MUe. (Mit Maria Rausch v. Traubenberg) ● Eddington, Das Weltbild d. Physik (The nature of the physical world) (Brschw. '31) 356 S.

S. ● E. v. Rhiza, Starkstromtechn., Taschenbuch f. Elektrotechniker **1**[8](Bln '51) 1–49: Grundzüge d. elektromagnet. Feldtheor.

W. ● Magnetische Felder u. Kräfte m. einer Übersicht üb. d. Vektorrechng. (Lpz. '39) 212 S.

Abh. Braunschw. wiss. Ges. Widerstand eines elektr. erwärmten Leiters u. d. Best. d. Wiedemann-Franzschen Zahl: **1** ('49) 14–24.

Ann. Physik. Zitternde Bewegg.: (5) **32** ('38) 205–10. — Feldwirkg. in permeablen Medien: (6) **3** ('48) 11–30. — Magnetfeld u. Drehmoment b. einem magnet. Ellipsoid in permeablem Medium u. Fremdfeld: **9** ('51) 316–24.

Elektrotechn. Z. Neuere Entwicklg. d. physik. Anschauungen: **53** ('32) 545–49, 577f. — Definit. d. magnet. Momentes: **62** ('41) 497–99. — Magnete in permeablen Medien: **65** ('44) 119–22.

Z. techn. Physik. Zu P. Melchior: Gewicht, Masse, Stoffmenge: **15** ('34) 280. — Methodisches z. Messg. m. d. Widerstandsthermometer in d. Wheatstoneschen Brücke[1]): **24** ('43) 162–66.
Mit: [1]) J. Lange.

Dieterich, Eugen → VIIa/Suppl.

V **Dieterich,** Karl → VIIa/Suppl.

VI **Dieterle,** Hugo. Pharmaz. Chem. — 1928–45 o. Prof. pharmaz. Chem. U Frankfurt/M.; '45 i. R. Frankfurt/M.
*1881, April 1, Aalen;
†1952, Juli 15, Hanau.

Zum 60. Geb.tag. L., Dtsch. Apotheker-Ztg. **56** ('41) 196f. (m. Bildn.).

Nekr. Mitt. Dtsch. pharmaz. Ges. **22** ('52) 81. — Arch. Pharmaz. Ber. Dtsch. pharmaz. Ges. **285** ('52) 81.

Arch. Pharmaz. Inhaltsstoffe d. Rhizoms v. Curcuma domestica (Tennoe Lawak), 1[7]: **270** ('32) 413–18; ~ 2: **271** ('33) 337–42. — Dehydrierung v. Phytosterinen m. Selen, 1[11]: **270** ('32) 495–501; ~ 2: Lupeol[11]: 540–49; ~ 3[2]: **276** ('38) 312–16. — Solanthren, ein neues Nebenalkaloid aus Kartoffelkeimen[13]: **270** ('32) 550f. — α-Amyrin[11]: **271** ('33) 177–89. — Sterine d. Rinde v. Lophopetalum toxicum, 1[9])[4]: 264–68; ~2[9])[4]: **272** ('34) 172–90. — Onocerin, das Phytosterin d. Hauhechel, Ononis spinosa L.[11]: 142–51. — Inhaltsstoffe v. Drosera rotundifolia: **273** ('35) 235f. — Solanidin t.[10]: 532–39. — Inhaltsstoff v. Drosera rotundifolia[8]: **274** ('36) 457–61. — Inhaltsstoff v. Xanthoxylum fraxineum Wild[6]: **275** ('37) 45–53. — Inhaltsstoffe d. Rinde v. Lunasia costulata (Miq)[1]: 174–91, 276. — Ericolin[4]: 380–82. — Inhaltsstoffe v. Crataegus oxyacantha L.[4]: 428–37. — Amyrine[3])[12]: 557–70. — Xanthoxylin S, ein Inhaltsstoff v. Xanthoxylum carolinianum[14]: **277** ('39) 33–44. — Inhaltsstoffe d. Blüten v. Arnica montana L., 1[4]: 65–74; ~ 2[5]: **278** ('40) 225–35.

Chem. Fabrik. Neubau d. Pharmaz. Inst. Univ. Frankfurt/M.: **10** ('37) 18f.

Kolloid-Z. Perkolatoren u. Perforatoren: **86** ('39) 31–33.

Mit: [1]) H. Beyl; [2]) Felix Biedebach; [3]) H. Brass; [4]) K. Dorner; [5]) K. Engelhard; [6]) K. Fay; [7]) Ph. Kaiser; [8]) E. Kruta; [9]) H. Leonhardt; [10]) Hans Rochelmeyer; [11]) A. Salomon; [12]) F. Schaal; [13]) K. Schaffnit; [14]) K. Schwengler.

Dietmann, Hans Franz Xaver. Pharmaz. Chem., Gesch. d. Pharmaz. — 1909 stud., '11 pharmaz. Staatsexamen München; Apothekenpraxis; Besitzer d. Löwen-Apoth. Uslar/Solling. [Eig. Mitt.]

*1888, Jan. 31, Sigishofen/Sonthofen, Bayern/Allg.

Pharmazie. Konservierende Sterilisat. v. Injektionslösg. u. Arzneimitteln in d. Apotheke: **5** ('50) 218–25.

Pharmaz. Ind. Probl. d. Herst. v. Fluid-Extrakten: **12** ('50) 277–83.

Süddtsch. Apotheker-Ztg. E. F. Jahns, ein Apotheker u. Forscher: **90** ('50) 557–64 [hier auch seit 1925 zahlr. Arb.].

Dietrich, Günter Otto Bernhard. Geophysik. — 1931–35 stud., '35 Dr. phil. U Berlin (A. Defant, '36–43 dess. Ass.); '43–46 Doz. U Berlin u. Kustos am Inst. f. Meereskde Berlin; '46–50 wiss. Ing.-Büro; '50 Dezernent im Dtsch. Hydrogr. Inst. Hamburg; zugl. '52 Doz. f. Geophysik, bes. Ozeanogr. U Hamburg. [Eig. Mitt.]

*1911, Nov. 15, Berlin.

S. • Zahlenwerte u. Funktionen (Landolt-Börnstein) **3** [6](Bln-G.-H. '52) 426–41: Physik. Eigenschaften d. Meerwassers, Allg. Teil; 460–76: Ozeane, Temp. u. Salzgehalt.

W. • Windverhältnisse üb. d. Meer um d. brit. Inseln im Zeitraum 1900–1949 (m. K. Wyrtki, J. N. Carruthers, A. L. Lawford u. H. C. Parmenter) (Hambg '52) 38 S. [dtsch. u. engl.].

Ann. Hydrogr. Dynam. d. atlant. Zweiges d. Agulhasstromes: **63** ('35) 383–87. — Fragen d. Großformen u. d. Herkunft d. Tiefenwassers im Amerik. Mittelmeer: **65** ('37) 345–47. — Dynam. Bezugsfläche: 506–19. — Morphol. Ergebn. d. „Meteor"-Fahrt 1938: **67** ('39) 20–23. — Absorpt. d. Strahlg. im reinen Wasser u. im reinen Meerwasser: 411–17. — Ergebn. d. Snellius-Expedit. f. d. Ozeanogr. d. Australasiat. Mittelmeeres: 475–87. — Ozean. Gezeitenerscheing. in geogr. Betrachtungsweise: **71** ('43) 125–27.

Arch. Meteorol., Geophysik, Bioklimatol. (A). Einfl. d. Gezeitenstromturbulenz auf d. hydrogr. Schichtg. d. Nordsee: **7** ('54) 391–405.

Ber. Dtsch. wiss. Komm. Meeresforsch. Verteilg., Ausbreitg. u. Vermischg. d. Wasserkörper in d. südwestl. Nordsee auf Grund d. Ergebnisse d. „Gauß"-Fahrt im Febr./März 1952: **13** ('53) 104–29.

Dtsch. hydrogr. Z. Kontinentale Einfl. auf Temp. u. Salzgehalt d. Ozeanwassers: **3** ('50) 33–39. — Anomale Jahreschwankg. d. Wärmeinhalts im Engl. Kanal: 184–201. — Syst. Fehler in d. beob. Wasser- u. Lufttemp. auf d. Meere: 314–24. — Oberflächenströmg. im Kattegat, Sund u. in d. Beltsee: **4** ('51) 129–50. — Elemente d. jährlichen Ganges d. Oberflächentemp. in d. Nord- u. Ostsee u. d. angrenzenden Gewässern: **6** ('53) 49–64.

Kieler Meeresforsch. Natürl. Regionen v. Nord- u. Ostsee auf hydrogr. Grundlage: **7** ('50) 35–69.

Küste. Strömungsverhältn. in d. Lübecker Bucht[5]: **1** ('52) 69–89. — Ozeanogr.-meteorol. Einfluß auf Wasserstandsänderg. d. Meeres am Beispiel d. Pegelbeob. v. Esbjerg: **2** ('54) 130–56.

Nature [London]. Influences of tidal streams on oceanogr. and climatic condit. in the sea: **168** ('51) 6–11.

Naturwiss. Aufbau u. Bewegg. v. Golfstrom u. Agulhasstrom: **24** ('36) 225–30. — Ergebn. d. holländ. Schwereexpedit. 1923–32: 395–97.

Naturwiss. Rdsch. Neue Wege in d. Ozeanographie: **5** ('52) 233–39.

Veröff. Inst. Meereskunde Berlin (N.F.). Aufbau u. Dynam. d. südl. Agulhasstromgeb.: H. **27** ('35) 79 S. [Diss]. — Lage d. Meeresoberfl. im Druckfeld v. Ozean u. Atmosph.: H. **33** ('37) 52 S. — Bewegg. u. Herkunft d. Golfstromwassers: 40 S. — Schwingungssyst. d. halb- u. eintägigen Tiden in d. Ozeanen: H. **41** ('44) 68 S. [Hab.schr.].

Veröff. Dtsch. hydrogr. Inst. Monatskarten d. Oberflächentemp. f. d. Nord- u. Ostsee u. d. angrenzenden Gewässer[1]: **1951** (Atlas). — Windverhältn. üb. d. Meeren um d. brit. Inseln im Zeitraum 1900–1949[6])[2])[3])[4]: **1952,** 38 S.

Z. Geophysik. Ozean. Nivellement: **12** ('36) 287–98.

Z. Ges. Erdkunde Berlin. Amerik. Mittelmeer: **1939,** 108–30. — Gezeiten d. Weltmeeres als geogr. Erscheinung: **1944,** 69–85.

Mit: [1]) Günther Böhnecke; [2]) J. N. Carruthers; [3]) A. L. Lawford; [4]) H. C. Parmenter; [5]) H. Weidemann; [6]) K. Wyrtki.

Dietz, Heinrich Theodor. Techn. Mech. — 1928–33 stud., '33–46 Ass. (W. Schlink), '40 Dr.-Ing. (Fr. N. Scheubel, W. Schlink), '43 Dr.-Ing. habil., '44 Doz., '50 apl. Prof. TH Darmstadt; Mitarb. Fa MAN-Gustavsburg. [Eig. Mitt.]

*1909, Mai 31, Habitzheim, Kr. Dieburg/Hessen.

W. (Mitarb.) ● Technische Statik (m. W. Schlink) [1](Bln '39) 9+386 S.; [2,3]('46); [4,5](Bln-G.-H. '48) 10+431 S.

Fernmeldetechn. Z. Kabeltrommel[1]): **2** ('49) 309–18.

Ing.-Arch. Lösg. d. Sechsstabanschlusses m. d. Meth. d. dualen Abb.: **16** ('47) 14–38 [Hab.schr.].

Jahrb. Dtsch. Luftfahrtforsch. Gleichgewichtsfigur eines elast. Flügels im Fluge u. ihre Grenzwerte: **1941**, 557–63 [Diss.].

Z. angew. Math. u. Mech. Verschiebungsplan d. Raumfachwerks: **30** ('50) 121–25.

Z. VDI. Berechng. v. Backenbremsen: **81** ('37) 1437–42. — Übertragg. v. Momenten in Kreuzgelenken: **82** ('38) 825–28; **83** ('39) 508.

Mit: [1]) K. Machens.

Dietzel, Adolf. Chem. Technol. – 1920–24 stud., '28 Dr.-Ing. TH Karlsruhe (E. Zschimmer), '25–34 Ass. Silikat-Hüttenlabor. ebda.; '38 Doz., '43 apl. ao. Prof. U Berlin; seit '51 Hon.Prof. U Würzburg u. Dir. d. MPInst. f. Silikatforschg. Würzburg. – '54 Gold. Gehlhoff-Ring (Dtsch. Glastechn. Ges.). [Eig. Mitt.] *1902, Febr. 3, Pforzheim.

HZ. Ber. Dtsch. keram. Ges. u. Ver. Dtsch. Emailfachleute **26** ('49) ff.

MHZ. (Verantw.) Mitt. Ver. Dtsch. Emailfachleute **1** ('53) ff.

W. ● Die Kristallisationsgeschwindigkeit der techn. Natron-Kalk-Silikatgläser. Diss. (Karlsr. '28) 81 S. [auch in: Sprechsaal **62** ('29) 506–09, 524f., 543f., 562–68, 584f., 603f., 619–21, 638f., 657–60].

Ber. Dtsch. keram. Ges. Vorgänge in d. Grenzschicht zw. feuerfestem Material u. Glas: **17** ('36) 353–64. — Verwendbark. v. „Mineralspat" in d. Emailind.: **18** ('37) 137–49. — Spanng. in d. Glasur u. ihre Beeinflussg. durch Reakt. zw. Glasur u. Scherben: **20** ('39) 245–47. — Neues Verf. z. Best. d. Wärmeleitfähigk. bis zu hohen Temp.[3b])[5a])[10a]): 347–62. — Neuart. Schnellverf. z. annähernden Best. d. Tonerdegehaltes v. feuerfesten Tonen od. Schamotte: **24** ('43) 283–86. — Best. d. Haftvermögens v. Email an Stahlblech: **26** ('49) 132–37. — Unters. derzeit. Emaillierbleche auf ihren Chromgehalt[10]): **28** ('51) 81f. — Zirkonoxyd u. Zweistoffsyst. m. Zirkonoxyd[11a]): **30** ('53) 47–61, 71–82. — Zerrieseln von α-Dicalciumsilikat u. seine Verhütung[11b]): 151–54. — Frostbeständigk. keram. Erzeugn.[11d]): 275–86.

Chemie. Verwertg. v. Sodaschlacke[5])[7]): **56** ('43) 190f.

Chem. Age. Pottasche aus Seewasser: **46** ('42) 100f.

Chem. Apparatur. Säurefeste Emails: **24** ('37) 233f.

Emailwaren-Ind. Aufklärg. d. Haftprobl. b. Eisenblechemails: **11** ('34) 161–66. — Beob. b. Trocknen u. Brennen v. Grundemailaufträgen[6]): **16** ('39) 57–61. — Molybdän in Emails: **18** ('41) 30f.

Fachausschuß-Ber. Dtsch. glastechn. Ges. Best. v. Steinchen im Glas: **37** ('36) 201f. — Gemeinschaftsunters. üb. d. Best. d. Eisenoxydgehalts in Glasschmelzsanden: **45** ('40) 1–4.

Gießereipraxis. Berechng. d. Emaillesatzes: **58** ('37) 221f.

Glashütte. Haftg. v. Blechgrundemails[6]): **63** ('33) 866. — Ausdehnungsverhältn. b. Eisenblechemails[6]): **64** ('34) 37f., 50f. — Haften v. Eisenblechemails: 546–48. — Bariumoxyd u. Zinkoxyd als emailbildende Oxyde: 809. — Stand d. Selenglasforschg.: **65** ('35) 235–39, 251–53. — Betriebsbeob. üb. d. Abspringen v. Majolikaemail: 564–66. — Wiss. Beziehg. zw. Email, Glas u. Keramik u. ihre Bedeutg. f. d. Praxis: **66** ('36) 448–51. — Gase im Glas: **75** ('48) 125–27.

Glastechn. Ber. Identifizierg. d. Entglasungsprod. v. techn. Natron-Kalk-Kieselsäuregläsern: **9** ('31) 307–09. — Bedeutg. d. Silikatforschg. f. d. Praxis: **14** ('36) 161–64. — Anlaufen d. Selen-Eisen-Gläser u. seine Bedeutg. f. d. Entfärbg. m. Selen[4a]): 411–21. — Best. v. kleinen Eisenoxydmengen in Rohstoffen u. Gläsern: **15** ('37) 141–43. — Beisp. f. d. Anwendg. d. Spektralanalyse in d. Glastechn.: **16** ('38) 5f. — Verhalten v. Schwefel, Selen u. Tellur im Glas: 292–96. — Farbkörper in d. sog. kohlegelben Gläsern, 1[1]): **16** ('38) 389–91; ∼ 2: **17** ('39) 286–90; ∼ 3: **18** ('40) 267–73. — Schwefelantimonrubingläser: **16**, 324–28. — Färbg. grüner Flaschengläser u. Einfl. d. Farbe auf d. Verarbeitbark.: **17** ('39) 303–05. — Elektrochem. Messg. d. Sauerstoffpartialdruckes in Glasschmelzen[3a]): **18** ('40) 33–45. — Basizität v. Glasschmelzen u. Vers. zu deren Messg.[10b]): 297–308, 353–62. — Rolle d. Zinkoxyds in Sulfid- od. Selenidgläsern: **19** ('41) 1–4. — Systematik d. Sulfid-, Selenid- u. Telluridfärbg. in Glas: 4–8. — Einfl. d. Magnesia auf d. Entglasungskonst. v. Natronkalkgläsern: 43–46. — Wirkg. v. Titandioxyd auf d. Färbg. v. Gläsern u. deren strukturtheoret. Deutg.[2]): 217–25. — Alkaliverdampfg. b. Natronkalkgläsern während d. Temperns: 256f. — Zusammenhang zw. Ausdehnungskoeffizient u. Strukt. v. Gläsern: 319–25. — Entspanng. u. Schnellkühlg. v. Gläsern[8]): **20** ('42) 1–11. — Verwertg. v. Sodaschlacke[5])[7]): 321–23. — Glaseigensch. u. Glasstrukt.: **22** ('48) 41–50, 81–86, 212–24. — Ursache d. Braunfärbg. v. titanhalt. Gläsern[3]): 179. — Austauschmöglichk. f. Soda in d. Glasind.: 246–48. — Standardmeth. d. Glasanalyse: 407. — Reakt. u. Haftg. zw. Glas u. Metall b. Verschmelzen: **24** ('51) 263–68.

J. Amer. ceram. Soc. Haftg. wichtiger Reakt. b. Aufbrennen v. Grundemail ohne Gehalt an d. Haftg. fördernden Oxyden[6]): **18** ('35) 35–37. — Anpassg. v. Emails an Stahlblech[6]): 37f.

J. Soc. Glass Technol. Theor. d. Entfärbg. m. Selen: **21** ('37) 87–94.

Kolloid-Z. Zusammenhänge zw. Oberflächenspanng. u. Strukt. v. Glasschmelzen: **100** ('42) 368–80.

Mitt.-Bl. Dtsch. keram. Ges. Beob. an chromroten Glasuren: **1949**, 12–21.

Mitt. Ver. Dtsch. Emailfachl. Einfluß v. Spanng. im Email auf sein Verhalten b. Ritzen u. seine Abriebfestigk.[11c]): **1** ('53) 43–45.

Naturwiss. Wiss. Ergebn. email-techn. Forschungsarb.: **25** ('37) 440–43. — Kristallchem. Gesichtspunkte b. d. Deutg. d. Konstitut. v. Gläsern: **29** ('41) 81f. — Strukturchem. d. Glases: 537–47. — Deutg. auffälliger Ausdehnungserscheinungen an Kieselglas u. Sondergläsern: **31** ('43) 22f. — Strukt. v. Silikatgläsern: 110–12. — Ausscheidg. v. Schwermetallhalogeniden in Gläsern: **32** ('44) 217. — Strukturverschiedenh. d. Schmelzen v. $AlPO_4$ u. SiO_2[8a]): **40** ('53) 604.

Sprechsaal Keram., Glas, Email. Temp.-Zeit-Kurven d. sichtbaren Entglasg. v. Spiegelglas[12]): **60** ('26) 110–12, 129–31, 145–51, 165–68, 186–90,

204–09. — Kristallisationsgeschwindigk. d. techn. Natron-Kalk-Silikatgläser: **62** ('29) 506–09, 524f., 543f., 562–68, 584f., 603f., 619–21, 638f., 657–60. — Forschg. v. Morey, Kracek u. Bowen im Dreistoffsyst. Kali-Kalk-Kieselsäure: **64** ('31) 573–76. — Prüfung v. Wannensteinen gegen d. Angriff schmelzender Gläser in d. Modellwanne: 828–32, 846–51. — Einige Vers. üb. d. Säurepoliten (Brillantätze) v. Bleikristallgläsern[11])[4]): **65** ('32) 5–7, 27f. — Natrium-Calciumdoppelcarbonate als Verwitterungsprod. v. Natron-Kalkgläsern: 825f. — Ursache d. Haftens v. haftoxydfreiem Grundemail an Eisenblech[6]): **66** ('33) 647–52. — Aufklärg. d. Ausdehnungsverhältn. b. Eisenblechemails[6]): 746–52. — Meth. z. Unters. v. Steinchen u. Knoten im Glas: 837–39, 853–56, 867–69. — Aufklärg. d. Haftprobl. b. Eisenblechemails: **67** ('34) 265. — Aufklärg. d. Haftprobl. b. d. Eisenblechemaillierg.: **68** ('35) 20-30, 34-44, 53-63, 67-77, 84-93 [Hab.-schr.]. — Kühlen v. Emails[6]): 339–41. — Was ist Email?: **73** ('40) 63f. — Eberhard Zschimmer z. Gedenken: 355f. — Unterscheidg. v. Fachgläsern: **74** ('41) 221. — Titandioxyd u. seine Wirkg. in Emails, Gläsern u. Glasuren, 1[3])[9]): Einleitg. u. allg. Teil: 295–97, 303f., 311f.; ~ 2: Bisherige Erfahrg. üb. d. Wirkg. v. TiO_2 in Emails u. Gläsern: 372–76; ~ 3: Einfl. v. Titandioxyd auf d. chem. Widerstandsfähigk. v. Emails: 453–55, 463–65, 477–79; ~ 4: Trübg. v. Emails durch Titandioxyd[3]): **75** ('42) 342–46, 365–68. — Prakt. Bedeutg. u. Berechng. d. Oberflächenspanng. von Gläsern, Glasuren u. Emails: 82–85. — Änderg. d. techn. Eigensch. v. Emails durch d. Boraustausch[1]): 168–71. — Sodaschlacke als Glas- u. Emailrohstoff[5])[7]): **76** ('43) 155–58. — Unters. an emaillierten Kesselblechen[1])[2]): **77** ('44) 1–6, 28–31. — Unters. an emailliert. Haushaltkochgeschirren: **82** ('49) 8–12, 28f. — Ausdehnungsverhalten v. Emaillierguß[5b]): **83** ('50) 1–7, 23–25.

Z. Dtsch. geol. Ges. Die wichtigsten natürl. Rohstoffe d. Glas- u. Emaillierind.: **88** ('36) 425–28.

Z. Elektrochem. Kationenfeldstärken u. ihre Beziehg. zu Entglasungsvorg., zu Verbindungsbildg. u. zu d. Schmelzp. v. Silikaten: **48** ('42) 9–23. — Anlaufen d. durch Metallkolloide gefärbten Gläser: **51** ('45) 32.

Z. techn. Physik. Temp.-Zeit-Kurven d. sichtbaren Entglasg. b. Spiegelglas[12]): **7** ('26) 278–82 [s. auch: Sprechsaal **60** ('26)].

Mit: [1]) Lilli Arnold; [2]) Eva Bamessel; [3]) Richard Boncke; [3a]) Paul Csaki; [3b]) Carl Dinger; [4]) E. Ernyei; [4a]) Wolfgang Höfler; [5]) Leopold Illing; [5a]) Alfred Kind; [5b]) H. Lemme; [6]) Karl Meures; [7]) Curt Neumann; [8]) Franz Nitschmann; [8a]) Hans Joachim Poegel; [9]) Walter Pralow; [10]) Franz Schneider; [10a]) Wolfram Schütz; [10b]) Walter Stegmaier; [11]) Albrecht Tielsch; [11a]) Heinrich Tober; [11b]) Leonidas Tscheischvili; [11c]) Erich Wegner; [11d]) Marlene Weisner; [12]) Eberhard Zschimmer.

Dietzel, Karl Heinrich. Geogr. — 1913–20 stud., '17 Dr. phil. U Leipzig (H. Meyer); '18–36 Ass. Kolonialgeogr. Inst. U Leipzig (H. Meyer, Heinr. Schmitthenner), '34 PDoz., '38 pl. ao. Prof. Kolonialgeogr. U Leipzig; seit '46 Gastprof. m. LAuftr. f. Geogr. u. Völkerkunde U Marburg. [Eig. Mitt.]
*1893, Aug. 16, Dresden;
†1951, Nov. 3, Marburg.

H. ● Forschg. z. Kolonialfrage **1–12** (Würzb. '39–43).

MH. ● Koloniale Studien (Hans-Meyer-Festschr.) (Bln '28). — ● Handwörterbuch d. Grenz- u. Auslanddeutschtums (Bresl. '33). — ● Lebensraumfragen europ. Völker (m. O. Schmieder u. H. Schmitthenner) **1–3** (Lpz. '41–43).

MHZ. Geógr. Z. **40–51** ('34–45).

S. ● Das Erdbild d. Gegenw. (W. Gerbing) **2** (Lpz. '27) 484–506: Ostafrika. — ● Hans-Meyer-Festschr. (Bln '28) 283–310: Südamerika als kolonialer Erdteil. — ● W. Arning, Deutsch-Ostafrika gestern u. heute (Bln '36) 35–41: Bau, Formen u. Gewässer. — ● C. R. Congr. int. Géogr. Amsterdam 1938, **1** Sect. III[c], 39–55: Kolonisationsmöglichk. d. weißen Rasse in d. Tropenzone. — ● Lebensraumfragen europ. Völker **1** (Lpz. '41) 310–32: Brit. Insel u. Brit. Reich; **2** ('41) 131–43: Wandel u. Stand d. kolonialen Erschließg. Afrikas; 167–84: Afrikan. Gestade d. Roten Meeres u. ihre polit. Schicksale. — ● Taschenbrockhaus z. Zeitgeschehen (Lpz. '42) Art.: Brit. Weltreich, Franz. Kolonialreich. — ● Afrika (P. Rohrbach) (Bln '43) 103–36: Vom Wesen d. Kolonisat. — ● Nat. u. Med. Dtschl. 1939–1946, **46**, 1 (Wiesb. '48) 205–12: Kolonialgeogr.; 212–15: Polit. Geogr.; **46**, 2 ('48) 103–18: Afrika.

W. ● Versuch einer geogr. Charakterisierg. d. ostafrikan. Zwischenseengebiets. Diss. (Weida '17) 113 S. — ● W. Reiss' Reisebriefe aus Südamerika (Lpz. '21) 231 S. (Veröff. Ges. Erdkde Leipzig 9). — ● Alex. v. Humboldts Natur- u. Kulturschilderg. (Lpz. '23) 260 S. — ● Länderkunde v. Afrika [Lichtbildreihe m. Text] (Lpz. '24). — ● Die Südafrikan. Union, ihre Entstehg. u. ihr Wesen. Hab.schr. (Bln '34) 294 S. — ● Die dtsch. Kolonien (Lpz. '35) 93 S. — ● Die Grundzüge d. dtsch. Kolonialpolitik (Bonn '41) 28 S. (Kriegsvortr. U Bonn 46).

Kolonialgeogr. Abh. in: Die Erde ('25, '26), Geogr. Anz. ('28), Geogr. Z. ('34, '38, '40), Koloniale Rdsch. ('33, '34, '36, '42), Weltwirtschaftl. Arch. ('42), Z. Geopolitik ('26, '40), Z. Ges. Erdkde Berlin ('37), Z. Raumforsch. ('50), Z. Vulkanol. ('30).

VI **Dietzel,** Richard Paul. Chem. (Pharmazie u. Lebensmittelchem.). — 1935–45 o. Prof. angew. Chem. U Erlangen; '50 o. Prof. u. Dir. Inst. Pharmaz. u. Lebensmittelchemie U Würzburg. [Eig. Mitt.]
*1891, Juli 26, Ölsnitz/Vogtl.

MHZ. Arzneimittel-Forsch. **1** ('51) ff.

S. ● Dtsch. Arzneibuch 6. Ausg. (Bln '26) 55+854 S. — ● Einführg. in d. Dtsch. Arzneib. 6. Ausg. (Bln '27) 3+208 S. — ● Kommentar z. Dtsch. Arzneib. (O. Anselmino, E. Gilg) **1** (Bln '28) 857 S.; **2** ('28) 917 S. — ● Pharmaz. Taschenbuch (F. Kaiser) [4](Stuttg. '51) 128–61: Sterilisat. wicht. Arzneimittel (m. P. Tunmann).

W. ● Anleitung z. Darst. org. Arzneimittel f. Studierende d. Pharmaz. u. Med. (Stuttg. '36) 7+194 S. — ● Anleitung z. Analyse org. Arzneimittel (Stuttg. '40) 49 Bl.; [2]('49) 32 S. (m. P. Tunmann).

Apotheker-Ztg. Eigenschaften u. Desinfektionswirkg. d. Adsorptivdesinfizientien[7])[1]): **47** ('32) 244–47, 261–63, 283–85. — Prüfg. d. Arzneimittel auf Arsen-Verunreinigg. mittels „Natriumhypophosphitlösg. DAB. 6": **49** ('34) 357–59. — Normg. d. Arzneimittel: 1476–81.

Arch. Pharmaz. Ber. Dtsch. pharmaz. Ges. Zersetzlichk. v. Alkaloiden in wässeriger Lösg., insbes. b. d. Sterilisat., 6: Ekgonin[11]): **271** ('33) 251–63; ~ 7: Cocain[11]): 521–37; ~ 8: Cocainersatzmittel[2]): **272** ('34) 369–79; ~ 9: Cocainersatzmittel[2]): 721–31; ~ 11: Photochem.-oxydat. Veränderg. v. Kodein u. Kodeinon[10]): **276** ('38) 621–33. — Normg. d. Arzneimittel, 3: Teilchengröße u. Dispersitätsgrad einiger wichtiger Arzneimittel[6]): **273** ('35) 170–76. — Aminometr. d. Alkaloide, 1: Aminometr. Best. in wasserfreier chloroform. Lösg.[4]): 507–15; ~ 2: Amine, Alkaloide u. alkaloidhalt. Drogen[4]): **276** ('38) 408–19. — Inhaltsstoffe v. Orthosiphon stamineus Benth.[8]): **274** ('36) 10–16. — Max Busch: **280** ('42) 16–20.

Fortschr. Therap. Fortschr. auf d. Geb. d. Arzneimittelunters.: **13** ('37) 28–32, 90–99, 152–58.

Kolloid-Z. Kolloidchem. u. Pharmaz., 2: **77** ('36) 220–29.

Pharmac. Acta Helvetiae. Mitt. d. APA: **7** ('38) 55–74.

Pharmaz. Ztg. Reinheitsgrad offizineller Arzneimittel[3]): **78** ('33) 8–12; ~ 2: Beitr. zu ihrer Normg.[6]): 769–72. — Herstellg. v. „destilliertem Wasser" durch Elektroosmose: **79** ('34) 71f. — Essigsaure Tonerdelösg. od. Trockenpräpar.?, 1[9]): 1167–70; ~ 2: Essigsaure-Tonerde-Dispert[4]): **80** ('35) 1374–76.

Pharmaz. Zentralhalle. Zersetzlichk. pharmazeut. wichtiger Alkaloide beim Aufbewahren ihrer wässerigen Lösg.: **75** ('34) 469–76. — Kolloidchem. u. Pharmazie: **77** ('36) 733–38, 751–56. — Zersetzlichk. v. Arzneimitteln in wässeriger Lösg., insbes. b. Sterilisieren, 10: Larocain, Percain, Pantocain, Panthesin: **79** ('38) 321–25.

Süddtsch. Apotheker-Ztg. Quellg., Lösungsgeschwindigk. u. Zerfallsgeschwindigk. v. kolloiden Arzneimitteln: **72** ('32) 190. — Verf. d. Alkaloidbest. auf kombiniert fällungsanalyt. acidimetr. Wege[4]): **76** ('36) 474–77. — Analyse org. Arzneimittel[4])[12]): **80** ('40) 335–37, 347–49, 353f. [auch als Buch ersch.]. — Reinheitsgrad offizineller Arzneimittel, 3[5]): **81** ('41) 543–46.

Zbl. Gynäkol. Quellg., Lösungsgeschwindigk. u. Zerfallsgeschwindigk. v. kolloiden Arzneimitteln, 2[9]): **26** ('32) 1570.

Z. ges. Krankenhauswes. Normung d. Arzneimittel: **31** ('35) 251.

Z. Unters. Lebensmittel. Z. Kenntn. d. Milchsäure, 5: Verteilg. d. Milch-, Glykol- u. Buttersäure als Grundlage f. d. analyt. Best. dieser Säuren[8a]): **63** ('32) 369–91. — Analyse org. Arzneimittel[4])[12]): **79** ('40) 82–92.

Mit: [1]) Viktor Hamann; [2]) G. W. Kühl; [3]) Gerhard Müller; [4]) Walter Paul; [5]) Wilhelm Rapp; [6]) Karl Saxholm; [7]) Ferdinand Schlemmer; [8]) Ernst Schmidt; [8a]) Paul Schnitt; [9]) Michael Siegert; [10]) Lothar Stadelmann; [11]) Oskar Steeger; [12]) Paul Tunmann.

Diller, Hans. Lebensmittelchem. — 1921–26 stud. U München, U Erlangen; '26 Dr. phil. U Erlangen; '43 Dr. habil. U München; Lebensmittelchemiker im Untersuchungsamt Altona, Bautzen, Berlin-Lichterfelde; '34–45 Apoth. im Heeresdienst; '38–45 Militärärztl. Akad. Berlin; '45 Chefchemiker Chem. Fabrik Bamberg, seit '50 Unters.Anst. Nürnberg; dazu seit '45 LAuftr. Theol. H Bamberg, U Erlangen. [Eig. Mitt.]
*1898, Juli 18, Hallstadt/Bamberg.

W. ● Über Farbstoffe u. Deriv. d. Naphthoresorcins. Diss. (Erlangen '26) 31 S. Masch.schr. — ● Wege u. Ziele z. Beurteilg. d. Qualität v. Lebensmitteln. Hab.schr. (o.O. '43) 120 gez. Bl. Masch.schr.

Chemiker-Ztg. Chem. Forsch.-Anst. in Amerika: **54** ('30) 41f. — Frischei u. Lecithinrückgang: 853f. — Analyse v. Eigelb[1]): 872f.

Dtsch. Apotheker-Ztg. Einfl. d. Chlorierens auf d. Vitamin-A-Gehalt v. Lebertran: **53** ('38) 869–74, 887. — Neue Ergebn. d. Vitaminforschg. in d. J. 1937/38: **54** ('39) 594–99. — Nachw. v. Methylalkohol neben Formalin in Flüssigk. u. Organen: **56** ('41) 40f., 49f.

Dtsch. Heilpflanze. Dtsch. Trocken-Gewürzkräuter: **8** ('42) 109–14.

Dtsch. Lebensmittel-Rdsch. Diabetikergebäcke: **43** ('47) 6f. — Irrungen u. Wirrungen auf d. Schokoladengebiet: **47** ('51) 112. — Deklarat. d. Speisefette: 185. — Griebenschmalz: 203. — Mischgewürze, Mischgewürzzubereitg. u. deren Ersatzmittel: **48** ('52) 200.

Dtsch. Nahrungsmittel-Rdsch. Beurteilg. v. Himbeersäften: **1929,** 171–75. — Mayonnaisekäse: **1932,** 67f.

Mitt.-Bl. Ges. Dtsch. Chemiker, Fachgruppe Lebensmittelchem. Papierchromat. Nachweis v. Metallgiften: **1953,** 9. — Neue Arbeitsmeth. in d. toxikol. Analyse: 179.

Mühle. Wasser- u. Säuregradbest. im Mehl: **76** ('39) Beil. Mühlenlabor. **9** ('39) 37–40.

Pharmaz. Ind. Bohnenkraut d. Handels: **10** ('43) 97f.

Riv. Freddo. Techn. d. Eierprüfg.: **27** ('41) 90–93.

Veröff. Heeres-San.-Wes. Wasserbest. im Mehl: **106** ('38) 40–46. — Best. d. Säuregrades in Mehl u. Brot: 47–53. — Chem. Best. d. Vitamine: 82–99. — Chem. Best. v. Vitamin B_1: **111** ('40). — Neue Ergebn. d. Vitaminforschg.: ('42).

Vorratspflege u. Lebensmittelforsch. Sauerkraut- u. Sauerkrautkonserven: **1** ('38) 451–56. — Einfl. d. Trockng. auf d. Carotingehalt v. Trockengemüsen: **4** ('41) 389–96. — Best. d. Wassergehaltes in Trockengemüsen: **5** ('42) 27–32.

Z. analyt. Chem. Papierchromatogr. Nachweis v. Thallium in d. toxikol. Analyse[2]): **137** ('52) 241.

Z. Lebensmittel-Unters. u. -Forsch. Qualitätsbest. v. Sauerkrautkonserven: **90** ('50) 180–87.

Z. Unters. Lebensmittel. Wirkg. v. Benzoylperoxyd als Mehlbleichmittel b. d. Bereitg. v. Roggenbrot: **62** ('31) 255–65. — Neuere Teigwarenfälschg. u. ihr Nachw.: **64** ('32) 532–40. — Haltbark. d. Nitritpökelsalzes[3]): **67** ('34) 316–19. — Nachw. v. kleinsten Knochenteilen in Wurst: **82** ('41) 17–19. — Hefeextrakte, ihre Herstellg., Unters. u. Beurteilg.: **83** ('42) 206–18.

Z. Volksernähr. Vitaminerhaltg. in Ind. u. Küche: **16** ('41) 177–91.

Mit: [1]) M. Monhaupt; [2]) O. Rex; [3]) W. Wirth.

Diller, Hans Julius Gustav. Gesch. d. griech. Med. u. Wissenschaftslehre. — 1924–31 stud. U Frankfurt/M., Hamburg, München, Florenz; '30 Dr. phil. U Hamburg (Frdr. Klingner); '32 PDoz. U

Leipzig; '33–37 PDoz. u. Ass. U Hamburg (E. Kapp u. Br. Snell); '37 ao. Prof. U Rostock; '42 o. Prof. klass. Philol. U Kiel. [Eig. Mitt.]
*1905, Sept. 8, Worms/Rh.

MH. • Zetemata, Monogr. z. klass. Altertumswiss. **1** (Münch. '51)ff.

MHZ. Hermes **80** ('52)ff.

S. • Paulys Realencycl. d. klass. Altertumswiss. ²('36ff.) Artikel: Thessalos, Philumenos, Pastillus, Paulos von Aigina, Sextus Placitus. — • Das neue Bild d. Antike **1** (Lpz. '42) 303–16: Weltbild u. Sprache im Heraklitism. — • Antike u. Abendland **2** (Hambg '46) 140–51: Hesiod u. d. Anfänge d. griech. Philos.

W. • Die Überlieferg. d. Hippokrat. Schrift *περὶ ἀέρων ὑδάτων τόπων*. Diss. (Lpz. '32) 6+190 S. Philologus Suppl. **23**, H. 3 (Lpz. '32) VI+190 S. — • Wanderarzt u. Aitiologe. Hab.schr. (Lpz. '34) Philologus Suppl. **26**, H. 3, 120 S. — • Göttliches u. menschl. Wissen b. Sophokles (Kiel '50) 32 S. (Kiel. Univ.-Reden 1).

Hermes. *"Ὄψις ἀδήλων τὰ φαινόμενα*: **67** ('32) 14–42. — Z. Hippokrates-Auffassung d. Galen: **68** ('33) 167–81. — Emendat. zu Syennesis v. Kypros: **73** ('38) 477. — Philosophiegeschichtl. Stellg. d. Diogenes v. Apollonia: **76** ('41) 359–81. — Hippokrat. Med. u. att. Philos.: **80** ('52) 385–409.

Neue Jahrb. Antike u. Dtsch. Bildg. Griech. Naturbegriff: **114** ('39) 241–57.

Philologus. Zu Sextus Placitus: **97** ('48) 363–65.

Sudhoffs Arch. Gesch. Med. Stoisch-pneumat. Schrift im Corpus Hippocraticum: **29** ('36) 178–95. — Lehre vom Blutkreislauf, eine verschollene Entdeckg. d. Hippokratiker?: **31** ('38) 201–18.

V, VI **Dilthey,** Walther Otto. Chem. (org.). – 1927–47 o. Prof. U Bonn; '47 em. [Eig. Mitt.]
*1877, März 26, Rheydt/Rhld.;
†1955, Juni 24, Zülpich.

Ber. Dtsch. chem. Ges. Heteropolare, 15: Diphenyl-p-phenylendiamin u. Triphenylchlormethan[29][7]): **65** ('32) 95–97; ∼ 17: Konstitut. u. Farbe[33]): 1329–33; ∼ 21: N,N'-Diphenyl-p-phenylendiamin u. Triphenylchlormethan[7]): **66** ('33) 782f.; ∼ 22: Konstitut. u. Farbe: 825f.; ∼ 25: Konstitut. u. Farbe[33]): **68** ('35) 1037–40. — Hocharylierte aromat. Verbb., 1: Hocharylierte Benzolabkömmlinge[29][32]): **66** ('33) 1627f.; ∼ 2[15]): **67** ('33) 495f.; ∼ 3: Hochphenylierte Benzolcarbonsäuren u. ihre Umwandlungsprod.[31][32]): 1959–64; ∼ 4[15]): 2004–07; ∼ 5[29][12][5]): **68** ('35) 1159–62; ∼ 6[11][26]): **71** ('38) 974–79; ∼ 9: Friedel-Crafts- u. Acetessigäthersynth.: 1350–53. — Pyreniumverbb.; 25: Dehydreniumfarbstoffe. Neue Klasse v. Carbeniumsalzen[25]): **69** ('36) 1575–91; ∼ 30: 2-Benzoyl-3,4,5-Ariphenylfuran als Oxydationsprod. d. Tetraphenylpyreniumsalze u. d. Tetraphenylcyclopentadienons[25][24]): **71** ('38) 356–58. — Einwirkg. v. Chinonen auf Phenycyclon, 10[20]): **73** ('40) 430–32. — Dehydreniumsalze, 4: Dehydreniumsalz d. Benzochromeniumreihe u. Dehydrobenzo-α-chromone[8]): **75** ('42) 211–15; ∼ 5: Dehydreniumsalze u. Styrylxantheniumreihe[30][21]): 675–86; ∼ 6: Mesobenzyldibenzoxanthan[8]): **76** ('43) 1084–88.

Hoppe-Seylers Z. physiol. Chem. Pyreniumverbb., 26: i-Inosit in Blüten d. roten Rose[29][31][11]): **245** ('37) 171–74.

J. prakt. Chem. (N. F.). Heteropolare, 16: Biphenylgrünfarbstoffe[2][3][29]): **134** ('32) 188–208; ∼ 18: Farbe u. Formel d. Diazoniumsalze[1][2][16]): **135** ('32) 36–48; ∼ 19: Phenoxy-, Phenthio- u. Phenselenogr. als Auxochrome in Triphenylcarbeniumsalzen: **136** ('33) 49–74; ∼ 20: Farbe d. arylierten Cyclopentadienone[29]): 293–98; ∼ 23: Tetraphenylcyclopentadienon u. seine Reduktionsprod.[3][32]): **139** ('33) 1–16; ∼ 24: Eigenfarbe u. Halochromie einiger tieffarb., aromat. Fünfringketone[32][23][29]): **141** ('34) 331–49; ∼ 26: Kupplungsvorgang[1]): **142** ('35) 177–90; ∼ 27: Tieffarb., aromat. Fünfringketone[13][29]): **143** ('35) 189–210; ∼ 28: Maleinsäureaddukte an Phencyclon[13][26]): **148** ('37) 53–71; ∼ 29: Maleinsäureaddukte an Acecyclon[11]): **149** ('37) 85–97; ∼ 31: Oxydationsprod. d. Tetracyclons[24]): **150** ('37) 40–44; ∼ 33: Oxydations- u. Reduktionsprod. d. Phencyclons u. d. Acecyclons[11][20]): **151** ('38) 97–126. — Pyreniumverbb., 20: Oxydat. v. Pyreniumsalzen: **138** ('33) 42–50; ∼ 21: Diflavylenoxyde[12]): 145–58; ∼ 22: Phenyldibenzoxanthenylhydroperoxyde[4]): **141** ('34) 61–64; ∼ 23: Konstitut. d. Phenylbenzoxanthenole u. d. β-Benzoxanthons[25][4]): 65–76; ∼ 24: 2,3-Benzoxanthon u. 9-Phenyl-2,3-benzoxanthenol[25]): 306–10; ∼ 27: 2,4-Diarylnaphthopyreniumsalze[12][6]): **148** ('37) 210–16; ∼ 28: Konstitut. d. Benzoylnaphthols[6]): **149** ('37) 55–57; ∼ 29: Unsymmetr. substit. Dibenzoxanthane u. -xantheniumsalze[6]): **150** ('37) 45–56; ∼ 31: Oxydat. v. Carbeniumsalzen m. Wasserstoffsuperoxyd[25][5]): **151** ('38) 25–34. — Positivierte H-Atome, 8: Verseifg. d. Benzils[27]): **142** ('35) 125–34. — Arylierte Pyridine, 9[5]): **144** ('35) 1–31. — Hocharylierte aromat. Verbb., 7: Abkömmlinge d. Tetraphenylthiophens, 1[9][5][18]): **151** ('38) 185–90; ∼ 2[9]): 257–78; ∼ 9; Fulvene[14]): **154** ('40) 238–65. — Umesterg. in d. Reihe d. hydroxylierten Phenyl-β-naphthylamine[22]): **153** ('39) 26–34. — Einwirkung von Nitrosodimethylanilin auf Phencyclon, 35[22]): 35–53. — Oxydat. d. Ketone m. Perhydrol, 25[17][30]): **154** ('40) 219–37. — Einwirkg. v. Nitrosoarylen auf Cyclone, 36[15][22]): **156** ('40) 22–37. — Reaktionsträge Carbonylgr.[28]): **159** ('42) 273–91.

Liebigs Ann. Chem. 2- u. 4-Methyl-5,6-benzochinoline[19]): **563** ('49) 11–14.

Mit: 1) Carl Blankenburg; 2) Wilhelm Brandt; 3) Wilhelm Braun; 4) Fritz Dahm; 5) Helmut Dierichs; 6) Otto Dornheim; 7) Georg Escherich; 8) Hans Giebert; 9) Emmi Graef; 10) Josef Heinen; 11) Senta Henkels; 12) Wilhelm Höschen; 13) Josef ter Horst; 14) Paul Huchtemann; 15) Gerhard Hurtig; 16) Werner Huthwelker; 17) Maryke Inckel; 18) W. Josten; 19) Anneliese Kaiser; 20) Marianne Leonhardt; 21) Wilhelm Oversohl; 22) Heinr. Passing; 23) Kurt Plum; 24) Rolf Pütter; 25) Ferdinand Quint; 26) August Schaefer; 27) Paul Scheidt; 28) Wilhelm Schneider-Windmüller; 29) Werner Schommer; 30) Horst Stephan; 31) Julius Thewalt; 32) Otto Trösken; 33) Robert Wizinger.

Dimroth, Karl Josef. Chem. (org.), Biochem. – 1930–34 stud. U Würzburg, München, Göttingen; '35 Dr. phil. U Göttingen (A. Windaus, dess. Ass. '35–44); '41 habil. U Göttingen; '44–49 Oberass. U Marburg (H. Meerwein); '48 apl. Prof., '49 pl. ao. Prof. u. Abt.Leiter f. org. Chem. U Tübingen; '49 pl. ao. Prof.

u. Dir. Physiol.-Chem. Inst., '51 pers. o. Prof., '52 o. Prof. u. Dir. Chem. Inst. U Marburg. [Eig. Mitt.]
*1910, Aug. 18, Bad Tölz.

Sohn d. Chemikers Otto Dimroth (1872–1940)[VIIa].

W. ● Über Lumisterin. Diss. (Grone/Kr. Göttingen '36) 29 S. — ● Synthetische Vers. auf d. Gebiete d. antirachit. Vitamine u. verw. Stoffe. Hab.schr. (Göttingen '41) 71 Bl. Masch.schr.

Angew. Chem. Beziehg. zw. Absorptionsspektren im Ultraviol. u. d. Konstitut. org. Verbb.: **52** ('39) 545–56. — Hrsg. v. W. John, Anwendg. d. Solvatochromie org. Farbstoffe z. kolorimetr. Analyse v. Lösungsmittel- u. insbes. v. Treibstoffgemischen: **59** ('47) 188–94. — Synth. v. Modellen ungesätt. Sterine v. Typ d. Ergosterins[9]): 215–18.

Ber. Dtsch. chem. Ges. Lumisterin: **68** ('35) 539–42; **69** ('36) 1123–29. — Ergostatrien u. 7-Dehydrocholesten[11]): 669–75. — Konstitut. d. Lumisterins u. d. Erhitzungsprod. d. Vitamins D_2 (Calciferols)[14]): **70** ('37) 376–79. — Bestrahlungsvorgang b. Verbb. d. Ergosterintypus: 1631–36. — Darst. eines Homologen d. Epikoprosterins in d. Ergosterinreihe[13]): 1665–72. — Synthet. Vers. z. Darst. d. antirachit. Vitamine, 1: Synth. α,β-ungesätt. Alkohole u. Aldehyde m. semicycl. Doppelbindg.: **71** ('38) 1333–45; ∼ 2: Kondensat. v. Cyclohexylidenacetaldehyd m. Cyclo-hexanon: 1346–50; ∼ 3[5]): 2658–62; ∼ 4: Bereitg. v. p-Oxycyclo-hexanon: **72** ('39) 2043–51. — Ultraviolettbestrahlg. des Δ-5,7-Androstadiendiols-(3,17)[7]): 187–90. — o-Methylencyclohexanon[8])[15]): **73** ('40) 1399–1409. — Sterische Verknüpfg. d. Ringe C u. D bei d. Steroiden[5]): **74** ('41) 520–23. — Darst. v. Chinithalbestern u. v. p-Oxycyclo-hexanon[9])[1b]): **75** ('42) 317–21. — Tetrahydroresorcin (3-Oxycyclohexanon)[8]): 322–26. — Notiz zu d. Arb. „Synthet. Vers. z. Darst. d. antirachit. Vitamine" u. „Photochem. Reakt. org. Verbb.": **76** ('43) 634. — Nachruf auf W. John: A 21–27. — Ultraviolettabsorpt. α,β-ungesättigter Ketone u. ihrer Semicarbazone[8]): **81** ('48) 242.

Biochem. Z. Titrat. einiger Purinbasen in Eisessig m. Überchlorsäure[6a]): **323** ('52) 338–42. — Charakterisierg. einiger Purin- u. Pyrimidin-Deriv. durch Best. d. Schmelzpunkte u. ihrer Eutektika m. Dicyandiamid[6a]): 343f.

Chem. Labor Betrieb. Neue Wege d. Forschg. in Biol. u. Med.: **1** ('50) 68, 136, 202, 257.

Hoppe-Seylers Z. physiol. Chem. Papierelektrophoret. Trenng. v. Abbauprod. d. Nucleinsäuren[4])[12]): **289** ('52) 71–78.

Liebigs Ann. Chem. Photochem. Vorgang b. d. Bildg. d. Photo-pyrocalciferole[14])[1]): **543** ('40) 240–47. — Spaltg. d. Pentosenucleinsäure d. Hefe m. Bleihydroxyd[4])[3]): **566** ('50) 206–10.

Naturwiss. Serin als Partner b. d. Biosynth. d. Purine v. Nucleinsäuren[1])[4]): **39** ('52) 134.

S.-Ber. Ges. Beförd. ges. Naturwiss. Marburg. Beeinflussg. d. Farbe durch Lösungsmittel: **76** ('53) 3–49.

Z. Naturforsch. Verschiedenartig zusammengesetzte Pentosenucleinsäuren d. Hefe[4]): **5b** ('50) 185–88.

Mit: [1]) E. Becker; [1a]) Wilh. Breywisch; [1b]) Waltraut Daake; [2]) Ernst Dietzel; [3]) Doris Heinzel; [4]) Lothar Jaenicke; [5]) Hördur Jonsson; [6]) O. Lüderitz; [6a]) Hans-Georg Meyer-Brunot; [7]) Josef Paland; [8]) Klaus Resin; [9]) Erika Schmeil; [10]) Erich Stockstrom; [11]) Günter Trautmann; [12]) J. Vollbrechtshausen; [13]) Fritz Wetter; [14]) Adolf Windaus; [15]) Hans Zetzsch.

V, VI **Dimroth,** Otto. Chem. (org.). — 1918–37 o. Prof. Chem. U Würzburg.
*1872, März 28, München;
†1940, Mai 16, Aschaffenburg.

Nekr. R. Criegee, Ber. Dtsch. chem. Ges. **74** A ('41) 3–12; L. Ebert, 12–23 (m. Bildn., Faks. u. Schr.verz. 85 Nr.). — B. Emmert, Ber. Dtsch. chem. Ges. **73** A ('40) 94f.; Angew. Chem. **53** ('40) 263 (m. Bildn.). — F. Harms, Ber. Dtsch. chem. Ges. **74** A ('41) 1–3. — H. Wieland, S.-Ber. Bayer. Akad. Wiss. **1940**, 58.— Chemiker-Ztg. **64** ('40) 208.

Angew. Chem. Beziehg. zw. Affinität u. Reaktionsgeschwindigk.: **46** ('33) 571–76.

Liebigs Ann. Chem. Einwirkg. v. Thiophenolen auf Chinone[2])[1]): **545** ('40) 124–39.

Mit: [1]) Karl Aichinger; [2]) Ludwig Kraft.

IV–VI **Dingeldey,** Friedrich. Math. — 1894 o. Prof. TH Darmstadt.
*1859, Dez. 16, Darmstadt;
†1939, Sept. 24, Darmstadt.

S. ● Die TH Darmstadt 1836–1936 (Darmst. '36) 184–206: Die frühere „Allg. Abt."

Jber. Dtsch. Math. Ver. Rechenfehler in Eulers Institutiones calculi integralis: **45** ('35) 132f.

J. reine u. angew. Math. Zu einem Satz v. Hazzidakis üb. gewisse Syst. linearer Differentialgleichungen: **171** ('34) 128–30.

Tôhoku math. J. Gleichg. f. d. Halbachsen eines Mittelpunktkegelschnittes b. belieb. Dreieckkoordinaten: **41** ('36) 445–50.

Dinghas, Alexander. Math. — 1925–30 stud. TH Athen, '31–35 U Berlin; '36 Dr. phil. (E. Schmidt), '39 Dr. habil., LBeauftr., '46 Prof. m. LAuftr., '47 Prof. Math. U Berlin; '49 o. Prof. FU Berlin; '52–53 Gastprof. Columbia U New York. [Eig. Mitt.]
*1908, Febr. 9, Smyrna/Türkei.

W. ● Beiträge z. Theor. d. meromorphen Funkt. Diss. [Schrift. math. Sem. U Berlin **3** ('36) 65–92].

Abh. Preuß. Akad. Wiss. Elementarer Bew. einer Ungleichg. f. konvexe Körper: **1939,** 20 S. — Bew. einer Ungleichg. f. konvexe Körper: 13 S. — Konvexe Rotationskörper im n-dimensionalen Raum: 26 S. — Theor. d. konvexen Körper im n-dimensionalen Raum: 30 S. — Einf. Bew. d. isoperimetr. Eigensch. d. Kugel am n-dimensionalen euklidischen Raum[1]): **1943,** 18 S.

Ann. Acad. Sci. Fennicae. Zu Nevanilnna's zweitem Fundamentalsatz in d. Theorie d. meromorph. Funkt.: **151** A ('53) 8 S.

Bull. Soc. math. France. Sur un théorème de Carleman et sur un théorème de Carlson-Nevanlinna: **64** ('36) 78–86. — Sur une généralisation du théorème de Denjoy-Carleman-Ahlfors: 216–19.

C. R. Acad. Sci. Paris. Remarques sur deux théorèmes de la théor. des fonct.: **200** ('35) 40–42. — Sur quelques théorèmes du type de Phragmén-Lindelöf dans la théor. des fonct. harmoniques à plusieurs variables: **232** ('51) 1394f. — Sur une inégalité concernant la croissance des fonct.

harmon. à plusieurs variables: **233** ('51) 126f. — Sur quelques théorèmes concernant la convexité des moyennes d'une classe des fonct. sousharmoniques: **237** ('53) 594f. — Sur quelques inégalités concernant une classe d'intégrales de Dirichlet: 639-41. — Sur la croissance de certaines classes de fonct. sousharmoniques bornées sur des multiplicités données: 690f. — Sur une généralisat. du théorème de Lusternik concernant des familles continues des ensembles: **239** ('54) 575f. — Démonstrat. du théorème de Brunn-Minkowski pour des familles continues d'ensembles: 605-07.

Compositio math. Bem. z. Ahlforsschen Meth. in d. Theor. d. meromorphen Funkt.: **5** ('37) 107-18.

Kgl. Norske Vid.-Selsk. Skri. Integralgleichg. f. d. Polynome d. Potentialtheor.: **24** ('50) Nr. 2, 14 S. — Üb. einige Identitäten v. Bernsteinschen Typus: **24** ('52) 96f. — Sur un théorème de Schur concernant les racines d'une classe des fonct. algébr.: **25** ('52) 17-20.

Math. Ann. Einige Sätze u. Formeln aus d. Theor. d. meromorphen u. ganzen Funkt.: **110** ('34) 284-311. — Isoperimetr. Probl. f. d. nichteuklid. Geom.: **118** ('43) 636-86. — Some identities between arithmetic means and the other elementary symmetric funct. of n numbers: **120** ('48) 154-57. — Neue isoperimetr. Ungleichg. f. konvexe Polyeder: 533-39. — Abschätzg. d. a-Stellen ganzer transzendenter Funkt. m. Hilfe d. Shimizu-Ahlforsschen Charakteristik: 581-84. — Isoperimetr. Ungleichg. f. Polynome u. Kurven auf d. Kugel u. in d. Ebene: **122** ('50) 299-320.

Math. Nachr. Bem. zu einer Verschärfg. d. isoperimetr. Ungleichg. durch H. Hadwiger: **1** ('48) 284-86. — Metrik nichteuklid. Räume: 287-91. — Einf. Bew. d. isoperimetr. Eigensch. d. Kugel im euklid. Raum v. n-Dimensionen: **2** ('49) 107-13. — Theor. d. konvexen Rotationskörper im n-dimensionalen Raum: 124-40. — Üb. einen Satz v. Felix Behrend: 141-47. — Einf. Bew. d. isoperimetr. Eigensch. d. Kugel in Riemannschen Räumen konst. Krümmg.: 148-62.

Math. Z. Üb. einen Satz v. Phragmén u. Lindelöf: **39** ('34) 455-61. — Üb. einen Satz v. Milloux: 590-96. — Bem. zu einer Differentialgleichg. v. Carleman: **41** ('36) 713-16. — Üb. eine Eigensch. d. Charakteristik v. meromorphen Funkt. in einer Halbebene: **44** ('38) 354-61. — Bem. z. Ahlforsschen Theor. d. Überlagerungsflächen: 568-72. — Verallgemeinerg. d. Picard-Borelschen Satzes: 573-79. — Ausnahmegeb. meromorpher Funkt.: **45** ('39) 20-24. — Invarianz d. Shimizu-Ahlforsschen Charakteristik: 25-28. — Wertverteilg. einer Klasse transzendenter Funkt.: 507-10. — Positive harmon. Funkt. in einem Halbraum: **46** ('40) 559-70. — Neuer Bew. eines Satzes v. Wirtinger u. Blaschke: **47** ('41) 265-74. — Verschärfg. d. isoperimetr. Ungleichg. f. konvexe Körper m. Ecken: 669-75. — Isoperimetr. Probl. in Räumen konst. Krümmg.: 677-737. — Isoperimetr. Ungleichg. f. konvexe Bereiche m. Ecken: **48** ('42) 428-40. — Algebr. Identität zw. d. arithm. u. geom. Mittel v. n posit. Zahlen: **49** ('44) 563f. — Isoperimetr. Aufgabe v. Erhard Schmidt I: 734-92. — Isoperimetr. Ungleichg. in Räumen konst. Krümmg.: **51** ('48) 265-77. — Neuer Bew. einer verschärften Minkowskischen Ungleichg. f. konvexe Körper: 303-16. — Neuer Bew. einer isoperimetr. Ungleichg. v. Bol: 469-73. — Darst. einiger Klassen hypergeom. Polynome durch Integrale v. Dirichlet-Mehlerschen Typus: **53** ('50) 76-83.

Mh. Math. u. Physik, Wien. Lineare isoperimetr. Ungleichg. f. konvexe Polygone u. Kurven m. Ecken: **51** ('43) 35-45. — Verschärfg. d. Minkowskischen Ungleichg. f. konvexe Körper: 46-56, 56a. — Isoperimetr. Eigensch. d. Kugel im gewöhnl. Raum: 153-72.

Nachr. Ges. Wiss. Göttingen. Geom. Anwendg. d. Kugelfunkt.: **1940**, 213-35.

Rend. Circ. mat. Palermo. Abschätzg. arithmet. Mittel reeller Zahlen durch Differenzenprod. derselben: (2) **2** ('54) 177-202.

Rev. math. Union Interbalk. Verallg. eines Blaschkeschen Satzes üb. konvexe Körper konst. Breite: **3** ('40) 4 S. — Isoperimetr. Ungleichg. f. ebene konvexe Kurven: 7 S.

S.-Ber. Akad. Wiss. Wien (IIa). Verschärfg. d. isoperimetr. Ungleichg. in d. Ebene: **149** ('40) 117-32. — Bew. d. isoperimetr. Eigensch. d. Kugel f. d. n-dimensionalen Raum: 399-432.

S.-Ber. Preuß. Akad. Wiss. Theor. d. meromorphen Funkt. in einem Winkelraum: **1935**, 576-96. — Minim. einer Klasse v. subharmon. Funkt.: **1937**, 193-205. — Phragmén-Lindelöfsches Prinzip u. d. Julia-Carathéodorysche Satz: **1938**. 32-48. — Phragmén-Lindelöfsches Prinzip u. einige andere verw. Sätze: 123-40. — Verallg. eines Hilbertschen Satzes üb. d. Verhalten einer mit d. Legendreschen Polynomen zusammenhängenden quadrat. Form: **1948**, 12 S.

Z. Kristallogr. (A). Geom. Satz v. Wulff f. d. Gleichgewichtsform v. Kristallen: **105** ('44) 304-14.

Mit: [1]) Erh. Schmidt.

V, VI **Dingler,** Hugo Albert Emil Hermann. Math., Philos. u. Gesch. d. Naturwiss. — 1932 o. Prof. Philos., Pädagogik, Psychol. TH Darmstadt; '34 i.R. in München; '34 Vortragsreise durch Schweden; '36 Lehrerlaubn. U München, '36 Verbot d. Lehrtätigk.; '38-45 LAuftr. Naturphilos. u. Gesch. d. Naturwiss. U München; '45 em. [Eig. Mitt.]
*1881, Juli 7, München;
†1954, Juni 29, München.

Zum 60. Geb.tag. Z. ges. Naturwiss. **7** ('41) 129-56 (m. Bildn.).

Nekr. S. Ceccato, Methodos [Mailand] **6** ('54) H. 23 (m. Bildn.). — W. Krampf, Z. philos. Forsch. **9** ('55) H. 2. — P. Lorenzen, ebda **8** ('54) H. 3, Anh. (m. Bildn.); Philosophia naturalis **3** ('55) nach S. 278: Beil., 1-4 (m. Bildn.). — H. Wagner, H. D.'s Beitr. z. Thematik d. Letztbegründg.: Kantstudien **47** ('55) 148-67.

MHZ. Z. ges. Naturwiss. **6** ('40)-**10** ('44).

S. • Die Evolution d. Organismen (G. Heberer) (Jena '43) 3-19: Philos. Begründg. d. Deszendenz-Theor. — • Naturwiss., Religion, Weltanschauung (E. Pietsch) (Clausthal-Zellerfeld '49) 272-97: Geltungsprobl. als Fundament aller strengen Naturwiss. u. d. Irrationale.

W. • Geschichte d. Naturphilos. (Bln '32) 8+174 S. (Gesch. Philos. in Längsschnitten 7); ital. (Milano '49) 242 S. — • Der Glaube an d. Weltmaschine u. seine Überwindung (Stuttg. '32) 48 S. — • Die Grundlagen d. Geom. Ihre Bedeutg. f. Philos., Math., Physik u. Techn. (Stuttg. '33) 8+76 S. — • Thomas Alva Edison (m. H. Hanko) (Lübeck '33)

46 S. (Colemans kl. Biogr. 16). — ● Handeln im Sinne d. höchsten Zieles (Absolute Ethik) (Münch. '35) 160 S. — ● Methoden d. Physik (Münch. '38) 422 S. — ● Max Planck u. d. Begründg. d. sog. modern. theoret. Physik (Bln '39) 32 S. — ● Von d. Tierseele z. Menschenseele. Gesch. d. geistigen Menschwerdg. [1](Lpz. '41) 398 S.; [2]('42); [3]('43). — ● Grundriß d. method. Philos. Lösg. d. philos. Hauptprobl. (Füssen i. Allg. '49) 143 S. — ● Lehrbuch d. exakten Fundamentalwiss. 1: Allg. u. Begründg. d. Math. (Bln'44) 117S. [30 Korr.-Exempl., der Satz durch Bomben vernichtet]. — ● Das physik. Weltbild (Meisenheim/Glan '51) 56 S. (Z. philos. Forsch. Beih. 4).

Actes XIe Congr. int. Philos. Was ist Konventionalismus?: **5** ('53) 199–204.

Biologe. Ist d. Entwicklg. d. Lebewesen eine Idee oder eine Tatsache?: **9** ('40) 222–32.

Dialectica. Empirism. u. Operationism. Die beiden Wissenschaftslehren D-Lehre u. O-Lehre in ihrem Verhältn.: **6** ('52) 343–76.

Kantstudien. Methodik statt Erkenntnistheor. u. Wiss.-Lehre: **41** ('36) 346–79.

Methodos [Mailand]. Betrachtg. z. Axiomatik: **1** ('49) 1–21; (Übers.) Study in axiomatics: 22–33. — Trenng. zw. Subjekt u. Objekt: **2** ('50) 1–13; (Übers.) Division between subject and object: 14–21. — On definit. that contain themselves as determinants: 296–98. — Zu d. Kritik v. Silvio Ceccato: **4** ('52) 291–99. — Analyse oder Synth. in d. Philosophie d. Wiss.?: **6** ('54) 165–93.

Physik. Z. Lorentz-Transformat. als ein Elem. d. klass. Mech.[1]): **36** ('35) 46–50. — Erwiderg. u. Schlußwort[1]): **37** ('36) 139–43.

Rev. Synthèse. La science de la méthode et le problème du système des sciences: **8** ('34) 4–10.

Veröff. Univ.-Sternw. Wien. Letzte Wurzeln d. exakt. Naturwiss.: **1** ('42) 47–70.

Z. ges. Naturwiss. Physik des 20. Jhdt.: **3** ('37) 321–35. — Entstehg. d. sog. modernen theoret. Physik: **4** ('39) 329–41. — Determinism. oder Indeterminism.: **5** ('39) 42–57. — Meth. d. Physik: **6** ('40) 75–88. — Ludwig Zehnder: 131–33. — Eindeutig-meth. Syst.: **7** ('41) 12–31. — Letzte Wurzel d. exakt. Naturwiss.: **8** ('42) 49–70. — Das Unberührte. Definit. d. unmittelb. Gegebenen: 209–24. — Kern einer fruchtb. Diskuss. über die mod. theoret. Physik: **9** ('43) 212–21.

Z. Physik. Helmholtz u. d. Grundlagen d. Geom.: **90** ('34) 348–54; **94** ('35) 674–76.

Mit: [1]) Max Steck.

III–V **Dinklage,** Ludwig Eduard → VIIa/Suppl.

Dinnendahl, Franz → VIIa/Suppl.

VI **Dintzl,** Erwin. Math. Didaktik. — 1925–49 LAuftr. Meth. math. Unterr. U Wien. [Eig. Mitt.]
*1878, Okt. 22, Krems/N.-Österr.

Österr. höh. Schule. Behandlg. d. analyt. Geom. im Unterr.: **6** ('37) 1–4.

Unterr.-Bl. Math. Naturwiss. Kreismessg. d. Huygens: **38** ('32) 155–59.

Z. math. u. naturwiss. Unterr. Zerlegungsbew. d. verallgemeinerten pythagor. Lehrsatzes: **62** ('31) 253 f. — Flächensatz d. Pappus: **64** ('33) 210–13. — Querverb. zw. einigen Sätzen d. Elementargeom.: **67** ('36) 65–72. — Symmetralen d. Dreieckswinkel u. d. analyt. Geom.: **68** ('37) 114f. — Die Sätze üb. Umfangswinkel in d. Bewegungsgeom.: **73** ('42) 120. — Bew. d. Additionstheorems d. Winkelfunkt.: 184–86.

I, III, IV **Dirichlet,** Gustav Peter Lejeune → VIIa/Suppl.

Dirksen, Bernhard. Flugzeugstatik. — 1918–22 stud., '22 Dipl.-Ing., '35 Dr.-Ing. TH Aachen (C. Wieselsberger); '22–31 Ind.Tätigk.; '31–36 Ass. Aerodyn. Inst. TH Aachen; '36–45 Luftfahrtforsch.-Anst. TH Braunschweig; '37–45 o.Prof. im Reichsdienst; '47 Dayton/Ohio, später Los Angeles. [Mitt.: H. Blenk VIIa, Dr. M. Gary]
*1897, Aug. 3, Aachen;
†1952, Jan. 27, Kalifornien (Autounfall).

W. ● Messung v. Geschwindigkeitsfeldern turbulenter Rohrströmg. b. kleinen Kennzahlen. Diss. (Stuttg. '38) 37 S.

Abh. aerodynam. Inst. TH Aachen. Systemat. Windkanalmessg. an einer Modelluftschraubenserie: **16** ('39) 26–58.

Jahrb. Dtsch. Luftfahrtforsch. Systemat. Windkanalmessg. an einer Modelluftschraubenserie: **1** ('38) 371–403.

Luftfahrtforsch. Carl Wieselsberger: **19** ('42) 121–23.

Z. VDI. Windkanal f. Flugzeuge wahrer Größe: **78** ('34) 347f.

I, I Erg. **Dirksen,** Enno Heeren → VIIa/Suppl.

Dirr, Karl. Klin. u. physiol. Chem. — 1919–21 Buchhändler; '21–25 stud. Chem., '27 Dr.-Ing. TH München (H. Fischer); '34 Dr. med. U München (K. Felix, dess. Ass. '25–34); '34–45 Oberarzt; '45 komm. Leit. d. II. med. Klin., '38 PDoz. klin. u. physiol. Chem., '49 apl. Prof. u. Konservator bzw. Leiter d. Labor. d. II. med. U Klin. München. [Eig. Mitt.]
*1894, Okt. 27, Rieden a. d. Kötz (Schwaben).

W. ● Über Arginin. Diss. (Münch. '27) 34 S. [autogr.]. — ● Quantitative Arbeiten in d. Klinik [1](Münch. '42) 183 S.; [2]('46); [3]('51) 189 S.

Biochem. Z. Wert d. Wuchshefen f. d. menschl. Ernährg., 1: Aminosäuregehalt v. Bergin-Holzzuckertrockenhefe: **309** ('41) 329–36; ~ 2: Biol. Brauchbark. d. Bergin-Holzzuckertrockenhefe: **312** ('42) 233–51; ~ 3: Verdaulichk. in vitro v. versch. Hefen im Vergl. zu anderen Eiweißträgern d. menschl. Ernährg.[26]): 252–62; ~ 4: Lipoide d. Wuchshefen: 263–75; ~ 5: Reineiweißgehalt d. Hefe: **316** ('44) 245–48; ~ 6: Phosphatide d. Wuchshefen[21]): **319** ('48) 163–73; ~ 7: Biol. Wert d. Hefeneiweißes[21]): 515–21. — Nichteiweißstickstoff in d. Hefe, 1: Gesamtpuringeh.: **316** ('44) 239–44; ~ 2: Zusammensetzg. d. Purinfrakt. u. d. Extrakt. d. Nucleinsäuren[3]): 249–54.

Brauwelt. Bier. Physiol., volkswirtsch. u. psychol. Beleuchtg. seiner Existenzberechtigg. auch in Notzeiten[4])[16])[21])[25]): **1948**, 237–45.

Ergebn. inn. Med. u. Kinderheilkunde. Serumeiweißkörper u. deren Bedeutg.: **57** ('39) 260–96 [Hab.schr.].

Hoppe-Seylers Z. physiol. Chem. Dibenzoylarginin[5]): **176** ('28) 29–42. — Argininstoffwechsel[5])[19]): **178** ('28) 192–201. — Clupein[5]): **184** ('29) 111–31; ∼ [5]): **205** ('32) 83–92; ∼ [5]): **209** ('32) 5–11; ∼ [12]): **211** ('32) 187–202; ∼ [5])[10]): **212** ('32) 50–52; ∼ [5])[9]): **218** ('33) 269–79. — Methylierg. v. Arginin[14]): **225** ('34) 79–91 [Diss.]. — Umwandlg. v. Arginin in Citrullin: **237** ('35) 121–30. — Aminosäureabbau u. Serumeiweißkörper, 1: l(+)-Arginin im Eiweißfiltrat nach Belastg.: **260** ('39) 56–64; ∼ 2[30]): l(+)-Arginin, Beitr. z. Krebsprobl.: 65–82; ∼ 3[15]): l(+)-Tyrosin: **263** ('40) 216–20; ∼ 4[2]): l(—)- u. d(+)-Histidin: **264** ('40) 135–40.

Klin. Wschr. Klin. Beurteilg. d. Bienengiftsalbe Forapin u. deren Beziehg. z. Cholesterinstoffwechsel[7]): **15** ('36) 1483–85. — Zwei wichtige Verf. z. Erkenng. v. Serumeiweißveränderg.: **18** ('39) 91–95. — Toxikol. d. Sulfonamide, spez. d. Sulfanilylguanidins[29]): **23** ('44) 90–92.

Med. Klinik. Lactisol[8]): **37** ('41) 1204–06.

Münch. med. Wschr. Einfluß v. glycerinsaurem u. glukuronsaurem Calcium auf d. Calciumgehalt d. Serums b. versch. Zufuhr: **81** ('34) 1694f. — Fermentgeh. versch. Pankreaspräparate, deren Widerstandsfähigkeit gegen Pepsin-Salzsäure u. Wasserstoffionenkonzentrat. während der Verdauung: **83** ('36) 1750–53. — Blutzuckerbest. u. Vorbehandlg. d. Blutes hierzu f. d. Labor.[29]): **86** ('39) 1694–98. — Quantitat. Best.-Meth. f. d. prakt. Arzt mittels d. Spezialkalorimeters v. Zeiss-Ikon: **89** ('42) 798–801. — Fehlerquelle bei d. Harnsäurebest. im Serum nach Folin: **93** ('51) 2605f. — Selten vorkommende Ursache d. versch. verlaufenden Harnsäure- u. Rest-N-Spiegels[31]): **96** ('54) 1308f.

Röntgen- u. Labor.-Praxis. Neues einf. Verf. zur Erkenng. v. Gamma-Plasmocytomeiweiß[31]): **7** ('54) 305–07.

S.-Ber. Ges. Morphol. Physiol. Aminosäureverwertg. u. Krebsprobl.: **45/48** ('36–39).

Z. ges. exp. Med. Kreatininbest.-Meth. u. Beeinflussg. d. Jaffé-Reakt. durch versch. Stoffe, hauptsächl. durch Medikamente[22]): **100** ('37) 20–37. — Lipämie b. menschl. Diabetes unt. Insulinbehandlg. u. Lipämie b. Aderlaß v. Kaninchen[11]): 256–65. — Ursachen d. Unterschiede in d. Ergebn. d. Bilirubinbest. im Serum nach Hijmans van den Bergh u. Jendrassik u. Cleghorn[25]): **104** ('38) 337–51. — Mechanism. d. Takata-Reakt., teilweise Bausteinanalyse d. Serumeiweißkörper[20]): 292–309; [18]): 310–27, 328–36. — Weltmannsches Koagulationsband im Vergl. zu anderen Serumeiweißreakt., wie Takata-Reakt., Senkungs-Geschwindigk. u. direkt. Bilirubin[16]): **106** ('39) 85–97. — Extrahepat. Bilirubinbildg. in Exsudaten u. Hämatomen[13]): **107** ('40) 338–46. — Veränderg. d. Purinstoffwechsels nach Blockierg. d. reticuloendothelialen Syst. b. Hund[1]): 347–54. — Ist eine Störg. d. Lipoidhaushaltes f. maligne Tumoren spezif.?[27]): 393–400. — Serumkochprobe nach Kürten im Vergl. m. anderen Serumeiweißreakt. u. ihre Brauchbark. z. Krebsdiagnose[26]): **108** ('40) 159–77. — Fraktionierg. d. Serumeiweißkörper u. ihre klin. Bedeutg.: **114** ('44) 127. — Teilweise Bausteinanalyse d. einzeln. Frakt. d. med. Serumeiweißes: 180.

Z. ges. inn. Med. Grenzgebiete. Serumeiweißreakt. im allg. u. eine bes. f. Gamma-Plasmocytomeiweiß[31]): **9** ('54) 977.

Z. klin. Med. Myelom- u. Nephroseeiweiß im Urin u. ihre Erkenng. durch Aminosäurebest.[6]): **145** ('49) 186–93.

Dazu noch Aufsätze in: Med. Welt ('44), Z. Volksernähr. ('44).

Mit: [1]) A. Amann; [2]) E. Bader; [3]) P. Decker; [4]) Curt Enders; [5]) Kurt Felix; [6]) Gudrun Götz-Schriever; [7]) H. Graeber; [8]) H. Hangleitner; [9]) R. Hirohata; [10]) A. Hoff; [11]) Paul Hoffmann; [12]) K. Inouye; [13]) E. Klemm; [14]) A. Lang; [15]) G. Leis; [16]) R. Logel; [17]) Heinr. Lüers; [18]) K. Mayer; [19]) H. Müller; [20]) M. Platiel; [21]) Alfred Ruppert; [22]) H. L. Schade; [23]) A. Schittenhelm; [24]) Hans Sedlmayer; [25]) N. Sereslis; [26]) O. v. Soden; [27]) E. Sommer; [28]) Carl Stiegler; [29]) H. Stingel-Munzert; [30]) J. Strehle; [31]) Eleonore Dietz.

Dirscherl, Wilhelm. Physiol. Chem. — 1920–25 stud., '25 Dr.-Ing. TH München (Hans Fischer); '32 Dr. med., '32 Doz. Chem. U Heidelberg; '32–35 Leiter pharmaz.-wiss. Labor. C. F. Boehringer & Söhne GmbH, Mannheim-Waldhof; '36 Doz. physiol. Chem., '38 apl. ao. Prof. U Frankfurt/M.; '40 beamt. ao. Prof., '46 o. Prof. u. Dir. Physiol.-chem. Inst. U Bonn. [Eig. Mitt.]
*1899, Nov. 26, Nürnberg.

S. ● Biol. u. Pathol. d. Weibes (Seitz-Amreich) 1 [2]('45) 275–310: Fermente. — ● 2e Congr. int. Biochim. Paris 1952, 16–33: Symposium sur la biochim. des stéroides.

W. ● Versuche z. Synth. v. Pyrrylalaninen. Diss. (Münch. '25) 53 S. — ● Fermente, Hormone, Vitamine u. d. Beziehg. dieser Wirkstoffe zueinander (m. Robert Ammon) [1](Lpz. '38) 16+451 S.; [2]('48) 24+1051 S. — ● Die Bedeutg. d. Fermente f. d. Aufbau in d. Natur (Bonn '41) 16 S. (Antrittsvorl. U Bonn H. 1). — ● Die Bedeutg. d. Vitamine f. d. Volksgesundheit (Bonn '42) 29 S. (Kriegsvortr. U Bonn 85).

Arch. Kinderheilkunde. Stoffliche Beziehg. zw. Vitaminen, Hormonen u. Fermenten: **113** ('38) 39.

Arzneimittel-Forsch. Darst. einiger Bis-(ω-guanidino-alkyl)-disulfide u. Polymethylen-ω,ω'-di-isothiuronium-dibromide u. ihre Wirkg. auf Blutzucker u. Blutgerinng.[13a]): **3** ('53) 545–47. — Zum 70. Geb.tag v. O. Warburg: 594.

Ber. Dtsch. chem. Ges. Acyloine, 1: Acetoin u. seine Dimeren[2]): **63** ('30) 416–22; ∼ 8: Racemisierg. u. Dimerisierg. d. opt.-akt. Acetoins[16]): **71** ('38) 418–23; ∼ 11: Synth. d. α-oxy-α-methyl-acet-essigsäure[9]): **83** ('50) 415–17. — Zwei versch. 2,4-Dinitrophenylhydrazone des Äthylisopropylketons[9]): **73** ('40) 448–50. — Sexualhormone u. Sterine, 15: Synth. d. 6-Methyl-5-äthylheptamons-(2), nebst einer Bem. üb. d. Synth. d. Äthylisopropylacetaldehyds[9]): **76** ('43) 635–41; ∼ 16: Synth. d. 5,7-Dimethyloctanons-(2)[9]): 709–11. — Synth. d. 2-Amino-6-methyl-5-äthylheptans[9]): 711. — Polarogr. d. Acetaldehyds[1]): **82** ('49) 291–303. — Vers. z. Synth. eines opt. akt. Girard-Reagenz[2a])[12]): **86** ('53) 1380–82.

Biochem. Z. Sexualhormone u. Sterine, 19: Colchicin-Mitosen-Test an d. Vesiculardrüsen d. kastrierten Maus[15])[8]): **318** ('48) 456–61; ∼ 21: Colorimetr. Best. männl. u. weibl. Keimdrüsenhormone in Stutenharnextrakten[15]): **319** ('49)

407–19; ~ 22: Colorimetr. Best. d. trans-Dehydroandrosterons[15]): **320** ('50) 57–65; ~ 23: Analyse d. Wirkg. v. Androgenen u. Östrogenen sowie Cancerogenen auf d. Kohlehydratstoffwechsel d. Leber[6a]): 199–227; ~ 24: Wirkg. v. Testosteronpropionat u. Oesteron auf Atmg. u. Glykolyse v. Leber u. Zwerchfell junger Mäuse beiderlei Geschlechts[6c]): 228–40; ~ 25: Vork. v. Androgenen im menschl. u. tier. Sperma[6c]): 253–57; ~ 26: Einfl. d. Desoxycorticosteronacetats auf Atmg., aerobe u. anaerobe Glykolyse v. Leber u. Zwerchfell[2a]): **321** ('51) 514–27; ~ 27: Wirkg. v. Testosteronpropionat auf Atmg. sowie aerobe u. anaerobe Glykolyse d. Vesiculardrüsen junger u. alter Mäuse in vitro[1])[2a]): **322** ('52) 245–62; ~ 28: Beeinflußbark. d. Syst. Cytochrom c-Cytochromoxydase durch Sexualhormone[1]): 263–68; ~ 29: Wirkg. v. Steroidhormonen auf Katalasepräp. versch. Reinheitsgrade[1])[8a]): 269–79; ~ 31: Carboxylase u. Steroidhormone[6b]): 280–87; ~ 32: Steroidhormone u. Hyaluronidase. Beitr. z. Frage d. Wirkungsw. d. Nebennierenrindenhormone[8a]): **323** ('53) 1–13; ~ 33: Grenzflächenaktivität einiger Steroidhormone[1]): 104–14; ~ 34: Beeinflußbark. d. d-Aminosäureoxydase u. Transaminase durch Steroidhormone[12a]): 399–407; ~ 35: Einwirkg. v. Steroidhormonsuspens. auf d. Atmg. v. Lebergewebe[12a]): 408–17; ~ 36: Cholinesterase d. Uterus d. Maus u. ihre Beeinflußbark. durch Steroidhormone[8a]): 505–11; ~ 37: Cholinoxydase[8a]): 512–19; ~ 38: Fermentat. Spaltg. v. Steroidhormonestern durch tier. Gewebe[8a]): 520–24; ~ 39: Wirkg. männl. u. weibl. Sexualhormone auf Atmg., aerobe u. anaerobe Glykolyse d. Uterus d. Maus[2a]): **324** ('53) 41–50; ~ 41: Wirkg. v. Steroidhormonen, bes. Desoxycorticosteron, auf d. anaerobe Glykolyse v. Muskelextrakten[9a]): 172; ~ 42: Spaltung von Steroidhormonestern durch menschl. u. tier. Organe[2b]): **325** ('54) 195. — Best. kleinster Milchsäuremengen m. Hilfe d. Polarogr. u. ihre Anwendg. b. d. Messg. bes. d. aeroben Glykolyse[1]): **320** ('49) 46–56. — Einwirkg. d. Insulins auf d. Umwandlg. d. Dioxyacetons in Methylglyoxal[15]): 66–73. — Fortlauf. polarogr. Sauerstoffbest. in chloridhalt. Lösg. u. ihre Anwendg. z. Messg. d. Gewebsatmg.[1]): **321** ('50) 68–82. — Vergl. d. polarogr. m. d. manometr. Glykolysebest.[2a]): 508–13. — Acyloine, 12: Üb. d. mögl. Rolle d. α-oxy-α-methylacetessigsäure b. d. fermentat. Acetoinbildg.[6b]): **322** ('51) 237–44.

Chemie-Ing.-Techn. Polarogr. m. vibrierender Platinmikroelektrode: **26** ('54) 321.

Ergebn. Hyg., Bakteriol., Immunitätsforsch. Wirksame Eiweißkörper u. Peptide: **22** ('39) 347–79.

Hoppe-Seylers Z. physiol. Chem. Insulin u. Cozymase[5]): **157** ('26) 64–75; ~ 2: Acetylierg. d. Insulins[5]): **175** ('28) 1–17; ~ 3: Messg. d. Insulins[5]): **180** ('29) 212–16; ~ 4: Wirkg. v. Pepsin auf Insulin u. seine Acetylderiv.: 217–31; ~ 5: Chem. d. Insulins[5])[4]): **187** ('30) 89–119; ~ 7: Einheitlichk. v. Insulinpräpar.: **202** ('31) 116–27; ~ 8: Chem. d. Insulins[5])[4]): 128–58; ~ 9: Einwirkg. proteolyt. Fermente auf Insulin[5])[3])[14]): 159–91; ~ 10: Insulin[5]): 192–206. — Bildg. v. Acetoin aus Acetaldehyd u. aus Brenztraubensäure durch Bestrahlg. m. ultraviol. Licht: **188** ('30) 225–46 [Diss.]. — Acyloine, 3: Mechanism. u. Kinetik d. Acyloinbildg. bei d. Gärg.: **201** ('31) 47; ~ 4: Nichtfermentative Acetoinbildg. u. d. Probl. d. „Carboligase": 78; ~ 5: Photochem. Bildg. v. Acetoin, Butyroin u. Phenylacetylcarbinol: **219** ('33) 177–90; ~ 6: Isolierg. u. opt. Aktivität des bei d. Vergärg. v. Brenztraubensäure m. Frischhefe, Trockenhefe u. Macerationssaft gebildeten Acetoins[10]): **252** ('38) 53–69; ~ 7: Nichtexistenz d. „Carboligase"[10]): 70–75; ~ 9: Nicht fermentat. Decarboxylierg. d. Brenztraubensäure u. Acetoinbildg.[9]): **264** ('40) 41–56. — Sexualhormone, 2: Equilin u. Equilenin[6]): **233** ('35) 13–28; ~ 3: Konstitut. d. Cinchols, seine Überführg. in 3-Oxyäthioallocholanon-(17): **235** ('35) 1–7; ~ 4: Dehydrierg. d. Equilins zu Equilenin[6]): **236** ('35) 131–35; ~ 5: Darst. v. epi-Dihydrocinchol u. seine Oxydat. zu 3-Epioxyäthioallocholanon-(17) (Androsteron): **237** ('35) 52–56; ~ 6: Abbau d. Acetyldihydrocinchols bzw. d. Acetylepidihydrocinchols zur β-3-Oxynorallocholansäure: 268–72; ~ 7: Kohlensäurederiv. d. Follikelhormons: **239** ('36) 49–52; ~ 8: Katalyt. Hydrierg. d. Follikelhormons u. seiner Acylderiv.: 53–66; ~ 9: Neue Stoffe m. starker Wirkg. auf d. Vesiculardrüsen d. kastrierten männl. Maus[7])[13]): **241** ('36) 1–10; ~ 10: Darst. v. Progesteron (Corpus luteum-Hormon) u. Androstendion durch direkte Oxydat. v. Cholestenon[6]): **252** ('38) 49–52; ~ 11: Lage d. Doppelbindg. im Cinchol, dem Sterin d. Chinarinde[7]): **253** ('38) 64–70; ~ 12: Vergl. v. Cinchol (Sterin d. Chinarinde) m. Sitosterin u. Stigmasterin: **257** ('39) 239–45; ~ 13: Cholesterinbildg. im Tierkörper[12]): **262** ('39) 61–86; ~ 14: Gehalt v. Xanthomen an Cholesterin u. Cholesterinestern u. deren Isolierg.: **264** ('40) 34–40. — Einf. Farbreakt. z. Nachw. d. im Stutenharn vorkommenden Equols: 57–63.

Klin. Wschr. Sexualhormone u. Sterine, 30: Photometr. Best. d. trans-Dehydroandrosterons im Harn u. ihre Bedeutg. f. d. Nebennierenrinden-Diagnostik[12]): **30** ('52) 159–65.

Liebigs Ann. Chem. Vereinf. Darst. v. Acridonen u. 9-Chloracridinen[11]): **504** ('33) 297–304. — China-alkaloide, 1: Einf. Meth. z. Trenng. d. China-alkaloide v. ihren Dihydrobasen: **515** ('35) 252. — Vork. v. Epichinin u. Epichinidin in d. Chinarinde[11]): **521** ('35) 48–71. — Sexualhormone u. Sterine, 17: Seitenkette d. β- u. γ-Sitosterins[9]): **555** ('43) 57–69; ~ 20: Identität d. Cinchols m. β-Sitosterin u. d. Konstitut. d. γ-Sitosterins aus Chinarinde[9]): **558** ('47) 231–34. — Synth. v. Homologen d. Cystamins[13a]): **574** ('51) 131–39.

Mikrochemie. Einf. Mikrometh. z. photometr. Best. v. Magnesium m. Eriochromschwarz[2a]): **40** ('53) 322–31.

Naturwiss. Acetylierg. d. Insulins[5]): **15** ('27) 832. — Versuche üb. Insulin[5])[4]): **17** ('29) 603f. — Bildg. eines Stoffes, der die physiol. Wirkg. d. männl. Keimdrüsenhormone besitzt[13]): **22** ('34) 315. — Farbreakt. d. trans-Dehydroandrosterons[15]): **31** ('43) 349f. — Quantitat. polarogr. Best. d. Acetaldehyds[1]): **34** ('48) 220.

Vitamine u. Hormone. Sexualhormone u. Sterine, 18: Mitosentest an d. Vesiculardrüsen d. colchicinbehandelten kastrierten männl. Maus[8]): **5** ('44) 280–302.

Z. Biol. Acyloine, 10: Biol. Wirkg. d. Acetoins u. verwandter α-Oxyketone: **103** ('50) 167–78.

Z. Elektrochem. Bedeutg. v. Isotopenreakt. f. d. physiol. Chem.: **47** ('41) 705–16.

Z. Krebsforsch. Sexualhormone u. Steroide, 40: Direkte Stoffwechselbeeinflussg. menschl. Krebsgewebe durch Sexualhormone[2a]): **59** ('53) 253–60.

Mit: [1]) Hans-Ulrich Bergmeyer; [2]) Emil Braun; [2a]) Heinz Breuer; [3]) Helmut Eichel; [4]) Hermann Eyer; [5]) Karl Freudenberg; [6]) Fritz Hanusch; [6a]) Karl-Heinz Hauptmann; [6b]) Horst Höfermann; [6c]) Willi Knüchel; [7]) Josef Kraus; [8]) Karl Kropp; [8a]) Hans-Ludwig Krüskemper; [9]) Helmut Nahm; [9a]) Klaus Otto; [10]) Alfred Schöllig; [11]) Heinrich Thron; [12]) Hans Traut; [12a]) Alexander Veltin; [13]) Hermann E. Voss; [13a]) Friedr. Wilh. Weingarten; [14]) Emil Weiß; [15]) Friedrich Zilliken.

VI **Dischendorfer,** Otto August. Chem. (org.). — 1928 ao. Prof. u. ständ. Ass. Org. Chem. Inst. TH Graz; '27 auch PDoz. U Graz. — '44 Wegscheider-Preis (Akad. Wiss. Wien). [Eig. Mitt.]

*1890, Juni 16, Wels/Oberösterr.

Zum 60. Geb.tag. W. Limontschew, Österr. Chemiker-Ztg. **51** ('50) 143.

S. ● Handbuch d. Pflanzenanalyse (G. Klein) **3,1** (Wien '32) 694–806: Die Harze.

W. ● Versuche z. Aufbau hochkondens. Ringsyst. m. Hilfe v. wasserfreiem Aluminiumchlorid. Diss. (Graz '13). — ● Über d. Betulin d. Birkenrinde. Hab.schr. (Graz '27).

Arch. Pharmazie. Vitamin C in Gladiolenblättern: **275** ('37) 242–55.

Mh. Chem. [Wien]. Kondensat. v. Aldehyden u. Phenolen, 4: o-Chlorbenzaldi-β-naphthol: **56** ('30) 261–71; ∼ 5: m-Chlorbenzal-di-β-naphthol[10]): **57** ('31) 20–30; ∼ 6: p-Chlorbenzaldi-β-naphthol[1]): **59** ('32) 93–104; ∼ 7–9: Kondensat. v. Glyoxal u. β-Naphthol, 1: Darst. u. Konstitut. d. Kondensationsprod.: **73** ('40) 45–56; ∼ 2: Bromierg. des Kondensationsprod.: 171–79; ∼ 3: Nitrierg. d. Kondensationsprod.[14]): 187–96. — Phytochem., 6[6]): **56** ('30) 272–81. — Anthrachinon-2,1,6,5-dixanthon[1]): **59** ('32) 105–12. — Kondensat. v. Benzoin u. Resorzin: **62** ('33) 263–83. — Kondensat. v. Benzoin u. Hydrochinon: **66** ('35) 201–17; ∼ 2: Abbauprod. d. lin. u. angul. Parabenzo-tetraphenyl-difurfurans[9]): **80** ('49) 58–69; ∼ 3: Einige Abkömmlinge d. 5-Oxy-6-benzoyl- u. d. 5-Oxy-4-benzoyl-2,3-diphenyl-cumarons[9]): **81** ('51) 737–45. — Über 2,6-Dibenzoyl-hydrochinon[14]): **66** ('35) 255-84. — Kondensat. v. Benzoin u. Thymol, 1[14]): Darst. v. 2-Benzoylthymol u. d. Kondensationsaufklärg. d. Desylthymols: **68** ('36) 10–20; ∼ 2: Konstitutionsaufklärg. d. Nitrierungsprod. v. 4-Methyl-7-isopropyl-2,3-diphenylcumaron[14]): **68** ('36) 81–91. — Kondensat. v. Benzoin u. Thymohydrochinon[14]): **68** ('36) 41–46. — Kondensat. v. Benzoin u. Orcin[12]): **74** ('41) 25–37. — Kondensat. v. Benzoin u. β-Naphthol[12]): **74** ('43) 135–48. — Bromierte 2,3-Diphenyl-4,5-benzocumarone[12]): 149–59. — Kondensat. v. Benzoin u. Naphthoresorcin: 287–92. — Bromierte 2,3-Diphenyl-6,7-benzocumarone[3]): **75** ('44) 25–30. — Kondensat. v. Benzoin u. α-Naphthol u. ein Deriv. d. 1-Oxy-2-benzoylnaphthalins[3])[13]): 31–41. — Kondensat. v. Naphthohydrochinon u. Benzoin[8])[11]): **80** ('49) 333–45. — Ein Abbauprod. d. 4′,5′; 4″,5″-Tetraphenyl-(difurano-2′,3′:1,2; 3″,2″: 3,4-naphthalin)[11]): 400–05. — Orthobenzotetraphenyl-difurfuran, Darst. u. Abbau[9]): 741–48. — 4′,5′;4″,5″-Tetraphenyl-(difurano-3′,2′:1,2; 2″,3″:3,4-naphthalin) u. sein Abbau[2])[5]): **81** ('50) 725–36. — 4′,5′; 4″,5″-Tetraphenyl-(difurano-3′,2′:1,2; 3″,2″:5,6-naphthalin) u. sein Abbau[4]): **82** ('51) 1–12. — Kondensat. v. Glyoxal u. β-Naphthol, 4: Konstitution d. 3,3-(2′-oxy-4′-oxo-1′,4′-dihydronaphthylen-(1′,1′))-2-oxo-4,5-benzocumarans[7]): 397–410.

Protoplasma. Histochem. Nachw. v. Vitamin C (l-Ascorbinsäure) in Pflanzen: **28** ('37) 516–23.

Mit: [1]) Elio Fransevic; [2]) Karl Hennefeld; [3]) Helmuth Hinrichs; [4]) Hans Hinterbauer; [5]) Franz Hrska; [6]) Hugo Juvan; [7]) H. Lapaine; [8]) Karl Lercher; [9]) Wladimir Limontschew; [10]) Heinrich Manzano; [11]) Joseph Marek; [12]) Egon Ofenheimer; [13]) Jurji Schewtschenko; [14]) August Verdino.

Dischinger, Franz. Stahlbetonbau. — 1929 Dr.-Ing. TH Dresden; Oberingenieur Fa Dyckerhoff u. Widmann AG, Wiesbaden-Biebrich; '33 o. Prof. TH Berlin, '46 TU Berlin; '51 em. — Dr.-Ing. e. h.

*1887, Okt. 8, Heidelberg;
†1953, Jan. 9, Berlin.

S. ● Handbuch f. Eisenbetonbau (F. Emperger) **6,** 2 [4](Bln '28) 163–390: Schalen- u. Rippenkuppeln. — ● 2. Int. Kongreß f. Brücken- u. Hochbau **2** ('36) 705–17: Flächentragwerke d. Eisenbetonbaues; 775–98: Ausschaltg. v. Biegezerspanng. b. Balken- u. Stahlbogenbrücken. — ● Abh. d. Int. Vereinigg. f. Brücken- u. Hochbau **4** ('36) 227–48: Rohr- od. Zeiss-Dywidag-Dach. — ● Taschenb. f. Bauingenieure (F. Schleicher) Bericht. Neudr. (Bln '49) 1319–1527: Massivbau. — ● Ber. Hauptversammlg. Dtsch. Betonver. **1950:** Neue Gesichtspunkte f. d. Konstrukt. u. d. Berechng. v. Bogenstaumauern.

Bauingenieur. Neue Druckluftgründg. unt. Verwendg. v. Eisenbeton-Schwimmcaissons: **9** ('28) 893–902. — Verf. b. Bau d. Uferpfeiler f. d. neuen Eisenbahnbrücken üb. d. Rhein b. Rheinkassel: **14** ('33) 414. — Neue Lagerhallen aus Eisenbeton nach Zeiss-Dywidag-Schalenbauweise[1]): **15** ('34) 128–31. — Erwiderg. zu Gaede: Weitgespannte Massiv-Bogenbrücken b. vollständ. Ausgleich d. beiderseit. Randdruckspanng.: **16** ('35) 314. — Rotationsschalen m. unsymmetr. Form u. Belastg.: 469. — Spannungszustand in affinen Schalen u. Raumfachwerken unt. Anwendg. d. Prinzips d. stat. Massenausgleichs: **17** ('36) 228–31, 260–67, 289–95. — Ursachen d. Einsturzes d. Baugrube d. Berliner Nord-Süd-Bahn: **18** ('37) 107–12. — Unters. üb. d. Knicksicherheit, d. elast. Verformg. u. d. Kriechen d. Betons b. Bogenbrücken: 487–520, 539–52, 595–621. — Elast. u. plast. Verformg. d. Eisenbetontragwerke: **20** ('39) 53–63, 426–37, 563–72. — Der durchlaufende Träger u. Rahmen auf elast.-senkbaren Stützen: **23** ('42) 15–27, 74–78. — Krit. Betrachtg. zu d. dtsch. Best. f. Stahlbeton bzgl. d. Berechng. d. Haft-, Schub- u. Scherspanng.: 259–66. — Krit. Betrachtg. zu d. dtsch. Best. f. Stahlbeton in d. Frage d. mitwirkenden Plattenbreite b. Einzellasten u. d. zugehör. Querbewehrg.: 307–11. — Stahlbrücken im Verbund m. Stahlbetondruckplatten b. gleichzeit. Vorspanng. durch hochwert. Seile: **24** ('49) 321, 364–76. — Einfl. d. Torsionssteifigk. d. aussteifenden Träger auf d. Stabilität d. Hängebrücken: **25** ('50) 246–51. — Knicken d. Stahlbeton-Fahrbahnplatten b. gekoppelten Stahlträgern: **26** ('51) 103–06. — Auslegerbrücken, gekoppelt m. einem bodenverankerten Kabel: 306.

Bautechnik. Feste Straßenbrücken üb. d. Mosel b. Koblenz: **12** ('34) 130–34, 199–205, 246–48, 286–89, 460, 554, 593. — Ausbildg. d. Lehr- u. Transportgerüste d. Stromöffng. d. Brücke üb. d. Mosel b. Koblenz: 331–44. — Krit. Betrachtg. üb. d. Sicherheit weitgespannter Massivbogen an Hand durchgerechneter Beisp.: 657–60. — Sicherheit v. Bogenbrücken aus Beton u. Stahl[5])[3])[4]): **14** ('36) 65–68. — Erwiderg. zu Lenk: Heut. Probl. im Brückenbau: **16** ('38) 40.

Beton u. Eisen. Theor. d. Vieleckkuppeln u. d. Zusammenhänge m. d. einbeschriebenen Rotationsschalen: **28** ('29) 100–07, 119–22, 150–56, 169–75 [Diss.]. — Entwicklg. d. Schalenbauweise

„Zeiss-Dywidag“ [2]): **31** ('32) 213–20, 229–35, 245. — Beseitigg. d. zusätzl. Biegungsmomente in Zweigelenkbogen m. Zugband: 309–13. — Ermittlg. d. Eisenanlagen in wandart. Trägern: **32** ('33) 237–39; [1])**33** ('34) 162. — Eingespannte Bogenbrücken m. statisch best. Horizontalschub: **40** ('41) 8–13, 36–41. — Nochmals Haft-, Schub- u. Scherspanng.: **42** ('43) 71.

Beton- u. Stahlbetonbau. Weitgespannte Stahlbetonbalkenbrücken m. Vorspanng. durch Seile u. nachträgl. Verband: **45** ('50) 97–99.

Dtsch. Bauhütte. Eisenbetonschalendächer Syst. Zeiss-Dywidag[2]): **32** ('28) 807–12, 823–27, 842–46.

Dtsch. Bau-Ztg. Neuart. Ausführg. d. Schalenkuppeln d. Planetariums in Mannheim: **1927,** 124.

Planen u. Bauen. Schalenkuppel m. 72 m Spannweite: **4** ('50) 191–93.

Z. VDI. Dywidag-Schalengewölbe: **72** ('28) 753. — Großmarkthalle in Leipzig: **74** ('30) 7–10.

Mit: [1]) Craemer; [2]) U. Finsterwalder; [3]) Willy Gehler; [4]) F. Glaser; [5]) Petry.

V, VI **Ditmar,** Rudolf Adolf. Chem. Technol. — Seit 1905 Inhaber eines Untersuchungslabor. f. d. Kautschuk-Ind., verbunden m. einer Kautschuk-Chemieschule in Graz.
*1878, Juli 22, Wien;
†1939, Febr. 1, Graz.

Nekr. Gummi-Ztg. **53** ('39) 172.

Erf. U. a. Begründer d. Einführung d. Vulkan-Farbstoffe.

Caoutchouc et Guttapercha. Latexstabilisat.: **28** ('31) 15732f. — Patentübersicht üb. aus Latex gewonnene Erzeugnisse: **29** ('32) 15913f. — Wasserundurchlässigk. v. Leder u. Kunstleder in d. Patent-Lit.: 15914f. — Herst. versch. Faktisarten in d. Patent-Lit.: 15946–49. — Gewinng. v. Parakautschuk erster Güte in d. Plantagen nach d. Verf. „first paramaker“: 16124f. — Ester d. Acrylsäurereihe, insbes. d. Ester d. α-Crotonsäuren als allg. Lösungsmittel f. Kautschuk u. Nitrocellulose: 16156. — Vulkanisationsverzögerer: **30** ('33) 16264–66. — Einstreichmittel f. Formen: 16268f. — Herst. v. porösem Gummi unt. Verwendg. v. Phenylhydrazin u. Metaldehyd als Blähmittel: 16431f. — Erklärg. d. Mechanism. d. Beschleunigg. b. d. Vulkanisat. durch d. Thiazole nach d. Patent-Lit.: 16607f., 16640–42; **31** ('34) 16778, 16891–93, 16931–33. — „Ditmaplast“ u. andere crêpeartige Wundverbände sowie deren Strukt.: **31** ('34) 16705–07. — Neue Prinzipien, d. sich auf Kautschukfüllstoffe beziehen: 16743–45, 16805–07. — Lösungsmittel f. Rohkautschuk z. Herst. v. Kautschuklösg.: 16953–56. — Lösungsmittel f. Kautschuk z. Herst. v. Gummilösg.: **32** ('35) 17021–23, 17082–84. — Glyptalharze u. ihre ind. Anwendg.: 17097–99, 17193–95, 17284–86; ~ Engl. Patentausz.: 17131, 17164f.

Chemiker-Ztg. Chem. Unfallgefahren in d. Kautschukind. u. ihre Bekämpfg.: **55** ('31) 770. — Vers. einer Erklärg. d. Viscositätsänderg. v. Tauchkautschuklösg. beim Rühren: **56** ('32) 622. — Neues Diffusionsverf. z. Herst. transparenter warmvulkanisierter Tauchwaren aus Latexkonzentraten: **57** ('33) 121f. — Nervierg. v. Vulkanisaten durch Kautschukmilchkonzentrate: 344. — Elast. Schuhausballmassen: 557.

Farben-Chemiker. Herst. v. Siegelmassen im Lichte neuer Prinzipien: **4** ('33) 205–08 [auch in: Gelatine, Leim, Klebstoffe **2** ('34) 181–83].

Giorn. Chimici. Industrie plast. Massen: **29** ('35) 60–66, 133–36.

Kautschuk. Talkum u. Talkumersatz in d. Kautschukind.: **11** ('35) 75–77.

Kolloid-Z. Faktismassen in d. Patentlit.: **58** ('32) 125–27. — Thiazole als Beschleuniger d. Kautschukvulkanisat. m. einer neuen Beschleunigungstheor.: **59** ('32) 364–73. — Ind. Verwertg. v. Kautschukmilch (Latex) in d. Patentlit.: **61** ('32) 119–23. — Schwefelfreie Harnstoffe u. schwefelfreie Guanidine als Vulkanisationsbeschleuniger d. Kautschuks u. Theor. hierüber: **62** ('33) 117–21, 245–48. — Saponin in d. Kautschukind.: **63** ('33) 253f.

Pharmaz. Mh. Hautreizg. durch Kautschukpflaster, dessen Crêpe m. Ameisensäure koaguliert wurde: **12** ('31) 149f.

Rev. gén. Caoutchouc. Verwendg. v. Latex zur Fabrikat. v. Bremsbelägen: **8** ('31) Nr. 77.

V, VI **Dittler,** Emil. Mineral., Petrogr. — 1928–38 o. Prof. Mineral. u. Petrogr. U Wien; seit '38 em. in Wien lebend.
*1882, Okt. 29, Graz;
†1945, Nov. 3, Wien.

Nekr. H. Haberlandt, Tschermaks mineral. petrogr. Mitt. (3) **1** ('48) 101–06 (m. Schr.verz. 74 Nr.).

S. ● Handb. d. Mineralchem. (Doelter) **1** ('12) – **4**, 2 ('29).

W. ● Gesteinsanalytisches Praktikum (m. Alexander Köhler) (Bln '33) 8+111 S.

Ann. naturhist. Mus. Wien Chemism. d. neuen Mineralvork. v. d. Totenköpfen im Stubachtal[4]): **46** ('32/33) 185–99.

Anz. Akad. Wiss. Wien. Substitut. d. Baugr. (Mg_2) durch (LiAl) in Magnesiumsilikaten[3]): **73** ('36) 231–33.

Berg- u. hüttenmänn. Jahrb. Bauxitlagerstätte v. Gánt in Westungarn: **78** ('30) 45–51.

Ber. Reichsstelle Bodenforsch. [Wien]. Salit von Kottes: **1941,** 61f.

Chem. d. Erde. Genesis d. Sanntaler Bauxite (Jugoslawien) [6]): **8** ('33) 462–95. — Chemismus d. Steinmeteoriten v. Lanzenkirchen in Niederösterr.: **9** ('35) 126–36. — Säuerling v. Oberschützen im Burgenlande[2]): 269–85. — Mischkristalle $Mg_2Si_2O_6$-$LiAlSi_2O_6$ u. Mg_2SiO_4-$LiAlSiO_4$[3]): **13** ('37) 256–77.

S.-Ber. Akad. Wiss. Wien (I). Synthet. Unters. üb. d. Mischkristallbildg. d. Barium- u. Strontiumfeldspates m. Orthoklas[9]): **140** ('31) 633–74. — Meteorstein v. Prambachkirchen (Oberösterr.)[11]): **142** ('33) 213–32.

Tonind.-Ztg. Chem.-genet. Probl. d. Ton- u. Kaolinforschg.: **56** ('32) 836–38, 891–93, 939f. — Neuere Erkenntn. z. Natur d. Tone: **65** ('41) 515–17, 528f.

Tschermaks mineral. petrogr. Mitt. Mottramit aus Bolivien: **41** ('31) 173–79. — Mischkristallbildg. im ternären Syst.: Anorthit-Albit-Carnegiit[7]): **43** ('33) 352–61. — Gneise d. Sanntaler Bauxite: **45** ('34) 457f. — Neuer Säuerling v. Oberschützen im Burgenlande: **47** ('36) 374–76.

Verh. geol. Bundesanst. Wien. Bauxit v. Dreistätten in Niederösterr.[8]): **1936,** 223–37.

Z. anorg. allg. Chem. Frage d. Kaolinbildg.: **211** ('33) 33–40.

Z. prakt. Geol. Neues Beryllvorkommen v. Teregova in Rumänien[5]): **39** ('31) 49–56. — Bentonitvork. v. Tomesti in Rumänien[5]): **41** ('33) 121–27. — Kaolinlagerstätte v. Torniella (Mittel-Italien)[5]): **45** ('37) 117–20.

Zbl. Mineral. (A). Glaukokerinit, ein neues Mineral v. Laurion[6]): **1932**, 13–17. — Chem. Systematik d. Tektite: **1933**, 214–19. — Mikroanalyse d. Diamanten[10]): **1936**, 97–101. — Cordieritsynth.[7]): **1938**, 149. — Mineral. Absätze der Gasteiner Thermen[1]): 201–08. — Chem. Zusammensetzg. d. Fahlerzes aus d. Veitsch (Steiermark): **1942**, 182–84.

Mit: [1]) E. Abrahamczik; [2]) Rudolf Dworzak; [3]) A. Hofmann; [4]) H. Hueber; [5]) F. Kirnbauer; [6]) R. Koechlin; [7]) Alexander Köhler; [8]) Othmar Kühn; [9]) H. Lasch; [10]) R. Reißner; [11]) J. Schadler.

VI **Dittler,** Rudolf. Physiol. — 1909 PDoz., '15 apl. ao. Prof. U Leipzig; '22–50 o. Prof. Physiol. U Marburg/L., dann dort em. [Eig. Mitt.]

*1881, Nov. 2, Frankfurt/M.-Höchst.

Geneal. Dtsch. Geschlechterbuch **69** ('30) 616.

MH. ● Handwörterb. d. Naturwiss. [2]('31–33) m. 7 eigenen Beiträgen: **3**, 559–69: Energetik d. Organismen; **4**, 850–61: Gehör; 1208–42: Gesichtssinn; **7**, 1023–30: Physiologie; **8**, 329–53: Reizbark. tier. Gewebe; **9**, 52–57: Sinnesorgane; **10**, 253–60: Vestibularfunkt.

S. ● Kurzes Handb. d. Ophthalmol. (F. Schieck u. A. Brückner) **2** ('32) 93–111: Sehpurpur; 112–17: Chem. Vorgänge in d. Netzhaut; 378–459: Physiol. d. opt. Raumsinnes.

W. ● F. Schenk, Leitfaden d. Physiol. d. Menschen [22]/[28](Stuttg. '25–35) (bearb. m. Aug. Gürber); [29/32] ('42–49).

Pflügers Arch. ges. Physiol. Löschg. d. Öffnungserregg. durch Gegenstrom: **249** ('47) 385–93. — Zeitl. Verlauf d. Erregbarkeitsumschlages nach anod. Vordurchströmg. d. Nerven[4]): 593–608. — „Latente" Addierg. v. Stromöffnungsreizen[5]): 717–30.

Studium generale. Alternative in d. physiol. Farbentheor.: **4** ('51) 456–61.

Z. Biol. Zeitl. Verlauf d. Depolarisat. d. Muskels nach kurzer galvan. Durchströmg.: **94** ('33) 171–76. — Deutg. d. Erscheing. b. indirekter Reizg. d. Muskels m. galvan. Stromstößen versch. Dauer: **99** ('38) 38–46. — Volumschwankg. d. im Eigenrhythmus erregten Muskels[3]): **100** ('40) 347–57. — Reizverwertg. b. galvan. Muskeldurchströmg.[8]): **101** ('42) 30–43. — Öffnungserregg.[1]): 245–58. — Periodik d. Erregbarkeitsänderg. im abkling. Anelektrotonus[2]): **103** ('49) 45–54. — Zeitl. Verlauf d. Erregbarkeitsumschlages nach kathod. Vordurchströmg. d. Nerven[6]): **104** ('51) 45–62. — Beziehg. zw. Reizfrequenz u. Tetanushöhe u. ihre Abhängigk. v. d. Temp.[9]): 394–403. — Deutg. d. Pulfrich-Effektes[2a])[7]): **105** ('52) 40–48. — Ist an d. isoliert überlebenden Froschnetzhaut b. Belichtg. d. funktionelle Kernödem noch auslösbar?: 415–18.

Zbl. Physiol. Funktionelle Verknüpfg. d. Atemzentren: **26** ('13) 1175–78.

Mit: [1]) Norbert Baumert; [2]) Günther Billing; [2a]) Buchmann; [3]) Johannes Hannappel; [4]) Hugo Kloos; [5]) Erwin Pohlan; [6]) Gisela Reuss; [7]) Rosemann; [8]) Franz Strotkötter; [9]) K. Fr. Vilmar.

Dittmer, Ernst. Geol., Hydrogr. — 1930–35 stud., '35 Dr. rer. nat. U Hamburg (S. Passarge); '35 geol. Sachbearb. Forschungsstelle Westküste Büsum, '38 Husum; '52 geol. Sachbearb. Minist. Ernährg., Landwirtschaft u. Forsten, Wasserwirtschaftsverwaltg.; in Husum lebend. [Eig. Mitt.]

*1910, April 23, Siethwende/Holstein.

Arch. Dtsch. Seewarte. Vorland u. Watten zw. Steinloch u. Dwarsloch: **55** ('36) Nr. 6, 47 S. [Diss.].

Forsch. u. Fortschr. Neue Ergebn. z. Erforschg. d. nordfries. Eems: **17** ('41) 25–27. — Küstensenkg. an d. schleswig-holstein. Westküste: **24** ('48) 214–16.

Kieler Meeresforsch. Das nordfries. Eem. Beitr. z. Gesch. d. junginterglazialen Nordsee: **1941**, 169–99.

Küste. Geol. u. Bedeichungsgesch. d. Finkhaushallig: **2** ('53) 1–4.

Meyniana. Nacheiszeitl. Entwicklg. d. schleswig-holstein. Westküste: **1** ('52) 138–66. — Eemzeitl. Austernbank b. Leck u. Entwicklg. d. Ober-Eems. (Mit einem Beitr. über d. Diatomeen von D. König): **2** ('54) 70–80.

Naturwiss. Entstehg. Nordfrieslands[1]): **29** ('41) 577–81.

Offa. Geol.-vorgesch. Unters. in d. Haseldorfer Marsch: **2** ('37) 77–93.

Schr. naturwiss. Ver. Schleswig-Holstein. Das Eem d. Treenetales: **25** ('51) 91–99.

Westküste. Schichtenaufbau u. Entwicklungsgesch. d. dithmarscher Alluviums: **1** ('38) 105–48. — Verbreitg. altinterglazialer Meeresablagerg. in Nordfriesland: **2** ('39) 123–27.

Mit: [1]) Karl Gripp.

VI **Dittmer,** Max Paul Wilhelm. Chem. — 1927 Chemiker u. Betriebsleiter Wöllnerwerke, Rheingönheim, Pfalz; weitere Daten nicht bekannt.

*1900, März 12, Stettin.

V, VI **Ditz,** Hugo. Chem. Technol. — 1917–38 o. Prof. Dtsch. TH Prag; dann nach Lodz transportiert. [Mitt.: Hans Zocher VII a]

*1876, Okt. 14, Lundenburg;
†1944 Lodz.

Biogr. A. Birk, Dtsch. TH Prag 1806–1931 (Prag '31) 119f. (m. Bildn. Taf. IX).

HDI-Mitt. Verbindungsformen d. Schwefels in einigen tschechoslow. Steinkohlen u. Braunkohlen[3]): **1931**, 23 S.

Korrosion u. Metallschutz. Dampfkesselkorrosionen u. Bildg. ölhalt. silicat. Kesselsteine b. Speisg. m. ölhalt. Kondenswasser[2]): **14** ('38) 141–50. — Einwirkg. sulfathalt. Wässer auf Zementmörtel u. Beton[2]): 154–65.

Z. anorg. allg. Chem. Vogelsche Rhodanidreakt. z. Nachw. v. Kobalt neben Eisen[1]): **219** ('34) 97–104. — Best. d. „wahren" u. d. „formalen" Mangandioxydgehaltes im Braunstein: 113–18. — Gelbfärbg. d. selenhalt. Salzsäure[2]): **221**

('34) 33–45. — Rhodanidacetonreakt. z. Nachw. sehr geringer Mengen Kobalt neben Eisen[1]): **225** ('35) 73–80. — Bildg. v. „Persilicat": 90–92.

Mit: [1]) Richard Hellebrand; [2]) Friedrich Ullrich; [3]) Hugo Wildner.

von Dobeneck, Hans Henning, Freiherr. Chem. (org.). – 1940 Dr.-Ing., '48 PDoz., '55 apl. Prof. TH München. [Ohne eig. Mitt.]
*1912, April 9.

S. • Nat. u. Med. Dtschl. 1939–46, **39** (Wiesb. '37) 129–39: Naturfarbstoffe (m. H. Fischer).

Dtsch. Apotheker-Ztg. Gewinng. v. Chlorophyll u. seine pharmazeut. Verwendg.[2]): **93** ('52) 270f.

Hoppe-Seylers Z. physiol. Chem. Pentdyopent-Reakt., 2[1]): **263** ('40) 125–46 [Diss.]; ∼ 3: Natürl. Propentdyopent u. weitere Homologe: **269** ('41) 268–79; ∼ 4: α,α'-Dioxypyrromethene: **270** ('41) 223–32; ∼ 5: **275** ('42) 1–15. — Chem. d. Indols, 1: Über α,α'-Diindolylmethane u. -methene: **289** ('52) 271–79.

Mit: [1]) Hans Fischer; [2]) M. Strell.

Dobrowsky, Alfred Karl Leopold. Chem. (org. u. physik.). – 1920–25 stud., '25 Dr. phil. U Wien (E. Späth, dess. Ass. '25–27); '29–38 Forschungsabt. f. Alkaloidchem. Fa E. Merck, Darmstadt; '40–44 Gebr. Herrmann, Köln-Ehrenfeld; seit '50 PDoz. TH Wien. [Eig. Mitt.]
*1900, Nov. 15, Wien.

Erf. Darst. v. Abkömml. d. 3-Methyl-isochinolins[2]), DRP 549967 ('30); Herst. v. Abkömml. d. 1-Phenyl- bzw. 1-Benzyl-3-methylisochinolins[2]), DRP 556709 ('30); Herst. v. Ölemuls., DRP 749263 ('41).

W. • Synthese in d. Isochinolinreihe. Hab.-schr. (Wien '50).

Allg. Z. Bierbrauerei. Titrimetr. Schwefelsäurebest. im Wasser: **55** ('27) 277f.

Ber. Dtsch. chem. Ges. Über d. Alkaloide v. Corydalis cava: Corybulbin u. Isocorybulbin: **58** ('25) 1274–84 [Diss.].

Chemiker-Ztg. Neues Reinigungsverf. f. Quecksilber: **64** ('40) 32.

Chem. Techn. Herst. eines neuen Zinkphosphatzementes höchster Volumkonstanz: **15** ('42) 159–61.

Elektrotechn. u. Maschinenbau. Erzeugg. hoh. Gleichspanng. durch geladene Hg-Teilchen: **68** ('51) 577–80.

Himmelswelt. Beob. wandernder Lichtfelder im Ind. Ozean: **49** ('39) 215.

Kolloid-Z. Theoret. Betrachtg. üb. Emuls. u. ihre Entmischg.: **95** ('41) 286–96. — Darst. d. Stabilität kolloider Syst. durch Isochromen u. einige Beob. an SiO_2-Solen: **97** ('41) 80–87. — Diffusionsgleichg., ihre modellmäß. Darst. u. Diffusionsvers. an Kieselgelen, 1: Theor. d. Modells u. Anwendg. auf d. Diffus. im unendl. Raum: **104** ('43) 87–96; ∼ 2: Diffus. in begrenzten Räumen b. anfängl. konst. Konzentrat.: **105** ('43) 56–70; ∼ 3: Diffus. in begrenzt. Räumen b. anfangs örtl. versch. Konzentrat.: 149–60; ∼ 4: Diffus. d. durch Elektrolyse entstandenen Massen: **109** ('44) 137–44. — Absorptionswärme an wärmekoagulierbarem Ferri-(III)-hydroxydsol: **106** ('44) 46–50. — Lösg. v. Diffusionsprobl. durch d. Binomialkoeffizienten d. Pascalschen Dreiecks: **110** ('45) 34–42. — Algebr. Berechng. d. axialsymmetr. Diffus. u. ihre Darst. durch ein hydrodynam. Modell (Meth. d. Strömungsteiler): **126** ('52) 1–14. — Diffusionsströmg. aus einem Kanal u. ihre Berechng. durch d. Meth. d. Strömungsteiler: **127** ('52) 144–50.

Mercks Jber. Synthet. Basen v. Typus d. Papaverins[2])[1]): **44,** 1930 ('31) 12–25.

Meteorol. Z. Modellmäß. Darst. d. Eindringens d. periodisch. Temp.-Schwankg. in d. Erdboden: **61** ('44) 91–97.

Mh. Chem. Statistik d. Verdeckung u. der statist. Ableitg. d. Lambert-Beerschen Absorptionsgesetzes: **77** ('47) 187–96. — Synthet. Vers. in d. Isochinolinreihe: **82** ('51) 122–39, 140–55. — Anschaul. Ableitg. d. Entropie aus d. Wahrscheinlichkeitslogarithm.: 364–70. — Leichtlösl. Salze d. Isäthionsäure: 379f. — Einf. Arecolinsynth.: **83** ('52) 443–47.

Mitt. chem. Forsch.-Inst. Wirtsch. Österr. Gewinnung d. Sitosterins aus Weintrestern u. seine Umwandlg. in ein D-Vitamin: **7** ('53) 132–34. — Neuer, gegen d. Überspritzen gesicherter Destillierkolben u. Betrachtg. über d. Siedeverzug: **8** ('54) 126f.

Österr. Chemiker-Ztg. Zusammenhang zw. Krebs u. Chem.: **52** ('51) 115–18.

Z. Elektrochem. Kieselgallerte als neuer Elektrolytgrundstoff in Trockenelem.: **48** ('43) 467–69.

Mit: [1]) Hans Kreitmair; [2]) Otto Wolfes.

I, IV **Döbereiner,** Joh. Wolfg. →VIIa/Suppl.

Dönges, Ernst. Chem. (analyt.). – Stud. U Tübingen, Kiel, TH Stuttgart; '41 Dr. rer. nat. TH Stuttgart (R. Fricke, dess. Ass.); '50 Farbwerke Höchst, Frankfurt/M. [Eig. Mitt.]
*1912, April 12, Truk/Ostkarolinen.

S. • Handbuch d. präpar. anorg. Chem. (G. Bauer) (Stuttg. '52) 628–68: Gallium, Indium, Thallium; 718–49: Alkalimetalle.

Z. anorg. allg. Chem. Orangerotes u. grauschwarzes Antimontrisulfid[1]): **250** ('42) 202f. — Zusammensetzg. u. Strukt. d. „Antimonzinnobers" u. Oberflächenenergie v. amorphem Antimontrisulfid[1]): **253** ('45) 2–8. — Sauerstoffgehalt v. gefälltem Kobalt- u. Nickelsulfid: 337–44. — Säurelöslichk. v. gefälltem Kobalt- u. Nickelsulfid: 345–51. — Oxydat. v. Kohlenoxyd durch sauerstoffhalt. Kobalt- u. Nickelsulfid u. d. Luftsauerstoff b. Gegenw. v. Kobaltsulfid: **254** ('47) 133–36. — Reakt. $S + CO + H_2O = H_2S + CO_2$ in Gegenw. v. Kobalt- u. Nickelsulfid: 265f. — Fällg. d. kubischen Kobaltsulfids Co_9S_8 m. H_2S aus wäßr. Kobaltsalzlösg.: 267–70. — Thiohalogenide d. dreiwert. Antimons u. Wismuts: **263** ('50) 112–32. — Selenhalogenide d. dreiwert. Antimons u. Wismuts u. Antimon (III)-selenid: 280–91. — Tellurohalogenide d. dreiwertigen Antimons u. Wismuts, Antimon- u. Wismut (III)-tellurid u. Wismut (III)-selenid: **265** ('51) 56–61. — Natriumthiohydroxoferrat (II)-Gallerte: **267** ('51) 131–36.

Z. Naturforsch. Neues üb. d. Chem. d. Kobalt- u. Nickelsulfids: **1** ('46) 221f.

Mit: [1]) R. Fricke.

VI **Döpel,** Georg Robert. Physik. — 1932 PDoz. U Würzburg; '38–45 pl. ao. Prof. U Leipzig; in der UdSSR tätig. [Ohne eig. Mitt.]
*1895, Dez. 3, Neustadt/Orla.

Ann. Physik. Energet. Wechselwirkg. b. Korpuskularstoß: (5) **16** ('33) 1–38 [Hab.schr.]. — Ausbeute b. d. D → D-Kernreakt.: **28** ('37) 87–96.

Physik. Z. Unters. d. negativ geladenen H-Atoms auf Lichtemiss. im photogr. erfaßbaren Geb.: **34** ('33) 199f. — Exp. Prüfg. d. Spin-Erhaltungssatzes b. Atomstoß[2]): 827–31. — Exp. Prüfg. d. Spin-Erhaltungssatzes[2])[3]): **35** ('34) 336f. — Messg. v. Neutronenintensitäten mittels Rhodium-Fermi-Elektronen: **37** ('36) 96–100. — Atomzertrümmerg. m. Kanalstrahlen als Vorlesungsvers.: **38** ('37) 979–81. — Unterschreitg. d. spektralanalyt. Nachweisbarkeitsgrenze eines Spuren-Elem. durch d. Analyse d. kernphysik. Emiss.[1]): **44** ('43) 261–68.

Z. Astrophysik. Kernprozeßausbeuten u. Energieerzeugg. im Innern d. Sterne[1]): **14** ('37) 139–54.

Z. Physik. Reichweite v. Atomtrümmern b. niedriger Spanng.: **81** ('33) 821–23. — Lichterregg. im Wasserstoff-Kanalstrahl: **87** ('34) 356–60. — Atomzertrümmerungsvers. m. H u. He an leichten Elem.: **91** ('34) 796–809. — Zeitl. Abklingg. v. Atomkernprozessen: **99** ('36) 161–68. — Neutronenemiss. v. Beryllium b. Bombardement m. H, D, He: **104** ('37) 666–71.

Mit: [1]) K. Döpel; [2]) Karl Gailer; [3]) Eugen Wigner.

Doerfel, Rudolf → VIIa/Suppl.

Dörfeldt, Willi. Chem. Technol. — 1917–23 stud. U Leipzig, '23 Dr. phil. U Leipzig (G. Reddelien); '35 Mitarb., '40 Leiter d. chem.-techn. Abt. Inst. Zuckerind., Berlin; '47–48 LBeauftr. f. Zuckertechnol. U Berlin; '50 LBeauftr. TU Berlin. [Eig. Mitt.]
*1898, Juli 12, Zwickau/Sa.

S. ● Lehrbuch d. chem. Technol. (Ost-Rassow) [23](Lpz. '42) 658–700: Die Zuckerindustrie (überarb. u. ergänzt). — ● Int. zuckerstatist. Jahr- u. Adreßbuch (F. O. Licht) ('52/53) 9–14: Entwicklungstendenzen d. Verfahrenstechn. d. Rübenzuckerherst.

W. ● Über Additionsprodukte d. Broms an ungesättigten Bindg. Diss. (Lpz.'23) 74 S. Masch.-schr. — ● Fortschritte in d. Zuckerindustrie (Rübe u. Rohr) (m. Friedbert Brukner) (Dsdn-Lpz. '39) 8+156 S. (Techn. Fortschr.-Ber. 45).

Chemiker-Ztg. Kartoffelstärke u. deren Veredelungsprod.: **61** ('37) 113–15. — Fortschr. d. Rübenzuckerind. in d. J. 1936–42: 353–56; **62** ('38) 137–40; **63** ('39) 157–60; **64** ('40) 241–44; **65** ('41) 165–68; **66** ('42) 222–25; **67** ('43) 181–84. — Fortschr. d. Rübenzuckerind. im J. 1943: **68** ('44) 211–14.

Korresp.-Briefe Zuckerfabr. Landwirtschaftl. u. techn. Neuerg. d. amer. Zuckerind. i. J.1944/45: **1946,** H. 8, 4–6. — 50 J. Zuckerrübenvers. in Bad Lauchstädt: **1947,** H. 3, 4–6. — 80 J. zuckertechnol. Forschungsarb. d. Inst. f. Zuckerind., Berlin (1867–1947): H. 9, 1–4. — Saftreinigg. m. Ionen-Austauschern in d. Zuckerfabr. Alvarado: H. 9, 4–6. — Kampagneerfahrg. m. Ionenaustauschern in d. Zuckerfabrik Layton: **1948,** H. 6, 5–7. — Neuerg. in d. amer. Zuckerind. im J. 1947: H. 9, 1–3. — Analyt. Beob. an Dicksäften u. Melassen d. vergangenen Kampagne 1947/48: H. 10, 1–3. — Düngerbedarf b. gesteigerten Zuckerrübenernten: **1949,** H. 1, 5f. — Neuere Entwicklg. d. kontinuierl. Diffusion, 1: H. 3, 1–4; ∼ 2: H. 6, 1–3. — Neue Entwicklungstendenzen b. d. Saftreinigg. m. Ionen-Austauschern: H. 9, 2–3. — Neueste nordamer. Zuckerfabr. Moorhead: H. 5, 1–3. — Neueste mexikan. Rohrzuckerfabr. Guayalejo: H. 8, 4–6. — Peruan. Rohrzuckerfabrik Casa Grande: **1950.** H. 1, 1–3. — Vergl. d. betriebsmäß. Entsalzg. v. Dünnsäften m. Ionenaustauschern in d. Zuckerfabr. Layton u. Oestrum: H. 4, 3f., H. 5, 1–3, 13–15. — Betriebserfahrg. u. Erkenntn. m.d. neuen kontinuierl. „R. T."-Diffus. in Tirlemont 1949: H. 6, 1–3. — Rechn. Kontrolle v. Saftgewinnungsverf.: H. 7, 1–4, H. 8, 2–5. — Zusammensetzg. ostdtsch. Dicksäfte d. letzten 3 Kampagnen 1947/48 bis 1949/50: H. 11, 1–4, H. 12, 1–3. — Erg. zu Dr. Andres „Schnelle Best. d. Polarisat. ausgelaugter Schnitzel": **1951,** H. 1, 4. — Zu Dr. Beckers „Rübenbreisäge": H. 1, 5. — Vergleich. Kampagnestatistik d. Bundesgeb.: H. 2, 1f. — Taber, die neueste kanad. Zuckerfabr.: H. 5, 6f. — Wirtschaftl. Effekt d. Behandlg. v. Dünnsäften m. Kunstharz-Ionen-Austauschern: H. 4 12–14, H. 5, 1–7.

Z. Wirtschaftsgr. Zuckerind. Beitr. z. Einsäuerg. v. Preßschnitzeln höheren Zuckergehaltes[3]): **86** ('36) 289–321. — Collactivitverf. im Zuckerfabriksbetriebe[5])[1]): **87** ('37) 209–30. — Wiederverwendg. v. regeneriertem Scheideschlamm als Scheidekalk b. d. Saftreinigg., 1: **90** ('40) 356–91; ∼ 2[5]): **92** ('42) 343–68. — Rohsaftgewinng. mittels eines kontinuierl. Auslaugeturmes d. Harburger Ölwerke Brinckmann u. Mergell[5]): **91** ('41) 275; [2])**93** ('43) 99–131. — Prüfg. d. Sucro-Blanc-Verf. z. Entfärbg. v. Affinadeklärg.: **91** ('41) 175–202. — Vers. üb. Lagerg. v. Weißzucker in Papier-Ventilsäcken: 368–86. — Vergl. Vers. üb. d. Reinigg. v. Rohsäften aus verdorbenen Frostrüben[5]): **92** ('42) 216–78. — Reinigg. v. Rohsäften durch Zerschäumungstrenng. nach Wo. Ostwald[4]): 279–98.

Z. Zuckerind. Verarbeitungsfähigk. v. drei charakterist. Zuckerrübensorten: Kleinwanzleben E, Kleinwanzleben Z u. Hilleshög: **1** ('51) 1–5, 20–23, 65–67. — Verf. z. Rübenrohsaftgewinng.: **2** ('52) 13–15. — Int. Zuckerausstellg. Amsterdam 1952: 156f. — Zuckerverluste b. Kalklöschen m. Absüßwasser[4]): 270f. — Rohsaftgewinng. aus Rübenbrei: 379–83.

Mit: [1]) Stilfried Böttger; [2]) Theodor Breithaupt; [3]) Alfred H. Erdenbrecher; [4]) H. Paulenz; [5]) Oskar Spengler.

I **Dörffel,** G. Samuel → VIIa/Suppl.

VI **Dörge,** Karl. Math. — 1932 ao. Prof., seit '36 o. Prof. Math. U Köln. [Eig. Mitt.]
*1899, Nov. 5, Müllerdorf, Reg.-Bez. Merseburg.

Biogr. m. Schr.verz. Dtsch. Math. **3** ('38) 326–35.

W. ● Wahrscheinlichkeitsrechnung f. Nichtmathematiker (m. Hans Klein) [1](Bln '39); [2]('47) 111 S. — ● Differential- u. Integralrechnung. Vorlesungen üb. d. Grundbegr. u. Hauptsätze (m. Klaus Wagner) **1** (Bonn '48) 272 S.

Dtsch. Math. Anwendungsprobl. d. Wahrscheinlichkeitsrechng. u. d. Induktionsprobl.: **1** ('36) 475–82.

Jber. Dtsch. Math. Ver. Axiomatisierg. d. v. Misesschen Wahrscheinlichkeitstheor.: **43** ('33) 39–47.

Math. Ann. Beweis d. Reziprozitätsgesetzes f. quadratische Reste: **118** ('42) 310f. — Entscheidg. d. algebr. Charakters v. Potenzreihen m. algebr. Koeffizienten: **122** ('50) 259–75. — Grundbegr. d. Infinitesimalrechng.: **123** ('51) 1–33.

Math. Nachr. Eliminat. in belieb. Mengen m. Operatoren: **4** ('50/51) 282–97.

Math. Z. Zu der von R. v. Mises gegebenen Begründg. d. Wahrscheinlichkeitsrechng., 2: **40** ('35) 161–93.

Döring, Herbert Karl Otto August. Elektrotechn. — 1929–36 stud. TH Wien; '34 Dipl.-Ing., '36 Dr.-Ing. TH Wien (E. F. Petritsch); Entwicklungsing. Fa Siemens & Halske, Wien; wiss. Mitarb. AEG-Forsch.-Inst. Berlin; Entwicklungsing. Fa C. Lorenz AG; '49 Doz. Höchstfrequenz- u. Röhrentechn. TH Stuttgart; seit '52 o. Prof. Hochfrequenztechn. TH Aachen. [Eig. Mitt.]
*1911, Febr. 10, Wien.

Arch. elektr. Übertr. Theor. geschwindigkeitsgesteuerter Laufzeitröhren, 2: **3** ('49) 293–300 [Hab.schr.]. — Anschwingen v. Triftröhren, 1: **4** ('50) 147–53; ~ 2: 223–31 [Hab.schr.]. — Hohlraumbandpässe bei Zentimeterwellen[2]): **6** ('52) 47–57, 119–25.

Arch. techn. Messen. Resonanzwiderstandsmessungen bei cm-Wellen[2]): V 3518-2 ('51).

Elektron Wiss. Techn. Laufzeitröhren d. Auslandes: **2** ('48) 215–19. — Moderne Triftröhren: **3** ('49) 131–40. — Zweistufige Dreikreistriftröhren: **4** ('50) 161–66.

Elektrotechn. Z. Geschwindigkeitsgesteuerte Laufzeitröhren[3]): **61** ('40) 685–90. — Anwendg. d. Lochkopplg. b. cm-Wellen: **73** ('52) 5–9.

Fernmeldetechn. Z. Triftröhren: **2** ('49) 105–18.

Hochfrequenztechn. u. Elektroakustik. Steilheit d. Richtkennlinie b. ultrahohen Frequenzen: **50** ('37) 91–95 [Diss.]. — Statische Messg. v. Scheitelspanng. aller Frequenzen: 161. — Theorie geschwindigkeitsgesteuerter Laufzeitröhren, 1: **62** ('43) 98–102.

Jahrb. AEG-Forsch. Geschwindigkeitsänderg. d. Elektronen im Ablenkkondensator b. ultrahohen Frequenzen: **6** ('39) 91–94. — Modellvers. üb. d. Elektronenbewegg. in Wechselfeldern[1]): 95–103.

Physik. Bl. Triftröhren: **4** ('48) 197–203.

VDE-Fachber. Frequenzmodulat. durch Elektronenströmg. b. höchsten Frequenzen: **14** ('50) 118–23.

Ferner zwei Arb. in: Z. Luftfahrtforsch., U u. M 784 u. 803 ('44).

Mit: [1]) Ernst Brüche; [2]) Werner Klein; [3]) Ludwig Mayer.

V, VI **Döring,** Heinrich Hermann Theodor. Chem., chem. Technol. — 1904–38 o. Prof. BA Freiberg ('02 chem. Technol. u. qualitat. chem. Analyse, '06 dazu Salinenkde, '09 Angew. Chem.; dazu '16 Leiter d. Bücherei d. BA); '38 em. in Freiberg. [Mitt. d. Sohnes: Hellmut Döring, Freiberg]
*1873, Juni 11, Freiberg/Sa.; †1947, Nov. 4 [nicht 7], Freiberg/Sa.

Biogr. R. Höltje, Blätter BA Freiberg **19** ('38/39) 18f. (m. Bildn.). — C. Schiffner, Freiberger Bergstudenten **2** ('38) 294f. (m. Bildn.).

Nachlaß. Korrespondenz u. hs. Kollegausarbeitungen im Archiv der Leopoldina, Halle.

W. ● Der Einfluß d. Kobalthydroxyds auf d. Einwirkg. d. Halogene auf Kalilauge. Diss. (Erlangen '01) 70 S.

Arch. Eisenhüttenwes. Zusammensetzg. d. Carbide in Chromstählen[3])[1]): **7** ('33/34) 247–56. — Ein od. zwei Vanadincarbide im Stahl?[3])[4]): **13** ('39/40) 337–44.

Berg- u. hüttenmänn. Ztg. Nachw. kleiner Mengen v. Gold in Erzen: **59** ('00) 49–51, 73–76, 97–99.

Jahrb. Berg- u. Hüttenwes. Sachsen. Unters. d. Leipnitzer Braunkohle: **1907**, A 1–26.

Z. analyt. Chem. Einfl. d. Schwefelsäurekonzentrat. auf d. Genauigk. d. Chrombest. in Stählen nach d. Persulfat-Silbernitrat-Verf.: **111** ('37) 49–57. — Prakt. brauchbares Schnellverf. z. Best. d. Siliciums in mittel- u. hochprozent. Ferrosilicium: **125** ('43) 168–79.

Z. anorg. allg. Chem. Darst. reinen, feinpulverigen Vanadiums[2]): **221** ('34) 56–62.

Mit: [1]) Herbert Buttig; [2]) Johannes Geiler; [3]) Eduard Maurer; [4]) Wilhelm Pulewka.

Döring, Werner Siegfried. Physik. — 1930–33 stud. TH Stuttgart, '33–36 TH Berlin; '36 Dr.-Ing. (R. Becker, '35–36 dess. Ass.) TH Berlin; '36–42 Ass., '39–42 PDoz. U Göttingen; '42–45 ao. Prof. U Posen; '45 Ass. U Göttingen; '46–49 Doz. m. Diäten TH Braunschweig; seit '49 o. Prof. Theoret. Physik (Leitz-Prof.) J.-Liebig-H Gießen. [Eig. Mitt.]
*1911, Sept. 2, Berlin-Tegel.

S. ● Nat. u. Med. Dtschl. 1939–46, **11** (Wiesb. '53) 97–125: Detonationen (m. H. Schardin). — ● Physik.-chem Tab. (Landolt-Börnstein) **1**, 1 [6](Bln-G.-H. '50) 276–96: Elektronenverteilg. in Atomen u. Ionen. — ● Probl. d. techn. Magnetisierungskurve (R. Becker) (Bln '38) 26–41: Anwachsen d. Ummagnetisierungskeime b. großen Barkhausen-Sprüngen.

W. ● Ferromagnetismus (m. R. Becker) (Bln '39) 7 + 440 S. — ● Einführung in d. theoret. Physik, **1**: Mechanik (Bln '54) (Slg. Göschen 76). — ● Einführung in d. Quantenmechanik (Gött. '55) 517 S. (Studia math. 10).

Ann. Physik. Kinet. Behandlg. d. Keimbildg. in übersättigten Dämpfen[1]): (5) **24** ('35) 719–52. — Temperaturabhängigk. d. Elastizitätsmoduls ferromagn. Subst.: **32** ('38) 465–70. — Abhängigk. d. Widerstandes v. Nickelkrist. v. d. Richtg. d. spontanen Magnetisierg.: 259–76. — Detonationsvorgang in Gasen: **43** ('43) 421–36. — Geschwindigk. u. Strukt. v. intensiven Stoßwellen in Gasen: (6) **5** ('49) 133–50. — Definit. d. magn.

Moments: 6 ('49) 69–88. — Kraft u. Drehmoment auf magn. Körper im Magnetfeld: 9 ('51) 363–72. — Gruppentheoret. Unters. d. Elektronenbänder im Diamantgitter[4]): 13 ('53) 214–28.

Ber. Oberhess. Ges. Natur- u. Heilkunde. 50 J. Quantentheorie: 25 ('52) 108–22.

Z. Elektrochem. Probl. d. Ferromagnetism.: 45 ('39) 621. — Energie, Entrop. u. Dissoziationskonst. d. Stickstoffmoleküls zw. 5000 u. 20000°: 53 ('49) 106–08. — Detonationsgeschwindigk. d. Methans u. Dizyans im Gemisch m. Sauerstoff u. Stickstoff[3]): 54 ('50) 231–39.

Z. Naturforsch. Trägh. d. Wände zw. Weißschen Bezirken: 3a ('48) 373–79. — Inneres Magnetfeld in ferromagnet. Materialien: 4a ('49) 605–10.

Z. Physik. Temperaturabhängigk. d. Magnetostrikt. v. Nickel: 103 ('36) 560–82 [Diss.]. — Anwachsen d. Ummagnetisierungskeime b. großen Barkhausensprüngen: 108 ('38) 137–52. — Reversible Vorgänge in magn. Materialien m. kleinen inneren Spannungen: 114 ('39) 579–601 [Hab.-schr.]. — Temperaturabhängigk. d. Anfangssusceptibilität v. Nickel unt. Zug: 124 ('47) 501–13.

Z. physik. Chem. (A). Thermodyn. d. Kapillarakt. an binären Flüssigkeitsgemischen[2]): 186 ('40) 193–202. — Tröpfchenbildg. in übersättigten Dämpfen zweier vollständig mischb. Flüssigk.[2]): 203–26.

Mit: [1]) Richard Becker; [2]) Kurt Neumann; [3]) Gerhard Schön; [4]) Volkmar Zehler.

Dörr, Johannes. Angew. Math. – 1934–38 stud., '42 Dr.-Ing. (A. Walther, L. Collatz), '54 PDoz. TH Darmstadt. [Eig. Mitt.]
*1912, Juli 14, Dorsten/Westf.

Arch. elektr. Übertr. Typ. Einschwingungsvorgänge zu fundamentalen Übertragungsfunkt.[1]): 7 ('53) 379–86.

Ingenieur-Arch. Der unendl., federnd gebettete Balken unt. d. Einfl. einer gleichförmig bewegten Last: 14 ('43) 167–92 [Diss.]. — Schwingg. rotierender u. rollender Reifen: 15 ('44) 53–64. — Schwingungsverhalten eines federnd gebetteten, unendl. langen Balkens: 16 ('48) 287–98. — Beitr. zu einer Wirbeltheor. d. kompressiblen Mediums: 18 ('50) 378–84. — Strenge Lösg. d. Integralgleichg. f. d. Strömg. durch ein senkrechtes Flügelgitter: 19 ('51) 66–68. — Schmiermitteldruck u. Randverformg. d. Rollenlagers: 22 ('54) 171–93.

Österr. Ingenieur-Arch. Bem. z. Elastizitätstheor. d. parallelogrammförm. Scheibe m. starren, gelenkig verbundenen Randstäben: 5 ('51) 34f. — Best. d. Dreheigenfrequenzen einer gewissen Gruppe v. Wellen m. singulären Rändern: 217–25.

Recherche aéronaut. Influence de l'allongement dans les calculs de flutter: 11 ('49) 57–63.

Wiss. Z. TH Dresden. Math.-nat. R. Unbest. Integrale über Prod. v. Besselfunktionen m. Exponentialfunktionen: 2 ('52/53) 353f.

Z. angew. Math. u. Physik. Zwei Integralgleichungen erster Art, d. sich m. Hilfe Mathieuscher Funkt. lösen lassen: 3 ('52) 427–39. — Unters. einiger Integrale m. Besselfunkt., d. f. d. Elastizitätstheor. v. Bedeutg. sind: 4 ('53) 122–27.

Mit: [1]) Alwin Walther.

Dörrie, Heinrich. Math. – 1895–1900 stud. U Göttingen u. Leipzig; 1898 Dr. phil. U Göttingen (D. Hilbert); im höh. Schuldienst, '08–42 Oberrealsch. Wiesbaden; in Wiesbaden lebend. [Eig. Mitt.]
*1873, Dez. 2, Hannover.

Zum 80. Geb.tag. J. E. Hofmann, Math. u. naturwiss. Unterr. 6 ('53) 241. — Archimedes 5 ('53) auf Umschlag vor S. 113.

W. • Das quadratische Reziprozitätsgesetz im quadrat. Zahlkörper m. d. Classenzahl 1. Diss. (Gött. '98) 75 S. — • Das Gesetz v. Biot u. Savart u. d. cycl. Konst. (Lpz. '06) 20 S. — • Sammlung math. Formeln (m. A. Czwalina) (Bresl. '26) 32 S. — • Triumph d. Math. 100 berühmte Probl. aus 2 Jahrtsd. math. Kultur (Bresl. '33) 7+386 S.; [2]('40); [4]('43) 7+391 S. — • Determinanten (Münch.-Bln '40) 216 S. — • Grundriß d. Physik m. bes. Berücks. d. Anwendg. (Bresl. '40) 12+836 S.; [2]('42) 12+854 S. — • Vektoren (Münch.-Bln '41) 8+300 S. — • Quadratische Gleichg. (Münch.-Bln '43) 470 S. — • Mathematische Miniaturen (Bresl. '43) 524 S. — • Kubische u. biquadrat. Gleichg. (Münch. '48) 260 S. — • Ebene u. sphär. Trigonom. (Münch. '50) 9+518 S. — • Einführung in die Funktionentheor. (Münch. '51) 559 S. — • Unendliche Reihen (Münch. '51) 11+725 S. — • Praktische Algebra (Münch. '55) 267 S.

Bearb. • L. Kambly u. A. Thaer, Math. Unterr.-Werk. Neubearb. m. A. Czwalina (Bresl. '25 ff.).

Ann. Physik. Verteilg. d. Elektrizität auf d. Ellipsoid: (4) 4 ('01) 638–45.

Archimedes. Spitzentransversalensatz: 4 ('52) 81–93.

Pyramide. Satz v. Ptolemäus u. seine Anwendg.: 3 ('53) 116–19.

Z. math. u. naturwiss. Unterr. Ausziehen d. Quadratwurzel: 39 ('08) 42–44. — Ergänzg. der Archimed. Kreismessg.: 49 ('18) 41–45. — Neues elementares Verf. z. Lösg. v. Extremaufg.: 50 ('19) 153–77. — Anwendg. des Satzes vom arithm. u. geom. Mittel: 52 ('21) 103–08. — Schenkeltransversalensatz: 53 ('22) 8–14. — Elem. Verf. z. Best. d. Elektrizitätsverteilg. auf d. Ellipsoid u. zur Ermittlg. d. Kapazität einer Scheibe u. eines Stabes: 54 ('23) 26–29.

VI **Doetsch,** Gustav Heinrich Adolf. Math. – Seit 1931 o. Prof. Math. U Freiburg/Br. [Eig. Mitt.]
*1892, Nov. 29, Köln.

Zum 60. Geb.tag. K. W. Wagner, Arch. elektr. Übertr. 6 ('52) 491 (m. Bildn.).

S. • Verh. int. Math. Kongr. Zürich 2 ('32) 108: Die Anwendg. v. Funktionaltransformationen in d. Theor. d. Differentialgleichg. u. d. symbol. Meth. (Operatorenkalkül). — • Centro Coop. cient. Unesco Amer. Latina, Symposium 19–21 ('51) 169–76: Probl. no resueltos en la teoría de la transformac. de Laplace.

W. • Theorie u. Anwendg. d. Laplace-Transform. (Bln '37) 13+436 S. (Grundl. d. math. Wiss. in Einzeldarst. 47). — • Tabellen z. Laplace-Transform. u. Anleitg. z. Gebrauch (Bln-G.-H. '47) 8+185 S. (∼ 54). — Die zweidimension. Laplace-Transform. [1](Basel '50) 259 S. (Lehrb. u. Monogr. exakt. Wiss., math. R. 12). — • Handbuch d. Laplace-Transform. 1 (Basel '50) 581 S. (∼ 14). —

● La solución de probl. de contorno y de valores iniciales mediante la transformación de Laplace y otras transformaciónes funcionales (Madrid '52) 110 S. (Inst. Nac. Técn. Aeronáut.).

Ann. R. Scu. norm. sup. Pisa. Eulersches Prinzip. Randwertprobl. d. Wärmeleitungstheor. u. physik. Deutg. d. Integralgleichg. d. Thetafunkt.: (2) **2** ('33) 325–42. — Faltungssatz in d. Theor. d. Laplace-Transformat.: **4** ('35) 71–84. — Beitr. z. Asymptotik d. durch komplexe Integrale dargest. Funkt.: (3) **5** ('51) 105–19.

Atti R. Accad. naz. Lincei, Rend. Le formule di Tricomi sui polinomi di Laguerre: (6) **22** ('35) 300–04.

Boll. Unione mat. Ital. Abhandlg. v. M. Picone: Formule risolutive e condizioni di compatibilità per alcuni problemi di propagazione: (2) **1** ('39) 105–08.

Comment. math. Helvet. Verhalten d. Laplace-Transform. in ihrer Beschränktheitshalbebene: **20** ('47) 1–8.

Compositio math. Summator. Eigensch. d. Besselschen Funkt. u. andere Funktionalrelat., die mit d. linearen Transformationsformel d. Thetafunkt. äquivalent sind: **1** ('34) 85–97.

Enseignement math. Equat. aux dérivées partielles du type parabolique: **35** ('36) 43–87.

Jber. Dtsch. Math. Ver. Anwendg. v. Funktionaltransformat. in d. Theor. d. Differentialgleichg. u. d. symbol. Meth. (Operatorenkalkül): **43** ('34) 238–51. — Datum u. komplexer Logarithmus: **45** ('35) 60–62.

J. reine u. angew. Math. Allg. Prinzip d. asympt. Entwicklg.: **167** ('32) 274–93. — Existenz d. Darbouxschen Integrale u. verw. Begriffe: **172** ('34) 183–92.

Math. Ann. In d. Statistik seltener Ereignisse auftret. Charliersche Polynome und eine damit zusammenhängende Differentialdifferenzengleichung: **109** ('33) 257–66. — Integrat. v. Differentialgleichg. vermittels d. endlichen Fourier-Transformat.: **112** ('35) 52–68. — Beitr. zu Watsons „General transforms“: **113** ('36) 226–41. — Theor. d. involutor. Transformat. (General transforms) u. d. selbstreziproken Funkt.: 665–76. — Eigenwerte u. Eigenfunkt. v. Integraltransformat.: **117** ('39) 106–28. — Endl. Laplace-Transformat.: **123** ('51) 411–14.

Math. Nachr. Charakterisierg. d. Laplace-Transformat. durch ihr Differentiationsgesetz: **5** ('51) 219–30.

Math. Z. Stirlingsche Reihe: **39** ('34) 468–72. — Thetarelat. als Konsequenzen d. Huygensschen u. Eulerschen Prinzips in d. Theor. d. Wärmeleitg.: **40** ('35) 613–28. — Zerlegg. einer Funkt. in Gaußsche Fehlerkurven u. zeitl. Zurückverfolgg. eines Temperaturzustandes: **41** ('36) 283–318. — Konvexe Kurven u. Fußpunktkurven: 717–31. — Bedingungen f. d. Darstellbark. einer Funkt. als Laplace-Integral u. eine Umkehrformel f. d. Laplace-Transformat.: **42** ('37) 263–86. — Zusammenhang zw. Randwertprobl. versch. Typs: **46** ('40) 315–28.

Rev. mat. Hisp.-Amer. Desarollos asintóticos y transformación de Laplace: (4) **13** ('53) 5–60.

Rev. R. Acad. Cienc. exact. Madrid. Problemas resueltos y por resolver en la teoría de la transformac. de Laplace: **46** ('52) 125–36.

Rev. Unión mat. Argentina. Problema de la convergencia en la teoría de la transformac. de Laplace: **15** ('51) 19–23.

S.-Ber. Heidelberger Akad. Wiss. Charakterisierung einer in d. math. Physik auftretenden Schar v. Funkt. zweier Variablen durch eine quadrat. Integralgleichg.: **1933**, 7–12.

Mit: [1]) Dietrich Voelker.

Dohrn, Max. Chem. (pharmaz. u. physiol.). — Stud. U Berlin, Leipzig, Heidelberg; 1899 Dr. rer. nat. U Heidelberg (K. v. Auwers); 1900–01 Ass. U Marburg (H. H. Meyer) u. U Berlin (R. Pschorr); '02–43 Forschungslabor. Chem. Fabrik (vorm. E. Schering), Berlin. — '43 Prof. Titel. [Mitt.: Paul Diedrich[VIIa]] *1874, Aug. 30, Fernroda/Thür.; †1943, Juni 17, Rothaus/Schwarzwald.

Großvater: Entomologe August Dohrn (1806–92), Großonkel: Konchyliologe Heinrich Karl Dohrn (1838–1913); Onkel: Zoologe u. Begründer d. Neapler Zool. Station Anton Dohrn (1840–1909).

Nekr. Pharmaz. Ind. **10** ('43) 195f.

Erf. 77 Patente auf d. Geb. d. Arzneimittel, z. B. „Atophan“, „Novatophan“, „Neotropin“; Sulfonamide „Albucid“, „Globucid“, „Protacid“; Kontrastmittel „Uroselectan B“ u. „Biliselectan“.

S. ● Enzyklopädie d. techn. Chem. (F. Ullmann) **1** (Bln-Wien '28) 610–28: Synthet. Arzneimittel; **3** ('29) 655–57: Diäthylbarbitursäure; 688–91: Digitalispräparate.

W. (Bearb.) ● Fortschritte d. Teerfarbenfabrikation verwandter Industriezweige (P. Friedlaender) **18–21** (Bln '33–37).

Arch. Pharmazie. Hormone: **267** ('29) 60–76.

Ber. Dtsch. chem. Ges. Pyrazopyrrolidone[4]): **64** ('31) 2863f.

Ber. Dtsch. pharmaz. Ges. Gicht u. Gichtmittel: **24** ('14) 5–29.

Biochem. J. Best. v. Vitamin A auf Grund seines Einfl. auf d. Vaginalinhalt d. Ratte[5]): **30** ('36) 932.

Biochem. Z. Verhalten d. Atophans im Organismus: **43** ('12) 240–44.

Hoppe-Seylers Z. physiol. Chem. Nucleinstoffwechsel: **86** ('13) 703f.

Klin. Wschr. Theor. d. Atophanwirkg.: **2** ('23) 819–21. — Ist d. Allen-Doisy-Test spezif. f. d. weibl. Sexualhormon?: **6** ('27) 359f. — Beziehg. zw. Hypophysenvorderlappen u. Keimdrüsen[2]): **11** ('32) 233–35. — Eichungsprobl. d. Follikelhormone u. seiner Deriv.[3])[2]): **14** ('35) 826f. — Überlegenh. d. weibl. Hormons in seiner Wirkg. auf d. männl. u. weibl. Kastratenhypophyse gegenüber männl. Hormonen[3])[2]): **15** ('36) 1907f.

Liebigs Ann. Chem. Chem. d. Pyridins[1]): **494** ('32) 284–302.

Med. Klinik. Sexualhormone d. Keimdrüsen u. d. Hypophysenvorderlappens[2]): **27** ('31) 1680.

Münch. med. Wschr. Albucid, ein neues Sulfanilsäurederiv.[1]): **85** ('38) 2017f.

Naturwiss. Östrogene Subst. aus d. Knolle d. siames. Schlingpflanze Butea superba[3])[2]): **28** ('40) 532f.

Naunyn-Schmiedebergs Arch. exp. Pathol. Pharmakol. Pharmakol. Wirkg. d. drei Stereoisomeren d. Camphers u. einiger Campherderiv. auf d. glatte Muskulatur: **97** ('23) 38–50. — Erzeugg. v. weibl. Sexualödemen b. Pavianmännchen durch Follikelhormon[2])[3]): **172** ('35) 261.

Therap. d. Gegenwart. Heut. Stand d. Insulinforschg.: **65** ('24) 546–52.

Mit: [1]) Paul Diedrich; [2]) W. Hohlweg; [3]) Walter Schoeller; [4]) A. Thiele.

VI **Dohse,** Hans. Chem. – Chemiker im Hauptlabor. IG Farben, Werk Ludwigshafen; 1937 Geschäftsführer Ges. f. Kohlentechnik Dortmund-Ewing; Vorstandsmitgl. Th. Goldschmidt AG Essen. [Eig. Mitt.]

*1903, Okt. 1, Lüneburg.

S. ● Hand- u. Jahrb. d. chem. Physik **3**, 1, 1 (Lpz. '33) 116 S.: Die Adsorption v. Gasen u. Dämpfen an festen Körpern (m. Herm. Mark).

Ber. Ges. Kohlentechn. Gewinng. v. Ammoniumnitrat auf Kokereien: **5** ('40) 158–66.

Chem. Fabrik. Katalyt. Gasreakt.: **11** ('38) 133–39.

Trans. Faraday Soc. Mixture isotherms at active points[1]): **28** ('32) 165–69.

Z. Elektrochem. Theo Goldschmidt z. 70. Geb. tag: **57** ('53) 71.

Mit: [1]) Herm. Mark.

Dokulil, Theodor. Geodäsie. – Stud. TH Wien; '05 Dr. techn. Wiss.; '08 PDoz. niedere Geodäsie, '12 ao. Prof., '20–47 o. Prof. TH Wien. [Mitt.: F. Hauer VIIa]

*1876, Sept. 13, Wien;
†1947, Juli 22, Wien.

Nekr. H. Rohrer, Österr. Z. Vermessungswes. **36** ('49) 97–100 (m. Bildn., Faks. u. Schr.verz.). — Österr. Bau-Z. **2** ('47) 125.

W. ● Rationelle Teilg. einer Distanzlatte b. Anwendung eines distanzmessenden Fernrohres, welches m. einem Fadenmikrometer versehen ist. Diss. (Wien '05). — ● Anleitung f. d. Herst. u. Justierg. geodät. Instrumente **1**: Instrumentenbestandteile (Bln '07) 8 + 252 S.; **2**: Nivellierinstrum. (Bln '11) 4+327 S.

Arch. Kriminal. Dr. Eichbergs Kamera f. photogrammetr. Tatbestandsaufnahmen: **66** ('16) 87–93 [auch in: Z. Feinmech. **24** ('16) 61, 72, 84].

Int. Arch. Photogramm. Neue Instrum. f. d. photogrammetr. Aufnahme v. Baudenkmälern: **2** ('13) 79–103, 153–87.

Jahrb. Photogr. Reproduktionstechn. Fortschr. auf d. Geb. d. Stereoskop.: **18** ('04) 113–31. — Stereoskop. im Jahre 1904: **19** ('05) 193–212. — Fortschr. u. Neuerg. auf d. Geb. d. Stereoskop.: **20** ('06) 241–59; **21** ('07) 178–99; **22** ('08) 233; **23** ('09) 499–521; **24** ('11) 661; **26** ('12) 195–217.

Mechaniker. Präzisionsnivellier-Instrum. v. A. Schell: **1904**, 13–16. — Best. d. opt. Konst., ein zentrierl. sphär. Syst. m. d. Präzisionsfokometer: 37–40. — Circumzenithal-Appar.: 73–75. — Boussolen-Instrum. v. How. Grubb: 241–43. — Zentrierappar. v. Wells: 265–67. — Automat. Aufnahmeinstrum. v. Th. Ferguson: **1905**, 115–17, 129–31. — Universal-Winkelinstrum. v. Mayer-Wiesmann: 151–53, 165–67. — Tachymeter-Schieber v. E. Puller: 188–91. — Neue Libellenkonstrukt.: 211–13. — Sondiertachygraph: 235–39. — Ration. Teilg. einer Distanzlatte f. ein m. einem Fadenmikrometer versehenes Fernrohr: **1906**, 25f., 40f. — Tachymeter v. A. Klingasch: 73–76. — Universal-Tachymeter, Pat. Laska-Rost: 99–101, 114–16. — Grubennivellier-Instrum. v. V. Cséti u. seine Modifikat. nach E. Doležal: **1907**, 61–64. — Diopter-Nivellier-Instrum. v. K. Hein: 109–11. — Prismen-Astrolab. v. Claude u. Driencourt: 193, 209. — Topometer: 229, 244. — Trassierungsinstr. v. W. Thornburn: **1908**, 1–5. — Konstruktionsprinzip d. App. f. d. Herst. u. Betrachtg. v. stereoskop. Bild.: 25, 39, 53, 62. — Pinakoskop v. C. Zeiss: 86–89. — Gefällsmesser v. Gernandt: 110. — Meßtisch-Tachymeter v. P. J. Steinke: 229. — Theodolit-Unterbau m. kardan. Einhängg.: 253. — Stereophotogrammetr. Instrum. d. Fa C. Zeiss: 121, 136, 147, 181, 186, 195, 206, 244, 257, 268, 280; **1909**, 167, 220. — Winkelspiegel: 27. — Architelemeter v. J. M. Kauffmann: 97. — Fennels Nivellier-Instrum. m. Schiebeskala: 181. — Doppelsextant v. J. H. Hummel: 217. — Nivellierinstrum. d. Fa Zeiss: **1910**, 13, 27. — Neues franz. Feldmeßinstrum.: 229. — Neue tachymetr. Instrum. nach Despiau: 279.

Österr. Z. Vermessungswes. Lösg. d. mehrfachen Rückwärtseinschneidens nach d. Meth. d. bedingten Beob.: **1916**. — Numer. Ausgleichg. b. d. Lagebest. v. Bindepunkten: **1917**.

Photogr. Korresp. Wahl d. Standpunkte b. photogrammetr. u. photograph. Aufnahmen: **42** ('05).

Umschau. Photogrammetr. im Dienste d. Kunsthistorik: **9** ('05) 946–50.

Z. Feinmech. Neues Universalfeldmeßinstrum.: **23** ('15) 115. — Apparat z. selbständ. Aufzeichng. v. Fahrdiagrammen: 171. — Neue mikroskop. Ablesevorrichtg. f. Winkelmeßinstrum.: **24** ('16) 211. — Tachymeterkonstrukt. nach Dr. Koller: **27** ('19) 25, 33. — Neue Planimeter-Konstrukt.: 117. — Vorrichtg. z. Best. d. geograph. Breite: 79.

VI **Dolberg,** Franz. Astron. – Prof. u. Observator Sternwarte Bergedorf; jetzt i. R. in Wiesbaden lebend. [Ohne eig. Mitt.]

*1876, Jan. 17, Wismar.

Kurzbiogr. ● Porträtgal. Astron. Ges. (Budap. '31) 19 (m. Bildn.).

W. ● 4. Bergedorfer Sternverz. 1950,0 enth. d. mittleren Örter v. 492 Zusatzsternen zum 3. Fundamentalkatalog d. Berliner Astron. Jahrb. (m. J. Larink) (Hambg-Bergedorf '39) 22 S.

Astron. Abh. Hamburg. Beob. d. 13 755 Anhaltsterne f. d. AG-Zonenunternehmen auf d. Hambg. Sternwarte in Bergedorf[1]): **3** ('37) Nr. 2, 95–136.

Astron. Nachr. Abweichg. d. neuen Fundamentalkatalogs v. Syst. d. 1. Bergedorfer Sternverz.[1]): **244** ('32) 193–206. — Abweichg. d. 1. Bergedorfer Sternverz. v. NFK[1]): 431f.

Mitt. Hamburger Sternw. Beob. f. d. intern. funkentelegr. Längenbest.[1]): **7** ('35) Nr. 39, 123–38.

Mit: [1]) Johannes Larink.

Dold, Hermann. Hyg. – 1899–1905 stud. U Tübingen, Berlin; '06 Dr. med. U Tübingen (P. v. Grützner); '06–07 Ass. Marienhospital Stuttgart, '07–08 Pathol. Inst. U Tübingen, '08–10 Harben Demonstrator Roy. Inst. of Public Health,

London, '11–14 Ass. Hyg. Inst. U Straßburg (P. Uhlenhuth); '14–19 PDoz. Dtsch. Med. Schule Schanghai; '19 apl. ao. Prof. U Halle; '20–21 Mitgl. d. Staatsinst. exp. Therap. Frankfurt/M.; '21–23 wiss. Betriebsleiter Behringwerke Marburg/L., '23–27 Dir. ebda.; '27–28 Reg.-Rat, Mitglied d. Reichsgesundheitsamtes, Berlin; '28–34 o. Prof. Hyg. U Kiel, '34–36 U Tübingen, '36 U Freiburg/Br. [Eig. Mitt.]
*1882, Okt. 5, Stuttgart.

Erf. Lärmzähler (Thoryhometer) (m. Heinrich Thiele) ('30, '32).

MHZ. Z. Hyg. **116** ('35) - **125** ('44).

S. ● Handbuch d. mikrobiol. Techn. (Kraus-Uhlenhuth) **2** ('23) 1215–44: Meth. z. Nachw. chem. Leistg. — ● Menses Handb. d. Tropenkrankh. **2** ³(Lpz. '24) 388–449: Die Sprue (Trop. Aphthen). — ● Kurzes Handb. d. Ophthalmol. (F. Schieck, A. Brückner) **7** (Bln '32) 400–45: Immunität u. Auge (m. F. Schieck). — ● Handb. d. biol. Arbeitsmeth. (E. Abderhalden) Abt. **13**, Tl. 2,1 (Bln-Wien '33) 97–154: Praecipitine u. d. Meth. d. Präzipitat. — ● Bremer Beitr. z. Naturwiss. **1**, H. 4 (Bremen '33) 192–202: Üb. Schutzimpfg. u. Heilsera.

W. ● Über d. Wirkg. d. Äthylalkohols u. verwandter Alkohole auf das isolierte Froschherz. Diss. (Altenb. '06) 23 S. — ● Tuberkulose u. Alkoholismus (Heidelb. '13) 15 S. (Bücherei d. Neutralen Guttemplerordens 6). — ● Hygienisches Praktikum (m. Paul Uhlenhuth) (Bln '14) 272 S.; ²(Bln-Wien '23) 8+268 S. — ● Das Bakterienanaphylatoxin u. seine Bedeutg. f. d. Infekt. Hab.schr. (Jena '12) 80 S. — ● Wie steht es um d. dtsch. Volkskörper? (Kiel '31) 16 S. (Kieler Univ.-Reden 12).

Ärztl. Forsch. Darst. v. Flüssigkeitsstrukt. (Liquidoskopie) u. spez. v. Serumstrukt. (Seroskopie) durch d. Trockentropfen-Verf.: **4** ('50) I 336–39.

Arb. kais. Gesundheitsamt. Neuere Meth. d. Färbg. d. Tuberkelbacillus, m. bes. Berücks. ihrer differential-diagnost. Bedeutg.: **36** ('11) 423–45.

Arb. staatl. Inst. exp. Therap. Georg-Speyer-Haus Frankfurt/M. Beziehung d. Lueskomplementbindungsreakt. zu d. Luesflockungsreakt.: **14** ('21) 31–42. — Einfl. d. Techn. u. anderer äußerer Faktoren auf d. Titerhöhe hämolyt. Amboceptoren: **15** ('22) 21–33.

Arch. Hyg. Bakteriol. Bakteriol. Unters. üb. d. faulen Eier d. Chinesen[17]): **85** ('16) 300–08. — Lebensdauer einiger pathogener Bakterien (**Typhusbacillen, Paratyphusbacillen, Dysenteriebacillen,** Choleravibrionen, Diphtheriebacillen) auf Papiergeld[3]): **89** ('19) 63–70. — Anaphylatoxin, charakterisiert durch eine eigenart. Flockungsphase d. Serum-Globuline: 101–29. — Seroskop. Verhalten d. Sera nach Einsaat v. Kaolin, Agar, Inulin u. Stärke: 373–82. — Chinin-Idiosynkrasie d. Haut b. gewerbl. Arb.: **96** ('25) 167–71. — In vitro nachweisb. Zell- u. Organgifte aus Streptokokken (Leukocidine, allg. Cytocidine, Organocidine): **103** ('30) 10–19. — Mörser m. Cellophanschutz z. gefahrlosen Verreibung v. bakteriellen u. giftigen Subst.: **104** ('30) 386f.

Berliner klin. Wschr. Leukocytenreakt. nach inneren Blutg.: **53** ('16) 1290–93; **54** ('17) 961f.

Biochem. Z. Bem. z. Mitt. v. E. Salkowski üb. d. Herst. eiweißfreier Antitoxinlösg.[10]): **162** ('25) 169f.

Bull. Soc. chim. Belgique. Käufl. kondensierte Milch[24]): **24** ('10) 225–31.

Chemiker-Ztg. Turbido-Colorimeter: **49** ('25) 842.

Dtsch. med. Wschr. Bedeutg. d. Anaphylatoxins u. d. art- u. körpereigenen Gewebesaftes f. d. Pathol., speziell d. d. Auges[20]): **39** ('13) **1492f.**, 2254. — Komplementbindg. b. Varizellen: **42** ('16) 1411f. — Gleichzeit. Infekt. m. Dysenteriebacillen u. Dysenterieamöben[8]): **43** ('17) 1258–60. — Seroskop. u. einige Ergebn. seroskop. Beob.: **46** ('20) 62f. — Seroskop (Disperskop): **47** ('21) 413f. — Aufhebg. d. Reaktionsfähigk. luischer Sera durch Formaldehyd: 1485–87. — Weitere Vereinfachg. meiner Trübungs-Flockungsreakt. (Trübungs-Flockungsreakt. m. Formolkontrolle): **48** ('22) 247f. — Möglichk. weiterer Vereinfachg. meiner Trübungsreakt.: 797f.

Geburtshilfe u. Frauenheilkunde. Biol. Funkt. d. Vernix caseosa[22]): **12** ('52) 368–75.

Gesundheits-Ing. Lärmzähler (Thoryhometer): **55** ('32) 326.

Klin. Wschr. Drei Serum-Farbstoffphänomene: **1** ('22) 1210f. — Weitere Mitt. üb. d. Entfärbg. v. Nilblau u. Brillantreinblau durch Sera, andere Körperflüssigkeiten u. Gewebe: **2** ('23) 2040. — Nachw. v. Isopräcipitinen im menschl. Blut. Nachw. d. vier menschl. Blutgruppen durch Isopräcipitat.[23]): **7** ('28) 394f.

Kolloid-Z. Kolloidchem.u.Immunitätsforschg.: **31** ('22) 290–92.

Med. Klinik. Ausflockg. d. Sera durch Bakterien u. d. allg. serol. Bedeutg. dieser Erscheing.: **17** ('21) 48–51. — Vereinfachte, frühzeit. makroskop. ablesbare Luesflockungsreakt. (Trübungsreakt.): 940–42. — Antibakterielle Eigensch. tier. u. menschl. Sekrete (Hautsekret, Nasensekret, Bronchialsekret, Speichel, Milch) u. pflanzl. Ausscheidg. (Honig u. a.): **34** ('38) 546–50. — Keim-Inhibition (Keimvermehrungshemmung) als Mittel d. Mikrobenabwehr: **42** ('47) 45–48. — Fall v. spät rezidivier., durch Paratyphusbakterien bedingter, abscedier. Strumitis[19]): **43** ('48) 369. — Honig z. Sanierg. d. Diphtherie-Bazillenträger[13]): **44** ('49) 243f.

Münch. med. Wschr. Chloramin-Heyden als Desinfektionsmittel: **68** ('21) 431f. — Einf. Trübungs- u. Tönungsmesser: **72** ('25) 1325f.

Vox medica. Syphilisdiagnostikum f. d. serol. Fällungsreakt.: **1** ('25) 142–46.

Zbl. Bakteriol. I. Orig. Bakterientransport durch d. Dampf bakterienhalt. Flüssigk.: **84** ('20) 558–62. — Ein Fall v. natürl. erworbener bacillärer Dysenterie beim Hunde (m. gleichzeit. Schistosomiasis, Ankylostomiasis u. Filiariosis)[8]): **85** ('20) 198–206. — Demonstrat. v. „Trocken-Tropfen"-Bildern: **89** ('22) 235–38. — Wirkg. d. Harnstoffes auf Bakterien: **91** ('24) 268. — Neues Verf. z. Isolierg. v. Bakteriensporen aus Bakteriengemischen: 350f. — Gewebsbiologisches Verhalten der Bakterien, 1: Verhalten d. wichtigsten aeroben menschenpathogenen Bakterien in d. Haut d. Meerschweinchens: **102** ('27) 1–9; ~ 2: Verhalten d. wichtigsten aeroben menschenpathogenen Bakterien in d. Haut d. Kaninchens: 257–63; ~ **3: Verhalten d. Streptokokken, insbes. d. Scharlach-**

streptokokken: 417–23; ~ 4: Verhalten einiger f. d. Menschen apathogener bzw. fakultativ pathogener aerober Bakterien in d. Haut d. Meerschweinchens; ~ 5: Verhalten einiger Tierstreptokokken in d. Haut d. Kaninchens: **103** ('27) 321–25. — Neues färber. Einteilungsprinzip für Bakterien: **124** ('32) 220–23. — Bem. zu d. Arb. v. W. Schäfer: Bactericidie menschl. Speichels u. insbes. sein Einfl. auf d. Natur d. Diphtheriebacillen[27]): **136** ('36) 383f. — Neue Beob. üb. antibakterielle Hemmungsstoffe (Inhibine) u. antibakterielle Wandlungsstoffe (Mutine): **140** ('37) Beih. 265–68. — 1. Reinzüchtg. v. Mikrobien in offenen Kulturgefäßen. Entbehrlichk. d. Kulturgefäßverschlusses b. festen, nicht verflüss. Nährböden. 2. Wasserverschluß d. Kulturgefäße z. Verhinderg. d. Austrockng. d. Nährbodens: **153** ('49) 335–39. — Natürl., körpereigene Antibiotica (Inhibine): **155** ('50) 106–11. — Strukturzerstörg. durch Ultraschall, seroskop. Nachw.: **157** ('51) 140–43. — Zähldeckel f. Petrischalen z. Keimzahlbest.: 457–59.

Z. Hyg. Infektionskrankh. Vergl. Unters. üb. d. prakt. Wert d. Fällungsmeth. f. d. Nachw. d. B.coli im Wasser: **66** ('10) 308–14. — Anaphylaxie[1]): **75** ('13) 29–39. — Lebensdauer v. Typhus- u. Paratyphusbacillen in Tee, Kaffee u. Kakao: **92** ('21) 30–32. — Prakt. Brauchbark. d. Harnstoffverf. nach Dold z. Isolierg. v. Bakteriensporen, insbes. z. Nachweis v. Milzbrandsporen[28]): **103** ('24) 150–56. — Eigenschaften, Wirkungsbreite u. Wirkungsart d. antibakteriellen Hemmungsstoffe (Inhibine) d. menschl. Speichels[16])[12]): **118** ('36) 369–95. — Antibakterielle Hemmungsstoffe (Inhibine) u. antibakterielle Wandlungsstoffe (Mutine) in d. frischen, rohen, unt. sterilen Kautelen entnommenen Milch (Kuhmilch u. Frauenmilch): **119** ('37) 525–38. — Nachw. antibakterieller, hitze- u. lichtempfindl. Hemmungsstoffe (Inhibine) im Naturhonig (Blütenhonig)[4])[5]): **120** ('37) 155–67. — Wirkg. d. indirekten Chlorungsverf. auf Badewasser[21]): **121** ('39) 624–28. — Mangel an antibakteriellen Hemmungsstoffen (Inhibine) in d. Sekreten geschlossener Körperhöhlen[7]): **122** ('40) 692–701. — Emil v. Behring: **123** ('40) 1–4. — Antibakterielle Hemmungsstoffe (Inhibine) im normalen frischen menschl. Harn[4]): 383–95. — Besitzt d. menschl. Sperma antibakterielle Schutzstoffe?[2]): 494–99. — Bakterienantagonist. Anteil an d. keimschädig. Wirkg. d. Speichels (d. Mundhöhlenflüssigk.): **124** ('42) 579–96. — Unterschiedl. Inhibitionsvermögen (keimwachstumhemmende Vermögen) lebender (überlebender, absterbender) Oberflächen, demonstriert an excidierten Stücken Haut, Schleimhaut, Pleura, Peritoneum u. Aorta v. Kaninchen: **127** ('47) 296–303. — Nachw. tuberkelbacillenfeindl. Stoffe im normalen menschl. Harn u. Unters. üb. d. Natur dieser Stoffe: 304–15. — Wirkg. d. Sulfonamid-Präparats Supronal (bisher De-Ma genannt) auf Typhus-Bakterien: **128** ('48) 406–09. — Inhibierende u. modifizier. Wirkg. d. Honigs auf Diphtheriebacillen u. seine Brauchbark. z. Bekämpfg. d. Diphtheriebacillenträgertums[13]): **130** ('49) 323–34.

Z. Immunitätsforsch. exp. Therap. Giftigk. v. wässerigen Organextrakten u. d. entgift. Wirkg. frischen Serums: **10** ('11) 57–67. — Mechanism. d. Toxinwirkg.[26]): **11** ('11) 86–102. — Bildg. v. Anaphylatoxin aus Streptokokken, Gonokokken, B. mallei, B. pestis, B. pneumoniae Friedländer[1]): **13** ('12) 200–12; **15** ('12) 171–79. — Identität d. in vitro darstellb. m. d. in vivo entsteh. anaphylakt. Gifte[1]): **16** ('13) 357–66. — Wässerige Organextrakte[18]): 475–90. — Üb. sog. Desanaphylatoxieren v. Bakterien: **18** ('13) 207–19. — Chem. Natur d. wässerigen Organextrakte[14]): 682–92. — Beziehg. d. Anaphylatoxins zu d. Endotoxinen[12]): **19** ('13) 31–43. — Einfl. v. Galle u. Cholesterin auf d. Bildg. u. Wirkg. d. sog. Anaphylatoxins[22]): **20** ('14) 520–30. — Immunisierungsvers. gegen d. Bienengift: **26** ('17) 284–92. — Einige neuere, angebl. spez. Organextraktgifte: **29** ('20) 276–86. — Der „trockene Tropfen" als seroskop. (kolloidoskop.) Meth.: **31** ('21) 161–69. — Ist d. Anaphylatoxin charakterisiert durch eine eigenart. Flokkungsphase d. Serums?: **32** ('21) 203–18, 225f. — Biol. Unters. üb. d. Linsen-Eiweißkörper[9])[15]): **46** ('26) 50–58. — Wirkg. tier. Normal- u. Immunsera auf menschl. Erythrocyten: **49** ('26) 157–65. — Präcipitator. Verhalten v. Hammelblut-Antiseren (v. Kaninchen) gegenüber d. Stromataextrakten d. 4 menschl. Blutgruppen: **60** ('29) 289–92. — Vers. z. Frage d. Konservierungsmöglichk. v. Schutz u. Heilserum gegen d. Weilsche Krankheit[29])[24]): **103** ('43) 241–60.

Mit: [1]) Kaoru Aoki; [2]) Paul Barczyk; [3]) Chen Yü Hsiang; [4]) Friedr. Wilh. Deck; [5]) Dscheng Hsing Du; [6]) Siang Tsung Dziao; [7]) Günther Feigs; [8]) Walter Fischer; [9]) Otto Flössner; [10]) Ernst Freudenberg; [11]) Richard Gust; [12]) Alfred Hanau; [13]) Theoderich Knapp; [14]) Hideo Kodama; [15]) Friedr. Kutscher; [16]) Walther Lächele; [17]) Limei ling; [18]) Sagio Ogata; [19]) Gertrud Reimold; [20]) Andreas Rados; [21]) Eduard Remy; [22]) Marcel Rhein; [23]) Rahel Rosenberg; [24]) Hanna Sjösten; [25]) Alan Stewart; [25a]) Peter Thiessen; [26]) Ernst Ungermann; [27]) Friedr. Weigmann; [28]) Friedrich Weyrauch; [29]) Erwin Zimmermann.

V, VI **Doležal,** Eduard. Geodäsie. — 1905–30 o. Prof. TH Wien, seit '30 em. Baden b. Wien. — Gründer ('10) u. Ehren-Präsident d. Int. Ges. f. Photogrammetrie; '42 Goethe-Medaille f. Kunst u. Wiss.; '51 Dr. h. c. (H Bodenkultur Wien); '52 Helbronner-Medaille. [Eig. Mitt.] *1862, März 2, Budwitz [ČSR]; †1955, Juli 7, Baden/Wien.

Zum 70. Geb.tag. Kracke, Z. Vermessungswes. **61** ('32) 145–47 (m. Bildn. u. Faks.). — Winter, Bildmessg. u. Luftbildwes. **7** ('32) 1–11; ● Festschr. Ed. Doležal z. 70. Geb.tag (Wien '32) IX–XXXIII.

Zum 75. Geb.tag. Körner, Bildmessg. u. Luftbildwes. **12** ('37) 1f. — Lego, Forsch. u. Fortschr. **13** ('37) 107f. — Slawik, Allg. Vermessungsnachr. **49** ('37) 109f.

Zum 80. Geb.tag. Eggert, Z. Vermessungswes. **71** ('42) 60. — Manek, Bildmessg. u. Luftbildwes. **17** ('42) 36–39 (m. Bildn. u. Faks.); Allg. Vermessungsnachr. **54** ('42) 81 (m. Bildn. u. Faks.).

Zum 85. Geb.tag. K. Lego, Mitt. geogr. Ges. Wien **89** ('46) 81–83. — Österr. Ing.-Arch. **2** ('48) 261f.

Zum 87. Geb.tag. Levasseur, Z. Vermessungswes. **74** ('49) 70.

Zum 90. Geb.tag. ● Festschr. E. Doležal z. 90. Geb.tage (Wien '52) 84+681 S. (Österr. Z. Vermessungswes., Sonderveröff. 14). — K. Lego: Die Verleihg. d. Medaille Helbronner an E. D., Österr. Z. Vermessungswes. **40** ('52) 33–35. — H. Rohrer: Festschr. E. D. zum 90. Geb.tag, ebda **41** ('53) 52–55. — Berg- u. hüttenmänn. Mh. **97** ('52) 59; Z. Vermessungswes. **77** ('52) 59.

Biogr. Lego, Forsch. u. Fortsch. **13** ('37) 1f. — Torroja, An. Soc. españ. estud. fotogramétricos **1928**, 5-7. — Bull. Photogrammétrie **1931**, 1-7; Riv. Catasto **1937**, 263f.

Nekr. F. Hauer, Nachr. Österr. math. Ges. **10** ('55) Nr. 41/42, 70f.

Dolezalek, Carl Anton Vincens. Baukonstruktionslehre, Holzbau, Ingenieurwiss. — 1895–96 Ing. in Südamerika; '97–1901 Ing. d. städt. Wasserwerke Hannover; '01–05 Stadtbauinsp. Wiesbaden; '05 Doz., '06–35 o. Prof. TH Hannover.
*1870, März 28, Mediasch;
†1952, Sept. 9, Wennigsen/Deister.

Sohn v. Carl Anton Dolezalek (1843-1930), 1878–1907 o. Prof. Eisenbahn- u. Tunnelbau TH Hannover.

Kurzbiogr. • P. Trommsdorff, Lehrkörper TH Hannover (Hannov. '31) 75 (m. Bildn.).

Z. Architekten- u. Ing.-Ver. Hannover. Gegenwärt. Lage d. Simplonbahn-Entwurfes: **35** ('89) 145. —Weserbrücke zu Hameln: **38** ('92) 353–58.— Zahnstangenbahn Eisenerz-Vorderberg in Steiermark: 374–78.

Domagk, Gerhard Johannes Paul. Exp. Pathol. u. Bakteriol., Chemotherap. — 1914, '18–21 stud. U Kiel; '21 Dr. med. U Kiel (A. Schittenhelm); '21–23 Ass. U Kiel (G. Hoppe-Seyler u. E. Emmerich), '23–25 U Greifswald, '26–27 U Münster (W. Gross); '27 Leit. d. pathol. u. bakteriol. Forsch.Labor. d. Farbenfabriken Bayer, Elberfeld; '28 ao. Prof. U Münster. — '37 Emil-Fischer-Medaille (Ges. Dtsch. Chemiker); '39 Cameron-Prize (U Edinburgh); '39 Nobelpreis f. Med. u. Physiol.; Dr. phil. h. c. (U Münster); Dr. med. h. c. (Bologna, Lima, Cordoba u. Buenos Aires); Träger d. Friedens-Pour le mérite; '55 Dr. med. vet. h. c. (J.-Liebig-H Gießen). [Eig. Mitt.]
*1895, Okt. 30, Lagow, Kr. Ost-Sternberg/Prov. Brandenb.

Autobiogr. • Les Prix Nobel 1947 ('49) 91–93 (m. Bildn., Faks. u. Schr.verz.); darin auch 137–72 Nobelvortr.: Weitere Entwicklg. d. Chemotherap. bakterieller Infekt. [s. auch: Les Prix Nobel 1939 ('42) 83–91].

Biogr. H. Weese, Gerhard Domagks wiss. Werk: Dtsch. med. Wschr. **73** ('48) 350; Bildn.: ebda **74** ('49) 892.— • Ll. G. Stevenson, Nobel prize winners in med. and physiol. 1901-50 (New York '53) 209–14 (m. Bildn.).

Zum 60. Geb.tag. Mehl, Chemiker-Ztg. **79** ('55) 698f. (m. Bildn.).

Erf. Entdeckg. d. Heilwirkg. d. Sulfonamide (veröff. 1935). — Entdeckg. d. Wirkg. d. Thiosemikarbazone als Tuberkuloseheilmittel u. als Weiterentwicklg. das „Neoteben" u. weitere Deriv. d. Isonikotinsäurehydrazids (INH) ('51).

H. • Chemotherapie d. Tuberkulose (Stuttg. '50) eig. Beitr.: 1–36: Tuberkelbazillen; 37–84: Betrachtg. z. pathol. Anatom. d. Tuberkulose d. Menschen; 85–141: Chemotherapie d. Tuberkulose.

HZ. Z. Krebsforsch. **89** ('48)ff.

S. • Med. u. Chem. **1** (Leverkusen/Rh. '33) 126–36: Neuerg. auf d. Geb. d. histolog. Techn.; **2** ('34) 62–75: Wert d. Tiertumoren f. exp. therapeut. Arbeiten im Labor.; **3** ('36) 274–93: Synthet. carcinogene Subst.; **4** ('42) 82–129: Bedeutg. d. allg. u. lokalen Behandlg. infizierter Wunden m. Sulfonamiden. — • Die ansteckenden Krankh., ihre Epidemiol., Bekämpfg. u. spezif. Therapie (M. Gundel)[2] (Lpz. '42) 667–89: Grundlagen d. mod. Chemotherap. d. bakteriellen Infekt. — • Nat. u. Med. Dtschl. 1939–46, **43** (Wiesb. '47) 153–82: Auswertg. d. Sulfonamide u. verwandter Verbb. am Tiertest.

W. • Beeinflussung d. Kreatinausscheidg. im Harn durch Muskelarbeit. Diss. 38 S. Masch.schr. [Auszug. (Kiel '21) 1 Bl.]. — • Chemotherapie bakterieller Infekt. (m. Karl Hegler) (Lpz. '40) 7+185 S. (Beitr. z. Arzneimitteltherapie 1); [2]('42); [3]('44) 12+446 S.; span. (Barcelona '43) 12+394 S. — • Die Bedeutg. d. Infektionskrankheiten u. d. Wundinfekt. u. ihre Bekämpfg. in Krieg u. Frieden (Münster '41) 30 S. (Schriften d. Ges. z. Förderung d. Westf. Wilh.-Univ. zu Münster 18). — • Pathologische Anatom. u. Chemotherapie d. Infektionskrankheiten (Stuttg. '47) 7+416 S.

Amer. Rev. Tubercul. Investigat. on the antituberculous activity of the thiosemicarbazones in vitro and in vivo: **61** ('50) 8–19.

Angew. Chem. Chemotherap. d. bakteriellen Infekt.: **48** ('35) 657–67.

Arch. Dermatologie Syphilis. Entdeckg. u. Entwicklg. d. Chemotherap. d. Gonokokkeninfekt.: **184** ('43) 330–57.

Atti Soc. Ital. Dermatol. e Sifiligr. L'azione dei sulfonamidici: **5** ('42) 1–25.

Beitr. Klin. Tuberkul. Weiterentwicklg. d. Chemotherap. d. Tuberkulose[8])[10]): **107** ('52) 325–37.

Chemiker-Ztg. Biol. Verf. d. Krebsbehandlg.: **57** ('33) 1017f. — Chemotherap. d. bakteriellen Infekt.: **63** ('39) 70f.

Dermatol. Wschr. Wirkungsmechanism. d. Prontosil, Uliron u. seiner Deriv.: **112** ('38) 797–806. — Wie erklärt sich d. zunehm. Sulfonamidresistenz d. Gonokokken?: **118** ('44) 32–38.

Dtsch. med. Wschr. Chemotherap. d. bakteriellen Infekt.: **61** ('35) 250–53. — Neue Klasse v. Desinfektionsmitteln: 829–32. — Wirkungsweise d. Sulfonamide: **69** ('43) 379–85. — Derzeit. Stand d. Chemotherap. bakterieller Infekt. m. d. Sulfonamiden: **72** ('47) 6–12. — Exp. Grundlagen f. eine kombinierte Anwendg. v. Sulfonamiden u. Penicillin: **77** ('52) 1591–93.

Dtsch. tierärztl. Wschr. Sulfonamidtherap. bakterieller Infekt. im Exp. u. in d. Praxis: **50** ('42) 301–13. — Neue Wege d. Krebsforschg.: **59** ('52) 183–86.

Ergebn. Hyg., Bakteriol., Immunitätsforsch. Bedeutg. d. Stoffwechsels f. d. Entstehg., Prophylaxe u. Therap. d. bösart. Geschwülste: **19** ('37) 308–51. — Wirkg. d. Sulfonamide b. bakteriellen Infekt., im bes. b. d. Wundinfekt.: **25** ('43) 147–201.

Ergebn. inn. Med. u. Kinderheilkunde. Amyloid u. seine Entstehg.: **28** ('25) 47–91. — Gewebsveränderg. nach Röntgenbestrahlg.: **33** ('28) 1–62.

Forsch. u. Fortschr. Chemotherap. d. bakteriellen Infekt.: **14** ('38) 258f. — Neue Therap. d. bakteriellen Infekt.: **19** ('43) 180f. [auch in: Res. and Progr. **10** ('44) 27–32].

Hoppe-Seylers Z. physiol. Chem. Sulfonamidtherap. bakterieller Infekt.: **274** ('42) 55–65.

Jahrb. Akad. Wiss. u. Lit., Mainz. Gegenwärt. Stand d. Tuberkulose-Therap.: **1952,** 175–86.

Klin. Wschr. Hypophysentumor u. Diabetes insipidus: **2** ('23) 124–26. — Vitamin-A-Konzentrat „Vogan" u. seine Wert-Best.[7])[5]): **12** ('33) 465–67. — Chemotherap. d. Streptokokkeninfekt.: **15** ('36) 1585–90. — Chemotherapeut. Wirkg. sulfonamidhalt. Verbb. b. bakteriellen Infekt.: **16** ('37) 1412–18. — Behandlg. d. Gasödeminfekt. m. Sulfonamidpräpar.: **21** ('42) 448–55. — Entwicklungslinien chemotherapeut. Forschg.: **29** ('51) 139–54.

Krebsarzt. Gibt es eine durch exp. Forschg. begründete u. vielleicht aussichtsreiche Nachsorge d. operierten oder bestrahlten Krebskranken?: **8** ('53) 65–73.

Langenbecks Arch. klin. Chirurg. Hinweise auf d. zweckmäß. Anwendg. d. Sulfonamide z. Bekämpfg. d. Gasödeminfekt. auf Grund neuer exp. Unterlagen: **205** ('43) 120–36. — Exp. Grundlagen d. Chemotherap. bakterieller Infekt. m. Sulfonamiden u. verwandten Subst. unt. bes. Berücks. d. Anwendg. in d. Chirurgie: **264** ('50) 102–24, 200–32.

Med. Welt. Sulfonamidpräpar. u. ihre therapeut. Auswertg.: **16** ('42) 257–62, 283–87.

Münch. med. Wschr. Welche Erkenntn. üb. d. Krebs vermittelt uns d. exp. Krebsforschung?: **94** ('52) 1841-48. — Gedanke d. Therapia magna sterilisans u. d. Gang seiner Verwirklichg.: **95** ('53) 12-18.

Naturwiss. Üb. eine neue, gegen Tuberkelbazillen in vitro wirksame Verbindungsklasse[1])[6])[9]): **33** ('46) 315.

Naturwiss. Rdsch. Tuberkulose u. d. Weiterentwicklg. ihrer chemotherapeutischen Behandlg.: **6** ('53) 359-64.

Naunyn-Schmiedebergs Arch. exp. Pathol. Pharmakol. Vitamin-A-Konzentrat „Vogan", zugleich ein Beitr. z. Wertbest. v. Vitamin A[7])[2])[3])[5]): **170** ('33) 176–207.

Schweiz. Z. Pathol. Bakteriol. Chemotherap. d. Tuberkulose unt. Ausschluß d. Antibiotica: **12** ('49) 575–96.

Strahlentherapie. Stand u. Probl. d. Geschwulstforschg.: **83** ('50) 565–88.

Therap. d. Gegenwart. Sulfonamide in d. Therap. infektiöser Erkrankg.: **81** ('40) 185–89, 218–21.

Verh. Dtsch. Ges. inn. Med. Fortschr. d. exp. Chemotherap. d. Tuberkulose: **58** ('52) 312–19.

Verh. Dtsch. pathol. Ges. Auftreten bes. Organveränderg. nach exp. Verfütterg. versch. Fette: **31** ('39) 121–26.

Virchows Arch. pathol. Anatom. Physiol. Bedeutg. d. reticuloendothelialen Syst. f. d. Vernichtg. v. Infektionserregern u. f. d. Entstehg. d. Amyloids: **253** ('24) 594–638 [Hab.schr.]. — Histol. Befunde b. d. Überdosierg. m. Vitamin-A-Konzentrat[3]): **290** ('33) 385–95.

Zbl. allg. Pathol. Pathol.-anatom. Beob. b. d. Anaphylaxie: **36** ('25) Erg.H. 280–91. — Auftreten bes. Organveränderg. nach exp. Verfütterg. versch. Fette: **71** ('39) Erg.H. 121–26.

Zbl. Bakteriol. (I) Orig. Chemotherap. d. bakteriellen Infekt. m. Prontosil u. seinen Deriv., unt. bes. Berücks. d. Grenzen dieser Therap.: **144** ('39) 206–23.

Zbl. Chirurg. Durch Sulfonamidanwendg. gegebene Möglichk. z. Bekämpfg. u. Verhütg. d. Gasödeminfekt.: **72** ('47) 58–66.

Zbl. Gynäkol. Behandlg. bakterieller Infekt. m. Sulfonamiden: **69** ('47) 833–38.

Z. Haut- u. Geschlechtskrankh. Die Chemotherap. d. Tuberkulose u. neue Betrachtg. üb. d. Entstehg. versch. tuberkulöser Herdbildg. u. ihre Behandlungsaussichten: **7** ('49) 150–54.

Z. klin. Med. Chem. Zusammensetzg. d. Herzmuskels b. versch. Erkrankg.: **98** ('24) 171–219 [s. auch : Klin. Wschr. **3** ('24) 62–66 (m. E. Emmerich)]. — Wirkungsmechanism. d. Prontosil b. d. exp. Streptokokkeninfekt.: **132** ('37) 775–801. — Derzeit. Stand d. Chemotherap. d. bakteriellen Infekt.: **136** ('39) 167–99.

Z. Krebsforsch. Synthet. hergest. carcinogene Subst. u. ihre Beziehg. zu physiol. Prod.: **44** ('36) 160–86. — Bedeutg. körpereigener Abwehrkräfte f. d. Ansiedlg. v. Geschwulstzellen: **56** ('49) 247–52. — Zusätzl. Behandlg. bösart. Geschwülste durch Steigerg. d. tumorspezif. Abwehraktivität: **59** ('53) 2–10.

Z. Naturforsch. Hydrazinderiv. u. ihre Wirksamk. gegenüber Mycobacterium tuberculosis[8])[10]): **7b** ('52) 446–62. — Hydrazinderiv. aus Pyridincarbonsäuren u. Carbonylverbb. u. ihre Wirksamk. gegenüber Mycobacterium tuberculosis[8])[10]): 462–68.

Mit: [1]) Robert Behnisch; [2]) Otto Dalmer; [3]) P. v. Dobeneck; [4]) Ch. Hackmann; [5]) F. Laquer; [6]) Fritz Mietzsch; [7]) Th. Moll; [8]) Hans A. Offe; [9]) H. Schmidt; [10]) W. Siefken.

Domke, Oskar. Statik, Elastizitätslehre. — Stud. TH Berlin; 1898 Reg.-Bauführer; '02 Reg.-Baumeister; '05 o. Prof. TH Aachen; '39 em. — '35 Dr.-Ing. h. c. (TH Breslau).
*1874, Mai 13, Berlin;
†1945, März 23, Aachen.

S. ● Festschr. H. Müller-Breslau gewidm. nach Vollendg. seines 60. Lebensj. (Lpz. '12). — ● Handbuch f. Eisenbetonbau (F. Emperger) **1** [4](Bln '30) 241–570: Theorie d. Eisenbetons; **10** [2](Bln '20) 1–82: Dachbauten.

Armierter Beton. Überhöhte Halbkreisrahmen: **6** ('13) 303–06.

Bautechnik. Ausbiegg. eines Druckstabes b. Überschreitg. d. Knicklast: **4** ('26) 747f. — A. Hertwig z. 70. Geb.tag: **20** ('42) 118.

Eisenbau. Ergänzungs-Energie elast. Syst.: **12** ('21) 100–07.

Z. Math. u. Physik. Variationsprinzip d. Elastizitätslehre nebst Anwendg. auf d. techn. Statik: **63** ('15) 174–92.

Donandt, Hermann. Fördertechn. — 1919–22 stud. TH Stuttgart; '28 Dr.-Ing. TH Karlsruhe (G. Benoit); '49 o. Prof. TH Karlsruhe. [Eig. Mitt.]
*1898, Jan. 27, Bremen.

Bildn. ● TH Fridericiana Karlsruhe (Karlsr '50) 108.

W. ● Über d. Berechng. v. Treibscheiben im Aufzugbau. Diss. (Bln '27) 86 S.

Arch. Eisenhüttenwes. Dauerfestigk. v. Seildraht u. Drahtseil: **21** ('50) 283–95.

Fördertechn. u. Frachtverkehr. Grundsätzl. üb. d. selbsttätigen Schachttür-Sicherg. v. Aufzügen: **28** ('35) 248–52.

Kältetechnik. Kühlhausförderprobl.: **2** ('50) 82–87.

Z. VDI. Belastungsausgleich zw. d. Seilen v. Aufzügen: **76** ('32) 559. — Stand unserer Kenntn. in d. Frage d. Grenzschmierg.: **80** ('36) 821–24. — Aufzugstreibscheiben: **83** ('39) 75–82. — Stand d. Aufzugbaues in d. Schweiz: **90** ('48) 335. — Aus d. Ingenieur-Arb.: 353–55.

V, VI **Donau,** Julius. Kolloidchem., Mikrochem. – 1929–39 wiss. Mitarb. Biochem. Inst. TH Graz; seit '40 i.R. in Graz lebend. – '42 Fritz-Pregl-Preis (Akad. Wiss. Wien). [Eig. Mitt.]
*1877, März 2, Trofaiach/Steierm.

Zum 70. Geb.tag. G. Gorbach, Mikrochemie **33** ('48) 273–77 (m. Bildn.).

W. ● Anorganische Mikrogewichtsanalyse (m. Friedrich Hecht) (Wien '40) 17+350 S. (Reine u. angew. Mikrochem. in Einzeldarst. 1).

Kolloid-Z. Nachw. v. Gold, Silber u. d. Platinmetallen durch d. Phosphorsalzperle: **2** ('08) 273–75.

Mh. Chem. Neues mikrogewichtsanalyt. Verf.: **60** ('32) 129–40.

Mikrochemie. „Neue Mikrowaage". Festschr. f. F. Emich: **8** ('30) 39–42; **9** ('31) 1–14; **13** ('33) 155–64. — Neue Meth. d. anorg. Mikrogewichtsanalyse: **8** ('30) 257–63. — Mikrochem. Best. v. Gold in Goldlegierg.: **13** ('33) 165–78. — Mikrochem. Best. v. Gold u. Silber in Legierg.: **17** ('35) 174–85. — Mikrochem. Best. v. Gold b. Gegenw. v. Palladium u. Zinn: **18** ('35) 11–17. — Mikrochem. Best. d. Silbers: **19** ('36) 108–17. — Mikroelektrolyt. Best. in kleinen Flüssigkeitsmengen: **27** ('39) 14–20. — Behandlg. kleiner Flüssigkeitsmengen: 189–94.

Z. analyt. Chem. Best. d. Goldes m. Umgehg. d. Treibverf.: **104** ('36) 257–70.

I **Doppler,** Christian→VIIa/Suppl.

Doppler, Franz. Starkstromtechn. – 1920–24 stud. TH Wien; '25–36 Ass. Lehrk. Bau u. Betrieb elektr. Anlagen TH Wien; '36–40 o. Prof. TH Istanbul; '42–46 Siemens- u. Schuckertwerke Berlin; '46 o. Prof. TH Wien, Leiter Inst. f. elektr. Anlagen. [Mitt.: Leonh. Kneißler[VII a]]
*1900, Aug. 4, Wien;
†1953, März 12, Wien.

Nekr. Elektrotechn. u. Maschinenbau **70** ('53) 235 (m. Bildn.).

Dorn, Paul Andreas. Geol. – 1920–24 stud. U Erlangen, Breslau, Heidelberg; '24 Dr. phil. U Erlangen (H. Lenk, dess. Ass.), '29 habil. U Erlangen; '33 LAuftr., '36 apl. ao. Prof. U Tübingen; seit '39 o. Prof. Geol. u. Mineral. TH Braunschweig. [Eig. Mitt.]
*1901, Jan. 15, Hollfeld.

S. ● M. Schuster, Abriß d. Geol. v. Bayern r. d. Rh. (Münch. '29) Abt. 6, 87–91: Oberfränk. Muschelkalk; 91–103: Oberfränk. Keuper; 122–26: Kreide; 152–54: Nachjurass. Ablagerg. zweifelhaften Alters usw. — ● Festbd z. 100-Jahresfeier d. Dtsch. Geol. Ges. (Hannov. '51) 348–65: 100 J. Riesforschg.

W. ● Geologische Unters. zw. Gräfenberg u. Hetzles. Diss. 107 S. Masch.schr. — ● Geologischer Excursionsführer durch d. Frankenalb u. ein angrenz. Geb. 1,2 (Nürnb.-Erlangen '29) 181 S., 194 S. — ● Die Farberdelagerstätten Bayerns. Hab.schr. (Münch. '29) 65 S. — ● Paläographische Stud. über d. jurass. Posidonienschiefermeer Dtschl. (Stuttg. '36) 60 S. (Tübing. Naturwiss. Abh. 15). — ● Geologie von Mitteleuropa (Stuttg. '51) 560 S. — ● Kartenbl. 162 Gräfenberg d. geol. Spezialkarte v. Bayern mit 88 S. Erl. (Münch. '28). — ● Kartenbl. Erlangen Süd d. geol. Spezialkarte v. Bayern nebst 43 S. Erl. (Münch. '30). — ● Geologische Spezialkarten d. Bayer. Geol. Landesaufnahme: Rötz, Waldmünchen, Schönsee, Eslarn ('36, '37).

Abh. Bayer. Oberbergamt. Fränk. Schwammriffe: **6** ('32) 13–44.

Geognost. Jh. Oberfränkischer Buntsandstein: **39** ('26) 1–10.

Geol. Rdsch. Tekton. Bau d. ostfränk.-oberpfälz. Deckgebirges: **23a** ('32) 81–85.

Jahrb. Preuß. geol. Landesanst. Ammonitenfauna d. Parkinsonienschichten b. Thalmässing (Frankenalb): **48** ('28) 225–51.

Jber. Oberrhein. geol. Ver. Stockheimer Becken: N.F. **20** ('31) 49–76. — Barytsandstein im oberen Burgsandstein v. Hilpoltstein: **23** ('34) 81–87. — Geol. d. Flußspatlagerstätten d. Bayer. Ostmark: **25** ('36) 1–23. — Entstehungsgesch. d. Rötzer Beckens: **26** ('37) 66–75.

Naturwiss. Rdsch. Probl. d. fossilen Tiefseeablagerg.: **2** ('49) 310–13.

Neues Jahrb. Mineral., Geol. Paläontol. (B). Riesbarre: **77** ('36) 1–44. — Stratigr.-paläogeogr. Unters. im mittl. u. oberen Dogger d. Frankenalb: **82** ('39) 161–314. — Geol. d. Ogliastra/Ostsardinien: Beil. Bd **84** ('40) 303–09. — Stromatolithen d. unt. Buntsandsteins im nördl. Harzvorland: **1953,** 24.

Palaeontographica. Ammonitenfauna d. untersten Malm d. Frankenalb: **73** ('30) 107–72; **74** ('31) 1–92. — Hammatoceraten, Sonninien, Ludwigien u. Witchellien d. süddtsch. Doggers: **82** ('35) 1–96.

Zbl. Mineral. (B). Unterst. Malm d. Frankenalb: **1926,** 321–33. — Nördl. Vorries: **1929,** 409–15. — Grenze Opalinuston-Doggersandstein: **1936,** 287–91. — Fossilführg. d. oberfränk. Buntsandsteins: 433–37. — Fossile Perlen in Ostreen d. Dogger Delta Schwabens: **1937,** 295–304. — Beziehg. zw. Dogger Beta u. d. untercretac. Amberger Erzformat.: 507–30. — Geol.-lagerstättenkundl. Bedeutg. d. sudetendtsch. Geb.: **1938,** 417–50. — Geröllgneisfunde im oberpfälz. Wald: **1939,** 257–63. — Keuper in german. Fazies in Ostsardinien: **1940,** 89–96.

Z. Dtsch. geol. Ges. Auftreten d. Gattg. Ringsteadia Saalfeld im unt. Malm d. nördl. Frankenalb: **77** ('25) 529–34. — Geol. d. Frankendolomits: **78** ('26) 134–77. — Geol. d. Wendelsteiner Höhenzuges b. Nürnberg: 522–65. — Oberfränk.-oberpfälz. Buntsandstein: **83** ('31) 13–38. — Geol. Stud. im Passauer Graphitgneisgeb.: **87** ('35) 632–50. — Kleineinzenrieder Nebenpfahl b. Rötz im Bayr. Wald: **88** ('36) 402–08. — Granulite d. südl. Oberpfälzer Waldes: **90** ('38) 505–08. — Quartärprofil v. Porto Torres in Nordsardinien: **92** ('40) 364–73. — Geol. u. d. Minerallagerstätten d. Geb. v. Campiglia in Toskana: **94** ('42) 19–37.

Dazu 41 Arb. in versch. Zeitschr., davon 24 rein wiss. Publikationen.

Dornberger-Schiff, Katharina (Käte). Kristallstrukturanalyse. — 1928–34 stud. U Wien, U Göttingen; '34 Dr. phil. U Wien; seit '48 Dtsch. Akad. d. Wiss., Berlin-Buch, '56 Arbeitsstelle f. Kristallstrukturanalyse Berlin-Adlershof; '54 Doz., seit '56 Prof. m. LAuftr. Humboldt-U Berlin. [Eig. Mitt.]
*1909, Nov. 2, Wien.

Acta crystallogr. [London]. Some X-ray measurements on single crystals of tomato bushy-stunt virus[1]): **1** ('48) 194–96. — Patterson and Fourier projections of single haemoglobin molecules: **3** ('50) 143–46. — Strukt. d. Dioptas, $Cu_6(Si_6O_{18})\cdot 6H_2O$ [2]): **8** ('55) 425–30. — Z. Strukt. d. β-Wollastonits, d. Maddrellschen Salzes u. d. Natriumpolyarsenats[3])[5]): 752–54.

Angew. Chem. Üb. d. Strukt. d. Currolschen Natriumsalzes: **67** ('55) 408.

Ann. Physik. Z. Deutung d. Röntgendiagramme gewisser Eiweißstoffe, 1: (6) **5** ('49) 14–32.

Arch. Geschwulstforsch. Z. Frage d. Strukt. d. Hämoglobins v. Sichelzell-Anämie-Patienten: **6** ('54) 192–96.

Naturwiss. Üb. d. Kristallstrukt. d. $(NaAsO_3)_x$, d. Maddrellschen Salzes u. d. β-Wollastonits[3])[5]): **23** ('54) 551.

Z. Kristallogr. (A). Best. d. Kristallsyst. u. d. Gitterkonst. d. wasserfreien Zinksulfates: **87** ('34) 379–86.

Z. physik. Chem. (A). Einige Strukturmodelle f. kristallisierte Eiweißstoffe in krit. Beleuchtg.: **199** ('52) 350–69. — Statist. Kriterien z. Beurteilg. v. Strukturmodellen auf Grund v. Röntgenreflexintensitäten: **200** ('52) 70–80. — Meth. z. Züchtg. einwandfreier Hämoglobinkristalle[4]): **203** ('54) 307f.

Mit: [1]) C. Harry Carlisle; [2]) Hans Gunther Heide; [3]) Friedrich Libau; [4]) Lieselotte Süsske; [5]) Erich Thilo.

Dorneich, Mario Josef Lorenz. Biophysik. — 1914–29 stud. U Freiburg/Br., Berlin, Frankfurt/M.; '29 Dr. phil. nat. U Frankfurt/M. (Fr. Dessauer); seit '29 wiss. Ass. MPInst. f. Biophysik Frankfurt/M. [Ohne eig. Mitt.]
*1896, Aug. 25, Freiburg/Br.

S. ● Nat. u. Med. Dtschl. 1939–46, **21** (Wiesb. '48) 177–93: Strahlenschutz b. Röntgen- u. Radiumstrahlg. (m. R. Jaeger u. H. Schaefer); 227–43: Dosierg. d. Röntgen-, Radium- u. Neutronen-Strahlung (m. R. Jaeger).

Fortschr. Röntgenstrahlen. Volumenabhängigk. d. Meßangabe d. kleinen Ionisationskammer: **57** ('38) 189–99.

Naturwiss. Kugel-Zählrohr f. Strahlenschutz-Messg.[3])[1]): **30** ('42) 332.

Physik. Z. Strahlenschutzmessg. in r nach d. photogr. Meth.[4]): **43** ('42) 390–409.

Strahlentherapie. Üb. d. Frage d. Verteilg. d. Röntgenstrahlenintensität im Körper b. Tiefentherapiebestrahlg.: **38** ('30) 591–622; ~ 2: **42** ('31) 56–86; ~ 3: **43** ('32) 441–88 [Diss.]. — Stand u. Entwicklg. d. Strahlenschutzes[2]): **78** ('49) 569–86.

Mit: [1]) W. Dreblow; [2]) R. Jaeger; [3]) Boris Rajewsky; [4]) H. Schaefer.

V, VI **Dorno,** Carl Wilhelm Max. Klimatol., Geophysik. — 1926–42 i. R. Davos-Platz. — '17 Prof.-Titel Preuß. Regierg.; '19 Silberne Leibniz-Medaille (Preuß. Akad. Wiss.); '37 Niels-Finsen-Med. (Comité int. de la Lumière). [Mitt.: W. Mörikofer VII]
*1865, Aug. 3, Königsberg/Pr.; †1942, April 22, Davos.

„Dorno-Strahlung", von H. Meyer, Strahlentherapie **24** ('27) 192 vorgeschlagene u. in der Strahlenbiol. benützte Bezeichnung f. d. biologisch besonders wirksamen UV-Bereich v. 290–320 mμ.

Zum 70. Geb.tag. F. Dannmeyer, Ann. Hydrogr. u. marit. Meteorol. **63** ('35) 283f.; Mitt. Inst. physik.-biol. Lichtforsch. 1935. — K. Knoch, Naturwiss. **23** ('35) 535f. — Ferd. Lindholm, Bioklim. Beibl. **2** ('35) 105f. (m. Bildn. u. Faks.).

Biogr. Schr.verz. (149 Nr.) in: Schweiz. Forsch.-Inst. f. Hochgebirgsklima u. Tuberkulose in Davos (Davos '34) 9–20 (m. Bildn.).

Nekr. W. Amelung, Balneol. **9** ('42) 268. — C. V. Conrad u. H. Neuberger, Bull. Amer. meteorol. Soc. **23** ('42) 377. — Chr. Jensen, Ann. Hydrogr. u. marit. Meteorol. **70** ('42) 259f. — K. Keil, Z. angew. Meteorol. **59** ('42) 105. — F. Linke, Bioklim. Beibl. d. meteorol. Z. **9** ('42) 1. — W. Mörikofer, Strahlentherapie **71** ('42) 368–74; Ann. Schweiz. Ges. Balneol. Klimatol. **36** ('43) 166–68; Verh. Schweiz. naturf. Ges. **122** ('42) 292–94; ● Gedenkschr. (Davos '42) 12 S.; Jber. naturf. Ges. Graubünden N. F. **78** ('42). — M. Nicolet, Ciel et Terre **58** ('42) 316. — G. B. Rizzo, Riv. Meteorol. (Perugia '43). — O. Suchlandt, Riv. Biol. (Perugia '43). — R. Süring, Meteorol. Z. **59** ('42) 202–05; Naturwiss. **30** ('42) 513–15 (m. Bildn. u. Faks.). — Bioklim. Beibl. **9** ('42) 151–53; Bl. Unters.- u. Forsch.-Instrum. **17** ('43) 12; Bull. Amer. meteorol. Soc. **14** ('33) 287; Geofis. pura e appl. **8** ('46) 126f.; Himmelswelt **52** ('42) 75.

S. ● Bäder-Almanach **16** (Bln '32) 157–67: Wärme- u. Wasserhaushalt als Grundlagen klimaphysiol. Studien.

W. ● Grundzüge d. Klimas v. Muottas-Muraigl (meteorol.-physik.-physiol. Studie) (Brschw. '27) 177 S.

Acta aerophysiol. An d. Luftfahrer gestellt. Wärme- u. Wasseranspruch: **1** ('33) 29–47.

Bioklim. Beibl. Entwicklungsgesch. d. Bioklimatol.: **9** ('42) 4–11.

Bull. Amer. meteorol. Soc. Physiol. meteorol.: **14** ('33) 69–72. — Recent contribut. to climatol.: 282.

Gerlands Beitr. Geophysik. Erwärmg. v. Holz unt. versch. Anstrichen: **32** ('31) 15–24.

Meteorol. Z. Z. Föhnprobl.: **59** ('42) 205. — Akt. Sauerstoff (Adsorpt. an Aerosolen u. Wasserdampf): **206f.** — Zu Lauscher: Beziehg. zw. d. Sonnenscheindauer u. Sonnenstrahlungssummen f. alle Zonen d. Erde: **52** ('35) 72–74.

Schweiz. med. Wschr. Grenzen u. Notwendigk. d. Zusammenarb. v. physiol. Klimatol. u. Klimatophysiol.: **62** ('32) 474–80, 518–22.

Strahlentherapie. Kleiner Beitr. zum Kapitel „Physiol. Wirkg. d. Luftelektrizität": **42** ('31) 87–95.

Z. Hydrol. Bem. z. „Strahlenmessg." in „Limnolog. Beob. an 8 Hochgebirgsseen d. Landschaft Davos" v. O. Suchlandt u. W. Schmassmann: **7** ('35) 59–61.

Dornow, Alfred Georg. Chem. (org.). – 1927–34 stud. U Berlin, Heidelberg; '34 Dr. phil. U Berlin (H. Leuchs, dess. Ass. '32–36); '36–45 Unterrichtsass. anorg. Abt. d. chem. Inst., '42 Doz. Chem. U Berlin; '43–45 Abt.Leiter d. Reichsinst. f. Erdölforschg. Hannover, Holzminden; '46 Doz., '48 apl. Prof. Chem. TH Hannover. [Eig. Mitt.] *1909, März 30, Dahme/Mark.

Erf. Diazoketone u. Chlorketone d. Pyridinreihe[1]), DRP 703898 ('38); Herst. v. in 6-Stellg. nicht substit. β-Deriv. d. Pyridins[1]), DRP 706692 ('38); 3-Cyan-2-pyridine[1]), DRP 713469 ('40); Antineurit. wirks. Pyridiniumsalze[1]), DRP 730576 ('40); 2,4,6-Trimethyl-3-acetylpyridin (I), DRP 741320 ('40); Abkömml. d. α-Aminopyridins, FP 888740 ('42); Abkömml. d. 2-Aminopyridins[9]), FP 890698 ('43); Herst. v. Oxymethylpyrimidinen[16a]), DRP 870260 ('51); Herst. primärer Amine aus Ketoximen[6b]), DRP 872944 ('51); Darst. d. Thiosemicarbazone v. γ-Oxybutyraldehyden[3]), DRP 874903 ('51); Herst. v. Aminoalkoholen v. Typus d. Phenyl-1-äthanol-1-amin-2[18c]), DRP 887652 ('51).

W. ● Über d. Oxydat. u. Redukt. v. Brucin- u. Strychninsulfonsäuren. Diss. (Jena '34) 50 S. [Ausz. zus. m. H. Leuchs u. G. Schlempp in: Ber. Dtsch. chem. Ges. **66**,1 ('33)]. — ● Über d. Darst. v. Hetero-Vitaminen B_1. Hab.schr. ('41).

Arch. Pharmazie. Darst. v. papaverinähnl. Stoffen, 1[16a]): **284** ('51) 153–60; ~ 2[6b]): **285** ('52) 463–71. — Darst. d. β-Oxy-β-[3,4,5-Trimethoxyphenyl]-äthylamins (Oxymezcalin), des Bis-[β-(3,4,5-trimethoxyphenyl)-äthyl]-amins (Dimezcalin) u. d. β-(3,4,5-trimethoxyphenyl)-äthylamins (Mezcalin), 1[16a]): **284** ('51) 160–63; ~ 2: Darst. d. Oxymezcalins u. Mezcalins[16a]): **285** ('51) 323–26. — Deriv. v. Carbonylverbb. d. Pyridin- u. Thiazolreihe, 1[3]): 80–86. — Darst. einiger α-Pyridylchinolin-4-carbonsäuren[18b]): **285** ('52) 461. — Umsetzg. d. p-Nitrophenyl-β-propiolactons m. Aminen[18a]): **286** ('53) 205–11. — Umsetzg. v. Carbonylverbb. u. d. Darstellung einiger Sulfhydrazide d. Pyridinreihe[20]): 338–44. — Einige Kondensat. m. Formyl-chloressigsäure-äthylester[3]): 494–501.

Ber. Dtsch. chem. Ges. CrO_3-Oxydat. d. Brucin- u. Strychninsulfonsäuren I u. II und d. Spaltung d. Äthergruppe in den Säuren $C_{16}H_{20}O_7N_2S$ I u. II durch Hydrierung[12])[18]): **66** ('33) 743–49. — Reduktion u. Oxydation der Brucin-Sulfonsäuren III u. IV u. d. Strychnin-Sulfonsäure III[12]): 1159–65. — Isomerie d. Strychninolone[6])[12]): **68** ('35) 106–13. — Hydrierg. d. isomeren Brucinolone[12]): 1785–91. — Umlagerg. d. Dihydro-crucins in drei Isomere und die Darst. d. iso-Dihydrostrychnins[12]): 2234–41. — Iso-Formen d. dihydrierten Brucins u. Strychnins u. ihrer Benzal-Deriv.[12]): **69** ('36) 1838–44. — Synth. v. 2,3-Deriv. d. Pyridins[1]): **72** ('39) 563–66. — Einwirkg. v. Alkali auf Arylthiosulfate: 568–70. — Synth. v. in 3-Stellg. substit. 2,6-Dimethyl-pyridinen: 1548–50. — 2-Methyl-3-oxyäthyl-N-[2-methyl-4-amino-pyrimidyl-(5)-methyl]-pyridinium-bromid, ein Heterovitamin B_1[1]): **73** ('40) 44–46. — In 3-Stellg. substit. α-Picoline: 78–80. — Eine direkte Synth. v. 3-Cyan-pyridon-(2) u. seinem 6-Methyl-Deriv.: 153–56. — Neues Heterovitamin B_1, 3-Oxy-äthyl-N-[2-Methyl-4-amino-pyrimidyl-(5)-methyl]-pyridiniumbromid: 156–58. — Einwirkg. v. Diazomethan auf Säurechloride d. Pyridinreihe: 185–88. — Zwei Heterovitamine B_1[1]): 353–55. Redukt. v. 3-Acetylpicolinen[13]): 355–58. — Neue Synth. v. 2-Amino-pyridin-Deriv.[9]): 542–46. — Aneurin-Isomeres, 4-Methyl-5-(α-oxyäthyl)-N-[(2-methyl-4-amino-pyrimidyl-(5))-methyl]-thiazoliumbromid-hydrobromid[1])[8])[10]): **75** ('42) 442–44. — Einige Analoga d. Heterovitamins B_1[18]): **80** ('47) 502–05. — Darst. d. 3-(β-Oxyäthyl)-pyridins[17]): 505–09. — Darst. d. Heterovitamins B_1[17]): **82** ('49) 117–20. — Darst. v. 1,3,4-Oxdiazolon (5) u. seinen C-alkylierten Deriv.[5]): 121–23. — 2-Methylpyridin-aldehyd-(3)[4]): 216–18. — Einige Deriv. d. Benzoylessigsäure[11])[2]): 254–57. — Synth. einf. heterocycl. Verbb.[16]): 257–59. — Reaktionsprod. d. Äthylenimins m. Carbonylverbb.[17]): 464–68. — Synth. einiger Aminoalkohole d. Pyridinreihe[5]): **83** ('50) 189–93. — Einige Äther d. 2-Nitro-1, 2-diphenyl-äthanols u. ihre Reduktionsprod.[3]): 261–64. — Einige Hydrierungen m. Lithiumaluminiumhydrid z. Darst. v. Aminoalkoholen[14])[7]): 445–48. — Aminoalkohole d. Pyridyl- u. Dipyridyläthanreihe[13])[5]): **84** ('51) 147–50. — Reakt. v. Amidinen m. β-Dicarbonyl-Verbb.[15]): 296–304. — Chloromycetinähnl. N-Dichloracetyl-deriv. d. „Phenylalaminol-Reihe"[19]): 307–13. — Reduktive Spaltg. d. Oxazolkernes[6a]): **86** ('53) 384–92. — Strukturspezifität d. Vitamins B_1[8a]): 461–65. — Redukt. m. $LiAlH_4$, 5: Darst. d. Vitamins B_1[16a]): 1404–07.

Liebigs Ann. Chem. Aliphat. Nitroverbb., 1: Anlagerungsverbb. v. Aminen an α-Nitrostilben[3]): **578** ('52) 94–100; ~ 2: Anlagerungsverbb. v. Subst. m. akt. Metyhlengruppen an α-Nitrostilben[3]): 101–12; ~ 3: Umsetzg. v. Aldehyden m. Nitroessigester[18d]): 113–21; ~ 4: Einige Anlagerungs- u. Kondensationsreakt. d. Nitroessigsäureäthylesters[6b]): 122–36; ~ 7: Umsetzg. einiger aliphat. Nitroverbb. m. Grignard-Verbb.[7a])[8b]): **585** ('54) 220–29.

Mit: [1]) Paul Baumgarten; [2]) Fritz Baxmann; [3]) Friedrich Boberg; [4]) Hilde Bormann; [5]) Klaus Bruncken; [6]) Werner Diels; [6a]) Horst Eichholtz; [6b]) Albert Frese; [7]) Hans Helmut Frey; [7a]) Hans Gehrt; [8]) Karlheinz Gutschmidt; [8a]) Alfred Hargesheimer; [8b]) Friedrich Ische; [9]) Peter Karlson; [10]) Heinrich Krehl; [11]) Ilse Kühlcke; [12]) Hermann Leuchs; [13]) Heinrich Machens; [14]) Günter Messwarb; [15]) E. Neuse; [16]) K. Peterlein; [16a]) Günther Petsch; [17]) Wilhelm Schacht; [18]) Gustav Schlempp; [18a]) Erich Schumacher; [18b]) Anneliese Schwarze; [18c]) Hans Theidel; [18d]) Gerhard Wiehler; [19]) G. Winter; [20]) Gerhard Wedekind.

VI **Dorsch,** Karl Ewald. Chem. Technol. – 1931 PDoz. TH Karlsruhe; '33

wahrscheinlich nach USA emigr.; weitere Daten nicht bekannt.
*1904, Jan. 21, Bonn.

W. ● Chemie d. Zemente (Bln '32) 5+277 S. — ● Erhärtung u. Korrosion d. Zemente. Hab.schr. (Bln '32) 120 S.

Metall u. Erz. Elektrolyt. Raffinat. v. palladiumhalt. Rohsilber[1]): **32** ('35) 161–63.

Mit: [1]) G. Hänsel.

Dosse, Joachim. Elektrotechnik. — 1935 Dipl.-Ing., '37 Dr.-Ing., '42 Dr.-Ing. habil., '43–44 Doz. TH Berlin; '37–46 Siemens u. Halske Berlin; '47–52 Ecole norm. sup., Lab. physique Paris; seit '52 Siemens u. Halske Zentrallabor. München. [Eig. Mitt.]
*1911, Febr. 24, Berlin-Schöneberg.

W. ● Der elektr. Strom im Hochvakuum u. in Gasen (m. Gg. Mierdel) (Lpz. '43) 12 + 352 S.; [2]('45) 12+357 S. (Physik u. Techn. d. Gegenw. Fernmeldetechn. 12).

Arch. Elektrotechn. Unters. d. Elektronenverteilg. im Brennfleck v. Röntgenröhren m. d. Elektronenmikroskop[2]): **29** ('35) 729f. — Elektronenverteilg. im Brennfleck v. Röntgenröhren: **31** ('37) 534–44 [Diss.]. — Zerstreuung v. Elektronenstrahlen durch eigene Raumladg.[1]): **32** ('38) 221–32.

Elektr. Nachr.-Techn. Lebensdauer von Verstärkerröhren: **21** ('44) 1–8.

Physik. Bl. Röntgenbildverstärker: **9** ('53) 66–75.

Physik. Z. Intensitätsverteilg. in Elektronenstrahl-Querschnitten[5]): **42** ('41) 399–405.

Rev. scientifique. Betatron: **86** ('48) 357–68.

Z. Physik. Theoret. u. exp. Unters. üb. Elektronenstrahler: **115** ('40) 530–56. — Strenge Berechng. magn. Linsen mit unsymmetr. Feldform nach $H/H_0 = (1 + z^2/a^2)^{-2}$: **117** ('41) 316–21. — Ausmessg. d. Feldes magn. Elektronenlinsen: 437–43. — Opt. Kenngrößen starker Elektronenlinsen: 722–53 [Hab.schr.]; **118** ('41) 375–83. — Auflösungsvermögen d. Emissionsmikroskope[4]): **119** ('42) 415–22.

Z. techn. Physik. Messg. d. Elektronenverteilg. im Brennfleck v. Röntgenröhren: **17** ('36) 121–25. — Zeichner. Ermittlg. d. Elektronenbahnen im Magnetfeld: 315–18.

Mit: [1]) Bodo von Borries; [2]) Max Knoll; [3]) Georg Mierdel; [4]) H. O. Müller; [5]) H. von Schelling.

Dost, Friedrich Hartmut. Kinderheilkde, Chemotherap., Pharmakol., Ernährungsphysiol. — 1929–34 stud. U Rostock, Freiburg/Br., Innsbruck, Leipzig; '34 Dr. med. U Leipzig (L. Lendle u. O. Gros); '36 Ass. U Kinderklinik Leipzig (W. Catel); '40 habil., '43–45 Doz., '48 Ob.Ass. U Leipzig (A. Peiper); '50 Doz. u. Oberarzt U Leipzig; '51 komm. Dir., '53 Dir. U Kinderklinik Charité u. Prof. m. LStuhl Humboldt-U Berlin. [Eig. Mitt.]
*1910, Juli 11, Dresden.

MHZ. Kinderärztl. Praxis, Z. ges. inn. Med. Grenzgeb.

W. ● Der Blutspiegel (Lpz. '53) 362 S.

Ärztl. Forsch. Systematik d. Insulinwirkg. am Beisp. d. Glykogenspeicherkrankh.: **2,** 1 ('48) 465–71. — Krebserzeug. Primärereignis v. Standp. d. Mutationstheor. u. d. Trefferprinzips: **4,**1 ('50) 116–34.

Ärztl. Wschr. Frühdiagnose d. Hungerödems: **1/2** ('47) 486–89.

Arch. Kinderheilkunde. Behandlg. einer kindl. genuinen Polymyositis (Dermatomyositis) m. Penicillin: **140** ('50) 183–90.

Dtsch. Gesundheitswes. Allg. u. ärztl. Stellungnahme zu Liebigs Bodenreform: **2** ('47) 253–58. — Neues Nährzuckerpräpar. z. Behandlg. ernährungsgestörter Säuglinge: **6** ('51) 243–45.

Ernährung. Einfl. v. natürl. u. m. anorg. Zusätzen gedüngtem Gemüse auf d. Gedeihen gesunder Säuglinge[1]): **3** ('38) 63–67. — Krit. Stellungnahme v. Agrikultur u. Med. z. Frage der allein. Stallmistdüngg. b. Gemüse[2]): **5** ('40) 37–42. — Ernährungsvers. m. versch. gedüngt. Gemüsen[3]): **9** ('44) 1–27.

Folia haematol. Welches sind d. günstigsten Bewegg. d. Blutes b. d. Ausführg. v. Austauschtransfus.?: **71** ('52) 322–35.

Kinderärztl. Praxis. Neuere Erfahrg. b. d. Sulfonamid-Therap. im Kindesalter: Sonderh. **1950,** 89–125. — Clearance-Probl. b. Kinde: Sonderh. **1953,** 227–32.

Klin. Wschr. Methodik d. stufenphotometr. Best. d. Vitamins A im menschl. Blut: **15** ('37) 273–75. — Klin. Beitr. z. Kenntn. d. Potentialgifte: **26** ('48) 545–48. — Clearance: **27** ('49) 257–64.

Mschr. Kinderheilkunde. Hämorrhag. Aleukie b. Milzvenenthrombose: **81** ('40) 206–13. — Erfahrg. b. d. Behandlg. d. Intoxikat. m. großen Plasmatransfus.: 312–19. — Ernährungsvers. u. Vitaminbest. z. Nachw. v. Qualitätsmerkmalen versch. gedüngt. Gärtnereiprod.: **86** ('41) 322–40 [Hab.-schr.]. — Regulationsmechanismen d. Wasserhaushaltes u. ihre klin. Bedeutg. im Säuglingsalter: **94** ('44) 164–77.

Natur u. Nahrung. Entdeckg. d. künstl. Düngg. u. ihr soziolog. sowie naturwiss. Hintergrund: **4** ('50) 101, 116–18.

Naunyn-Schmiedebergs Arch. exp. Pathol. Pharmakol. Physiol. u. Pharmakol. d. Schlafes, 1: Methodik d. Schlafmittelprüfg. an Vögeln: **175** ('34) 727–35; ~ 2: Vegetat. Gifte u. ihre Schlafwirkg.: **176** ('34) 478–85 [Diss.]. — Prakt. Bem. z. Schreibweise v. Penicillin-Blutspiegelkurven: **211** ('50) 362–66. — Kann man d. Clearance-Begriff einen solchen d. „Entrance" gegenüberstellen?: **213** ('51) 435–52.

Pharmazie. Caronamid: **7** ('52) 416–19.

Schweiz. med. Wschr. Dosierg. v. Penicillin G im Kindesalter[4]): **82** ('52) 1310.

Z. ges. inn. Med. Grenzgeb. Künstl. Verzögerungseffekte u. Depotwirkg. b. d. Steroidhormonen u. d. synthet. Oestrogenen: **7** ('52) *23–26.*

Mit: [1]) Werner Catel; [2]) Hildegard Schotola; [3]) Werner Schuphan; [4]) Lothar Weingärtner.

I, III **Dove,** Heinrich Wilhelm → VIIa/Suppl.

III, V **von Drach,** Karl Alhard → VIIa/Suppl.

VI **Draeger,** Kurt. Elektrotechn. — 1930 PDoz. TH Darmstadt; weitere Daten nicht bekannt.
*1897, Sept. 7, Bladersbach/Bez. Köln.

Arch. Elektrotechn. Materialfestigk. v. keram. Isolatoren b. elektr. Stoßbeanspruchg.: **26** ('32) 597–610.

Draeger, Max Emil Fritz. Math. — 1914–18 stud. U Jena, Berlin; '18 Dr. phil., '18–19 Ass. U Jena (R. Haussner); '19–49 höh. Schuldienst in Falkenstein/Vogtl. u. Chemnitz ('24–42 als Stud.Dir., ab '46 als Ob.Stud.Dir.); '49 Prof. m. LAuftr. TH Dresden; '50 Prof. m. voll. LAuftr. U Leipzig; '51 Prof. m. voll. LAuftr. f. Math. TH Dresden; seit '55 Prof. m. LStuhl Päd.H Potsdam. [Eig. Mitt.]
*1895, Okt. 8, Berlin.

Bildn. ● Wie fördert man d. gesellig-geistige Leben an d. Hochschulen? (Bln '54/55) S. 17.

W. ● Rekurrente Reihen höh., insbes. 3.Ordng. Diss. (Weida '19) 118 S. — ● Arithmet. Reihen (Lpz.'37) 36 S. (Math. Arbeitsh.). — ● Ausgewählte höh. Kurven (Lpz. '37) 47 S. (∼). — ● Anwendung d. Infinitesimalrechng. auf Naturwiss. u. Techn. (Lpz.'37) 43 S. (∼). — ● Einführung in d. höh. Mathematik f. Chemiker (6 Lehrbr. d. Fernstudiums d. TH Dresden) (Bln '52/53) 360 S.

Lehrproben u. Lehrgänge. Transformat. mittels reziproker Radien, Malfattische Aufgabe u. Feuerbachscher Kreis im Geom.-Unterr.: **1922,** 58–68.

Math. u. Naturwiss. neue Schule. Geom. Verwandtschaft, 1: **1** ('49) H. 3, 9–18.

Mschr. höh. Schulen. Begriffe „notwendig" u. „hinreichend" in d. Math.: **22** ('23) 220–36. — Grundsätzl. Betrachtg. z. Propädeutik d. Geom.: **26** ('27) 466–76.

Unterr.-Bl. Math. u. Naturwiss. Statistik als math. Arbeitsgemeinsch.: **48** ('42) 32–35.

Vjschr. philos. Pädagogik. Log. Unters. z. Formalstufentheor.: **5** ('22) 70–79; **6** ('24) 29–36.

Wiss. Z. TH Dresden. Kunstgriffe in d. Math.: **2** ('52/53) 355–60. — Unters. z. additiven Zahlentheor.: 503–10.

III, IV **Dragendorff,** Georg → VIIa/Suppl.

Drahowzal, Franz. Chem. (org.). — 1936–40 stud., '42 Dr. techn. (H. Suida), '43 Ass., '52 PDoz. TH Wien. [Eig. Mitt.]
*1917, April 28, Wien.

Erf. Verf. z. Herst. v. p-Toluolsulfosäureestern und Äthern (1), ÖP Nr. 170857.

W. ● Ceten-n-Hexadecen-(1), seine Herst. u. Eigensch. Diss. ('42) 40 S. Masch.schr.

Ber. Dtsch. chem. Ges. Ceten=Hexadecen-(1)[4]): **75** ('42) 991–97.

Liebigs Ann. Chem. Friedel-Crafts-Reakt.[3])[1]): **580** ('53) 210–24.

Mh. Chem. Darstellung des p,p'-Dichlorstilbens: **82** ('51) 316–21. — Kenntn. d. Sulfosäureester, 1: Darst. v. p-Toluolsulfosäureestern[3]): 452–59; ∼ 2: Darst. v. p-Toluolsulfosäureestern m. Pyridin[3]): 460–69; ∼ 3: Alkylierg. v. Phenolen m. p-Toluolsulfosäureestern[3]): 588–93; ∼ 4: Alkylierg. v. Alkoholen, Merkaptanen u. Thiophenolen m. p-Toluolsulfosäureestern[3]): 594–99; ∼ 5: Umsetzg. v. p-Toluolsulfosäureestern m. anorg. Salzen[3]): 970–77; ∼ 6: Darst. u. Reaktionsw. v. Alkylisothioharnstoff-p-toluolsulfonaten[3]): **83** ('52) 463–70; ∼ 7: Alkylierg. v. Sulfamiden[3])[2]): 870–78. — Meth. z. Best. v. Sulfochloriden[3]): **82** ('51) 470–72. — Darst. u. Reaktionsw. v. Hexadecadien-(2,4) u. Hexadecen-(2)-ol-(4): 767–73. — Kenntn. d. Olefine, insbes. d. Oxydat. ders. m. Kaliumpermanganat: 785–93. — Reaktionsw. v. Grignard-Verbb. in Gegenw. v. Pyridin: 794–98. — Einfl. v. Lösungsmitteln auf d. Reaktionsw. d. Pyridins[3]): **83** ('52) 154–58.

Mit: [1]) Franz Haas; [2]) Gertrude Hofbauer; [3]) Dieter Klamann; [4]) Hermann Suida.

von Drais, K. F. Freiherr → VIIa/Suppl.

IV **Drasch,** Heinrich. Math. — 1887–1906 Prof. Staatsrealschule Linz, titl. Schulrat. [Mitt.: R. Klug[VIIa]]
*1850, Nov. 16, Eberstein/Kärnten; †1939, Juli 19, Linz.

W. ● Über d. Tangentenbest. in einem Doppelpunkte einer Durchdringungskurve zweier Flächen 2. Ordng. u. einige damit zusammenhängende Aufgaben. Jber. Realsch. Steyr 1880, 15 S. — ● Synthetische Theor. d. ebenen Kurven 3. Ordng. m. Doppelpunkt m. bes. Berücks. derjenigen, welche durch die imagin. Kreispunkte gehen. Ebda 1882, 29 S. — ● Vorschläge zu einer Reform d. Behandlg. d. analyt. Geom. in d. Mittelschule. Ebda 1886, 1887, 39, 58 S. — ● Erzeugung einer Kurve 3. u. 4. Ordng. m. Hilfe v. Kegelschnitten, welche durch 2 feste Punkte gehen u. einen anderen Kegelschnitt doppelt berühren. Jber. Realsch. Linz 1892, 20 S.

Drawe, Rudolf. Brennstofftechn. — 1907 Dr.-Ing. TH Berlin; '07–08 Masch.-Ing., '08–19 Vorstandsmitgl. Masch.-Fabr. Ehrhardt & Sehmer, Saarbrücken; '15 u. '19–52 o. Prof. f. Brennstofftechn. TH Berlin; '52 em. [Eig. Mitt.]
*1877, Jan. 14, Saarbrücken.

Kurzbiogr. ● Reichshandb. Dtsch. Ges. **1** (Bln '30) 344 (m. Bildn.).

Zum 75. Geb.tag. E. Terres, Brennstoff-Chem. **33** ('52) 36 (m. Bildn.). — Brennstoff, Wärme, Kraft **4** ('52) 1. — Braunkohle **4** ('52) 59. — Chemiker-Ztg. **76** ('52) 69. — Elektrotechn. **1952,** Nr. 6, 10. — Energietechn. **2** ('52) 30. — Erdöl u. Kohle **5** ('52) 39 (m. Bildn.). — Gas- u. Wasserfach **93** ('52) 20 (m. Bildn.). — Glasers Ann. **76** ('52) 21. — Masch.-Markt **58** ('52) Nr. 9, 14.

MHZ. Gas- u. Wasserfach **69** ('26) – **78** ('35).

S. ● Hütte **4** [26] (Bln '38) 783–96: Brennstoffvergasg. — ● 14. Kongr. f. Heizg. u. Lüftg. ('35) 23–36: Künstl. Brennstoffe u. ihre Erzeugg.

W. ● Ausbildung u. vergl. Bewertg. d. Regelg. großer Viertakt-Gasmasch. Diss. (St. Johann-Saarbrücken '07) 24 S.

Arch. Wärmewirtsch. Erfolge d. Druckvergasung m. Sauerstoff: **19** ('38) 201–03.

Braunkohle. Grundlage wirtsch. Braunkohlenverwertg.: **20** ('21/22) 133–35. — Neue Wege d. Schwelung u. Vergasg.: **26** ('27) 573–77.

Braunkohle, Wärme u. Energie. Wirtschaftl. Verwertg. d. Braunkohle durch Veredlg.[1]): **2** ('49) 264–74. — Bedeutung d. Braunkohle f. d. neuzeitl. Brennstoffveredelg.: **3** ('51) 87–91.

Chemiker-Ztg. Chem. Entgasg. d. Wassers: **56** ('32) 213f.

Dtsch. Ver. Gas- u. Wasserfachmänner. Wertigkeit d. Brennstoffe: **29** ('49) 1f.

Erdöl u. Teer. Neue Wege d. Schwelung u. Vergasung: **3** ('27) 615–18 [auch in: Gas- u. Wasserfach **70** ('27) 904f.].

Gas- u. Wasserfach. Hochwert. Gas u. flüss. Brennstoffe als Endziele d. Kohlenveredelg.: **69** ('26) 1013–15. — Starkgas durch Brennstoffvergasung m. Sauerstoff: **76** ('33) 541–45. — Techn. Forschg. u. Brennstoffwirtsch.: **77** ('34) 299f. — Wege zur gesteigerten Brennstoffveredelg.: **80** ('37) 806–10. — Grundbedingg. d. Vergasg.[3]): **85** ('42) 184–91. — Wertigk. d. Brennstoffe: **90** ('49) 212–17 [auch in: Glasers Ann. **73** ('49) 80–85].

J. Iron Steel Inst. Economy and design of modern reversing rolling-mill steam engines[2]): **81** ('10) 51–140.

Stahl u. Eisen. Konstrukt. Einzelheiten an doppeltwirkenden Viertakt-Gasmaschinen: **30** ('10) 246, 290.

Wärme. Einfl. d. nationalen Brennstoffversorgg. auf d. Feuerungstechn.: **57** ('34) 751–62.

Ferner Veröff. in: Lastauto.

Mit: [1]) Schöne; [2]) Eduard Sehmer; [3]) Sergei Traustel.

Drawert, Horst Werner. Pflanzenphysiol. — 1932–36 stud., '36 Dr. phil. nat. U Jena (E. Bünning); '36 Ass. U Königsberg/Pr. (K. Mothes); '37 Ass. U Jena (O. Renner); '40–46 Doz. Bot., '50 LBeauftr., '51 Prof. m. LAuftr. U Jena; '51 pl. ao. Prof., '52 o. Prof. u. Dir. Pflanzenphysiol. Inst. FU Berlin. [Eig. Mitt.]

*1910, Dez. 4, Graudenz.

W. • Die Pflanze u. ihre Wirkstoffe (Stuttg. '49) 143 S. (CES-Bücherei 28). — • Lehrbuch d. Biol. f. 9. Schulj. Bot. (m. Willy Matthes) (Bln '50) 232 S.; Nachdr. (Bln '51); [2]('51); [3]('53) 232 S.

Ber. Dtsch. botan. Ges. Einfl. anorg. Salze auf d. Aufnahme u. Abgabe v. Farbstoffen durch d. pflanzl. Zelle: **55** ('37) 380–90. — Methylenblauspeicherg. in Pflanzenzellen, 1[2]): **56** ('38) 43–54. — Entstehg. d. Vakuolenkontrakt. nach Vitalfärbg. m. Neutralrot: 123–31. — Vitale Fluorochromierg. d. Mikrosomen m. Nilblausulfat: **65** ('52) 263–71. — Auftreten blattbürtiger Adventivsprosse b. Drimiopsis kirkii Bak. nach Verwundg.: 401–03. — Vitale Fluorochromierg. d. Mikrosomen m. Janusgrün, Nilblausulfat u. Berberinsulfat: **66** ('53) 135–51.

Flora. p_H-Abhängigk. d. Plastidenfärbg. m. Säurefuchsin u. Toluidinblau in fixierten pflanzl. Zellen: **131** ('37) 341–54. — Verhalten d. einzelnen Zellbestandteile fixierter pflanzl. Gewebe gegen saure u. bas. Farbstoffe b. verschied. Wasserstoffionenkonzentrat.: **132** ('37) 91–124. — Elektive Färbg. d. Hydropoten an fixierten Wasserpflanzen: **132** ('38) 234–52. — Stoffaufnahme durch d. lebende pflanzl. Zelle, 2: Aufnahme bas. Farbstoffe u. d. Permeabilitätsprobl.: **134** ('40) 159–214 [Hab.schr.]; ~ 3: Aufnahme saurer Farbstoffe u. d. Permeabilitätsprobl.: **135** ('41) 21–64. — Beob. an d. Spaltöffng. u. d. Blatthaaren v. Tradescantia virginica L.: 303–18. — Fluoreszenzopt. Nachw. v. Chloroplasten in d. Schließzellen v. Allium cepa L.: **139** ('52) 329–32. — Wert morphol. Merkmale f. d. Systematik d. Gattg. Penicillium Link[1]): **140** ('53) 253–87. — Konst. einer „Sektorenvariante" v. Penicillium notatum Westling[1]): 444–52.

Naturwiss. Z. vitalen Fluorochromierung d. Mikrosomen m. Nilblau: **40** ('53) 512.

Planta. Erregungs- u. Erholungsvorgang in pflanzl. Geweben nach elektr. u. mech. Reizg.: **26** ('37) 391–419 [Diss.]. — Aufnahme u. Speicherg. v. Prune pure durch d. pflanzl. Zelle: **29** ('38) 179–214. — Stoffaufnahme durch d. lebende pflanzl. Zelle, 1: Vers. m. Rhodaminen: **29** ('39) 376–91; ~ 4: Einfl. d. Wasserstoffionenkonzentrat. d. Zellsaftes u. d. Außenmediums auf d. Harnstoffaufnahme: **35** ('48) 579–600. — Stimulat. d. Pflanzenwachstums, 1: Einfl. v. Extrakten aus Folia Digitalis auf d. Keimg. d. Früchte v. Cichorium endivia L.: **35** ('48) 555–78; ~ 2: Einfl. v. Heteroauxin auf d. Samenkeimg.: **37** ('49) 1–5. — Zellmorpholog. u. zellphysiol. Stud. an Cyanophyceen, 1: Literaturübersicht u. Vers. m. Oscillatoria borneti Zukal: 161–209. — Krit. Unters. z. gravimetr. Best. d. Wasserpermeabilität: **41** ('52) 65–82. — Teratol. Erscheing. an Bryophyllum daigremontianum Berger: 509–14.

Protoplasma. Protoplasmat. Anatom. d. fixierten Helodeablattes: **29** ('37) 206–27. — Sulfonamid Prontosil solubile als Vitalfarbstoff: **39** ('50) 688–92. — Vitalfärbg. pflanzl. Zellen: **40** ('51) 85–106. — Protoplasmat. Stud. am Erineum nervisequum Kunze auf Fagus silvatica L.[3]): 200–04.

Z. Botan. Eigenfluoreszenz der Schuppenblätterepidermen v. Allium cepa L. u. ihre Beeinflussg.: **40** ('52) 407–27.

Z. Naturforsch. Stoffaufnahme durch d. lebende pflanzl. Zelle, 5: Theor. d. Aufnahme bas. Stoffe: **3b** ('48) 111–20. — Methylenblauspeicherg. in Pflanzenzellen, 2: **4b** ('49) 35–37. — Best. d. isoelektr. Punktes von lebend. Plasma: **6b** ('51) 141–47; **7b** ('52) 119–21.

Weitere kürzere Mitt. u. populäre Aufsätze in: Ber. Dtsch. botan. Ges., Kosmos, Math. u. Naturwiss. in d. Schule.

Mit: [1]) Rudolf Müller; [2]) Siegfried Strugger; [3]) Charlotte Thielke.

Drefahl, Günther. Chem. (org.). — 1940–44 stud. U Rostock; '46 Dr. phil. U Rostock (K. Maurer); '49 Doz. U Rostock; '49 Prof. m. voll. LAuftr. U Jena. [Ohne eig. Mitt.]

*1922, Mai 11, Rostock.

W. • Selektive Oxydat. primärer Alkoholgruppen. Diss. (Rostock '46) 40 gez. Bl. Masch. schr.

Ber. Dtsch. chem. Ges. Oxydat. m. Stickstofftetroxyd[1]): **80** ('47) 94–96.

Mit: [1]) Kurt Maurer.

Dreher, Fritz. Maschinenbau. — 1925–29 stud., '33 Dr.-Ing. TH Karlsruhe

(G. Benoit); '49 o. Prof. Hebezeuge u. Förderanlagen TH München. [Eig. Mitt.]
*1905, Dez. 25, Wittlingen/Baden.

W. ● Beitrag z. Theorie d. Drehung und Spannungsverteilg. b. zugbelasteten Litzen u. Seilen. Diss. (o. O. '33) 16 S. [auch in: Wasserwirtsch. **27** ('34) H. 7/8].

VI **Dreisch,** Theo. Physik. – Seit 1936 Doz. m. LAuftr. U Bonn. [Eig. Mitt.]
*1893, März 17, Bonn.

S. ● Physik.-chem. Tab. (Landolt-Börnstein) Erg.-Bd **3**, 2 (Bln '35) 750–61, 1425–72: Tab. über ultrarote Wellenlängen, Lichtabsorpt. im Ultraroten, opt. Konst. usw.

Z. Physik. Gesamtemiss. heißer Kohlensäure: **79** ('32) 711–21.

Z. physik. Chem. (B). Absorpt. v. Lösg. anorg. Farbsalze im nahen Ultrarot[2]): **37** ('37) 37–59. — Absorpt. anorg. Farbsalzlösg. im nahen Ultrarot[1]): **45** ('39) 19–41 [auch: Verh. Dtsch. physik. Ges. (3) **20** ('39) 71].

Mit: [1]) Otto Kallscheuer; [2]) Willi Trommer.

Drenckhahn, Friedrich. Meth. d. Mathematikunterr. – 1914–20 stud. U Rostock, Göttingen, Berlin; '17 Dr. phil. U Rostock (O. Staude); '16–18 Ass. U Rostock (A. Heydweiller), '19 PAss. U Göttingen (F. Klein); '20–27 Höh. Schuldienst; '27 Doz., '28 Prof. u. stellv. Dir. Päd. Inst. bzw. H f. Lehrerbildg. Rostock, '42–45 Leiter d. Staatl. Studiensem. Rostock; '45 Ref., '46–48 Oberschulrat Volksbildungsminist. Kiel; '46–49 Prof. u. Dir. Päd. H Kiel, '49 Prof. Päd. H Flensburg. [Eig. Mitt.]
*1894, Mai 28, Frauenmark/Meckl.

MH. ● Gutachten z. Hochschulreform, v. Studienausschuß f. Hochschulreform (Hambg '48) 132 S. (m. 11 Mitarb.). — ● Schriftenreihe d. Math. (Frkf./M. '54).

S. ● Die gegenwärt. mecklenburg. Lehrerbildg. im Pädagog. Inst. zu Rostock (Wismar '28) 29–36: Die wahlfreien didakt. Vorlesg. in d. Math. (Mecklenbg. Schul-Ztg. 1928, Beil. 4). — ● Das Studium Generale (Brschw. '51) 11 S. (als Mitarb. an d. Oberaudorfer Entschließg. z. Hochschulreform). — ● Proc. int. Congr. Math. 1954 Amsterdam (Groningen-Amsterdam '54) 419 f.: Strukturstufen d. Schulmath. in Anpassg. an alterstyp. Auffassungsweisen.

W. ● Der geometr. Ort d. Scheitel bes. Tangentenpaare u. Berührungskegel in ellipt. u. parabol. Koordinaten. Diss. (Rostock '17) 166 S. Masch.-schr. — ● Aus d. Praxis d. math. Unterr. auf d. Mittelstufe (Halle '28) 3+40 S. — ● Wirtschaft u. Math. (m. E. Schneider) (Lpz. '31) 4+46 S. (Math.-physik. Bibl. 77). — ● Elementare raumkundliche Begriffe u. Gesetzmäßigk. in systemat. Aufbau unt. Verwendg. d. Bewegg. als Erzeugungs- u. Beweisprinzip ('31). Masch.schr. — ● Praktische Geom. (Rostock '32) 5+166 S. Masch. schr. autogr. — ● Unterrichtswerk f. Rechnen u. Raumlehre (m. zwei Lehrkräften) (Schwerin '32) 8 Hefte. — ● Raumlehre in d. dtsch. Volksschule [1](Langensalza '35) 176 S.; [2]('36). — ● Geländemathematik (m. U. Graf) (Langensalza '39) 211 S. — ● Arbeitsbuch f. d. Rechenunterr. an Volksschulen (Frkf./M. '51) 8 Hefte; **1** (Hambg-Pinneberg-Frkf./M. '51) 56 S.; **2** ('51) 58 S.; **3** ('51) 58 S.; **4** ('52) 64 S.; **5** ('53) 68 S.; **6** ('53) 108 S.; **7** ('53) 140 S.; **8**, 1 ('54) 104 S.; **8**, 2 ('55) 48 S. — ● Arbeitsbuch f. d. Mathematikunterr. an Realschulen u. Mittelschulen. 2 Bde (m. W. Dahncke u. W. Schwark) **3** (Frkf./M. '52) 168 S.; **4** ('54) 222 S.

Abh. naturwiss. Ver. Bremen. Tangentialebenenpaare m. vorgegebenem Winkel an einem Kegel 2. Ordng.: **26** ('27) 481–502.

Dtsch. Math. Näherungsbetrachtg. z. Gauß-Krügerschen Meridianstreifen-Abb.: **4** ('39) 642–49.

Jber. Dtsch. Math. Ver. Zirkulatur d. Quadrats u. Quadratur d. Kreises in d. Sulvasûtra: **46** ('36) 1–13.

Math. naturwiss. Unterricht. Zur Didaktik d. Math. u. ihrer Wissenschaftsmethodik: **5** ('52/53) 205–11.

Sammlung. Anpassung d. math. Unterrichtsstoffes an d. Auffassungsfähigk. d. Schülers: **7** ('52) 348–58 [franz. in: Enseignement math. **39** ('42–50) 237–53; ital. in: Scuola second. **1** ('52) 99–103].

Unterr.-Bl. Math. u. Naturwiss. Weg z. Strenge im Mathematikunterr.: **35** ('29) 69–76. — Ägypt. Kreis- u. Pyramidenstumpfberechnung: **40** ('34) 98–104.

Weltall. Bernh. Riemann: **26** ('27) 140–44.

Z. Assyriol. Geom. Beitr. zu d. math. Problemtext v. Tell Harmal I. M. 55357 d. Iraq Museums in Bagdad: **16** ('50) 151–62 [auch engl. in: Sumer **7** ('51) 22–27].

Z. math. u. naturwiss. Unterr. Beitr. z. arbeitsunterrichtl. Gestaltg. d. Proportionenlehre: **58** ('27) 160–371. — Stellg. d. Math. im Studienplan d. Pädagog. Inst. zu Rostock: **60** ('29) 409–15.

Ferner etwa 30 didakt. u. unterrichtsmeth. Aufsätze in d. obigen Zeitschr. u. Dtsch. Phil. Bl., Dtsch. Schule, Meckl. Schul-Ztg., Realschule, Sammlg., Schlesw.-Holst. Schule, Schola, Unsere Schule usw.

Drescher-Kaden, Friedrich Karl. Mineral. u. Petrogr. – 1915, '19–22 stud., '22 Dr. phil. U Breslau (L. Milch u. H. Cloos, deren Ass. '21–23); '23–29 Ass. (A. Steuer) u. PDoz. TH Darmstadt; '29 o. Prof. BA Clausthal, '33 TH Berlin, '36 U Göttingen, '42 U Straßburg; '49 Hon. Prof. U München; seit '52 o. Prof. Mineral., Petrogr. u. Lagerstättenlehre U Hamburg. [Eig. Mitt.]
*1894, Mai 10, Münster/Westf.

Sohn d. Breslauer Germanisten Karl Drescher (1864–1928); Enkel d. Chemikers Friedrich von Heyden VIIa/Suppl.

MH. ● Mineral. u. Petrogr. in Einzeldarst. **1** ('48) ff.

HZ. Z. angew. Mineral. **1** ('38)–**5** ('45).

MHZ. Heidelberger Beitr. Mineral. u. Petrogr. **1** ('48/49) ff.

S. ● Nat. u. Med. Dtschl. 1939–46, **49** (Wiesb. '48) 125–33: Techn. Mineralsynthesen.

W. ● Die Feldspat-Quarz-Reaktionsgefüge d. Granite u. Gneise (Bln-G.-H. '48) 11+259 S. (Mineral. u. Petrogr. in Einzeldarst. 1).

Abh. Hess. geol. Landesanst. Tektonik u. Petrogr. d. Diorite v. Fürstenstein: **8** ('25) 1–49 [Hab.schr.].

Abh. Preuß. geol. Landesanst. (N.F.). Zur Tektonik d. Intrusivmasse v. Friedeberg in Schles. (Tschechoslowakei): **96** ('24) 47–66 [Diss.].

Chem. d. Erde. Assimilationsvorgänge, Migmatitbildg. u. ihre Bedeutg. b. d. Entstehg. d. Magmen, nebst einigen grundsätzl. Erwägungen: **10** ('36) 271–310. — Bildungsweise dioritischer Gesteine: **25** ('43) 299–324.

Fortschr. Mineral. Diorit. Assimilationsgesteine: **11** ('27) 295. — Schriftgranit: **16** ('31) 61f. — Neues großes Universaldrehinstrument: 63f.

Nachr. Ges. Wiss. Göttingen. Granit, Magma u. Stoffkreislauf in d. oberen Erdkruste: **1939**, 106–33.

Naturwiss. Messg. d. Doppelbrechg. v. Kristallen in Abhängigk. v. d. Temp.: **26** ('38) 105f. — Schmelzvers. an Kohlenstoff: **27** ('39) 370. — Metasomat.-synanthet. Lösungsvorgänge an Graniteinschlüssen in Lamprophyren: **31** ('43) 31f.

Neues Jahrb. Mineral., Geol. Paläontol. (A). Granito-diorit. Mischgesteine d. Friedeberger Intrusivmasse: **54** ('26) 243–83. — Peridotit v. Kaersut (Grönl.) u. sein Ganggefolge als Beisp. einer Sekretionsdifferentiat.[4]): **57** ('28) (Mügge-Festschr.) 569–616. — Festigk. u. Gefügeregel am Beisp. eines Marmors[2])[7]): **59** ('29) 1–26.

Notizbl. Ver. Erdkunde u. Hess. geol. Landesanst. Gangförm. Hornfelsschollen im Zwingenberger Granit: **1926**, 256–67. — Mikroklinholoblasten m. Grundgewebseinschlüssen, Internregelg. v. Biotit usw.: **1927**, 246–69.

Steinstraße. Ursachen d. Sonnenbrandes: **2** ('29) 2–8.

Z. angew. Mineral. „Sonnenbrand" d. Basalte[1]): **3** ('40) 73–141.

Zbl. Mineral. (A). Tektonik u. Genese d. Bergeller Massivs (Versuch z. Behebg. einiger Einwände)[10]): **1929**, 239–51. — Großes Universal-Drehinstrum. z. Gefügeunters.: **1932**, 167–72.

Z. Kristallogr. (B) (N.F.). Quarzgefügeregelg. im Dattelquarzit v. Krummendorf (Schles.): **42** ('32) 217–63. — Peridotit v. Kaersut (Grönl.) u. sein Ganggefolge: **43** ('33) 207–70.

Mit: [1]) Theodor Ernst; [2]) Elfriede Felkel; [3]) Siegfried Heller; [4]) Hans K. E. Krueger; [5]) Theodor van Look; [6]) Reinhold Mannkopf; [7]) Bruno Sander; [8]) Marianne Schnaebele; [9]) Heinz Steinle; [10]) Max Storz.

Dreser, Heinrich. Pharmakol. — Stud. u. 1884 Dr. med. U Heidelberg (W. Kühne); Ass. Physiol. Inst. U Breslau (R. Heidenhain) u. Pharmakol. Inst. U Straßburg (O. Schmiedeberg); '90–93 PDoz. Pharmakol. u. Toxikol. U Tübingen, '93 U Bonn (Tit.-Prof.); '96 ao. Prof. U Göttingen (Nachf. v. Marmé); '97–1914 Leiter Pharmakol. Labor. Farbenfabriken vorm. Friedr. Bayer & Co., Elberfeld; '14–24 o. Prof. MA Düsseldorf; letztes Vierteljahr in Zürich lebend.

*1860, Okt. 1, Darmstadt;
†1924, Dez. 21, Zürich.

Nekr. Hans H. Meyer, Naunyn-Schmiedebergs Arch. exp. Pathol. Pharmakol. **106** ('25) I–VII (m. Schr.verz. [ungenau]).

Nach d. Lit. [Pflügers Arch. ges. Physiol. **76** ('99) 306] führte Dreser 1899 das „Aspirin" ein, doch gebührt dieses Verdienst Arthur Eichengrün, nachdem Felix Hoffmann die Acetylierg. d. Salicylsäure ausgearbeitet hatte; vgl. A. Eichengrün: Pharmazie **4** ('49) 582f.

W. ● Zur Chemie d. Netzhautstäbchen. Diss. (Heidelb. '85) 18 S.

Arch. int. Pharmacodynam. Therap. Beeinflussg. eines einf. Lebensvorganges durch einen Arzneistoff: **15** ('05) 365. — Vers., den erregenden Einfluß pharmakol. Agentien objektiv nachzuweisen: **15** ('05). — Pharmakol. Stud. üb. Silberwirkg.: **18** ('08). — Alkalisch reagier. Medikamente: **20** ('10).

Arch. Pharmaz. Ber. Dtsch. pharmaz. Ges. Additionsprod. v. Pyridin u. Monochloraceton: **232** ('94) 183–86.

Beitr. chem. Physiol. u. Pathol. Harnazidität: **6** ('05) 177–91. — Üb. d. „freie Salzsäure" d. Magensaftes: **8** ('06) 285–301.

Beitr. klin. Chirurg. Zusammensetzg. d. bei d. Äthernarkose geatmeten Luftgemenges: **10** ('93) 412–22. — Wanschersche Narkotisierungsmaske: **12** ('94) 353–65.

Berlin. klin. Wschr. Theocindiurese am gesund. Menschen: **40** ('03) 953–56. — Anwendg. d. Jothions [Dijodhydroxypropan]: **42** ('05) 716–18.

Dtsch. Ärzte-Ztg. Geschmackfreie Chininderivate: **1902**, 97–103.

Dtsch. Arch. klin. Med. Lungenventilat. u. Sedativa d. Atmg.: **121** ('17) 352–83.

Med. Klin. Modifiz. Salicylsäuren [u. a. üb. Novaspirin]: **3** ('07) 390–93. — Z. Kenntn. d. Maretins [β-Semicarbacid d. m-Tolylhydrazins]: **4** ('08) 1684–87.

Münch. med. Wschr. Bem. zu d. Aufs. Prof. Harnacks: Üb. d. Giftigk. d. Heroins: **46** ('99) 990f.

Naunyn-Schmiedebergs Arch. exp. Pathol. Pharmakol. Wirkg. d. Hopfenbittersäure: **23** ('87) 129–36. — Herzarbeit u. Herzgifte: **24** ('88) 221–40. — Pharmakol. Unters. üb. d. Lobelin d. Lobelia inflata: **26** ('90) 237–66. — Messg. d. durch pharmakol. Agentien bedingt. Veränderg. d. Arbeitsgröße u. d. Elastizitätszustände d. Skelettmuskels: **27** ('90) 50–92. — Toxikol. d. Kohlenoxyds: **29** ('92) 119–34. — Diurese u. ihre Beeinflussg. durch pharmakol. Mittel: 303–19. — Wirkg. d. Pilocarpins: **30** ('92) 159f. — Pharmakol. d. Quecksilbers: **32** ('93) 456–66. — Beeinflussg. d. Lichtsinnes durch Strychnin: **33** ('94) 251–60. — Pharmakol. d. Bromäthyls: **36** ('95) 285–92. — Dosierg. d. Inhalationsanästhetica: **37** ('96) 375–84. — Best. d. respirator. Kapazität kleiner Blutmengen: Suppl.-Bd. **1908** (Schmiedeberg-Festschr.) 138–49.

Pflügers Arch. ges. Physiol. Wirkg. einiger Deriv. d. Morphins auf d. Atmg.: **72** ('98) 485–521. — Pharmakol. üb. Aspirin (Acetylsalicylsäure): **76** ('99) 306–18. — Exp. Nachw. d. Vertiefg. u. Verlangsamg. d. Atemzüge nach therap. Heroingaben: **80** (1900) 86–95. — 1,3-Dimethylxanthin u. seine diuret. Wirkg. beim gesund. Menschen: **102** ('04) 1–35.

S.-Ber. Niederrhein. Ges. Natur- u. Heilkunde. Bedenkl. Narkotisierungsverf.; Demonstrat. eines

Appar. f. Herst. dosiert. Ätherdampf-Luftmischg.: **1894**, med. Sekt. 27–32, 51–55.

Schmidts Jahrb. in- u. ausländ. ges. Med. Physiol. Albuminurie: **276** ('02) 117–27.

Therapeut. Mh. Pharmakol. üb. einige Morphin-Deriv. [u. a. Heroin]: **12** ('98) 509–12. — Kontrolle d. einzelnen Tabletten u. Pulver auf ihren Gehalt an starkwirkend. Arzneimitteln: **16** ('02) 415–18. — Pharmakol. Bem. üb. einige Salizylsäureester: **17** ('03) 131–36. — Erwiderg. auf Heubners „Warng. vor Maretin": **25** ('11) 472–75.

Verh. Ges. Dtsch. Naturforscher u. Ärzte. Pharmakol. üb. einige Morphin-Deriv.: **70.** Verslg. (Düsseldorf '98) II,2, 34f. — Hypnoticum aus d. Reihe d. Urethane [„Hedonal"]: **71.** Verslg. (München '99) II,2, 46–49.

Vjschr. gerichtl. Med. Lungenventilat. unter d. Gasmaske: (3) **59** ('20) 54–81.

Z. Biol. Histochem. z. Nierenphysiol.: **21** ('85) 41–66.

Zbl. Physiol. Ein Vorlesungsvers. betr. Säurebildg. bei d. Muskeltätigk.: **1** ('88) 195f.

Z. Elektrochem. Gefrierpunkts- u. Leitfähigkeitsbest. d. Harns in einigen pharmakol. Ergebn.: **10** ('04) 656–61. — Beeinflussg. eines einf. Lebensvorganges durch einen Arzneistoff: **11** ('05) 739–41.

Z. exp. Pathol. u. Therap. Argentum colloidale d. Arzneibuches: **19** ('17) 285–98.

Z. ges. exp. Med. Bewegg. d. Atemluft in d. Alveolargängen d. Lungen: **26** ('22) 223–49.

Dresler, Albert. Lichttechn. — 1922–28 stud., '30 Dr.-Ing. TH Berlin (W. Wedding); '28–33 Ass. ebda., '33 Leiter d. Physik. Labor., '42 wiss. Mitarb. d. Vorst. Osram GmbH, Berlin O 17, '45–49 Abt.Leiter u. Prokurist Hauptwerksleitg. Osram GmbH, Berlin NW 87; '46–49 Doz. Lichttechn. TU Berlin; '49 Ob.Ing. Departm. of Labour and Nat. Service Melbourne/Austr.; '51 Doz. Lichttechn. Melbourne Techn. College. [Eig. Mitt.]

*1904, März 31, Surbiton, Surrey/Engl.

S. ● Handbuch d. Lichttechnik (R. Sewig) (Bln '38) 241–48: Lichtquellen f. photogr. Zwecke; 286–94: Verf. d. heterochromen Photometrie; 348–56: Sondergeräte z. Messg. lichttechn. Materialeigensch. — ● Prakt. Lichttechn. (W. Arndt) (Bln '38) 35–76: Photometr. Bewertg. u. Messg. v. Lampen u. Beleuchtg. — ● Grundriß d. Farbenlehre d. Gegenw. (M. Richter) (Dsdn-Lpz. '40) 170–92: Heterochrome Photometrie. — ● Proc. Building Res. Congr. London 1951, **3** ('51) 151–55: Some probl. of daylighting in Australia (m. A. L. Brentwood).

W. ● Entwurf u. Beurteilg. v. Beleuchtungsanlagen auf räuml. Grundlage (Die mittl. Raumhelligk.). Diss. (Bln '30) 70 S. — ● Neuzeitliche Lichtmeßtechn. (Essen '36) 14 S. (Vortr. aus d. Haus d. Techn. Essen '36, 6). — ● Methods of appraising the quality of lighting (Melbourne '50) 27 S.

Arch. techn. Messen. Photometr. v. Gasentladungslampen[8]): V 8255-1 ('40) 1–4. — Dunkelleuchtdichte u. Dunkelbeleuchtungsstärke: V420–1 ('41) 1f. — Neue Kerze: V 403-2 ('41) 1f. — Grundlagen d. Berechng. u. Messg. d. natürl. Tagesbeleuchtg. in Innenräumen: V 423-1 ('54) 1-4. — Neue Meth. d. Blendungsbewertg.: V 464-2 ('54) 1-4.

Bull. Schweiz. elektrotechn. Ver. Meth. z. Bewertg. d. Beleuchtungsgüte: **42** ('51) 531–39.

Feinmech. u. Präzis. Technol. d. Lichtquellen: **47** ('39) 279–83.

Illuminat. Engng. Soc. Lighting Rev. [Melbourne]. Light and science: **13** ('51) IInd Suppl. 2-9. — Practical investigat. on discomfort glare[5])[6]): **14** ('52) IVth Suppl. 13-16. — Colourrendering properties of fluorescent lamps: **15** ('53) XII, 18–21. — Should the lighting be warm or cold?: **16** ('54) 18–22. — Can the fluorescent lamp be made more efficient?: 52–55. — The stalemate in the development of the incandescent lamp: 114–17. — Modern daylighting design: 146–51. — Some aspects of streetlighting: 178–81.

Licht. Neuart. Filterkombinat. z. genauen Angleichg. d. spektralen Empfindlichk. v. Photozellen an d. Augenempfindlichkeitskurve: **3** ('33) 41–43. — Lichttechn. Eigensch. v. Blitzlichtern: 47–49. — Wirkungsgrad u. Lichtausbeute v. Fluoreszenzproben: 185f., 204–06. — Verhalten v. Selensperrschichtzellen b. hohen Beleuchtungsstärken[3])[7]): 228–30. — Sehen b. monochromat. Licht[1]): 231–33. — Messg. u. Bewertg. v. Farben nach d. neuen DIN-Blatt: **6** ('36) 61–67. — Definit. d. spektralen Hellempfindlichk.: 149f. — Photometr. farb. Lichtquellen: **7** ('37) 81–85, 107–09. — Einfl. v. Farbton u. Sättigen auf d. Messg. verschiedenfarb. Lichter: 203–08. — Photoelektr. Dreifarbenmeßgerät[2]): **8** ('38) 238–42. — Jahreszeitl. Schwankg. d. spektralen Hellempfindlichk.: **10** ('40) 79–82. — Grundlagen d. „Dunkelleuchtdichte": 112–14. — Messg. u. Berechng. v. „Dunkelleuchtdichte" u. „Dunkelbeleuchtungsstärke": 118–20, 145f. — Normblatt DIN 5033: **11** ('41) 64f. — Charakteristik v. Photoelem. durch d. spektr. Zusammensetzg. d. auffallenden Beleuchtg.: 139–43. — Messg. u. Berechng. d. Selektivität d. Ulbrichtschen Kugel: 180–82.

Lichttechnik. Leitsätze u. Leuchtdichtetechn.: **5** ('53) 369f.

Lichttechnik [Wien]. Entwurf u. Beurteilg. v. Beleuchtungsanl. auf räuml. Grundlage: **7** ('30) 61–66, 69–73, 77–80. — Farbenmessg.: **8** ('31) 41–46.

Licht u. Lampe. Beleuchtungswertg. m. Hilfe d. Raumhelligk.[1]): **19** ('30) 997–1002. — Unters. eines Erythemmessers: **20** ('31) 207–09. — Eigng. d. Sperrschichtzellen z. objekt. Photometr.: **21** ('32) 35–39. — Neuere Erf. m. Sperrschichtzellen: 211–14. — Anwendg. neuerer physiol. Erkenntn. in d. Lichttechn.: **28** ('39) 625–27, 638f.

Naturwiss. Subjekt. Photometr. farb. Lichter: **29** ('41) 225–36.

Optik. Lichtdurchlässigk. mattierter Gläser u. ihre Messg.[4]): **3** ('48) 504–16.

Techn.-wiss. Abh. Osram-Ges. Verhalten d. Selensperrschichtzellen b. außergewöhnlich hoher Beleuchtungsstärke[3])[7]): **4** ('36) 76f. — Gerät z. Registrierung von Widerstandsänderg. dünner Drähte[9])[10]): 100–03. — Lichtdurchlässigk. mattierter Gläser u. ihre Messg.[4]): **6** ('53) 147–49.

Trans. Illuminat. Engng. Soc. London. The non-additivity of heterochromatic brightnesses: **18** ('53) 141–65. — The reflected component in daylighting design: **19** ('54) 50-60.

Z. ges. Eisenbahnsicherungs-Wes. Farbe d. Signalgläser: **31** ('36) 157–60, 177–80.

Z. VDI. Gegenwartsaufgaben d. Lichtmessg.: **80** ('36) 1405–08.

Z. wiss. Photogr. Beurteilg. d. Farbentreue v. Farbfilmen: **40** ('41) 145–53.

Mit: [1]) Wilh. Arndt; [2]) H. G. Frühling; [3]) M. Goldmann; [4]) Hans Joachim Helwig; [5]) S. Holmann; [6]) J. C. Lowson; [7]) Otto Reeb; [8]) F. Rössler; [9]) R. Schmidt; [10]) H. Willenberg.

Dressel, Oskar. Chem. (org.). — 1885–89 stud. U Heidelberg, München, Leipzig; '89 Dr. phil. U Leipzig (Joh. Wislicenus), Ass. ebda. (Max Guthzeit); Fa Dr. Theodor Schuchardt, Görlitz; '91–1929 Farbenfabriken vorm. Fr. Bayer, Elberfeld bzw. Leverkusen; '29 i. R. in Bonn. — '24 Adolf-von Baeyer-Denkmünze (Ver. Dtsch. Chemiker); '28 Dr. med. h. c. (U Leipzig).
*1865, Sept. 19, Sonneberg/Thür.; †1941, Febr. 12, Bonn.

Nekr. Angew. Chem. **55** ('42) 20 (m. Bildn.).

Erf. Chem.-präpar. Arb. auf d. Geb. d. Naphthalin-Chem.; über 50 Farbstoffe (z. B. Brillant-Benzol-Blau u. Supramin-Gelb); „Germanin" = Bayer 205 (Herbst 1917 m. Richard Kothe), s. Hellmuth Unger, Germanin (Bln '38) 116 (m. Bildn. S. 194).

W. ● Über Dicarboxylsäureester u. seine Verwendbark. z. Synth. v. dialkylsubstit. Glutarsäuren u. Körpern m. ringförm. Kohlenstoffbindg. Diss. (Lpz. '89) 36 S. + 1 Bl. (m. Vita).

Drews, Bruno Karl Lebrecht. Chem. Technol. — 1919–22 stud. U Berlin; '22 Dr. phil. U Berlin (A. Binz, dess. Ass. '22); '24 Ass. (F. Hayduck), später Mitarb., Abt.Leiter, '45 wiss. Dir. Inst. f. Gärungsgewerbe, Berlin; '36 habil., '39 Doz., '43 apl. Prof., '46 Prof. m. LAuftr., '46 Prof. m. LStuhl f. Gärungsgewerbe U Berlin; '51 o. Prof. TU Berlin. [Eig. Mitt.]
*1898, Juli 16, Bütow.

H. ● Pareys Bücherei f. chem.Technol. (1949ff.).

S. ● Lehrb. d. chem. Technol. u. Metallurgie (B. Neumann) [3]('39) 1180–1247: Stärke, Stärkezucker, Dextrin, Gärung, Spiritus, Wein. — ● ABC des Destillateurs [2](Bln '41) 95–103: Landwirtsch. Spiritusgewinng.; ind. Spiritusgewinng. — ● Enzyklopädie d. techn. Chem. (Ullmann) **3** [3](Wien '53) 119–22: Äthylalkohol.

W. ● Zur Kenntnis d. Hydrosulfonaminderiv. Diss. (o. O. '22) 55 S. Masch.schr. [Ausz.: Jahrb. d. Diss. d. Phil. Fak. Berlin]. — ● Die Verarbeitung von Melasse ohne Zumaischg. anderer zucker- oder stärkehalt. Stoffe in Kartoffel- u. Getreidebrennereien (Bln '47) 10 S. Masch.schr. autogr. — ● Die Kartoffelschlempe u. ihre zweckmäß. Verfütterg. (m. Karl Göpp) (Bln '47) 7 S. Als Ms. gedr. — ● Wert u. Bedeutg. d. Getreideschlempe (m. Karl Göpp) (Bln '47) 11 S. — ● Über d. Verarbeitg. v. Abfallprod. d. Maisvermahlg., insbes. Maisschälkleie auf Spiritus (m. Hans Lantermann) (Bln '47) 11 S. — ● Die Praxis d. Brennereibetriebes auf wiss. Grundlage (m. Georg Foth) [2](Bln '51) 16+400 S. (Pareys Bücherei f. chem. Technol. 11).

Biochem. Z. Autolyse einiger Kulturhefen: **288** ('36) 207–37. — Myceleiweißgewinng. durch Züchtung v. Oospora lactis in Melasseschlempe[8])[13]): **321** ('50) 52–57. — Amylolyt. Aktivität v. Aspergillus niger b. submerser Züchtg. in versch. Schlempen[13])[12]): **322** ('52) 380–87.

Branntweinwirtsch. Verarbeitg. v. Abfallprod. d. Maisvermahlg., insbes. Maisschälkleie, auf Spiritus[9]): **1** ('47) 17–22. — Bedeutg. d. landwirtschaftl. Kartoffelbrennerei[6]): **2** ('48) 1–3. — Hefebereitg. in melasseverarb. Kartoffel- u. Getreidebrennereien: 51. — Wert u. Bedeutg. d. Getreideschlempe[1]): 81–83, 100–02. — Gerstenschleifmehl u. seine Verarbeitg. auf Spiritus[9]): 129–37, 148–50. — Schwefl. Säure als Antisepticum in d. Spiritusbrennerei[8]): 161–65, 183–86, 198–201, 214–17, 233f. — Verarbeitg. v. Melasse in Kartoffel- u. Getreidebrennereien[10]): 257–59, 267f., 281–83. — Kartoffelschlempe u. ihre zweckmäß. Verfütterg.[1]): 273–77. — Verarbeitg. v. Trockenobst auf Spiritus[8]): 353–55. — Verarbeitg. v. Eicheln, Adlerfarn u. Kastanien auf Spiritus unt. Verwendg. v. Pilz- u. Malzamylasen[8])[5]): **3** ('49) 1–4, 24–27. — Grundsätzl. z. Ersatz d. Hefenmalzes durch Nährpräpar. in d. Kornbrennerei: 81f. — Möglichk. u. Vorschläge z. Bekämpfg. d. Schaumschwierigk. b. d. Hefezüchtg.[4])[7]): 161–63, 183–87, 201–03, 216–18, 233–35. — Verfütterg. v. Melasseschlempe[2]): 225–28, 248–50. — Ermittlg. d. amylolyt. Kraft v. Verzuckerungsstoffen, insbes. v. Pilzdiastasepräpar.[8])[13]): **4** ('50) 293–97; **6** ('52) 93–97. — Erfahrg. b. d. Verarb. v. franz. Roggen[7]): **5** ('51) 209–11. — Verarb. v. Kartoffelreibsel auf Spiritus unt. Verwendg. v. Pilzmalz als Verzuckerungsstoff[8]): 241–43. — Submerse Züchtg. amylolyt. Schimmelpilze[13])[12]): **7** ('53) 179–83.

Brauerei, wiss. Beil. Ermittlg. d. amylolyt. Kraft v. Verzuckerungsstoffen, insbes. v. Pilzdiastasepräpar.[8])[13]): **3** ('50) 81–85. — Aufnahme v. Kobalt u. Mangan durch Mikroorganism.[4])[11])[14]): **5** ('52) 91f., 99–103. — Stickstoffhalt. Ausscheidungsprod. wachsender Hefe[4])[15]): **6** ('53) 73–76.

Brennerei-Ztg. Colorimetr. Best. d. Wasserstoffionenkonzentrat. nach L. Michaelis: **44** ('27) 39f. — Neues Melassehefeverf. v. T. A. Effront: 72. — Best. d. Wasserstoffionenkonzentrat. m. d. Indicator-Folien-Colorimeter nach Wulff: 105 [auch in: Z. Spiritusind. **50** ('27) 185f.]. — Phosphatid-(Lecithin)-Gehalt d. Preßhefe: **47** ('30) 210. — Biol. Beob. üb. Hefewachstum m. bes. Berücks. v. Nitraten als Stickstoffquelle: 214. — Grünmalzbereitg. f. d. Herst. v. ablieferungspflichtigem Spiritus in d. Kornbrennerei: **48** ('31) 184f. — Einf. Meth. z. Unterscheidg. v. Raffinerie- u. Rohzucker-Fabrikmelasse: **50** ('33) 35. — Quantitat. Best. d. schwefl. Säure in Melasse: 142 [auch: Z. Spiritusind. **56** ('33) 221f.]. — Schwefl. Säure in d. Melasse: 163, 167 [auch: Z. Spiritusind. **56** ('33) 238f.]; B: Entferng. d. schwefl. Säure aus Melasselösg. durch Zugabe v. Oxydationsmitteln b. Klärprozeß: **51** ('34) 177f., 182f. [auch in: Z. Spiritusind. **57** ('34) 274, 276, 282, 284]. — Best. d. diastat. Kraft in Brennmalzen: **53** ('36) 165f. — Acetal im Vorlauf v. Lufthefespiritus[3]): 179. — Wirkg. d. proteolyt. Enzyme b. d. Lagerg. d. Hefen: **54** ('37) 87, 90. — Schnellmeth. d. Stickstoffbest. nach Kjeldahl: 105f. [auch in: Z. Spiritusind. **60** ('37) 175f.]. — Haltbark. u. Autolyseoptimum einiger Kulturhefen: 109, 113f. — Verarbeitg. v. Datteln auf Spiritus: **55** ('38) 58f. [auch in: Z. Spiritusind. **61** ('38) 107]. — Verwendg. v. Maltispirit, Diastasegrieß oder Brennereidarrmalz in stärkehalt. Rohstoffe verarb. Brennereien[8]): **57** ('40) 61, 65 [auch in: Z. Spiritusind. **63** ('40) 177–80]. — Enzyme: **59** ('42) 19. — Brennereidarrmalz u. seine Beurteilg.: 91. — Verarbeitg. v. Gerste in d. Kornbrennereien: **60** ('43) 13.

Chemiker-Ztg. Wesen u. Bedeutg. d. landwirtsch. Brennereien: **61** ('38) 905–08.

Tagesztg. Brauerei. Möglichk. d. Umwandlg. v. Bierhefe in Bäckereihefen: **35** ('37) 446f.

Verein. Destillateur-Ztg. Entferng. d. Spelzen b. d. Haferverarb. in d. Kornbrennereien: **1943**, 63. — Obstbranntwein m. Fehlern: **1943**, 105. — Verarbeitg. v. Rohzucker u. beschädigtem Weißzucker als alleinig. Rohstoff auf Spiritus: **1945**, 3, 5.

Z. Spiritusind. Neue Mittel zum Schutz gegen Säuren u. aggressive Wässer: **53** ('30) 168f. — SIA-Gärungsschreiber z. Best. d. Gärzeit v. Backhefe im Teig: **62** ('39) 316–18. — Finksches Eiweißschlempeverf. u. d. Futtereigensch. d. Eiweißschlempe sowie ihr Gehalt an Vitaminen d. B-Gruppe: **63** ('40) 161f.

Mit: [1]) Karl Göpp; [2]) Fritz Hayduck; [3]) Reinhard Illies; [4]) Felix Just; [5]) Kurt Kärnbach; [6]) Walter Kilp; [7]) Heinrich Kreipe; [8]) Bruno Lampe; [9]) Hans Lantermann; [10]) Wilhelm Niederlag; [11]) Hubert Olbrich; [12]) Ernst Rothenbach; [13]) Hermann Specht; [14]) Johanna Vogl; [15]) Günther Weinhold.

Dreyhaupt, Fritz. Thermodyn. — 1937 Dr.-Ing. (A. Nägel), '40 habil., '43–45 Doz. TH Dresden; Doz. Bau- u. Ing.-Schule Bremen. [Ohne eig. Mitt.] *1905, Dez. 5, Leipzig.

S. ● Dieselmaschinen 7 (Bln '38): Vorgänge im Lanova-Dieselmotor.

W. ● Vorgänge im Verbrennungsraum b. Lanova-Dieselmotor. Diss. (Bln '37) 13 S. — ● Versuch einer allg. Theor. d. motor. Zündvorgänge. Hab.schr. (o. O. '40) 192 + 67 gez. Bl. Masch.schr.

Automobiltechn. Z. Klopfen d. Ottomotoren: **44** ('41). — Verwendg. v. Treibgas im reinen Dieselverf.: **45** ('42) 201–07.

Dtsch. Kraftfahrt-Forsch. Thermodyn. zusammengesetzter Verbrennungsmotoren: **118/19** ('43).

Forsch. Ing.-Wes. Vorgänge am Lanova-Dieselmotor: **9** ('38) 1–13. — Neue Theor. d. motor. Zündvorgänge auf Grund bes. molekular-physikal. Betrachtg.: **11** ('40) 215–23.

Motortechn. Z. Verbrennungsmotoren f. bes. einheim. Treibstoffe: **2** ('40) 37–43. — Vorgänge b. d. Dieselzündg. in systemat. Betrachtg.: **4** ('42) 333–39; **5** ('43) 53–59.

Werkstattstechnik. Geräte z. Prüfen v. Keilwellen: **34** ('40) 239.

Z. VDI. Wirkg. d. Luftspeichers auf d. Verbrenng. in Luftspeicher-Dieselmotoren: **83** ('39) 183–86.

Dreyse, Nikolaus → VIIa/Suppl.

VI **Drossbach,** Paul Ferdinand. Physik. Chem., Elektrochem. — 1933–39 freiberufl. (wiss. Forsch.-Arbeiten an TH Stuttgart u. Dresden); '39–45 Doz. TH Berlin; '52 Doz. physik. Chem. H Regensburg; '55 Doz. TH München. [Eig. Mitt.] *1900, Aug. 12, Freiberg/Sa.

Erf. Herst. v. Ferrosilicium u. Aluminium aus kieselsäure-, tonerde- u. eisenoxydhalt. Rohstoffen, DRP 663308 ('36).

W. ● Elektrochemie geschmolzener Salze (Bln '38) 6+143 S. — ● Kant u. d. gegenwärt. Naturwiss. (Bln '43) 150 S. — ● Grundriß d. allg. techn. Elektrochemie (Bln '52) 7+400 S.

Chemiker-Ztg. Elektrolyse geschmolz. Salze: **63** ('39) 321–23. — Neuer Weg z. Herst. billigen Aluminiums: 606–08.

Haus-Z. VAW u. Erftwerk Aluminium. Verwendg. d. Aluminiums in d. Chem.: **2** ('30) 39–44. — Einwirkg. ruhender u. bewegt. Salpetersäure auf Aluminiumblech, Siluminblech u. Ferrosilicium: 50f.

Metall u. Erz. Theor. d. thermodyn. Potentials: **24** ('27) 489–91. — Konstrukt. techn. Appar. f. d. Schmelzflußelektrolyse, 1: **25** ('28) 437–39; ∼ 2: **26** ('29) 88–92; ∼ 3: 246f.; ∼ 4: 514–16. — Thermodyn. Näherungsrechng.: **33** ('36) 173–77, 515–18. — Gleichgew. Metall/Schlacke: **35** ('38) 6–11.

Metallwirtsch. Elektrolyse geschmolz. Salze: **21** ('42) 61–63.

Trans. electrochem. Soc. Difficulties encountered in the determinat. of the decomposit. potential of molten salts: **1936**, 201–04.

Z. anorg. allg. Chem. Elektrolyt. Alkalibest.: **165** ('27) 149–56. — Potentiometr. Best. v. Eisen u. Aluminium mittels Basen: **166** ('27) 225–30. — Theor. binärer Gemische v. van Laar: **234** ('37) 298–306. — Theorie d. Elektrolyse geschmolz. Salze: **235** ('38) 188–92.

Z. Elektrochem. Theoret. Potential d. Aluminiums: **33** ('27) 114–17. — Berechng. theoret. Verbrennungstemp.: 349f. — Theoret. Potentiale v. Natrium, Kalium u. Calcium: **34** ('28) 205–11. — Berechng. theoret. Potentiale aus therm. Größen: 715f. — Zersetzungsspanng. d. Tonerde in geschmolz. Kryolith-Tonerdegemisch: **36** ('30) 179–81. — Z. Theor. d. Schmelzflußelektrolyse: **40** ('34) 180–83, 370–75. — Elektrometallurgie d. Aluminiums: 605–08; **42** ('36) 65–70. — Vorgänge b. d. Aluminiumgewinng. durch Elektrolyse v. Kryolith-Tonerde-Schmelzen: 144f. — Darst. d. spezif. Wärme als Funkt. d. Temp.: 372f. — Wärmebilanz d. techn. Aluminiumöfen: 744–46. — Elektrolyse geschmolz. Salze: **43** ('37) 891–907 [Hab.-schr.]; **44** ('38) 124–27, 288–91; **45** ('39) 435–40. — Raffinat. geschmolz. Legierg.: 534–40. — Massenwirkungsgesetz b. beliebig vielen Bestandteilen in einer Phase: **46** ('40) 481–86. — Theor. d. Lichtbogenofens, 1: 643–46; ∼ 2: 668f. — Wärmedurchgangsprobl. d. techn. Chem.: **49** ('43) 316–22. — Anodeneffekt: **55** ('51) 38–41. — Elektrolyse v. geschmolz. Jodiden u. Bromiden[1]): 41–43. — Elektrolyse v. geschmolzen. CuCl: **56** ('52) 23–31. — Elektrolyse v. geschmolz. $NiCl_2$: 31–35. — Abscheidg. v. Silber u. Mangan aus geschmolz. Salzmischg.: 599–608. — Abscheidg. v. Tantal, Titan u. Natrium als Natrium-Blei-Legierg. aus geschmolzenen Salzmischungen: **57** ('53) 548–58. — Theor. d. Polarisationsspanng. b. d. Elektrolyse geschmolzener Salze: **58** ('54) 66–76. — Kathod. Grenzströme in geschmolzenen Salzen[2]): 95–99.

Z. ges. Naturwiss. Relativism. in d. physik. Chem. u. seine Überwindg.: **8** ('42) 161–75. — Irrtum u. Hypothese in d. Grundlagen d. Naturwiss.: 224–41. — Theor. d. Lichtbogenofens: 299–306.

Mit: [1]) Franz Schmidt; [2]) Paul Petrick.

Droste, Hans Walter. Physik. – 1919–21 stud. U Erlangen, TH Hannover, U Göttingen; '21-45 tätig in Entwicklungslaboratorien der Elektroind. (Zentral-Labor. v. Siemens u. Halske, Hackethal Draht- u. Kabelwerke AG, Kabel- u. Metallwerke Neumeyer AG; '25 Dr. phil. U Erlangen; '40 Dr. phil. habil., '43 Doz. TH Stuttgart; '52 Doz. TH Aachen. [Eig. Mitt.]
*1897, April 23, Essen.

H. Neumeyer-Mitt. (Nürnberg '33). — ● Neuere Rechenverf. d. Technik (Bln '39) 35 S. — ● KD-Ber. üb. Energie-Kabel (Duisb. '51).

W. ● Das Neumeyer-Hilfsbuch f. Kabel u. Leitg. (Nürnb. '29) 19+287 S. — ● Das Neumeyer-Buch **1** (Nürnb. '34) 23+469 S. — ● Die Lösg. angewandter Differentialgleichungen mittels Laplacescher Transformat. (Bln '39) 35 S. (Neuere Rechenverf. d. Techn. 1).

Arch. Elektrotechn. Theor. d. Spannungs- u. Stromverteilg. in elektrostat. u. elektromagnet. beeinflußten homogenen Leitg.: **14** ('24) 319–46 [Teil d. Diss.].

Elektr. Nachr.-Techn. Gegenkopplungskabel-(GKK)-Verf.: **10** ('33) 425–29. — Satz d. Laplaceschen Funktionentransformat. üb. d. Aufteilg. in Dauer- u. Ausgleichsvorgang b. Gleich- u. Wechselstrom: **16** ('39) 253–57.

Elektrotechn. Z. Beziehg. zw. d. Teilkapazitäten eines Vierers: **44** ('23) 809f. — Eine graph. Rechentafel f. Höchstspannungskabel: **48** ('27) 841f.

Fernkabel. Verwendungsbereich d. Vierer nach Dieselhorst-Martin u. d. Sternvierer: H. 10, 16–23.

Mitt. Forschungsanst. Konzern Gutehoffnungshütte. Theor. d. gleichachsigen Breitbandkabels in elementarer Darst.: **6** ('38) 78–96.

Telegr.-Fernsprech-Funk- u. Fernseh-Techn. Theor. d. gleichachs. Breitbandkabels idealer Ausführg.: **25** ('36) 145–73. — Ultrahochfrequenz-Übertragg. längs zylindr. Leitern u. Nichtleitern: **27** ('38) 199–205, 273–79, 310–16, 337–40. — Ein Satz d. Laplaceschen Transformat. üb. d. Trenng. v. Dauer u. Ausgleichvorgang: **28** ('39) 89–92.

von Droste zu Vischering-Padberg, Gottfried Freiherr. Radioaktivität, Kernphysik. – 1926–33 stud. U Heidelberg, München, Berlin; '33 Dr. phil. U Berlin (L. Meitner); '33–42 wiss. Ass. KWInst. f. Chem. Berlin-Dahlem; '42–44 U Straßburg; '44–45 KWInst. f. Physik Heidelberg; '46–51 Physik. Inst. U Heidelberg; '51 Physik.-Techn. Bundesanst. Braunschweig. [Eig. Mitt.]
*1908, Jan. 11, Neupasing b. München.

S. ● Nat. u. Med. Dtschl. 1939–46, **13**, 1 (Wiesb. '48) 197–208: Wirkungsquerschn. v. Uran.

Naturwiss. Energieverteilg. d. b. Bestrahlg. v. Uran m. Neutronen entstehenden Bruchstücke: **27** ('39) 198. — Beim Zerspalten d. Urankerns auftret. Neutronen[2]): 371f.

Z. Physik. Unters. d. v. Ra D emittierten Wellenstrahlg. nach d. Wilsonmeth.: **84** ('33) 17–41 [Diss.]. — Anzahl d. Ausschläge eines Zählrohres b. Bestrahlg. m. γ-Strahlen versch. Wellenlänge: **100** ('36) 529–33; **104** ('37) 474. — Bremsstrahlg. d. β-Strahlen d. Ra E: **104** ('37) 335–56. — Vers. eines Nachw. v. α-Strahlen während d. Bestrahlg. v. Thorium u. Uran m. Radium-Beryllium-Neutronen: **110** ('38) 84–94.

Z. physik. Chem. (B). Energet. Betrachtg. zu d. Entstehg. v. Barium bei d. Neutronenbestrahlg. v. Uran[1]): **42** ('39) 274–80.

Mit: [1]) Siegfried Flügge; [2]) H. Reddemann.

Drotschmann, Curt Rudolf Georg. Elektrochem. – 1919–24 stud. U Heidelberg u. Breslau; '24 Dr. phil. U Breslau (K. Jonas); '23–24 Ass. (Strauss) ebda., '24–26 Ass. Kohlenforschungsinst. (F. Hofmann). [Eig. Mitt.]
*1901, Juni 29, Militsch.

HZ. (Schriftl.) Batterien **6** ('38) H. 5ff.

S. ● Physik.-chem. Taschenb. (H. Staude) **2** (Lpz. '49) 1554–62: EMK galvan. Elem.

W. ● Beiträge z. Kenntn. d. bicyklischen Terpene. Diss. (Bresl. '24) 74 S. Masch.schr. — ● Die Depolarisation im Leclanché-Elem. (Ohlau '39) 80 S. — ● Die Fabrikation v. Trockenbatterien u. Bleiakkumulatoren (m. P. J. Moll) [1](Lpz. '41) 10+815 S.; [2]('44) 10+436 S.; [3]('45) 8+449 S. — ● Bleiakkumulatoren. Chem. u. Techn. im Akkumulatorenbau (Weinh. '51) 224 S. — ● Moderne Primärbatterien (Bln '52) 178 S.

Arch. Metallkunde. Grundlagen d. Bleiakkumulators: **1** ('47) 148–59. — Blei, Bleilegierg. u. Bleistaub: 159–68. — Bleioxyde: 169–75. — Füllmassen f. Akkumulatoren: 175–87. — Neutralisat. d. Elektrolyte: 187f. — Schwefelsäure u. Wasser f. Akkumulatoren: 188–94. — Vorgänge in Trockenelem.: **2** ('48) 268–82.

Batterien. Neue Korrosionsprüfg. v. Zink: **3** ('35) 5, 6, 7. — Prakt. Erfahrg. üb. d. Schweißen v. Zinkbechern f. galvan. Elem.: 342, 344–47. — Zweckmäß. Meth. d. Unters. v. Zinkblechen f. d. Batterie-Ind.: 358. — Neue Amalgam-Ätzmeth. z. Unters. v. Zinkblechen: 368. — Braunstein als Depolarisator: 389–91, 408f., 431–33; **4** ('36) 456f., 481–83, 506, 518–20. — Zinkkorros. betrachtet v. Standpunkt d. Batterietechn.: **5** ('36/37) 600–02, 615f., 639–41, 652f., 700f., 708; **6** ('37) 772, 814–19. — Einfluß v. Nitriten u. Nitraten auf d. Zinkkorros. u. d. Depolarisationsvorgang: **10** ('42) 3. — Porositätsmessg.: **11** ('43) 207–09. — Zinkkorrosion v. Standpunkt d. Batteriechem.: **12** ('43) 240–42.

Chem. Fabrik. Füllmassen f. Bleisammler: **14** ('41) 24.

Chemiker-Ztg. Üb. d. Best. d. depolarisierend. Anteils in Braunstein: **56** ('32) 234–36. — Fortschr. in d. Chem. d. Trockenbatterien: **59** ('35) 881–84. — Beitr. z. Kenntn. d. chem. Vorgänge in galvan. Zellen: **64** ('40) 51f. — Heut. Stand d. Luftsauerstoffverf.: **65** ('41) 430–34. — Best. d. Aktivität v. Mangandioxyd: **69** ('45) 14.

Chem. Weekbl. Nieuwe onderzoekingen inzake primaire elementen: **46** ('50) 593–98. — Theor. en thermodynamica d. moderne primaire elementen: **47** ('51) 265–68.

Elektrotechn. Z. Einführg. in d. Vorschr. u. Normen VDE 0807 u. DIN VDE 1210: **60** ('39) 1233f.

Korrosion u. Metallschutz. Mutmaßl. Vorgang bei d. Braunsteindepolarisat.: **18** ('42) 283.

Metall. Abhängigk. d. elektr. Potentials d. MnO_2-Elektrode vom p_H-Wert d. Elektrolyten: **2** ('48) 37–41. — Beitr. z. Kenntn. d. Korrosionserscheing. d. Zinks im Leclanché-Elem.: **3** ('49) 84–87.

Metallwirtsch. Polarogr. Best. v. Spurenelem. in Blei u. Bleilegierg.: **23** ('44) 35–39. — Polarogr. Best. d. Aktivität v. Kohlenstoffen: **24** ('45) 1.

Radio and Batteries. Manufacture of seamless zinc-cans: **1935**, June.

Z. Elektrochem. Beitr. z. Kenntn. d. Luftsauerstoffdepolarisationselektrode: **47** ('41) 438–41. — Theorie d. MnO_2-Depolarisat. in galvan. Elem.: **54** ('50) 304–07.

Z. VDI. Herst. v. Trockenbatterien: **84** ('40) 181–89.

V, VI **Drucker,** Carl. Physikal.Chem. — 1911–33 ao. Prof. Physik.-chem. Inst. U Leipzig; '33 Fysik.-Kem. Inst. U Uppsala. [Eig. Mitt.]
*1876, Nov. 24, Leipzig.

H. ● Hand- u. Hilfsb. z. Ausf. physik.-chem. Messungen (Ostwald-Luther) [3](Lpz. '10); [4]('25) 20+813 S.; [5]('31) 19+979 S.

MH. ● Handb. d. allg. Chemie (m. Ostwald u. Walden) **1–3**, **4**, **6–8** (Lpz. '19–30). — ● Physik.-chem. Taschenbuch (m. E. Proskauer) **1** (Lpz. '32) 8+546 S.; **2** ('33) 6+481 S.

Ue. ● The Svedberg u. Kai O. Pedersen, Die Ultrazentrifuge (Dsdn '40) 12+433 S.

S. ● Physik.-chem. Tabellen (Landolt-Börnstein) **2** Erg.-Bd [5](Bln '31) 926–50: Elektromot. Kräfte. — ● Handb. d. Physik **12**, 2 ('33) 1–132: Elektromotor. Kräfte in galvan. Ketten m. flüss. Elektrolyten. — ● Festschr. The Svedberg (Uppsala '44) 94–103: Größe v. Flüssigkeitsmenisken.

W. ● Galvanische Elem. u. Accumulatoren (m. A. Finkelstein) (Lpz. '32) 7+425 S.

Acta chem. Scand. Velocity of dissociat. and viscosity of alkaline polymetaphosphates: **1** ('47) 227–29. — Oberflächenspanng. d. Capillarviscosimeters: **2** ('48) 883–89. — Form u. Volumen v. Flüssigkeitsmenisken: 890–99. — Gasreibg. u. Adsorpt.: **6** ('52).

Ark. Kemi, Mineral. Geol. (A). Salzeffekte in konzentr. Lösg.: **11** ('34) 27 S. — Partielle spezif. Volumina in binären u. ternären Lösg.: **14** ('41) 1–48. — Surface tension correction f. the capillary viscosimeter: **22** ('46) 8 S. — Viscosimetric studies of chem. equilibria: 17 S.

Trans. Faraday Soc. Ion equilibrium in heavy water: **33** ('37) 660–70. — Pyknometric studies on chem. equilibrium: **34** ('38) 1214–18.

Z. physik. Chem. (A). Aktivitätsbest. von Elektrolyten m. d. Ultracentrifuge: **180** ('37) 359–77. — Druckkorrektur d. Sedimentationsgleichgew.: 378–87.

IV, VI **Drude,** Georg Carl Oscar. Bot. — 1879–1920 o. Prof. Bot. TH Dresden u. Dir. Bot. Garten Dresden.
*1852, Juni 5, Braunschweig;
†1933, Febr. 1, Dresden-Bühlau.

1953 Benennung des Inst. f. Botanik in „Drude-Bau" [125-Jahrfeier d. TH Dresden ('53) 15–18 (m. Bildn.)].

Autobiogr. [Dank f. Festschr.] (Dsdn '32) 4 unnum. S. 4° [Bibl. Zaunick, Halle]. — Persönliches auch in D.'s Abh. „Züge d. bot. Entwicklg. in d. Hauptstadt Sachsens seit 100 J." in: Festschr. aus Anlaß d. 100jähr. Bestehens d. Flora, Sächs. Ges. f. Bot. u. Gartenbau in Dresden, hrsg. v. W. Dänhardt (Dsdn '26) 156–77.

Zum 80. Geb.tag. ● Festschr. (Dsdn '32) 8+566 S. (Beihefte z. Bot. Centralbl. **49**, Erg.-Bd). — F. Markgraf, Forsch. u. Fortschr. **8** ('32) 239. — F. Tobler, Dresdner Nachr. **1932**, Nr. 260 v. 4. Juni, 5 f. (m. Bildn.).

Nekr. W. Dänhardt, S.-Ber. Abh. Flora Dresden N. F. **36/38**, **1931/1933** (Dsdn '34) 9–12 (m. Bildn.). — L. Diels, Petermanns Mitt. **79** ('33) 81. — W. Ruhland, Ber. Sächs. Akad. Wiss. Leipzig, math.-phys. Kl. **85** ('33) 166–71. — O. Schade, O. D. u. d. Isis: S.-Ber. Abh. Naturwiss. Ges. Isis Dresden **1932** (Dsdn '33) 5–11 (m. Bildn.); F. Tobler, O. D. u. sein Werk: ebda. 12–20; O. Schwede, O. D. u. d. Entwicklg. d. Bot. Inst. d. TH: ebda. 21–27. — F. Tobler, Ber. Dtsch. bot. Ges. **51**, **1933** ('34) (96)–(127) (m. Bildn. u. Faks., 2 Bildn. [1875 u. 1890], Schr.-verz. 181 Nr.). — Dresdner Anz. **1933**, Nr. 34 v. 3. Febr., 2 (m. Bildn.).

Zur Biogr. G. Dutschmann, Gesch. d. Bot. Gartens zu Dresden: S.-Ber. Abh. Flora Dresden N. F. **43/44**, **1938/1939** (Dsdn '40) 47–59, 75 (m. 2 Bildn.).

Zum 100. Geb.tag. Sächs. Tagebl. **7** (1952) Nr. 89, 3 [nochmals: Union **7** ('52) Nr. 96, 5 D].

Bildn. ● W. Scheffler, Sachsens Techn. Hochschule zu Dresden [2](1899) S. 52. — ● Taschenb. d. K. S. Techn. Hochsch. zu Dresden, Winter-Sem. '06/07 (Titelbild).

IV, V **Drude,** Paul Karl Ludwig → VIIa/Suppl.

IV–VI **von Drygalski,** Erich Dagobert. Geogr. — 1906–35 o. Prof. Geogr. U München; '35 em. [Mitt.: Hans Fehn VIIa]
*1865, Febr. 9, Königsberg/Pr.;
†1949, Jan. 10, München (▭ Garmisch).

Erich von Drygalski-Medaille (gestiftet 1944 von d. Geogr. Ges. München).

Unveröffentl. Autobiogr. im Ms. b. d. Witwe in Karlsruhe-Rintheim. (Mitt.: Leopoldina, Halle)

Zum 70. Geb.tag. K. Haushofer, Forsch. u. Fortschr. **11** ('35) 40.

Zum 80. Geb.tag. F. Machatschek, Forsch. u. Fortschr. **21** ('45) 46 f.; **21/23** ('47) 31 f.

Nekr. N. Creutzburg, Erdkunde **3** ('49) 65–68. — H. Fehn, Ber. z. dtsch. Landeskde **8** ('50) 46–48 (m. Bildn. u. Faks.). — E. Fels, Die Erde **1949**, 66–72 (m. Bildn. u. Schr.verz. 1935–49); Forsch. u. Fortschr. **25** ('49) 190 f. — O. Jessen, Geogr. Rdsch. **1** ('49) 116 f.; Jahrb. Bayer. Akad. Wiss. **1949**, 133–36. — W. Meinardus, Petermanns geogr. Mitt. **93** ('49) 177–80. — S. Passarge, Mitt. geogr. Ges. München **35** ('49/50) 105–07 (m. Bildn. u. Faks.).

H. ● Amerik. Landschaft (Bln-Lpz. '36). — ● Friedr. Ratzel, Deutschland [4](Bln-Lpz. '20); [5]('32).

S. ● J. Ponten, Zwischen Rhone u. Wolga (Lpz. '31) Vorw. — ● F. Ratzel, Deutschland [6](Bln '32) Vorw.

W. ● Das Indische Ozeanreich (Münch. '35) 19 S. — ● Gletscherkunde (m. F. Machatschek) (Wien '42) 9+261 S. (Enzyklop. d. Erdkde, Tl. 8).

Forsch. u. Fortschr. Raum u. Staat: **24** ('48) 127–31.

Geogr. Rdsch. Geogr. auf d. Schulen u. Hochschulen: **1** ('49) 1f.

Naturwiss. Dtsch. Südpolarwerk: **20** ('32) 511–14. — Neue Walforschg. in d. südl. Meeren: **22** ('34) 637–39. — Jean Baptiste Charcot: **25** ('37) 129–31.

Neue Jahrb. Wiss. u. Jugendbild. Dyn. Landschaftskde u. neue Geogr.: **1934,** 63–73.

S.-Ber. Bayer. Akad. Wiss. Dtsch. Südpolarwerk: **1932.** 23–25. — Raum u. Staat: **1944,** 177–87. — Ostasiat. Gebirgsdreieck u. d. Chines. Reich: **1948,** 81–114.

Z. Geophysik. Grundeis: **11** ('35) 109–11.

Dubbel, Heinrich. Maschinenbau. — 1890–95 stud. TH Aachen; '99–1910 im Lehrberuf tätig an Bauschulen in Köln, Aachen, Essen; '11–34 Beuth-Schule Berlin ('16 Prof.).
*1873, Apr. 8, Aachen;
†1947, Mai 24, Berlin.

Nekr. Konstruktion **1** ('49) 32.

H. ● Taschenbuch f. d. Maschinenbau **1, 2** [11](Bln-G.-H. '55) 14+796 S.; 16+882 S.*. — ● Taschenbuch f. d. Fabrikbetrieb (Bln '23) 883 S. * (Hrsg. F. Saß, Ch. Bouché).

W. ● Zahlentafeln u. Formeln f. d. Maschinenbau [1](Bln-G.-H. '47); [2]('49) 7+216 S.

Dubois, Jacques Emile Jean Denis. Physik u. Chem. (org.). — 1938–44 stud., '47 Dr. ès sc. (R. Heilmann, dess. Ass. '44–48), '47–48 LBeauftr. U Grenoble; '48–49 French Ramsay Fellow U London; '49–50 Fellow British Council; '49–53 o. Prof. U d. Saarlandes u. Dir. Chem. Inst.; '53 o. Prof. U Nancy. — '48 Prix Adrian (Soc. chim. France); '50 Prix Soc. chim. de Belgique; '53 Prix Le Bel (Soc. chim. France). [Eig. Mitt.]
*1920, April 13, Lille/Frankr.

Erf. Indicateurs électroniques de titrat. basés sur certains phénomènes de polarisat. ('53) Staatl. Patentst. d. Saarlandes Nr. 00483.

W. ● Recherches sur la beta-hydroxycarbonylat. et contribut. à l'étude des effets stériques. Diss. (Paris '51) 130 S. [auch in: Ann. Chim. **1951,** 85 S.].

Ann. Univ. Saraviensis. Beta-Hydroxylkarbonylkondensat. d. Aldehyde u. Ketone, 1: Darst. v. Methyl-6-heptynolon-2-4 u. davon abgeleiteten Stoffen[6][10]): **1** ('52) 157–65; ∼ 2: Kondensat. v. Methyl-Äthyl-Keton m. Isovaleral[10]): **2** ('53) 39–42. — Méth. du „Dead stop end point" en chim. analyt., 1[7])[9]): Introduct. générale et construct. d'un appareil de mesure: **1** ('52) 237–41; ∼ 2: Exp. Grundlagen d. D. S. E. P.-Meth. u. ihre Anwendg.: 319–25. — Condensat. des mélanges de cétone et d'ester par les halogénures organomagnésiens ramifiés[6])[1a]): **3** ('53) 276–87.

Bull. Soc. chim. France. Condensat. d. aldéhydes et cétones, 1: Introduct. à l'étude d. réact. de betacétolisat.: (5) **17** ('50) 61–63; ∼ 2: Etude cinét. Condensat. de l'éthanal avec la propanone-2 et la butanone-2: **16** ('49) 66–68. — Etude sur le nickel de Raney[5])[3]): **16** ('49). — Paraïodobenz-hydrazide: réactif du groupement carbonyle[4]): **17** ('50) 63–65. — Cétolisat. mixte duplicatrice: **20** ('53) 3. — Probl. et méth. de cétolisat. mixte: 17f. — Condensat. des éthers-sels par les halogénures organo-magnésiens ramifiés, 1[8]): 946–49; ∼ 2: Act. du chlorure de tertio-butyl magnésium sur l'acétate d'éthyle[8]): 949–52.

C. R. Acad. Sci. Paris. Nouvelle méth. de différenciat. des liais. intra- et intermoléculaires par les spectres d'absorpt. infra-rouge: **219** ('44) 333f. — Etude des beta-hydroxycétones dans le proche infrarouge: 359–61. — Préparat. et l'activat. du nickel de Raney[5])[3]): **223** ('46) 737–39. — Effet stérique et orientat. de la réact. de Grignard: **224** ('46) 1018–20. — Mécanisme de condensat. des cétones: 1506f. — Règle de struct. des beta-cétones et alcools mixtes: **227** ('48). — Réact. anormale du chlorure d'isopropylmagnésium sur les éthers-sels[2]): **228** ('49). — Orientat. des réact. de condensat. des esters aliphat.[8]): **230** ('50) 971–73. — Méth. générales de cétolisat. par les chlorures d'organo-magnésiens: **235** ('52) 296–98. — Etude spectrophotométr. dans le visible des complexes cuivr. de beta-dicétones[7]): **236** ('53) 90–92. — Cinét. de décomposit. catalyt. de la méthyl-4-éthyl-5-heptanol-5-one-3[1]): **237** ('53) 716–18.

J. Soc. sci. Dauphiné. Effets stér. et cétolisat.: **7** ('46) 6 S. — Condensat. des esters aliphat. par les halogénures organomagnésiens ramifiés[8]): **10** ('53) C 27–31. — Principe d'une méth. spectrophotométr. pour l'étude du comportement des beta-cétols[7]): C 31–34.

Mit: [1]) Michael Ashworth; [1a]) Max Bamberg; [2]) Yvette Barnaud; [3]) Ladislas Beregi; [4]) Gabriel de Gaudemaris; [5]) René Heilmann; [6]) Robert Luft; [7]) Pierre Maroni; [8]) Yvette Maroni-Barnaud; [9]) Walter Walisch; [10]) Fritz Weck.

VI **Duboux,** Marcel. Physikal. Chem. — 1912 PDoz., später ao. Prof. U Lausanne.
*1883, Nov. 27;
†1943, Aug. 12, Lausanne.

Nekr. P. Dutoit, Helvet. chim. Acta **26** ('43) 2082–89 (m. Bildn., Faks., Schr.verz. 56 Nr.); Verh. Schweiz. naturforsch. Ges. **123** ('43) 305–08 (m. Bildn. u. Faks.).

MHZ. Redaktionskomitee: Helvet. chim. Acta 1930–43.

Bull. Soc. Vaudoise Sci. natur. La catalyse par les acides en rapport avec la concentrat. et l'activité des ions hydrogène: **59** ('37) 279–320.

Helvet. chim. Acta. La catalyse du diazoacétate d'éthyle en solut. très diluée d'acides org.[2]): **17** ('34) 245–57. — Rapp. entre la concentrat. des ions hydrogène et la vitesse de décomposit. du diazoacétate d'éthyle dans les milieux org.[1]): **19** ('36) 1177–90. — Applicat. de la formule d'Arrhénius relative à l'influence de la températ. sur la vitesse d'invers. du saccharose dans les milieux chlorhydriques concentrés: **21** ('38) 236–51. — Etude du coefficient d'activité de l'acide chlorhydrique en solut. concentrées, additionnées ou non de chlorures et de saccharose[4]): **22** ('39) 161–83. — Rapp. entre la vitesse d'invers. du saccharose et l'activité des ions hydrogène dans les solut. concentrées d'acide chlorhydrique pur ou mélangé à un chlorure[4]): 563–79. — Rapp. entre la vitesse d'invers. du saccharose et l'activité des ions hydrogène dans les solut. d'acide chlorhydrique pur ou mélangé à un chlorure[4]): **23** ('39) 152–70. — L'hydrolyse de l'acétate de méthyle en rapp. avec l'activité de l'ion hydrogène et de l'eau dans les solut. concentrées d'acide chlorhydrique pur ou mélangé à un chlorure[5]): 1381–98. — L'activité de l'ion chlore en solutions concentrées d'acide chlorhydrique mélangé aux chlorures alcalino-terreux[7]): **25** ('42) 1319–28. — L'activité de l'ion hydrogène et l'hydrolyse du saccharose et de l'acétate de méthyle en milieux concentrés d'acide chlorhydrique additionné de chlorures alcalino-terreux[7]): 1329–44.

Helvet. med. Acta. Nouvelle méth. de dosage du chlore globulaire et plasmat. du sang[6]): **9** ('42) 338–45.

Verh. Schweiz. naturforsch. Ges. Activité des ionshydrogène et vitesse d'inversion du saccharose dans les milieux chlorhydriques[4]): **116** ('35) 318. — Activité des ions hydrogène et catalyse du diazoacétate d'éthyle dans les milieux org.[3]): **119** ('38) 145. — L'activité de l'ion chlore dans les milieux chlorhydriques[7]): **121** ('41) 124f.

Mit: [1]) R. Favre; [2]) P. Matavulj; [3]) G. Pièce; [4]) J. Rochat; [5]) A. de Sousa; [6]) Ch. Tschappat; [7]) C. Vuilleumier.

VI **Duckert,** Paul Karl Alex Otto. Meteorol. — 1935 Regierungsrat, '40 Oberreg.Rat, '45 Direktor im Reichsamt f. Wetterdienst; '48 Chefgeophysiker. [Eig. Mitt.]
*1900, Jan. 23, Minden.

MHZ. Beitr. Physik frei. Atmosph. **23** ('36)–**28** ('45).

S. ● Handb. d. meteorol. Instrumente (E. Kleinschmidt) (Bln '35) 556–85: Telemeteorometrie.

Beitr. Physik frei. Atmosph. Neue radiometeorogr. Meth.[2]): **18** ('32) 50–67. — Entwicklg. d. Telemeteorogr. u. ihrer Instrumentarien: 68–80. — Läßt d. heutige Stand d. Instrumententechn. aerol. einwandfreie Flugzeugmessg. zu oder nicht?[1]): 253–62. — Radiosondenmodell Telefunken u. seine Anwendg.: **20** ('33) 303–11. — Veröff. d. aerol. Materials d. intern. Tage d. Polarjahres 1932–33: **23** ('35) 248. — Radiosondenkonstrukt.: **24** ('37) 162. — Hugo Hergesell †: **25** ('38) 69.

Dtsch. Forsch. Neue Hilfsmittel u. Meth. z. Strömungsforschg. in großen Höhen d. freien Atmosph.: **29** ('34) 19–29. — Unters. v. Strömungseinfl. auf d. Anzeigen meteorol. u. aerol. Meßinstrum.: 30–39.

Dtsch. med. Wschr. Bioklimat. Stud. während d. Olymp. Spiele: **62** ('36) Sond.Ausg. (2): Sportmed. u. Olymp. Spiele 19.

Rohde u. Schwarz Mitt. Werkstoffprüfg. im Brücken- u. Hochbau: **1953,** 255–59.

Z. Geophysik. Ergebn. d. Hörbeob. d. Sprengvers. in Oldebroek am 15. Dez. 1932: **10** ('34) 119–26. — Wetterlage u. d. Schichtg. d. Atmosph. am Sprengtag v. Oldebroek: 127–44. — Ergebn. d. Registrierg. v. Schallwellen an kreisförmig um d. Sprengherd angeordneten Stationen: 197–200. — Materialzusammenstellg. d. Schallregistrierung während d. Sprengg. in Oldebroek am 15. Dez. 1932: 145–58.

Mit: [1]) Walter Kopp; [2]) Bruno Thieme.

IV–VI **Duden,** Paul. Chem. — 1925–32 Vorsitzender d. Vorstandes Werk Höchst IG Farbenind.; '29–37 Vors. d. Ver. Dtsch. Chemiker u. '33–41 Vors. d. Dechema.
*1868, Okt. 30, Soest/Westf.;
†1954, Febr. 7, Oberstdorf.

Biogr. ● Reichshandb. Dtsch. Ges. **1** (Bln '30) 352 (m. Bildn.).

Zum 70. Geb.tag. Dtsch. Chemiker **4** ('38) 26 (m. Bildn.); Chemiker-Ztg. **62** ('38) 425; Angew. Chem. **51** ('38) 727f.

Zum 80. Geb.tag. Angew. Chem. **60** ('48) 224.

Zum 85. Geb.tag. H. Loewe, Arzneimittel-Forsch. **3** ('53) 592f. (m. Teil-Schr.verz. 18 Nr.). — Pharmaz. Ind. **15** ('53) 345.

Nekr. Arzneimittel-Forsch. **4** ('54) 220; Chemiker-Ztg. **78** ('54) 157f.

Bildn. ● 30 J. Achema 1920–50 (Frkf./M. '50) 54.

Dühmke, Martin. Physik. — 1930–33, '35–37 stud. U Breslau, Göttingen, Berlin; '40 Dr. rer. nat. U Berlin (E. Schumann u. A. Wehnelt); '40 wiss. Mitarb. Physik.-Techn. Reichsanst. Berlin; '52 wiss. Mitgl. Physik.-Techn. Bundesanst. Braunschweig. [Eig. Mitt.]
*1912, Febr. 7, Breslau.

Metall. Interferenzopt. Gerät z. Messg. d. Dicke dünner Metallschichten: **7** ('53) 1000–02.

Physik. Z. Unters. üb. d. Astigmatism. b. Spiegelmonochromatoren: **43** ('42) 33–42. — Reflexionsmessg. an Rhodiumschichten im kurzwelligen, ultraroten Spektralgeb.: **44** ('43) 10–17 [Diss.].

Z. VDI. Längen- u. Winkelmeßgeräte: **95** ('53) 615–18. — Fortschr. auf d. Geb. d. Längenmeßtechn.: **96** ('54) 1070–76.

Ferner Abt.-Ber. in: Wiss. Abh. Physik.-Techn. Bundesanst. **2** ('50) – **5** ('53).

Düll, Bernhard. Geophysik. — 1927 stud. U Innsbruck, Berlin, Kiel, Rostock; '32 Dr. phil. U Rostock (G. Falckenberg); '42 Doz. Geophysik u. kosmische Physik U Frankfurt/M.; beurlaubt, z. Z. San Francisco/Calif., USA. [Eig. Mitt.]
*1908, Juli 3, Küstrin.

S. ● Meteorol. Monographs **2** (Boston '54) Nr. 8: Organic responses to cosmic rays and their secondaries. (Recent studies in bioclimatology).

W. ● Wetter u. Gesundheit. Hab.schr. 1 (Dsdn-Lpz. '41) 11+103 S. (Wiss. Forschungsber., Naturwiss. R. 54).

Bioklim. Beibl. Kosm.-physik. Störg. d. Ionosph., Troposph. u. Biosph.[1]): **6** ('39) 65–76, 121–34.

Elektr. Nachr.-Techn. Ursachen d. nächtl. Funkpeilschwankg.: **9** ('32) 308–18 [Diss.].

Gerlands Beitr. Geophysik. Einfl. d. solaren Tätigk. auf d. Erdatmosph.: **39** ('33) 1–9.

Smithsonian misc. Coll. Behavior of barometric pressure during and after solar particle invasions and solar ultraviolet invasions: **110** ('48) Nr. 8.

Außerdem 16 bioklimat. Abh., vorw. in med. Ztschr.
Mit: [1]) T. Düll.

Duenner, Ernst. Elektrotechn. – 1906–10 stud. ETH Zürich; Dipl.-Elektro-Ing. Maschinenfabr. Oerlikon u. Soc. Westinghouse Le Havre; '23 Prof. Elektromaschinenbau ETH Zürich. [Eig. Mitt.]
*1887, März 2, Zürich.

H. Mitt. Inst. Elektromaschinenbau an d. ETH Zürich **2** ('52).

W. ● Einführung in d. Elektrotechnik (Zürich '45) 476 S.

I **Dürer,** Albrecht → VIIa/Suppl.

Düring, Kurt. Geogr. – 1919–24 stud. U Berlin u. U Jena; '24 Dr. phil. U Jena (Br. Bauch); '34 PDoz., ao. Prof. Geogr. U Marburg. [Mitt. d. Witwe: Frau Sigrid Düring, Marburg/L.]
*1898, Aug. 24, Berlin-Ruhleben; †1945, Aug. 11, Vrsae (Werschetz)/Jugoslaw.

H. ● Schriften-Reihe Volkstum u. Wanderg. **1**, **2** (Kallmünz '42).

W. ● Das Siedlungsbild d. Insel Fehmarn. Hab.schr. (Stuttg. '37) 136 S. (Forsch. z. dtsch. Landes- u. Volkskde Bd 33, H. 1). — ● Kopenhagen u. d. dtsch. Element (Hambg-Kopenhagen '44) 7+125 S.

Geogr. Wschr. Weltanschauung u. Landschaftsbild: **3** ('35) 1097–1101.

Heimat [Nordelbing]. Klimat. Skizze d. Insel Fehmarn: **43** ('33) 193. — Sollprobl. auf Fehmarn: **44** ('34) 169–75. — Handwerker u. Krämer auf Fehmarn zu Beginn d. 18. Jhdt.: 306–12.

Hessenland. Rekonstrukt. d. ehemal. Waldverbreitg. in Hessen: **45** ('35) 147–51.

S.-Ber. Ges. Beförd. ges. Naturwiss. Marburg. Landschaftsbild d. Vorgebirges v. Portofino: **70** ('35) 93–107.

Z. Ges. Schleswig-Holst. Gesch. Probl. d. Fehmarnschen Landeskde im Lichte d. alten Flurnamen: **65** ('37) 354–67.

Dürr, Karl Rudolf. Math. Logik. – 1907–12 stud. U München, Berlin, Zürich; '12 Dr. phil. U Zürich (W. Freytag); '16 PDoz., '25 tit. Prof., '35 ao. Prof. Philos. U Zürich. [Eig. Mitt.]
*1888, Juni 16, Zürich.

S. ● Festschr. z. 60. Geb.tag Andreas Speiser (Zürich '45) 47–65: Die Logistik Joh. Heinr. Lamberts. — ● Philosophie in der Schweiz (Zürich '46) 26–50: Der Anteil d. Schweiz an d. Entwicklg. d. Logik. — ● Leibniz zu seinem 300. Geb.tag (Bln '49) Lfg. 5, 1–40: Leibniz' Forschg. im Geb. d. Syllogistik. — ● Lexikon d. Pädagogik **1** (Bern '50/52): Erkenntnistheor.

W. ● Interpretation u. Kritik d. Erkenntnistheorie E. v. Hartmanns. Diss. (Zürich '12) 75 S. — ● Von der Bildg. d. Begriffsinhalte. Hab.schr. (Zürich '16) 56 S. — ● Ist etwas? (Zürich '18) 78 S. — ● Wesen u. Gesch. d. Erkenntnistheor. (Zürich '24) 176 S. — ● Neue Beleuchtg. einer Theor. v. Leibniz. Grundzüge d. Logikkalküls (Darmstadt '30) 184 S. — ● The propositional logic of Boethius (Amsterdam '51) 10 + 79 S. — ● Lehrbuch d. Logistik (Basel '54) 181 S.

Dialectica. Entwicklg. d. Dialektik von Platon bis Hegel: **1** ('47) 45—61.

Erkenntnis. Einheit d. Wiss.: **7** ('38) 65–80. — Aussagenlogik im Mittelalter: 160–68. — Math. Logik d. Arnold Geulinx: **8** ('40) 361–68.

Studia philos. Alte u. neue Logik: **2** ('42) 104–22. — Math. Logik v. Leibniz: **7** ('47) 87–102. — Moderne histor. Forschg. im Gebiet d. antiken Logik: **13** ('53) 72–98.

III, IV, VI **Duisberg,** Friedrich Carl → VIIa/Suppl.

V, VI **Dumas,** Gustave Alphonse. Math. – 1913 Prof. U Lausanne; zuletzt dort i. R.
*1872, März 25, l'Etivaz, Vaud/Schweiz; †1955, Juli 11, Lausanne.

Nekr. S. Piccard, Int. math. Nachr. Nr. 39/40 ('55) 24.

du Mesnil de Rochemont, René Oswald Adalbert. Röntgenkde. – 1919–25 stud. U Göttingen, Hamburg, Würzburg; '26 Dr. med. U Würzburg (M. v. Frey); '26–31 Ass. U Würzburg (v. Frey u. Magnus-Alsleben), Bremen (H. Meyer), U Gießen (Voit, Bohnenkamp, Reinwein); '32 PDoz. U Gießen; '38 apl. ao. Prof., '39 b. ao. Prof. U Marburg; '45 em.; '48 Chefarzt Strahlenabt. Städt. Krankenanst. Mannheim; seit '50 o. Prof. U Marburg. [Eig. Mitt.]
*1901, Mai 24, Hamburg-Altona.

MHZ. Strahlentherapie **62** ('38) – **75** ('44) und **84** ('51) ff.

S. ● Neue dtsch. Klinik (Gg. Klemperer) Erg.-Bd **3** (Bln-Wien '35) 100–60: Strahlentherap. Wesen, Meth., Anwendungsmöglichk. — ● Die Strahlentherapie (Hans Meyer und K. Mathes) [1](Stuttg. '49) 323–40: Die Bewegungsbestrahlg. — ● Einführung in die Strahlenheilkunde (Bln-Wien '37) 15 + 283 S. — ● Taschenb. d. prakt. Med. (J. Kottmaier) [2](Stuttg. '53) 869–85: Strahlen, elektr. u. mech. Schwingg. im Dienste d. Med.[8a]).

Beitr. pathol. Anat. u. allg. Pathol. Unters. üb. elast. u. thermodyn. Eigensch. d. Bindegewebes[10]): **76** ('26) 233–37.

Fortschr. Röntgenstrahlen. Dosenverteilg. bei Rotationsbestrahlg., 3: Tiefenwirkg., Dosenbest. und Einstelltechn. b. Rotationsbestrahlg.: **60** ('39) 101–04.

Geburtshilfe u. Frauenheilkunde. Z. strahlentherapeut. Methodik b. Gebärmutterkrebsen: **8** ('48) 634–47.

Hess. Ärztebl. Röntgendiagnostik am Verdauungskanal: **8** ('33) 151.

Klin. Wschr. Über auf radiobiolog. Grundlage aufgebaute Röntgenbehandlg. chron. entzündl. Krankheitszustände u. ihre Bedeutg. f. d. Praxis: **14** ('35) 1580 f. — Z. Techn. d. Mundhöhlenphotogr.: **16** ('37) 1207–09.

Med. Klin. Nieren-Tumor, Nieren-Tuberkulose[6]): **32** ('36) 797–802.

Röntgen-Praxis. Einf. Maßnahme z. Verhütg. v. Überdosierg. b. Durchleuchtg., bes. Magenunters.: **2** ('30) 426 f. — Einige Bem. z. Techn. d. gezielten Aufnahmen: 851–55. — Über einen Fall v. Situs inversus aortae (Hohe Rechtslage der Aorta): **3** ('31) 424–28. — Z. Differentialdiagnose d. Mediastinaltumoren: Ungewöhnl. Schlängelg. d. Aorta: 463–66. — Röntgenol. Nachw. eines Perforationsganges nach Durchbruch eines Geschwürs an der Vorderwand des Bulbus duodeni: 1112 f. — Über d. Ermittlg. u. Bezeichng. v. Röntgenstrahlendosen in d. Praxis: **5** ('33) 325–40. — Auf d. Rücken als Tumor hervortretendes Aortenaneurysma: **8** ('36) 251–53. — Über d. röntgenolog. Nachw. v. Fistelbildg. zw. Gallenwegen u. Verdauungskanal: **11** ('39) 156–65. — Objekt. Nachw. d. räuml. Darst. d. Spongiosa[1c])[7])[9]): **17** ('48) 44–50.

Strahlentherapie. Philips-Metalix-Hauttherapieappar., ein Schritt z. Standardisierg. d. Bestrahlungsbedingg. in d. Hauttherap.: **41** ('31) 296–304. — Unters. z. Frage d. Dosierg. d. ultraviol. Lichtes, 1: Inwieweit lassen sich d. in d. Lichtbiol. u. -therap. gebräuchl. Meßverf. f. d. Best. d. Erythemwirksamk. versch. Strahlg. verwenden?[5]): 710–23; ∼2: Inwieweit sind d. f. d. Best. d. Erythemwirksamk. gebräuchl. Meßverf. auch f. d. Unters. anderer Strahlenwirkg. brauchb.?[5]): **43** ('32) 170–78; ∼3: Effektspezif. Dosismessg. in ihrer Anwendung an 3 versch. ultraviol. Lichtquellen[5]): 369–78. — Beitr. z. Probl. d. Lichtdosierg.: **46** ('33) 731–56 [Hab.schr.]. — Lichtdosismessg. in d. ärztl. Praxis: **49** ('34) 166–71. — Z. Röntgenbehandlg. d. Mediastinal- u. Lungen-Tumoren: **50** ('34) 290–96. — Anregg. f. d. Abfassg. strahlentherapeut. Arbeitsber., insbes. f. d. Einführg. eines Raumdosenindex: **55** ('36) 139–42. — Üb. d. Gefahr d. Strahlenschädigg.: **56** ('36) 671–91. — Z. Strahlentherap. maligner Tumoren: **60** ('37) 120–33. — Dosierungsgrundlagen b. d. Rotationsbestrahlg., 1: **60** ('38) 648–74; ∼2: **63** ('38) 176–82; ∼4: **66** ('39) 593–608; ∼5: **68** ('40) 221–53; ∼6: Üb. d. Beeinflussg. d. Oberflächendosis durch d. Streustrahlenmantel u. durch d. Ungleichmäßigk. d. Intensität im Strahlenkegelquerschn.: **69** ('41) 407–16; ∼7: Wirkungsgrad d. Rotationsbestrahlg. m. auf einer Wendelbahn umlaufenden Röhre: **72** ('42) 121–39; ∼8: Bedeutg. d. Körperquerschn. u. d. Lage d. Drehpunktes in ihm f. d. abs. Größe d. Herddosis: **75** ('44) 35–69; ∼9[2a]): **88** ('52) 198–205. — Ließe sich eine Radiumkanone auch intravaginal z. Behandlg. v. Gebärmutterkrebsen verwenden u. wäre hierdurch eine wesentl. Verbesserg. d. Strahlenverteilg. zu erreichen?: **63** ('38) 465–82. — Stellg. d. Bestrahlungsverf. m. wanderndem Strahlenkegel im Rahmen d. modernen Entwicklg. d. strahlentherap. Methodik: **71** ('42) 512–29. — Entwickl. d. strahlentherap. Methodik b. tiefliegenden Krebserkrankg.: **77** ('48) 1–16. — Z. Bestrahlungsmethodik b. Gebärmutterkrebsen: **78** ('49) 511–26. — Ist d. Forderg. einer Vereinfachg. u. Vereinheitlichg. d. Bestrahlungsmethodik b. Gebärmutterkrebsen ärztl. berechtigt u. wie ist sie prakt. z. verwirklichen?: **82** ('50) 355–66. — Frühdiagnose d. Bronchialcarcinome. Method. Fortschr. in d. Bronchogr.: **86** ('52) 383–88. — Pflege d. Strahlenheilkde an d. dtsch. Univ.: **90** ('53) 8–18. — Genauigk. d. Herddosenbest. b. Röntgenbestrahlg. d. Collumcarcinoms nach d. Marburger Meth.[1a])[1b]): **93** ('54) 563–66. — Strahlenbehandlg. d. Rectumcarcinoms: **94** ('54) 262–66. — Leitende Gesichtspunkte f. d. Strahlenbehandlg. v. Krebserkrankg.: **95** ('54) 9–32. — Best. d. Oberflächenbelastg. b. d. Rotations- u. Pendelbestrahlg.[2a]): 89–96.

Strahlentherapie. (Sonder-Bd). Dawson Turner: **22** ('37) 107–09.

Z. Biol. Üb. d. Herabsetzg. d. Muskelkraft durch Kälte u. ihre Wiederbelebg. durch Salicylsäure u. Alkohol[8]): **84** ('26) 402–10. — Üb. eine dritte Komponente f. d. Wahrnehmg. v. Gliederbewegg.: 522–34 [Diss.]. — Unters. üb. d. elast. Eigenschaft. tier. Gewebe, 1: Elastizitätsmodul, Zerreißfestigk., Arbeitsvermögen u. elast. Vollkommenh.[10])[3]): **85** ('26) 325–41; ∼2: Poissonsche Zahl u. Volumänderg. b. d. Dehng. d. Sehne u. d. elast. Bandes[10])[3]): 567–84. — Thermodyn. d. Wärmeumwandlg. d. Kollagens[10]): 406–34. — Thermodyn. d. Muskelkontrakturen[10]): **87** ('28) 364–76.

Z. ges. exp. Med. Einfl. d. Sympathicus auf d. Refraktärstadium d. Muskels[2])[4]): **93** ('34) 723–39.

Z. ges. Neurol. u. Psychiatrie. Einf. Verf. z. Best. d. Grades einer Bewegungsstörg. u. seine Anwendg. auf die tabische Ataxie[8]): **105** ('26) 237–46. — Wirkg. d. Tetrophans bei Tabes dorsalis[8]): 247–56.

Mit: [1]) Fritz Bödecker; [1a]) Karl Heinz Brands; [1b]) Günther Busch; [1c]) Chantraine; [2]) Heinz Christ; [2a]) Hans-Joachim Fiebelkorn; [3]) Hilde Gerschler; [4]) Bernhard Heimbrecht; [5]) Heinz Kirchhoff; [6]) Wilh. Linneweh; [7]) Leo Maring; [8]) Hermann Menschel; [8a]) Caspar Montag; [9]) Werner Teschendorf; [10]) Edgar Wöhlisch.

du Mont, Hans Leo Michael Karl Gustav. Physiol. Chem. – 1921–28 stud. U Würzburg, Tübingen, Wien, Greifswald; '29 Dr. phil. U Greifswald (B. Helferich); Ass. U Tübingen (F. Adickes); '30–31 Research Fellowship U Pittsburgh u. Yale Univ., '32–35 o. Prof. org. Chem. Fu Jen Univ. Peking; '36 Forschungsauftr. U Leipzig; '37–42 LAuftr. org. Chem. TH Danzig, '40–45 PDoz. u. Dir. Physiol.-chem. Inst. MA Danzig; '46–50 Ind.Praxis; '51 habil. f. med. Biochem., '52 apl. Prof. klin. Biochem. U Würzburg. [Eig. Mitt.]
*1902, Mai 1, Eisenach/Thür.

Ue. ● Jack Belden, China erschüttert die Welt (Brschw. '51) 382 S.

S. ● Handbuch d. Katalyse (G. M. Schwab) **7** ('43) 361–89: Kondensat. Tl 1: Kondensat. unt. Bildg. v. C-C-Bindg. ohne Abspaltg. v. Atomen oder Gruppen.

W. ● Über Kohlehydrat-Phosphate. Diss. (Greifswald '29) 95 S. — ● Zur Chem. d. Crotonaldehyds. Hab. schr. (Würzburg '42) 96 S. — Als Ms. gedr.: ● Färbereichemisches Praktikum ('39); ● Physiologisch-chem. Praktikum f. Mediziner ('42, '43, '44); ● Wehrchemie f. Mediziner ('43).

Anaesthesist. Klin. u. exp. Unters. üb. Dextran[5])[8]): **1** ('52) 144f.

Ber. Dtsch. chem. Ges. Crotonaldehydkondensat.[4]): **71** ('38) 1958–62. — Crotonaldehydkondensat. m. Säureamiden[7]): **72** ('39) 1500–05. — Crotonaldehydkondensat. m. Formamid[9]): 2029–35.

Dtsch. med. Rdsch. Nephrolithiasis (Wirkg. v. Vitamin A u. Rubia tinctoria auf d. Harn)[3]): **1** ('47) 429–33.

Hoppe-Seylers Z. physiol. Chem. Neuart. Verbb. v. Glukose m. Phosphorsäure[6]): **181** ('29) 300–08. — Polysaccharide d. Tuberkelbazillus[1]): **211** ('32) 97–102.

Klin. Wschr. Nierenfunktion u. chem. Nierensteindiagnose: **23** ('43) 210–13.

Med. Welt. Pflanzl. Entfettungsmittel u. Borsäurepräpar.: **20** ('51) 327.

Münch. med. Wschr. Chem. analyt. Diagnose v. Nierensteinen[2]): **88** ('41) 1258. — Reproduzierbark. d. Ergebn. b. d. übl. quantitat. Best. im Harn u. üb. d. Schichtg. d. Harns in d. Harnblase: **90** ('43) 48f. — Partielle Nierenschädigg. u. Nierenfunkt.: **90** ('43) 636f. — Fettsucht: **93** ('51) 1319.

Mit: [1]) R. J. Anderson; [2]) Alfred Blume; [3]) Gerda Debrunner; [4]) Horst Fleischhauer; [5]) H. W. Friedrich; [6]) Burckhardt Helferich; [7]) Gerd Rätzel; [8]) R. Schantz; [9]) Werner Schmidt.

VI **Duncker,** August → VIIa/Suppl.

VI **Duncker,** Eduard → VIIa/Suppl.

VI **Dunkel,** Manfred. Chem. – 1919–23 stud. TH Berlin; '23 Dr.-Ing. TH Berlin (O. Gerngross); '23–26 Mitarb. KWInst. Breslau; '27–31 IG Farben Ludwigshafen; '31–36 Vorst. E. Leybold's Nachf. Fabrik feinmech. Geräte, Köln-Bayental, seit '36 persönl. haftend. Gesellschafter. [Eig. Mitt.]
*1898, Nov. 27, Bremen.

S. • Müller-Pouillets Lehrb. d. Physik **4**,3 [11](Brschw. '33). — • Wolfg. Gaede, Eine Schrift aus d. Nachl. (Münch. '50) 95–112: 100 Jahre E. Leybolds Nachf.

Dunken, Heinz. Physikal. Chem. – 1931–34, '36–38 stud. U Kiel, Marburg, Halle; '38 Dr. sc. nat. U Halle (K. L. Wolf); '38 bis Ende '45 Ass. Physik.-chem. Inst. (Wolf) bzw. Vierjahresplaninst. f. Grenzflächenforschg., daneben '40–45 Doz. Physik. u. Allg. Chem. U Halle; '46–53 UdSSR; '54 Leiter der Abt. Forsch. ZIS Halle; '55 Prof. m. voll. LAuftr. U Jena.
*1912, Dez. 12, Metz. [Eig. Mitt.]

W. • Über innermolekulare Ordnungszustände. Diss. (Lpz. '38) 39 S.

Ann. Physik. Absolutbest. v. Oberflächen- u. Grenzflächenspanng. nach d. Tropfengewichtsmeth.: (5) **41** ('42) 567–83.

Kolloid-Z. Oberflächenarb. u. Verdampfungswärme[3])[4]): **91** ('40) 232–43. — Übermolekülbildg. in Grenzflächen[1])[4]): **95** ('41) 186–88. — Gleichtreibg. u. Grenzflächenspanng.[1])[4]): **101** ('42) 20–30.

Z. physik. Chem. (A). Einf. Ableitg. d. Langmuirschen Adsorptionsisothermen: **187** ('40) 105f. — Adsorpt. u. Massenwirkungsgesetz: 314. — Orientierg. v. Molekülen an Grenzflächen u. in Übermolekülen durch elektrostat. Kräfte: **193** ('43) 40–54.

Z. physik. Chem. (B). Verbrennungswärmen u. innermolekulare Ordnungszustände[4]): **38** ('38) 441–50. — Vorlesungs- u. Praktikumsvers. üb. Grenzflächenlösg.: **43** ('39) 240–44. — Stöchiometr. Assoziat. v. Dipolmolekülen in Lösg.: **45** ('40) 201–15. — Instabile Grenzflächenlösg.: **46** ('40) 38–42. — Grenzflächenspanng. v. Lösg. gegen Quecksilber: **47** ('40) 195–219 [Hab.schr.]. — Orientierungspolarisat. u. Übermolekülbildg.[2])[4]): **49** ('41) 43–63. — Üb. d. beim Mischen unpolarer Flüssigk. auftret. Volumenvermehrg.: **53** ('43) 264–79.

Mit: [1]) Ilse Fredenhagen; [2]) Fritz Judenberg; [3]) H. Klapproth; [4]) Karl Lothar Wolf.

Du Pasquier, Gustave → v. VI **Pasquier.**

Durau, Felix Johann. Physik. – 1920–24 stud., '24 Dr. phil. U Münster (G. Schmidt, '25–36 dess. Ass.); '28 PDoz., '48 apl. Prof. Molekularphysik U Münster. [Eig. Mitt.]
*1896, Sept. 1, Althütte.

Ann. Physik. Adsorpt. v. Gasen an Natriumchlorid u. wässer. Natriumchloridlösg.: (4) **87** ('28) 307–84 [Hab.schr.]. — Adsorption v. Gasen an vakuumgeschmolzenem Elektrolyteisen[8]): (5) **12** ('32) 927–60.

Naturwiss. Exakt. Nachw. d. Adsorpt. v. Gasen an jungfräul. Salzoberflächen[2]): **21** ('33) 528. — Verlauf v. Adsorptionsisothermen an Bleichlorid als Adsorbens[9]): **24** ('36) 156f.

Physik. Z. Apparat z. Herst. v. Adsorptionspulvern aus Metallen unt. Stickstoff bzw. anderen Gasen: **37** ('36) 684–88. — Ideale Adsorptionsisotherme[3])[4]): **38** ('37) 157f.

Verh. Dtsch. physik. Ges. Herst. geom. ausmeßb. Oberfl.: (3) **14** ('33) 24f.

Z. anorg. allg. Chem. Adsorpt. v. Gasen an Bleichloridkugeln[5]): **232** ('37) 133–54.

Z. Physik. Üb. Adsorpt. v. Gasen an Glas- u. Silberpulvern: **37** ('26) 419–57. — Fettlose hochvakuumdichte Metallventile: **89** ('34) 143–47. — Fettlose hochvakuumdichte Metallverschlüsse u. -verbb.: 148–51. — Verwendg. v. Federungskörpern in d. Hochvakuumtechn.: 152–54. — Herst. v. Kupferpulvern m. einem Hochvakuum-Fräsapparat u. Adsorption v. Gasen an diesen Pulvern[1]): 757–73. — Adsorption v. Gasen an jungfräulichen Salzoberfl.[2]): **98** ('35) 198–226. — Herst. u. Ausmessg. v. Adsorbensoberfl.[9]): **100** ('36) 145–65. — Üb. d. Ausbau d. volumenometr. Adsorptionsmeth.: **101** ('36) 27–67. — Adsorpt. v. Gasen b. geringen Drucken an Bleichlorid[6]): 755–68. — Adsorpt. v. C_6H_6, C_6H_{14} u. CH_3COCH_3 an Bleichlorid v. bekannter Oberfl.[9]): **102** ('36) 67–101.

Z. physik. Chem. (A). Adsorpt.: **108** ('23) 128–50 [Diss.]. — Gasbindg. am Kaliumpermanganat: **156** ('31) 195–209. — Gasbindg. am zersetzten Kaliumpermanganat: 210–24. — Adsorptionswärmen v. SO_2 u. C_3H_8 am NaCl u. v. C_3H_8 u. C_2H_6 am zersetzten $KMnO_4$[7]): **159** ('32) 115–30.

Z. techn. Physik. Gasdichtigk. v. feuerfesten Massen: **13** ('32) 228–33.

Mit: [1]) Hermann Franßen; [2]) Alfred Horn; [3]) Karl Koopmann; [4]) Hans Krächter; [5]) Rudolf Müller; [6]) Josef Reckers; [7]) Viktor Schratz; [8]) Carl Heinz Teckentrup; [9]) Georg Tschoepe.

Durig, Arnold. Physiol. – Stud., 1898 Dr. med. U Innsbruck (S. Exner, dess. Ass. 1900–03); '02 hab. U Wien; '03 Doz. u. ao. Prof. H Bodenkultur Wien; '04 ao. Prof. Physiol. U Innsbruck; '05–18 o. Prof. H Bodenkultur Wien; '18–38 o. Prof. Physiol. U Wien; '38 em. in Wien, dann in Schruns/Landschau, Vorarlberg. – '02 Lieben-Preis (Akad. Wiss. Wien); Dr. phil. h. c. (U Innsbruck). [Eig. Mitt.]
*1872, Nov. 11, Innsbruck/Tirol.

Zum 80. Geb.tag. Alm. Österr. Akad. Wiss. 1952 **102** ('53) 395 f.

MHZ. Arbeitsphysiol. **1** ('28) – **13** ('44). — Der Pflug **1** ('26) – **4** ('29).

S. ● Handbuch d. ges. Tuberkulose-Therapie (E. Loewenstein) (Bln-Wien '23) 573–1044: Die physiol. Grundlagen d. Ernährg. — ● Lehrbuch d. vergl. Physiol. d. Haussäugetiere (W. Ellenberger u. A. Scheunert) [3](Bln '25) 358–79: Allg. Physiol. d. Muskeln u. Nerven. — ● Körper u. Arbeit (E. Atzler) (Lpz. '27) 196–328: Theor. d. Ermüdg.; 488–651: Ermüdg. im prakt. Betrieb. — ● Österr. Ärztetagung Salzburg 1947, **1** (Wien '48) 7–86: Vom Chaos z. Menschen. — ● Festschrift z. 80. Geb.tag Max Neuburgers (Wien '48) 119–26: Über Automatie u. deren Geschichte.

W. ● Wassergehalt u. Organfunkt. Hab.schr. (Wien '02). — ● Die Ermüdung (Wien '16) 5+211 S. (Schriften d. 3. Int. Kongr. f. Gewerbekrankh. 3, 1). — ● Das Ernährungsproblem Österreichs (Wien '20) 64 S. [Aus: Wien. klin. Wschr. '20]. — ● Das Taylorsyst. u. d. Med. (Wien '22) 54 S. [Aus: Wien. med. Wschr. '22]. — ● Appetit (Wien '25) 52 S. [Aus: Wien. klin. Wschr. '25, H. 9 Sonderbeilage]. — ● Ernährungsprobleme (Wien '29) 53 S. — ● Über physiol. Grundlagen b. d. Ernährg. Tuberkulöser (Wien '30) 2 + 80 S. [Aus: Wien. med. Wschr. 1930, Nr. 23 u. 24]. — ● Über d. physiol. Grundlagen d. Atemübungen (Wien '31) 31 S. [Aus: Wien. klin. Wschr. '31]. — ● Über Blutdruck u. Blutdruckmessg. (Wien '32) 121 S. [Aus: Wien. med. Wschr. '32, Nr. 22]. — ● Die Automatik u. deren Grenzen ('52) 38 S. (Mount Sinai Hospital 19).

Arch. Anat. u. Physiol. Physiol. d. Menschen im Hochgebirge[4]): **1904,** physiol. Suppl. 2, 417–56.

Biochem. Z. Biochem. Versuchsmethodik: **4** ('07) 65–67. — Verhalten d. Amphibien in versch. konzentriert. Lösg.: **50** ('13) 288–95. — Kohlenhydratsparende Wirkg. d. Alkohols[3])[1]): 296–345. — Ergebn. d. unt. Führg. v. Prof. Pannwitz ausgeführten Teneriffaexpedit. 1910, 4: Hautausscheidg. in d. trockenen Höhenklima[2])[4]): **72** ('15) 253–84.

Denkschr. Akad. Wiss. Wien. Physiol. Ergebn. d. im J. 1906 durchgeführten Monte-Rosa-Expedit.: **86** ('11) 1–105.

Münch. med. Wschr. Höhenklima-Wirkg.: **82** ('35) 445–50.

Pflügers Arch. ges. Physiol. Physiol. d. Menschen im Hochgebirge, 2: **113** ('06) 213–316; ~ 3: Einwirkg. v. Alkohol auf d. Steigarbeit: 341–99.

Proc. Roy. Soc. London. Contribut. to the question of blaze currents: **71** ('03) 212–19.

Wiener klin. Wschr. Ernährungsprobl. Österreichs: **33** ('20) 351–58, 380–85, 394–410. — Moderne Ernährungsfragen: **34** ('21) 83–85. — Physiol. Grundlagen d. Atemübg.: **44** ('31) 6–12, 46–50. — Arbeiterernährung: **50** ('37) 701–06. — Betrachtg. üb. d. Schaffung int. Ernährungs-Standard-Werte: **51** ('38) 1–7, 38–44.

Wiener med. Wschr. Verköstigg. u. Diätverordng. in Krankenanst.: **70** ('20) 941–47. — Moderne Ernährungsfragen: **71** ('21) 357–62, 409–15, 448–54, 554–59. — Taylorsyst. u. d. Med.: **72** ('22) 5–9, 84–88, 175–79, 220–23, 296–301, 341–45, 439–43, 522–25. — Mod. Tuberkulosefragen: 805–09. — Beziehg. zw. d. Magen u. d. Gesamtkörper: **76** ('26) 123–26, 158–61, 185–88. — Blutdruck u. Blutdrucksenkung: **80** ('30) 12–16; **82** ('32) 6–9, 82–85, 112–14, 142–44, 176–78, 205–07, 238–40, 268–70, 301–03, 410–12, 438–40, 493–95, 524–26, 547 f., 578–81, 604–06, 635–38, 659–61. — Neuer Vorschlag zu einer Ernährungsstatistik auf Grundlage d. Grundumsatzwerte: **89** ('39) 217–19.

Mit: [1]) E. Brezina; [2]) Carl Neuberg; [3]) O. Tögel; [4]) N. Zuntz.

Durrer, Robert. Eisenhüttenwes. – 1910 stud., '15 Dr.-Ing. TH Aachen (F. Wüst, dess. Ass.); '28–43 o. Prof. Eisenhüttenkunde u. Leiter d. Inst. f. Eisenhüttenkunde TH Berlin; seit '43 o. Prof. Metallurgie ETH Zürich; zugl. Gen.-Dir. d. Ges. d. Ludw. v. Roll'schen Eisenwerke AG, Gerlafingen/Schweiz. – '52 Dr. mont. e. h. (MH Leoben). [Eig. Mitt.]
*1890, Nov. 18, Arbon/Schweiz.

MH. ● Aus Techn. u. Wirtsch. **1–4** (Zürich '19).

S. ● Hans Fehlmann, Die schweizer. Eisenerzeugg., ihre Gesch. u. wirtschaftl. Bedeutg. (Bern '32) 200–04: Heutiger Stand d. Verhüttg. v. Eisenerzen.

W. ● Temperatur-Wärmeeinheitskurven wicht. Metall-Legierg. (m. Fritz Wüst) (Bln '22) 46 S. (Forsch.-Arb. Ing.-Wes. 241). — ● Untersuchung z. Klärg. d. Frage d. elektr. Verhüttg. schweiz. Eisenerze (Düsseld. '24) 48 S. — ● Kalorimetrische Best. d. Temp.-Wärmeinhaltskurve v. reinem Eisen. Diss. (Halle '15) 17 S. — ● Die Metallurgie d. Eisens (Bln '34) 7+743 S. (Aus: Gmelins Handb. d. anorg. Chem.[8] Syst. Nr. 59); [3]('43) 38+1034 S. — ● Erzeugung v. Eisen u. Stahl (Dsdn-Lpz. '36) 10+159 S. (Techn. Fortschrittsber. 39). — ● Vom Erz z. Stahl. Der Weg d. Eisens (Hambg '38) 46 S. (Dtsch. Roh- u. Werkstoffe). — ● Verhütten v. Eisenerzen außer d. Verhütten im Kokshochofen [1](Düsseld. '43) 12+133 S.; [2]('54) (Stahleisenbücher 3); ital. (Mailand '44). — ● Grundlagen d. Eisengewinng. (Bern '47) 210 S.; ital. (Briano-Genova '49); span. (Barcelona '49); japan. (Tokio '50). — ● Metallurgie d. Ferrolegierg. (m. Gg. Volkert) (Bln-G.-H. '53) 7+409 S.

Angew. Chem. Neuere Verf. z. Verhüttg. v. Eisenerzen: **52** ('39) 377–83.

Arch. Eisenhüttenwes. Sauerstoffabbau d. Eisenoxyds u. d. Eisenoxyduls m. festem Kohlenstoff im Vakuum[1]): **4** ('31) 455–60. — Entschwefelg. m. sauren Schlacken[5])[7]): **14** ('41) 527–32. — Verbrenng. v. Koks m. sauerstoffreichem Wind u. ihre Auswirkg. auf d. Verhüttg.[6])[7]): **16** ('43) 329–32.

Ber. Ges. Freunde TH Berlin. Entschwefelg. v. Eisen durch saure Schlacke[7]): **1941,** 42–44. —

Rohstoff- u. Energiegrundlagen d. Welteisenind.: N. F. 1 ('42) 160–67. — Verbrenng. v. Koks m. sauerstoffreichem Wind u. ihre Auswirkg. auf d. Verhüttg.[6])[7]): N. F. 2 ('43) 43–50. — Eisengewinng. in China: 56f.

Berg- u. hüttenmänn. Mh. Leoben. Betrachtg. üb. d. Eisengewinng.: **95** ('50) 171–73. — Betrachtg. üb. d. Entwicklg. d. Eisengewinng.: **97** ('52) 177–79.

Blast Furnace Steel Plant. Elektr. Reinigg. v. Hochofengas: **17** ('29) 862f.

Engineering. Güteeinteilg. d. brit. Roheisensorten: **148** ('39) 439.

Fonderia. Gewinng. v. Spiegeleisen aus Schlacken m. hohem Mangangehalt: **1942,** 41–43. — Normen z. Verbesserg. d. Qualität d. Prod. v. Siemens-Martinöfen: 63–65, 67f.

Foundry [Cleveland]. Verschleißfestes Gußeisen m. hohem Mangangehalt: **73** ('45) 151.

Forsch. u. Fortschr. Verwendg. hochhalt. Sauerstoffs b. d. Eisengewinng.: **19** ('43) 211f.

Ind. Chemist. Neue Fabrik z. Herst. flüss. Luft: **3** ('27) 488–91.

Physik. Z. Spezif. Wärmen v. Blei-Antimonlegierg.: **19** ('18) 86–88.

Schweiz. Arch. angew. Wiss. u. Techn. Gedanken z. Gewinng. d. Eisens: **9** ('43) 357–60.

Schweiz. Bau-Ztg. Probl. d. Eisengewinng. in d. Schweiz: **110** ('37) 27–29. — Eisenerzverhüttg. in d. Schweiz: **112** ('38) 261–63.

Stahl u. Eisen. Hochofenschlacken[4]): **37** ('17) 221–23. — Thermoelektr. Meth. f. d. Stud. d. allotropen Umwandlg. d. Metalle: 430f. — Prakt. Anwendg. d. Metallographie in d. Eisen- u. Stahlgießerei: 869–74, 967–71, 1087–91. — Hochofenprozeß: 1052–54. — Cowperbeheizg.: **38** ('18) 518. — Elektr. Ausscheidg. v. festen u. flüss. Teilchen aus Gasen: **39** ('19) 1377–85, 1423–30, 1511–18, 1546–53. — Verhüttg. v. Titaneisensand: **40** ('20) 938–41. — Dauerelektrode v. Söderberg: 1599–1603. — Metallurgie d. Elektrohochofens: **41** ('21) 753–57. — Verwertg. d. Kohlenoxyds im Elektrohochofen: 1152f. — Zukunft d. elektrotherm. Eisengewinng.: **42** ('22) 463f. — Gaswirtsch. im Elektrohochofenbetriebe: **44** ('24) 748–50. — Elektr. Leitfähigk. v. Holzkohle u. Koks: 467–69. — Neuere Ergebn. m. d. elektr. Gasreinigg.: 809–14. — Verhüttungsvers. m. Fricktaler- u. Gonzen-Erz: **46** ('26) 328–32. — Elektr. Großgasreinigg., Bauart Elga, in Witkowitz: **47** ('27) 1933–41. — Verf. z. direkt. Stahlerzeugg. nach Flodin-Gustafsson: **48** ('28) 798–800. — Bedeutg. v. hochwert. Schrott f. d. schwed. Qualitätsstahlerzeugg.: 697. — Reduktionsmechanism. d. Eisenoxyde[1]): **54** ('34) 673–76. — Holzkohlenhochofen: **56** ('36) 553. — Sauerstoff als Hilfsmittel b. d. metallurg. Verf.: **57** ('37) 1118f. — Eisenerzverhüttg. in d. Schweiz: **58** ('38) 1105f. — Redukt. v. Titansäure m. festem Kohlenstoff u. kohlenstoffhalt. Eisen[1]): **60** ('40) 12f. — Verhüttg. d. Eisenerze auf alten u. neuen Wegen: 877–80. — Entschwefelg. m. sauren Schlacken unt. Zusatz v. Flußmitteln[7]): **62** ('42) 537–39. — Eisenschwammgewinng. nach d. Wiberg-Verf.: **63** ('43) 700–03. — Eisengewinng. m. hochhaltig. Sauerstoff: **66/67** ('47) 239–41.

Techn.-Ind. Schweiz. Chemiker-Ztg. Grundlagen d. Materialprüfg. v. Eisen u. Stahl[3]): **1920,** 145–48, 184–88, 201–06, 221–24, 236–39, 254–56, 265–67, 287–91, 304–07, 316–19, 327–32, 351–54, 363–70, 378–80.

Tonind.-Ztg. Gleichzeit. Herst. v. Eisen u. Portlandzement im Drehofen: **60** ('36) 285f.

Umschau. Elektr. Verhüttg. v. Eisenerzen: **43** ('39) 904f.

Z. anorg. allg. Chem. Festlegg. d. Schmelzdiagramms d. Syst. Aluminiumoxyd-Chromoxyd-Magnesiumoxyd[2]): **198** ('31) 141–56. — Primärreakt. d. Metalloxyde m. fest. Kohlenstoff[1]): **222** ('35) 189–200 [auch in: Carnegie Scholarship Mem. **23** ('35) 1–12].

Z. Elektrochem. Erzeugg. v. Roheisen m. Hilfe elektr. Energie: **42** ('36) 337–41. — Bem. zu d. Arb. v. P. Drossbach[1]): Das Massenwirkungsgesetz bei beliebig vielen Bestandteilen in einer Phase: **46** ('40) 646f.

Z. VDI. Unmittelbare Eisengewinng.: **78** ('34) 513–15.

Ferner Aufsätze in „von Roll Mitt." und folgende Arbeiten: La producción mundial de hierro ('48) (Inst. del Hierro y del Acero). — Conservat. of iron and steel in production. Ideas on the future product. of iron and steel ('49) (United Nations Economic and Social Council). — Consideraciónes sobre la producción de hierro ('52) (Inst. del Hierro y del Acero). — Report on developments and trends in iron and steel technol. ('52) (Economic Comm. for Europe-Steel Committee).

Mit: [1]) Walter Baukloh; [2]) Karl J. A. Bonthron; [3]) Carl Dornhecker; [4]) Wilhelm Harnickell; [5]) Heinr. Hellbrügge; [6]) Petro Lwowycz; [7]) Borut Marinček.

VI **Duschek,** Adalbert Ludwig. Math. – 1921–36 Ass. (Herm. Rothe, L. Schrutka), '25 PDoz., '36–38 ao. Prof. TH Wien; '38–45 em.; '40–45 wiss. Konsulent Elin AG f. elektr. Industr., Wien; seit '45 o. Prof. Math. TH Wien, zugl. '30 PDoz. U Wien. [Eig. Mitt.]

*1895, Okt. 2, Mödling/Niederösterr.

W. ● Grundzüge d. Tensorrechng. in analyt. Darst. (m. Aug. Hochrainer) **1** Tensoralgebra [1](Wien '46); [2]('48) 6+129 S.; **2** Tensoranalysis (Wien '50) 8 + 338 S. — ● Vorlesungen üb. höh. Math. **1** (Wien '49) 10+395 S.; ~ **2** ('50) 6+386 S.; ~ **3** ('53) 9+512 S.

Abh. Sem. Vektor- u. Tensoranalysis U Moskau. Zur geom. Variationsrechng.: **4** ('47) 95–99.

Arch. Elektrotechn. Berechng. d. Polungswiderst. b. Regeltransformatoren: **37** ('43) 241–52. — Stromkräfte zw. parallelen Leitern v. rechteckigem Querschn.: 293–301.

Math. Z. Geom. Variationsrechng., 3: **40** ('35) 279–91.

Mh. Math. u. Physik [Wien]. Geom. Variationsrechng., 2[2]): **40** ('33) 294–308. — Neue Art v. algebr. Bereichen: **52** ('48) 89–123.

Österr. Ing.-Arch. Grundzüge einer Algebra d. elektr. Schaltg.[3]): **1** ('47) 203–30. — Matrizen, Vektoren u. Tensoren: 371–82.

Mit: [1]) August Hochrainer; [2]) Walther Mayer; [3]) Otto Plechl.

IV–VI **Dutoit,** Paul. Chem. – 1898 Prof. ord. chim. physique, 1918–43 chim. minérale U Lausanne, dann dort em.

*1873, Sept. 8, Lausanne;
†1944, Jan. 7, Lausanne.

Nekr. Ch. Haenny, Helvet. chim. Acta **27** ('44) 1414–22 (m. Bildn., Faks. u. Schr.verz. 40+17 Nr.).

Erf. 6 Patente (s. Haenny).

W. ● Effets thermiques produits par les mélanges de liquides org. Sur une formule d. M. Bertrand. Diss. (Genf '97) 52 S. — ● L'analyse des vins par volumétrie physico-chim. (m. M. Duboux) (Lausanne '12) 189 S. — ● Sur le potentiel métal-solut., dans les dissolvants autres que l'eau (Paris '34) 13 S.

Abh. bis 1929 s. Haenny.— 1930 ff. erschienen:

Bull. Soc. Vaudoise Sci. natur. Principe d'une méth. d'analyse physico-chim. pour reconnaître le mouillage du vin[1]): **62** ('44) 430.

C. R. Acad. Sci. Paris. Analyse spectrogr. des cendres d'organes[4]): **190** ('30) 172f.

Helvet. chim. Acta. Poids atom. du chlore dans les résidus industriels[3]): **22** ('39) 805–08.— Louis Pelet (1869–1941): **24** ('41) 561–63.

J. Chim. physique. Décomposit. du carbure de calcium[2]): **29** ('32) 238–41.

J. Four électr. Préparat. du ferrophosphore au four électr.: **47** ('38) 16–18, 49–51.

Mit: [1]) M. Duboux; [2]) Michel Rossier; [3]) Krikor V. Yacoubyan; [4]) Christian Zbinden.

VI **Dworzak,** Rudolf. Chem. (analyt.). – 1930 PDoz., '40 apl. Prof U Wien; '49 ao. Prof. TH Karlsruhe. [Ohne eig. Mitt.]
*1899, Nov. 21, Wien.

Bildn. ● TH Fridericiana Karlsruhe (Karlsr. '50) 103.

Biochem. Z. Opt. Spaltg. d. racem. Milchsäurealdehyds[4]): **276** ('35) 383–85.

Chem. d. Erde. Säuerling v. Oberschützen im Burgenlande: **9** ('35) 269–85.

Mikrochem. verein. Mikrochim. Acta. Krit. Überprüfg. d. Kaliumbest. m. Dipikrylaminmagnesium[1]): **26** ('39) 322–42. — Best. kleiner Mengen v. Barium u. Strontium in Silicatgesteinen[3]): **30** ('41) 154–64.

Mikrochim. Acta. Summenbest. d. Alkalien u. d. mikrogravimetr. Best. d. Natriums als Natrium-Magnesium-Uranylacetat[2]): **1** ('37) 168–93.

Schr. Ver. Verbreit. naturwiss. Kenntn. Wien. Natürl. u. synthet. Riechstoffe: **79** ('39) 30–70.

Z. analyt. Chem. Quantitat. Best. d. Calciums m. Pikrolonsäure[5]): **86** ('31) 98–113.

Mit: [1]) Herbert Ballczo; [2]) A. Friedrich-Liebenberg; [3]) Else Kisely; [4]) Wilhelm Prodinger; [5]) Wilhelm Reich-Rohrwig.

III–VI **von Dyck,** Walther Anton Franz. Math. – Seit 1884 o. Prof. Math. TH München.
*1856, Dez. 6, München;
†1934, Nov. 9, München-Solln.

Kurzbiogr. ● Reichshandb. Dtsch. Ges. **1** (Bln '30) 357 (m. Bildn.).

Nekr. G. Faber, Forsch. u. Fortschr. **10** ('34) 423f.; Jahrb. Bayer. Akad. Wiss. **1934/35,** 57–62; Jber. Dtsch. Math. Ver. **45** ('35) 89–98 (m. Bildn., Faks. u. Schr.verz. 77 Nr.); Math. Ann. **111** ('35) 629f. — W. Lorey, Unterr.-Bl. Math. u. Naturwiss. **41** ('35) 28f. — W. Wirtinger, Alm. Akad. Wiss. Wien **85** ('36) 269–72. — J. Zenneck, Mitt. Ges. Dtsch. Naturforsch. u. Ärzte **11** ('35) 2f. — Nachr. Ges. Wiss. Göttingen, Jahresber. **1934/35,** 12f.

MH. Joh. Kepler, Nova Kepleriana **1–9** (Münch. '10–36). — Joh. Kepler, Ges. Werke **1–4, 6, 7** (Münch. '37–53).

S. ● Das Deutsche Museum, Gesch., Aufg. u. Ziele [3](Bln-Münch. '33) 20–36: Der Ehrensaal d. Dtsch. Museums; 169–78: Mathematik.

W. ● Georg v. Reichenbach (Münch. '12) 140 S. (Lebensbeschr. u. Urk. Dtsch. Museum).

Dyckerhoff, Hanns. Physiol. Chem. – 1922–29 stud., '29 Dr. phil. et med., '29–30 Ass. U München; '29–34 Ass. Dtsch. Forschungsanst. Lebensmittelchem. München; '34 PDoz., '34–42 Abt.-Leiter Pathol. Inst. U München; '42–45 o. Prof. U Straßburg; '51 Chemiker Lingner Werke Düsseldorf. [Eig. Mitt.]
*1904, Jan. 6, Köln/Rhein.

MHZ. Z. ges. exp. Medizin bis 1945.

S. ● Handbuch d. Enzymologie (Nord u. Weidenhagen) (Lpz. '38) 633–48: Gerinnung d. Blutes.

W. ● Über proteolytische u. gerbstoffspaltende Fermente. Hab.schr. (Münch. '34).

Apotheker-Ztg. Wertigk. d. im Handel befindl. Pankreas-Präpar.[19]): **49** ('34) 161.

Beitr. pathol. Anatom. Tox. Syst. d. Muskelzellen (Myotoxin): **103** ('39) 245–47.

Ber. Dtsch. chem. Ges. Pflanzenproteasen, 11: Spezifität d. Hefepeptidasen[13]): **61** ('28) 656–70 [Diss. 3]. — Enzymat. Spaltbark. d. Prolinpeptide[13])[23]): **62** ('29) 1307–10.

Biochem. Z. Hemmg. u. Aktivierg. d. Pankreasenzyme (Lipase, Amylase, Trypsin)[19])[27]): **268** ('34) 17–33. — Gerinng. d. Blutes[15]): **284** ('36) 111–32; ∼ 2[3])[11])[19]): **288** ('36) 271–80; ∼ 3: Funkt. d. Calciums[26])[19]): **297** ('38) 1–9; ∼ 4: Thrombin[19])[26])[11]): 342–46; ∼ 5: Thrombokinase[11]): **299** ('38) 437–40. — Beziehg. zw. „Frühgiften" u. d. Komponenten d. Blutgerinnungssyst., 1[24]): **300** ('39) 193–97. — Darst. einer tox. Subst. (Myotoxin) aus frischem Muskelgewebe, 2[24])[29]): 198–203. — Antithrombingehalt d. Blutes im anaphylakt. Zustand[22]): **303** ('40) 316–23. — Vork. v. Phyto-Thrombin im Papain (Beziehg. d. Papains z. Blutgerinnungssyst.)[9]): **304** ('40) 334–39. — Bem. zu Wöhlischs Mitt. „Theor. d. Thrombokinasewirkg.": **305** ('40) 181. — Natur d. hämorrhag. Diathese b. Cholämie[18]): **307** ('40) 35–48; ∼ 2[18]): **311** ('42) 1–14. — Entstehg. d. akt. Thrombins[18]): **313** ('42) 107–28. — Thrombokinase d. Hefe[10])[32]): **314** ('43) 250–57. — Schwächg. d. Gerinnungsaktivität v. Plasmen u. Thrombokinase durch Extrakt. m. Äther u. Benzol[6]): 258–64. — Reaktionsmechanism. d. Hemmg. d. Blutgerinng. durch einige Seltene Erden u. durch Heparin: **315** ('43) 124–38; ∼ 2[29]): **316** ('43) 31–37. — Kenntn. d. gerinnungsakt. Subst.[18]): 1–30. — Heparinkomplement u. eine Meth. seiner vergl. Best. im Blute[18]): 255–63. — Reaktionsmechanism. d. Hemmg. d. Blutgerinng. durch 3,3'-Methylen-di-(4-hydroxy-cumarin), genannt AP: 397–403. — Fibrinolase u. Blutgerinng.[14]): **317** ('44) 72–80.

Fermentforsch. Fermentsyst. d. Blutgerinng.: **17** ('43) 94–102.

Hoppe-Seylers Z. physiol. Chem. Abh. üb. Pflanzenproteasen, 10: Wirkungsweise d. Hefe-Polypeptidase[13]): **175** ('28) 18–37 [Diss. 1]; ∼ 13: Proteinase u. Polypeptidase d. Hefe[13]): **179** ('28) 41–78 [auch in: Unters. Enzyme **2** ('28) 1708–37] [Diss. 2]. — Natürl. Aktivatoren u. Hemmungskörper proteolyt. Enzyme[13])[23]): **186** ('29) 183–94. — Enzymat. Spaltg. d. Glutathions[13])[7]): **189** ('30) 112–20. — Adsorpt. v. Enzymen an Eiweiß, 1: Adsorpt. v. Pepsin an Eiweiß[28]): **215** ('33) 93–120. — Z. Kenntn. d. Tannase[1]): **219** ('33) 38–56.

Klin. Wschr. Vitamin K u. Plasmaeiweiß[18]): **22** ('43) 570f.

Münch. med. Wschr. Gerinnungssyst. d. Placentarblutes[4])[18]): **87** ('40) 457–60.

Z. ges. exp. Med. Art d. Blutgerinnungsstörg. b. Hämophilie[11]): **104** ('38) 116–19. — Messg. d. Blutgerinnungszeit[11])[25]): **105** ('39) 145–48. — Aufhebg. d. tox. Wirkg. v. Muskelsäften durch Verminderg. d. Gerinnungsfähigk. d. Blutes[16]): **106** ('39) 98–104. — Thromboseverhütende Wirkg. d. Neodyms (Auer 144)[11]): 181–92. — Therapeut. Verwendbark. d. wichtigsten blutgerinnungshemmenden Subst.[30]): **107** ('40) 313–20. — Deutg. d. Mechanism. d. Vitamin C-Wirkg. b. Blutg. parenchymatöser u. hämophiler Art[20]): 497–517. — Gerinnungssyst. d. Placentarblutes[4])[18]): 543–50. — Blutgerinnungshemmende Wirkg. einiger Anionen u. Metalle[8])[20]): 660–67. — Wirkg. d. Peptone auf d. Blutgerinng.[8])[21]): **108** ('40) 112–18. — Blutzerfallsgifte u. ihre Bedeutg. f. Bluttransfus. u. Blutkonservierg.[18]): 363–76. — Art d. Wirkg. einiger blutstillender Subst.[18]): 490–94. — Anaphylaxie u. Blutgerinng.[18])[33]): 772–79. — Therap. u. Genese versch. intoxikationsbedingter Blutgerinnungsstörg.[18])[22a]): **109** ('41) 431–48. — Serumantithrombin b. Gallengangverschluß[18]): **110** ('41) 375–89. — Regulationsmechanism. d. Gerinnungsvermögens[18]): 390–411. — Wirkungsmechanism. u. d. Verwendbark. einiger blutgerinnungshemmender org. Subst.[18])[17]): 412–22. — Störg. d. Blutgerinnungssyst. b. Erkrankg. d. Gallenwege u. d. Leber[12]): **111** ('43) 715–22. — Thromboseprophylaxe durch Verminderg. d. intravasalen Gerinnungsfähigk. d. Blutes[31]): **112** ('43) 309–19. — Bienengift u. Blutgerinng.[18]): **113** ('43) 194–96. — Vergl. Unters. z. Biol. d. konservierten Blutes[18])[2]): 291–331. — Kenntn. d. Hämophilie: 462–75. — Brauchbark. d. Lenggenhagerschen Thrombinabbaureakt. z. Frühdiagnose od. z. Feststellg. manifester Thrombosen[5]): 585.

Mit: [1]) R. Armbruster; [2]) H. Bayerle; [3]) W. v. Behm; [4]) F. Biedermann; [5]) H. J. Borrmann; [6]) W. Deschler; [7]) H. Eibeler; [8]) E. Frimberger; [9]) D. Gigante; [10]) H. Glamser; [11]) N. Goossens; [12]) H. Graeber; [13]) Wolfgang Grassmann; [14]) O. Jakober; [15]) H. J. Kürten; [16]) K. Löwenich; [17]) B. Ludwig; [18]) R. Marx; [19]) H. Miehler; [20]) W. Pretzsch; [21]) G. Renk; [22]) G. Ruhl; [22a]) G. Sattler; [23]) O. v. Schoenebeck; [24]) F. Schörcher; [25]) J. Schwantke; [26]) R. Steiner; [27]) V. Tadsen; [28]) G. Tewes; [29]) J. Torres; [30]) H. Voskuhl; [31]) M. Wick; [32]) R. Widmann; [33]) W. Ziegler.

VI **Dziobek,** Walter. Physik. –1908–13 stud. U Tübingen, U u. TH Berlin; '13 wiss. Hilfsarb. Normaleichungskomm. Charlottenbg; '25 Reg.Rat, '27 Mitgl., '31–38 u. '48ff. Oberreg.Rat Physik.-Techn.Reichsanst. Berlin; '32–33 LAuftr. f. Lichttechn. TH Berlin; '45–48 Amtsrichter Plau/Meckl.; jetzt in Berlin-Charlottenburg lebend. — '32 Dr. rer. nat. h. c. (TH Dresden). [Eig. Mitt.]
*1888, März 13, Berlin.

S. • Handb. d. Lichttechn. **1** (Bln '38) 262–86: Verf. d. visuellen Photometrie. — • Physik.-chem. Taschenbuch (Staude) **2** (Lpz. '49) 1748–58: Brechungsindices fester, flüss. u. gasförm. Subst.; 1758–61: Reflexionsvermögen; 1786–92: Extinktionskoeffizienten; 1894–1901: Photometr. Größen, Einheiten, Bezeichng. u. Konst.; 1902–10: Energiewerte nach d. Planckschen Gesetz.

Elektrotechn. Z. Gegenwärtiger Stand d. Frage d. Lichteinheit: **53** ('32) 619.

Licht. Stiles-Crawfordeffekt u. seine Bedeutg. f. d. Photometr.: **4** ('34) 150–52. — Begriffsbest. d. lichttechn. Grundgrößen: **5** ('35) 9–11.

Licht u. Lampe. Frage d. Lichteinheit (Hefnerkerze u. Int. Kerze): **1928,** 77. — Aufnahme v. Energieverteilungskurven im Ultraviol.: **1930,** 219. — Grundlagen d. Photometrie d. Gestirne: **1931,** 236, 244.

Physik. Z. Einfl. d. Purkinje-Effektes b. Gasentladungsröhren[2]): **35** ('34) 545–48.

Sci. Ind. photogr. Influence du champ périphérique sur le seuil de visibilité dans les mesures photométriques: **5** ('49).

Z. Instrumentenkunde. Appar. z. Messg. v. Kontrasten auf photogr. Wege[4]): **53** ('33) 363–66.

Z. techn. Physik. Meth. z. Best. d. Energieverteilg. in Gitterspektr.[3]): **13** ('32) 122–24. — Unters. üb. d. Lichtdurchlässigk. d. Nebels[1])[4]): **14** ('33) 289–93. — Z. photometr. Messg. stark verschiedenfarbiger Lichtquellen[2]): 350–53. — Messg. an Rückstrahlern: 557–59.

Z. wiss. Photogr. Verwendbark. d. Wolfram-Vakuumlampe zu sensitometr. Messg.: **31** ('32) 96–104. — Helligkeitsabfall photogr. Objektive: **46** ('51) 3–5.

Mit: [1]) Fritz Born; [2]) Otto Reeb; [3]) U. Schmieschek; [4]) M. Wolff.

E

Ebbecke, Ulrich. Physiol. – 1902–08 stud. U München, Berlin, Straßburg, Kiel; '07 Dr. med. U Kiel (E. Siemerling); '13 PDoz. U Göttingen; '24–52 o. Prof. U Bonn. [Eig. Mitt.] *1883, Dez. 29, Gammertingen/Hohenzollern.

Zum 70. Geb.tag. J. Steudel, Naturwiss. Rdsch. **7** ('54) 86.

Ue. ● Aug. Krogh, Die Anatomie u. Physiol. d. Capillaren (Bln '24) 17+276 S. (Monogr. Gesamtgebiet Physiol. 5).

S. ● Verh. 34. Dtsch. Kongr. f. inn. Med. (Münch. '22) 474–76: Elektr. Reizg. sensibler Nerven. — ● Verh. Dtsch. Pathol. Ges. 19. Tagg. (Göttingen '23) 99–102: Hautquaddel als ein Beiop. exp. Entzündg. ● D. Sportärztetagg. d. Dtsch. Ärztebundes (Jena '25) 62–78: Sport u. Gefäße. — ● Physiological Papers (dedicated to Aug. Krogh) (Copenhagen '26) 10–24: Über d. Elektrotonus. — ● Handb. d. norm. u. pathol. Physiol. (Bethe u. Bergmann) **17** (Bln '26) 563–90: Physiol. d. Schlafes; **12** ('29) 233–65: Receptorenappar. u. entopt. Erscheing.— ● Ber. 10. Kongreß exp. Psychol. (Bonn '27) 100–13: Bedeutg. d. Unters. üb. innere Sekret. f. d. Psychol. — ● Handbuch d. biol. Arbeitsmeth. (Abderhalden) V, **5a** (Bln '28) 681–718: Modellvers. z. Erläuterg. d. Nervenreizg.

W. ● Trauma u. Syringomylie. Diss. (Kiel '07) 32 S. — ● Die kortikalen Erregungen (Lpz. '19) 10+305 S. — ● Einfache Gesetzmäßigk. d. Nervenlebens (Bonn '43) 20 S. (Kriegsvortr. U Bonn 77). — ● Joh. Müller, d. große rhein. Physiol. (Bonn '44) 24 S. (∼150). — ● Johannes Müller, d. große rhein. Physiol. (Hannov. '51) 191 S. (Heilkde u. Geisteswelt 4).

Acta neurovegetativa. Schmerz: **7** ('53) 40–57.

Arzneimittel-Forsch. Physiol. u. Pathophysiol. d. Schmerzes: **1** ('51) 49–55.

Biochem. Z. Ausscheidg. nicht dialysierbarer Subst. durch d. Harn unt. normalen u. patholog. Verhältn.: **12** ('08) 485–98. — Viscositätsverhalten v. Faden- u. Kugelmolekülen, insbes. Glykogen u. Stärke in komprim. Flüssigk.[3]): **303** ('39) 242–50. — Gerinng. eines Kieselsäuregels im Vergl. z. Plasmagerinng.: **304** ('40) 165–76. — Fibringerinng. als Polymerisations-Kristallisationsvorgang: 177–93.

Dermatol. Z. Neueres üb. Hormone: **4** ('29) 177–90.

Dtsch. med. Wschr. Muskelphysiol.: **49** ('23) 1496. — Zellreizg. u. Permeabilität: **50** ('24) 131. — Z. 100. Geb.tag Eduard Pflügers: **55** ('29) 967–69. — Erythrocyten u. Sphärocyten in ihrer Beziehg. z. Hämolyse u. Senkungsgeschwindigk.: **64** ('38) 1640–44. — Schüttelfrost in Kälte, Fieber u. Affekt: **72** ('47) 332. — Chordotomie u. Leukotomie: **73** ('48) 391–94. — Schmerz u. Kausalgie: **74** ('49) 133–36.

Dtsch. Z. Nervenheilkunde. Physiol. Deutg. d. Phantomgliedes: **163** ('50) 337. — Irradiat. v. Reflexen u. Reflexempfindg. (Headsche Zonen u. Hyperästhesie): **164** ('50) 490–508.

Ergebn. Physiol. Gefäßreakt.: **22** ('23) 401–94. — Lehre v. Elektrotonus: **35** ('33) 756–826. — Lebensvorgänge unt. d. Einwirkg. hoher Drucke: **45** ('44) 34–183.

Experientia. Zur Goetheschen Farbenlehre: **5** ('49) 498–501. — Farbfilter, Farbenblindheit u. Farbensehen: **6** ('50) 126–34.

Hoppe-Seylers Z. physiol. Chem. Chem. Vorgänge b. d. Kompressionsverkürzg. d. Muskels[1]): **247** ('37) 79–103.

Klin. Mbl. Augenheilkunde. Entopt. Phänomen b. Schreck: **109** ('43) 190–93. — Biol. Bedeutg. d. Sympathikus-Pupillenerweiterg.: 456–62.

Klin. Wschr. Endothelzellen, „Rougetzellen" u. Adventitialzellen in ihrer Beziehg. z. Kontraktilität d. Kapillaren: **2** ('23) 1341–44. — Kapillarerweiterg., Urtikaria u. Schock: 1725–27. — Synergism. u. Antagonism. b. menschl. Atem- u. Schluckreflexen: **22** ('43) 373–78. — Gesichtsreflex d. Trigeminus als Wärmeschutzreflex (Wind- u. Wetterreflex) d. Kopfes: **23** ('44) 141–45.

Kolloid-Z. Mech. u. Materialeigensch. d. Fibrins: **91** ('40) 134–52.

Materia med. Nordmark. Entstehg. u. Anwendg. der aus d. Blutplasma hergest. Fibrinpräpar., insbes. d. Fibrinschaums: wiss. Beibl. Mai '52.

Mschr. Kinderheilkunde. Reflexe d. ersten Lebenszeit: **99** ('51) 401–08.

Naturwiss. Gefäßreflexe: **9** ('21) 439–45. — Regulierg. d. Blutverteilg. in d. Kapillaren: 629–37. — Physiol. d. Kapillaren: **14** ('26) 1131–37. — Schmerz als Reflexempfindg. u. Affekt: **34** ('47) 336–43. — Psych. Beeinflussg. körperl. Vorgänge: **39** ('52) 49–55. — Reflex u. Verhaltensweise, Reflexempfindg. u. Gefühl: 218–26.

Nervenarzt. Schlaf als Affekt: **19** ('48) 442–46.

Pflügers Arch. ges. Physiol. Wirkg. allseit. Kompress. auf d. Froschmuskel: **157** ('14) 79–116. — Lokale vasomotor. Reakt. d. Haut u. innern Organe: **169** ('17) 1–81. — Temperaturempfindg. in ihrer Abhängigk. v. d. Hautdurchblutg. u. v. d. Reflexzentren: 395–462. — Chron. Narkosewirkg. u. rhythm. Reflexe: **179** ('20) 73–94. — Farbenblinder u. schwachsicht. Saum d. blinden Flecks: **185** ('20) 173–80. — Augenblicksehen: 181–95. — Sehen im Flimmerlicht: 196–223. — Zentrale Hemmg. u. d. Wechselwirkg. d. Sehfeldstellen: **186** ('21) 200–19. — Entopt. Vers. üb. Netzhautdurchblutg.: 220–37. — Lokale galvan. Reakt. d. Haut: **190** ('21) 230–69. — Elektr. Hautreizg.: **195** ('22) 300–23. — Membranänderg. u. Fleischl-Effekt: 324–32. — Membranänderg. u. Nervenerregg.: 555–87; **197** ('22) 482–99; **203** ('24) 336–56. — Elektr. gemessene Membranänderg. an Pflanzen u. d. Entstehg. pflanzl. Reizbewegg.[4]): **199** ('23) 88–108. — Elektr. Reizgesetze u. ihre Erläuterg. am Modell d. Polarisationszelle: **211** ('26) 485–510. — Wirkungsweise nichtelektr. (mech., chem., therm.) Reize: 511–22. — Elektr. Hautreizg. u. Elektrotonus: 761–72. — Üb. Reizströme; lokale, galvan. Reakt. u. Gleichrichterwirkg. d. Froschhaut: 773–85. — Elektroton. Reizänderg. d. Nerven: 786–96. — Polarisat. im Nerven u. Muskel u. ihre Messg.: **212** ('26) 121–35. — Gesetz d. elektr. Reizg. u. physik. Bedeutg. d. Hoorwegschen Gesetzes u. d. Zeitkonst.: **216** ('27) 448–71. — Vers. am Hermannschen Kernleiter z. Erläuterg. d. elektr. Reizgesetze: 472–78. — Positive u. negative Nachbilder: **221** ('28) 160–88. — Neue Nachbildphase, das posit. Hellbild: 189–97. — Spontane Nachbildschwankg. u. d. Verhältn. v. Nacherregg. u. Indukt.: 198–212. — Gefäßreakt. d. Niere u. d. Antagonism. v. Glomerulus- u. Tubulus-Durchblutg.: **226** ('31) 762–73. — Flüssigkeitstransport in d. Harnkanälchen m. Beob. üb. d. Flimmerbewegg. in d. Nephrostomen d. Froschniere: 774–80. — Allg. Kreislaufbeob. am Froschnierenpräpar.[5]): **232** ('33) 28–35. — Lokale Einfl. auf d. Blutfluß im Glomerulus d. Froschniere[5]): 36–41. — Mikroskop. Kreislaufbeob. an d. Säugetierniere[7]): **233** ('33) 419–30. — Kompressionsverkürzg. d. Muskels b. Einwirkg. hoher Drucke[2]): **236** ('35) 405–15. — Wirkg. hoher Drucke auf Herzschlag u. Elektrokardiogramm: 416–26. — Wirkg. hoher Drucke auf marine Lebewesen: 648–57. — Kompressionsverkürzg. u. idiomuskuläre Kontrakt. u. d. Beziehg. zw. elektr. u. mech. Reizg.: 662–68. — Muskelzuckg. u. Tetanus unt. d. Einfl. d. Kompress. durch hohe Drucke: 669–77. — Einfl. hoher Drucke auf d. Aktionsstrom v. Muskeln u. Nerven: 678–92. — Einwirkg. hoher Drucke auf glattmusklige Organe (Froschmagenpräpar.)[2]): **237** ('36) 771–84. — Verhalten d. Zentralnervensyst. (Rückenmarksfrosch) unt. d. Einwirkg. hoher Drucke: 785–89. — Verhalten d. Querstreifg. u. d. Muskelspektr. b. d. Kompressionsverkürzg.: **238** ('37) 749–52. — Spannungsleistg. b. d. Kompressionsverkürzg.[2]): 753–57. — Blutkörperchenform u. Senkungsgeschwindigk. unt. d. Einfl. d. Kompression[8]): **239** ('37) 526–32. — Sphärocytenbildg. u. submikroskop. Feinstrukt. d. roten Blutkörperchen: 533–43. — Elast. Eigensch. d. Kautschuks in ihrer Beziehg. z. Muskel[9]): **240** ('38) 139–54. — Isoton. u. isometr. Kontrakt. d. Kautschukfadens unt. d. Einfl. d. Vordehng. (Reckg.): 155–64. — Kontraktilität u. Doppelbrechg. am Kautschuk u. am Muskel: 458–76. — Entstehg. u. Bedeutg. d. Muskelquerstreifg. nach Modellvers. am Kautschuk: 477–90. — Blutgerinng. unt. d. Einfl. d. Kompression[10]): **242** ('39) 255–68. — Weitere Unters. üb. d. Kompressionsbeeinflussg. d. Blutgerinng.[3]): **243** ('39) 34–38. — Verlauf d. Plasmagerinng. in ruhender, bewegter u. komprim. Flüssigk.: 43–53. — Photometr. Unters. d. Blutgerinng.[6]): 54–64. — Strukt. d. Fibringerüstes b. d. Gerinng.[6]): 65–81. — Umwandlg. d. Gesichtsfeldes b. Dauerexposit.: **249** ('47) 87–93. — Spontane Erregungsschwankg. d. Sehfeldes u. elektrophysiol. Schwankg. (α-Wellen): 421–30. — Durch Orangefilter bewirkter Farbwechsel: **250** ('48) 414–20. — Durch Farbfilter bewirkte temporäre Fehlsichtigk. im Vergl. zu d. natürl. Formen v. Farbblindh.: **251** ('49) 230–40. — Einwirkg. kurzdauernder starker Erwärmg. (Bestrahlg.) auf Paramäcien: **253** ('51) 328–32. — Arbeitsweise d. Schweißdrüsen u. sudomotor. Reflexe b. unmittelbarer Betrachtg. m. Lupenvergrößerg.: 333–50.

Psychol. u. Med. Geschlechtsentwicklg. u. Keimdrüsenhormone: **3** ('27) 88–100.

Schweiz. med. Wschr. Zentralnervöse Hemmungsvorgänge auf sensor. Geb.: **82** ('52) 50–56.

Skand. Arch. Physiol. Die idiomuskuläre Wulst: **43** ('23) 138–64.

Universitas. Vom Schmerz: **7** ('52) 159–66.

Verh. 14. int. Kongr. Physiol. Kreislaufbeob. am Froschnierenpräpar.[5]): **1932,** 74.

Wiener klin. Wschr. Scheinb. Mehrleistg. d. Traumes: **64** ('52) 616–19.

Zbl. Physiol. Lokale vasomotor. Reakt.: **28** ('14) 725. — Chem. Regulierg. d. Blutverteilg.: 726.

Z. Biol. Wirkg. intrazerebral injizierter Subst. b. Frosch: **88** ('29) 465–86. — Wirkg. längerdauernder Durchströmg. auf d. polarisierenden elektroton. u. Ruhestrom d. Nerven: **91** ('31) 221–30. — Elektroton. Ströme (polarisator. Stromschleifen) an d. menschl. Haut: 237–46. — Elektroton. Ströme an Kollodiummembranen: 247–51.

Z. ges. exp. Med. Elektr. Erregbarkeitsprüfg. am Menschen: **50** ('26) 258–63.

Mit: [1]) Hans-Joachim Deuticke; [2]) Otto Hasenbring; [3]) Richard Haubrich; [4]) Gerhard Hecht; [5]) Alfred Jäger; [6]) Fritz Knüchel; [7]) Ernest H. Leach; [8]) Erich Mundt; [9]) Heinz Remberg; [10]) Hans Zipf.

VI **Ebel,** Friedrich. Chem. (org.). — 1925 Hauptlabor. IG Farbenind. AG, Ludwigshafen; '28 habil. ETH Zürich; seit '29 Bad. Anilin- u. Sodafabrik; '43 Doz. Chem. U Heidelberg. [Eig. Mitt.]
*1901, Febr. 3, Reichelsheim/Odenwald.

Erf. Zahlreiche in- u. ausländische Patente über d. Herst. von Stoffen der org. Chemie.

W. (Mitarb.) ● Stereochemie (K. Freudenberg) (Lpz.-Wien '33) 1509 S.

VI **Ebeling,** August Wilhelm. Elektrotechn. — 1920 Dir., '21–30 Vorstandsmitgl. Siemens u. Halske, Siemens-Schuckertwerke Berlin.
*1859, Aug. 31, Schöpfurth/Kr. Oberbarnim;
†1935, Jan. 16, Berlin.

Nekr. R. Deibel, Siemens-Z. **15** ('35) 54–56. — F. Petritsch, Elektrotechn. u. Maschinenbau **53** ('35) 239. — K. W. Wagner, Elektr. Nachr.-Techn. **12** ('35) 35f. (m. Bildn.). — Elektrotechn. Z. **56** ('35) 119 (m. Bildn.); Telegr.- u. Fernsprechtechn. **24** ('35) 51f.

V, VI **Eberhard,** Paul Alexander Julius Gustav. Astron. —1916–32 Hauptobservator astrophysik. Observat. Potsdam; '32 i. R.
*1867, Aug. 10, Gotha;
†1940, Jan. 3, Potsdam.

Zum 70. Geb.tag. H. Ludendorff, Sterne **17** ('37) 178f.; Himmelswelt **47** ('37) 146.

Nekr. H. Ludendorff, Sterne **20** ('40) 33f.; Vjschr. astron. Ges. Leipzig **75** ('40) 174–84 (m. Bildn.). — Csillagászati Lapok **3** ('40) 45. — Himmelswelt **50** ('40) 120. — Nord. astron. T. **21** ('40) 68f.

S. ● Handbuch d. Astrophysik (G. Eberhard, A. Kohlschütter, H. Ludendorff) **7** (Bln '36) 90–102: Photogr. Photometrie.

VI **von Eberhard,** Eduard Hermann Otto. Angew. Math. u. Mech. — 1893–96 stud. Techn. Militärakad. Wien; '03–06 Militärtechn. Akad. Berlin; '19 Prof.-Titel; '07 Mitarb. u. Prokurist Fa. Krupp, Essen. — '28 Dr.-Ing. e. h. (TH Berlin). [Mitt.: Kurt Stange VIIa]
*1877, Febr. 3, Frankfurt/M.;
†1940, Okt. 17, Essen/Ruhr.

Nekr. K. Dihrberg, Wehrtechn. Mh. **44** ('40) 265f. (m. Bildn.). — H. Schardin, Naturwiss. **29**

('41) 17f. — K. Stange, Z. angew. Math. u. Mech. **20** ('40) 368.

S. ● Beitr. z. Ballistik u. techn. Physik (Festschr. f. Carl Cranz) (Lpz. '38) 9–12: Cranz u. d. äußere Ballistik.

W. ● Die neuzeitl. Entwicklg. d. Schußwaffen (m. C. Cranz) [1](Bln '31) 52 S. (Abh. u. Ber. Dtsch. Mus. **3** ('31) 75–126); [2]('39) 69 S. — (Mitarb.) ● Carl Cranz, Lehrbuch d. Ballistik. Erg.-Bd (Bln '36) 12+292 S. — (Bearb.) ● F. Rausenberger, Theorie d. Rohrrücklaufgeschütze [2](Bln '39) 9+175 S.

Z. angew. Math. u. Mech. Bem. z. äußeren Ballistik: **12** ('32) 311–13. — Ballistik: **14** ('34) 199–202. — Fehlergesetz d. größten Fehlers einer Serie u. d. Fehlergesetz d. Salvenausdehng.: **18** ('38) 128–35.

Z. VDI. Entwicklg. d. äußeren Ballistik in d. letzten 25 Jahren: **83** ('39) 422–26.

Ferner eine Arbeit in: Artillerist. Mh.

Eberius, Ernst Emil Julius Erdmann. Physikal. Chem. — 1925–31 stud., '31 Dr. phil. U Leipzig (M. Le Blanc); '31–32 Ass. U Leipzig (F. Weigert); '32–39 Inh. d. Physik.-chem. Labor. Dr. Eberius, Leipzig; '46–49 Leiter d. Versuchshärterei u. d. Erdöl-Labor. d. Prüfmetall KG, Höltinghausen/Gildehaus; '49 Labor.Vorst. d. AG f. Zinkind. vorm. W. Grillo, Duisburg-Hamborn. [Eig. Mitt.]
*1905, Okt. 1, Köthen.

S. ● Analyse d. Metalle **2** [1](Bln '53) einzelne Kapitel.

W. ● Zusammenfassende Unters. d. Bleioxyde. Diss. (Lpz. '31) 134 S. — ● Wasserbest. m. Karl-Fischer-Lösg. (Weinheim '54) 138 S.

Angew. Chem. Betriebsanalyt. Best. geringer Eisengehalte in Zink u. Aluminium: **63** ('51) 513–19. — Wasserbest. nach Karl Fischer in d. Sprengstoffchem.: **64** ('52) 195–202. — Wasserbest. m. Karl-Fischer-Lösg.: **66** ('54) 121f.

Chemiker-Ztg. Analysenwaage und moderne Analysenmethodik: **75** ('51) 143–46.

Chem. Rdsch. [Solothurn]. Maßanalyt. Best. d. Wassers m. Karl-Fischer-Lösg.: **6** ('54) 337f.

Chem. Techn. Anwendg. d. Karl-Fischer-Reagenses in d. org. Analyse: **4** ('52) 291–95.

Kolloid-Z. Lichtempfindl. Oberflächenschichten, 1[3]): **58** ('32) 276–82; ~2[3]): **60** ('32) 13–23; ~3[3]): **61** ('33) 306–10.

Z. analyt. Chem. Ermittlg. d. akt. Sauerstoffs b. Bleioxyden[2]): **89** ('32) 81–88. — Best. funktioneller Gruppen m. d. Karl-Fischer-Reagens, 1: **137** ('52) 81–90.

Z. Erzbergbau Metallhüttenwes. Best. d. Sulfidschwefels in Blenden u. Abbränden: **4** ('51) 460–62. — Fluorbest. in Erzen u. Schlacken[1]): **5** ('52) 131–36. — Best. d. Zinkoxyds im Zinkstaub u. in Zinkaschen[1]): **7** ('54) 229–34. — Best. d. Oxydgehaltes in Metalloxyden[1]): 339–43.

Z. physik. Chem. (A). Bleioxyde u. deren Syst. m. Sauerstoff[2]): **160** ('32) 69–100.

Mit: [1]) Werner Kowalski; [2]) Max Le Blanc; [3]) Fritz Weigert.

Ebert, Artur. Geophysik, Geol. — 1914–15, '18–19 stud. U Berlin; '20 Dr. phil. U Berlin (O. Branca); '43–45 LAuftr. Geophysik U Berlin, Fak. Bauwes.; Prof., Oberlandesgeol. Amt f. Bodenforschg. Krefeld. [Eig. Mitt.]
*1891, Okt. 3, Berlin.

S. ● World Petrol. Congr. London 1933 Proc. **1** ('34) 184–88: Geophysik. Erforschg. d. Untergrunds als eine Grundl. d. Erdölgeol. — ● Zahlenwerte u. Funkt. (Landolt-Börnstein) **3** (Bln '52) 349–53: Elektr. Eigenschaften v. Gesteinen. — ● Geol. u. Lagerstätten Niedersachsens **1**,2 (Bremen-Horn '52) 124–56: Paläozoikum d. Osnabrücker Landes.

W. ● Vulkanismus u. Erdbeben (Bln '25) 140 S. (Zellenbüch. 82/83). — ● Geologische Übersichtskarte d. Deisters 1 : 100000 (m. O. Grupe) (Bln '28). — ● Magnetische Messg. im südwestl. Dänemark (Kopenhagen '32) 53 S. (Danmarks geol. Undersøgelse 2,53). — ● Geologische Karte Preußens u. benachb. dtsch. Länder 1 : 25000, Bl. Eibelshausen[1])[2])[4])[6])[7]) (Bln '35) 34 S.; Bl. Gehrden[2a]) ('28) 79 S.; Bl. Springe ('27) 55 S.; Bl. Rodenberg ('27); Bl. Lauenau[2a]) ('27) 47 S.; Bl. Ahrweiler[3a]) ('39); Bl. Altenahr ('39) 55 S.

Balneologe. Geophysik. Aufschlußmeth. u. ihre Bedeutg. f. d. Quellenkde: **3** ('36) 173–79.

Beitr. angew. Geophysik. Aufsuchen v. vergrabener Munition durch magn. u. elektr. Messg.: **1** ('30) 9–14. — Elektr. Tiefenmessg. im Thür. Muschelkalk: **3** ('33) 259f. — Grundlagen z. Auswertg. geoelektr. Tiefenmessg.: **10** ('42) 1–17.

Geol. Rdsch. Möglichk. d. Feststellg. des Gebirgsbaues durch elektro-geophysik. Unters.: **18** ('27) 398–401.

Gesundheitslehrer. Wünschelrute, Erdstrahlen, Abschirmappar.[5]): **35** ('32) 310–22.

Jahrb. Preuß. geol. Landesanst. Beitr. z. Kenntn. d. prätertiären Landoberfl. im Thür. Wald u. Frankenwald: **41** ('20) 392–470 [Diss.]. — Erkenng. einer Schollenbruchlinie durch Verfolgg. eines Spaltensyst. im Gebiet d. Ahrtales (Nordeifel): **49** ('28) 1163–72.

Jahrb. Reichsstelle Bodenforsch. Magn. Aufn. b. Aarhus (Dänemark) u. ihre Bedeutg. f. d. Wasserversorgg.: **62** ('42) 155–62.

Metall u. Erz. Geoelektr. Aufnahmen am Rammelsberg u. im Oberharz: **26** ('29) 462–67. — Geoelektr. u. radioakt. Unters. d. Oberharzer Erzgänge: **31** ('34) 528–30.

Naturforscher. Erzeugen Erdstrahlen Krankheiten?: **1** ('32) 1–6.

S.-Ber. Preuß. geol. Landesanst. Elektro-geophysik. Unters. am Rammelsberg u. im Oberharz: H. **2** ('27). — Über eine magn. u. geoelektr. Unters.: H. **5** ('30) 160–67. — Neuere geophysik. Meth. als Hilfsmittel b. d. geol. Kartierg.: H. **7** ('32) 58–62.

Techn. Landwirtsch. Erdstrahlen u. Abschirmappar.: **17** ('36) 67–73.

Z. Dtsch. geol. Ges. Beitr. z. analyt. Tektonik: **75** ('23) 46–75. — Ahrtal, Begehg. Hpt.-Versammlg. Koblenz: **82** ('30) 668f. — Alte u. junge Tektonik im Geb. d. mittl. u. unteren Ahrtales: 709–11. — Appar. u. Meth. d. elektr. Wassersuche: **85** ('33) 496–500.

Z. Geophysik. Elektromagnet. Messungsmeth. m. Elektrodenverlegg. z. Aufsuchg. v. Leitfähigkeitsunterschieden im Untergrund[3]): **8** ('32) 409–19.

Mit: [1]) Alfred Bentz; [2]) Carl Wilh. Correns; [2a]) Oskar Grupe; [3]) Hans Haalck; [3a]) Emanuel Kaiser; [4]) Wilh. Kegel; [5]) Franz Michels; [6]) Herm. Reich; [7]) Theodor Schmierer.

VI **Ebert,** Fritz Karl Albert. Physik. — 1935–45 apl. Prof. TH Breslau; '35 Abt.-Leiter, '37–45 Dir. Staatl. Material-Prüf. Amt TH Breslau; jetzt wiss. Beirat bei Svenska Flygmotor AB., Trollhättan/Schweden. [Ohne eig. Mitt.]
*1896, Aug. 1, Berlin.

Stahl u. Eisen. Röntgendurchstrahlbark. v. Stahl b. Röhrenspanng. bis 1 Mill. Volt[1])[6]): **60** ('40) 339–41.

Z. anorg. allg. Chem. Elektrolysen in Phosphatschmelzen, 1[4])[2]): **198** ('31) 116–40. — Kristallstrukt. v. Fluoriden, 2[7]): **210** ('33) 269–72. — $\alpha \rightleftarrows \beta$-Umwandlg. d. Calciums[4])[5]): **213** ('33) 126–28. — Nomenklatur[4]): **217** ('34) 156. — Neue Anschauung. üb. nied. Wolframoxyde[3]): **226** ('35) 65–81.

Mit: [1]) Rudolf Berthold; [2]) Otto Bretschneider; [3]) Helmut Flasch; [4]) Hellmuth Hartmann; [5]) Hans Peisker; [6]) Otto Vaupel; [7]) Hans Woitinek.

VI **Ebert,** Hermann Heinrich Franz. Physik, Vakuumtechn. — 1930 Mitgl. Physik.-Techn. Reichsanst. Berlin; '46 Abt.-Leiter Dtsch. Amt f. Maß u. Gewicht Weida; jetzt Physik.-Techn. Bundesanst. Braunschweig. [Eig. Mitt.]
*1896, Juni 18, Göttingen.

H. ● Verfahrens- u. Meßkunde d. Naturwiss. H. **3** u. **8** (Brschw. '41, '49). — ● Physik. Taschenbuch (Brschw. '51) 8+522 S. — ● E. v. Angerer, Techn. Kunstgriffe b. physik. Unters. [8](Brschw. '54) 8+368 S.

MH. Physik. Ber. **11** ('30) – **15** ('34), **31** ('52) ff.

S. ● Physik.-chem. Taschenb. (C. Drucker, E. Proskauer) **2** (Lpz. '33) 55–67: Dichte; 67–73: Gravitation; 73–79: Barometer; 79–87: Wägg.; 250–67: Temperaturmessg. — ● Chemie-Ing. (A. Eucken u. M. Jakob) **2**, 3 (Lpz. '33) 1–81: Manometr. Verf. u. d. Arb. m. hohem u. niedr. Druck. — ● Wärmetechn. Richtwerte (F. Henning) (Bln '38) 29: Elast. Konst. fester Körper; 30–32: Therm. Ausdehng. fester Stoffe; 32: Volumenausdehng. V/Vo v. Flüssigk. zw. 0 u. t°; 96f.: Dampfdruck wässer. Lösg. — ● Handb. techn. Betriebskontrolle (J. Krönert) **3** (Lpz. '51) 1–68: Stat. u. quasistat. Druckmessg.

W. ● Die Wärmeausdehnung fester u. flüssiger Stoffe (Brschw. '40) 6+64 S. — ● Hermann von Helmholtz (Stuttg. '49) 200 S. (Große Naturf. 5). — ● Kompressionsvakuummeter (Brschw. '51) 37 S. (Verf.- u. Meßkde Naturwiss. 11).

Ann. Physik. Druck- u. Temp.-Koeff. d. elektr. Widerst. einiger Legierungen[1]): (6) **1** ('47) 229–40.

Arch. techn. Messen. Barometer: J 136–5 ('41); Quecksilberbarometer: J 136–6; Mittelbare Luftdruckmesser, 1: Aneroidbarometer: J 136–7; ~ 2: Hypsometer, kombinierte Meßgeräte, Prüfeinrichtg.: J 136–8. — Messg. d. Wärmeausdehng. (Übersicht feste Körper): V 9211–1 ('48); (Flüssigkeit.): V 9212–1. — Konventionelle Druckskala bis 20000 at: V 1340-1 ('51).

Chem. Techn. Vakuumtechn. als Helferin b. chem. Arb.: **1** ('49) 19–23.

Glas u. Apparat. Fortschr. d. Vakuumtechn.: **9–25** ('28–44) u. andere vakuumtechn. Aufsätze seit 1923. — Glas unter Druck: **16** ('35) 217–19. — Karl Scheel †: **17** ('36) 217.

Glastechn. Ber. Einfluß d. Glassorte auf d. Verhalten v. Fieberthermometern: **22** ('49) 127–36. — Fortschr. d. Vakuumtechn. in den Jahren 1944–48: **23** ('50) 273–79, 304–09; sowie in d. Jahren 1949–50: **24** ('51) 152–57, 177–81; in d. Jahren 1950–51: **25** ('52) 286–91, 324–32, 361–70.

Glas- u. Hochvakuumtechn. Elektr. Gasautzehrg., ein Mittel z. Erzeugg. eines Hochvakuums: **1** ('52) 1–3. — Glas- u. Hochvakuum-Techn. seit 1945: 101–04.

Lebensmittel-Ind. Unters. an Getreidefeuchtigkeitsmessern[4]): **2** ('50) 171–76.

Physik. Bl. Dimensionssyst.: **3** ('47) 332–35. — Temp.-Begriff u. Temp.-Einheit: 414–19.

Physik regelmäß. Ber. Appar. u. Meßmeth. d. Mech. fester, flüssiger u. gasförmiger Stoffe, 1 u. 2: **4** ('36) 93–106; **8** ('40) 81–96. — Hygrometrie, 1 bis 3: **2** ('34) 123–26; **6** ('38) 47–54; **12** ('44) 1–17.

Physik. Z. Strömen v. Gasen b. niedrigen Drucken: **33** ('32) 145–51, 453. — Vers. bis z. Drucken v. 5000 at., 1: Fundamentalbest. d. wirksamen Querschnitt. d. Druckwaagen; ~ 2: Absolutbest. d. Kompressibilität v. festen Körpern: **36** ('35) 385–92. — Ausdehnungsmessg. b. Temp. bis 2000° C[5]): **37** ('36) 411–75. — Änderg. d. Sättigungsmagnetisierg. durch allseitigen Druck[2]): **38** ('37) 437–45. — Einfl. allseit. Drucks auf d. Curie-temp.[2]): **39** ('38) 598–605.

Z. angew. Physik. Aufstellg. einer Druckskala u. deren exp. Erprobg. bis 20000 at.: **1** ('49) 331–40. — Verf. z. Messg. d. Wärmeausdehng. b. versch. Feuchtigkeitsgehalten d. Umgebg.: 487–90.

Z. Physik. Darst. d. Strömungsvorgänge v. Gasen bei niedrigen Drucken mittels Reynoldsscher Zahlen: **85** ('33) 561–64. — Karl Scheel †: **104** ('36) I–III.

Mit: [1]) Johannes Gielessen; [2]) Albrecht Kußmann; [3]) Karl Scheel; [4]) Martin Schuster; [5]) Carl Tingwaldt.

VI **Ebert,** Johannes Ludwig. Physik. Chem. — 1928 ao. Prof. U Würzburg; '34 o. Prof. TH Karlsruhe; seit '40 o. Prof. U Wien. [Ohne eig. Mitt.]
*1894, Juni 19, Würzburg.

Zum 60. Geb.tag. Chemiker-Ztg. **78** ('54) 433f. — Nelly Konopik, J. chem. Educat. **31** ('54) 458f.

MHZ. Ber. Dtsch. chem. Ges. **74** ('41) – **77** ('45). — Mh. Chem. **77** ('46) ff.

Ue. ● Niels Bjerrum, Kurzes Lehrb. d. anorg. Chem. (Bln '33) 10+356 S.

S. ● Handbuch Experimentalphysik (Wien-Harms) **12**,1 (Lpz. '32) 1–289: Leitfähigk. in flüssig. Elektrolyten; 293–380: Überführungszahlen in flüssig. Elektrolyten. — ● Universitas Vindobonensis (Wilh. Böhm) (Wien '52) 201–04: Chem. an d. Wiener Univ.

Angew. Chem. Grundlage u. Berechng. d. „Neuen physik.-chem. Meth. z. Best. v. Einzelbestandteilen in Gemischen": **53** ('40) 128f.

Ber. Dtsch. chem. Ges. Beitr. O. Dimroths z. allg. Chem.: **74** ('41) 12–20. — Veröff. v. O. Dimroth: 20–23.

Mh. Chem. Ideale u. beschränkt-ideale Mischungen[6]): **80** ('49) 473–80. — Margulessche Lösg. d. Gleichg. v. Duhem[6])[7]): 731–34; ~ 2: Ergebn. an beschränkt-mischbaren binären Syst.[6])[3])[4]): **81** ('50) 551–61; ~ 3: Konzentrationsgang v. ΔH b. homogenen binären Syst.[6])[7]): 562–69. — Umkehrbare Lichtreakt. v. $Na_2Sb_4S_4 \cdot 2\ H_2O$ [2]): 520–23. — Dampfdrucke binärer flüssiger Mischungen, 1: Stark pos. Syst.[6])[4]): **82** ('51) 63–78.

Mikrochem. verein. Mikrochim. Acta. Quantitat. Mikroanalyse v. Goldolesolen[1]): **35** ('50) 346–52.

Naturwiss. Dielektrizitätskonst., Ionengleichgewichte u. Ionenkräfte in Lösg.: **31** ('43) 263–65.

Österr. Chemiker-Ztg. Walter Nernst †: **44** ('41) 284. — J. Robert Mayer u. d. Chem.: **45** ('42) 121f. — Eucken z. 60. Geb.tag: **47** ('44) 155–57. — Saure u. bas. Funkt.[5]): **50** ('49) 184–90.

Mit: [1]) A. Dirscherl; [2]) R. Fiala; [3]) O. Fischer; [4]) F. Kohler; [5]) N. Konopik; [6]) H. Tschamler; [7]) H. Wächter.

Ebner, Hans. Statik, Dyn., Festigk., Hydrodyn. — 1919–24 stud. TH Aachen; '29 Dr.-Ing. TH Berlin; '27 wiss. Mitarb., '35 Abt.-Leiter Dtsch. Versuchsanst. Luftfahrt; '37 Leiter Inst. Seeflugwesen; '38–45 beamt. ao. Prof. im Reichsdienst; '45 selbst. Ing. auf d. Geb. d. Bauwes. u. d. Meßtechnik in Hamburg. [Eig. Mitt.]
*1900, Juni 21, Breslau.

W. ● Zur Berechng. räuml. Fachwerke im Flugzeugbau. Diss. (Münch. '29) 44 S. [auch in: Luftfahrtforsch. Bd. 5 u. Jahrb. d. Dtsch. Versuchsanst. f. Luftfahrt 1929].

Abh. aus d. Stahlbau. Dehnungs- u. Schwingungsmessg. an Brücken: **1951,** 91–117.

Ingenieur-Arch. Fachwerke m. gekreuzten Diagonalen: **3** ('32) 412–31.

Jahrb. Dtsch. Luftfahrtforsch. Akust. Best. d. Stabkräfte räuml. Fachwerke an Modellen: **1935,** 178–95. — Festigkeit v. Schalen- u. Rohrholmflügeln: **1937,** I 430–41. — Einleitg. v. Längskräften in versteifte Zylinderschalen[1]): I 464–73. — Kräfteumlagerung in mehrholm. Flügeltragwerken b. Ausfall einzelner Bauteile[1]): **1938,** 452–56. — Gleichgew. u. Bewegg. d. Seeflugzeuge b. Wind u. Seegang: **1940,** 640. — Seefestigk. v. Schwimmern: 678.

Jahrb. Dtsch. Versuchsanst. Luftf. Berechng. regelmäß. vielf. stat. unbest. Raumfachwerke m. Hilfe v. Differenzengleichg.: **1931,** 246–88. — Fachwerke m. gekreuzten Diagonalen: **1932,** III 63–82. — Heutiger Stand d. Luftschiffbaues, insbes. d. Luftschiffgerippebaues: **1933,** III 55–71. — Beanspruchg. dünnwandiger Kastenträger auf Drillung b. behinderter Querschnittswölbg.: III 72–90.

Jahrb. wiss. Ges. Luftfahrt. Berechng. regelmäß., vielfach statisch unbest. Raumfachwerke m. Hilfe v. Differenzengleichg.: **7** ('31) 246–88.

Luftfahrt-Forsch. Berechng. d. Kraftverlaufs in versteiften Zylinderschalen[1]): **14** ('37) 607–26. — Theor. u. Vers. z. Festigk. v. Schalenrümpfen bzw. Schalenflügeln: **14** ('37) 93–115. — Kraftverlauf in längs- u. querversteiften Scheiben[1]): **15** ('38) 527–42.

Luftwissen. Probl. d. Seeflugzeuges: **9** ('42).

Schweißen u. Schneiden. Festigkeitsproblem dünnwand. Blechkonstrukt.: **1952,** Sond.H. 11 S.

Stahlbau/Bautechnik. Berechng. statisch unbest. Raumfachwerke (Zellwerke): **5** ('32) 1–6, 11–14. — Berechng. von rechteckigen Leitungsmasten auf Verdrehen: **6** ('33) 52. — Theoret. u. exp. Unters. üb. d. Einbeulen zylindr. Tanks durch Unterdruck: **21** ('52) 153–59.

Techn. Linie/Handelsblatt. Grundlage moderner Stahlbauwerke: **2** ('49) Nr. 7, 2. — Moderne Leicht- u. Verbundbauweise: **3** ('50) Nr. 13, 1.

Techn. Mitt. Dampfkessel-, Behälter- u. Rohrleitungsbau. Theoret. u. exp. Unters. üb. d. Einbeulen zylindr. Tanke durch Unterdruck: **1951,** Dez. 1–10, **1952,** Jan. 1–28.

Werft, Reederei, Hafen. Probl. d. Seeflugzeuges: **23** ('42) 205–11.

Z. angew. Math. u. Mech. Spannungszustand durch Drillung in dünnwand. Kastenträgern b. verhinderter Endwölbg.: **14** ('34) 352.

Z. Flugtechn. u. Motorluftsch. Heut. Stand d. Luftschiffbaues, insbes. d. Luftschiffgerippebaus: **24** ('33) 311–16. — Beanspruchg. dünnwand. Kastenträger auf Drillg. b. behinderter Querschnittswölbg.: 684–92.

Z. VDI. Amerikan. Starrluftschiff „Akron": **76** ('32) 37–40.

Mit: [1]) Hermann Köller.

VI **Eck,** Bruno. Strömungsforschg. — 1928 Leiter Strömungslabor. HTL Köln. [Ohne eig. Mitt.]
*1899, Apr. 1, Bornheim/Kr. Bonn.

S. ● Taschenb. f. d. Maschinenbau **1** [7](Bln '39) 243–46: Statik flüssiger u. gasförmiger Körper; 247–87: Strömungslehre; [11]('53).

W. ● Einführung in d. techn. Strömungslehre **1** (Bln '35) 6+134 S.; **2** ('36) 6+96 S. — ● Technische Strömungslehre [1](Bln '41) 8+252 S.; [2]('44); [3]('49); [4]('54) 10+422 S. — ● Ventilatoren [1](Bln '37) 7+197 S.; [2](Bln-G.-H. '52) 11+304 S.

Arch. Wärmewirtsch. Einbau v. Wirbelerzeugern z. Erhöhg. d. Wärmeüberganges: **15** ('34) 101–04.

Ingenieur-Arch. Ausgleichende Wirkg. v. Düsen: **5** ('34) 315–24. — Beitr. z. Tragflügeltheor.: **7** ('36) 203–06.

Luftfahrt u. Schule. Verwendg. v. Strömungsbildern im Unterr.: **1** ('35) 25–29. — Reibungsfreie Strömung: 130. — Versuchsmöglichk. in einer geschlossenen Versuchsstrecke: 259–64. — Landung u. Start v. Schnellflugzeugen: **3** ('38) 174–79.

Motortechn. Z. Modellvers. z. Massenausgl.: **5** ('43) 154.

Schweiz. Bau-Ztg. Neue Berechnungsgrundlagen f. Ventilatoren u. Gebläse radialer Bauart: **113** ('39) 39–43.

Techn. Mitt. Strömungstechn. Grundlagen des Fliegens: **30** ('37) Nr. 6, 8 S.

Z. angew. Math. u. Mech. Ballistik d. Kugelmühle: **19** ('39) 185–88, 384.

Z. physik. u. chem. Unterr. Prakt. Auswirkg. d. Turbulenz: **53** ('40) 33–43. — Vers. m. einem Verstellpropellermodell: **55** ('42) 161–65.

Z. techn. Physik. Tragflügelmessg. m. Kleinstwindkanälen: **18** ('37) 14–25.

Eck, Hans August. Techn. Physik. – 1922 stud. U Würzburg, '23–28 TH München; '38 Dr.-Ing. TH Danzig (G. Ackermann); '28–38 wiss. Mitarb., '38–42 Labor.-Leiter Physik.-Techn. Reichsanst. Berlin; '42–44 wiss. Mitarb. Aerodyn.Vers.Anst. Göttingen, Außenst. Norwegen; '44–45 wiss. Mitarb. Physik.-Techn. Reichsanst. in Weida; '46 literar. Tätigk.; in Kulmbach/Oberfrank. lebend. — '39 Goldmedaille als Mitarb. Int. Wasser-Ausstellg. Lüttich. [Eig. Mitt.]
*1903, April 27, Augsburg.

S. • Physik.-chem. Taschenb. (Drucker u. Proskauer) **2** (Lpz. '33) 338–50: Sieden, Siedetemp., Verdampfen, Verdampfungswärme.

Forsch. Ingenieurwes. Wärmeaustausch b. d. Strömung zäher Flüssigk. in Rohren[2]) : **3** ('32) 121–26. — Messg. d. Wärmeübergangs beim Kondensieren strömenden Dampfes in einem vertikalen Rohr[1])[2]): 161–67. — Zahlentafel u. Diagramme f. Quecksilberdampf: **4** ('33) 21–25.

Physik. Z. Verbesserte Messg. u. Berechng. d. Wärmeübergangs b. Kondensieren strömenden Dampfes in einem vertikalen Rohr[1])[2]): **36** ('35) 73–84. — Temp.-Abhängigk. d. Zähigk. v. Schmierölen[1]): **37** ('36) 113–19. — Kinemat. Zähigk. in Sayboltsekunden u. CGS-Einheiten[1]): **38** ('37) 469–76. — Unters. im Sättigungszust. d. Wassers v. 350° bis z. krit. Temp.: **40** ('39) 3–15 [Diss.].

Techn. Mech. u. Thermodyn. Temp.-Verteilg. u. Turbulenz b. Kondensieren v. Heißdampf in einem Rohr[1])[2]): **1** ('30) 46–52.

Z. VDI. Wärmeübergang in einem waagrechten Rohr b. Kondensieren v. Satt- u. Heißdampf[1])[2]): **73** ('29) 1517–20.

Mit: [1]) Sigmund Erk; [2]) Max Jakob.

Eckardt, Alfred. Angew. Physik. — 1923–28 stud. TH Hannover, U Kiel; '30 Dr. phil. U Kiel (W. Kossel), '36 Dr. habil. ebda; '37 wiss. Mitarbeiter Siemens; '40 Haupt-Abt.-Leiter Dtsch. Seewarte Hamburg; '45 Doz., '49 Prof. m. LStuhl U Jena. [Eig. Mitt.]
*1903, Okt. 21, Sondershausen/Thür.

MHZ. Exp. Techn. Physik **1** ('53) ff.

Ann. Physik. Geschwindigkeitsverlust v. H-Kanalstrahlen b. Durchgang durch feste Körper: (5) **5** ('30) 491–528 [Diss.]. — Vakuumentladg. m. innerer Hochspannungsquelle[4]): **17** ('33) 543–52. — Entstehg. radioakt. Elem. b. d. Beschießg. v. Lithium u. Magnesium m. Th-C'-α-Strahlen: **29** ('37) 497–513 [Hab.schr.]. — Ausleuchtg. v. Phosphoren durch Ultra-Schall[5]): (6) **7** ('50) 410–12.

Elektrotechnik. Neuere Fragen d. Grobstrukturdurchleuchtg., insbes. Anwendg. d. Elektronenschleuder: **4** ('50) 15–17.

Exp. Techn. Physik. Ausleuchteffekt langsam abklingender Phosphore im Ultraschallfeld[6]): **2** ('54) 1–17.

Glas- u. Hochvakuum-Techn. Entgasg. opt. Gläser m. Ultraschall[1]): **1** ('52) 15–19.

Nachr. Akad. Wiss. Göttingen. Betrieb v. Vakuumentladungen[4]): **1932,** 1–3. — Exp. Nachw. d. Auftretens v. γ-Strahlen b. d. Zertrümmerg. v. Lithium[3])[7]): **1933,** 41.

Naturwiss. Atomzertrümmerg. b. niedr. Spannungen[3])[7]): **21** ('33) 26. — Bei d. Lithiumzertrümmerg. auftret. Strahlg.[3])[7]): 694. — Abklingzeit d. aktivierten Magnesiums: **23** ('35) 527. — Elektronenmikroskop. Unters. ferromagn. Elementarbezirke[2]): **39** ('52) 566f.

Z. Physik. Nachw. v. γ-Strahlen b. d. Zertrümmerg. v. Lithium[3])[7]): **80** ('33) 557f. — Bei künstl. Lithiumzertrümmerg. auftretende durchdringende Strahlg.[3])[7]): **89** ('34) 582–91. — Die b. d. Lithiumzertrümmerg. durch Protonen auftret. weiche γ-Strahlg.[3])[7]): **95** ('35) 210–14.

Mit: [1]) C. Eden; [2]) B. Elscher; [3]) Rudolf Gebauer; [4]) Walther Kossel; [5]) O. Lindig; [6]) K. Nitzsche; [7]) Heinrich Rausch v. Traubenberg.

VI **Eckardt,** Bruno Alfred Richard. Meteorol. — 1930 Leiter Flugwetterw. u. öff. Wetterdienst Hannover; '34 in Gotha; jetzt in Berlin. [Eig. Mitt.]
*1892, Juni 2, Dillenburg.

W. • Ergebnisse v. Höhenwindmessg. auf d. Ostatlant. Ozean längs d. westafrikan. Küste Jan./Febr. 1929 (Hambg '32) 39 S. (Arch. Dtsch. Seewarte 51,1).

Eckart, Gottfried. Nachrichtentechn. — 1934 Dr.-Ing. (H. Piloty), '29–34 Ass. TH München; '34–36 Dtsch. Versuchsanst. f. Luftfahrt Berlin; '36–43 Erprobungsstelle d. Luftw.; '43–45 Reichsst. Hochfrequenzforschg.; '42–45 Doz. U Heidelberg; '48 Ing. de Recherches Office Nat. d'Etudes et de Recherches Aéronaut. Paris; '51 ao. Prof., '54 o. Prof. U Saarbrücken. [Eig. Mitt.]
*1906, Mai 23, München.

W. • Studien an Transformatoren unter bes. Berücks. ihres Verhaltens b. versch. Frequenzen. Diss. ('34) 59 S. Masch.schr. autogr.

Acoustica. Analogie incomplète des impédances caractéristiques électr. et acoustiques et conséquences relatives à l'écho dans les milieux stratifiés continus[2]): **1952,** 157–61. — Echo des ondes acoust. dans le milieu stratifié de la troposphère: 256–62.

Ann. Physique. Théor. de la propagat. des ondes électromagnét. dans le guide d'onde atmosphérique[1]): **12** ('50) 641–705.

Ann. Télécomm. Propagat. des ondes électromagnét. dans un milieu stratifié, 1: **4** ('49) 142–54; ∼ 2: 223–30.

Ann. Univ. Sarav. Ermittlg. d. Feinstrukt. d. Verlaufes d. Dielektrizitätskonst. in einer schwach inhomogenen Schicht mittels Reflexionsvers.: **4** ('52) 339–46.

Arch. Elektrotechn. Frequenzgang d. Wirkungsgrades eisengeschlossener Transformatoren: **29** ('35) 215–20 [Ausz. aus d. Diss.]. — Innere Reflex. elektromagn. Wellen in einem geschichteten Medium m. Anwendg. auf d. Troposphäre[1]): **40** ('51) 133–40.

Arch. elektr. Übertr. Nichtexistenz d. Oberflächenwelle in d. Dipolstrahlg. üb. ebener Erde[1]): **5** ('51) 25–32. — Strahlg. eines magn. Dipols in kugelförm. geschichteter Atmosphäre: 113–18. — Oberflächenwelle in d. Dipolstrahlg. üb. einer ebenen Erde[1]): 347f. — Reflex. ebener elektromagnet. Wellen in schwach inhomogenen Schichten: 555–60.

C. R. Acad. Sci. Paris. Le dipôle magnét. dans une atmosphère stratifiée de symétrie sphérique: **228** ('49) 1279f. — Le lieu géométr. du coefficient de réflex. d'ondes électromagnét. dû à une discontinuité du gradient de la constante diélectr. dans le cas de gradient faible: **230** ('50) 1044f. — Déterminat. de la structure fine de la constante diélectr. dans une couche de faible hétérogénéité par des essais de réflexion: **234** ('52) 309–11.

Elektr. Nachr.-Techn. Einschaltvorgang wirbelstrombehafteter Eisendrosseln: **12** ('35) 250–56.

Ergebn. exakt. Naturwiss. Ausbreitg. d. ultrakurzen Wellen: **17** ('38) 325–66.

Fernmeldetechn. Z. Einfaches Modell eines atmosph. Wellenleiters[1]): **4** ('51) 76–79.

Funk u. Ton. Reflex. elektromagn. Wellen an einer Unstetigk. d. Gradienten d. Dielektrizitätskonst.: **4** ('50) 354–56.

Hochfrequenztechn. u. Elektroakustik. Frequenzgang d. Leistungsfähigk. eisengeschlossener Transformatoren: **45** ('35) 137–40 [Diss.Ausz.]. — Überwindg. d. Erdkrümmg. b. Ultrakurzwellen durch d. Strahlenbrechg. in d. Atmosphäre[2]): **52** ('38) 44–58. — Bezugstheor. d. Ausbreitg. ultrakurzer Wellen: 58–62. — Reaktanz- u. Vierpoltheor. inhomogener idealer Leitg.: **55** ('40) 173–86 [Hab.schr.].

J. Physique Radium. Propagat. des ondes électromagnét. au-dessus du sol[1]): (8) **10** ('49) 165–76. — Fonct. de Green des ondes électromagnét. dans un demi-espace à discontinuité plane[1]): 333–41.

Luftfahrtforsch. Beugungstheor. d. Ausbreitg. ultrakurzer Wellen: **14** ('37) 577–82.

Physic. Rev. On the electromagnetic surface wave of Sommerfeld[1]): **76** ('49) 406–10.

Proc. Inst. Radio Engr. On the existence of a surface wave in dipole radiat.[1]): **38** ('50) 807–12.

Rev. scientifique. Résolut. d'une équat. transcendante au moyen de la représentat. conforme[1]): **86** ('48) 723–26. — Exposé d'ensemble des développements asymptot. en physique ondulatoire[1]): **87** ('49) 3–24.

S.-Ber. Bayer. Akad. Wiss. Fourierreihen, die in einem Teilintervall d. Entwicklungsperiode ident. verschwinden: **1953,** 169–90.

Verh. Dtsch. physik. Ges. Ausbreitg. d. ultrakurzen Wellen[3]): (3) **18** ('37) 94.

Z. angew. Physik. Ortskurven d. Reflexionsfaktors bei d. Reflex. elektromagn. Wellen an einer Unstetigk. nullter u. erster Ordng. d. Dielektrizitätskonst.: **2** ('50) 334–37. — Theor. d. Dielektrizitätskonst. v. Stoffmischg.: **4** ('52) 134–36.

Z. Naturforsch. Ausbreitg. elektromagn. Wellen in einem atmosph. Wellenleiter[1]): **5a** ('50) 334–42.

Z. techn. Physik. Ausbreitg. d. ultrakurzen Wellen[3]): **18** ('37) 441–50.

Mit: [1]) T. Kahan; [2]) Lienard; [3]) Hans Plendl.

VI **Eckener,** Hugo. Flugwesen. – Seit 1919 im Vorst. Luftschiffbau Zeppelin; zuletzt i. R. in Friedrichshafen lebend.
*1868, Aug. 10, Flensburg;
†1954, Aug. 14, Friedrichshafen.

Biogr. ● Glück ab (Ernst Schaeffer) (Bln '31) 95–111. — ● Reichshandb. Dtsch. Ges. **1** (Bln '30) 366f. (m. Bildn.).

Zur Biogr. K. Janssen, Letzter Besuch bei Dr. H. E.: Feuerreiter **30** ('54) Nr. 19, S. 22f. (m. Bildn.).

Zum 70. Geb.tag. Rdsch. Dtsch. Techn. **18** ('38) Nr. 32,5.

Zum 75. Geb.tag. Luftwissen **10** ('43) 243 (m. Bildn.).

Zum 80. Geb.tag. Zeit **3** ('48) Nr. 32, S. 5.

Zum 85. Geb.tag. Württ. Land **1953,** 22. — Naturwiss. Rdsch. **6** ('53) 351.

S. ● Der Weg voran (Lpz. '31) XIII–XXIV: Geleitw. (auf S. 8 u. 150 Kurzbiogr. u. Bildn.).

W. ● Graf Zeppelin (Stuttg. '38) 183 S.; engl. (London '38) 275 S.; ital. (Milano '42) 305 S. — ● Im Zeppelin über Länder u. Meere. Erlebn. u. Erinnerungen (Flensburg '49) 566 S.

Ecker, Günter. Physik. – 1942–48 stud. U Bonn, Göttingen; '48 Dr. rer. nat. U Bonn (W. Weizel); '53 PDoz. U Bonn. [Eig. Mitt.]
*1924, Juni 12, Siegburg.

W. ● Anregende u. polarisierende Stöße b. Kanalstrahlen. Diss. (o. O. '48) 19 S. Masch.schr.

Elektrotechn. Z. Schaltvorgang b. Kurzschlußläufermotor: **73** ('52) 716–20.

Naturwiss. Berechng. d. subnormalen Entladg.: **41** ('54) 184f. — Theor. d. Kathodenzerstäubg. in d. Glimmentladg.: 185f.

Proc. physic. Soc. (B). Theory of the positive column: **67** ('54) 485–91. — Cathode sputtering in glow discharges[1]): 546–52.

Z. Physik. Einfl. d. Eigenmagnetfeldes u. d. Diffusion auf d. wandstabilisierte Bogensäule[2]): **127** ('50) 495–512. — Theor. d. Polarisat. d. Kanalstrahllichtes, 1: Elementarprozesse: **128** ('50) 511–29; ~ 2: Berechng. d. Polarisationswerte u. Vergleich m. d. Exp.: **129** ('51) 161–89. — Messg. d. Temperaturverteilg. im Innern eines wandstabilisierten Bogens m. Hilfe d. radioakt. Quecksilberisotops ^{203}Hg: **130** ('51) 585–604. — Einfl. d. Kontrakt. auf d. Temp.- u. Feldstärkeverlauf vor d. Kathode: **132** ('52) 248–60. — Raumladungszone an d. Grenze d. Bogenplasmas: **135** ('53) 105–18. — Stabilisierg. d. Lichtbogens vor Anode u. Kathode: **136** ('53) 1–16. — Erscheing. d. bewegl. Einfach- u. Mehrfachbrennflecks an d. Kathode d. elektr. Lichtbogens: 556–72.

Mit: [1]) K. G. Emeleus; [2]) Walter Weizel.

V, VI **Eckert,** Alfred. Chem. – 1928 o. Prof. allg. u. analyt. Chem. Dtsch. TH Prag.
*1887, Aug. 15, Reichen [ČSR];
†1937.

VI **Eckert,** Fritz. Chem. d. Glases. – 1923 PDoz. TH Berlin; jetzt Riederau/Ammersee. [Ohne eig. Mitt.]
*1888, Febr. 9, München.

Fachausschuß-Ber. glastechn. Ges. Gestaltg. d. Verformg. v. Glasblasemasch.: **27** ('33) 1–6.

Glastechn. Ber. Endothermer Effekt im Erweichungsbereich v. Silicatgläsern[3]): **10** ('32) 30–37. — Einfl. v. Cer u. Arsen auf d. photochem. Verhalten v. Silicatgläsern[2]): 80–85.

Sprechsaal. Homogenisierg. d. Gemenges, 3: Einfl. d. Feuchtigk. d. Sandes auf d. Durchmischbark. u. Entmischg. d. Gemenge[1])[4]): **65** ('32) 840f., 858f., 875f., 891–93. — Fortschr. in d. Glasind. d. Vereinigten Staaten v. Amerika: **74** ('41) 72–75, 88–91.

Mit: [1]) S. del Mundo; [2]) K. Schmidt; [3]) J. Westermann; [4]) F. H. Zschacke.

Eckert, Paul. Textilchem. u. -techn. — 1936 Dr.-Ing. (L. Ubbelohde), '38–45 Doz. TH Berlin; jetzt Redakteur Chem. Zentralbl. Berlin. [Ohne eig. Mitt.]

W. ● Über neue Fasern v. wollähnl. Charakter. Hab.schr. (Jena '40) 80 S.

Dtsch. Textilgewerbe. Herst. v. Schablonen f. d. Sieb-Film od. Gazedruck: **1** ('49) 301–05.

Klepzigs Textil-Z. Neue Arbeitsweise z. Best. v. Breitenquellg. v. Textilfasern: **40** ('37) 638f. — Vorgänge b. d. Viscosereife[5]): **41** ('38) 205–13. — Anfärbbark. animalisierter Fasern m. sauren Wollfarbstoffen[6])[4]): 624–27, 634–37, 646f.; **42** ('39) 164–68. — Erinnerg. an Otto Nikolaus Witt: 28–31. — Herst. künstl. Fasern aus Casein[13]): **44** ('41) 983–86; ~2: 1211–15.

Kunstseide u. Zellwolle. Einbau v. Brückenbindg. in Cellulosefasern mittels Diisocyanaten[6]): **25** ('47) 204. — Aufschl. v. Flachs mittels Ozon[9]): 247–51. — Färberei im alten Ägypten im Spiegel d. Leidener u. Stockholmer Papyrus: **26** ('48) 150–52. — Lilienfeldverf.[14]): 244–51, 270–79. — Vinyon N-Herst. u. Eigensch.: **27** ('49) 93–97. — Färberei im klass. Griechenland: 128–30. — Anfärbbark. animalisierter Cellulosefasern m. sauren Wollfarbstoffen[1]): 386–95, 431–36.

Papierfabrikant. Best. d. Volumenquellg. v. Faserstoffen[8]): **35** ('37) 441–43. — Beitr. z. Herst. v. Zellstoff aus Flachsschäben u. seine Weiterverarbeitg. zu Kunstfasern[10]): **36** ('38) 113–19, 129–32. — Einfl. v. ein- u. mehrwert. Phenolen auf die Reife u. die Viscosität d. Viscose[6])[12]): 282–98.

Spinner u. Weber. Best. d. Kräuselbeständigk. natürl. u. künstl. Textilfasern[7]): **55** ('37) 10–14.

Zellwolle u. Dtsch. Kunstseiden-Ztg. Alkalilöslichk. v. Viscosefasern in Abhängigk. v. d. Streckg.[11])[3]): **5** ('39) 275–77.

Zellwolle, Kunstseide, Seide. Anfärbbark. v. Viscosefasern in Abhängigk. v. d. Streckg.[11])[2]): **45** ('40) 33–35. — Kräuseln v. Viscosezellwolle[12]): **47** ('42) 483–89.

Zellwolle u. Kunstseide. Lilienfeldverf.[14]): **3** ('45) 1–17.

Mit: [1]) R. Abedi; [2]) C. Catzin-Besserer; [3]) E. Eder; [4]) G. Fischer; [5]) R. Hauan; [6]) E. Herr; [7]) H. Hoffmann; [8]) K. Hoinkis; [9]) E. Kanert; [10]) K. Plaeschke; [11]) H. Riedel; [12]) H. J. Schmidt; [13]) E. Swatek; [14]) R. Wirén.

Eckert-Labin, Josef. Schiffbau. — 1902–06 stud., '07–08 Ass. TH Wien; '08–18 Ing. österr.-ungar. Kriegsmarine; '18–27 Ziviling. Schiffbau, Dir. Schiffswerft Linz AG; '27–53 o. Prof. TH Wien; '53 em. [Eig. Mitt.]

*1881, Nov. 15, Innsbruck.

Zum 70. Geb.tag. Elektrotechn. u. Maschinenbau **68** ('51) 599 (m. Bildn.).

Frohes Schaffen. Versuchswesen im Schiffsbau: **14** ('37) 39–46.

Maschinenbau u. Wärmewirtsch. Berechnung v. Ein- u. Mehrscheibenbremsen: **1** ('46) 2. — Schwingung ohne u. mit Dämpfg. außerhalb d. elast. Bereiches: **3** ('48) 145. — Schiffspropeller u. sein Wirkungsgrad: **7** ('52) 61–64.

Österr. Ing.-Arch. Die Einhüllende als Mittel z. Lösg. techn. Probl.: **1** ('46) 1.

Werft, Reederei, Hafen. Von d. Donau u. d. österr. Schiffbauind.: **6** ('25) 190, 215–20.

Werkstattstechn. Haftkraft d. Holzschrauben: **21** ('27) 345–50. — Beitr. z. Prämienentlohng.: 492–96.

Eckhard, Hermann Franz Josef Ludwig. Physikal. Chem., chem. Technol. — 1919–22 stud. U Bonn, Freiburg/Br., Wien; '22 Dr. phil. nat. U Freiburg/Br. (E. Fromm, H. Wieland); '25–32 Versuchs-Chemiker, '33–45 Betriebsleiter versch. Hochdruck-Betriebe, techn. Verwaltg., Produktionsleitg.; '46–53 Werksleiter Leuna-Werk; '53 i. R. in Leuna. — '50 Nationalpr. 3. Kl. DDR; '51 Poln. Orden d. Arbeit 1. Kl.; '52 Dr. h. c. (Wirtschaftswiss. Fak. U Halle). [Eig. Mitt.]

*1896, Okt. 26, Straßburg/Els.

Biogr. Chem. Techn. **3** ('51) 63f. (m. Bildn.).

Erf. Auf d. Geb. d. Hochdruck-Chem., Hochdruck-Techn. u. Vergasung.

W. ● Über Braunkohlen-Tieftemp.-Teer. Diss. (Freiburg/Br. '22) 44 S. Masch.schr.

Außerdem zahlr. techn.-wiss. Abh. u. Ber. im Arch. d. Leuna-Werkes (teilweise Kriegsverlust).

VI **Eckhart,** Ludwig. Math. — 1929 o. Prof. Darst. Geom. TH Wien. [Mitt.: Walter Wunderlich VIIa]

*1890, März 28, Selletitz [ČSR]; †1938, Okt. 5, Wien (sd).

Nekr. W. Wunderlich, Nachr. Österr. math. Ges. **2** ('48) Nr. 4, 16–18.

Maschinenbau (RM-AfG). Konstr. d. Doppelpunkte einer Koppelkurve: **4** ('36) 697f.

Österr. höh. Schule. Neues Schrägrißverf.: **6** ('37) 2 S.

S.-Ber. Akad. Wiss. Wien (IIa). Striktionsband d. hyperbol. Regelschar: **145** ('36) 269–82. — Affine Abb. u. Axonometrie: **146** ('37) 51–56.

Z. VDI. Neues Schrägrißverf.: **82** ('38) 447f.

Eckmann, Beno. Math. — 1935–39 stud., '39–42 Ass. (W. Saxer, M. Plancherel), '41 Dr. sc. math. ETH Zürich (H. Hopf); '42 PDoz. ETH Zürich; '42 Chargé de cours, '44–48 Prof. extr. U Lau-

sanne; '47 u. '51/52 member Inst. f. Advanced Study Princeton, zugl. Visiting Prof. U of Illin. Urbana/Ill.; '48 o. Prof. höh. Math. ETH Zürich. — '41 Kernpreis u. Silb. Medaille ETH Zürich. [Eig. Mitt.]
*1917, März 31, Bern/Schweiz.

S. ● Centre Belge de Recherches math., Colloque de Topologie (Bruxelles '50) 83–89: Espaces fibrés et homotopie. — ● Proc. Int. Congr. Math. 1 (Cambridge, Mass. '50) 523: Räume mit Mittelbildg.; 2: 420–27: Complex-analytic manifolds.

Ann. Math., Princeton. Cohomology of groups and transfer: (2) **58** ('53) 481–93. — A class of compact complex manifolds which are not algebraic[2]): 494–500.

Arch. Math. Injektive Moduln[6]): **4** ('53) 75–78.

Bull. Amer. math. Soc. Coverings and Betti numbers: **55** ('49) 95–101. — Fibering spheres by toruses[5])[7]): 433–38.

Bull. Soc. Vaudoise Sci. natur. Lois de Kirchhoff et fonct. discrètes harmoniques: **63** ('45) 67–78.

Comment. math. Helvet. Homotopietheor. gefaserter Räume: **14** ('42) 141–92 [Diss.]. — Homotopiegruppen v. Gruppenräumen: 234–56. — Syst. v. Richtungsfeldern in Sphären u. stetige Lösg. komplexer linearer Gleichg.: **15** ('42) 1–26 [Hab.schr.]. — Stetige Lösg. linearer Gleichungssyst.: 318–39. — Gruppentheoret. Beweis d. Satzes v. Hurwitz-Radon üb. d. Komposit. quadrat. Formen: 358–66. — Monothet. Gruppen: **16** ('44) 249–63. — Harmon. Funkt. u. Randwertaufg. in einem Komplex: **17** ('45) 240–55. — Cohomologie-Ring einer belieb. Gruppe: **18** ('45/46) 232–82. — Alexandersches u. Cartesisches Prod. in d. Cohomologietheor.[1]): **24** ('50) 68–72.

C. R. Acad. Sci. Paris. Applicat. d'un polyèdre dans un espace projectif complexe: **228** ('49) 1397–99. — Formes différentielles et métrique hermitienne sans torsion, 1[4]): **229** ('49) 464–66; ~ 2[4]): 489–91. — Sur les variétés closes à métrique hermitienne sans torsion[4]): 503–05. — Propriétés globales des variétés kähleriennes: 577–79. — Intégrabilité des structures presque-complexes[3]): **232** ('51) 2284–86.

Proc. Nat. Acad. Sci. USA. Complexes over a ring and restricted cohomology groups: **33** ('47) 275–81. — Infinite complexes with automorphisms: 372–76. — On complexes with operators: **39** ('53) 35–42.

Vjschr. naturforsch. Ges. Zürich. Topologie u. Algebra: **89** ('44) 25–34.

Ferner Veröff. in: Philos. des Sci.; Actes du Congr. Paris '49; Rev. de Théol. et Philos.; Verh. naturforsch. Ges. Bern; Verh. Schweiz. naturforsch. Ges.

Mit: [1]) Emil R. Brändli; [2]) Eugenio Calabi; [3]) Alfred Frölicher; [4]) Heinrich Guggenheimer; [5]) Hans Samelson; [6]) Andreas Schopf; [7]) George W. Whitehead.

Eder, Franz Xaver. Physik. — 1933–37 stud., '41 Dr.-Ing. TH München (W. Meißner); '37–41 Ass., '41–44 Leiter einer Außenstelle der KWGes. Göttingen; '47 Doz., '50 Prof. m. LAuftr., '52 Prof. m. voll. LAuftr. Physik u. Techn. Physik Humboldt-U Berlin. [Eig. Mitt.]
*1914, Febr. 1, München.

H. ● Hochschulbücher f. Physik **1** (Bln '52).

MHZ. Exp. Techn. Physik **1** ('53).

W. ● Elektrische Höhenmesser f. Flugzeuge. Diss. 50 S. Masch.schr. — ● Moderne Meßmeth. d. Physik **1** (Bln '54) 320 S.

Ann. Physik. Elektr. Verhalten v. Eis: (6) **1** ('47) 381–98 [Hab.schr.].

Bull. Inst. int. Froid. Strength of Al-Cryst. at low temp.: **33** ('53) 1—8.

Exp. techn. Physik. Photoelektr. Verstärkg. v. Lichtanzeigerausschlägen[1]): **1** ('53) 31–35. — Elektrodyn. Zerreißapparatur f. hohe Verformungsgeschwindigk.: 35–39.

Funktechnik. Erzeugg. höchster Energien: **3** ('48) 201, 223, 253.

Funk u. Ton. Dielektr. Verluste v. Eis: **1** ('47) 21–29. — Dielektr. Antennenverluste: **2** ('48) 19–25. — Grenzgeb. zw. elektr. Millimeterwellen u. langwelligem Ultrarot: 491–98. — Čerenkov-Strahlg.: **3** ('49) 67–73.

Jahrb. Dtsch. Luftfahrtforsch. Antennenvereisg.[2]): **1940.** — Dielektr. Antennenverlust: **1941.**

Luftwissen. Luftschraubenvereisg. im Spiegel d. neuzeitl. Patentliteratur: **9** ('44) 251–56.

Math. u. Naturwiss. neue Schule. Physik tiefster Temp.: **3** ('51) 1–14.

Z. angew. Physik. Messg. d.dyn. Festigk. plast. Werkstoffe: **5** ('53) 1–5.

Z. physik. Chem. (A). Anormale Dispersion u. Absorpt. fester Körper: **196** ('50) 305–16.

Z. techn. Physik. Kerr-Effekt-Oszillograph m. Zweikoordinatenablenkg.: **9** ('40) 203–08.

Mit: [1]) H. Driescher; [2]) W. Jacob.

III–VI **Eder,** Josef Maria. Photochem. — 1902–23 o. Prof. Photochem. TH Wien; '23 em. Wien. — '42 Goethe-Medaille f. Kunst u. Wiss.
*1855, März 16, Krems/Niederösterr.; †1944, Okt. 18, Kitzbühel.

Zum 75. Geb.tag. A. Hay, Photogr. Korresp. **66** ('30) 85.

Zum 80. Geb.tag. W. B. Shaw, Photogr. J. **75** ('35) 195f. — Photogr. Ind. **33** ('35) 252; Rdsch. techn. Arb. **15** ('35) Nr. 12, S. 4; Z. wiss. Photogr. **33** ('35) 2 S. (vor S. 249) (m. Bildn. u. Faks.).

Zum 85. Geb.tag. E. Stenger, Photogr. Ind. **38** ('40) 181f. — Gebrauchsfotogr. **47** ('40) 70; Photogr. Korresp. **76** ('40) 14f.

Nekr. J. Daimer, Photogr. Korresp. **81** ('45) 1. — L. Ebert, Alm. Akad. Wiss. Wien 1945 **95** ('47) 332–36 (m. Bildn. u. Faks.). — H. W. Greenwood, Photogr. J. **86** A ('46) 266f. — E. Stenger, Z. wiss. Photogr. **43** ('48) 255f. — Forsch. u. Fortschr. **21/23** ('47) 64; Foto-Kino-Techn. **1** ('47) H. 4, S. 5.

Biogr. O. Krumpel in: ●Österr. Naturforscher u. Techniker (Wien '51) 125–27 (m. Bildn.).

W. ● Jahrbuch f. Photogr., Kinematogr. u. Reproduktionsverf. (m. Eduard Kuchinka, Curt Emmermann) **31** (Halle '32) 8+320 S. — ● Rezepte, Tabellen u. Arbeitsvorschr. f. Photogr. u. Reproduktionstechn. (m. Otto Krumpel) [14, 15] (Halle '33) 27+487 S.; [16, 17] ('42) 16+478 S.; [20–22] ('48); [23–25] ('49) 16+479 S. — ● History of photography (New York '45) 860 S.

Photogr. Ind. Erfindg. eines selbstregistrierenden Photometers m. Chlorsilberpapier durch Landriani i. J. 1818: **28** ('30) 1392. — Arthur v. Hübl: **30** ('32) 728f.

Photogr. Korresp. Gesch. d. Brenzcatechin-Entwicklers: **69** ('33) 172. — Gesch. d. Erfindg. d. Lichtpausedrucks. Tellkampf-Traubes „Fotoldruck" u. Dorels „Ferrogelatinogr.": **72** ('36) 69–71. — Robert Luther: **74** ('38) 1f.

Z. wiss. Photogr. E. Kron u. die Geschichte d. Schwärzungsgesetzes photogr. Platten: **31** ('33) 293–96. — Gesch. d. Diazotypie: **33** ('34) 1–12.

VI **Eder,** Robert Edmund. Pharmaz. Chem. – 1917 o. Prof. Pharmakognosie u. pharmaz. Chem. ETH Zürich.
*1885, Aug. 8, Bischofszell/Thurgau; †1944, Mai 10, Zürich.

Nekr. J. Büchi, Vjschr. naturforsch. Ges. Zürich **89** ('44) 225–28 (m. Bildn.). — H. Fischer, ebenda 134–36.

Pharmac. Acta Helvetiae. Neue Meth. z. Best. d. Morphins im Opium (Ausschüttelungsmeth.)[3]): **7** ('32) 259–85. — Morphinbest. im Opium, 2: **15** ('40) 227–56. — Best. d. Gehaltes an Gesamtalkaloid, Chinin, Hydrochinin u. Cinchonidin in d. Chinarinde[3]): **18** ('43) 396–418. — Best. d. Gesamtalkaloide u. v. Hyoscyamin in Folium Belladonnae[3]): 605–36. — Best. d. ätherlösl. Alkaloide u. Ekgoninester in Folium Cocae[3]): 687–713. — Best. d. Strychnins neben Brucin u. d. Best. d. Strychnins u. d. Gesamtalkaloide in Semen Strychni u. Faba Ignatii: **19** ('44) 23–46. — Best. d. ätherlösl. Alkaloide u. d. Aconitins in Tuber Aconiti[3]): 53–75.

Schweiz. Apotheker-Ztg. Gedanken z. Lehr- u. Forschungsbetrieb auf d. Geb. d. pharmaz. Wiss.: **81** ('43) 606f.

Schweiz. med. Wschr. Empfindl. u. spezif., f. klin. Zwecke geeignetes Verf. d. Blutnachw. im Harn, Faeces u. Magensaft[1]): **72** ('42) 1245–49.

Mit: [1]) Chr. v. Lippert; [2]) O. Ruckstuhl; [3]) W. Stucki; [4]) E. Wäckerlin.

Eder, Theodor. Chem. Technol. – 1928–34 stud., '34 Dr. phil. U Wien (A. Klemenc); '34–35 Chemiker Stahlwerke Schöller-Bleckmann, Ternitz/Niederösterr.; '35–45 Chefchemiker, '45–53 Dir. d. „Kamig" Österr. Kaolin- u. Montanind. AG, Wien; '53 Dir. d. „Rheax"-Schlämmtechn., Chem. u. Metall Ges., Wien. [Eig. Mitt.]
*1909, März 31, Wien.

Erf. Verf. u. Vorrichtg. z. Klassierg. v. Gemischen im aufsteig. Strom (Vertikalschlämmg.), Oe.P. 165360 u. Auslandspatente. — „Kontinuierl. Horizontalschlämmverfahren u. Anlage zu dessen Durchführung" (Verbundsschlämmung), Oe.P. 176520 u. Auslandspatente.

S. ● Die chem.-techn. Unters.-Meth. d. Zellstoff- u. Papierind. (Bln '43) 603f., 607f., 673f.: Üb. Best. freier Säure im Aluminiumsulfat u. Spindeltabellen f. Aluminiumsulfatlösg.

W. ● Binäre Flüssigkeitsgemische leichtflücht. Hydride. Diss. (Wien '34). — ● Räumliche Welt u. Zeitbest. Die Ableitg. d. Gesetzes v. d. Erhaltg. d. Energie (Wien '48) 7+43 S. (Erkenntn. u. Besinng. 5).

Bauingenieur. Feinsandklassierg. im Betonlabor.: **29** ('54) 335–38.

Berg- u. hüttenmänn. Mh. Leoben. Schlämmg., 1: **95** ('50) 150–55; ~ 2: 217–20.

Keram. Rdsch. Praxis d. Kaolinbeurteilg.: **47** ('39) 2–4 [auch in: Wbl. Papierfabrikat. **69** ('38) 879–82].

Korrosion u. Metallschutz. Normbronzen u. Schwefelsäure: **15** ('39) 85f.

Mining Magazine. Precision in mineral separat.: **1952**, Apr.

Montan-Ztg. Einheitl. Kennzeichng. d. Trennschärfe: **9** ('51) 163–65.

Papierfabrikant. Spindeltabellen f. Aluminiumsulfatlösg.: **38** ('40) 43f., 52.

Rev. Ind. minérale. Choix d'un coefficient unique pour caractériser la précision de séparat., une proposit. de normalisat. int.: **32** ('51) Déc.

Water Power. Criticism of elutriation syst. for the treatment of sands for concrete: **6** ('54) 217–20.

Wiss. u. Weltbild [Wien]. Gesetz v. d. Erhaltg. d. Energie als Schöpfg. d. Vernunft: **1** ('50) 37–41.

Z. analyt. Chem. Kritik einiger Meth. z. Best. freier Säure in Aluminiumsulfat: **119** ('40) 399–401. — Best. freier Säure in Aluminiumsulfat neben Eisen- u. Aluminiumsalzen: 409–12.

Z. Erzbergbau u. Metallhüttenwes. Trennschärfen versch. Schlämm-Meth.: **4** ('51) 137–42.

VI **Edlbacher,** Siegfried. Physiol. Chem. – o. Prof. physiol. Chem. U Basel.
*1886, März 7, Linz;
†1946, Juni 5, Basel (sd).

Nekr. E. Rothlin, Helvet. chim. Acta **30** ('47) 1554–61 (m. Schr.verz.); Helvet. physiol. pharmacol. Acta **4** ('46) 359f.

S. ● Handbuch d. Biochem. d. Menschen u. d. Tiere (C. Oppenheimer) Erg.-Werk **1, 1** [2](Jena '33) 468–71: Arginase u. Histidase; **1, 2** [2]('33) 769–82: Deskriptive Chem. d. Zelle. — ● Festschrift E. Chr. Barell (Basel '36) 32–40: Unters. üb. d. Puringehalt d. Organe b. Hunger u. einseit. Ernährg.

W. ● Praktikum d. physiol. Chem. (Bln-Lpz. '32) 6+92 S.; [2]('40); [3]('48) 7+108 S. — ● Die Chemie d. Wachstumsvorgänge (Basel '34) 63 S. (Rektoratsprogr. U Basel f. 1934). — ● Kurzgefaßtes Lehrb. d. physiol. Chem. [1](Bln '29) 8+230 S.; [2]('32); [3]('36); [4]('37); [5]('38); [6]('40); [7]('41); [8]('42); [9]('46) 363 S.; span. (Madrid '43). ● Lehrbuch d. physiol. Chem. (m. Fr. Leuthardt) **1** [10](Bln '52) 20+415 S.; [12](Bln '55) 16+823 S.

Annu. Rev. Biochem. Metabolism of proteins and aminoacids: **6** ('37) 269–90.

Biochem. Z. Abbau d. Histidins u. anderer Imidazole durch Ascorbinsäure[23]): **290** ('37) 370–77.

Bull. Schweiz. Vereinig. Krebsbekämpf. Stoffwechsel d. malignen Tumoren: **2** ('35) 65–76. — Ber. üb. d. 1936 an d. physiol.-chem. Anst. Basel ausgef. Unters. üb. d. Krebsprobl.: **3** ('37) 275.

Ergebn. Enzymforsch. Histidase u. Urocaninase: **9** ('43) 131–54.

Experientia. Ganzheitsprobl. in d. Biochem.: **2** ('46) 1.

Helvet. chim. Acta. Enzymat. Abbau d. Histamins[30]): **20** ('37) 717–26. — Isolierg. d. Histidins aus d. menschl. Gravidenharn[4]): **25** ('42) 296–99. — Oxydat. Abbau d. Histidins im tier. Organism.[7]): **26** ('43) 864–82. — Beeinflussg. d. Histidinstoffwechsels durch Vitaminmangel u. versch. Ernährungsweise[26]): 1978–92. — Z. Kenntn. d. Abbaues d. Aminosäuren im tier. Organism., 1[7]): **27** ('44) 151–82; ~ 2: Spezifität d. „l-Aminosäureoxydase"[7]): 928–42; ~ 3, 4: Oxydat. Abbau d. Aminosäuren im Gehirn[29]): 1060–73, 1824–31; ~ 5: Antipod. Hemmg. d. Aminosäureabbaues[29]): 1831–39; ~ 6: Funkt. d. Aminosäuren u. Eiweißkörper als Effektoren d. oxydat. Abbaues d. Aminosäuren[29]): **28** ('45) 797–819; ~ 7: Belastungsvers. m. d- u. l-Aminosäuren[21]): 1079–88; ~ 8: Komplexe Natur d. d-Aminosäureoxydase[29]): 1111–24; ~ 9: Weitere Mitt. üb. Effektoren der d-Aminosäureoxydase[29])[28]): **29** ('46) 162–74. — Unters. üb. d. Gewebeatmg.[29]): 216–26. — Kreatinstoffwechsel im Muskel[17]): 314–17.

Helvet. physiol. pharmacol. Acta. Biochem. Arb. Friedr. Mieschers: **2** ('44) 31–41. — Burrsche Fettmangelkrankh.[26]): **3** ('45) 63. — Atmg. tier. Gewebe[29]): **1** ('40) 00.

Hoppe-Seylers Z. physiol. Chem. Z. Kenntn. d. Arginase, 7: Aktivierungs- u. Hemmungsvers.[13])[27]): **206** ('32) 65–77; ~ 8: Thyroxin u. Argininstoffwechsel[22]): 78–84. — Stoffwechsel d. Tumoren[14]): **207** ('32) 1–15. — Steuerg. d. Arginasewirkg. durch Sauerstoff, 9[13])[15]): **217** ('33) 89–104. — Z. Kenntn. d. intermediären Stoffwechsels d. Histidins, 4[18]): **224** ('34) 261–72; ~ 5[4]): **273** ('42) 163–76; ~ 6: Trennung v. Histidase u. Urocaninase[26]): **276** ('42) 108–16; ~ 7: Über d. Verhalten v. Urocaninsäure im Tierkörper[8]): 117–25. — Stoffwechsel d. Tumoren, 4[12]): **227** ('34) 99–113. — Enzyme d. Gehirns[6])[20]): 118–23. — Z. Kenntn. d. reduzierenden Subst. d. Gewebe[10]): 114–17. — Lipasespaltungsvermögen d. Säureorgane im gesunden u. tumorkranken Organism.: **233** ('35) 265–75. — Purinstickstoffgehalt d. Organe d. Ratte b. variierter Ernährungsweise, Avitaminose u. Jensen-Sarkom[9]): **240** ('36) 78–98. — Opt. Spezifität u. Aktivierg. d. Arginase[30]): **242** ('36) 253–60. — Natur d. Arginase[30]): **245** ('36) 65–75. — Beeinflussg. d. Darmreakt. d. Histamins durch Aminosäuren[9])[2]): **247** ('37) 63f. — Natur d. Arginase[19]): **250** ('37) 241–48. — Z. Kenntn. d. Natur d. Hefe u. Leberarginase[2]): **254** ('38) 275–84. — Einwirkg. v. Hefe auf Arginin u. Histidin[3])[23]): **255** ('38) 53–56. — Charakterisierg. v. Arginase u. Histidase[2])[11]): **259** ('39) 171–81. — Enzymhemmg. u. Enzymblockierg., 1[2])[3]): **265** ('40) 61–71; ~ 2: Antipod. Hemmg.[2]): **270** ('41) 176–84. — Enzymhaushalt d. Ratte b. Aneurinavitaminose: **265** ('40) 72–76. — Neue Farbenreakt. auf Aminosäuren[16]): 241–43; **267** ('41) 285. — Colorimetr. u. enzymat. Best. d. Histidins[2])[25])[30]): **270** ('41) 158–64. — Verhalten v. l- u. d-Histidin im Tierkörper[2])[25]): 165–75. — Darst. d. Urocaninsäure[4]): **276** ('42) 126–29. — Z. Kenntn. d. Urocaninsäure[8]): **279** ('43) 63–65.

Klin. Wschr. Einfl. d. Ascorbinsäure auf d. Arginasewirkg.[15]): **12** ('33) 1843.

Naturwiss. Grünes Deriv. d. Hämoglobins[23]): **25** ('37) 461f. — Katalyt. Aufspaltg. d. Imidazolringes[23]): 556f. — Grünes Deriv. d. Hämoglobins[23]): 557. — Bem. z. Mitt. v. Barkan u. Schales[23]): 667. — Einwirkg. v. Hefe auf Arginin u. Histidin[23]): **26** ('38) 267. — Natur d. Hefe u. Leberarginase[2]): 268. — Abbau d. d-Histidins b. Meerschweinchen[24])[3]): **28** ('40) 411f.

Schweiz. med. Wschr. Chem. d. Krebszelle: **63** ('33) 897. — Enzymat. Abbau d. Aminosäuren[23]): **67** ('37) 827f. — Proteinsynth. u. Genstrukt.: **68** ('38) 959–61. — Oxydat. Desaminierg. v. Arginin u. Histidin[16]): **71** ('41) 323f. — Chemodyn. Leistg. d. Zelle: **74** ('44) 251.

Strahlentherapie. Abartg. d. Chemism. d. Krebszelle: **42** ('31) 929–38.

Verh. naturforsch. Ges. Basel. Chem. Grundprinzipien d. Lebens: **53** ('42) 285–99.

Verh. Vereinig. Schweiz. Physiologen. Demonstrat. d. B_6-Avitaminose[30]): **1940,** Jan. 5. — Neue Farbenreakt. auf Aminosäuren: **1941,** Jan. — Verhalten v. l- u. d-Histidin im Meerschweinchen[2]). — Histidase u. Urocaninsäure[4]): **1942,** Jan.

Z. Krebsforsch. Kupfergehalt d. Jensen-Sarkoms u. seine Beziehg. z. Organkupfer[5]): **42** ('35) 272–89. — Hexonbasengehalt d. Jensen-Sarkoms u. d. Nekrose[1]): **44** ('36) 441–47. — Glykogen- u. Amylasegehalt in Tumor u. Nekrose d. Jensen-Sarkoms d. Ratte[1]): **47** ('38) 191–97. — Tryptophangehalt d. Jensen-Sarkoms u. d. Nekrose[1]): 198–207.

Z. Vitaminforsch. Bedeutg. d. essentiellen Fettsäuren u. deren biol. Best.[26]): **15** ('44) 274–86.

Mit: [1]) W. Baumann; [2]) H. Baur; [3]) M. Becker; [4]) H. v. Bidder; [5]) W. Gerlach; [6]) E. Goldschmidt; [7]) H. Grauer; [8]) Fr. Heitz; [9]) P. Jucker; [10]) A. Jung; [11]) G. Köbner; [12]) F. Koller; [13]) J. Kraus; [14]) W. Kutscher; [15]) Fr. Leuthardt; [16]) Franz Josef Litvan; [17]) Chr.-J. Morel; [18]) M. Neber; [19]) H. Pinosch; [20]) W. Schläppi; [21]) Karl Schmid; [22]) Bruno Schuler; [23]) A. v. Segesser; [24]) M. Simon; [25]) H. R. Staehelin; [26]) G. Viollier; [27]) G. Walter; [28]) A. Walser; [29]) Oswald Wiss; [30]) Alfr. Zeller.

VI **Edler,** Robert Adolf Wilhelm. Elektrotechn. — 1927–44 Hon.Doz. f. Schalterbau TH Wien; '45–47 Hon.Doz. f. Elektr. Signalwesen TH Wien; '35 tit. ao. Prof.; i.R. in Wien lebend. [Eig.Mitt.]
*1874, Mai 15, Pragerhof/Steiermark.

Zum 70. Geb.tag. Akad. Ehrenbürger d. TH Wien 17. 5. 1944.

Zum 75. Geb.tag. Elektrotechn. u. Maschinenbau **66** ('49) 170 (m. Bildn.). — Fachbl. d. Bundesinng. d. Elektrotechniker Österr. **1949,** 137–39.

W. ● Taschenbuch d. Starkstromschaltg. [5](Lpz. '34) 8+245 S. (Bibl. d. ges. Techn. 413). — ● Beiträge z. Theor. u. Berechng. eisenfreier Drosselspulen. Diss. TH Wien ('36) 73 S. — ● Schaltungen aus d. Geb. d. Installat. [1](Wien '44); [2]('46); [3]('49) 8+73 S. — ● Schaltlehre [3](Wien '52) 15+208 S.

Arch. Elektrotechn. Berechng. eisenloser Banddrosselspulen: **26** ('32) 755–72. — Sparmagnete f. Gleichstromschütze: **28** ('34) 418–31. — Paketschalter: **29** ('35) 531–55, 759. — Dauerstromstärke in freigespannten Widerstandsdrähten: **30** ('36) 309–25. — Berechng. d. Anlaßwiderstände: **31** ('37) 312–24.

Bull. Schweiz. elektrotechn. Ver. Evolventen-Transformator: **23** ('32) 348–52. — Berechng. eisenloser Schutzdrosselspulen: **24** ('33) 149–57. — Zweispulenwicklg. f. Gleichstromschütze: **26** ('35) 256–62.

Elektr. Bahnen. Elektromagnetspulen: **10** ('34) 159–62, 229–31.

Elektrotechniker. Wicklungsformeln d. Trommelanker d. Gleichstrom-Masch.: **12** ('32) 241–44, 257–61. — Schütze: **13** ('33) 105f., 122f.

Elektrotechn. u. Maschinenbau. Locken aus Bimetall: **51** ('33) 546. — Elektromagnetspulen f. Gleichstromschütze: **52** ('34) 65–67. — Vers. an einem Wechselstrom-Elektromagneten: 434f. —

Stern-Dreieck-Paketschalter: 564–66. — Regelungs-Walzenschalter f. elektr. Heiz- u. Kochgeräte: **53** ('35) 41–44. — Schalterstellungs-Anz. m. Blinkvorrichtg.: 329f. — Umschaltbarer Belastungswiderstand: **55** ('37) 40–42. — Schütze: 521–31. — Scheiben-Schalter: **56** ('38) 669–72, 686–90. — Weg v. d. Schaltbedingg. z. Stromlaufschaltplan: **62** ('44) 30–52. — Kurzschluß-Drosselspulen m. Bandwicklg.: **66** ('49) 77–82, 118–24. — 50 Jahre Schaltlehre: 293. — Neuer vielseitig verwendb. Paketschalter: **67** ('50) 275–80. — 60 Jahre elektr. Kraftstellwerke: **68** ('51) 419f.

Elektrotechn. Z. Phylax-Relais als Überstromschutz f. Quecksilberdampf-Gleichrichter: **53** ('32) 559f. — Gleichstrom-Hochleistungs-Schalter: **55** ('34) 316f.

Feinmechan. u. Präzis. Spannungsverteilg. im Draht b. Wickeln v. Vierkantspulen: **43** ('35) 99–104.

Helios [Leipzig]. Berechng. eisenloser Schutzdrosselspulen: **38** ('32) 249–52, 283–86. — Phylax-Relais als Überstromschutz f. Quecksilberdampf-Gleichrichter: Exportteil 346–50. — Anlaßzahl u. Anlaßhäufigk.: **39** ('33) 165–67.

Lichttechnik. (Beil. zu Elektrotechn. u. Maschinenbau). Verdunklungs-Widerstände: **12** ('35) 5–7.

Maschinenbau u. Wärmewirtsch. Anwendungsbeisp. f. d. Schaltlehre im Maschinenbetr.: **6** ('51) 1f.

Österr. Landmaschinenmarkt. Langj. bewährte österr. Motorschutzschalter: **1** ('49/50) 234f.

Österr. Maschinenmarkt. Fernbetätigung d. Leistungsschalter durch Gewichtshebel: **1949,** 360–62. — 60 Jahre Drehstrom-Energie-Übertragung: **1951,** 465f.

Österr. Radio- u. Elektro-Gewerbe. Techn. u. wirtsch. Wert d. Schaltlehre: **2** ('49) H. 17–20. — Gekapselte Schaltgeräte: 236. — Fortschr. im Bau u. in d. Anwendg. d. Schaltgeräte in d. letzten 50 Jahren: Fest-Nr. 34–43.

Österr. Z. Telegr.-Teleph.-Funk- u. Fernsehtechn. Entwicklg. einer Signalanlage nach d. Prinzipien d. Schaltlehre: **4** ('50) 94–99. — Sparwiderstände f. Relaisspulen: 158–60. — Umschalter f. Teleph.-Batterien: **5** ('51) 51–55. — Funkenbildg. u. Funkenlöschg. an Relaiskontakten: 110–13. — Kippschalter als Wähler f. Drosselspulen oder Widerstände: 132–36. — Erinnerg. an d. Jahr 1883: **7** ('53) 41–46.

Z. Fernmeldetechn. Berechng. d. Drosselspulen: **13** ('32) 136–40. — Sparwiderstände f. Relaisspulen: **15** ('34) 75–77. — Relais m. 2 Wicklg.: 151–54. — Windungszahl u. Füllfaktor d. Relaisspulen: **16** ('35) 43f. — Wahlschalter: **18** ('37) 43, 62.

Z. Österr. Ing.- u. Archit.-Ver. Haeders Schnell-Perspektive: **86** ('34) 142f.

Egersdörfer, Leonhard. Meteorol. – Stud. U München u. Erlangen; '22 Stud.-Assessor Würzburg; '23 Dr. U Köln; '25–33 Leiter d. Flugwetterwarten in München, Fürth, Hannover; '35 Reg.Rat, '40 Ob. Reg.Rat Reichsamt f. Wetterdienst, Berlin.
*1892, Sept. 11, Nürnberg;
†1945, Okt. 28.

Kurzbiogr. Z. Meteorol. **1** ('46) 67 (m. Schr.-verz.).

Ann. Hydrogr. Vers. einer harmon. Analyse v. Wetterkarten auf zeichner. Wege: **63** ('35) 204–10. — Meth. d. Gruppenbildg. in d. harmon. Analyse: **69** ('41) 279–92.

Erfahr.-Ber. Dtsch. Flugwetterdienst. Erfahrg. üb. d. Flüge München-Mailand: 1. Sonderband ('30) 61–63. — Veranschaulichg. v. Luftkörpern aus d. graph. Darst. stündlicher Werte: 2. Sonderbd ('32) 112–17. — Bem. z. Theor. d. partiellen Korrelationskoeff.: 3. Sonderbd ('32) 41–51. — Was können wir aus einem Höhenaufstieg errechnen?[2]): **7** ('32) 111–51.

Meteorol. Z. Anleitg. z. Darst. v. Häufigkeitskurven nach Bruns: **46** ('29) 202–09. — Fragen d. prakt. Aerologie: **54** ('37) 483f. — Feuchtadiabaten u. potentielle Äquivalenttemp.: **56** ('39) 269–71. — Einheitl. Syst. meteorol. Konst.: **59** ('42) 266f.

Telegraphen-Fernsprech-Funk- u. Fernseh-Techn. Einfl. d. Troposphäre auf d. Ultrakurzwellenausbreitg.[3]): **28** ('39) 77–83.

Wiss. Abh. Reichsamt Wetterdienst. Formeln u. Tabellen d. zugeordn. Kugelfunkt. 1. Art von n = 1 bis n = 20[1]): **1,** 6 ('36) 67 S.

Z. Meteorol. Kugelflächenfunkt. u. ihre prakt. Anwendg.: **1** ('46) 62–67. — Energiebilanz als Bestandteil d. Wettervorhersage: **1** ('47) 229–35.

Mit: [1]) R. Egersdörfer; [2]) H. Holzer; [3]) W. Scholz.

Egestorff, Georg. Schöpfer d. Hannoverschen Maschinenindustrie.
*1802, Febr. 7, Linden;
†1868, Mai 27, Hannover.

Biogr. A. Nachtweh, Beitr. z. Gesch. d. Techn. u. Ind. **11** ('21) 197–206 (m. Bildn. u. Faks.).

Egger, Friedrich (Fritz) Wilhelm. Lebensmittelchem. – 1905–10 stud. U München, Heidelberg; '10 Dr. phil. nat. U Heidelberg (H. Franzen); '10–14 Chemiker im eigenen Betrieb; '14–23 Chemiker Untersuchungsamt Mainz; '23–28 Abt.Leiter Chem.Untersuchungsamt Stuttgart; '28–33 Dir. Städt. Untersuchungsamt Breslau; '33–52 Dir. u. Oberchemierat Städt. Untersuchungsamt Mannheim; seit '52 i.R. in Mannheim lebend. — '55 Joseph-König-Gedenkmünze (Ges.Dtsch.Chemiker). [Eig.Mitt.]
*1887, Okt. 30, Mainz;
†1955, Aug. 1, Mannheim.

Zum 65. Geb.tag. Dtsch. Lebensmittel-Rdsch. **1952,** 220. — Gas- u. Wasserfach **94** ('53) 55. — Mitt.-Bl. GDCh. Fachgr. Lebensmittelchem. **1952,** 132. — Z. Lebensmittel-Unters. u. -Forsch. **95** ('52) 275.

HZ. Mitt. Ver. Dtsch. Lebensmittelchemiker **1940–45.**

MHZ. Beil. Gesetze u. Verordng. z. Z. Lebensmittel-Unters. u. -Forsch. **88** ('48) ff.

W. ● Über d. Vergärung d. Ameisensäure in künstl. Nährböden b. Gegenw. versch. Zuckerarten u. Aminosäuren. Diss. (Heidelberg '10) 180 S. [auch in: Hoppe-Seylers Z. physiol. Chem. **79** ('12)

177-215; **83** ('13) 72-102, 226-48; **88** ('13) 72-102; **90** ('14) 311-54]. — ● Einheitsverfahren f. d. Unters. v. Trinkwasser (m. Olszewski) 1 ('31), 2 ('32). — ● Lebensmittelchemisches Taschenbuch (Stuttg. '50) 24+514 S.

Angew. Chem. Betriebserf. b. d. chem. Überwachg. v. Schnellfilteranlagen: **39** ('26) 962-64.

Chemiker-Ztg. Folgenschwere Benzin-Tetralinexplos.: **47** ('23) 381. — Gold im Munde: 421. — Erfahrg. b. d. Überwachg. einer m. Chlorgas arbeitenden Wasserentkeimungsanl.: **49** ('25) 421f. — Überwachg. d. Aluminiumsulfattrinkwasserreinigung: **50** ('26) 167.

Dtsch. Lebensmittel-Rdsch. Herkunftsbezeichnung b. Kunsthonig: **1935**, 106. — Z. Kennzeichng. d. Kunstbrauselimonaden u. ihrer Grundstoffe: 181. — Was ist Käse zweiter Wahl?: **1937**, 109. — Erfahrungen b. d. Beurteilg. v. Brauselimonaden: **1939**, 127. — Welcher Lecithingehalt ist b. einem als „Malzextrakt m. Lecithin" bezeichn. Erzeugnis zu fordern?: **1941**, 27f. — Nährhefe aus Holzzucker: 35. — Brote aus hochausgemahlenen Mehlen u. ihre Beurteilg.[2]): **1942**, 144-46. — Kennzeichng. v. Kaffee-Ersatz, Kornkaffee u. ähnl. Erzeugnissen: **1943**, 8-13. — Zündhölzer, nicht nur Streichhölzer: **1944**, 12 f., 20f. — Tabakwaren u. Lebensmittelrecht: **1950**, 195-98, 226-39.

Gas- u. Wasserfach. Trübungsmessg. b. d. Wasserunters.: **71** ('28) 726-28. — Droht am Ober- u. Mittelrhein eine Versalzg. d. Flußwassers?: **94** ('51) 198.

Gesundheits-Ingenieur. Beeinflussg. d. Oder durch häusliche u. ind. Abwässer in d. Jahren 1877-1932: **56** ('33) 169-74. — Neuere Erfahrg. bei d. Rhein- u. Neckarwasserunters. b. Mannheim: **61** ('38) 273-76. — Grundwasserbeeinflussg. durch ind. Anl.: **65** ('42) 126-29.

Jh. Ver. vaterländ. Naturkunde Stuttgart. Zusammensetzg. d. Mineralquellen in Berg-Cannstadt: **1927**, 50-57.

Licht- u. Wasserfach-Ztg. Rückblick u. Ausblick üb. d. Geb. d. Abwasserverwertg.: **1939**, Nr. 14.

Pharmaz. Zentralhalle. Feststellg. fäkaler Verunreinigg. in Wasser durch Nachw. v. Bakt. Coli[3]): **68** ('27) 401-09.

Süddtsch. Apotheker-Ztg. Colorimetr. Best. d. Wasserstoffionenkonzentrat. in d. Wasseranalyse: **66** ('26) 188-90. — Rückblick u. Ausblick üb. d. Geb. d. Abwasserverwertg.: **79** ('39) 9-13. — Zahnpulver u. ihre Beurteilg.: **83** ('43) 55f.

Süddtsch. Molkerei-Ztg. Mayonnaisekäse: **53** ('32) Nr. 52. — Reduktaseprobe b. d. Überwachg. d. Milchhandels: **56** ('35) Nr. 51. — Fettgehalt pasteurisierter Milch in seiner Abhängigk. v. d. Art d. Ausgabe: **63** ('42) 115. — Spülmilchverwertg. z. menschl. Ernährg., ein Gebot d. Zeit: 534.

Süddtsch. Tabak-Ztg. Beurteilg. v. Zigarren m. Papierumblatt: **52** ('42) 1.

Techn. Gemeindebl. Universalindikator Merck b. d. Feststellg. d. p_H-Wertes v. Wässern: **29** ('27) 84.

Techn.-Ind. Schweiz. Chemiker-Ztg. Neuzeitl. Abwasserreinigg.: **1927**, 76-81, 93-96.

Vom Wasser. Betriebserfahrg. b. d. chem. Überwachg. v. Schnellfilteranl.: **1** ('26) 53. — Hamburger Wasserversorgungs- u. Abwasserreinigungsanl.: 223. — Permanganatverbrauch, Chlorzahl u. Chloraminzahl in d. Wasser- u. Abwasseranalyse: **2** ('28) 56-64. — Arbeitserfahrg. b. Nachw. d. Zusammenhangs v. Wasservork. durch Fluoresceinfärbg.: **3** ('29) 1-12. — Kleine Beitr. z. Kenntn. d. eisen- u. manganhalt. sowie d. aggressiven Wässer: **5** ('31) 46f.

Vorratspflege u. Lebensmittelforsch. Milchstatist. Unters. im Rhein-Neckargeb.: **1941**, 44-50.

Wasser u. Gas. Wetterstürze u. Fischsterben: **16** ('25) 141f. — Vorschläge z. chem. Überwachg. b. Schnellfilter- u. Entkeimungsanl. sowie vergl. Unters. üb. ihre Wirkg.: **17** ('26) 889f.

Zbl. Gewerbehyg. Bleigehalt d. Luft b. Nieten u. Brennen v. m. Bleimennige gestrichenen Eisenteilen[1]): **17** ('30) 252-56.

Z. Lebensmittel-Unters. u. -Forsch. Angebl. Milchdiebstahl u. seine Aufklärg.: **85** ('43) 59-64. — Vorschläge z. zweckmäß. Gestaltg. lebensmittelrechtl. Verordng.: **88** ('48) 53-56. — Tätigkeitsber. Untersuchungsamt Mannheim f. 1947: **89** ('49) 58; ~ 1948: 429; ~ 1949: **91** ('50) 182; ~ 1950: **93** ('51) 82; ~ 1951: **94** ('52) 359.

Ferner Arb. in: Gordian, Int. Z. Kakao u. Schokolade (1950/51); Kosmos (1927); Dtsch. Flamme (1926); Mineralwasserztg. (1950); Mitt.-Bl. GDCh. Fachgr. Lebensmittelchem. (1951); Mitt. techn.-wiss. Ver. Schlesiens (1928, 1930).

Mit: [1]) Erich Gaudlitz; [2]) Franz Hörth; [3]) Franz Maier.

Egger, Hans. Techn. Mech. — 1923-28 stud., '28 Dipl.-Ing., '35 Dr. techn. (K. Federhofer), '38 PDoz., '50 tit. ao. Prof. TH Graz; '30 1. Ass. u. '52 Ob.Ass. (K. Federhofer) an d. Lehrk. f. Mech. TH Graz. [Eig. Mitt.]
*1904, Okt. 1, Wien.

Ingenieur-Arch. Knickg. d. Kreisplatte u. Kreisringplatte m. veränderl. Dicke: **12** ('41) 190-200. — Knickg. der auf Scherung beanspr. Kreisringplatte m. veränderl. Dicke[1]): **14** ('43) 155-66.

Maschinenbau, Betrieb. Raumgetriebe v. Bennett: **15** ('36) 42f. [Diss.-Ausz.].

Österr. Ing.-Arch. Querschwingg. v. Trägern m. Feder u. Zusatzmasse: **7** ('53) 188-214.

S.-Ber. Akad. Wiss. Wien (IIa). Numer. Ermittlg. d. Einfl. versch. Randbedingg. auf d. Kreisfrequenzen d. axialsymmetr. Schwingg. einer Kreiszylinderschale: **147** ('38) 293-334 [Hab.schr.]. — Schwingzahlberechng. d. Zweigelenkbogens m. exponentiell veränderl. Trägheitsmoment[1]): **151** ('42) 89-109. — Berechng. d. dünnen Kreisplatte m. großer Ausbiegg.[1]): **155** ('46) 15-43.

Z. angew. Math. u. Mech. Besondere Seilkurven: **19** ('39) 319f. — Prakt. Interpolat.: **22** ('42) 363f. — Ermittlg. d. Auflagerdrücke in ebenen, äußerl. einf. stat. unbest. Fachwerken: **29** ('49) 284f.

Mit: [1]) Karl Federhofer.

Egger, Joseph Georg. Geol. u. Mikropaläontol. — 1842 stud., '49 Dr. med. U München; '49 prakt. Arzt in Ortenburg/Niederbayern, '56 in Passau; '71-96 beamt. Arzt in Passau u. Bayreuth; '96 -1913 als Ob.Med.Rat i.R. in München lebend. [Mitt.: H. Hiltermann[VIIa]]
*1824, Dez. 24, Kelheim;
†1913, März 22, München.

Monographien üb. Mikrofaunen, bes. üb. Foraminiferen namentl. d. Oberkreide Bayerns.

Zum 40. Todestag. H. Hiltermann, Geologica bavarica **17** ('53) 252–57 (m. Bildn., Schr. verz. 23 Nr., Faks. aus Lebenslauf). — S. auch: K. Lambrecht, W. u. A. Quenstedt: Palaeontologi ('s-Gravenhage '38) 126.

VI **Eggert,** John Emil Max. Physikal. Chem., Photochem. – 1923 ao. Prof. physik. Chem. U Berlin; '28 Leiter, Prokurist Wiss. Zentr.-Labor. d. IG Farbenind. AG, Berlin; bis'45 Leiter wiss. Labor. Filmfabrik Wolfen; '45 LAuftr., '46 o. Prof TH München; '46 o. Prof. Photographie ETH Zürich. – '30 Goldene Medaille (Wiener Photogr. Ges.); '35 Trail-Taylor Medal; '50 Progress-Medal (Royal Photogr. Soc. of Great Britain, London); '50 Dr.-Ing. e. h. (TH Karlsruhe); '51 Péligot-Médaille (Soc. Franç. de Photogr. et Cinématogr.); '53 Honor. Fellow Roy. Phot. Soc. Gr. Britain; '54 Médaille de la Ville de Paris; Honor. Fellow Phot. Soc. of America; '55 Gauß-Weber-Medaille (U Göttingen). [Eig. *1891, Aug. 1, Berlin. [Mitt.]

Zum 60. Geb.tag. H. Ammann u. Kl. Clusius, Z. Naturforsch. **6a** ('51) 337. — H. Arens, Z.wiss. Photogr. **46** ('51) 114–18. — E. Brüche, Physik. Bl. **7** ('51) 411f. — P. Günther, Z. Elektrochem. **55** ('51) 341f. (m. Bildn.). — H. J. Lummerzheim, Photo-Techn. **2** ('51) 7, 296. — Z. Naturforsch. **6b** ('51) 104; Schweiz. Photo-Rdsch. **16** ('51) 57.

Erf. Herst. v. Mehrfarbenbildern (m. Bruno Wendt), Can. P. 399503 ('38); Lichtempfindl. Schicht (m. Richard Schmidt u. Bruno Wendt), A.P. 1782259 ('29) u. viele andere.

MHZ. Ergebn. techn. Röntgenkunde **6** ('38).

S. ● 3. Int. Kongr. Lichtforschg. (Wiesb. '36) 206–19: Photogr. in d. Med. — ● Lehrb. d. Röntgendiagnostik (H. R. Schinz u. W. E. Baensch) **1,1** [5](Stuttg. '50) 3–65: Theor. d. Röntgenbildes; 65–71: Schutzmaßnahmen. — ● L. P. Clerc, Journées int. de science photographique, organisées par J. Eggert et H. Ammann, Zürich, avril 1949 (Paris '50) 110–16: Photogr. Entwickler in ihrer Eigensch. als Reduktionsmittel b. d. Landolt-Reaktion.

W. ● Einführung in d. Tonphotographie (m. Richard Schmidt) (Lpz. '32) 6+137 S. — ● Physical chemistry (New York '33) 632 S. — ● Einführung in d. Röntgenphotogr. [6](Lpz. '36) 217 S.; [7](Zürich '51) 236 S. — ● Einführung in d. techn. Röntgenphotogr. (m. Heinz Gajewski) (Lpz. '42) 7+224 S.; [2]('45) 11+237 S. — ● Lehrbuch d. physik. Chem. in elementarer Darst. [4](Lpz. '37); [5]('41); [7]('48) 12+743 S. (auch: Zürich '48); span.: übers. von J. Palacios u. J. Mercadal Medina [2](Barcelona '43) 16+726 S.; franz.: übers. v. M. Boll (Paris '44–47) 3 Bde; ital. [3](Milano '41) 10+826 S.

Angew. Chem. Fortschr. in d. Photogr. in d. letzten 10 Jahren[15]): **42** ('29) 653–59, 684–87, 700–03. — Bedeutg. d. physik. Chem. f. d. Photoind.: **48** ('35) 545–48. — Photogr. als Wiss. Z. 70. Geb.tag v. Robert Luther: **51** ('38) 3–5.

Ann. Physik. Energieausbeute d. Röntgenstrahlg. b. d. Fluoreszenz v. Calciumwolframat[19]): (6) **3** ('48) 270–79.

An. Soc. Españ. Física Quím. (A). Naturaleza y revelado de la imagen fotogr. latente: **45** ('49) 203. — Los procedimentos mas importantes de la fotografia en color: 291.

Berg- u. hüttenmänn. Mh. Leoben. Photogr. Grundlagen d. Materialprüfg. m. Röntgenstrahlen: **86** ('38) 174–81.

Biochem. Z. Abhängigk. d. osmot. Druckes u. d. Micellargew. v. Gelatinelösg. v. d. Temp. bzw. v. d. Vorgesch. d. Lösg.[5]): **247** ('32) 85; **256** ('32) 239f.

Camera [Luzern]. Schnellphotogr.: **26** ('47) 129. — Dr. Momme Andresen z. 90. Geb.tag am 17. 10. 1947: 242. — Konferenz üb. einige Fragen d. wiss. Photogr. in Liège: **27** ('48) 215. — Prof. Dr. Ernst Rüst[17]): **28** ('49) 26. — Ber. üb. d. Int. Photogr.-Konferenz in Bristol: **29** ('50) 217.

Chemiker-Ztg. Fortschr. auf d. Geb. d. Herst. photogr. Filme: **58** ('34) 397–400. — Neues Agfacolorverf.: **61** ('37) 237f. [auch in: Res. and Progr. **3** ('37) 217–21; Camera [Luzern] **17** ('38) 150–52].

Congr. int. Photogr. sci. appl., Procès-Verbaux, Rapp., Mém, Paris 1931 u. 1935. Kurzer Überblick üb. d. Stand d. Farbenkinematogr.: **8** ('32) 214–21. — Etude d'une émuls. pour obtention directe de contretypes[1]): **9** ('36) 135–39. — Projet de déterminat. de la sensibilité chromatique des émuls. négatives pour photogr. usuelle[1]): 478–83. — La photogr. au service de la paléontologie: 737.

Ergebn. techn. Röntgenkunde. Photogr. in d. techn. Röntgenkde: **1** ('30) 49–60.

Experientia. Wicht. Verf. d. Farbenphotogr.: **6** ('50) 401–10.

Farben-Ztg. Gelatine u. Gelatinefolien. Ihre Herst. u. Färbg.: **38** ('33) 603–05.

Forsch. u. Fortschr. Neuere Anwendg. d. Photogr.: **10** ('34) 395f. — Neues Agfacolor-Verf.: **13** ('37) 72–74. — Agfa-Pantachrom-Verf., ein Aufnahme- u. Kopierverf. f. subtrakt. Farbenfilm[10]): **15** ('39) 49–51 [auch in: Veröff. wiss. Zentr.-Labor. photogr. Abt. Agfa **6** ('39) 46–64].

Fortsch. Röntgenstrahlen. Vereinheitlichg. d. Nomenklatur in d. röntgenphotogr. Aufnahmetechn.[7])[14]): **52** ('35) 82–87. — Photogr. Erfordernisse f. versch. Aufnahmeverf.: **56**, Kongreßheft ('37) 72f.

Helvet. chim. Acta. Katalyt. Abscheidg. v. Silber: **30** ('47) 2114–19. — Mechanism. d. photogr. Sensibilisat.[16])[1]): **31** ('48) 1163–68 [auch in: Veröff. wiss. Zentr.-Labor. photogr. Abt. Agfa **7** ('51) 247–52]. — Landolt-Reakt., 6: Photogr. Entwicklersubst. als Reduktionsmittel b. d. Landolt-Reakt.: **32** ('49) 692; ~ 7: **36** ('53) 855; ~ 8: 868.

J. Soc. Motion Picture Engr. Grain size determinat. and other applicat. of the Callier effect[18]): **30** ('38) 181–90.

Kinotechnik. Entwicklg. d. kinematograph. Rohfilms: **12** ('30) 185–87. — Photogr. Erfordern. d. Tonfilms: 549–56 [auch in: Veröff. wiss. Zentr.-Labor. photogr. Abt. Agfa **1** ('30) 75–100]. — Körnigk. photogr. Schichten. Best. d. mittl. Korngröße d. entwickelten Schicht aus d. Lichtstreuung[18]): **16** ('34) 127–30. — Bem. zu A. Narath „Körnigk. photogr. Schichten“[18]): 291–93, 308f. — Zweipackverf. f. subtrakt. Dreifarbenkinematogr.: Agfa-Pantachromverf.[10]): **20** ('38) 323.

Kunstdünger- u. Leim-Ind. Gelatinefolien: **30** ('33) 44–48.

Münch. med. Wschr. Infrarotphotogr. Studien am Blute[8])[18]): **82** ('35) 146f.

Naturwiss. Neuere Anwendg. in d. Photogr.: **23** ('35) 49f. [auch in: Verh. Ges. Dtsch. Naturforscher Ärzte **93** ('35) 96f.]. — Neue Anwendg. d. Infrarotphotogr.: **23** ('35) 281–86. — Stand d. Farbenphotogr.[10]): **25** ('37) 689–99. — Walther Nernst Lehrb.: **31** ('43) 412–15. — Zündfähigk. v. Sprengstoffen durch Strahlg. hoher Intensität[3]): **40** ('53) 55f.

Photogr. für Alle. Aufbau u. Wirkungsweise d. Feinkornentwickler: **36** ('40) 206–09.

Photogr. Ind. Empfindlichk. wird genormt: **31** ('33) 599f. — Üb. d. Beziehg. v. DIN-Graden zu Scheiner-Graden: **32** ('34) 1296–98. — Wiedergewinng. d. Silbers aus gebraucht. Fixierbädern[1]): **34** ('36) 1011–13, 1040–42. — Empfindlichk. photogr. Schichten b. Glühlampenbeleuchtg. unt. Berücks. d. Aktivität d. Sperrschicht-Photozellen[13]): **38** ('40) 516–18 [auch in: Veröff. wiss. Zentr.-Labor. photogr. Abt. Agfa **7** ('51) 301–07].

Photogr. J. Some important light-sensitive syst.: **76** ('36) 17–26.

Photogr. Korresp. Photochemie endothermer Silberverbb.[1]): **67** ('31) 17–21. — Gegenwärt. Stand d. Theor. d. latenten photogr. Bildes: **73** ('37) 42–46.

Röntgenphotogr. Die photogr. Wirkg. d. Röntgen- u. Korpuskularstrahlen: **2** ('49) 163–65.

Röntgenpraxis. Rückgewinng. v. Silber aus gebrauchten Fixierbädern: **8** ('36) 753–63.

Röntgentechnik. Photogr. Grundlagen d. Röntgenbildes (Albers-Schönberg): **1** ('41) 664.

Schweiz. Photo-Rdsch. Grenzleistg. d. Photogr.: **11** ('46) 615–20; **12** ('47) 4–7. — Photogr. Curiosa: 253, 273. — Referat üb. d. Kongr. d. Fédérat. Int. de Documentat. in Bern: 327–29. — Ernst Rüst – 70 Jahre alt: **13** ('48) 22f. [auch in: Camera **28** ('49) 26–29]. — Best. d. Lichtempfindlichk. v. Negativmaterialien f. bildmäß. Aufnahmen: 193–200. — Menschl. Sinnesorgane u. d. Photogr.: 421, 442. — Photo-Ausstellg. in Köln: **15** ('50) 191–93.

Sci. et Ind. photogr. Expériences statist. sur la sensat. de contraste des images avec ou sans éclairage du champ périphér.: **19** ('48) 41–45. — Photogr. Entwickler in ihrer Eigensch. als Reduktionsmittel in d. Landolt-Reakt.: **20** ('49) 161–67. — Brillance du champ périphér. et son infl. sur la représentat. subject. correcte: 204.

Strahlentherapie. Ultraphotogr. in d. Med.: **66** ('39) 663–71.

Trans. Faraday Soc. Vergleich. Stud. d. photogr. Prozesses unt. versch. exp. Bedingg.: **27** ('31) 528–33. — Spectral sensitivity of photogr. layers[4]): **34** ('38) 892–901.

Veröff. wiss. Zentr.-Labor. photogr. Abt. Agfa. Gegenwärt. Stand d. Silberkeimtheor. d. latenten photogr. Bildes: **1** ('30) 1–9. — Temp.-Abhängigk. d. photogr. Prozesses[14]): **2** ('31) 9–18 [auch in: Ergebn. techn. Röntgenkde **2** ('31) 127–38]; ∼ 2[12]): **7** ('51) 277–84 [auch in: Z. physik. Chem. **189** (A) ('41) 1–9]. — Photogr. Stud. an Calciumwolframat-Verstärkungsfolien[2])[11]): **2** ('31) 118–33. — Leistungsfähigk. photogr. Schichten in d. Spektrographie aller Wellenlängen: **3** ('33) 1–18. — Photochem. endotherm. Silberverbb.[1]): 67–74. — Stand d. Infrarot-Photogr.: 136–52. — Direkt positiv arb. photogr. Schicht[1]): 166–69. — Unters. z. photogr. Wirkg. der α-Strahlen[14]): 258–64. — Lichtausbeute d. Chromgelatine-Prozesses[4]): 294–302. — Best. d. Farbenempfindlichk. v. Negativmaterial f. bildmäß. Aufnahmen[4]): **4** ('35) 35–41. — Callier-quotient u. mittl. Korndurchmesser entwickelter photogr. Schichten[13]): 49–57. — Fortschr. u. Grenzleistg. in d. Infrarotphotogr.: 101–18. — Z. spektralen Empfindlichk. photogr. Schichten, 1: **6** ('39) 23–36; ∼ 2: 37–54. — Körnigk. photogr. Schichten b. Bestrahlg. m. energiereichen Quanten[19]): 159–69. — Statist. Vers. z. Beziehg. zw. Callier-Quotient, Körnigk. u. Grenzvergrößerg.[13]): 186–97.

Z. angew. Photogr. Lochkamera-Aufnahmen m. Röntgenstrahlg.: **1** ('39) 18–20. — Photogr. Unters. an d. Bunsenflamme[6]): 43–47 [auch in: Veröff. wiss. Zentr.-Labor. photogr. Abt. Agfa **6** ('39) 259–69]. — Lüppo-Cramer z. 70. Geb.tag: **2** ('40) 65.

Z. angew. Physik. Bem. z. Schwarzschildeffekt: **4** ('51) 445–47.

Z. Elektrochem. Bedeutg. d. physik. Chem. f. d. Photoind.: **41** ('35) 461–66. — Stand u. Probl. d. Farbenphotogr.: **56** ('52) 712–16.

Z. Naturforsch. Robert Luther: **1** ('46) 357–59. — Silberacid-Gelatine-Emulsionen[20]): **8b** ('53) 389–95.

Z. physik. Chem. (A). Verhalten v. Selenphotozellen b. kurz dauernden Bestrahlungen: **196** ('50) 35–39.

Z. physik. u. chem. Unterr. Erinnerg. an Walther Nernst: **56** ('43) 43–50.

Z. techn. Physik. Gegenwärt. Stand d. photogr. Techn. b. d. Lichttonaufzeichng.: **12** ('31) 639–41. — Leistungsfähigk. photogr. Schichten in d. Spektrogr. aller Wellenlängen: **14** ('33) 177–86. — Techn. wicht. lichtempfindl. Syst.: **15** ('34) 436–43.

Z. wiss. Photogr. Aktivität u. Farbtemp. d. Magnesiumband- u. Blitzlichtes[1]): **28** ('30) 169–77. — Ursilbergehalt u. Keimbildung in photogr. Emulsionen[1]): 178–90. — Zusammenhang zw. Schwärzg., Silbermenge, Deckkraft, Kornzahl u. Korndimens. entwickelter photogr. Schichten[1])[9]): 356–66 [auch in: Veröff. wiss. Zentr.-Labor. photogr. Abt. Agfa **2** ('31) 28–37]. — Sensitometrie m. Spektr. u. Farbentafel[1]): **29** ('30) 239–61. — Schwärzungsfläche d. Villardeffektes[1]): **30** ('31) 121–26. — Natur d. latenten Bildes b. physik. Entwicklg.[1]): **31** ('32) 68. — Farbensensitometrie: **34** ('35) 54–58. — Gegenwärt. Stand d. Theor. d. latenten Bildes: **35** ('36) 230–33. — Sog. photometr. Konst.[13]): 233f. [auch in: Kinotechnik **18** ('36) 381–83]. — Körnigk. photogr. Schichten b. Bestrahlg. mit energiereichen Quanten[19]): **37** ('38) 221–32. — Körnigk. entwickelter photogr. Schichten m. versch. Kornverteilg.[19]): **39** ('40) 61–66. — Spektrale Empfindlichk. photogr. Schichten, 1: Methodik u. Überblick[4]): 140–54; ∼ 2: Einfl. versch. Emulsions- u. Gelatinearten[12]): 155–65; ∼ 3: Einfl. versch. Bindemittel[12]): 165–74 [auch in: Veröff. wiss. Zentr.-Labor. photogr. Abt. Agfa **7** ('51) 285–92]; ∼ 4: Einfl. v. kolloidem Silber auf d. spektrale Empfindlichk.[1])[12]): **42** ('43) 33–42 [auch in: Veröff. wiss. Zentr.-Labor. photogr. Abt. Agfa **7** ('51) 293–300]. — Eigensch. d. Direkt-Duplikatschicht[1]): **40** ('41) 9.

Ferner Arb. in: Neue Zürcher Ztg.

Mit: [1]) Hans Arens; [2]) Walther Barth; [3]) J. Berchtold; [4]) Martin Biltz; [5]) Hans Binzer; [6]) Karl Friedr. Bonhoeffer; [7]) Hermann Franke; [8]) Alfred Fröhlich; [9]) Erwin Heisenberg; [10]) Gerd Heymer; [11]) Kurt v. Holleben; [12]) Friedrich-Georg Kleinschrod; [13]) Alfred Küster; [14]) Fritz Luft; [15]) Harald Mediger; [16]) Walter Meidinger; [17]) Klaus Pfister; [18]) Georg Rodenacker; [19]) Erwin Schopper; [20]) R. Zemp.

V, VI **Eggert,** Hermann Paul Otto. Geodäsie. – Seit 1925 o. Prof. TH Berlin.
*1874, Febr. 4, Tilsit;
†1944, Jan. 20, Berlin.

Zum 70. Geb.tag. E. Brennecke, Forsch. u. Fortschr. **20** ('44) 43f.

Nekr. F. Baeschlin, Schweiz. Z. Vermessungswesen **42** ('44) 96. — ● A. Berroth, Handb. d. Vermessungskde **2**, 1 ('50) IX–XII (m. Bildn. u. Faks.). — W. Großmann, Z. Vermessungswes. **73** ('44) 49–54, 122 (m. Bildn. u. Schr.verz. 88 Nr.). — Lacmann, Z. Vermessungswes. **73** ('44) 98.

H. ● Wilhelm Jordan, Logarithmisch-trigonometr. Tafeln f. neue (zentesimale) Teilg. m. 6 Dezimalst. [5](Stuttg. '39); [6]('42) 9+424 S.

HZ. Z. Vermessungswes. **61** ('32) – **72** ('43).

S. ● Verh. Tagung Balt. Geodät. Komm. **9** (Helsinki '37) 114–19: Ausgleichung großer Dreiecksnetze.

W. (Bearb.) ● W. Jordan, Handbuch d. Vermessungskunde **1**: Ausgleichungsrechng. nach d. Meth. d. kleinsten Quadrate [8](Stuttg. '48) 8+632 S.; **3**, 1: Landesvermessg. [9]('48) 8+590 S., 75 S.; **3**, 2: Sphäroid. Berechnungen [8]('41) 8 + 556 S.; [9]('48) 8 + 528 S., 27 S.

Bull. géodés. Beitr. z. Ausgleichg. d. europ. Dreiecknetzes: Nr. 52 ('36) 474–80.

Forsch. u. Fortschr. Neuere Arb. z. Best. d. Figur u. Größe d. Erde: **16** ('40) 277–80.

Z. Vermessungswes. Unmittelb. Umwandlg. d. bish. preuß. Katasterkoordin. in Gauß-Krügersche Koordinaten: **61** ('32) 49–55. — Inst. f. Vermessungskde d. TH Berlin in seiner neuen Unterkunft[1]): **63** ('34) 356–66. — Ausgleichg. v. Polygonzügen nach d. Meth. d. kleinsten Quadrate: **64** ('35) 1–6. — Stereograph. Abb. d. Erdellipsoids: **65** ('36) 153–64. — 10. Tagg. d. Balt. Geod. Komm. im Juni 1938 in Kaunas: **68** ('39) 54–58. — Umformg. Soldnerscher Koordinaten in Gauß-Krügersche Koordinaten: **71** ('42) 90–98. — Algebr. Rechnen m. d. Rechenmaschine: **72** ('43) 1–6. — Fehlertheor. d. Polygonknotenpunkte: **74** ('49) 62–69.

Mit: [1]) Erich Brennecke.

Egner, Karl Robert. Technol. des Holzes. – 1925–29 stud., '34 Dr.-Ing. TH Stuttgart (O. Graf); '30 Ing. Materialprüfungsamt TH Stuttgart; jetzt Abt. Leiter Forsch.- u. Materialprüfungsanst. f. d. Bauwesen, Otto-Graf-Inst., zugleich apl. Prof. TH Stuttgart. [Ohne eig. Mitt.]
*1906, Okt. 25, Wittlingen/Urach.

MHZ. Holz Roh- u. Werkstoff **9** ('51) – **10** ('52).

S. ● Die TH Stuttgart 1954. Ber. z. 125-jähr. Bestehen (Stuttg. '54) 118–20: Otto-Graf-Inst., Abt. f. Holz, Glas u. Kunststoffe.

W. ● Beiträge z. Kenntn. d. Feuchtigkeitsbewegg. in Hölzern, vor allem in Fichtenholz, b. d. Trockng. unterhalb d. Fasersättigungspunktes. Diss. (Bln '34) 91 S. Masch.schr. autogr. (Forsch.-Ber. Holz 2). — ● Versuche üb. d. Eigensch. d. Hölzer nach d. Trockng. (m. Otto Graf) **2** (Bln '34) 44 S. (Mitt. d. Fachausschuss. f. Holzfragen b. VDI u. Dtsch. Forstverein 10); **3** ('37) 76 S. (~ 19). — ● Neuere Erkenntn. üb. d. Vergütg. d. Holzeigensch. Hab.schr. (Bln '37) 87 S. (~ 18). — ● Untersuchungen üb. Knotenplatten aus Sperrholz (m. O. Graf) (Bln '39) 44 S. (~ 24). — ● Messen d. Holzfeuchtigkeit (m. O. Graf) (Bln '40) 30 S. (~ 25). — ● Untersuchungen m. Sparbalken (m. O. Graf) (Bln '31) 74 S. (~ 31). — ● Versuche m. Gläsern zu Windschutzscheiben f. Kraftfahrzeuge (m. O. Graf) (Bln '41) 44 S. Masch.schr. autogr. (Dtsch. Kraftfahrtforsch. Zwischenber. 102). — ● Bauholz-Einsparung [1](Bln '40) 38 S.; [2](Dsdn '44) 41 S. (Schr. d. Reichsarbeitsgemeinsch. Holz 14). — ● Feuchtigkeitsdurchgang u. Wasserdampfkondensat. in Bauten (Stuttg. '50) 105 S. (Fortschr. u. Forsch. im Bauwes. C, 1).

Chemiker-Ztg. Heutige Erkenntn. üb. Holzvergütg.: **60** ('36) 703–05.

Glastechn. Ber. Vers. m. Gläsern zu Windschutzscheiben f. Kraftfahrzeuge: **22** ('49) 358–65.

Holz Roh- u. Werkstoff. Leimunters., insbes. üb. d. Einfl. v. Zusätzen z. Verbesserg. v. Kunstharzleim: **1** ('38) 297f. — Veränderlichk. d. Zugfestigk. v. Fichtenholz m. d. Form u. Größe d. Einspannköpfe u. m. Zunahme d. Querschn. d. Probekörper[3]): 384–88. — Vers. m. geleimten Laschenverbb. aus Holz[3]): 460–64. — Neuere Unters. z. natürl. Holztrockng.: **3** ('40) 7–15. — Festigk. v. aus kunstharzverleimten Brettern zusammengesetzten, geraden u. gebogenen Balken: **4** ('41) 49–64. — Holztrockng. m. Großschaukeln[4]): 386–99. — Trockng. v. Hölzern b. Temp. üb. 100° C: **9** ('51) 84–97. — Marktgängige Leime in Dtschl.: 164–67. — Herst. v. Weichenschwellen durch Keilzinken-Verleimg. im hochfrequ. Kondensatorfeld[1]): **10** ('52) 319–23.

Holz-Zbl. Heißtrockng. v. Hölzern: **78** ('52) 745–52.

Z. VDI. Festigk. d. Zinkungsverb. v. Holzbrettern: **81** ('37) 1413–16. — Vers. m. I-förm. Holzbalken[5])[2]): **82** ('38) 911–14. — Wasserdampfkondensat. in Wänden u. Decken neuer Bauten u. ihre Verhütg.: **92** ('50) 735–40.

Mit: [1]) Helm. Brüning; [2]) W. Erdmann; [3]) Otto Graf; [4]) H. Sinn; [5]) Wilh. Stoy.

Ehlers, Johann Friedrich. Chem. Technol., Kolloidchem. – 1923–33 stud. U Jena, Göttingen, Freiburg/Br., Wien, Leipzig; '33 Dr. phil. U Leipzig (Wo. Ostwald); '34–36 Ass. U Jena (C. Rohmann); '36–38 Chemiker IG Farben AG, Agfa Wolfen; '38 Labor.Leiter im Kleinol-Werk, Sunlicht AG, Berlin; '38–41 Mitarb. Filmfabrik Zehlendorf, Zeiss Ikon AG; '41–45 Mitarb. Inst. f. Kunststoffe u. Anstrichforschg. TH Berlin (W. Röhrs); '46 LBeauftr., '50 PDoz. Chem. u. Technol. d. Kunststoffe, Leit. d. Labor. f. Kunststoffe im Techn.-chem. Inst. TU Berlin. [Eig. Mitt.]
*1905, März 8, Jena.

Chem. Techn. Elast. Weichheit als kolloider Zustand makromolekularer Stoffe: **1** ('49) 138–47.

Dtsch. Chemiker-Ztg. Sollen d. Kunststoffe zu Polyplasten werden?: **2** ('50) 191–93.

Glas- u. Hochvakuum-Techn. Kunststoffe-Kettenmoleküle in kolloiden Syst.: **1** ('52) 111.

Kolloid-Beih. Stabilität v. Metall-Organosolen[6])[2]): **38** ('33) 337–83 [Diss.].

Kolloid-Z. Quellg. u. Auflösg. d. Polyvinylchloride[4]): **118** ('50) 137–51. — Gelbildg. d. Polyvinylchloride[2]): 151–55. — Komplexe Kationen d. o-Oxybenzylalkohols: **130** ('53) 161–65. — Komplexe Natrium-Phenol-Hydroxyde[5]): 165–67. — Harzbasen b. d. Harzbildg. aus Phenol u. Formaldehyd: **131** ('53) 137–45. — Harzbasen bei d. Härtg. v. Phenol-Formaldehyd-Harzen: 145–54. — Unters. üb. d. Härtg. v. Natrium-Phenol-Resolen m. p-Toluolsulfonsäure u. Mineralsäuren[1])[3]): **132** ('53) 2–7. — Komplexe Kationen b. d. Säurehärtg. v. Natrium-Phenol-Resol: 7–11.

Kunststoffe. Verleimen v. Metallen m. Natrium-Phenol-Resol: **40** ('50) 151–57 [Hab.schr.].

Pharmaz. Ztg. Diakolat. u. Filtrat. unt. Druck[7]): **80** ('35) 1196f.

Mit: [1]) Gerhard Bratfisch; [2]) Hans Erbring; [3]) Ingrid Festl; [4]) Klaus R. Goldstein; [5]) Friedrich Heske; [6]) Wolfgang Ostwald.

Ehmert, Karl Ludwig Alfred. Physik, Geophysik. — 1929–34 stud., '36 Dr.-Ing. TH Stuttgart (E. Regener); '35–38 Stipendiat d. Notgemeinsch.; '38 wiss. Mitarb. Forsch.Stelle f. Physik d. Stratosphäre ('52 MPInst. f. Physik d. Stratosphäre, Weissenau/Württ.); zugl. '49 Doz., '54 apl. Prof. TH Stuttgart. [Eig. Mitt.]
*1910, März 6, Crailsheim.

S. ● Nat. u. Med. Dtschl. 1939–46, **13** (Wiesb. '48) 57–106: Exp. Arb. z. kosm. Ultrastrahlung.

W. ● Über d. Tagesgang d. bodennahen Ozons (m. Hedw. Ehmert) (Bln '41) 27 S. (Forsch.- u. Erfahrungsber. d. Reichswetterdienstes A, 13).

Ber. Dtsch. Wetterdienst US-Zone. Troposphär. Ozon: **11** ('49) 26–29. — Tagesgang d. bodennahen Ozons[1]): 58–62. — Ozongehalt d. unteren Atmosphäre b. winterl. Hochdruckwetter: 63–66. — Chem. Best. d. Ozongehaltes d. Luft[1]): 67–71.

J. atmospheric terrestr. Physics. Solare Ultrastrahlg. am 19. Nov. 1949: **1** ('50) 37–48. — Gleichzeitige Messg. d. Ozongehaltes d. bodennahen Luft an mehreren Stationen m. einem einf. abs. Verf.: **2** ('52) 189–95.

Meteorol. Rdsch. Abs. Verf. z. Messg. d. Oxydationswertes d. Luft: **4** ('51) 64–68.

Naturwiss. Einf. Relaisanordng. z. Registrierg. v. Zählrohrkoinzidenzen: **24** ('36) 814. — Absorptionskurve d. Ultrastrahlg. im Bodensee: **25** ('37) 448. — Zwölfstundenperiode d. Mesotroneneintensität u. d. Höhe d. Ursprungs d. Mesotronen: **28** ('40) 28f.

Physik. Bl. Ursprung d. kosm. Ultrastrahlg.: **6** ('50) 206–17.

Physik. Verh. Tagesgang d. kosmischen Ultrastrahlg. b. magn. Störg.[4]): **2** ('51) 29. — Zunahmen d. Intensität d. kosm. Ultrastrahlg. b. erdmagn. Störfeldern: 141. — Atmosphär. Ozon d. bodennahen Luftschicht: 142.

Physik. Z. Ost-West-Effekt d. Ultrastrahlg. auf d. Zugspitze: **35** ('34) 20–25.

Wetter u. Klima. Tagesgang d. Ozons am Bodensee: **2** ('49) 138–44.

Z. angew. Physik. Gegengekoppelte Gleichstromverstärker: **5** ('53) 24–33. — Hochohmiges Gleichspannungsröhrenvoltmeter m. einem Meßbereich v. —500 bis +500 Volt[2]): 43–47.

Z. Naturforsch. Ultrastrahlg. v. d. Sonne[1]): **3a** ('48) 264–85. — Solare Ultrastrahlg. am 24. u. 25. 12. 1948: **4a** ('49) 559f. — Einf. Verf. z. Messg. kleinster Jodkonzentrat.: **4b** ('49) 321–27. — Ortszeitl. weltweiter Tagesgang d. kosm. Ultrastrahlg. b. geringen erdmagn. Störg. durch Korpuskeln[4]): **6a** ('51) 618–22. — Z. Deutg. d. Tagesgänge d. kosm. Ultrastrahlg. b. leichten magn. Störg.: 622–26.

Z. Physik. Neue Meth. z. Registrierg. v. Zählrohrkoinzidenzen[5]): **100** ('36) 553–68. — Sternzeitgang d. Ultrastrahlungsintensität: **101** ('36) 260–69. — Absorptionskurve d. harten Komponente d. kosm. Ultrastrahlg.: **106** ('37) 751–73. — Schauer d. kosm. Ultrastrahlg. in d. Stratosphäre[3]): **111** ('39) 501–07. — Harte Schauer d. kosm. Ultrastrahlg. u. d. 2. Maxim. d. Rossi-Kurve: **113** ('39) 234–46. — Harte Komponente d. kosm. Strahlg. in d. Stratosphäre: **115** ('40) 326–32. — Zerfallswahrscheinlichk. d. Mesons: 333–38.

Z. techn. Physik. Richtungseffekt d. Ultrastrahlg.: **16** ('35) 5–8. — Breiteneffekt d. kosm. Ultrastrahlg.: **18** ('37) 549–52.

Mit: [1]) Hedwig Ehmert; [2]) Richard Mühleisen; [3]) Erich Regener; [4]) A. Sittkus; [5]) Adolf Trost.

I, III **Ehrenberg,** Christ. Gottfr. → VIIa/Suppl.

V, VI **Ehrenberg,** Paul Richard Rudolf. Agrik.-Chem., Tier- u. Pflanzenernährg. — 1921–45 o. Prof. Agrik.-Chem. U Breslau; '45–48 Vertretg. d. Professuren U Freiburg/Br. u. TH München, Abt. Weihenstephan; '48–51 Konservator Bayer. Hauptversuchsstat. f. Landwirtsch. Freising. — '52 Dr. agr. h. c. (LH Hohenheim-Stuttgart). [Eig. Mitt.]
*1875, Mai 16, Brandenburg/Havel; †1956, Jan. 18, Freising/Obb.

Zum 75. Geb.tag. Festschrift Z. Pflanzenernähr., Düng., Bodenkunde **50** (95) ('50) H. 1–3 (m. Biogr., Bildn., Faks. u. Schr.verz.). — Chemiker-Ztg. **74** ('50) 566.

MHZ. Z. Pflanzenernähr., Düng., Bodenkunde **1–40** ('22–35).

S. ● Festschr. d. TH Breslau z. Feier ihres 25-jähr. Bestehens 1910–35 (Bresl. '35) 108–28: Zur Erleichterg. mancher Schwierigk. f. d. kleineren Bauernhof. Tl 1.

W. ● Die neuzeitl. Fütterg. d. landwirtschaftl. Arbeitspferdes (Hannov. '32) 75 S. (Arb. d. Dtsch. Ges. f. Züchtungsforsch. 52). — ● Bau d. Ackerbodens (Dsdn '33) 8+96 S. — ● Allgemeine u. bes. Bodenkde f. d. akad. gebild. Forstmann [1](Hannov. '47); [2]('49) 15+163 S. — ● Der landwirtschaftl. genutzte Boden (Frkf./M. '49) 124 S. (Studienbogen B 12). — ● Muß d. techn. Fortschritt b. kleinen u. mittl. Bauernhöfen in Kolchosenwirtsch. enden? (Stuttg. '50) 64 S. — ● Düngung unserer Felder u. Grünflächen (Stuttg.-Ludwigsbg '53) 176 S.

Mitt. Inst. Raumforsch. [Bonn]. Einbau von Bodenabtrag verhindernden Vorkehrg. b. neuzeitl. Wirtschaftsplanung: **20** ('53) 15–32.

Zahlr. Abh. üb. alle agrik.-chem. Geb. u. bäuerl. agrarpolit. Fragen. Siehe Schr.verz. in: Z. Pflanzenernähr., Düng., Bodenkunde **50** (95) ('50) 7–16.

VI **Ehrenberg,** Rudolf Hans Hermann Wilhelm. Physiol., physiol. Chem. — 1918–35 ao. Prof. Physiol. U Göttingen; '45 apl. Prof. U Göttingen. [Eig. Mitt.]
*1884, Nov. 19, Rostock.

Sohn des Juristen Victor Ehrenberg (1851–1929), Enkel d. Juristen Rudolf von Ihering (1818–1892); Nachkomme Martin Luthers.

S. ● Handb. d. vergl. Physiol. (H. Winterstein) **2,** 2 (Jena '24) 695–759: Exkret. d. Tracheaten. — ● Physik. Meth. in d. analyt. Chem. (Böttger) (Lpz. '33): Radiometr. Meth.

W. ● Über alimentäre Glykosurie b. Psychosen. Diss. (Bln '09) 13 S. [aus: Mschr. Psychiatr. u. Neurol. **25**). — ● Experimentelle Beitr. z. Theor. d. Harnsekret. Hab.schr. (Gött. '13). — ● Theoretische Biol. (Bln '23) 348 S. — ● Der Lebensablauf. Eine biol.-metabiol. Vorlesg. (Heidelb. '46) 274 S. — ● Metabiologie (Heidelb. '50) 341 S.

Biochem. Z. Radiometr. Mikrozuckerbest.: **226** ('30) 250–52.

Dtsch. med. Wschr. Wirkg. länger dauernder Phosphatzufuhr auf d. Stoffwechsel in Ruhe u. Arbeit. Unters. an Gesunden u. Rekonvaleszenten[8][11]): **73** ('48) 44–47. — Wirkg. länger dauernder Phosphatzufuhr auf d. psych. Leistg. u. Ermüdbark., allein u. in Kombinat. m. körperl. Arbeit: 168f.

Klin. Wschr. Darmresorption in Beeinflussg. durch Begleitstoffe [2])[3])[12]): **24/25** ('47) 711f. — Therap. vom Blute aus: **26** ('48) 602. — Förderg. d. Resorpt. schwerlösl. Kalksalze im menschl. Verdauungstractus durch Vitamin B_1: **27** ('49) 337f.

Med. Welt. Darmresorpt. in Beeinflussg. durch Begleitstoffe, 2[4])[9])[13]): **20** ('51) 783–85.

Naturwiss. Geruchsschwellen u. ihre Beeinflussg. durch Sulfate[6]): **38** ('51) 407f. — Altersgang d. Blutgerinng.[7]): **39** ('52) 215f. — Verbesserg. d. Lernfähigk. durch Phosphatzufuhr v. längerer Dauer[1])[10]): **40** ('53) 112. — Z. resorptionsfördernden Wirkg. d. Vitamins B_1 (Aneurin): 413.

Pflügers Arch. ges. Physiol. Tiervers. m. radioakt. Indicatoren, 1: Verteilungsbest. m. Thorium B gelöst, mitgefällt u. in Koppelg. an Proteinsubst.; ∼ 2: Einfl. d. lebenden Zustandes auf d. Aktivität?: **249** ('47) 191–208. — Wirkg. v. Rhodaniden u. Sulfaten auf d. Schwellenwerte d. Geschmacks[5]): **251** ('49) 664–71.

Mit: [1]) Hanna Breitbach; [2]) Peter Burggraf; [3]) Theodor Döpper; [4]) Hans Georg Grünhagen; [5]) Hans Joachim Güttes; [6]) Heinz Kalvelage; [7]) Egon Köppen; [8]) Karlheinz Kohlberg; [9]) Klara Maria v. Mellenthin; [10]) Johannes Schmier; [11]) Herbert Soelter; [12]) Theo Starke; [13]) Klaus Stemmer.

VI **Ehrenberg,** Werner. Physik. — 1930 Ass. Physik. Inst. TH Stuttgart; jetzt Reader Univ. London, Birkbeck Coll. [Eig. Mitt.]
*1901, Juli 20, Berlin.

J. opt. Soc. America. X-ray optics: the product. of converging beams by total reflection: **39** ('49) 741–46. — X-ray optics: imperfections of optical flats and their effect on the reflect. of X-rays: 746–51.

J. sci. Instruments. Note on the protection of thin metal films against oxidat.: **17** ('40) 41f. — Electronic voltmeter for high voltages[8]): **20** ('43) 161f. — A vacuum furnace[1]): 164f.

Nature [London]. Excitat. of nuclei by neutrons: **136** ('35) 870. — A theorem in statistical mech.: **158** ('46) 308. — X-ray microradiography of biol. specimens: **168** ('51) 513f. — Small angle X-ray scattering[2]): **170** ('52) 1076.

Naturwiss. Visuelle Beob. v. Interferenzen langsamer Kathodenstrahlen: **21** ('33) 673f.

Philos. Magazine. A new method of investigating the diffract. of slow electrons by crystals: (7) **18** ('34) 878–901. — Entropy and irreversible processes: **34** ('43) 396–409; **36** ('45) 250–55. — Derivat. of statistical expressions from Gibbs Canonical Ensemble[1]): **40** ('49) 626–31.

Physik. Z. Ber. üb. Atomfaktoren[6]): **33** ('32) 97–122, 575f.

Proc. physic. Soc. (A). The electric conductivity of simple semiconductors: **63** ('50) 75f. — Electron-bombardment conductivity of dielectric films[1]): **64** ('51) 362–79. — The electron voltaic effect[5])[9]): 424.

Proc. physic. Soc. (B). An electrostatic focusing syst. and its application to a fine focus X-ray tube[8]): **64** ('51) 67–75. — The conductivity-temp. characteristic of lead sulphide: The influence of oxygen and of the rate of heating[3]): 700–06. — Measurements of the electron-optical properties of solenoid prisms[4]): **65** ('52) 265–74. — The refractive index in electron optics[7]): **62** ('49) 8–21; **64** ('51) 1088f. — Penetrat. of electrons into luminescent material [2a]): **66** ('53) 1057–66.

Proc. Roy. Soc. [London] (A). Connexion between cosmic ray showers and bursts: **155** ('36) 532–45.

Z. Kristallogr. Atomfaktorbest. an metall. Beryllium: **89** ('34) 185–88.

Mit: [1]) Fred Ansbacher; [2]) Albert Franks; [2a]) Joe Franks; [3]) John Hirsch; [4]) John C. E. Jennings; [5]) Chi-Shi Lang; [6]) Karl Schäfer; [7]) R. E. Siday; [8]) E. Spear; [9]) Roger West.

V, VI **Ehrenhaft,** Felix. Physik. — 1920–38 o. Prof. Physik (theoret. u. exp.) U Wien, Vorst. 3. Physik. Inst.; '47 US Gast-Prof. U Wien (Funkt. eines o. Prof.), Vorst. 1. u. 3. Physik. Inst. [Eig. Mitt.]
*1879, Apr. 24, Wien;
†1952, März 4, Wien.

Nekr. K. Przibram, Österr. Chemiker-Ztg. **53** ('52) 94. — H. Thirring, Physik. Bl. **8** ('52) 371f.

Acta physica austriaca. Helical paths in longitud. and transvers. photophoresis, and about Brownian movements. Unipolar magnet. charge: **2** ('48) 187–97. — Photophorese u. eine d. Materie dreh. Wirkg. d. Lichtes im Vakuum[5]): **4** ('50) 118–24. — Neuart. Entladg. in magn. Feld.[3])[4])[7])[8]): 129–32. — Magnet als Diakriter v. Säure u. Base[6]): **4** ('51) 489–96. — Photophorese, wahre magn. Ladung u. schraubenförm. Bew. d. Mat. in Feld., 1: **4** ('51) 461–88; ∼ 2: **5** ('51) 12–29.

Ann. Physique. Photophorèse, électrophotophorèse, magnétophotophorèse: (11) **13** ('40) 151–75.

C. R. Acad. Sci. Paris. Déterminat. exp. de la mobilité dans un gaz de petites sphères: **203** ('36) 850–52. — Méth. exp. pour trouver les erreurs de déterminat. de la grandeur d'un objet par le microsc.: **204** ('37) 40f. — Mouvements en hélice dans la photophorèse longitudinale et transversale: **222** ('46) 1100–03. — Photophorèse: 1345f. —

Mouvement en hélice des particules dans un champ magnét. constant uniforme: **224** ('47) 1151 f. — Mouvement des particules dans des champs magnét. unif. et non unif.: **225** ('47) 926–28. — De l'infl. sur le rayonnement d'un champ magnét. homogène et longitudinal[3]): **227** ('48) 626 f. — De l'infl. d'un champ magnét. homogène et longitud. sur le rayonnement émis par une préparat. radioact.[3]): **228** ('49) 550 f. — Photophorèse et un effet de la lumière solaire provoquant une rotat. de la matière dans le vide[5]): 1708–10; **229** ('49) 515–17; **230** ('50) 938–40; **231** ('50) 541–43. — Photophorèse et un effet de la lumière solaire ...; infl. d'un champ magnét. uniforme[4]): **230** ('50) 1654–56. — Photophorèse transvers.[5]): **232** ('51) 1922–24. — Photophorèse dans le vide très poussé[5]): **233** ('51) 385–87.

Elektrotechn. Z. Einzelne nord- u. südmagnet. Pole, Photophorese: **71** ('50) 656–58.

J. Franklin Inst. Physic. and astron. informat. concerning particles of the order of magnit. of the wave-length of light: **230** ('40) 381–93. — Photophoresis and its interpretat. by electr. and magnet. ions: **233** ('42) 235–56.

J. Physique Radium. Le mouvement gén. de la matière qui a six degrés de liberté dans un champ se produit en hélice: (8) **8** ('47) 5 f.

Nature [London]. Stationary electric and magnet. fields in beams of light: **147** ('41) 25. — Magnetizat. of matter by light[1]): 297. — Magnet. current: **154** ('44) 426 f.

Naturwiss. Exp. Ermittlg. d. Widerstandsgesetzes kleiner Kugeln in Gasen: **23** ('35) 70.

Philosophy Sci. Microcoulomb exp.: **8** ('41) Nr. 3, 1-55. — Is there "true magnetism" or not?[1]): 458–61.

Physical Rev. New evidence on particles of the light wave length size: **57** ('40) 562. — Photophoresis of small particles in a magn. field: 659. — Diffus., Brownian movement, Loschmidt-Avogadro's number and light: 1050. — Photophoresis: **60** ('41) 169. — Magn. current in gases: **61** ('42) 733. — Decomposit. of matter through the magnet (Magnetolysis): **63** ('43) 216 f. — Magnetolysis and the electr. field around the magn. current: 461 f. — Facts concerning magn. current: **64** ('43) 43. — New exp. about the magn. current: **65** ('44) 62. — Continuat. of exp. with the magn. current: 256. — Decomposit. of water by the so-called perman. magnet: 287–89. — Decomposit. of water with the perman. magn.: 349. — Ponderomotive forces on matter in electr. and magnet. fields: **66** ('44) 38. — New evidence for the magnet. current: **67** ('45) 63. — Measurement of single magnet. charges and the electrostat. field around the perman. magnet: 201 f. — Ponderomotive forces of light upon matter as shown by exp.: **68** ('45) 102. — Electr. counterpart of Oersted's exp.: 102. — Polarity of magnetism: 102. — Magnetism as a polar vector: 105 f. — Movement of solid bodies in sunlight: 285 f. — Helical movements of matter in the beam of light and the magnet. current: **69** ('46) 52. — Observat. on the helical movement of matter in sunlight: 251 f. — Const. magn. current and Heinr. Hertz: 260. — Gravitat. of celestial bodies and photophoret. forces: 684. — Astrophys. phenomena and the magn. current: 702. — Unipolar magn. charges (poles): **70** ('46) 114 f. — Rotation. movements of matter in the homogeneous fields of magnets or of radiat.: 119. — Single magn. poles and cosm. radiat.: **71** ('47) 138. — Electrophotophoresis and electr. charges smaller than the electronic charges: 143 f. — Gen. movement of matter possessing six degrees of freedom in fields is helical: 480. — Exp. proofs of the exist. of single magn. poles: **75** ('49) 1334. — New phenomena of radiat. in magnet. fields: 1628 f.

Physik u. Chem. Mich. Faraday: **32** ('32) 1–15.

Physik. Z. Grenze physik. Beob.-Möglichk.: **33** ('32) 673–82. — Entwicklg. u. Fortschr. in d. Frage d. Größen- u. Ladungsbest. v. Einzelteilchen: **39** ('38) 673–87.

Rend. Ist. Lombardo. Raggi magnet. di Augusto Righi[3])[7]): **83** ('50) 544–50.

Science [New York]. Magnet. current: **94** ('41) 232 f. — Magnet. ion[1]): **96** ('42) 228 f. — Rotating act. on matter in a beam of light: **101** ('45) 676 f.

Z. Physik. Ladungsmessg. an Selenteilchen b. hoh. Gasdrucken: **80** ('33) 402–11.

Mit: [1]) Leo Banet; [2]) K. V. Desoyer; [3]) R. F. K. Herzog, [4]) M. J. Higatsberger; [5]) E. Reeger; [6]) F. Stokinger; [7]) F. P. Viehböck; [8]) T. M. Weinzierl.

VI **Ehrensberger,** Emil Eduard Wilhelm. Stahlfabrikat. – 1917 i. R. Traunstein.

*1858, Sept. 25, Babenhausen/Bayern; †1940, Mai 8.

Nekr. Stahl u. Eisen **71** ('51) 2 (m. Bildn.).

Ehrenstein, Maximilian Richard. Physiol. Chem., pharmazeut. Chem. – 1918–21 stud. U Göttingen; '21 Dr. phil. U Göttingen (A. Windaus, dess. Ass. '21–23); '23–25 Ass. TH Breslau (F. Straus); '25–26 Ass. U Zürich (P. Karrer); '26–29 Ass. U München (H. Wieland); '29–34 Ass. U Berlin (C. Mannich); '27–29 Praxis als Lebensmittelchem. u. als Apotheker; '31–33 PDoz. pharmaz. Chem. U Berlin; '34–37 Research Assoc. physiol. Chem. U Virginia, Charlottesville/Virginia, USA; '37–48 Assistant Prof. Chem., '48–49 Associate Prof., '49 o. Prof. Biochem. Med. Fak. U Pennsylvania, Philadelphia/USA. – '52 Medaille (2. Int. Kongr. f. Biochem., Paris). [Eig. Mitt.]

*1899, Mai 11, Thalkirchen/München.

Erf. 19-Nordesoxycorticosterone, US-Patent Nr. 2496450 ('50). — Tetrahydroxy etiocholanic acid and esters thereof, US-Patent Nr. 2518672 ('50). — 13-monomethyl cyclopentanopolyhydrophenanthrenes and process, US-Patent Nr. 2530816 ('50). — 13-monomethyl steroids, US-Patent Nr. 2530817 ('50). — Esters of 3,5, 14, 19-tetrahydroxy-etio-cholanic acid and derivatives, US-Patent Nr. 2558549 ('51). — Nordesoxycorticosterone esters, US-Patent Nr. 2573417 ('51). — Noretiocholanic acids and process, US-Patent Nr. 2573418 ('51). — Cyclopentanopolyhydrophenanthrene derivatives, US-Patent Nr. 2584001 ('52). — Ring A aromatized steroidal compounds and process for preparing them, US-Patent Nr. 2609377 ('52). — Tritylated hydroxyetiocholanic acids, US-Patent Nr. 2686790 ('54).

W. • Über die therm. Zersetzung einiger Dicarbonsäuren d. aliphat. u. hydroaromat. Reihe.

Diss. (Göttingen '21) 47 S. Masch.schr. [Auszug in: Jahrb. d. Phil. Fak. Göttingen '21, Hälfte 1,2 S. 216]. — ● Zur Kenntnis d. Alkaloide d. Tabaks. Hab.schr. (Bln '31) 33 S.

Amer. J. Pharmacy. Hormones of the sex glands and of the adrenal cortex: **112** ('40) 7–30. — Modern antimalarials: **114** ('42) 456–82.

Amer. J. Physiol. Purificat. of adrenal extracts and isolat. of an activator of male sex hormones[4]): **120** ('37) 213–21.

Apotheker-Ztg. Gegenwärtiger Stand d. Vitaminforschg.: **47** ('32) 1228–31, 1242–44.

Arch. Pharmazie. Neuere Entwicklg. d. Chem. u. Biochem. d. Tabaks: **268** ('30) 430–43. — Alkaloide d. Tabaks: **269** ('31) 627–59 [Hab.schr.].

Ber. Dtsch. chem. Ges. Katalyt. Dehydrierg. cycl. Basen, 1: **64** ('31) 1137–40; ∼ 2[11]): **67** ('34) 486–91; ∼ 3[5]): 1715–29. — Erwiderg. auf Ernst Spaeth u. Friedr. Kuffner: Bem. z. Mitt. v. J. P. Wibaut, M. Ehrenstein, K. Kindler, W. M. McCord, G. Schroeter, J. W. Ray u. deren Mitarb.: **68** ('35) 1550.

Chem. Reviews. Synth. of steroids of the progesterone ser.: **42** ('48) 457–89.

Chimia [Zürich]. Vers. z. Umwandlg. d. Strophanthidins in Analoge d. Steroidhormone: **6** ('52) 287–89.

Helvet. chim. Acta. Einige natürl. Aminosäuren[10]): **9** ('26) 323–31. — Abbau d. Xylans: 332–36. — Alkal. Verseifg. der d-Lysursäure[10]): 1063–66.

J. Amer. chem. Soc. 19-hydroxy-11-desoxycorticosterone and 19-hydroxyprogesterone[3]): **76** ('54) 2026 f.

J. biol. Chemistry. Activat. of testosterone by higher fatty acids and their acid sodium salts[6]): **122** ('38) 297–302.

J. org. Chemistry. Investigat. on steroids, 1: 6-Oxo-progesterone and the stereochem. configurat. of several 3,5,6-triols: **4** ('39) 506–18; ∼ 2[14]): 6-(α)-hydroxy-progesterone: **5** ('40) 318–28; ∼ 3[7]): Partial oxidat. of 3,5,6-triols and oxidat. with permanganate of 5,6-unsaturated steroids: 544–60; ∼ 4[14]): New degradat. products of cholic acid and studies on the synth. of 7,12-dihydroxy-progesterone: 660–73; ∼ 5: Acetolysis of the stereoisomeric 5,6-oxides and preparat. of the acetates of 4-androstene-3,17-dione-6(α)-ol and 6(α)-hydroxy-11-desoxycorticosterone: **6** ('41) 626–46; ∼ 6[14]): New meth. of preparing 6(α)-acetoxy-progesterone: 908–19; ∼ 7: Compounds related to 6-methyl-11-desoxycorticosterone: **8** ('43) 83–94; ∼ 8: Lower homologs of the pregnane ser. 10-nor-11-desoxycorticosterone acetate and 10-nor-progesterone: **9** ('44) 435–56; ∼ 9: Some new polyhydroxyetiocholanic acids[9]): **11** ('46) 823–48; ∼ 10: Revis. of nomenclature of previously described compounds: **13** ('48) 214–22; ∼ 11: New transformat. prod. of strophanthidin: Stud. on ethyl 3β,5,19-trihydroxytiocholanate[9])[13])[16])[17]): **15** ('50) 264–91; ∼ 12: New steroids derived from strophanthidol: Ethyl 3β,5-dihydroxy-8,19-oxido-etio-cholanate and transformat. prod.[12]): **16** ('51) 335–48; ∼ 13: Transformation of strophanthidin into compounds structurally related to steroid hormones[3])[17]): 349–75; ∼ 14: Stud. in the ser. of the adrenal cortical hormones: Dehydrat. of 6β,21-diacetoxyallopregnane-5-ol-3,20-dione[8]): 1050–63; ∼ 15: Further stud. on 17-isocarboxylic acids[3]): 1615–21; ∼ 16: Acetylat. stud. on 3β,5-dihydroxy-14-iso-17-iso-21-norpregnane-19,20-dioic acid and its ethyl esters[3]): 1622–32; ∼ 17: Dehydrat. stud. in the ser. of 3β,5,19-trihydroxyetiocholanic acid[8]): **17** ('52) 713–23; ∼ 18: Chlorides and cyclic sulfites in the ser. of 3β,5,19-trihydroxyetiocholanic acid. A case of asymmetric sulfur[8]): 724–36; ∼ 19: Further degrad. prod. of strophanthidol[2]): 1576–86; ∼ 20: 6β-and 6α-acetoxy-and hydroxyderivatives of progesterone and androstenedione[2]): 1587–96; ∼ 21: 19-noretienic acids derived from strophanthidin[3]): **19** ('54) 365–72. — Studies on ouabagenin, 1[7a]): 1174–95. — 6-hydroxy derivatives of 17α-hydroxy-progesterone and Reichstein's compound S. Studies on 6β,11α-dihydroxyprogesterone[7a]): 1331–50. — 19-hydroxy-11-desoxycorticosterone and 19-hydroxyprogesterone[3]): 1758–65.

Liebigs Ann. Chem. Vers. z. Darst. d. Diphenyl-styryl-carbinols u. üb. d. Konstitut. d. dimeren Triphenyl-allens[15]): **442** ('25) 93–118.

Nachr. Ges. Wiss. Göttingen. Therm. Zersetzg. einiger Dicarbonsäuren[18]): **1921**, 1–7.

Science [New York]. 10-nor-progesterone. A physiologic. active lower homolog of progesterone[1]): **100** ('44) 251 f.

Southern med. J. Recent investigat. of the male sex hormones: **30** ('37) 229–37.

Virginia med. Monthly. Gonadotropic factors and sex hormones: **63** ('36) 341–48.

Mit: [1]) Willard M. Allen; [2]) Charles P. Balant; [3]) George Winston Barber; [4]) S. W. Britton; [5]) Wilhelm Bunge; [6]) Edward L. Corey; [7]) Marguerite T. Decker; [7a]) Klaus Florey; [8]) Pablo Th. Herzig; [9]) Alda Ruth Johnson; [10]) Paul Karrer; [11]) Ilse Marggraff; [12]) Helmut C. Neumann; [13]) Polly Comegys Olmsted; [14]) Thelma O. Stevens; [15]) Fritz Straus; [16]) Vera I. Vivian; [17]) Mary A. Wagner; [18]) Adolf Windaus.

Ehrhardt, Alfred. Werkzeugmaschinen. — 1919–21 stud., '34 Dr.-Ing. (Widmaier), '36 o. Prof. TH Stuttgart. [Eig. Mitt.]
*1898, Mai 10, Geislingen/Steige.

S. ● Die TH Stuttgart 1954. Ber. z. 125-jähr. Bestehen (Stuttg. '54) 131 f.: Lehrstuhl u. Inst. f. Werkzeugmasch. (m. Walter Leyensetter).

W. ● Untersuchungen üb. Zweckmäßigk., Ausführg. u. Verschleiß v. Mehrscheibenkupplg. f. Werkzeugmaschinen. Diss. (Stuttg. '34) 41 S.

Z. VDI. Verschleiß v. Reibscheiben in Mehrscheibenkupplg. f. Werkzeugmaschinen: **80** ('36) 1231. — Württemberg. Werkzeugmaschinenbau: **82** ('38) 653.

Ehrhart, Gustav. Chem. (org.). — 1922 Dr. phil. nat. U Heidelberg (Th. Curtius, dess. Ass. '20–23); '23 Chemiker IG Farbenind. AG, Werk Hoechst, '49 Direktor d. Farbwerke Hoechst AG u. Leiter d. pharmaz.-wiss. Labor.; zugl. '51 Hon.Prof. Pharmaz. Chem. U Mainz. — '22 Victor-Meyer-Preis (U Heidelberg); '50 Dr. rer. nat. h. c. (TH Stuttgart) u. Dr. med. h. c. (U Frankfurt/M.); '52 Adolf-von Baeyer-Gedenkmünze (Ges. Dtsch. Chem.); '53 Dr. med. vet. h. c. (Just.-Liebig-H Gießen). [Eig. Mitt.]
*1894, Dez. 21, Ludwigshafen/Rh.

Kurzbiogr. Süddtsch. Apotheker-Ztg. **90** ('50) 441f. (m. Bildn.). — ● Festschrift üb. d. Sertürner-Gedenkfeier [Paderborn 1954] (Stuttg. '55] 81-86 (m. 3 Bildn. S. 48, 82, 83 u. Schr.verz.).

Zum 60. Geb.tag. Chemiker-Ztg. **78** ('54) 848 (m. Bildn.). — Pharmaz. Zentralhalle **94** ('55) 76f.

Erf. u. a. „Polamidon" (1949).

S. ● Med. u. Chem. **2** ('34) 356–63: Hypnophore Gruppe; **3** ('36) 366–74: Die ungesättigte Gruppe in therapeut. Subst. — ● Ullmanns Encyklopädie d. techn. Chem. **3** [3]('53) 799–806: Antihistamine. — ● Festschrift über d. Sertürner-Gedenkfeier [Paderborn 1954] (Stuttg. '55) 47–58: Üb. die neueren Analgetica u. ihre Beziehungen zu Morphin.

W. ● Die Zersetzg. d. Benzylazids in indifferenten Medien. Diss. (o. O. '22) 23 S. Masch.schr.

Angew. Chem. Beziehg. zw. Konstitut. u. physiol. Wirkg. versch. Ephedrin-Abkömmlinge: **13** ('00) 560f. — Neue Synth. in d. Sterinreihe[5])[1]): **52** ('39) 363–66. — Stud. in d. Penicillin-Reihe: **60** ('48) 249.

Ber. Dtsch. chem. Ges. Zerfall d. Benzylazids in indifferenten Medien u. in Malonester[3]): **55** ('22) 1559–71. — Einwirkg. v. Bleitetraacetat auf Ketone d. Pregnanreihe, 2[5])[4]): **72** ('39) 2035–39. — Synth. v. α-Aminosäuren: **82** ('49) 60–63; ∼ 2: α,β-Diaminosäuren: 387–89; ∼ 3: Threo-p-Nitrophenylserin: **86** ('53) 483–87; ∼ 4: β-Oxy-α-aminosäuren: 713–17; ∼ 5: α-troyl-N-acyl-serinester: 884–88; ∼ 6: Threo-β-Oxyphenylserine[7]): **87** ('54) 892–901.

J. prakt. Chem. (N. F.). Einwirkg. v. Benzolsulfazid auf Malonester[3]): **106** ('23) 66–76.

Liebigs Ann. Chem. Neue Klasse v. spasmolyt. u. analget. wirkenden Verbb.[2]): **561** ('48) 52–85.

Med. Mschr. Polamidon, ein neues, stark wirkendes Analgetikum[6]): **3** ('49) 605f.

Münch. med. Wschr. Synthet. Hormon d. Nebennierenrinde Cortenil[5])[4]): **86** ('39) 444–46.

Mit: [1]) Walter Aumüller; [2]) Max Bockmühl; [3]) Theodor Curtius; [4]) R. Rigler; [5]) Heinrich Ruschig; [6]) Otto Schaumann; [7]) Ingeborg Hennig.

I **Ehrhart,** Johann Balthasar → VIIa/Suppl.

VI **Ehringhaus,** Arthur Erich. Mineralogie. – 1916 wiss. Mitarb. Fa R. Winkel, Göttingen.

*1889, Nov. 29, Mettmann/Rhld.; †1948, Jan. 11.

W. ● Das Mikroskop, seine wiss. Grundlagen u. seine Anwendg. [2](Bln-Lpz. '38) 6+156 S.; [4](Lpz. '49) 148 S. (Math.-Physik. Bibl. 2,14).

V, VI **Ehrlich,** Felix. Biochem. u. landwirtsch. Technol. – 1920–35 o. Prof. u. Dir. Inst. Biochem. u. Landwirtsch. Technol. U u. TH Breslau; '35 em. – '31 Emil-Fischer-Medaille (Ver. Dtsch. Chem.).

1877, Juni 16, Harriehausen/Hannover; †1942, Obernigk/Breslau.

* Nach Totenliste in: Nova Acta Leopoldina Nr. 104 ('52) 88: † „?1943" in Obernigk.

Kurzbiogr. ● Reichshandb. Dtsch. Ges. **1** (Bln '30) 376 (m. Bildn.).

S. ● Festschr. TH Breslau (Bresl. '35) 129–41: Pektinprobl. — ● Handb. biol. Arbeitsmeth. (Abderhalden) **I**, 11 (Bln-Wien '36) 1503–1688: Pektin; **IV**, 2 ('36) 2405–60: Pektinfermente.

Apotheker-Ztg. Chem. u. prakt. Bedeutg. d. Pektins: **48** ('33) 397f.

Ber. Dtsch. chem. Ges. d-Galakturonsäure, 1[1]): **66** ('33) 220–27; ∼ 2[1]): Ihre Umlagerg. in 5-Keto-l-galaktonsäure: **67** ('34) 573–89. — 5-Keto-l-galaktonsäure (d-Tagaturonsäure)[1]): 1345–47. — Not. zu Collatz: Isolierg. v. kristallisierter d-Galakturonsäure aus Tabak: **69** ('36) 920.

Biochem. Z. Pektolase, ein neu aufgefundenes Pektinferment, 1: **250** ('32) 525–34; ∼ 2: **251** ('32) 204–22; ∼ 3: Vollständ. direkte Spaltg. d. Pektolsäure zu d-Galakturonsäure durch Pektolase[1])[2]): **281** ('35) 93–102. — Präparat. Gewinng. der d-Galakturonsäure aus Pektin[1]): **259** ('33) 100–09.

Cellulosechem. Chem. Unters. üb. d. Pektin d. Ramiebastes[2]): **16** ('36) 97–107, 109–11, 118. Zusammensetzg. d. Pektins d. Äpfel u. üb. seinen fermentat. Abbau[2]): **17** ('36) 1–12, 13–16.

Enzymologia. Pektolase: **3** ('37) 185–99 (Neuberg-Festschr. 1).

Ind. Ital. Conserve aliment. Wichtigk. d. Pektinsubst. in chem. u. techn. Beziehg.: **9** ('34) 78.

Manufact. Chemist. Anästhetica: **5** ('34) 5–11.

Mit: [1]) Renate Guttmann; [2]) Ruth Haensel.

V, VI **Ehrlich,** Paul → VIIa/Suppl.

Ehrlich, Paul August Eugen. Chem. (anorg.). – 1930–34 stud. U Königsberg, TH Hannover; '37 Dr.-Ing. TH Hannover (W. Biltz, dess. Ass. '36–38); '38–45 Ass. u. Obering. TH Danzig (W. Klemm); '45 habil. TH Danzig; '48 PDoz., '50 Obering. Inst. anorg. Chem., '53 apl. Prof. TH Hannover; '54 pl. ao. Prof. Justus-Liebig-H Gießen. [Eig. Mitt.]

*1912, Juni 25, Magdeburg.

S. ● Physik.-chem. Taschenb. (H. Staude) **1** (Lpz. '45) 543–65: IV. Moleküle, 6: Magnet. Momente; **2** (Lpz. '49) 1624–62: X. Magnetismus, 1: Suszeptibilität. — ● Nat. u. Med. Dtschl. 1939–46, **24**,2 (Wiesb. '48) 15–42: Halogenide u. Chalkogenide d. Übergangselem. — ● Handb. d. präparat. anorg. Chem. (G. Brauer) (Stuttg. '52) 669–717: Be, Mg, Ca, Sr u. Ba; 865–940: Ti, Zr, Hf u. Th.

W. ● Beiträge z. Chem. d. Titans. Hab.schr. ('45/48).

Angew. Chem. Fluor-Best. m. Destillat. als H_2SiF_6 unt. Kreislaufführg. d. Wassers[6]): **65** ('53) 131–35.

Chemiker-Ztg. Neuere Entwicklg. d. Fluorchem.: **74** ('50) 599–602.

Naturwiss. Verflüchtigg. d. Siliciums als niederes Oxyd[1]): **26** ('38) 188. — Calciummonochlorid[2]): **40** ('53) 460. — Kaliumfluorotitanate (III)[6]): 509.

Z. analyt. Chem. Maßanalyt. Best. v. Fluor nach Fällg. als Bleibromofluorid[6]): **131** ('51) 84.

Z. anorg. allg. Chem. Systemat. Verwandtschaftslehre, 69,2: Umwandlungsvorgänge in festen Nickelsulfiden[1])[5])[7]): **228** ('36) 275–96; ∼ 74: Sulfide d. Iridiums[1])[5])[4]): **233** ('37) 257–81 [Diss.]; ∼ 75: Sulfide d. Titans[1]): **234** ('37) 97–116

[Diss.]. — Selenide u. Telluride v. Iridium u. Rhodium[1])[8])[5]): **233** ('37) 282–85. — Lösg. v. Sauerstoff in metall. Titan: **247** ('41) 53–64. — Magnetism. d. Halogenwasserstoffe: **249** ('42) 219–24. — Magnet. Verhalten d. Calciumtetroxydes: **252** ('44) 370–76. — Wolframsulfide: **257** ('48) 247–53. — Binäre Syst. d. Titans m. d. Elem. Stickstoff, Kohlenstoff, Bor u. Beryllium: **259** ('49) 1–41. — Titanselenide u. -telluride: **260** ('49) 1–18. — Strukt. u. Aufbau d. Chalkogenide d. Übergangselem.: 19–40. — Titantrifluorid[6]): **275** ('54) 121–40.

Z. Elektrochem. Phasenverhältn. u. magnet. Verhalten im Syst. Titan/Sauerstoff: **45** ('39) 362–70. — Magnet. Verhalten d. Strontiumpernitrides[8]): **57** ('53) 710–14.

Mit: [1]) Wilhelm Biltz; [2]) Leonore Gentsch; [3]) Hans-Jürgen Hein; [4]) Joachim Laar; [5]) Karl Meisel; [6]) Gerhard Pietzka; [7]) Friedrich Weibke; [8]) Friedrich Wilhelm Wrigge.

Ehwald, Ernst Karl Rudolf. Bodenkde. – 1934–38 stud. FH Hannov.-Münden, U Freiburg/Br., München; '54 Dr. rer. nat. U Jena (J. H. Schultze); '46–51 wiss. Mitarb. u. Leiter Vers.Abt. forstl. Standortskartierg. Jena; '51 m. d. Wahrnehmg. einer Prof. m. voll. LAuftr. an d. Forstwiss. Fak. Eberswalde d. Humboldt-U Berlin beauftragt u. Dir. d. Inst. f. forstl. Bodenkde u. Standortslehre; '55 Prof. m. voll. LAuftr. Humboldt-U Berlin. [Eig. Mitt.]
*1913, Aug. 11, Thal b. Eisenach.

S. ● Festsitzg. u. wiss. Tagg. d. Dtsch. Akad. d. Landwirtschaftswiss. Berlin (17. u. 18. Okt. 1953) ('54) 124–46: D. forstl. Wuchsbezirk als Mosaik v. Standortseinheiten.

Allg. Forst-Ztg. Üb. d. Zusammenwirken v. Standortskde u. Pflanzensoziol.: **5** ('50) 416.

Arch. Forstwes. Robert Albert †: **2** ('53) 82–89.

Forstwirtsch.-Holzwirtsch. Forstl. Standortskartierg.: **2** ('48) 98–106. — Holzartenwahl b. großen Aufforstungsvorhaben: **3** ('49) 82–85. — Nutzbarmachg. d. Standortkartierg. **f. d. Großaufforstg.,** dargest. am Beisp. d. Thür. Waldes: **4** ('50) 37–45. — Beurteilg. d. Standortklimas: 195–203. — Läßt sich d. Gerbstoffgehalt d. Fichtenrinde an äußeren Merkmalen erkennen?: 364–69. — Forstl. Standortskartierg.: **5** ('51) 17–21.

Forstwiss. Zbl. Standortsbedingte Freih. u. Gebundenh. im Waldbau als Probl. d. forstl. Standortskartierg.: **68** ('49) 438–45. — Ergebn. einer Standortskartierg. im südthür. Keupergeb.: **69** ('50) 299–348.

Schweiz. Z. Forstwes. Entwicklg. d. forstl. Standortskartierg. in Thür.: **103** ('52) 265–77.

S.-Ber. Dtsch. Akad. Landwirtschaftswiss. Berlin. Aufg. u. Meth. d. forstl. Standortskde: **2** ('53) H. 4, 20 S.

Weitere Arb. in: Urania ('48/50), Forstwirtsch.-Holzwirtsch. ('48/50), Der Wald ('52).

V, VI **Eibner,** Alexander. Chem. – 1908–34 ao. Prof. allg. Chem. u. Vorst. Vers.-Anst. f. Maltechnik TH München.
*1862, Sept. 11, München;
†1935, Mai 1.

Zum 70. Geb.tag. Fettchem. Umschau **39** ('32) 913f.

Nekr. E. Roßmann, Fettchem. Umschau **42** ('35) 85f. (m. Bildn.). — H. Wagner, Farben-Ztg. **40** ('35) 480. — L. V., Farbe u. Lack **40** ('35) 232.

Weitere Patente: DRP 546679, Prod. aus trocknend. fetten Ölen f. Lacke u. Anstriche[3]) ('29); DRP 567133, Öl- u. Nitrocelluloselacke, plast. Massen, Farben u. Anstrichmittel ('29); Engl. Pat. 367102, Mischpolymerisate aus Polyvinylestern u. fetten Ölen ('30).

Angew. Chem. Kolloidchem. Beschaffenh. d. Urbanleimes[4]): **43** ('30) 943–47.

Chem. Umschau Fette, Öle, Wachse u. Harze. Chines. Holzöl, 3: Konstitut. d. Elaeostearinsäuren[4]): **35** ('28) 197–99. — Verbesserbark. d. Leinöl-Trocknens[1])[2]): **38** ('31) 325–31.

Farben-Ztg. Neue Wege z. Oberflächenschutz, 1 u. 2: **36** ('31) 1849f., 1892–94; **37** ('31) 13–15, 54f., 88–90.

Farbe u. Lack. Begriff „Standöl": **1930,** 76.

Mit: [1]) Fr. Brosel; [2]) V. Jung; [3]) Martin Miller; [4]) Ernst Roßmann.

Eichberg, Friedrich. Elektrotechn. — Stud. TH Wien; bis 1912 Leiter d. Bahnfabr. d. AEG; Generaldir. d. Linke-Hoffmann-Werke.
*1883?
†1948, Juli, Ann Arbor/Michigan.

Nekr. Hillebrand, Elektrotechn. u. Maschinenbau **66** ('49) 74f. — R. Richter, Elektrotechn. Z. **71** ('50) 359f. (m. Bildn.).

Erf. Winter-Eichberg-Motor.

Eichelberg, Gustav. Thermodyn., Verbrennungsmotoren. – 1910–14 stud. ETH Zürich; '22 Dr. rer. techn. ETH Zürich (A. Stodola, '14–15 dess. Ass.); '16 Ing. Fa Gebr. Sulzer Masch.-Fabr. Winterthur; '29 Prof. ETH Zürich. [Eig. Mitt.]
*1891, Nov. 21, Ensisheim/Elsaß.

Zum 60. Geb.tag. Allg. Wärmetechn. **2** ('51) 205f. (m. Schr.verz.).

HZ. Mitt. Inst. Thermodyn. u. Verbrennungsmotoren Nr. 1 ('37).

S. ● Verh. 2. int. Kongr. techn. Mech. Zürich 1926 (Zürich-Lpz. '27) 403–06: Torsion v. Schrumpfverbb. — ● Festschr. A. Stodola (Zürich '29) 122–25: Torsionsschwingungsausschlag in Resonanz. — ● Festschr. z. 200-Jahr-Feier Naturforsch. Ges. Zürich (Zürich '46) 265–69: Zur Entwicklg. d. Maschinenbaues in d. letzten 50 Jahren. — ● Hundert Jahre Gas in Basel (Basel '53) 4 S.: Was ist Gas?

W. ● Die therm. Eigensch. d. Wasserdampfes im techn. wichtigen Gebiet (Bln '20) 31 S. (Forsch.-Arb. Ing.-Wes. 220). — ● Temperaturverlauf u. Wärmespannungen in Verbrennungsmotoren. Diss. (Bln '22) 48 S. [auch: Forsch.-Arb. Ing.-Wes. 263]. — ● Technik u. Verantwortg. (Aarau '32) 4 + 22 S. (Kultur- u. staatswiss. Schr. 6). — ● Schicksal Technik (Zürich '42) 31 S. — ● Auftrag Technik (Zürich '44) 60 S. — ● Der Mensch u. d. Technik (Zürich '53) 38 S. (Kultur- u. staatswiss. Schriften d. ETH Zürich 81).

Engineering. Some new investigations on old combustion-engine probl.: **148** ('39) 463–66, 547–50, 603–05, 682–86; **149** ('40) 297–99.

Forsch.-Arb. Ing.-Wes. Zeitl. Verlauf d. Wärmeübertragg. im Dieselmotor: **300** ('28) 61–66.

Forsch. Ing.-Wes. Zustandsänderg. idealer Gase m. endl. Geschwindigk.: **5** ('34) 127–29. — Instationäre Strömungsvorgänge in Motoren: **14** ('43) 41–47.

Génie civil. Les générateurs de gaz à pistons libres: **125** ('48) 430–34, 448–52, 464–68.

Monatsbull. Schweiz. Ver. Gas- u. Wasserfachmänner. Energie im Dienste d. Menschheit: **33** ('53) 60–67.

Reformatio. Technik, Freiheit u. Dienst: **1953.**

Rev. techn. Sulzer. Etude comparative des moteurs Diesel marins à 2 temps et à 4 temps: **1921,** H. 3, 1–11. — Nouvelle table d'entropie pour l'acide carbonique: **1922,** H. 3, 5–10. — Transmission de la chaleur en fonction du temps pendant la durée d'un cycle dans un moteur marin Diesel-Sulzer: **1928,** H. 2, 11–14. — Développement récent des dispositifs d'injection de combustible sans air comprimé dans les moteurs Diesel: **1929,** H. 3, 1–12.— Nouvelles observations relatives aux mesures des températures dans les moteurs Diesel: **1932,** H. 1, 10–14.

Schweiz. Arch. angew. Wiss. u. Techn. Physik. Grundlagen d. Wärmepumpen: **4** ('38) 297–302. — Der „ideale Dampf": **7** ('41) 69–72.

Schweiz. Bau-Ztg. Das neue Maschinenlabor. d. ETH-Inst. f. Thermodyn., Verbrennungsmotoren u. Kältetechn.: **109** ('37) 111–17. — Druckwellenkompressor: **120** ('42) 191–94. — Freikolbengeneratoren: **66** ('48) 661–67, 673–79. — Adiabaten-Exponent f. Gase u. Dämpfe: **67** ('49) 38–40.

Techn. Rdsch. Sulzer. Festigk. eines Kreisausschnittes: **1931,** H. 4, 16–18.

Z. techn. Physik. Dyn. Vorgänge in Luft- u. Brennstoffleitg.: **10** ('29) 461–65.

Z. VDI. Thermodynamik d. Wasserdampfes: **61** ('17) 750–53. — Bem. zu d. Eigensch. d. Wasserdampfes b. hohen Betriebsdrucken: **66** ('22) 275–77. — Temperaturverlauf u. Wärmespanng. in Verbrennungsmaschinen: **70** ('26) 429–36 [auch: Rev. techn. Sulzer **1926,** H. 2, 1–11]. — Mittel z. kompressorlosen Brennstoffeinspritzg.: 1079–89.— Bestand d. Technik: **90** ('48) 297–303. — Unters. eines hochaufgeladenen Dieselmotors[1]): **93** ('51) 1113–23.

Mit: [1]) Walter Pflaum.

Eichengrün, Arthur. Chem. Technol. – 1885 stud. TH Aachen, TH u. U Berlin; 1890 Dr. phil. U Erlangen (O. Fischer); '91–92 Priv. Ass. v. Carl Graebe (U Genf); dann Ind. Praxis; '95 Leiter pharmaz.-wiss. Abt. Bayer-Werke, Elberfeld; '08 Cellon-Labor.; '09 Gründg. d. Cellon-Werke Dr. Arthur Eichengrün ('33–38 Kampf um deren Erhaltg., '38 Verkauf an Diwag Chem. Fabr. Waidmannslust); nach '45 neues Versuchslabor. f. plastische Massen. – Dr.-Ing. e.h. (TH Hannover); '47 Dr. rer. nat. h. c. (U Berlin).

*1867, Aug. 13, Aachen;
†1949, Dez. 23, Berlin.

Biogr. ● Reichshandb. Dtsch. Ges. **1** (Bln '30) 378 f. (m. Bildn.).

Zum 80. Geb.tag. H. G. Bodenbender, Angew. Chem. **60** (A) ('48) 111f. [s. schon **59** ('47) 184]. — E. Escales, Kunststoffe **37** ('47) 180 [s. schon **28** ('38) 30, 194 u. **37** ('47) 24]. — H. Stadlinger, Pharmazie **2** ('47) 383f.

Nekr. H. Stadlinger, Dtsch. Chemiker-Ztg. **2** ('50) 2–4 (m. Bildn.).

Erf. Begründg. d. Celluloseacetat-Ind. (m. Becker) (1900); Weg z. direkten Acetylierg., DRP 159524/1901 Bayer u. Am. P. 790565/1902; '05 Auffindg. einer in wasserfreiem Aceton lösl. Stufe d. sekundären lagerbeständigen Celluloseacetats (m. Becker u. Guntram); '06 erste Vers. z. Herst. d. unbrennbaren „Cellit"-Filmes Bayer; '07 in Jülich erste Acetatkunstseide; '09 Erfindg. d. „Cellons", DRP 238348; '20 Erfindg. d. „Cellon-Feuerschutzes". — Initiator d. Entwicklg. u. Einführg. d. „Aspirins" (1898/99).

S. ● H. Schering, Die Isolierstoffe d. Elektrotechn. (Bln '24) 311 361 „Cellon" Lacke als elektro-techn. Isoliermaterialien.

Angew. Chem. Die neuen Arzneimittel im 2. Sem. 1898: **12** ('99) 219–26; ~ im 1. Halbj. 1899: 1147–53; ~ im J. 1900: **14** ('01) 261–68. — Chem. Nährmittel d. Neuzeit: **13** ('00) 261–69. — Verwendg. d. Acetondisulfits zu photogr. Zwecken: **15** ('02) 1114–16. — Neues Formaldehyddesinfektionsverf., d. Autanverf.: **19** ('06) 1412–15. — Nichtbrennbarer Cellit-Kinematographenfilm: **21** ('08) 1729–31. — „Geschichtl. üb. d. Celluloseacetate" in anderer Beleuchtg.: **24** ('11) 1306f. — 25 Jahre Arzneimittelsynth.: **26** ('13) 49–54. — Chem. Feuerschutz: **42** ('29) 214–17. — Quellungsvorgänge b. Celluloseestern: **43** ('30) 236f.

Chemiker-Ztg. Bekanntes u. Unbekanntes aus d. Acetylcelluloseind.: **51** ('26) 25f.

Gesundheits-Ing. Verstärkg. d. Autanwirkg.: **31** ('08) 182–85.

Monit. sci. Anwendg. d. Acetons als Ersatzmittel d. Alkalien in d. photogr. Entwicklern: (4) **17** ('03) 475–77.

Pharmazie. 50 J. Aspirin: **4** ('49) 582–84 (autobiogr.).

Pharmaz. Zentralhalle. Eisensomatose: **38** ('97) 601–03. — Protargol: 639f. [auch in: Chemiker-Ztg. **21** ('97) 940]. — Epicarin: **41** (1900) 87–92. — Resaldol, ein neues Darmantiseptikum: 223–27.

Pharmaz. Ztg. Aristochin, Mesotan, Helmitol u. Theocin: **47** ('02) 857f., 866f. — Löslichk. v. Acetylcellulose: **84** ('48) 95.

Technol. Textilfaser. Acetatseide: **7** ('27) 189–211.

Verh. Ges. Dtsch. Naturforsch. u. Ärzte. Neuer photogr. Entwickler u. eine neue Meth. z. Darst. aromat. Oxyalkohole: **1901,**2 140–45.

Eichholtz, Fritz. Pharmakol. – 1910–14 stud. U Lausanne, Bonn; '13–14, '19–20 Ass., '20 Dr. med. U Bonn (M. Verworn); '21–24 Ass. U Rostock u. Freiburg/Br. (Paul Trendelenburg); '24–25 London (E. H. Starling); '24 PDoz. Freiburg/Br.; '25–28 Leiter d. Pharmakol. Labor. Bayer AG, Elberfeld; '28–33 o. Prof. Pharmakol. U Königsberg; seit '33 o. Prof. U Heidelberg. [Eig. Mitt.]

*1889, Aug. 15, Lippstadt/W.

Zum 65. Geb.tag. W. Keil, Arzneimittel-Forsch. **4** ('54) 521.

H. ● Nat. u. Med. Dtschl. 1939-46, **61**-**63** (Wiesb. '48); darin von ihm: **61**, 13-15: Bau- u. Betriebsstoffwechsel; 173-88: Adrenalin; **62**, 162-71: Leber; **63**, 1-21: Desinfektionsmittel (m. R. Muschaweck).

S. ● Festschr. f. Emil Bürgi z. 25j. Prof.-Jubil. (Basel '32) 69-76: Darmdesinfektionsmittel. — ● Handb. exp. Pharmakol. **3**, 3 (Bln '34) 1909-27: Zink; 1928-71: Kupfer.

W. ● Medizinisches Forschungsinst. IG Farbenind., ihre Gesch., Organisat. u. Ziele (Hambg '30) 3 S. — ● Sauerkraut u. ähnl. Gärerzeugn. Gesch., Biol. u. Bedeutg. f. d. Ernährg. v. Mensch u. Tier (Brschw. '41) 3 + 140 S. (Wissenschaft 96). — ● Die Pharmakol. im Dienste d. Gesundheitsverwaltg. d. Reiches. Rede auf Eugen Rost anläßl. seines 70. Geb.tages (Heidelb. '41) 61 S. — ● Lehrbuch d. Pharmakol. im Rahmen einer allg. Krankheitslehre f. prakt. Ärzte u. Studierende (Bln '39) 8+378 S.; [2]('42) 8+525 S.; [3/4]('44); [5]('47) 9+561 S.; [6]('48); [7]('51) 570 S.

Angew. Chem. Zentrale Stimulantia d. Adrenalin-Ephedrin-Gruppe: **53** ('40) 517-22.

Arch. int. Pharmacodyn. et Thérap. Antagonismus v. convulsiv. u. spasmolyt. Subst.[42])[35]): **77** ('48) 127. — Pharmakol. Reakt. an d. Synapsen d. NN-Marks[31]): **78** ('49) 521. — Einf. Meth. d. Myographie u. deren Anwendg.[17])[8]): **80** ('49) 62. — Weitere pharmakol. Wirkg. v. NN-Rindenhormon[37])[39]): **86** ('51) 407.

Arch. Ohren-, Nasen- u. Kehlkopfheilkunde. Pharmakol. d. autonomen Nervensyst.: **163** ('53) 98-139.

Arch. Schiffs- u. Tropen-Hyg. Pharmakol. d. Plasmochins: **31** ('27) 89-94. — Wirkungsbedingg. d. Fuadins b. d. Opisthorchiasis d. Katze (Kombinat. m. Emetin, Wismut u. Quecksilber)[9]): **38** ('34) 524-34.

Biochem. Z. Lipämie[26]): **128** ('22) 310-22. — Meiostagminreakt.: **140** ('23) 555-59. — Resorpt. v. Lecithin: **144** ('24) 66-69. — Anwesenh. v. Vitamin A in Handelslecithin: 70f. — Kolloidchem. Fett-Lipoidwirkg.: **151** ('24) 187-202 [Hab.-schr.]. — Vers. einer pharmakol. Analyse d. Carcinomstoffwechsels[18]): **206** ('29) 282-89. — Magnesiumbest. im Blute[2]): **225** ('30) 352-57. — Mineralstoffwechsel an multiplen Impfsarkomen d. Ratte: **235** ('31) 170-73. — Unabhängigk. v. Wachstumseigensch. u. Stoffwechseltypus d. malignen Zelle[20])[22]): **260** ('33) 139-42. — Ablagerg. v. Magnesiumverbb. im Tumor[19]): **276** ('35) 326-30.

Chemiker-Ztg. Katalyse in Pharmakol. u. Med.: **58** ('34) 409-11. — Chem. u. biol. Vorgänge b. d. Silage[20]): **59** ('35) 1033-36.

Dermatol. Wschr. Therapeut. Unverträglichk.: **104** ('37) 117-24.

Dtsch. landwirtsch. Presse. Einsäuern v. Aushilfsfutterpflanzen: **69** ('42) 453f., 459f.

Dtsch. med. Rdsch. Wirkungsbereich d. heut. Antibiotica: **4** ('50) 236-38.

Dtsch. med. Wschr. Rektale Narkose m. Avertin (E 107): **53** ('27) 710-12. — Moderne Arzneistoffe: **55** ('29) 45-49. — Theor. d. Avertinnarkose: 1537f. — Entgegng. zu d. Bem. v. Gros: **56** ('30) 1172. — Gesch. u. d. Aufgaben d. Pharmakol. in Ostpreußen: 1526f. — Neuordng. d. Arzneischatzes: **57** ('31) 308f. — Toxikol. d. Kriegsgase: **58** ('32) 1629f. — Ursache d. Haffkrankh.: 1932-34. — Therapeut. Unverträglichk.: **59** ('33) 355-57, 1744f. — Was kann d. Arzt v. d. pharmaz. Ind. erwarten?: **60** ('34) 1061f. — Neue Kapitel d. pharmakol. Forschg.: **65** ('39) 1198-1200, 1240-42. — Atmungslähmende Wirkg. d. Opiate: **66** ('40) 792-95. — Egressin, ein neues Chemotherapeuticum gegen d. Oxyureninfekt. b. Menschen[17])[32])[45]): **75** ('50) 868-70.

Dtsch. tropenmed. Z. Wurmmittel. Nachw. ihrer Spezifität im chemotherapeut. Vers. unt. bes. Berücks. d. Phenolabkömml. 430 Kl (Knoll): **46** ('42) 275-84.

Hoppe-Seylers Z. physiol. Chem. Chemotherap. d. Eingeweidewürmer: **274** ('42) 96-103.

J. Physiology. Condit. affecting perfus. of isolated mammalian organs[43]): **59** ('24) 340. — Influence of chem. factors on coronary circulat.[14]): 413-25.

Karlsbad. ärztl. Vortr. Gewerbehyg. u. Balneotherap.: **11** ('30) 159-70.

Klin. Wschr. Verknöcherung: **4** ('25) 1959f. — Schwermetallkatalysen in d. lebenden Subst.: **10** ('31) 721-23. — Bem. z. Arb. v. de Langen u. Storm: **14** ('35) 716-18. — Beeinflussg. d. Bezold-Jarisch-Reflexes durch intravenös verabreichte Lokalanästhetica u. Antihistaminkörper[10])[28]): **27** ('49) 71. — Antiphlogist. Wirkg. v. Desoxycorticosteronacetat: **28** ('50) 423. — Anwendg. v. Novocain in d. inn. Med., 1: Pharmakol.: 761-64; ∼ 2: Toxikol. d. lokalanästhet. Stoffe[37]): **30** ('52) 97-103.

Med. Klin. Pharmakol. Prüfg. v. chem. Verbb.: **25** ('29) 1087-90. — Neue Erkenntn. z. Pharmakol. u. Therap. d. Eisens: **35** ('39) 1279-82.

Med. Welt. Neue therapeut. Unverträglichk.: **8** ('34) 9-11. — Pharmakol. d. Schwefelwasser: **11** ('37) 488-91.

Münch. med. Wschr. Welche Dienste leistet d. Pharmakol. b. therapeut. Maßnahmen in d. Geburtshilfe?: **75** ('28) 1281-83. — Darmdesinfekt.[34]): **78** ('31) 1085f. — Welt u. Heimat im Spiegel d. pharmakol. Forschg.: **81** ('34) 195-200.

Natur u. Nahrung. Roter Traubenholunder als Quelle d. Fettversorgg.: **2** ('48) Beil. 116-19.

Naunyn-Schmiedebergs Arch. exp. Pathol. Pharmakol. Einfl. v. Nikotin u. nikotinartig wirk. Subst. auf d. Adrenalinsekret.: **99** ('23) 172-84. — Syst. biol. Schwermetallreagenzien: **148** ('30) 369-76. — Wirkg. v. Darmdesinfektionsmitteln[46]): **159** ('31) 81-92. — Bem. z. Arb. Waelsch u. Selye (1): **165** ('32) 217f. — Wirkg. v. Komplexbildnern u. Röntgenstrahlen auf d. Verteilg. v. Blei in Organen u. Tumoren[11])[12]): **169** ('33) 618-24. — Entgiftg. v. Kupfer u. Zink durch Schwermetallbildner[3]): **170** ('33) 271-84. — Wirkungsbedingg. d. Chlorkohlensäureäthylesters[27]): **171** ('33) 125-36. — Krampfwirkg. d. Lokalanästhetika, ihre Beeinflussg. durch Mineralsalze u. Adrenalin[16]): **173** ('33) 687-96. — Verzettelg. d. therapeut. Antimondosis[9]): **174** ('34) 208f. — Wirkungsbedingg. d. Röntgentherap., 1: Insulin u. Adrenalin[47])[22]): 210-16. — Allgemein katalyt. Wirkg. d. Eisens[29]): 217-22. — Eisenkatalysen, 2[15]): **176** ('34) 40-48; ∼ 3[41]): **178** ('35) 154-60; ∼ 4[40]): **184** ('37) 605-11; ∼ 5[4]): **187** ('37) 215-20. — Vergiftg. d. Glykolysevorgangs[1]): **178** ('35) 161-66. — Exp. eitrige Bronchitis als Test f. d. Inhalationstherap.: **184** ('36) 94 (Verhandlg. d. Dtsch. pharmakol. Ges., 13. Tagg.). — Analget. Wirkg. v. Veronal, Coffein, Salicylsäure, Pyramidon, Chinin u. deren Mischg.[25]): 612-18. — Zusammenwirken v. Cocain u. Opiumalkaloiden[24]): 667-73. — Einfl. blutdrucksenk. Stoffe auf d. Cocainkrampf[21]): 674–79. — Beeinflussg. d. exp. eitrigen Bronchitis durch Inhalat. v. Mineralwässern[18]): **187** ('37) 202–14. — Antiphlogist. Wirkg.: **190** ('38) 222f. — Beeinflussg. d. Entgiftungszeiten v. Avertin u. Pentothal-Natrium an d. nebennierenlosen Ratte durch Nebennierenrinden-Hormon (Pentothal-Natrium-Test)[17])[7])[28]): **207** ('49) 576–85. — Extrakardiale Digitaliswirkg.: **212** ('50) 157 (Tagungsbericht). — Vers. üb. Blutersatzmittel: **216** ('52) 188–90.

Pflügers Arch. ges. Physiol. Isolierter Zwerchfellstreifen m. natürl. Innervat.[39]): **254** ('51) 267–71. — Doppeltes Masseterpräparat. Ermüdg. u. Anoxämie[39])[7a]): 513–18.

Pharmaz. Ind. Konservierg. v. Heilpflanzen durch milchsaure Gärung: **10** ('43) 268–72.

Proc. Roy. Soc. London (B). Action of inorganic salts on the secret. of the isolated kidney[38])[6]): **98** ('25) 93–113. — Effects of calcium and potassium ions on urine secret., as studied in the whole animal: **99** ('25) 57–70. — The secret. of inorganic phosphate by the kidney, 2: Influence of the pituitary gland and of the wall of the third ventricle: 70–91. — Hydrolysis of phosphoric esters by the kidney in vivo[30])[6]): 91–106.

Rev. médica. Désinfectantes intestinales: **5** ('32) 229.

Samml. Vergiftungsfällen. Avertin-Todesfälle: **1**, 7 ('30) 7–18.

S.-Ber. Heidelberg. Akad. Wiss. Wirkg. d. Heidelberg. Radiumsole[33]): **1935**, 7. Abh. 21 S. — Biol. Gedanke in d. naturwiss. Med.: 8. Abh. 41 S. — Preßsaftsilage[5]): 9. Abh. 22 S. — Chem. u. Pharmakol. d. Heidelberg. Radiumsole[36]): **1940**, 1. Abh. 49 S.

Schr. Königsberg. Gelehrt. Ges. Messende Meth. in d. Carcinomforschg.: **10**, 2 ('33) 24–33.

Schweiz. med. Wschr. Brief an d. Hrsg. d. Schweiz. med. Wschr.: **69** ('39) 686f. — Pharmakol. u. Toxikol. d. Egressin[17]): **80** ('50) 736f.

Süddtsch. Apotheker-Ztg. Todesfall nach Oleum Chenopodii infolge „Anwendg. ungenügend signiert. Arzneimittel"?: **88** ('48) 35.

Verh. Dtsch. pharmakol. Ges. Urinsekret. v. pharmakol. Standpunkt aus: 5. Tagg. **1925**, 16–22. — Hydrolyse org. Phosphorsäureester: 73f. — Automat. Registrierg. d. Sauerstoffverbrauches: 7. Tagg. **1927** ('28) 109. — Wirkg. v. Darmdesinfektionsmitteln b. Kaninchen[46]): **1930**, 134. — Therap. d. Wurmerkrankg.: 140. — Quantitat. Messg. v. Stoffwechselvorgängen in multiplen Impfgeschwülsten: **1932**, 102.

Veröff. Marine-Sanitätswes. Salbenbehandlg. v. Gelbkreuzwunden: **34** ('40/41) 226–30.

Z. ärztl. Fortbild. Pathol. u. Therap. d. Kampfstoffvergiftg.[44]): **33** ('36) 430–34.

Z. allg. Physiol. Refraktärstadium im Reflexbogen: **16** ('14) 535–62 [Diss.]. — Rhythmenbildg. u. Erregbark.: **19** ('21) 230–43.

Mit: [1]) K. Baumgart; [2]) R. Berg; [3]) A. Birch-Hirschfeld; [4]) E. Brandes; [5]) K. Brehm; [6]) L. Brull; [7]) Paul Collischonn; [7a]) Hans Dahm; [8]) Helga Erdniss; [9]) Albert Erhardt; [10]) Albrecht Fleckenstein; [11]) E. Flint; [12]) P. L. Günther; [13]) Gerhard Hecht; [14]) R. Hilton; [15]) K. Honecker; [16]) G. Hoppe; [17]) Rudolf Hotovy; [18]) K. Jung; [19]) W. Kauderer; [20]) Werner Keil; [21]) Theodor Kirsch; [22]) L. Kluge; [23]) Heinz Knauer; [24]) W. Krauth; [25]) F. Kullmann; [26]) Helmut Maiweg; [27]) O. Mertz; [28]) Roman Muschawak; [29]) A. Ortega; [30]) Robert Robinson; [31]) Egon Roesch; [32]) A. Sauer; [33]) W. Schmitt-Kemper; [34]) E. Schuntermann; [35]) Jakob Seemann; [36]) W. Sertel; [37]) Annemarie Staab; [38]) E. H. Starling; [39]) Roland Taugner; [40]) K. Ungerecht; [41]) H. Unrath; [42]) Helmut Veigel; [43]) E. B. Verney; [44]) H. O. Wachsmuth; [45]) Irene Weißflug; [46]) R. Wigand; [47]) H. G. Zwerg.

III, IV **Eichhorn,** Alfred Hugo. Physik. — 1878 Dr. phil. U Jena; 1879–1922 Lehrer am Johanneum in Lüneburg; dann i. R. in Lüneburg. [Mitt. d. Sohnes: Oberlandesger. Rat Alfred Eichhorn, Celle; Dr. Wenzel, Johanneum, Lüneburg]
*1854, Sept. 3, Saalborn b. Weimar; †1926, Juli 16, Lüneburg.

Nekr. Ahlenstiel, Jahresh. naturwiss. Ver. Lüneburg **23** ('26/28).

Erf. Universal-Gasometer ('88); Vocal-Sirene ('90).

W. ● Bestimmung d. Interferenzen v. isochronen u. in gleicher Phase schwing. Lichtcentren (Preisschr., Jena) (Jena '78) 34 S.

Ann. Physik. Vocalsirene, eine neue Meth. d. Nachahmg. v. Vocalklängen: (2) **39** ('90) 148–54.

Z. analyt. Chem. Universal-Gasometer: **30** ('91) 446–50.

Eichler, Martin Maximilian Emil. Math. — 1930 stud. U Königsberg, '31 U Zürich, '32–35 U Halle; '36 Dr. sc. nat. U Halle (H. Brandt); '37–47 Ass. u. Ob.-Ass. (H. Hasse), '39–40, '45–47 Doz., '47 apl. Prof U Göttingen; '40–45 Mitarb. Heeresversuchsst. Peenemünde; '47–48 Royal Aircraft Establishment Farnborough/Engl.; '49 Diätendoz. u. apl. Prof. Math. U Münster; seit '55 o. Prof. U Marburg. [Eig. Mitt.]
*1912, März 29, Pinnow/Kr. Greifswald.

W. ● Quadratische Formen und orthogonale Gruppen (Bln-G.-H. '52) 12+220 S. (Grundlehren math. Wiss. 63).

Abh. math. Sem. Univ. Hamburg. Allg. Integrat. linear. partiell. Differentialgleichg. v. ellipt. Typ b. 2 Grundvariabl.: **15** ('47) 179–210. — Idealtheor. d. quadrat. Formen: **18** ('52) 14–37.

Ann. Math., Princeton. Analyt. continuat. of certain Zeta-funct. and a fundamental theorem on simple algebras: (2) **50** ('49) 816–26.

Comment. math. Helvet. Einheitentheor. d. einf. Algebren: **11** ('39) 253–72. — Integrat. partiell. Differentialgleichg. durch Quaternionenfunkt.: **12** ('40) 212–24. — Grundzüge einer Zahlentheor. d. quadrat. Formen: **20** ('47) 9–60; **21** ('48) 1–28.

Duke math. J. Analyt. funct. in three-dimens. Riemannian spaces: **16** ('49) 339–49.

Jber. Dtsch. Math. Ver. Neuere Ergebn. in d. Theor. d. einf. Algebren: **47** ('37) 198–220.

J. reine u. angew. Math. Unters. in d. Zahlentheor. d. rational. Quaternionenalgebr.: **174** ('36) 129–59 [Diss.]. — Best. d. Idealklassenzahl in gewiss. norm. einf. Algebren: **176** ('37) 192–202. — Allg. Kongruenzklasseneinteilg. d. Ideale einf. Algebr. u. ihre L-Reihen: **179** ('38) 227–51 [Habil.-schr.]. — Numer. Lösg. v. Gleichg. m. reell. Koeffiz.: **184** ('42) 124–26. — Bem. zu d. vorsteh. Vermutg. v. Teichmüller: **185** ('43) 12f.

Math. Ann. Einheiten d. Divisionsalgebr.: **114** ('37) 635–54. — Hilbertscher Irreduzibilitätssatz: **116** ('39) 742–47. — Z. Theor. d. Kristallgitter: **125** ('52) 51–55.

Math. Z. Idealklassenzahl total definit. Quaternionenalgebr.: **43** ('38) 102–09. — Idealklassenzahl hyperkompl. Syst.: 481–94. — Lösende Kerne f. singuläre Integralgleichg. 1. Art insbes. b. Differenzkern: **48** ('42) 503–26. — Verallg. d. Rungeschen Satzes: **49** ('44) 565–75. — Modifikat. d. Riemannschen Integrationsmeth. b. partiell. Differentialgleichg. v. hyperbol. Typ: **53** ('50) 1–10. — Algebra d. orthogon. Gruppen: 11–20. — Ähnlichkeitsklassen indefiniter Gitter: **55** ('52) 216–52.

S.-Ber. Bayer. Akad. Wiss. Gewisse Anzahlformeln in d. Theor. d. quadrat. Formen: **1943,** 1–24.

Trans. Amer. math. Soc. Differential equat. $u_{xx}+u_{yy}+N(x)u=0$: **65** ('49) 259–78.

Eichler, Oskar Robert Karl. Pharmakol. – 1919–23 stud. U Königsberg, München; '24 Dr. med. U Königsberg (H. Wieland); '25 Ass. U Heidelberg (L. Krehl), '25–28 MA Düsseldorf, '28–34 U Gießen (Fr. Hildebrandt); '30 PDoz. Pharmakol., '34 LAuftr. Gasschutz U Gießen; '34–45 o. Prof. Pharmakol. U Breslau; '48 Leiter Labor. f. Krebsforschg. Chirurg. Klin. Heidelberg; '53 inakt. o. Prof. m. Lehrbefugn. f. klin. Pharmakol. U Heidelberg. [Eig. Mitt.]
*1898, Aug. 20, Gilgenburg.

Verwandt mit dem Berliner Nahrungsmittelchemiker Max Paul Neumann (1874–1937) u. Robert Luther[VIIa].

H. ● Handb. d. exp. Pharmakol. Erg.-Werk **10** (Bln-G.-H. '50).

S. Mitarb. Medizinal-Kalender (Begr. v. P. Börner) (Lpz. '49ff.). — ● Handb. d. exp. Pharmakol. (Heffter-Heubner) **3,** 3 (Bln '34) 1503–34: Chrom.

W. ● Über d. Mechanismus d. Perchloratvergiftg. Diss. 13 S. Masch.schr. [Auszug: (Königsberg/Pr. '24) 1 Bl.]. — ● Zur Pharmakol. d. Hofmeisterschen Reihe. Hab.schr. (Gießen '30) 45 S. — ● Kaffee u. Koffein (Bln '38) 4 + 160 S. — ● Prinzipien d. Lebendigen (Stuttg. '49) 8+99 S. — ● Die Pharmakol. d. anorg. Anionen. Die Hofmeistersche Reihe (Bln-G.-H. '50) 20 + 1206 S. (Handb. d. exp. Pharmakol., Erg.-Werk 10). — ● Behandlung peripherer Durchblutungsstörg. m. Hydergin (m. J. Heinzel) (Aulendorf/Württ. '54) 108 S. (Arzneimittelforsch. Beih. 4).

Ärztl. Mitt. Gelatinekapseln als Arzneiform: **39** ('54) 697.

Ärztl. Praktiker. Neuere Arzneimittel: **4** ('33/34).

Arzneimittel-Forsch. Synth. einer fluorhaltigen Zahnpaste[2]): **2** ('52) 72–77. — Neue Subst. m. carcinolyt. Wirkg.[21a]): 339–61. — Wirkg. d. Hexamethylolmelanin auf d. Ascetestumor d. Maus, 2: Cytolog. Analyse: **3** ('53) 355–69. — Vers. am Walker-Carcinom[29a]): **4** ('54) 268–70. — Pharmakol. Daten v. Cilag 61[11a]): 606–08.

Biochem. Z. Einfl. d. Thyroxins auf d. Stoffwechsel überlebender Gewebe[1])[23]): **205** ('29) 481–88. — Methodik d. Best. d. Acetonkörper, insbes. d. β-oxybuttersäure[14]): **314** ('43) 73–81.

Chirurg. Durchblutg. plast.-chirurg. Rollappen, gemessen m. radioaktivem Natrium[18])[24]): **22** ('51) 340f.

Die Medizinische. Langfrist. Erfahrg. m. Hydergin bei Durchblutungsstörg. [11]): **1954,** 1443–45.

Dtsch. med. Wschr. Herst. eines koffeinhalt. Getränkes aus inländ. Rohstoffen: **66** ('40) 176–78. — Welcher Zusammenhang besteht zw. Schlaflosigkeit u. Kaffeegenuß?: **75** ('50) 1004f.

Dtsch. Tuberkulose-Bl. Welche Erfolgsaussichten bestehen b. d. Behandlg. v. Bronchialerkrankg. durch Inhalat. v. Sulfonamiden?: **17** ('43) 137–39.

Dtsch. zahnärztl. Z. Fluorhalt. Zahnpaste[2]): **7** ('52) 702–07. — Fluoraufnahme in Zähne, d. m. fluorhalt. Zahnpaste behandelt wurden[2]): 708–11. — Stoffwechsel an Zahnkeimen u. Zahnsäcken v. Hunden, gemessen m. ^{32}P, 1[2])[21b]): **8** ('53) 605–11.

Dtsch. Zahn-, Mund-, Kieferheilkunde. Fluorschädigung d. Zahnsyst.[8]): **9** ('42) 2–27.

Fortschr. Therap. Therap. m. Methylenblau u. ihre wiss. Begründg.: **11** ('35) 336–44. — Bedeutg. v. Hauptwirkstoffen u. Begleitstoffen f. d. Wirkg. d. Arzneipflanzen[31]): **15** ('37) 253–60, 316–26, 378–87.

Hoppe-Seylers Z. physiol. Chem. Ausscheidg. v. Jodid u. Chlorid b. Hunden nach Infusion v. Dextran, 0,9% NaCl u. anderen Lösg. gleichen osmot. Druckes[2]): **295** ('53) 485.

Klin. Wschr. Ursache d. vermehrten Blutg. b. Operat. in Narcylennarkose[13])[5]): **5** ('26) 1756–58. — Thyroxinwirkg.[22]): **9** ('30) 1618. — Abnahme d. Histamingehaltes im Blutplasma durch Hyperventilat.[29]): **17** ('38) 1811f. — Wirkg. v. Giftlattich (Lactuca virosa) u. seiner Inhaltsstoffe[26]): **19** ('40) 517–19. — Nachw. carcinogener Subst., d. b. Röntgenprozeß auftreten können[31]): **26** ('48) 634. — Dibenamine b. Durchblutungsstörg. u. Schmerzzuständen[16])[18]): 715–19. — Unters. d. peripheren Kreislaufs m. radioakt. Natrium[18])[24]): **27** ('49) 480f. — Veritol als Kreislaufmittel nach Dibenamine-Gabe u. weitere Erfahrg. b. d. Anwendg. v. Dibenaminen[16])[18]): 710. — Anwendg. dihydrierter Mutterkornalkaloide (CCK 179-Hydergin) bei peripheren Durchblutungsstörg.[11])[18]): **28** ('50) 298–304. — Bildg. v. Liquor im Lumbalraum, nachgew. m. Radionatrium[18])[24]): **29** ('51) 9–12. — Vers. m. Radionatrium erlauben d. Annahme einer Liquorbildg. im Lumbalraum[18])[24]): 707–10. — Vers. über Dextraninfus. u. ihre physiol. Folgeerscheinungen[7])[27a]): **32** ('54) 127–30. — Ausscheidg. v. Harnstoff nach Gabe v. physiol. Kochsalzlösg. u. Dextran b. Hunden [2])[6a]): 130–32.

Langenbecks Arch. klin. Chirurgie. Nachw. einer Liquorzirkulat. m. radioakt. Isotopen u. ihre Bedeutg. f. d. Lumbal/Spinalanästhesie[18])[24]): **267** ('51) 286–89. — Behandlg. v. Schilddrüsencarcinom m. Radio-Jod[12])[18])[24]): **269** ('51) 19. — Ergebn. langjähr. konservativer Therapie peripherer Durchblutungsstörg. mit Hydergin[11]): **278** ('54) 568–84.

Med. Klin. Pharmakol. Betrachtg. z. Behandlg. d. hohen Blutdrucks: **34** ('38) 1150–53. — Diuretica u. Diurese[14]): **37** ('41) 1291–95.

Naturwiss. Komplexe v. Histamin m. Schwermetallsalzen[19]): **35** ('48) 93f. — Kupfer in d. Oberfläche d. Herzmuskelfaser: 192.

Naunyn-Schmiedebergs Arch. exp. Pathol. Pharmakol. Wirkg. d. Cardiazols auf d. Kreislauf[13]): **116** ('26) 110–16. — Kreislaufwirkg. d. Narcylens: **121** ('27) 100–07. — Vergl. d. Acetylens u. Stickoxyduls in ihrer Wirkg. auf versch. Teile d. Zentralnervensyst.[20]): **126** ('27) 204–08. — Pharmakol. d. Perchloratwirkg.: **144** ('29) 251–60. — Pharmakol. d. Hofmeisterschen Reihe: **154** ('30) 59–102 [Hab.schr.]. — Vers. z. Histaminwirkg. am Kaninchen[15]): **159** ('31) 606–12. — Meth. z. Messg. d. Bronchialweite am lebend. Tier[20]): 613–32. — Mechanism. d. Histaminwirkg. b. Kaninchen[20]): 633–56. — Kleine Anordng. z. Abblendg. d. Schließungsinduktionsströme: **164** ('32) 727f. — Schädlichk. d. Coffeins b. chron. Zufuhr[20]): **168** ('32) 89–96. — Üb. d. Wege injizierten Jodids im Froschkörper: **175** ('34) 67–77. — Apparatur z. exakten Dosierg. flücht. Subst. in Gasform: 399f. — Momente d. Giftwirkg. u. Ausscheidg. v. Jodid: **184** ('36) 82–84. — Beziehg. d. Empfindlichk. f. Chloroform, Avertin u. Eunarkon untereinander[28]): **186** ('37) 702–20. — Pharmakol. d. Veritols (H 75) u. seine Einordng. in d. Reihe d. bekannten Adrenalinkörper: **187** ('37) 429–43. — Erste Vers. z. Einwirkg. d. Salicylate auf d. Kohlehydrat- u. Fettstoffwechsel[4]): **188** ('38) 255–64. — Kaffee u. Coffein, pharmakol. Wirkg.: **190** ('38) 123–55. — Meth. d. chem. Adrenalinbest. v. Whitehorn[21]): **193** ('39) 503f. — Cholinphosphorsäureester: 576–86. — Auswertg. v. Mitteln z. Bekämpfg. d. Reizhustens[28]): **194** ('40) 621–28. — Abhängigk. d. Histamingehaltes im Blutplasma v. d. Atmg.[29]): **195** ('40) 152–63. — Histamingehalt d. Blutes b. Infus. v. Adrenalin u. Histamin[8]): 245–57. — Vers., um Gesetzmäßigk. in d. Verteilg. u. Empfindlichk. im Zusammenhang m. Veränderg. d. extracellulären Räume bei m. NaJ behandelten Fröschen aufzufinden: **198** ('41) 442–71. — Ausscheidg. v. anorg. Ionen b. Fröschen[7]): **199** ('42) 4–20. — Wirkg. v. Kochsalz in versch. Konzentrat. auf d. Ausscheidg. anorg. Subst. b. Frosch[7]): 21–38. — Wirkg. v. Natriumjodid in versch. Konzentrat. auf d. Ausscheidg. anorg. Subst. b. Frosch[7]): 39–54. — Vergl. zw. NaCl u. NaJ in Ausscheidg. u. Wirkg. auf d. Abgabe anderer anorg. Subst.[7]): 55–65. — Wirkg. v. Fluor in org. Bindg. auf d. Zahnsyst. d. Ratte[8]): 179–87. — Histaminwerte im Blutplasma b. Anoxämie[29])[31]): **202** ('43) 412–19. — Potentialgifte, insbes. d. Art d. Wirkg. v. Acetylcholin im Vers. am isolierten Darm: 420–44. — Stud. am Froschherzen m. Pyrophosphat u. Ferrocyanid[32]): **203** ('44) 1–21. — Umsetzg. v. Pyrophosphat am Froschherzen[30]): **205** ('48) 647–58. — Wirkg. einiger org. Fluoride b. chron. Darreichg.[8])[14]): **206** ('49) 75–82. — Wirkg. einiger org. Fluoride auf Hefegärg. u. Phosphatase[14])[3]): 83–86. — Kaffeewirkg. b. sportl. Übg.: 251–57. — Periston b. wiederholter Darreichg.: 346–56. — Abbau d. p-Oxyphenylbrenztraubensäure b. Ratten u. seine Verwendg. als Leberteste[10]): 602–10. — Schutz gegen leberschädig. Gifte[10]): 674–82. — Stoffaustausch durch d. Kapillarwände, geprüft m. ^{24}Na: **212** ('50) 95–97. — Aufnahme v. Ortho- u. Pyrophosphat durch d. Herzmuskelzelle, geprüft m. d. radioakt. Phosphatisotop ^{32}P[24]): 97–99, 255–67. — Aufnahme v. sauren Farbstoffen durch d. isolierte Froschherz: 99f. — Aufnahme einiger grobdisperser Farbstoffe durch d. isolierte Froschherz[27])[2]): 268–76. — Rhodanid als Mittel z. Unters. extrazellulärer Räume u. d. Beweglichk. im Körper d. Hundes[2]): 472–89. — Pharmakol. einiger bas. Phenoläther[21a]): **217** ('53) 153–61.

Pflügers Arch. ges. Physiol. Die Herznerven u. d. Energieumwandlungen im Herzen[6]): **212** ('26) 707–25. — Sauerstoffversorgung d. Froschherzens: **247** ('43) 264–67. — Möglichk., d. Wärmebildg. d. schlagenden Froschherzens zu messen: 268–78.

Samml. Vergiftungsfällen (A). Percainvergiftg. nach wiederholter Oberflächenanästhesie: **4** ('33) 197f.

Samml. Vergiftungsfällen (B). PH_3-Vergiftg.: **5** ('34) 23–26. — Kindermord durch Aspirin?: **7** ('36) 25–30. — Chininvergiftg.: **8** ('37) 7–12.

Schmerz, Narkose, Anästhesie. Ursprung d. Acidose b. Äthernarkose: **2** ('29) 97–103. — Therapeut. Breite d. Narkotins: **4** ('32) 321–25.

Stoma. Schmerz u. seine Bekämpfg.: **4** ('51) 131–38.

Therap. d. Gegenwart. Analeptica u. Adrenalinkörper: **81** ('40) 259–63, 304–07. — Blutdrucksenkende u. gefäßerweiternde Medikamente[6a]): **93** ('54) 100–05.

Umschau. Schädigg. durch Düngemittel?: **44** ('40) 819–21.

Z. ges. exp. Med. Einwirkg. d. Diathermie auf d. Kreislauf[25]): **59** ('26) 252–61. — Vergleich d. Wirkg. v. Cardiazol u. Coramin auf d. Atmg. d. Kaninchens b. Avertinnarkose[17]): **99** ('36) 28–43.

Z. Krebsforsch. Probl. d. Treffergifte: **56** ('49) 285–89.

Mit: [1]) K. J. Anselmino; [2]) Ilse Appel; [3]) Franz Barfuss; [4]) Fritz Bengeforth; [5]) H. Böllert; [6]) H. Bohnenkamp; [6a]) H. Dahm; [7]) Lore Eichler; [8]) Hermann Euler; [9]) Franken; [10]) Max Hahn; [11]) Joachim Heinzel; [11a]) F. Hertle; [12]) H. Hess; [13]) Fritz Hildebrandt; [14]) Helmut Hindemith; [15]) Hans Killian; [16]) Ernst Klar; [17]) Heinz-Wilko Klein; [18]) Fritz Linder; [19]) Gerhard Meyer; [20]) Hans Mügge; [21]) Christa Noack; [21a]) W. Plewa; [21b]) Reinhold Ritter; [22]) Richard Sanders; [23]) H. Schlossmann; [24]) Kurt Schmeiser; [25]) Louis Schönholz; [26]) Hans Georg Scholtze; [27]) Richard Schütze; [27a]) F. Sebening; [28]) Arnold Smiatek; [29]) Georg Speda; [29a]) I. Staib; [30]) Wolfram Stober; [31]) Hubert Vollmer; [32]) Eva Wolff.

VI **Eichwald,** Egon. Chem. (org.). — Seit 1927 Koninklijke Shell Labor., Amsterdam. [Mitt.: A. J. M. J. Vocking, Amsterdam]
*1883, Okt. 19, Ruhrort;
†1943, März 16, Internierungslager Westerbork/Holland.

Erf. Gewinng. v. gereinigten Sulfonsäuren u. deren Salzen, Am. Pat. 1868596 ('31); Wässerige Dispers., Can. Pat. 330017 ('32); Polymerisieren fetter Öle, Austr. Pat. 19213/1934; Darst. v. Olefinabkömml., Can. Pat. 349626 ('32); Schmiermittel, Can. Pat. 368147 ('36); Polymerisationsprod. aus halbtrocknend. fetten Ölen, Am. Pat. 2127811 ('36).

Rec. Trav. chim. Pays-Bas. Analysis of hydrocarbon mixtures (boiling in the gasoline range) using thioglycolic acid for removing olefines[1]): **58** ('39) 481–92.

Mit: [1]) M. Hoog.

Eigenberger, Ernst. Chem. (org.). — 1918–22 stud., '30 Dr.-Ing., '34–42 Doz., '42–45 apl. Prof. TH Prag. [Mitt. d. Witwe: Frau Alma Eigenberger, Wiesbaden]
*1899, Nov. 17, Sedlitz/Brüx [ČSR];
†1945, Mai 5, Prag.

Angew. Chem. Aluminiumsalze höherer Fettsäuren: **52** ('39) 467f.

Ber. Dtsch. chem. Ges. Einführg. v. Methylensulfonsäuregruppen[2]): **77** ('44) 331–34.

Chemiker-Ztg. Atemschutzgerät f. ind. u. gewerbl. Zwecke: **63** ('39) 238.

Fette u. Seifen. Farbreakt. konjugiert ungesättigter Öle: **47** ('40) 577f. — Aluminiumsalze höh. Fettsäuren: **49** ('42) 505–08. — Aluminiumakt. Leinöloxyne, 1: Aluminiumzahl: **51** ('44) 43–50; ~ 2: Flüssige Leinöloxyne: 87–94.

J. prakt. Chem. (N.F.). Isoprensulfon: **127** ('30) 307–36. — Isomeres Isoprensulfon, 2: **129** ('31) 312–26; ~ 3: **131** ('31) 289–92. — Auftreten v. Peroxyd im Rohdioxan: **130** ('31) 75–78. — Isomerieerscheing. in d. β-Reihe d. Elaeostearinsäure: **136** ('33) 75–116.

Kolloid-Z. Aluminium-Stearate[1]): **91** ('40) 287–94.

Mikrochemie. Einsatznutschen zur Filtrat. kleiner Substanzmengen: **10** ('31) 57–59. — Dichtebest. in kleinen Flüssigkeitsmengen m. d. Mikroauftriebswaage: **26** ('39) 264–72. — Mikroverbrennungsanalyse leicht flüchtiger Flüssigk.: 273–76.

Wirtschaft [Prag]. Härtbare od. thermoplast. Kunststoffe: **23** ('41) Nr. 11, 24.

Mit: [1]) Alma Eigenberger-Bittner; [2]) H. Schubert.

Eigenfeld, Rolf Fritz Werner. Mineral., Petrogr. – 1927–32 stud., '36 Dr. phil. U Leipzig (K. H. Scheumann); '49 PDoz. TH Karlsruhe; seit '51 PDoz. U Würzburg. [Eig. Mitt.]
*1903, Mai 15, Danzig-Langfuhr.

W. ● Die Kulmkonglomerate v. Teuschnitz im Frankenwalde (Lpz. '33) 9+64 S. (Abh. Sächs. Akad. Wiss., math.-naturwiss. Kl. 42, 1). — ● Die granitführenden Konglomerate d. Oberdevons u. Kulms im Gebiete altkristalliner Sattelanlagen in Ostthüringen, Frankenwald u. Vogtland. Diss. (Lpz. '38) 149 S. (~ 42, 7).

Eine Anzahl weiterer Arbeiten.

VI **Eilender,** Walter. Eisenhüttenkunde. – 1928 o. Prof. TH Aachen; em. [Ohne eig. Mitt.]
*1880, Aug. 12, Köln.

Zum 70. Geb.tag. W. Geller, Jahrbuch TH Aachen **1951,** 26–34.

HZ. Mitt. Inst. Eisenhüttenkde TH Aachen **12** ('34) – **13** ('35).

W. ● Technisches Eisen. Konstitut. u. Eigensch. (m. Paul Oberhoffer u. Hans Esser) [3](Bln '36) 9 + 642 S.

Arch. Eisenhüttenwes. Härtungsschaubild d. Eisen-Kohlenstoff-Legierg.[11])[36]): **6** ('33) 389–93. — Anlaßhärte d. Schnellarbeitsstähle[22])[9]): 563–66. — Einfl. versch. Legierungselem. auf d. Abschreckhärtbark. v. Stahl[11])[24]): **7** ('33) 367–70. — Erschmelzg. v. Stählen im Vakuum[5])[27]): 493–97. — Grundsätzl. Unters. d. Verschleißes auf d. Spindelmasch.[30a])[33a]): **8** ('34/35) 61–65. — Spektralanalyt. Unters. an Flocken in Chrom-Nickel-Stählen[11])[7]): 419–23. — Einfluß d. Sauerstoffs u. Stickstoffs auf d. Auftreten d. Äderg. im Ferrit[9]): **9** ('35/36) 263f. — Einfl. v. Stickstoff auf d. mech. Alterg. v. Stahl[9])[23]): 507–09. — Metallurgie d. Tiegelstahlerzeugung[27])[39]): 475–81. — Schweißempfindlichkeit von Chrom-Molybdän-Stählen[30b]): **11** ('37/38) 443–48. — Sinterung v. Hartmetallegierg.[27]): 545–62. — Wärmeleitfähigkeit von techn. reinem Eisen u. verschiedenen Stählen[11])[31]): 619–22. — Röntgenogr. Unters. v. Metallen b. hohen Temp.[11])[6]): **12** ('38) 157–61. — Einfl. v. Sinterzeit, -temp. u. Preßdruck auf d. Festigkeitseigensch. v. Sintereisen[35]): **13** ('39/40) 267–72. — Wirkung von Wasserstoff in Stählen versch. Zusammensetzg.[8])[40]): 309–16. — Schieferbruch in Stählen durch Kristallseigerung[30b]): **14** ('40) 35–42. — Einfluß d. Eisenbegleiter auf d. Änderg. v. Festigkeitseigensch. v. normalgeglühtem weichen Stahl im Blaubruchgeb.[9])[26]): 217–21. — Einfl. d. Korngröße auf d. Schweißbark. v. Stahl St 52[1])[16]): **15** ('42) 419–22. — Einfluß geringer Nickelgehalte auf d. Eigenschaften hochfester schweißbarer Chrom-Manganstahlbleche[1])[34]): 473f. — Unterschiedl. Durchhärtungs- u. Durchvergütungsvermögen v. Baustählen[25])[38]): **16** ('43) 437–42. — Fleckenbildg. in Schweißverbb.[1])[30]): **22** ('51) 261–63. — Verbesserg. d. mech. Eigensch. niedriglegierter Vergütungsstähle durch Abstimmg. d. Wärmebehandlungstemp. u. -zeiten[1])[30]): **23** ('52) 67–72.

Dtsch. Goldschmiede-Ztg. Diffusionsvergoldg. u. ihre prakt. Anwendg.: **48** ('50) 331f.

Dtsch. Kraftfahrtforsch. Nickelfreie Baustähle[9])[1]): **30** ('39) 1–11. — Chrom-Siliciumvergütungsstähle[1])[4]): **72** ('42) 1–8. — Chrom-Mangan-einsatzstähle[1])[12]): 9–12.

Fertigungstechnik. Verf. z. Prüfg. d. Kerneigenschaften v. Stahl nach Wärmebehandlg.[1])[30]): **1943,** 229–31. — Abschreckwirkg. v. Härtemitteln in Abhängigk. v. Querschnitt[1])[28]): **1944,** 208–12.

Gas- u. Wasserfach. Verzunderg. u. Randentkohlg. d. Stähle unter d. Einfl. versch. Gase: **77** ('34) 757–62, 779. — Rohstoffprobl. d. Dtsch. Eisenind.: **78** ('35) 191–95.

Härterei-techn. Mitt. Vielhärtungsprüfg. v. Baustählen: Verf.[42])[41]): **2** ('43) 237–47.

Korrosion u. Metallschutz. Korrosion v. Stählen durch Bewitterg. u. verdünnte Säuren unt. Berücks. v. therm. Behandlg. u. Kaltverformg.[14])[3]): **17** ('41) 314–19.

Metalloberfläche. Härte v. Hartchromschichten u. d. Stromausbeute in Abhängigk. v. d. Abscheidungsbedingg.[1])[34]): **2** ('48) 49–52. — Gasgehalte v. Hartchromschichten bei d. Abscheidg. aus schwefelsauren Bädern[1])[34]): 141–43. — Einfl. d. Wärmebehandlg. auf d. Härte u. d. Gasgehalte d. Hartchromschichten[1])[34]): 143–45. — Elastizitätsmodul u. Festigk. v. Hartchromschichten[1])[34]): **3** ('49) 145–47. — Oberflächengüte hartverchromter Teile[1])[10]): **4** A ('50) 69–71. — Elektrolyt. Polieren v. Stahl u. Stahllegierg. u. seine techn. Anwendg.[28])[2]): **4,** 2 B ('50) 81–88. — Galvan. Vergoldg. in Amerika: **5,** 3 B ('51) 120–22.

Stahl u. Eisen. Ausscheidungshärtg. d. Eisens: **50** ('30) 632. — Reduktionsvers. m. Eisenerzen u. Sinter unmittelb. am Hochofen[36a]): **53** ('33) 289–300. — Erzeugg. d. Dyn.- u. Transformatorenbleche[30a]): **54** ('34) 409–14. — Einfl. versch. Elem. auf d. Ausscheidungsvorgänge im Stahl beim Anlassen[13])[15]): 554–64. — Allg. Probl. d. Koksofenverwendg. in d. Eisen- u. Stahlind.: **55** ('35) 1154f. — Metallurg. Unters. üb. d. Arb. m. sauerstoffangereichertem Gebläsewind b. Thomasverf.[32]): **59** ('39) 1057–66. — Einfl. v. Sinterzeit, -temp. u. Preßdruck auf d. Festigkeitseigenschaft von Sintereisen[35]): 1387. — Neue Unters. u. Erkenntnisse üb. d. Ablauf d. basischen Windfrischverf.[32]): **60** ('40) 660f.; **61** ('41) 794. —

Techn. Bedeutg. u. Wirtschaftlichk. d. Windtrockng. im Thomasstahlwerk[37]): **60** ('40) 905–10. — Hochfeste, schweißbare Chrom-Mangan-Baustähle[1])[34]): **61** ('41) 392–96. — Einfl. d. Erschmelzungsart u. d. Wärmebehandlg. auf d. Schweißrissigk. u. Schweißfestigk. dünner Bleche aus Stählen m. etwa 1% Mn[1])[29]): **63** ('43) 784–87. — Einfl. geringer Nickelgehalte auf d. Eigensch. hochfester schweißbarer Chrom-Mangan-Vanadin-Stahlbleche[1])[21]): 824–26. — Bewährg. sparstoffarmer Stähle im Lastkraftwagenbau[38]): 249–57, 276–79. — Beeinflussg. d. Stickstoffgehaltes v. Kleinkonverterstahl durch verschiedenart. Blasen[19]): **68** ('48) 387–95. — Einfl. d. Erschmelzungsbedingg. auf d. Einhärtg. v. unlegierten Siemens-Martin-Stählen m. 0,4–1% C[17]): **70** ('50) 689–98. — Verhalten v. unlegiertem kohlenstoffarmen Bandstahl b. d. Widerstandsschweißg. u. seine Prüfg.[18]): 698–702. — Einfl. d. Gefüges auf d. Verhalten v. kohlenstoffarmem Stahl b. d. Widerstandsschweißg.[28]): 702–07. — Zwischenstufenvergütg. v. Warmarbeitsstählen[30])[30a]): **72** ('52) 1149–57. — Beeinflussg. d. Haltbark. basischer Konverterauskleidg.[33]): 1513–21.

Werkstoffe u. Korrosion. Passivierg. v. Blechen: **2** ('51) 289–92.

Z. VDI. Härtg. legierter Stähle durch Stickstoff[27]): **76** ('32) 317–20. — Flockenbildg. in Baustählen[20]): 729–35.

Mit: [1]) Heinr. Arend; [2]) R. Au; [3]) W. Ausel; [3a]) Heinz Balster; [4]) Hugo E. Barth; [5]) Alfred v. Bohlen-Halbach; [6]) Karl Bungardt; [7]) Adolf Bungeroth; [8]) Yü Chih Chiu; [9]) Heinz Cornelius; [10]) Heinz Dittner; [11]) Hans Esser; [12]) Karl Feldmann; [13]) Adolf Fry; [14]) W. Geller; [15]) Alex Gottwald; [16]) Rolf Hackländer; [17]) Max Hauck; [18]) Karl Holzhausen; [19]) Herbert Jurich; [20]) Heinz Kiessler; [21]) Franz Kleinermanns; [22]) Herm. Klinar; [23]) Helmut Knüppel; [23a]) Willy Lutz; [24]) Hans Majert; [25]) Rolf Mayenborn; [26]) Paul Menzen; [27]) Oskar Meyer; [28]) Robert Mintrop; [29]) Jon Mircea; [30]) Werner Neuhaus; [30a]) W. Oertel; [30b]) Robert Pribyl; [31]) Elmar Pütz; [32]) Willi Roeser; [33]) Josef Schropp; [33a]) Heinz Schmalz; [34]) Eugen Schmidtmann; [35]) Rolf Schwalbe; [36]) Erwin Spenlé; [36a]) Jul. Stöcker; [37]) Philipp Veit; [38]) Hermann Voss; [39]) Adolf Walz; [40]) Franz Willems; [41]) T. Brüggemann; [42]) J. Klärding.

Einecke, Erich. Chem. (anorg.). — Stud. U Breslau, Wien, Jena, Tübingen u. München; '28 Dr. rer. nat. U Tübingen (K. Fischbeck); '28–30 Ass. U München (W. Gerlach); '30 Ass. Chem. Inst., '38 PDoz U Kiel; seit '43 vermißt. [Mitt.: Inst. org. Chem. U Kiel]
*1904, Febr. 24, Stettin.

W. ● Das Gallium (Lpz. '37) 155 S. — ● Elektrochemische Redukt. fester Elektroden. Diss. (Lpz. '30) 39 S. — ● Studien üb. das Gallium, Indium u. Thallium. Hab.schr. (Kiel '38) 74 gez. Bl. Masch.schr.

Angew. Chem. 50 Jahre Chem. d. Fluors: **50** ('37) 859–65. — Salzart. Verbb. d. Galliums: **55** ('42) 40–42.

Chemiker-Ztg. Chem. d. Germaniums: **61** ('37) 1011–14.

Kolloid-Z. Elektrotherm. Dispers. d. Metalle: **90** ('40) 196–201.

Metallwirtschaft. Wiss. u. techn. Erforschg. d. Galliums: **18** ('39) 302–05.

Naturwiss. Kolloides Gallium: **23** ('35) 131.

Österr. Chemiker-Ztg. Allg. u. anorg. Chem. d. Deuteriums: **41** ('38) 331–40, 355–59, 371–76, 395–400.

Z. analyt. Chem. Verf. z. Schnellbest. d. Adhäsionswassers v. Textilfasern: **85** ('31) 45–50. — Jodometr. Titrat. kolloidalen Silbers: **89** ('32) 90–95. — Probierröhrchen z. Entwicklg. u. qualitat. Nachw. v. Gasen u. Dämpfen: **91** ('32) 14f.

Z. anorg. allg. Chem. Stud. üb. d. Gallium, Indium u. Thallium: **238** ('38) 113–74 [Hab.schr.].

Z. Elektrochem. Neue Meth., d. Wassergehalt fester Stoffe, wie Braunkohle, zu bestimmen[1]): **35** ('30) 765–69. — Stud. an Elektrosilbersolen: **39** ('33) 126–31.

Z. prakt. Geol. Vork., Gewinng. u. Verwendg. d. Galliums: **46** ('38) 120–27.

Mit: [1]) Kurt Fischbeck.

VI **Einsporn,** Karl Adolf Erich. Physik. — Seit 1930 Leiter d. Labor. f. Polarimetrie d. Physik.-Techn. Reichsanst., seit '46 d. Dtsch. Amtes f. Maß u. Gewicht in Berlin bzw. Weida/Thür. [Eig. Mitt.]
*1890, Juni 6, Birnbaum.

Erf. Einrichtg. z. Messen d. opt. Drehungsvermögens m. einer Photozelle (m. Otto Schönrock), DRP 664762 ('38) u. DRP 678445 ('39).

S. ● Forschung u. Prüfg., 50 J. Physik.-Techn. Reichsanst. (Lpz. '37) 94–97: Polarimetrie; 271–74: Laboratorium f. Polarimetrie.

Dtsch. Zuckerind. Hundertpunkt der Saccharimeterskala: **62** ('37) 23–31. — Normg. d. Quarzkontrollplatten: 203f. — Drehungs- u. Zuckerwerte v. Normalquarzplatten z. Eichg. d. Saccharimeter[2]): **64** ('39) 185–87, 207–09 [auch: Z. Wirtschaftsgr. Zuckerind. **89** ('39) 1–17].

Feingeräte-Techn. Einfl. d. Verzeichng. d. abbildenden Linse eines Interferenzgerätes: **3** ('54) 307–14. — Unters. z. Realisierg. eines Ebenheitsstandards höchster Präzis. durch eine Flüssigkeitsoberfläche: 426–30.

Korresp.-Briefe Zuckerfabr. Saccharimetr. Normalgew.: **1948,** Nov. 4f. — Bedeutg. d. Normalquarzplatten: **1949,** Nov. 1f. — Otto Schönrock: 12.

Optik. Systemat. Fehler b. d. Best. d. Ebenheit opt. Schliffe mittels Fizeauscher Interferenzen: **4** ('48/49) 11–21. — Üb. d. Verbesserg. d. Güte u. Prüfg. opt. Planschliffe: **7** ('50) 147–68.

Physik. Z. Photozelle am Verstärker: **36** ('35) 347–56. — Lichtelektr. Halbschattenmeth. z. Best. d. Rotationsdispers.[1]): **37** ('36) 1–12. — Dispers. d. Hauptbrechzahlen u. d. Achsenwinkels d. Glimmers: 83–88.

Z. angew. Math. u. Mech. Kritik d. Meßmeth.: **29** ('49) 282f.

Z. Instrumentenkunde. Interferometr. Meth. z. Unters. v. Stahlkugeln auf ihre Gestalt sowie z. Prüfg. d. Hertzschen Druckgleichg.[2]): **49** ('29) 317–31, 369–85. — Ebenheit: **57** ('37) 265–85.

Z. Physik. Anregungspotentiale d. Hg-Dampfes[1]): **2** ('20) 18–29.

Zucker. Otto Schönrock: **2** ('49) 103f. — Polarisieren d. Normalzuckerlösg. u. üb. d. Graduieren bzw. Kontrollieren d. Saccharimeterskalen f. ihren Gebrauch b. Temp. zw. 7°C u. 33°C: 104f. — Gebrauch einer „Int. Platte" v. beglaubigten

Zuckerwert s_{20} bei v. 20°C abweichenden Arbeitstemp.: 289f. — Polarisieren v. Normalzuckerlösg. bei v. einander differierenden Eich- u. Arbeitstemp.: **3** ('50) 172f. — Normg. d. Quarzkontrollplatten: 188f.

Z. Zuckerind. Normg. d. Quarzkontrollplatten: **4** ('54) 339-41.

Mit: [1]) James Franck; [2]) Otto Schönrock.

V, VI **Einstein,** Albert. Physik. — 1931 Rhodes Memorial Lecturer, Oxford; '31–32 Rouse Ball Lecturer U Cambridge; '33–45 Inst. for Advanced Study, Princeton/USA.
*1879, März 14, Ulm;
†1955, Apr. 18, Princeton.

Kurzbiogr. • Reichshandb. Dtsch. Ges. **1** (Bln '30) 383 (m. Bildn.). — • Der Weg voran (Lpz. '31) 120 (m. Bildn.). — Science [New York] **77** ('33) 271-75, 444. — • The Nobel prize-winners and the Nobel foundation 1901-37 (Zürich '38) 73 (m. Bildn. S. 417). — • D. Carnegie, Kurzbiographien (übers. v. D. Kornmann-Juul) (Zürich '48) 1-4.

Biogr. • Ph. Frank, Einstein. Sein Leben u. seine Zeit (Münch.-Lpz. '49) 468 S.; engl. (London '48) 367 S. — • H. Hartmann, Schöpfer d. neuen Weltbildes (Bonn '52) 109-45 (m. Bildn.). — • N. de V. Heathcote, Nobel prize winners in physics 1901-50 (New York '53) 180-97 (m. Bildn.). — • L. Infeld, A. E. Sein Werk u. sein influß auf unsere Welt (Wien '53) 173 S. — • C. O. Peare, A. E. (Hambg '51) 201 S. [dtsch.]. — H. Schimank, in: • Via regia (Münch.-Wien '55) 324-42 (m. Bildn. vor S. 289). — • E. Schneider, Von Röntgen zu Einstein, von Planck zu Heisenberg (Bln-Münch. '53) 96-119. — • C. Seelig, A. E. u. d. Schweiz (Zürich-Stuttg.-Wien '52) 253 S. — • H. Thomas, Living biographies of great scientists (New York '46) (m. Bildn.). — • A. Vallentin, Das Drama A. E.'s (Stuttg. '55) 284 S.; engl. (London '50) 132 S. — • A. Einstein, Philosopher-Scientist (hrsg. v. P. A. Schilpp) [1](Evanston '49); [2](New York '51) 16 + 781 S. (m. Bildn.) (Library of living philosophers 7); deutsch (Stuttg. '55) 540 S.

Autobiogr. Universitas **6** ('51) 655-59; Naturwiss. Rdsch. **7** ('54) 89-91.

Zur Biogr. A. D. Alexandrow, Üb. d. Einsteinsche Paradoxon in d. Quantenmech.: Sowj. Wiss. **6** ('53) 263-67. — A. M. Frey, E.'s Bild v. Welt u. Mensch: Schweiz. kaufmänn. Zbl. **57** ('53) 550; A. E.'s Jahre in d. Schweiz: 9. — P. Jordan, E.'s physik. Lebenswerk: Physik. Bl. **11** ('55) 289-97. — F. Möglich, Das Lebenswerk eines Physikers: Forum **1** ('47) 5f. — J. S. Rosskin, Kolloid-J. **15** ('53) 152-54 [russ.]. — A. E. u. d. Elektrochem.: J. Four électr. Ind. électrochim. **59** ('50) 85f.; E.'s neue Lehre: Kultur **1** ('52/53) 3.

Zum 70. Geb.tag. G. v. Biesbroeck, Astron. J. **55** ('50) 49-53. — F. Bolle, Orion **4** ('49) 180-82. — G. Bouligand, Rev. gén. Sci. pures appl. **57** ('50) 101-06. — W. Braunbek, Kosmos **46** ('50) 239. — L. de Broglie, Rev. mod. Physics **21** ('49) 345-47. — F. Chmelka, Österr. Ing.-Arch. **3** ('49) 197-99. — Ph. Frank, Dtsch. Beitr. **3** ('49) 146; Rev. mod. Physics **21** ('49) 349-55. — H. Friedemann, Universitas **5** ('50) 621-23. — A. George, Age nouveau **1950**, 17. — E. J. Gumbel, Soz.Presse-Korresp. **5** ('49) 13. — Hermann, Naturwiss. Rdsch. **2** ('49) 131-33. — B. Hoffmann, Sci. American **180** ('49) 52-55. — L. Infeld, Nature [London] **166** ('50) 1075. — P. Jordan, Elektrotechn. Z. **71** ('50) 615-18; Orion **4** ('49) 249-51. — M. v. Laue, Rev. mod. Physics **21** ('49) 348f. — Q. Majorana, Rendiconti **7** ('49) 27-32; Atti Accad. naz. Lincei, Sez. II (8) **5** ('48) 211. — R. A. Millikan, Rev. mod. Physics **21** ('49) 343-45. — F. Möglich, Aufbau **5** ('49) 272-76. — B. Mrowka, Umschau **51** ('51) 675f. — E. Nähring, Neubau **5** ('50) 319-22. — V. V. Narlikar u. R. Tiwari, Proc. nat. Inst. Sci. India **15** ('49) 73-79, 249. — Schliewiensky, Weg **4** ('49) Nr. 10, 3f. — H. Slouka, Rise hvezd **30** ('49) 87-89. — A. Sommerfeld, Dtsch. Beitr. **3** ('49) 141-46; Physik. Bl. **5** ('49) 127 (m. Bildn.). — M. Strauss, Forsch. u. Fortschr. **26** ('50) 247. — H. Treder, Einheit **4** ('49) 265-68. — E. P. Wigner, Physik. Bl. **5** ('49) 387. — M. Wilson, Nature [London] **168** ('51) 1007f. — Aufbau **5** ('49) 348-52; Génie civil **127** ('50) 93; Neue Auslese **4** ('49) 42-46; Proc. Amer. philos. Soc. **93** ('49) 543-45.

Zum 75. Geb.tag. G. Hettner, Naturwiss. Rdsch. **7** ('54) 91-93 (m. Bildn.). — H. Hönl, Physik. Bl. **10** ('54) 119-22.

Nekr. K. Baumann, Int. math. Nachr. Nr. **39/40** ('55) 22f. — M. Born, Naturwiss. **42** ('55) 425-31. — W. Buchheim, Bergakademie [Freiberg] **7** ('55) 298f. (m. Bildn.). — L. Infeld, Naturwiss. **42** ('55) 431-36. — W. H. McCrea, Nature [London] **175** ('55) 925f., R. W. Lawson 926f. — Helvet. physica Acta **28** ('55) 298.

S. • Th. v. Kármán, Anniv. Vol. (Pasadena '41) 212-25: Five-dimens. representat. of gravitat. and electricity (m. V. Bargmann, P. Bergmann). — • Conference on science, philosophy and religion (New York '40) 209-14: Science and religion. — • The philosophy of Bertrand Russel (P. Schilpp) (Evanston '43) 277-91: Remarks on B. Russel's theory of knowledge. — • American peoples encyclopedia **16** (Chicago '48) 604-08: Relativity essence of the theory of relativity.

W. • Relativity. The special and general theor. [1](New York '20) 13 + 138 S.; [15](London '53) 165 S. — • Warum Krieg? (m. S. Freud) Why war? (Paris '33) 61 S. — • On the method of theor. physics (Oxford '33) 15 S. — • Origins of the general theory of relativity (Glasgow '33) 11 S. (Glasg. Univ. Publ. 30). — • Les fondements de la théorie de la relativité générale (Paris '33) 109 S. — • Mein Weltbild (Amsterdam '34) 269 S.; (Stuttg. '52) 275 S. — • The evolut. of physics (m. L. Infeld) (New York '38) 319 S.; holl. (Amsterdam '38) 319 S.; franz. (Paris '38) 298 S.; dtsch. unt. d. T.: Physik als Abenteuer d. Erkenntn. [1](Leiden '38) 8 + 222 S.; [2]('49) 8 + 200 S.; dtsch. unt. d. T.: Die Evolut. d. Physik (Wien '50) 352 S. — • The meaning of relativity [1](Princeton '45) 142 S.; [2]('46); [3]('50); [5]('51) 161 S.; span. (Buenos Aires '48) 165 S. — • Out of my later years (New York '50) 8 + 282 S.; dtsch. (Stuttg. '52) 278 S.; franz. (Paris '52) 318 S.

Angew. Chem. Gedenkworte auf Alb. A. Michelson: **44** ('31) 658. — Unbestimmtheitsrelation: **45** ('32) 23. — Dem Gedächtnis M. Plancks: **61** ('49) 113.

Amer. Scholar. On the cosmological probl.: **14** ('45) 137-56.

Ann. Math., Princeton. Darst. d. Semi-Vektoren als gewöhnl. Vektoren v. bes. Differentiationscharakter[5]): (2) **35** ('34) 104-10. — Gravitational equat. and the probl. of motion, 1[4])[3]): **39** ('38) 65-100; ~ 2[4]): **41** ('40) 455-64. — Generalizat. of Kaluza's theory of electricity[2]): **39** ('38) 683-701. — On a stationary syst. with spherical symmetry consisting of many gravitating masses: **40** ('39) 922-36. — On the non-existence of regular stationary solut. of relativistic field equat.[6]): **44** ('43) 131-37. — Bivector fields[1]): **45** ('44) 1-14, 15-23. — Generalizat. of the relativistic theory of gravitat., 1: **46** ('45) 577-84; ~ 2[10]): **47** ('46) 731-41.

Bull. Amer. math. Soc. Elementary derivat. of the equivalence of mass and energy: **41** ('34) 223-30.

Bull. atom. Scientists. Moral obligat. of the scientist: **8** ('52) 34f.

Canadian J. Math. On the motion of particles on general relativity theory[4]): **1** ('49) 209-41. — Bianchi identities in the generalized theory of gravitat.: **2** ('50) 120-28.

Dialectica. Quantenmech. u. Wirklichk.: **2** ('48) 320-24.

Fortnightly. Science and religion: N. S. **168** ('50) 69-75.

J. Franklin Inst. Physik u. Realität: **221** ('36) 313-47 [dtsch.], 349-82 [engl.]. — Gravitational waves[8]): **223** ('37) 43-54 [auch in: Mitt. Inst. Math. Mech. Kujbyschew Univ. Tomsk **2**, 2 ('38) 53-63].

Nature [London]. Science and religion: **146** ('40) 605-07.

Naturwiss. 70. Geb.tag v. A. Berliner: **20** ('32) 913.

Physic. Rev. Can quantum-mech. descript. of physical reality be considered complete?[7])[8]): (2) **47** ('35) 777-80. — Particle probl. in the general theory of relativity[8]): **48** ('35) 73-77. — Two-body probl. in general relativity theory[8]): **49** ('36) 404f. — Comment an a criticism of unified field theory: **89** ('53) 321.

Proc. Akad. Wetensch., Amsterdam. Diracgleichg. f. Semivektoren[5]): **36** ('33) 497-516. — Spaltg. d. natürlichsten Feldgleichg. f. Semivektoren in Spinor-Gleichg. v. Diracschen Typus[5]): 615-19.

Proc. nat. Acad. Sci. USA. On the relat. between the expans. and the meandensity of the universe[9]): **18** ('32) 213f.

Rev. mod. Physics. Influence of the expansion of space on the gravitat. fields surrounding the individual stars[10]): **17** ('45) 120-24. — Generalized theory of gravitat.: **20** ('48) 35-39.

Rev. Tucumán Univ. nac. Demonstrat. of the non-existence of gravitational fields with a non-vanishing total mass, free of singularities: **2** ('41) 11-16.

S.-Ber. Preuß. Akad. Wiss. Einheitl. Theor. v. Gravitat. u. Elektrizität[5]): **1931**, 541-57; **1932**, 130-37. — Semi-Vektoren u. Spinoren[5]): **1932**, 522-50.

Science [New York]. Reply to congratulatory: **73** ('31) 379. — Gravitational and electrical fields: **74** ('31) 438f. — Lens-like act. of a star by deviat. of light in the gravitational fields: **84** ('36) 506f. — Considerat. concerning the fundamentals of theoretical physics: **91** ('40) 487-92. — Social responsibility in science: **112** ('50) 760. — Advent of the quantum theory: **113** ('51) 82-84.

Sci. American. Generalized theory of gravitat.: **182** ('50) 13-17.

Sci. Monthly. Work and personality of W. Nernst: **54** ('42) 195f.

Universitas. Philos. Rahmen d. Physik: **6** ('51) 319-22.

Mit: [1]) V. Bargmann; [2]) Peter G. Bergmann; [3]) B. Hofmann; [4]) Leopold Infeld; [5]) Walter Mayer; [6]) Wolfgang Pauli; [7]) B. Podolsky; [8]) N. Rosen; [9]) Willem de Sitter; [10]) E. G. Straus.

Eis, Gerhard Josef. Germanist u. Historiker d. Naturwiss., Med. u. Vet.-Med. — 1926–31 stud. Dtsch. TH u. U Prag, U London; '31 Dr. phil. Dtsch. U Prag (E. Gierach u. H. Cysarz); '35 PDoz. Dtsch. U Prag; '43–45 ao. Prof. Slowak. U Preßburg u. '44–45 apl. Prof. Dtsch. U Prag; '47–53 LBeauftr. Phil.-Theol. H Bamberg, '49–50 auch Philos.-Theol. H Passau; '50 LBeauftr. TH München-Weihenstephan; seit '55 pl. ao. Prof. U Heidelberg. [Eig. Mitt.]

*1908, März 9, Aussig [ČSR].

Außer rein Germanistischem verfaßte er:

Ue. ● Kleine Geschichten alter Weisheit, aus d. Altdtsch. übertr. (Münch. '41, '44) 150 S.

S. ● Deutsche Philologie im Aufriß (Wolfg Stammler) Lfg. 17 (Bln-Bielefeld-Münch. '54) 1631-88: Fachprosa d. Mittelalters.

W. ● Meister Albrants Roßarzneibuch im deutschen Osten (Reichenb.-Lpz. '39) 160 S. (Schr. Dtsch. wiss. Ges. Reichenberg 9). — ● Die Sendg. d. dtsch. Kultur im Sudetenraum (Reichenb.-Lpz. '40) 64 S. — ● Gottfrieds Pelzbuch (Brünn-Münch.-Wien '44) 202 S. — ● Die Groß-Schützener Gesundheitslehre (Brünn-Münch.-Wien '43) 180 S. — ● Studien z. altdtsch. Fachprosa (Heidelb. '51) 79 S.

Beitr. Gesch. Veterinärmed. Die Roßaventüre: **2** ('39/40) 257-74; **3** ('40/41) 101-04. — Tschech. Heilmittel f. Schafe, Rinder u. andere Haustiere: 1-8. — Roßarzneibuch Meister Albrants: 331-40; **4** ('41/42) 33-44. — Valentin Kräutermanns „Kunst- u. Wundarzt bey Menschen u. Viehe" u. d. „Neuvermehrte Vieh-Büchlein": **3** ('40/41) 375-80. — Österr. Pferdeheilkunst im 16. Jhdt.: **4** ('41/42) 246-54. — Laurentius Rusius üb. d. Vererbg.: 265f. — Mort u. Verwandtes: **5** ('42/43) 1-11. — Schlägler Albrantanhänge: 23-31. — Prämendelist. Vererbungsforschg.: 85-87. — Gesch. d. Läusebekämpfg. b. Pferden: 275-77.

Beitr. Namenforsch. Pferdenamengebung im dtsch. Ritterorden: **1954**, 271-80.

Centaurus. Anatom. Merkspruch d. angelsächs. Salomon u. Saturn: **2** ('52) 201-04.

Dtsch. tierärztl. Wschr. Verzeichn. d. bisher nachgewiesenen Handschr. v. Meister Albrants Roßarzneibuch: **59** ('52) 108. — Veterinärmed. Handschr. d. Sammlg. Rieck: **60** ('53) 279f., 380f., 404.

Dtsch. Vjschr. Literaturwiss. u. Geistesgesch. Von d. Rede u. d. Schweigen d. Alchemisten: **25** ('51) 415-35.

Dtsch. Volksforsch. Böhmen u. Mähren. Ein dtsch. Herbarius v. 1531: **2** ('43) 97-112.

Forsch. u. Fortschr. Meister Albrants Roßarzneibuch u. Heinr. v. Pfolspeundt: **14** ('38) 107f. — Räuml. u. zeitl. Wirkg. d. mittelhochdtsch. Obst- u. Weinbuches: **20** ('44) 234f. — Seuchenspruch d. Armen Heinrich: **25** ('49) 10-12. — Die sieben Eigenkünste u. ihre altdtsch.

Literaturdenkmäler: **26** ('50) 269–71. — Eine altgerman. Opferstätte unter einem mittelalterl. Wohnhaus in Schaffhausen?: **28** ('54) 372–74.

J. Engl. and Germ. Philol. Drei unbekannte Schriften v. Simon Eyssenmann: **52** ('53) 82–86.

Lychnos. Meister Alexanders Monatsregeln: **1951,** 104–36. — Med. Aufzeichng. d. Nicolaus Coppernicus: **1952,** 186–209.

Med. Mschr. Aderlaß in Gottfrieds Tristan: **2** ('48) 162–64. — Thomas v. Wasserburg, ein dtsch. med. Schriftsteller d. 15. Jhdt.: 260. — Spätmittelhochdtsch. Wundarznei in Passau: **4** ('50) 214f. — Nachricht v. einem bes. „Krötenstein": 861f. — Äußerg. üb. d. Physiognomie d. dtsch. Stämme aus d. J. 1601: **5** ('51) 650. — Gesch. d. Antoniusfeuers: 792f. — Dtsch. Pestliteratur d. 15. Jhdt.: **6** ('52) 321–23. — Lob d. Wassers in Wolframs Parzival: 730f. — Konrad d. Münzmeister u. Konrad d. Apotheker: **7** ('53) 321f. — Erhard Knabs Gichtregimen (1469): 523–27. — Heilmittel gegen Harnleiden aus altdtsch. Handschr.: 803–06. — Erklärung eines althochdtsch. Heilspruches durch zeitgenöss. Bilder: **8** ('54) 625f.

Neues Lausitz. Mag. Roßarzneikundl. Handschr. in Görlitz aus dem J. 1473: **116** ('40) 53–57.

Oberdtsch. Z. Volkskunde. Pferdekundl. aus Böhmen: **13** ('39) 34–56.

Sudhoffs Arch. Gesch. Med. Andreas Jeßner üb. d. Edelsteine (1595): **34** ('41) 68–76. — Gabriel v. Lebensteins Traktat „Von d. gebrannten Wässern": **35** ('42) 141–59. — Miselsuht u. houbetsuht b. Heinrich v. Hesler: **36** ('52) 217–21. — Gabriel v. Lebensteins Schrift v. d. gebrannten Wässern in einer tschechischen Bearb.: **37** ('53) 72–77. — Utilitas venarum pro minutione: 223–29.

Südostforschungen. Paracelsusnachfolge im Sudetenraum: **6** ('41) 440–62.

Westfalen. Zu Tarquinius Schnellenbergs Experimenta: **26** ('41) 109–13.

Wiss. u. Praxis Fleischwirtsch. Artikel d. Fleischerzunft v. Rabenstein in Böhmen: **2** ('50) 47f., 71, 118–20.

Z. Dtsch. Philol. Deutschtum d. Arztes Albich: **65** ('39) 174–209. — Groß-Schützener Gesundheitslehre: **70** ('50) 455f.

Z. Sudetendtsch. Gesch. Zu Georg Meyers Bergwercks Geschöpff: **6** ('42) 356–65.

Dazu noch Mitt. in: Dtsch. tierärztl. Wschr. (1948ff.), Korrespondenzbl. Ver. Niederdtsch. Sprachforsch. (1952ff.), Tierärztl. Umschau (1947ff.).

Eisele, Felix Gotthard. Werkzeugmasch., Betriebswiss. – 1919–20 Volontär Daimler-Benz AG, Stuttgart-Untertürkheim; '20–24 stud., '31 Dr.-Ing. TH Stuttgart (A. Widmaier); '34 o. Prof. TH Braunschweig; seit '49 o. Prof. TH München. [Eig. Mitt.]
*1900, Juli 11, Stuttgart.

Erf. auf d. Gebiete d. Werkzeugmasch., d. Schnittkraftmessg., Steuerungstechn. usw.

W. • Dynamische Unters. d. Fräsvorgangs. Diss. (Bln '31) 41 S. (Ber. betriebswiss. Arb. 7).

Abh. in Fachzeitschr.

Eiselin, Otto Wilhelm. Brückenbau. – Stud. TH Karlsruhe; '28 Dr.-Ing. TH München (W. Schachenmeier); Industriepraxis bei Krupp, in Jugoslawien, bei d. Schichauwerften in Elbing, Danzig, Königsberg; '33–45 o. Prof. TH Danzig; '45 berat. Ing. in Schwetzingen. [Eig. Mitt.]
*1896, Dez. 19, Karlsruhe.

W. • Untersuchungen am einfach gelochten Zugstab. Diss. (o. O. '28) 69 S. Masch.schr.

Bautechnik. Stahlbrückenbau in Jugoslawien: **8** ('30) 788–92. — Stahlbrücken m. Plattengurtg.: **16** ('38) 360. — Festigkeitsanpassg. u. Formwiderstand d. Baustähle b. Lochstab: 586–88. — Echte Trogbrücken: **18** ('40) 493–96. — Lauterbach-Viadukt b. Kaiserslautern: **30** ('53) 160–66.

Z. VDI. Übersteigungsbrücke f. d. Reichsautobahnen: **78** ('34) 339–42.

Eisenberg, Albrecht Karl Julius Wilhelm. Akustik. – 1930–35 stud., '45 Dr.-Ing. TH Braunschweig (E. Lübcke); '35–45 Ass. Akust. Labor., '45–49 Inst. f. Baustoffkde u. Materialprüfg., zugl. '45–49 LBeauftr. Raum- u. Bauakustik TH Braunschweig; '49–52 Leiter d. Abt. Akustik d. Werner Genest GmbH, Stuttgart; '52 Referent im Staatl. Materialprüfungsamt, Dortmund. [Eig. Mitt.]
*1910, Okt. 12, Braunschweig.

W. • Beiträge z. Akustik v. Kirchen u. Sälen. Diss. (Brschw. '45) 35 gez. Bl. Masch.schr.

Acustica. Schluckgradsvergleichsmessg. 1950: Beih. Nr. **2** ('52) A B 108–13.

Bauplanung u. Bautechn. Verbesserg. d. Schalldämmg. dünner Wände durch Verringerg. ihrer Biegesteifigk.[1]): **2** ('48) 235–38.

Gesundheits-Ing. Messverf. d. Schalldämmg. v. Wänden: **66** ('49) 61–66.

Neue Bauwelt. Neue Forschungsarb. f. d. Schallschutz im Wohnungsbau: **3** ('50) 793–95.

Wärme- u. Kälte-Techn. Schalldämmg. u. Porosität b. Einfachwänden[2]): **39** ('37) 1–4.

Z. techn. Physik. Schallübertragung v. dünnen Einfachwänden[2]): **18** ('37) 170–74.

Mit: [1]) Lothar Cremer; [2]) Ernst Lübcke.

VI **Eisenbrand,** Josef. Chem. (physik., physiol., pharmaz.), Lebensmittelchem. – 1920–22 Apoth.-Praxis; '22–28 stud. U Würzburg, Frankfurt/M.; '28 Dr. phil. U Würzburg (H. v. Halban, dess. Ass. '25–29); '29–34 Ass. U Berlin (C. Mannich); '31–32 Rockefeller Fellowship Med. Chem. Dep. (G. Barger, U Edinburgh); '34–45 Leiter Pharmaz. Unters.-Labor. IG Farben AG, Hoechst; '45–47 freiberufl. Tätigk. als Apotheker u. Lebensmittelchem., '47–50 Leiter Pharmazeut. Abt. Salviawerk, Homburg/Saar;

'50 Dir. Chem. Untersuchungsamt d. Saarlandes, Saarbrücken. [Eig. Mitt.]
*1901, Juni 2, Hollfeld/Bayern.

Erf. Molekülverbb. v. Ascorbinsäure u. Isoascorbinsäure m. Chinin od. Chinidin (m. M. Sienz), Am. Pat. 2140989 ('37).

S. • Physik.-chem. Tabellen (Landolt-Börnstein) Erg.Bd **2,2** [5](Bln '31) 649–710: Lichtabsorpt. im Sichtbaren u. im Ultraviol. (m. H. v. Halban). — • Medizin u. Chemie **4** ('42) 259–96: Zinkgehalt menschl. Pankreasdrüsen u. Bindungsvermögen d. Insulins f. Zink (m. M. Sienz, F. Wegel).

W. (Mitarb.) • Peter Danckwortt: Lumineszenzanalyse im filtriert. ultraviol. Licht [3](Lpz. '34) 8+190 S.; [4]('40); [5]('49) 8+250 S.

Arch. Pharmaz. Absorptionsspektra v. Herba Mate, Tee, Kaffee: **270** ('32) 369–74. — Neue Anwendung d. Lumineszenzanalyse: **271** ('33) 137. — Entgegng. zu d. Arb. v. Bordeianu. Bem. zu indirekt. maßanalyt. Best.: 315f. — Kennzeichng. u. Reproduzierbark. v. Fluoreszenzerscheing. an festen Stoffen u. ihre Verwendbark. zu Konzentrationsbest., 1[7]): **272** ('34) 428–40. — Lumineszenz pharmazeut. verwendeter Zinkoxyde[7]): 440–51, 850f. — Best. d. Dissoziationskonst., Löslichk. u. Verteilungskoeffizienten v. Pantocain u. Novocainbase[4]): **276** ('38) 1–17.

Ber. Dtsch. chem. Ges. Konstitut. d. Laurotetanins[1])[2])[5]): **66** ('33) 450–61.

Dtsch. Lebensmittel-Rdsch. Anwendung von Fluoreszenzreakt. in d. Lebensmittelchem.: **47** ('51) 215–20.

Glastechn. Ber. Schutz lichtempfindl. Arzneistoffe durch gefärbte Gläser: **17** ('39) 11–16 [s. auch: Pharmaz. Ztg. **72** ('27) 247].

Hoppe-Seylers Z. physiol. Chem. Polarograph. Nachw. v. biol. wicht. Ketonen d. Steringruppe[4]): **260** ('39) 83–99. — Zinkgehalt v. menschl. Pankreasdrüsen[6]): **268** ('41) 1–25. — Verbb. v. Zink m. Glykokoll, Cystein, Cystin u. Glutathion u. d. Natur d. Bindg. zw. Insulin u. Zink[8]): 26–49.

Proc. Roy. Soc. [London] (A). Measurement of light-absorpt.[3]): **116** ('27) 153–62.

Z. analyt. Chem. Beitr. z. Fluorimetrie, 1: Abhängigk. d. Fluorescenzintensität v. d. Verdünng. fluorescierender Lösg. u. üb. d. Bestätigg. d. Beerschen Lichtabsorptionsgesetzes auf indirektem Wege bis in hohe Verdünng.: **140** ('53) 401–06.

Z. Elektrochem. Auftreten v. Ramanstrahlg. b. Fluoreszenzunters.[4]): **50** ('44) 72–74. — Neue Vers. z. elektrochem. Oxydat. v. o-Toluolsulfamid an Graphitelektroden: **54** ('50) 314–18. — Natur d. Fluoreszenzlöschg.: **55** ('51) 374–80.

Z. physik. Chem. (A). Gültigk. d. Beerschen Gesetzes in verdünnt. Elektrolytlösg.[3]): **122** ('26) 337–48. — Zustand starker Elektrolyte in konzentr. Lösg., 1[3]): Nitrate: **132** ('28) 401–32; ∼2[3]): Salpetersäure: 433–55; ∼ 3[3]): Tetraalkylammoniumnitrate: **146** ('30) 294–308.

Z. physik. Chem. (B). Fluoreszenzlöschg. in Lösg. durch org. Stoffe: **22** ('33) 145–68.

Z. wiss. Photogr. Messg. d. Lichtabsorpt.[3]): **25** ('28) 138–52.

Mit: [1]) George Barger; [2]) L. Eisenbrand; [3]) Hans v. Halban; [4]) Hermann Picher; [5]) Emil Schlittler; [6]) Max Sienz; [7]) Gerhard Siewert; [8]) Franz Wegel.

VI **Eisenhut,** Johann Emil Otto. Chem. — 1929–47 Prokurist u. Leiter Physikal. Labor. Ammoniak-Forsch.-Labor. IG Farbenind. AG, Werk Oppau; '47 chem.-techn. Sachbearb. f. Textilfaserfragen in Heidelberg. [Eig. Mitt.]
*1889, Nov. 8, Karlsruhe.

Erf. Lichtbogenacethylenverf. — Spezialviskosespinnverf. (Lanusaverf.).

Angew. Chem. Neue Beurteilg. f. Zellwolle: **52** ('39) 568–72. — Lichtmikroskop. u. übermikroskop. Unters. an natürl. u. künstl. Cellulosefasern[4]): **55** ('42) 198–206. — Heterogener Abbau d. Cellulose[5]): 380–87.

Cellulosechemie. Vergl. Unters. an Cellulose versch. Art: **19** ('41) 45–52.

J. prakt. Chem. (N. F.). Oxydat. Abbau v. Cellulose: **157** ('41) 338–48.

Kolloid-Z. Bem. zu Matthes: Begriffl. u. rechner. Behandlg. eines Teilchengrößenabbaus b. d. Cellulose: **99** ('42) 319.

Melliand Textilber. Neue Beurteilg. f. Zellwolle: **20** ('39) 625–30 [auch in: Zellwolle Dtsch. Kunstseiden-Ztg. **5** ('39) 261–65]. — Zusammenhang v. Kraft u. Dehng. v. Textileinzelfasern[2]): **22** ('41) 122–24. — Best. d. Schädigungswertes v. Fasern, Garnen od. Geweben aus Cellulose u. v. Zellstoffen: 424–26. — Silicone: **30** ('49) 462–67.

S.-Ber. Heidelberg. Akad. Wiss. Kathodenstrahlintensitätsmessg. durch feste Kondensatoren: **1921**, 1–16.

Z. Elektrochem. Syst. Eisen-Stickstoff[3]): **36** ('30) 392–404. — Beob. üb. Zerfall u. Bildg. v. KW Stoffen in Entladungsröhren m. Hilfe v. Kanalstrahlen[1]): 654–62. — Unters. v. Gold-Kupfer-Legierg. mittels Beugg. schneller Elektronen[3]): **37** ('31) 468–73.

Z. Physik. Weg d. spektralanalyt. Best. leicht schmelzb. u. flüchtiger Subst. mittels Lenardröhren[3]): **54** ('29) 427–32.

Z. physik. Chem. (A). Röntgenogr. Unters. über Eisenkatalysatoren f. d. Ammoniaksynth.[3]): **133** ('28) 456–71.

Z. techn. Physik. Rekristallisat. v. Kupferwalzblechen[6]): **11** ('30) 71–76. — Carl Ramsauer z. 60. Geb.tag: **20** ('39) 33–36. — E. Hochheim †: **21** ('40) 138–40.

Mit: [1]) R. Conrad; [2]) Walther Grether; [3]) E. Kaupp; [4]) E. Kuhn; [5]) E. Schwartz; [6]) H. Widmann.

Eisenkolb, Johann Friedrich. Metallkunde. — 1919–23 stud. Dtsch. TH Prag, '22–24 Dtsch. U Prag; '24 Dr. rer. nat. Dtsch. U Prag; '28 Dr.-Ing. (Dr. techn.), '37 PDoz. Metallurgie, '41–45 Doz. m. LAuftr. Metallogr. Dtsch. TH Prag; '49 o. Prof. m. LStuhl Werkstoffkde TH Dresden; '51 Dir. Forsch.-Inst. metall. Spezialwerkstoffe Dresden. [Eig. Mitt.]
*1901, Jan. 5, Warnsdorf [ČSR].

Bildn. • 125 J. TH Dresden 1828–1953 (Dsdn '53) S. 202.

Erf. Beizen v. Gegenständen aus Eisen od. dessen Legierg., DRP 497942 ('26). — Beizen v. Eisen u. Eisenlegierg., Österr. P 114841 ('27). — Verzinken, Jugoslaw. P 6253 ('28). — Säureprüfgerät, ČSRP 23185 ('26). — Beizverf., ČSRP 27058

('26). — Verbinden v. Metallpulverpreßteilen, DWP 568 ('50). — Korrosionsbeständige Sinterlegierg., DWP 903 ('50). — Längslager, DWP 1118 ('48). — Lager f. Mischreibg., DWP 1216 ('48). — Emaillierarb. v. Feinblechen, DWP 1871 ('49). — Pulvermetallurg. Werkstoffe m. nichtmetall. Zusätzen, DWP 2444 ('51). — Zweiringlager, DWP 5664 ('48). — Best. d. Homogenität v. Halbzeugen, DWP 7296 ('48).

S. ● Werkstoff u. Schweißung (F. Erdmann-Jesnitzer) (Bln '51) 7–62: Herst. v. Feinblechen; 63–78: Prüfg. d. Schweißbark. v. Feinblechen. — ● Schmierstoff- u. Lagerfragen (E. Heidebroek) (Bln '52) 6–15: Vers. m. selbstschmierenden Sintereisenlagern (Metallkundl. Ber. 27).

W. ● Das Prüfen v. Feinblechen (Münch. '49) 125 S. (Stanzerei-Schr. 5). — ● Das Tiefziehblech (Hrsg. W. Engelhardt) (Lpz. '51) 11+363 S. — ● Werkstoffkunde. Lehrbriefe f. d. Fernstud. d. TH Dresden (M. Sende). Allg. Metallkde 1–5 (Bln '51) 1–300; Eisenwerkstoffe 6–11 ('51/52) 301–668; Nichteisenmetalle 12–19 ('53/54) 669–1161; Metall-Praktikum 1-2 ('52/54) 1–136; Werkstoffprüfg. 1-4 ('53) 1–240.

Abnahme. Prüfg. v. Sintereisen: **6** ('43) 73–76.

Arch. Eisenhüttenwes. Beizen v. Feinblechen: **1** ('28) 693–98 [Diss.]. — Tiefziehfähigk. v. härteren unlegiert. Stahlblechen: **9** ('36) 575–78. — Einfl. geringer Kaltwalzbeanspruchg. auf d. mech. Eigenschaften v. Feinblechen: **21** ('50) 197–201. — Phosphorlegierter Sinterstahl: **24** ('53) 257–66 [s. auch: Wiss. Z. TH Dresden **2** ('52/53) 215–26].

Arch. Metallkunde. Gewinng. v. Eisenpulver u. seine Verwendbark.: **1** ('47) 327–35. — Entwicklg. d. metallkeram. Lager: 345–52. — Stahlauswahl f. Tiefziehbleche: **2** ('48) 217–23. — Ermittlg. d. Eignung v. Ziehfetten: **3** ('49) 287f.

Dtsch. Elektrotechn. Pulvermetallurg. Werkstoffe d. Elektrotechn.: **6** ('52) 548–53.

Dtsch. gewerbl. Unterr.-Wesen. Grundlagen d. Farbenlehre: **13** ('23/24) 51–54.

EHW-Bl. Sintereisen, ein neuer Werkstoff: **5** ('43) 7–9; **6** ('44) 5–7.

Emailwaren-Ind. Beizen u. Beizzusätze: **4** ('27) 238–40. — Zwischenglühg. b. Tiefziehen v. Blech: **7** ('30) 241–43.

HDI-Mitt. Qualitätsentwicklg. d. Tiefziehbleche in d. letzten Jahren: **21** (11) ('32) 332–36. — Prüfg. v. metall. Schutzüberzügen auf Stahl: **27** (17) ('38) 57–63.

Industrie-Rdsch. Preßteile aus Sintereisen: **3** ('48) Nr. 3, 2–4.

Kalt-Walz-Welt. Auftreten v. Beizblasen: **1944**, 25–30.

Kolloid-Z. Verwendbark. v. Walzzunder f. metallkeram. Zwecke: **104** ('43) 236–46.

Korrosion u. Metallschutz. Bewitterungsvers. m. Stahlblechen: **10** ('34) 161–66. — Vergl. Korrosionsvers. m. weichen Stahlblechen: **11** ('35) 156–62.

Metallurgie u. Gießereitechn. Bedeutg. d. Pulvermetallurgie f. d. Entwicklg. neuer Werkstoffe: **1** ('51) 241–44.

Metallwirtsch. Sintereisen höherer Festigk.: **23** ('44) 373–77.

Stahl u. Eisen. Säureprüfg. im Beizereibetrieb: **49** ('29) 1162–64. — Prüfg. d. Tiefziehfähigk. v. Feinblechen: **52** ('32) 357–64. — Zinnüberzug b. Weißblechen: **54** ('34) 109f. — Auftreten v. Grobkorn b. Anlassen normalgeglühter Feinbleche: **57** ('37) 999–1002. — Schweißbark. v. Feinblechen u. ihre Prüfg.: **63** ('43) 553–58. — Kaltbildsamk. u. Alterungsanfälligk. v. Tiefziehblechen: **65** ('45) 137–41. — Verpreßbark. v. Eisenpulvern: **66/67** ('47) 78–82. — Prüfg. v. Platinen f. Tiefziehbleche nach d. Verwindevers.: **68** ('48) 43–46. — Einfl. d. Stahlherst. auf d. Tiefziehbark. v. Feinblechen[1]): **73** ('53) 967–70. — Einfl. v. Beimengg. auf d. Rekristallisationstemp. d. Eisens: **74** ('54) 1547f.

Technik. Gegenwartsaufgaben d. Metallkeramik: **1** ('46) 173–77. — Neue Prüfverf. in d. Feinblechfertigg.: **3** ('48) 62–66. — Widerstandsschweißung v. Feinblechen: 521–28. — Einfl. d. Cu-Gehaltes d. Stahles auf d. mech. Eigensch. v. Feinblechen: **5** ('50) 13–15. — Technol. d. Sintermetalle: **7** ('52) Sonderh. 12–15. - Neuere Entwicklg. d. pulvermetallurg. Werkstoffe f. Maschinenteile: 311–18.

Wirtschaft. Poröse Metalle: **2** ('47) 26.

Wiss. Z. TH Dresden. Einfl. d. Stahlherst. auf d. Tiefziehbark. v. Feinblechen[1]): **1** ('51/52) 353–60. — Magnet. Eigensch. v. Sintereisen: **2** ('52/53) 89–93. — Phosphorlegierter Sinterstahl: 215–26. — Wasserstoffaufnahme austenit. Stähle b. kathod. Beladg.[2]): 673–86. — Unters. an gesinterten Verbundwerkstoffen aus metall. u. nichtmetall. Bestandteilen[2a]): **3** ('53/54) 71–80. — Einfl. v. Beimengg. auf d. Rekristallisationstemp. d. Eisens: 197–204. — Verbesserg. d. mech. Eigensch. v. Sinterstahl durch Phosphorzusatz: 415–22. — Das chem. Polieren v. Metallen u. seine Anwendg. in d. Metallogr.[5]): 533–43.

Z. Elektrochem. Passivität d. Nickels: **31** ('25) 503–07 [Diss.].

Z. physik. Chem. Einfluß d. Anionen auf d. Passivierbark. d. Metalle[4]): **110** ('24) 384–93.

Mit: [1]) Theo Brüggemann; [2]) Günter Ehrlich; [3]) Walter Richter; [4]) Viktor Rothmund; [5]) Harald Spindler.

V, VI **Eisenlohr,** Fritz Wilhelm August. Chem. (org.). – 1921–45 o. Prof. Chem. u. Abt.-Vorst. Chem. Inst. U Königsberg; dann in Oppach/OL., Haubinda, Gera; '47–51 Jena im Schuldienst tätig. [Eig. Mitt.]

*1881, Aug. 26, Heidelberg.

Sohn d. Heidelberger Ägyptologen Aug. Eisenlohr (1833–1916), der d. math. Papyrus Rhind ins Dtsch. übersetzte (Lpz. 1877).

Zum 70. Geb.tag. G. Geiseler, Angew. Chem. **63** ('51) 544.

W. ● Anwendbarkeit d. Molekular-Refrakt. u. -Dispersion z. Ermittlg. d. chem. Konstitut. Hab.schr. Greifswald (Lpz. '10) 127 S. [Erw. aus: J. prakt. Chem. N.F. **82**]. — ● Refraktometrisches Hilfsb. (mit W. Roth) (Lpz. '11) 8 + 146 S. — ● Spektrochemie org. Verbb. (Stuttg. '12) 8+223 S. (Chem. in Einzeldarst., Bd 3).

Ber. Dtsch. chem. Ges. Gewinng. v. d- u. l-Isohydrobenzoin[3]): **70** ('37) 942–47. — Reaktionsmechanism. d. „asymmetr. Synth." v. Marckwald[4]): **71** ('38) 997–1003. — Asymmetr. Indukt. v. E. Erlenmeyer[4]): 1004f. — Aufspaltg. v. Racematen m. Hilfe v. Molekülverbb.[4]): 1005–13.

Z. physik. Chem. (A). Cis-Zimtsäuren[2]): **173** ('35) 249–64; ∼ 2[5]): **178** ('37) 339–49. — Neue Meth. d. quantitat. Emissionsspektralanalyse, 1: Relat. Linienverbreiterg.[1]): **179** ('37) 241–55.

Z. physik. Chem. (B). Rotationsdispers. d. Isohydrobenzoins u. d. Dipolmomente d. Isohydrobenzoins u. d. Benzoins[3]): **36** ('37) 30–44.

Mit: [1]) Kurt Alexy; [2]) Wilhelm Hass; [3]) Ludwig Hill; [4]) Gerhard Meier; [5]) Alfons Metzner.

V, VI **Eisenmann,** Kurt. Mechanik, Statik. — 1921–50 o. Prof. TH Braunschweig; '50 em. [Eig. Mitt.]
*1883, Jan. 23, Berlin.

Funktechn. Mh. Stabilität d. Entdämpfg.: **1943.** — Gleitflächen u. Landeplatzabgrenzg. f. Flugzeuge: 79–84. — Selbsterregg. u. Entdämpfg.

Ingenieur-Arch. Symmetr. Beanspruchg. d. Walze durch radial wirkende Einzelkräfte: **16** ('47) 99–106.

Stahlbau. Theorie u. Statik plast. Träger d. Stahlbaues: **6** ('33) 25–28.

Z. Flugtechn. u. Motorluftsch. Auftriebs-, Momentan- u. Widerstandszahlen als Funkt. d. Anstellwinkels: **24** ('33) 37–42.

I **Eisenstein,** Ferd. Gotthold Max → VIIa/Suppl.

VI **Eisler-Terramare,** Michael Wilhelm. Exp. Pathol. — Seit 1929 Dir. staatl. Serotherapeut. Inst. Wien; '49 i.R. in Wien. [Eig. Mitt.]
*1877, Jan. 20, Wien.

S. ● Handbuch d. Pflanzenanalyse (G. Klein) **4,** 2 (Wien '33) 987–1004: Antigene (Toxine) u. Antikörper in Pflanzen.

Hoppe-Seylers Z. physiol. Chem. Bem. zu d. Arbeit v. Stöckl, Zacherl, Lebeda: **291** ('52) 197.

Klin. Med. Wirkg. v. Phenolen auf d. Diphtherie-Toxin-Toxoid u. Antitoxin[1]): **2** ('47) 397–412. — Weitere Vers. üb. d. Wirkg. v. Phenolen auf d. Diphtherie-Toxin u. -Toxoid[1]): **3** ('48) 609–23. — Wirkungsweise d. Aluminium-Diphtherieimpfstoffe: **4** ('49) 441–53. — Adsorpt. v. Diphtherietoxin-Toxoid u. Antitoxin an Kohle: **5** ('50) 49–67.

Klin. Wschr. Klin. Wertg. d. Komplementbindungsreakt. m. alkohol. Krebsextrakten[4]): **11** ('32) 247.

Mitt. Versuchsanst. Gärungsgewerbe. Steigerg. d. antigenen Wirkg. durch sog. Adjuvantia: **1950,** Sonder-Nr. März.

Naturwiss. Wirkg. v. o-Chinon auf Diphtherietoxin: **39** ('52) 382.

Schweiz. Z. Pathol. Bakteriol. Verhältn. v. Bakterieneiweiß u. Toxin sowie v. Toxin u. L_f in Bouillonkulturen v. Diphtheriebakterien: **13** ('50) 708.

Wiener klin. Wschr. Gebrauchsfertige, getrocknete M- u. N-Testsera: **47** ('34) 369f. — Entgiftg. des Diphtherietoxins durch Sterine u. erhöhte Bildg. v. Antitoxin durch Immunisierg. m. Gemischen v. Cholesterin u. Diphtherietoxin bzw. -Toxoid[2]): **56** ('37) 54f. — Schutzimpfg. b. Diphtherie, Dysenterie u. Serumtherap. d. letzteren: **60** ('48) 640–43. — Zur Gesch. d. Serotherapeut. Inst.: **65** ('53) 767f. — Z. Reinigg. d. Diphtherietoxins[1a]) [1]): 768f. — Der Saponin-Hemmtest: **66** ('54) 394.

Wiener med. Wschr. Vers. z. Wirkg. d. Pyocyanase: **98** ('48). — Bem. z. Mitt. v. Russe über „Serumreakt. nach Tetanus-Antitoxin": **100** ('50) 354.

Zbl. Bakteriol. (I. Orig.). Bem. zu d. Erwiderg. v. Ramon: **124** ('32) 239f.

Z. Hyg. u. Infektionskrankh. Bildg. d. Blutantigene v. Paratyphus B-Bakterien (Typhus Schottmüller) unt. versch. Züchtungsbedingg.[4]): **115** ('33) 669–86. — Bildg. d. Blutantigene v. Dysenterie-Shigabakterien in synthet. Nährlösg.: **116** ('34) 119. — Bildg. d. Forssman-Antigens durch einen Dysenterie-Shigastamm in versch. Nährlösg.: **117** ('36) 56–65. — Antagonist. Wirkg. steriler Bouillonextrakte aus Bacterium prodigiosus[4]): 76–91. — Toxin-Antitoxinverhältn. in d. L_f- u. d. L_n-Dosis zw. versch. Giften u. Seren: **132** ('51) 233–43. — Vers. üb. Veränderg. d. Diphtherietoxins durch Benzol u. seine Deriv. sowie über d. Bindg. v. Toxin u. Toxoid: **133** ('51) 97–105. — Veränderg. v. Erythrocyten durch d. Vibriocholerae u. Trypsin: 543–56. — Direkte u. indirekte Giftwerte sowie Bakterieneiweiß in Bouillonkulturen v. Tetanusbazillen: **135** ('52) 577–87. — Hemmende oder fördernde Wirkg. v. Pferdesera auf versch. Hämolysine u. Hämagglutinine: **138** ('53) 594–618.

Z. Immunitätsforsch. u. exp. Therap. Menschenblutantigen in Shigabakterien u. sein Verhältn. zu deren Forssman-Antigen: **70** ('31) 48–57. — Komplementbindungsvers. mit alkohol. Krebsextrakten u. anderen synthet. hergest. Antigenen[4]): 301–14. — Menschenblutantigen in Shigabakterien nach Phagenwirkg., 3[3]): **71** ('31) 473–76. — Bem. z. Arb. v. K. Meyer: Heterogenet. Antigene d. Paratyphusbazillen: **72** ('31) 187f. — Blutantigene in Paratyphus- u. Dysenterie-Shigabakterien: **73** ('32) 37–54, 546f. — Beziehg. d. Blutantigene in Paratyphus B- u. Dysenterie-Shigabakterien zu gewissen tier. Zellen u. menschl. Erythrocyten: 392–414. — Forssman- u. Menschenblutantigen in Paratyphus B- u. Shigabakterien nach Phagenwirkg.[3]): **75** ('32) 366–70. — Verhalten bakterieller Blutantigene u. menschl. Erythrozyten gegenüb. Stuhlauszügen: 418–24. — Forssman-Antigen d. Pneumokokken[3]): **76** ('32) 461–68. — Verhalten v. Antigenen gegenüb. versch. Stuhlextrakten: **77** ('32) 472–76. — Unters. v. Blutantigenen mittels Heteroagglutininen: **79** ('33) 293–310. — Agglutinogen in Kaninchenerythrozyten u. sein Verhältnis z. Gruppensubst. B: **87** ('36) 184–95. — Beeinflussg. v. Hämolyse u. Hämagglutinat. durch Tanum: **88** ('36) 163–82. — Antigen d. Erythrozyten im menschl. Serum u. d. gruppenspezif. Hämagglutinine in d. entsprech. präzipitier. Antiseren: 240–51. — Entgiftg. d. Diphtherietoxins durch Lanolin u. Sterine, sowie Beeinflussg. seines Immunisierungsvermögens durch Cholesterin, 1[2]): **90** ('37) 427–51. — Vers. z. Entgiftg. bakterieller, pflanzl. u. tier. Gifte durch Sterine: **92** ('38). — Vergleich. Unters. üb. d. Immunisierungsvermögen v. Diphtherie- u. Tetanusformoltoxoid[2]): **93** ('38) 1–4. — Vers. üb. Konglutinat.: **108** ('51) 553–65. — Das letale u. nekrotisierende Gift in Diphtherie-Bouillon-Kulturen: **110** ('53) 405–13. — Abhängigk. d. tox. u. immunisierenden Wirkg. d. Diphtherie-Giftes von d. Applikat.: **111** ('54) 16–21.

Z. Rassenphysiol. Theor. v. d. intravitalen Bindg. d. Isoagglutinine[5]): **6** ('33) 123–28.

Mit: [1a]) W. Auerswald; [1]) Hans Eibl; [2]) Friedrich Gottdenker; [3]) A. F. Howard; [4]) Josefine Jacobsohn; [5]) Robert Stigler.

VI **Eisner,** Franz. Funktechn. –1927–34 Funkabt. Dtsch. Vers.Anst. f. Luftfahrt, Berlin-Adlershof; '34 emigr., dann b. Philips, Eindhoven. [Mitt.: H. Faßbender[VIIa]]
*1893, Dez. 13, Berlin;
†1944/45.

Arch. techn. Messen. Exp. Analyse aufgenomm. Kurvenbilder: V 3620–3 ('34) 1f. — Exp. Analyse v. Schwingung.: V 3620–4 ('34) 1–4.

Elektr. Nachr.-Techn. Ausbreitungsdämpfg. elektromagnet. Wellen u. d. Reichweiten drahtloser Stat. im Wellenbereich 200–2000 m[1])[3]): **7** ('30) 257–76.

Elektrotechn. Z. Langwellen-Flugfunkverb.: **53** ('32) 834–38, 864–66.

Hochfrequenztechn. u. Elektroakust. Neues Verf. z. Frequenzanalyse u. seine Anwendung z. Unters. v. Flugzeuggeräuschen: **42** ('33) 53–64. — Messg. d. Reflexionsvermögens d. Erdbodens f. senkrecht einfallende Schallwellen[2]): 64–67.

Jahrb. Dtsch. Versuchsanst. Luftfahrt. Funkgeräte im dtsch. Luftverkehr: **1932,** VII 41–48. — Frequenzanalyse v. Flugzeuggeräuschen[4])[5]): 85–95. — Langwellen-Flugfunkverbb.: **1933,** VIII 15f. — Messg. d. Reflexionsvermögens d. Erdbodens f. senkrecht einfallende Schallwellen[2]): 27–30.

Proc. Instn. Radio Engr. Investigation of the attenuation of electromagnetic waves and the distances reached by radio stations in the wave band from 200 to 2000 meters[1])[3]): **19** ('31) 1446–70.

Z. Flugtechnik. Neue Funkgeräte im dtsch. Luftverkehr: **23** ('32) 259–66.

Mit: [1]) Heinr. Faßbender; [2]) Kurt Krüger; [3]) G. Kurlbaum; [4]) H. Rehm; [5]) H. Schuchmann.

VI **Eisner,** Franz. Hydromech. – Reg.Baumeister; PDoz. Hydromech. u. Mitarb. Preuß. Versuchsanst. f. Wasserbau u. Schiffbau, Berlin.
*1895, Sept. 4, Berlin;
†1933, Juni 16, Berlin.

Nekr. G. Weinblum, Z. angew. Math. u. Mech. **13** ('33) 330.

W. ● Hydro- u. Aerodynamik (L. Schiller) **4**: Rohre, off. Gerinne, Zähigk. (m. Siegm. Erk) (Lpz. '32) 8+719 S. — ● Strömungslehre d. Rohre u. off. Gerinne (m. L. Schiller) (Lpz. '32) 7+480 S. — ● Überfallversuche in versch. Modellgröße (Bln '33) 5 + 38 S. (Mitt. Preuß. Vers.Anst. f. Wasserbau u. Schiffsbau 11).

Eistert, Bernd (Bernhard) Karl Georg. Chem. (org.). – 1922–27 stud. U Breslau; '27 Dr. phil. U Breslau (F. Arndt, dess. Ass. '27–28); '28–29 Ass. U Bonn (P. Pfeiffer); seit '29 Chemiker BASF, Ludwigshafen/Rh.; daneben '42 habil. U Heidelberg; '43 Doz. TH Darmstadt, '50 apl. Prof. m. LAuftr. f. theoret. org. Chem. TH Darmstadt. – '51 C.W. Scheele-Medaille (Chem. Ges. Stockholm). [Eig. Mitt.]
*1902, Nov. 9, Ohlau/Schles.

Erf. Herst. v. Carbonsäurearyliden[7])[12])[6]), DRP 597589 ('32); Herst. v. wasserunlösl. Azofarbstoffen[7])[12])[6]), DRP 596896 ('32), F.P. 765015 ('33); Einstellmittel f. Farbstoffe[7]), DRP 617827 ('32), 663745 ('35); Herst. v. Azofarbstoffen[7]), DRP 603835 ('33); Überführg. v. Carbonsäuren, d. im Molekül heterocycl. Ringe enthalten, in ihre nächsthöheren Homologen bzw. deren Abkömml.[1]), DRP 650706 ('33) [„Arndt-Eistert-Synthese", s.: Organic Reactions **1** (New York '42) 38–62 W. E. Bachmann u. W. S. Struve]; Überführg. v. substituierten Arylcarbonsäuren in ihre nächsthöheren Homologen bzw. deren Abkömml.[1]), DRP 630953 ('36); Salze wasserunlösl., Metall in komplexer Bindg. enthalt. Azofarbstoffe[11]), DRP 743848 ('39).

S. ● Neuere Meth. d. präparat. org. Chem. (W. Foerst) [2](Bln '44) 359–412: Synth. m. Diazomethan. — ● Methoden d. organ. Chem. (Houben-Weyl) **2** (Stuttg. '53) 380–92: Analytik d. enol. Hydroxylgruppe; 392–400: Analytik d. Endiolgruppe u. Reduktone.

W. ● Untersuchungen in d. Thiochromon-Reihe (Anh.: Üb. 4,6-Diphenyl-cumalin). Diss. (Bresl. '27) 23 S. — ● Tautomerie u. Mesomerie (Stuttg. '38) 204 S. (Samml. chem. u. chem.-techn. Vortr. N.F. 40); engl. (Ann Arbor, Mich. '45); franz. (Paris '49). — ● Konstitution und Farbe. Hab.schr. (Heidelb. '42) 54 S. — ● Chemismus u. Konstitut. **1**: Grundlagen u. einige Anwendg. d. chem. Elektronentheor. (Stuttg. '48) 12+387 S.

Angew. Chem. Neuart. Synth. m. Diazomethan[1])[9]): **40** ('27) 1099–1101. — Mesomeriebegriff in d. org. Chem.: **52** ('39) 353–61. — Neuere Meth. d. präparat. org. Chem., 10: Synth. m. Diazomethan: **54** ('41) 99–105, 124–31, 308; Nachtr.: **55** ('42) 118–21 [auch im Buch]. — Modifikat. d. Synth. v. α-Diazoketonen: **61** ('49) 185f.

Ark. Kemi, Mineral. Geol. Redukton-Probl.: **2** ('50) 129–34. — Umsetzungsprod. d. Triose-Reduktons m. Anilin[4a]): **4** ('52) 233.

Ber. Dtsch. chem. Ges. Vers. in d. Chromon- u. 1-Thiochromonreihe[4])[13])[8])[5]): **58** ('25) 1612–32. — 4,6-Diphenylcumalin[1]): 2318–20. — Diazomethan u. o-Nitroverbb.[1])[9]): **60** ('27) 1364–70. — Umlagerg. phenylierter Azo-dicarbonamide in Benztriazine[1]): 2598–2602. — Synth. m. Diazomethan, 3: o-Nitrophenyläthylenoxyd u. d. aus ihm zugängl. Stoffe[1])[9]): **61** ('28) 1107–18; ∼ 4: Reakt. zw. Aldehyden u. Diazomethan[1]): 1118–22; ∼ 6: Reakt. v. Ketonen u. Aldehyden m. Diazomethan[1])[3]): **62** ('29) 44–56. — Thiochromondiole[1]): 36–44. — Elektronentheor. org.-chem. Reakt.: **68** ('35) 193–99. — Bildg. u. Zersetzg. d. Diazoketone u. d. sog. Diazoanhydride v. Standpunkte d. Elektronentheor.: 208–16. — Verf. z. Überführg. v. Carbonsäuren in ihre höheren Homologen bzw. deren Deriv.[1]): 200–08; **69** ('36) 1805. — Tautomerie d. Syst. Thiocumarindiol-Thiochromondiol u. d. Ascorbinsäure[1]): **68** ('35) 1572–75. — Synth. d. 3-Oxynaphthyl-(2)-essigsäure u. d. Acylcarbinole: **69** ('36) 1074–79. — Synth. d. Dehydracetsäure aus Acetessigester[1])[13])[2]): 2373–80. — Chemism. d. Claisen-Kondensat.[1]): 2381–93. — Sog. „Valenztautomerie" b. ungesätt. Syst.: 2393–98. — Schreibweise chem. Formeln u. Reaktionsabläufe: **71** ('38) 237–40. — Chemism. d. Synth. d. Acetessigesters[1]): 1547–49. — Tautomerie u. Mesomerie d. Carbonamidgruppe u. deren Beziehg. z. Lichtabsorpt. sowie üb. o- u. p-Oxyazoverbb.[1]): 2040–49. — Konstitutionelle Voraussetzg. d. Mesomerie. Stereomerie u. Mesomerie[1]): **72** ('39) 202–12. — Mesomerie d. Indigos: 860. —

Protonbeweglichk. u. ihre Beeinflussg. durch Substituenten, insbes. durch Carbonyl- u. Sulfonylgruppen[1]): **74** ('41) 423–54. — Chinoide Deriv. d. 2,3-[2′,3′-Naphtho]-furans: **80** ('47) 47–53. — Z. Kenntn. d. Enolformen v. β-Dicarbonylverbb. u. d. Katalyse v. Diazomethan-Methylierg.[1])[4a])[2a]): **84** ('51) 156–69. — „Modifikat." d. Dibenzoylmethans u. seiner Enoläther[14])[2b]): 745–80. — Polymorphie d. Chalkone[14])[2b]): **85** ('52) 164–68. — Enoläther d. Benzoylacetons[8a]): **86** ('53) 895–917. — Keto-Enol-Gleichgewichte „trans-fixierter" β-Dicarbonylverbb.[11a]): **87** ('54) 92–108. — Enol-Enolat-Gleichgewichte u. d. Enol-Methyläther einiger „trans-fixierter" β-Diketone[11a]): 108–23. — Halochromie u. Basizität v. β-Diketonen[8])[11a]): 1513–40.

Chemiker-Ztg. Säuren, Basen u. Neutralisierg.: **74** ('50) 241. — Hans von Euler-Chelpin 80 J.: **77** ('53) 65. — W. König z. 75. Geb.tag: 641–43.

J. prakt. Chem. (N.F.). Ersatz v. Brom durch Chlor in org. Halogeniden[10]): **124** ('30) 168–84. — Zusammenhänge zw. d. Konstitut. u. d. Substantivität baumwollaffiner Naphthole[7]): **143** ('35) 50–58.

Liebigs Ann. Chem. Substantivität u. Konstitut. baumwoll-affiner Verbb.: **556** ('44) 91–102.

Z. Elektrochem. Einfl. acidifizier. Substituenten auf Chromophorsyst.: **47** ('41) 35–40.

Z. physik. Chem. (B). „Resonanz-" u. „Zwischenstufen"-Begriff b. org. Subst. m. mehrf. Bindg. u. d. Elektronenformeln[1]): **31** ('35) 125–31. — Konstitut. u. Formulierg. d. dimeren Verbb. d. Elem. d. 3. Gruppe d. period. Syst.: **52** ('42) 202–08.

Mit: [1]) Fritz Arndt; [2]) Ernst Aron; [2a]) Ertrugrul Ayca; [2b]) Ernst Csendes; [3]) Willibald Ender; [4]) Walter Flemming; [4a]) Hans Hasselquist; [4b]) Hans Henecka; [5]) Gerhard Källner; [6]) Hans Kracker; [7]) Hans Krzikalla; [7a]) Lotte Loewe; [8]) Viktor Löwensohn; [8a]) Erich Merkel; [9]) Werner Partale; [10]) Paul Pfeiffer; [11]) Helmut Pfitzner; [11a]) Werner Reiss; [12]) Robert Schmitt; [13]) Erich Scholz; [14]) Friedrich Weygand.

Eitel, Alfred. Chem. (org.). — 1938 Dr. techn. TH Graz (R. Seka); '33–37 PAss. Pharmakognost. Inst. U Wien; '38–39 wiss. Hilfskraft TH Graz; '39–45 wiss. Ass. Inst. org. Chem. TH Wien; '42 PDoz. TH Wien; '47–50 Chefchemiker Fa Czeija, Wien. — '41 Wegscheider-Preis (Akad. Wiss. Wien). [Mitt.: TH Wien, Fak. f. Chem.]
*1908, Jan. 26, Wien;
†1950, März 29, Wien.

Erf. Verf. z. Herst. lichtempfindl. Schichten mittels Diazoverbb. (m. O. Czeija, F. Entmayr, G. Lierg, F. Wolf), ÖP 163866; Verf. z. Bildhervorrufg. auf m. Diazoverbb. lichtempfindl. gemachten Materialien (m. O. Czeija, F. Entmayr, G. Lierg, F. Wolf), ÖP 165325; Verf. z. Entwicklg. v. Diazo-Lichtbildern (m. H. Stüpel), ÖP 164062; Herst. v. p-Nitrosodiarylaminen (m. H. Stüpel), ÖP 163203; Verf. z. Herst. schwarzgefärbter Diazolichtbilder (m. Grill), ÖP 166488.

W. ● Zur Kinetik d. Cannizzaro-Reaktion. Diss. (Graz '38) 156 gez. Bl. Masch.schr.

J. prakt. Chem. (N.F.). Elektrometr. Titrat. d. Carbonylgruppe: **159** ('42) 292–302 [Hab.schr.].

Mh. Chem. Beitr. z. Best. aromat. Aldehyde[4]): **72** ('39) 385–91. — Kinetik d. Cannizzaro-Reakt., 1[4]): 392–409; ∼ 2: Disproportionierg. d. Furfurols: **74** ('42) 124–34. — Theor. d. Cannizzaro-Reakt.[4]): **72** ('39) 410–16. — Einfl. d. Lösungsmittels auf d. Friedel-Crafts-Reakt.[3]): **79** ('48) 112–18. — Theorie d. Friedel-Crafts-Reakt.[1]): 148–61.

S.-Ber. Akad. Wiss. Wien (IIb). Kinetik d. Cannizzaro-Reakt., 2: Disproportionierg. d. Furfurols: **115** ('42) 58–68 [Hab.schr. 2].

Z. Kristallogr. (A). Strukt. d. Pentacalciumtrialuminats[2]): **95** ('36) 175–88.

Mit: [1]) Hans Berbalk; [2]) Wilhelm Büssem; [3]) Rolf Fialla; [4]) Gunther Lock.

V, VI **Eitel,** Wilhelm Hermann Julius. Mineral., Silikatforschg. — 1926 o. Prof. TH Berlin u. Dir. KWInst. Silikatforschg. Berlin-Dahlem; jetzt Norris/Tennessee, USA [später in VIIb].
*1891, Mai 6, Frankfurt/M.

Ekhart, Erwin Johann Irenäus. Meteorol., Klimatol. — 1922 stud. U Wien, '24 U Innsbruck; '28 Dr. phil. U Innsbruck (A. Wagner, '27–40 dess. Ass.); '33 habil., '40–45 apl. Prof. u. Diätendoz., seit '52 PDoz. f. Meteorol. u. Geophysik U Innsbruck; '50–54 Meteorol. d. Zentralanst. f. Meteorol. u. Geodynamik Wien; jetzt Leiter d. Flugwetterdienstes Salzburg. [Eig. Mitt.]
*1904, Juli 29, Schwarzach/Pongau (Salzburg).

S. ● Das Venter Tal. Festgabe d. Zweiges Mark Brandenburg d. DAV z. 40-jähr. Bestehen (Münch. '39) 13–36: Klimat. Verhältn. d. Venter Tales. — ● Flugklimatol. d. Schweiz (Bln '40) 55 S.: Luftdruckverhältn. u. Windverhältn.

W. ● Untersuchung d. jährl. Schwankung d. atmosph. Zirkulat. Diss. (Innsbr. '28) 30 S. Masch.schr. [UB Innsbr.] [gek. auch in: Abh. Preuß. meteorol. Inst. **9** ('29) Nr. 3, 21 S. u. Meteorol. Z. **47** ('30) 70]. — ● Windverhältnisse d. oberen Stratosphäre (Bln '40) 50 S. — ● Die Strömung d. Luft über Afrika u. den angrenzenden Geb. (Bln '41) 48 S. (Forsch.- u. Erfahrungs-Ber. d. Reichswetterdienstes A, 10). — ● Etude météorol. et climatol. du Tyrol et Vorarlberg (Innsbr. '48) 120 S. Masch.schr. — ● Grundzüge d. Klimas v. Österr. (Innsbr. '50) 50 S. Masch.schr.

Ann. Hydrogr. Ganzjähr. Periode d. Luftdrucks auf d. Nordhalbkugel: **68** ('40) 158–63.

Arch. Meteorol., Geophysik, Bioklimatol. (B). Wind als Klimafaktor u. Indikator f. Klimaschwankungen: **3** ('51) 91–109. — Zur harmon. Analyse: **4** ('53) 235–42. — Anomalienmeth.: 311–16. — Tägl. Gang d. Windes im Gebirge: 431–50.

Beitr. Physik frei. Atmosph. Aerologie d. Berg- u. Talwindes: **18** ('32) 1–26, 242–52; **21** ('34) 245–68. — Windverh. üb. einer inneralpinen Stat.: **23** ('36) 165–94. — Klima d. freien Atmosph. üb. USA: **26** ('39) 50–66, 77–126, 211–42.

Bergsteiger. Interessanter Nebeleinbruch: **1933**, 481–87.

Ber. med.-naturwiss. Ver. Innsbruck. Klima v. Innsbruck: **43/44** ('31/32–'33/34) 247–360.

Geistige Arbeit. Aktuelle Fragen d. alpin. Meteorol.: **5** ('38) H. 22, 1-3. — Heilklimat. Werte d. dtsch. Alpen: **7** ('40) H. 1, 5-7.

Geofis. pura e appl. Aeroklima Nordamerikas: **13** ('48) 210-53. — Jahresrhythm. d. Luftdrucks in d. Alpen: **15** ('49) 148-55. — Classificat. des Alpes au point de vue météorol.: **17** ('50) 56-61. — Jahresgang d. Luftdrucks nach Breite u. Höhe: **26** ('53) 110-18.

Geografiska Ann. Niederschlagsverteilg. in d. Alpen nach d. Anomalienprinzip: **30** ('48) 728-39. — Temperaturfeld d. Alpen u. seine Jahresperiode: **32** ('50) 1-20. — Bewölkungsklimatol. d. Alpen: 21-36.

Gerlands Beitr. Geophysik. Kälteeinbruch Ende Nov. 1930: **38** ('33) 282-308; **40** ('33) 134-76; **53** ('38) 161-202 [Hab.schr.]. — Geogr. u. jahreszeitl. Verteilg. d. Gewitterhäufigk. in d. Alpen: **46** ('35) 62-90. — Windverhältn. d. Arlbergs: **48** ('36) 313-24; **49** ('36) 7-25. — Tägl. Zirkulat. d. Atmosphäre im Bereiche d. Alpen[1]): 343-67. — Andauer d. Schneedecke nach Stufenwerten d. Schneehöhe in d. Ostalpen: **50** ('37) 184-201. — Schneeverhältn. d. Ostalpen: **56** ('40) 321-58.

Jahrb. Österr. Alpenver. Gebirgswinde: **78** ('53) 101-10.

Météorologie. Structure thermique de l'atmosph. dans la montagne: **9** ('48) 3-26.

Meteorol. Rdsch. Inversionen in d. Alpen: **2** ('49) 153-59. — Innsbrucker Föhn: 276-80.

Meteorol. Z. Statistik d. Innsbrucker Föhns: **49** ('32) 452-59. — Temperaturverhältn. d. Alpen u. d. freien Atmosph. üb. d. Alpenvorland: **56** ('39) 12-26, 49-57. — Klima d. Ötztales: 347-49. — A. Wagner †: **59** ('42) 231-37. — Beitr. z. alpin. Meteorol.: **61** ('44) 217-31.

Naturwiss. Tageszeitenwinde d. Alpen: **26** ('38) 21-27.

Petermanns Mitt. Neue Regenkarte d. Erde: **76** ('30) 57-64.

Z. angew. Meteorol. Niederschlagsverhältn. d. Hochalpen: **56** ('39) 311-22.

Z. Gletscherkunde. Gletscherwindmessg. in d. Ötztaler Alpen: **22** ('35) 217-22.

Mit: [1]) Albert Burger.

VI **Eller,** Karl Heinrich Wilhelm. Textilchem. — 1925 IG Farbenind. Filmfabrik Wolfen, Leiter d. textiltechn. Zentrale f. Kunstseiden.
*1887, März 22, Konstanz a. B.; †1943, Juli 7, Dessau.

Nekr. W. Voß, Ber. Dtsch. chem. Ges. **76** ('43) A 112f. — Chemiker-Ztg. **67** ('43) 258.

Chim. et Ind. Importance et développement des fibres artificielles en Allemagne: **39** ('38) 235-44 [auch: Congr. Chim. ind. Paris **17** ('37) 104-13].

Kunstseide u. Zellwolle. „Floxalan". eine neue Zellwolle f. d. Wollind.: **20** ('38) 82.

Mschr. Textil-Ind. Kunstseide u. -fasern in d. heutigen Industrie u. Wirtsch.: **50** ('35) 21f.

VI **Ellinger,** Friedrich Philipp. Strahlenforschg. — 1932 PDoz. Inst. Strahlenforschg. U Berlin; Biol. Inst. of the Carlsberg Foundat., Kopenhagen; Radiotherapy Dep., Montefiore Hosp. f. Chronic Diseases, New York [später in VII b].
*1900, Sept. 17, Königsberg/Pr.

VI **Ellinger,** Philipp. Pharmakol., Toxikol. — 1925 ao. Prof. U Heidelberg; nach '33 Lister Inst. Div. of Nutrit. and Roebuck House, Cambridge; '42 Lister Inst. of Preventive Medicine, London.
*1887, Juni 18, Frankfurt/M.; †1952, Sept. 12, London.

Nekr. W. T. J. Morgan, Nature [London] **171** ('53) 502f.

H. • Monogr. z. Pharmakol. u. exp. Therap. (Lpz. '36).

W. • The biologic fundamentals of radiation therapy (Amsterdam '46) 360 S.

Acta brevia Neerl. Physiol., Pharmacol. Erwiderg. zu Cohen: Objekt. Meth. z. Best. v. Fluoreszenz m. spez. Anwendg. auf d. Best. d. Vitamins B_2: **5** ('33) 43f.

Arch. int. Pharmacodynam. Thérap. Octaverin, ein neues Spasmolytikum[7])[10]): **48** ('34) 50-62.

Ber. Dtsch. chem. Ges. Neue Gruppe tier. Farbstoffe (Lyochrome)[7]): **66** ('33) 315-17; ∼ 2[7]): 808-13; ∼ 3[7]): 1411-14.

Biochem. J. Lyochromes in the kidney: **32** ('38) 376-82. — Spectrocomparator: **36** ('42) 283-86. — Urinary eliminat. of nicotinamide metochloride by man[3]): **38** ('44) 265-70. — Format. of nicotinamide from nicotinic acid by the rat: **42** ('48) 175-81. — Nicotinamide metabolism in mammals[6]): **44** ('49) 77-87. — Tryptophan u. d. Biosynth. v. Nicotinsäureamid[6]): **45** ('49) 276-81.

Biochem. J. Proc. Urinary eliminat. of fluorescent pigments in animals as a basis for the assay of nicotinamide and related compounds in foodstuffs[5])[8]): **36** ('42) XIf. — Comparative effect on the eliminat. of fluorescent pigments in human urine of nicotinamide and related compounds[3])[8]): XIIf. — General principles of biological material: XIIIf. — Routine chromatography of fluorescent pigments in urine[3])[5])[8]): XIXf. — Establishment of the identity or non-identity of consecutive eluates in chromatographic adsorption analysis: XXII. — Fluoreszierende Deriv. von N-Methylchlornicotinamid[3]): **37** ('43) XVII. — Format. of nicotinamide by B. coli[6]): **42** ('48) IX. — Metabolism of nicotinamide and related compounds in various mammalian species[6]): XXXIIIf.

Biol. Rev. Fluorescenzmikroskopie in d. Biol.: **15** ('40) 323-50.

Brit. med. J. Orale Reakt. auf Penicillin[11]): **1949,** I 411.

J. Physiology. Format. of urine in the amphibian and mammalian kidney: **97** ('40) 433-52. — Photosensibilisierende Wirkung v. Buchweizen (Fagopyrium exculentum)[2]): **100** ('41) 212-30.

Klin. Wschr. Octaverin[7])[10]): **13** ('34) 411.

Lancet. Wirkg. von p-Aminomethylbenzolsulfonamid auf d. Biosynth. v. Nicotinamid[4]): **251** ('46) 716-18.

Nature [London]. Lyochromes, a new group of animal pigments: **133** ('34) 553-56. — Urinary eliminat. products following ingestion of nicotinamide (F_2 of Najjar and collabor.)[3]): **152** ('43) 383f. — Product. and release of nicotinamide by the intestinal flora in man[3])[1]): **154** ('44) 270f. —

Tryptophane as precursor of nicotinamide in mammals[6]): **160** ('47) 675f. — Role of tryptophane in the biosynth. of nicotinamides: **163** ('49) 799f.

Naunyn-Schmiedebergs Arch. exp. Pathol. Pharmakol. Angebl. Ätzwirkg. d. arsenigen Säuren: **161** ('31) 562–72. — Angriffspunkt d. Arsenwirkg.[9]): **171** ('33) 250–59. — Quantitat. Morphinbest. in Exkreten, Sekreten u. Geweben[10]): **174** ('33) 160–67. — Wird Morphin b. parenteraler Zufuhr in d. Magen ausgeschieden?[10]): 168–72.

Quart. J. exp. Physiol. Saure Seite d. Harnes b. Frosch- u. Rattennieren: **30** ('40) 205–17.

Mit: [1]) Benesch; [2]) Harriette Chick; [3]) R. A. Coulson; [4]) A. Emmanuelowa; [5]) G. E. Glock; [6]) Abdel Kader; [7]) Walter Koschara; [8]) B. S. Platt; [9]) Josef Schmitt; [10]) Heinrich Seeger; [11]) Mackenzie Shattock.

VI **Elöd,** Egon. Chem. Technol. — 1926–43 Vorst. Abt. Textil- u. Gerbereichem. TH Karlsruhe; '43–44 Dir. Hochschulinst. Textilchem., Mülhausen/Els.; seit '45 Dir. Staatl. Inst. f. Textilchem., Badenweiler. — '37 große Goldmedaille (Int. Ver. Textilchemiker u. Coloristen); Ehrenplakette d. Ver. Dtsch. Färber; '53 Goldmedaille d. Ver. der Textilchemiker u. Coloristen. [Eig. Mitt.]
*1891, April 7, Budapest.

Zum 60. Geb.tag. Möller, Dtsch. Textilgewerbe **53** ('51) 234f. — Kolloid-Z. **122** ('51) 1; Melliand Textilber. **32** ('51) 279; Textil-Praxis **6** ('51) 225.

Erf. Etwa 100 Patente auf d. Geb. d. Textilveredelg., künstl. Faserstoffe, Kunstharze, Lederchem. usw.

S. ● Handbuch d. Technologie d. Textilfasern (R.O.Herzog) [7](Bln '35) 173–237: D. chem. Veredelung d. Kunstseide. — ● Stiasny-Festschr. (Darmst. '37) 41–52: Polyvinylalkohol als Modellsubst. f. gerbereitheor. Betrachtg. (m. Th. Schachowsky). — ● Enzyklopädie d. techn. Chem. (Ullmann) [3](Münch.-Bln '54): Wolle, Naturseide.

W. ● Untersuchungen üb. d. Aktivierg. d. Stickstoffs in elektr. Entladg., ein Beitr. z. Probl. d. elektr. Stickstoffoxydat. Diss. (Karlsruhe '15) 63 S.

Angew. Chem. Acetylierungsvorgang v. Zellulosefasern[23])[27]): **47** ('34) 465–68. — Nichtknitternde Fasern u. deren Ausrüstg.[6])[10]): **51** ('38) 45 [auch in: Melliand Textilber. **21** ('40) 461].

Arbeitsschutz. Beizen v. Huthaaren: **1937,** 16f.

Ber. Dtsch. chem. Ges. Einlagerg. v. Schwermetallsulfiden in Keratinfasern[17])[31]): **74** ('41) 1759–62.

Brennstoff-Chem. Chemiefasern: **34** ('53) 66–71.

Canad. Textile J. Küpenfärberei: **53** ('36) Nr. 6, 42f.

Collegium. Beiz- u. Färbevorgänge, 12: Theor. d. Chromgerbg.[25]): **1932,** 135–46; ~ 14: Theor. d. mineral. Gerbg.[22]): **1933,** 701–19; ~ 15, 16: Theor. d. Lederfärberei, 1[13]), 2[9]): 754–72; ~ 17: Einf. Elektrodialysierappar. u. seine Verwendg. b. textil- u. gerbereichem. Unters.[25]): **1934,** 277–81; ~ 20: Theor. d. mineral. Gerbg.[22]): 414–32; ~ 23: Theor. d. Chromgerbg.[4]): 568–83; ~ 29: Mineral. Gerbg.[30]): **1935,** 406–20; ~ 31: Theor. d. mineral. Gerbg.[22])[26]): **1937,** 258–70. — Herst. u. Eigensch. v. isoelektr. Kollagen[25]): **1934,** 281–85.

De Tex. Feinstrukt. v. Chemiefasern: **1952,** 15. Dez.

Dtsch. Färbekalender. Theor. u. Praxis d. Wollfärbg.: **45** ('36) 3–13. — Carbonisieren d. Wolle[8]): **46** ('37) 73–91. — Strukt. d. Faserstoffe: **51** ('42) 1–21. — Einige Probl. d. schonenden Veredlg. v. Textilien: **55** ('51) 1–12. — Natürl. u. künstl. Faserstoffe: **56** ('52) 1–10. — Knitterfeste Ausrüstg. v. Textilien: **57** ('53) 5–22.

Dtsch. Hutmacherztg. Beizen v. Huthaaren: **69** ('37) 57f.

Dtsch. Textilgewerbe. Chem. Schädigung von Cellulosehydratfasern b. Färben m. Küpenfarbstoffen[29]): **52** ('50) 500–02.

Dyer Calico Printer. Theory of dyeing processes: **68** ('32) 405–08.

Färber-Ztg. Mikrostrukt. u. Fasereigensch.: **4** ('51) 8.

Klepzigs Textil-Z. Färben v. Erzeugnissen aus Wollstra u. m. Baumwolle gem. Kunstspinnfasergarnen: **38** ('35) 126–28. — Färbevorgänge: **39** ('36) 207–10. — Vorgänge beim Carbonisieren von Wolle[8])[21]): **40** ('37) 31–35. — Knitterfestigk. v. Kunstseiden[19]): **44** ('41) 459f. — Cystinprobl. d. Wolle[17])[31]): **45** ('42) 663. — Strukt. u. Reaktionsfähigk. d. Wollfaser, 10: Zusammenhang zw. Schädigg. u. Cystingehalt d. Wollfaser: 663–72.

Kolloid-Beih. Theor. d. mineral. Gerbg.[22]): **51** ('39) 1–122.

Kolloid-Z. Beiz- u. Färbevorgänge, 18: Theor. d. mineral. Gerbg. Vers. m. Komplexverbb. d. Chroms: **69** ('34) 79–87; ~ 19: Wesen d. Gerbg. v. Gelatine (Kobalt-Gerbg.)[22]): 205–15; ~ 26: Chromgerbg. d. Gelatine[22]): **72** ('35) 67–74; ~ 27: Einwirkg. versch. Metallverbb. auf d. Gelatine[22]): 221–29; **73** ('35) 236. — Bichromatgelatine, 1[3]): **74** ('36) 305–15; ~ 2, 3: **75** ('36) 66–73, 202–11. — Oxydations- u. Trockenvorgänge b. Leinölprod.[15]): 338–48. — Beiz- u. Färbevorgänge, 31: Theor. d. mineral. Gerbg.[22]): **78** ('37) 164–71. — Quellg. v. Cellulosehydraten in Gegenw. v. Proteinsubst.[24]): **92** ('40) 105–12. — Aufbau d. Wolle u. deren Reaktionsfähigk.[17])[31]): **93** ('40) 50–66; **95** ('41) 81f. — Einwirkg. v. Palatinechtfarbstoffen auf Kollagensubst.[22]): **94** ('41) 188–99. — Beeinflussg. d. Lichtabsorpt. v. Chrom durch polare Gruppen einiger org. Verbb.[22])[18]): 328–33. — Struktur d. Wollfaser: **96** ('41) 284–301. — Lichtabsorptionsmessung an Chromsalzlösg. in Gegenw. v. einigen polaren bzw. ionogenen Gruppen[22])[5]): 333–48. — Theor. d. mineral. Gerbg.[22])[16]): **98** ('42) 341–48. — Strukt. u. Chem. d. Wollfaser, 11: **100** ('42) 283–98. — Einwirkg. v. Formamid auf Keratine[31]): **108** ('44) 94–103. — Stereochem. d. Kollagens[31]): **111** ('48) 96–99. — Voraussetzg. d. Auftretens d. Kautschukelastizität b. Keratinfasern[31]): **113** ('49) 10–17.

Melliand Textilber. Beiz- u. Färbevorgänge, 10: Färben v. Wolle m. Säurefarbstoffen[3]): **13** ('32) 365–68; ~ 25: Färben v. Wolle: 291f., 323f.; ~ 28: Saure Wollfärbg.[13]): **17** ('36) 409–12; ~ 32: Gesichtspunkte f. d. schonende Veredlg. v. Wolle[18]): **19** ('38) 67–72; ~ 34: Theor. d. sauren Wollfärbg.[20]): **20** ('39) 57–62; ~ 35: Neuere Probl. d. Wollveredlg.[21]): 211f., 280–82; ~ 36: Vereinf. Meth. z. Erkenng. v. Wollschäden[20]): **21** ('40) 346–48; ~ 37: Quellung von gefärbten Wollen[24]): 405–07. — Acetatkunstseide in d. Küpenfärberei: **16** ('35) 123f. — Färben v. Naturseide: 201–04. — Wollfärbg. b. Temp. unt. 100°C: 584. — Wiss. Erkenntn. u. deren prakt. Anwendg. auf d. saure Wollfärbg.: **17** ('36) 67–69. — Chlorbleiche[28]): **18** ('37) 64–68. — Exp. üb. Bleichvorgänge[28]). — Veredlungsvorgänge b. Wolle: 217. — Waschbeständigk. v. Kunstseiden u. Zellwollen: **20** ('39) 57. — Verhalten d. Zellwolle b. Waschen[10]): 57. — Isoelektr. Wollwäsche: 569f. — Reakt. d. Wollfaser u. deren Veränderg. im Feinbau[17])[31]): **21** ('40) 385–88, 457. — Knitterfestigkeit von Kunstseiden[10]): 461–64. — Verhalten v. Zellwollen beim Waschen[32]): 582–85. — Reaktionsfähigk. d. Wolle[31])[17]): 617–22; **22** ('41) 76. — Rohwollwäsche: 207f. — Über mikroskopische Aufnahmen v. isolierten Spindelzellen d. Schafwolle[31]): 305–08. — Neue Wege zur Verwertg. v. Hemicellulosen u. Abfallchemikalien in d. Viscose-Zellwollind.: 629–32. — Strukt. u. Reaktionsfähigk. d. Wollfaser, 7: Einwirkg. v. Sodalösg. auf Wolle[17])[31]): **23** ('42) 58–61; ~ 9: Einwirkg. v. Wasserstoffsuperoxyd auf Wolle[17])[31]): 313–16; ~ 12: Einwirkg. v. Salzsäure auf d. Wollkeratin[17])[31]): 577–81. — Quecksilberfreie Haarbeize[12]): 77–81. — Einwirkg. v. Säuren u. Farbsäuren auf Superpolyamide[22]): 437–40. — Übermikroskop. Aufnahmen v. isolierten Schuppenzellen d. Schafwolle[31]): **24** ('43) 157–60. — Strukt. u. Reaktionsfähigk. d. Wollkeratins, 14: Wollspindelzellen[17])[31]): 245–49; ~ 15: Hitzeschrumpfg. v. Keratinfasern[16])[30]): **25** ('44) 73–77. — Verhalten d. Polyamide b. Färben[22]): 237–42, 309–19. — Einwirkg. v. Pankreatin auf Faserkeratine[31]): 361–63. — Löslichk. chem. behandelter Schafwolle in Pankreatin[31]): **27** ('46) 68–70. — Einfl. d. Faserstrukt. d. Zellwollen auf ihre Quellg.[7]): 103–06. — Verhalten v. Natriumchlorit als Bleichmittel[11]): 191–95, 263–66. — Superkontrakt. d. Keratinfaser[31]): **28** ('47) 2–4. — Neuere Probl. d. Wollforschg.[31]): 217–21, 253–56, 291–94, 360f. — Querverb. in Wolle, 1[31]): **29** ('48) 17–19; ~ 2[31]): 269f. — Superkontrakt. Einwirkg. v. Phenolen auf Wolle, Roßhaare, Naturseide u. Polyamidfasern[31]): **30** ('49) 17–23. — Verhalten b. Färben, 4: Einwirkg. v. sauren u. substant. Farbstoffen, sowie v. starken Säuren auf Polyamidfasern[7]): 103–06. — Einwirkg. v. starken u. schwachen Säuren auf Polyamide, Wolle u. Seide[7]): 239–43. — Kontrakt. v. Polyamidfasern in Phenol[31]): 349f. — Aufnahme v. Natronlauge, sowie v. bas. Farbstoffen durch Wolle, Seide u. Polyamide[7]): 405–10. — Färbevorgänge, 1: Aufnahme v. sauren u. substant. Farbstoffen durch Wolle, Seide, Ardil- u. Polyamidfasern[7]): 579–84; ~ 2: Aufnahme v. sauren u. substant. Farbstoffen durch Wolle, Seide u. Ardilfaser in Abhängigk. v. d. Färbetemp.[7]): **31** ('50) 335–37; ~ 3: Säurestärke v. sauren u. substant. Farbsäuren[7]): 622–29. — Contract. of polyamide fibres in phenol[31]): 1f. — Feinbau v. Zellwolle u. Kunstseide. Geschwindigk. d. Farbstoffaufnahme in Abhängigk. v. d. Faserdichte[7]): 179–82. — Verhalten v. Polyurethanfasern[7]): 759–62. — Aufnahme von starken u. schwachen Säuren durch Casein- u. Zeinfasern[7]): **32** ('51) 40–43. — Zusammenhänge zw. Farbstoffaufnahme, Säure- bzw. Alkalibindg. u. den viskosimetr. Molgewichten b. Polyamiden[7]): 449f.

Mh. Seide u. Kunstseide. Praxis d. modernen Strumpffärberei: **39** ('34) 467–70, 529–36. — Beiz- u. Färbevorgänge, 24: Färben v. beschwerter u. unbeschwerter Naturseide[1]): **40** ('35) 12–15, 57–61.

Naturwiss. Weitere Meth. z. Isolierg. d. Subkutis oder Epidermismembran v. Keratinfasern[31]): **33** ('46) 158.

Prakt. Chemie [Wien]. Natürl. u. künstl. Faserstoffe: **1952,** H. 3, 73–76.

Reyon, Zellwolle andere Chemiefasern. Z. Kenntn. d. knitterfesten Ausrüstg. (Beurteilg. d. Kondensationsstufe v. Aminoplasten)[7a]): **1952,** 515.

Silk J. Rayon Wld. Färben v. Celluloseacetat m. Azofarbstoffen: **11** ('35) 26–36.

Textile Res. J. Influence of fibre-struct. of rayon on swelling and radial density[7]): **16** ('46) 432–37. — Influence of fibrous struct. of rayon on its swelling and density[7]): **18** ('48) 487–89.

Textilpraxis. Kaninhaarbeize[31]): **2** ('47) 116–19. — Aufbau d. Wollfaser[31]): **3** ('48) 3–7. — Schädigg. d. Wolle b. Ätzen m. Rongalit[31]): **4** ('49) 27–30. — Vereinf. Meth. z. Best. d. Alkalilöslichkeit v. Wolle[31]): 70f. — Strukt. u. Eigensch. v. natürl. u. künstl. Faserstoffen: **5** ('50) 209–13. — Zusammenhänge zw. Feinstrukt. u. Knittereigensch. v. Viskosereyon[14]): **6** ('51) 52–56. — Färbevorgänge: **7** ('52) 66–70. — Zusammenhänge zw. Feinstruktur u. Knittereigensch. v. Viskosereyon[14]): 623–26. — Auswirkg. d. Forschg. auf d. Rationalisierg. in d. Textilind.: **8** ('53) 68–70.

Textil-Rdsch. Einfl. d. Feinstrukt. v. Zellulosehydratfasern[7]): **4** ('49) 117–26.

Trans. Faraday Soc. Theory of the dyeing processes: **29** ('33) 327–47. — Investigat. of chem. reactions in gelatine by means of measurements of light absorption[22]): **31** ('35) 216–30. — React. between protein fibres and substant. dyestuffs: 305–17.

Z. Färber u. Chemiereiniger. Entwicklungsfragen d. Färberei u. chem. Reinigg.: **1952.** Heft 11, 12.

Z. physik. Chem. (B). Vorgänge b. d. Acetylierg. d. Zellulosefaser[23]): **25** ('34) 27–51.

Mit: [1]) Nikolaus Balla; [2]) Harry Berczeli; [3]) Fritz Böhme; [4]) T. Cantor; [5]) Thomas de Chezeaulx-Meyer; [6]) Paul Etzkorn; [7]) Hans Günther Fröhlich; [7a]) Werner Graeser; [8]) Gustav Haas; [9]) Hans Hänsel; [10]) Hans Hass-Wittmuess; [11]) A. Klein; [12]) Theo Klein; [13]) Alwin Köhnlein; [14]) Max Kramer; [15]) Ulrich Mach; [17]) Hans Nowotny; [18]) Heino Pfeifer; [19]) Hugo Rauch; [20]) Hans Reutter; [21]) H. Rudolph; [22]) Theodor Schachowskoy; [23]) H. Schmid-Bielenberg; [24]) Gustav Schmitt; [25]) Walter Siegmund; [26]) Robert Sinn; [27]) Lavji Thoria; [28]) Franz Vogel; [29]) A. H. Wannow; [30]) M. Weber-Schäfer; [31]) Helmut Zahn; [32]) Wilhelm Zankl.

Elser, Karl Ulrich. Angew. Physik. — 1938–43 stud., '49 Dr. sc. techn. ETH Zürich (G. Eichelberg); '43–46 Ass., '46 wiss. Mitarb. Inst. Thermodynamik ETH Zürich; zugl. '50–51 vertr. LBeauftr. Thermodyn. u. Verbrennungsmotoren ETH Zürich. [Eig. Mitt.]
*1920, Apr. 11, Oberbüren/Schweiz; †1955, Apr. 9, Zürich.

W. ● Reibungstemperaturfelder in turbul. Grenzschichten. Diss. (Zürich '49) 88 S. (Mitt. Inst. f. Thermodyn. u. Verbrennungsmotorenbau ETH Zürich 8).

Allg. Wärmetechn. Turbulenter Wärmeübergang im Rohr b. sehr kleinen Prandtl-Zahlen: **2** ('51) 206–11. — Wärmeübergang im Rohreinlauf: **3** ('52) 30–37.

Schweiz. Arch. angew. Wiss. u. Techn. Differenzenverf. z. Lösg. d. Differentialgleichg. d. nichtstationären Wärmeleitg.: **10** ('44) 341–43. — Darst. d. Dieselarbeitsprozesses in d. Entropietafel[2]): **11** ('45) 193–202. — Wärmeübergangsmessg. an Quecksilber: **14** ('48) 330–36. — Wärmeübergang in die therm. Anlaufstrecke b. hydrodyn. ausgebildeter turbulenter Zuströmg. im Rohr: **15** ('49) 359–64.

Schweiz. Bau-Ztg. Stationärer Wärmeübergang b. laminarer Strömg.: **69** ('51) 641f.

Z. Naturforsch. Verhalten versch. Gase u. d. Trenng. v. Gasgemischen in einem Wirbelrohr[1]): **6a** ('51) 25–31.

Mit: [1]) Michael Hoch; [2]) Abdu Ibrahim.

VI **von Elsner,** Georg. Meteorol. — 1911 Prof., '23 Abt.-Vorst. Preuß. meteorol. Inst.; '26 i. R. Berlin.

*1861, Mai 6, Reichenbach/Oberlausitz; †1939, Dez. 14, Berlin.

Nekr. R. Süring, Meteorol. Z. **57** ('40) 191f. (m. Schr.verz.)

Naturwiss. Entwicklg. d. Wetterkarte u. Wettervorhersage: **23** ('35) 217–26.

Elsner, Horst Fritz Bruno. Chem. (org.). — 1924–28 stud., '29 Dr. rer. nat. U Hamburg (H. H. Schlubach, dess. Ass. '29–31); '34–40 Mitarb. Beilstein-Redakt. (daneben '37–39 an d. IV. Med. U Klinik Berlin); '40 Chemiker Dynamit AG vorm. Alfred Nobel & Co., Troisdorf/Rhein (seit '49 Leiter d. Wiss. Labor.). [Eig. Mitt.]

*1906, März 26, Lehe [jetzt Wesermünde].

Erf. Zahlr. Pat., darunter: Blutgerinng. hemmende Stoffe, DRP 667279 ('36); Gewinng. v. Albumin usw. aus frischem Schlachttierblut unt. Zusatz v. Algenstoffen, DRP 738842 ('38). — 40 DRP ('41–54) f. Sprengstoffe, Kunststoffe usw.

S. ● Die Methoden d. Fermentforschg. (Bamann u. Myrbäck) **1** (Lpz. '41) 154–65: Synthetische Glykoside; 214f.: Galaktogen; 216–23: Fruktane (m. Ilse Gaede); 235–38: Chitin (m. Ilse Gaede). — ● Beilsteins Handb. d. org. Chem. **31** [4](Bln '38) 1–11: Kohlenhydrate.

W. ● Über ein neues h-Fructoseanhydrid u. seine Beziehg. z. Inulin. Diss. (Hambg '29) 72 S. — ● Bernh. Tollens, Kurzes Handbuch d. Kohlenhydrate, neu bearb. [4](Lpz. '35) 22 + 627 S. — ● Grundriß d. Kohlenhydrat-Chem. (Bln '41) 8 + 216 S. (Pareys Bücherei f. chem. Technol. 10).

Angew. Chem. Abbau d. Cellulose nach einer neuen Meth.[7])[6]): **45** ('32) 245–49. — Einwirkg. v. wasserfreiem Chlorwasserstoff unt. Druck auf org. Verbb.[7])[3]): **47** ('34) 130f.

Ber. Dtsch. chem. Ges. Synth. d. Grundkörpers d. Inulins[7]): **61** ('28) 2358–63. — Meth. z. quantitat. Best. d. Aceton-Gruppen in Aceton-Zuckern: 2364–67. — Natur d. Inulins[7]): **62** ('29) 1493–1502. — Sinistrin A (Dilävan) als Abbauprod. d. Inulins[7]): **63** ('30) 362–64. — Depolymerisat. d. Inulins[7]): 2302–04. — Konstitut. d. Anhydrofructose v. J. C. Irvine u. J. W. Stevenson[7]): **65** ('32) 519–22.

Dtsch. Apotheker-Ztg. Einem berühmt. Apotheker u. Chemiker z. Gedächtnis – Bernhard Tollens (1841–1918): **56** ('41) 412 [auch in: Wschr. Brauerei **58** ('41) 177].

Hoppe-Seylers Z. physiol. Chem. Vork. v. hochwirks., d. Blutgerinng. hemmenden Stoffen in Rotalgen[1])[2]): **246** ('37) 244–47; ∼ 2: **252** ('38) 196–200.

Liebigs Ann. Chem. Therm. Abbau d. Inulins zu einem Fructoseanhydrid[7]): **497** ('32) 201–07.

Naunyn-Schmiedebergs Arch. exp. Pathol. Pharmakol. Tiervers. m. einem gerinnungshemmenden Algenstoff aus Delesseria sanguinea (L.) Lam.[4])[5]): **190** ('38) 510–14.

Mit: [1]) Wilhelm Broser; [2]) Eberhard Bürgel; [3]) Herbert Knoop; [4]) August Liedemann; [5]) Kurt Oppers; [6]) Vilma Prochownick; [7]) Hans Heinrich Schlubach.

Elsner, Richard. Elektrotechn. — 1924–28 stud. TH Berlin; '28–33 Priv.-Assist. Stud. Ges. f. Höchstspannungsanlagen Charlottenburg; '33 Versuchs-Ing. Siemens-Schuckertwerke, Nürnberg; '35 Dr.-Ing. TH Berlin; '47–52 Doz. TH Stuttgart. [Eig. Mitt.]

*1905, März 12, Hamburg.

S. ● Cigre-Ber. d. Pariser Hochspannungskonferenz (Paris '37) Nr. 115: Gewitterfestigkeit moderner Reguliertransformatoren; ('54) Nr. 101: Aufdeckg. v. Isolationsschäden b. d. Stoßprüfg. v. Transformatoren.

W. ● Über d. Erzeugg. sehr hoh. Gleichspannungsstöße mittels der v. Marx angeg. Vervielfachungsschaltungen. Diss. (Nürnb. '35) 97 S. Masch.schr..

Arch. Elektrotechn. Erzeugg. sehr hoher Gleichspannungsstöße in d. Marxschen Vervielfachungsschaltg.: **29** ('35) 655–82. — Neuere Unters. z. Frage d. Stoßbeanspruchg. v. Transformatoren: **30** ('36) 368–86. — Berechng. d. Zündschwingg. eines vielstuf. Marxschen Stoßgenerators: 445–55. — Überschlagsfestigk. v. Hochspannungsdurchführungen b. Stoß- u. Wechselspanng.[1]): **31** ('37) 398–411. — Messg. steiler Hochspannungsstöße mittels Spannungsteiler: **33** ('39) 23–40. — Hochspannungsteiler b. Kathodenstrahlenoszillogr.: **36** ('42) 329f.

Elektrotechn. u. Maschinenbau. Verhalten des Sternpunktes v. Drehstromtransformat. b. Gewitterüberspanng.: **59** ('40) 213–27. — Gewittersicherheit mod. Hochspannungstransformatoren: **61** ('43) 493–506. — Zündschwingg. eines sterngeschalteten Hochspannungstransformators bei Gleichrichterbetrieb in d. Drehstrombrückenschaltg.: **62** ('44) 269–83.

Elektrotechn. Z. Eichung einer 100 cm-Kugelfunkenstrecke mit Stoßspanng.: **56** ('35) 1405–07. — Rechner. Ermittlg. v. Überschlagsverzugskennlinien aus d. Stoßkennlinie als Funkt. d. Halbwertdauer: **59** ('38) 315f. — Vorausberechng. v. Stoßgeneratoren u. ihrer Stoßwellen: 375–78. — Geltungsbereich der in d. neuen VDE-Leitsätzen f. d. Erzeugung von Stoßspannung enthaltenen Näherungsformeln: **60** ('39) 1368–71.

Siemens-Z. Das neue Höchstspannungsprüffeld d. Siemens-Schuckert-Werke in Nürnberg: **26** ('52) 259–67.

VDE-Fachber. Erzeugg. normgerechter Spannungsstöße b. Stoßanlagen f. sehr hohe Spanng.: **8** ('36) 159–63.

Wiss. Veröff. Siemens-Werke. Übertragg. v. Stoßspanng. auf d. Unterspannungsseite v. Drehstromtransformatoren: **16** ('37) 1–24. — Theor. d. schwingungsfreien Drehstromtransformators: **18** ('39) 1–23. — Temp.-Anstieg durch dielektr. Verluste in dicken Isolierschichten: **20** ('42) 74–82. — Berechnung d. Spannungsverteilung an einem Mehrfachkettenleiter: 83–90.

Z. VDI. Stoßspannungsanlagen: **83** ('39) 623–30. — Anlagen z. Erzeugg. v. Beschleunigungsfeld. f. atomphysik. Unters.[2]): 1061–64, 1083–88. — Gleichspannungserzeuger f. 3 Mill. Volt: **85** ('41) 49 f.

Mit: [1]) J. Rebhan; [2]) Robert Striegel.

Elwert, Gerhard. Physik. – 1932 stud. U Tübingen, '34 U München; '38 Dr. rer. nat. U München (A. Sommerfeld); '39–45 theoret. Physiker Telefunken Berlin; '45–49 höh. Schuldienst Tübingen; '39 Ass. (E. Back), '50 Ass. u. LAuftr. Astron., '53 Doz. U Tübingen. [Eig. Mitt.]
*1912, Mai 15, Hohengehren/Kr. Eßlingen a.N.

S. ● Lexikon d. Physik (Stuttg. '51) Teilgeb. Elektrizität u. Magnetism.

Ann. Physik. Verschärfte Berechng. v. Intensität u. Polarisat. im kontinuierl. Röntgenspektr.: (5) **34** ('39) 178–208 [Diss.].

J. atmospheric terrestr. Physics. Bedeutung einer weichen Röntgenstrahlg. d. Sonnenkorona f. d. Bildg. d. normalen ionosphären E-Schicht: **4** ('53) 68–77.

Z. Astrophysik. Langwelliges Ende d. kontinuierl. Röntgenspektr. u. d. Theor. d. Radiofrequenzstrahlg. d. Milchstraße u. d. Sonne[1])[5]): **25** ('49) 310–14.

Z. Naturforsch. Absorptionskoeff. an d. langwelligen Grenze d. kontinuierl. Röntgenspektr.: **3a** ('48) 477–81. — Einfl. v. Meterwellen auf Keimungs- u. Wachstumsvorgänge b. Pflanzen[3])[2]): **7b** ('52) 109–12. — Kontinuierl. Emissionsspektr. d. Sonnenkorona im fernen Ultraviol. u. b. weichen Röntgenstrahlen: **7a** ('52) 202–04. — Ionisations- u. Rekombinationsprozesse in einem Plasma u. d. Ionisationsformel d. Sonnenkorona: 432–39. — Verallgem. Ionisationsformel eines Plasmas: 703–08. — Radiofrequenzemission v. Ultrastrahlungselektronen[4]): **8a** ('53) 20–23. — Die weiche Röntgenstrahlg. d. ungestörten Sonnenkorona: **9a** ('54) 637–53.

Mit: [1]) Gerd Burckhardt; [2]) W. Mitlacher; [3]) J. Reinert; [4]) Heinrich Siedentopf; [5]) Albr. Unsöld.

VI **Embden,** Gustav. Physiol. – o. Prof. U Frankfurt/M.
*1874, Nov. 10, Hamburg;
†1933, Juli 25, Frankfurt/M.

Nekr. E. Lehnartz, Arbeitsphysiol. **7** ('34) 475–83. — J. K. Parnas, Nature [London] **132** ('33) 994f. — G. Schmidt, Münch. med. Wschr. **80** ('33) 1942–44. — Hoppe-Seylers Z. physiol. Chem. **230** ('34) 3–11.

V, VI **Emde,** Fritz. Elektrotechn. – 1912–45 o. Prof. TH Stuttgart; '45 Pretzfeld (Oberfr.); '50 i. R. Stuttgart.
*1873, Juli 13, Uschütz/OS.;
†1951, Juni 30, Stuttgart.

Zum 70. Geb.tag. R. Richter, Elektrotechn. Z. **64** ('43) 385 f. (m. Bildn.).

Zum 75. Geb.tag. A. Leonhard, Z. Elektrotechn. **1** ('48) 64. — W. Quade, Elektrotechnik **2** ('48) 209. — K. W. Wagner, Arch. elektr. Übertr. **2** ('48) 209f. (m. Bildn.).

Nekr. W. Bader, Elektrotechn. Z. **72** ('51) 511–13 (m. Bildn. u. Schr.verz. 98 Nr.). — R. Feldtkeller, Fernmeldetechn. Z. **4** ('51) 418. — R. Richter, Elektrotechn. u. Maschinenbau **68** ('51) 500f. (m. Bildn.).

H. ● A. M. Legendre, Tafeln d. ellipt. Normalintegrale 1. u. 2. Gattung (Stuttg. '31) 81 S.

W. ● Jahnke-Emde, Funktionentafeln m. Formeln u. Kurven [2](Lpz.-Bln '33) 18+330 S.; [3]('38); [4]('48) unt. d. Tit.: Tafeln höh. Funkt. 12+300 S. — ● Tafeln elementarer Funkt. [1](Lpz.-Bln '40); [2]('48) 12+181 S. — ● Quirlende elektr. Felder (Brschw. '49) 7+118 S. (Slg. Vieweg 121).

Arch. Elektrotechn. Zahlenrechng. b. vollständigen ellipt. Integralen: **30** ('36) 243–50. — Einfl. d. Feldlinien auf Divergenz u. Rotor: **39** ('48) 2–8.

Arch. elektr. Übertr. Emil Cohn †: **1** ('47) 81–83. — Paßmeth.: **2** ('48) 211–14, 214–17.

Elektrotechn. u. Maschinenbau. Induzierte u. nichtinduzierte elektr. Felder: **51** ('33) 236–38.

Jber. Dtsch. Math. Ver. Debyesche halbkonvergente Reihen f. d. Zylinderfunkt. im Komplexen[1]): **43** ('34) 251–70.

S.-Ber. Berlin. math. Ges. Paßintegrale f. Zylinderfunkt. m. komplexem Index: **38/39** ('40) 14–16.

Z. angew. Math. u. Mech. Unterteilg. d. Tafelschritts: **14** ('34) 333–39. — Berechng. d. Zylinderfunkt. m. reellem Index: **17** ('37) 324–40. — Paßintegrale f. Zylinderfunkt. v. komplexem Index: **19** ('39) 101–18. — Berichtigg. zu A. M. Legendres Tafeln d. Ellipt. Integrale: **21** ('41) 254. — Divergenz u. Rotor in nicht-flächennormalen Vektorfeldern: **25/27** ('47) 130f. — Neu berechnete Zahlen u. Zahlentafeln: **28** ('48) 249f. — Pfeildiagramme f. Zylinderfunkt.: 360–68.

Z. Elektrotechn. Hans Görges †: **1** ('48) 133–35.

Z. Instrumentenkunde. Fortlaufende Rechng. auf d. Rechenmaschine: **56** ('36) 181–88. — Rechenmaschine u. Genauigk.: 265–75. — Kurvenlineale: **58** ('38) 409–11.

Z. physik. u. chem. Unterr. Wozu fiktive Spanng. im elektromagnet. Feld?: **47** ('34) 49–54.

Mit: [1]) Rudolf Rühle.

V, VI **Emde,** Hermann Karl Christian Maximilian. Pharmaz. Chem. – 1931 o. Prof. U Königsberg.
*1880, Dez. 10, Opladen/Rheinl.;
†1935, Juli 19, Thun/Schweiz.

Nekr. G. Wallrabe, Ber. Dtsch. chem. Ges. **68** A ('35) 164f. — Angew. Chem. **48** ('35) 616.

S. ● Festschr. Heinr. Zangger **2** (Zürich '35) 854–56: Betelkauen, Tabakrauchen u. Rauschgifte.

Apotheker-Ztg. Biosynth., 10: Strukt. u. stereochem. Beziehg. d. Opiumalkaloide u. d. Frage ihrer Biogenese: **47** ('32) 1015–19; ~11: Biosynth. u. Pharmakogn.: 1418–21.

Arch. Pharmaz. Abbau quartärer Ammoniumverbb. m. Natriumamalgam[1]): **272** ('34) 469–81.

Biochem. Z. Theor. d. Citronensäuregärg.: **275** ('35) 373f.

Cellulosechemie. Harzsäuren d. Fichtenholzes u. ihr Schicksal f. d. Fabrikat. d. Sulfitzellstoffes: **16** ('35) 13–22.

Congr. int. Quim. pura apl. Spaltg. quartärer Ammoniumverbb. durch katalyt. Hydrierg.: **9 IV** ('37) 290–99.

Helvet. chim. Acta. Diastereomerie, 7: Stereochem. d. Chinaalkaloide: **15** ('32) 557–76. — Spaltg. quartärer Ammoniumverbb. durch Hydrierg.: 1330–36. — Harzbestandteile, 1: Sulfitlaugenlacton u. Tsugaresinol[2]): **18** ('35) 344–52. — Sulfitlaugenlacton u. Tsugaresinol: 807.

Naturwiss. Sulfitlaugenlacton u. Tsugaresinol[2]): **22** ('34) 743f.

Pharmaz. Presse. Biosynth. u. Pharmakognosie: **37** ('32) 123f.

Mit: [1]) Herbert Kull; [2]) Helmut Schartner.

IV, VI **Emden,** Robert. Astrophysik. — Seit 1933 i. R. in Zürich.
*1862, März 4, St. Gallen/Schweiz; †1940, Okt. 8, Zürich.

Biogr. Skizze. ● Newcomb-Engelmann, Populäre Astron. [8](Lpz. '48) 981.

Zum 70. Geb.tag. M. Wolf u. A. Sommerfeld, Naturwiss. **20** ('32) 161; R. Süring, ebda. 164–66. — A. Schmauss, W. Schmidt, R. Süring, Meteorol. Z. **49** ('32) 89.

Nekr. W. Brunner, Verh. Schweiz. naturforsch. Ges. **120** ('40) 433–38 (m. Bildn. u. Schr. verz.). — A. S. Eddington, Monthly Not. **102** ('42) 77. — A. Sommerfeld, Jahrb. Bayer. Akad. Wiss. **1944/48** ('48) 229–31 [m. falschem Geb.jahr „1861"].

HZ. Z. Astrophysik **1** ('30)–**12** ('36).

Naturwiss. Kant u. d. Flächensatz: **22** ('34) 533–35.

Z. Astrophysik. Rotationsgesetz d. photosphär. Schichten: **12** ('36) 233–46.

VI **Emersleben,** Otto Ernst Ludwig. Physik, Math. — Bis 1933 Industrietätigk.; '35 Patentanwalt; '50 Mitarb. Dtsch. Akad. Wiss., Berlin; '50–53 PDoz. theoret. Physik TU Berlin; '53 Prof. angew. Math. U Greifswald. [Eig. Mitt.]
*1898, Juni 17, Magdeburg.

S. ● Ber. Math. Tagg. Berlin 1953 (Bln '53) 233–50: Zwei Epsteinsche Zetafunkt. 4. u. 8. Ordng.

Arch. Metallkunde. Gitterenergie d. Steinsalzkristalls in Abhängigk. v. Expon. d. Kraftfunkt.: **2** ('48) 15–18, 328; **3** ('49) 118.

Astron. Nachr. Mittlere Entferng. Sonne-Planet: **275** ('47) 263–65; **277** ('49) 279.

Bauplanung u. Bautechn. Knickung gerader Stäbe: **2** ('48) 31–33, 68.

Elektr. Nachr.-Techn. Abhängigk. d. Verstärkungsgrades v. d. Röhrenkennlinie: **11** ('34) 297–303.

Gerlands Beitr. Geophysik. Das Selbstpotential einer Kugel aus gleichschweren Massenpunkten, die sich in den Gitterpunkten eines kub. Raumgitters befinden: **61** ('50) 163–80; **62** ('52) 314.

Jber. Dtsch. Math. Ver. Selbstpotential der innerhalb eines Quadrates bzw. eines Würfels gelegenen Gitterpunkte: **56** ('52) 2f.

Math. Ann. Einige Identitäten f. Epsteinsche Zetafunkt. 2. Ordng.: **121** ('49) 103–06. — Üb. d. Reihe $\sum_{k=1}^{\infty} \frac{k}{(k^2+c^2)^2}$: **125** ('52) 165–71.

Math. Nachr. Geom. Beweis einer Enveloppeneigensch. monokonfokaler Ellipsen mit gleich langer großer Achse: **3** ('49/50) 62–70. — Selbstpotential d. endlichen äquidistanten Punktreihe: 373–86; Berichtigg.: **5** ('51) 392. — Konvergenz d. Reihen Epsteinscher Zetafunktionen: **4** ('50/51) 468–80. — Selbstpotential einer endl. Reihe neutraler äquidistanter Punktepaare: **6** ('51) 155–70. — Restglied d. Gitterenergieentwicklg. neutraler Ionengitter: **9** ('53) 221–34.

Technik. Einige b. techn. Berechng. vorkomm. unendliche Reihen regelmäß. (gitterförm.) Punktanordng.: **4** ('49) 479f.; **5** ('50) 606. — Maximale Wurfweite auf horizontalen Ebenen bzw. konzentr. Kugelflächen: 601–06.

Wiss. Ann. Anwendg. neuerer math. Ergebn. in d. makromolekularen Chem. d. Faserstofftechn.: **3** ('54) 138–47.

Wiss. Z. Univ. Greifswald. Wert d. Madelungkonst. d. Steinsalzgitters. Krit. Zusammenfassg.: **3** ('53/54) 607–17.

Z. angew. Math. u. Mech. Schwingungsdauer eines umlaufenden Pendels als Analogon zum Potential eines Kreises: **29** ('49) 279–82; Berichtigg.: **30** ('50) 64. — Berechng. d. Gitterenergie endlicher Kristallstücke: 252–54. — Numer. Werte d. Fehlerintegrals f. $\sqrt{\pi n}$: **31** ('51) 393f. — Einige Potenzreihen m. Werten d. Riemannschen Zetafunkt. in d. Koeff.: **32** ('52) 237f. — Anwendg. zahlentheoret. Abschätzg. b. numer. Rechng.: **33** ('53) 265–68.

Z. Elektrochem. Darst. d. Einfl. d. Kristallbegrenzg. auf d. Gitterenergie endlicher Ionenkristalle: **56** ('52) 305–08.

Z. Physik. Elektrostat. Gitterenergie eines neutralen, ebenen, insbes. alternier. quadrat. Gitters: **127** ('50) 588–609.

Z. physik. Chem. (A). Elektrostat. Gitterenergie endl. Stücke heteropolarer Kristalle: **199** ('52) 170–90. — Abhängigk. d. Lösungswärme eines Ionenkristalls v. seiner Kornfeinh.: **200** ('52) 1–19.

IV–VI **Emich,** Friedrich (Fritz) Peter. Mikrochem. — 1894–1931 o. Prof. Chem. TH Graz; '31 em. — '31 Liebig-Denkmünze (Ver. Dtsch. Chemiker).
*1860, Sept. 5, Graz; †1940, Jan. 22, Graz.

Biogr. H. Lieb in: ● Österr. Naturforscher u. Techniker (Wien '51) 58f. (m. Bildn.).

Nekr. A. A. Benedetti-Pichler, Ind. Engng. Chem., analyt. Edit. **12** ('40) 226–29 (m. Bildn., Schr. verz. 53 Nr.); Mikrochem. verein. Mikrochim. Acta **35** ('50) 130f.; **36/37** ('51) 17–22. — H. Lieb, Österr. Chemiker-Ztg. **43** ('40) 43–47 (m. Bildn. u. Schr. verz.). — J. B. Niederl, Science [New York] **91** ('40) 376f. — A. Skrabal, Alm. Akad. Wiss. Wien **90** ('40) 195–99 (m. Bildn. u. Faks.).

W. ● Microchemical laboratory manual (New York '32) 16+180 S.

Mikrochemie. Quantitat. Ermittlg. sehr kleiner Stoffmengen: **13** ('33) 283–88.

Emicke, Otto Christoph Martin Erhard. Hütten- u. Verformungskde. – 1913–14, '18–19 stud. TH Breslau; '22 Dr.-Ing. TH Aachen (P. Oberhoffer); '33 Dr. mont. Mont.H Leoben, Österreich (Peter); '19–26 Industr.-Praxis im Rheinland; '26–28 wiss. Mitarb. d. Ver. Dtsch. Eisenhüttenleute Düsseldorf; '28–41 pl. ao. Prof. Walzwerkskde u. Transportwes., '41–46 o. Prof. Verformungskde u. Dir. d. Inst. f. Metallformg. BA Freiberg/Sa.; '47–49 Forsch.-Leiter Techn. Büro Metallurgie, seit '49 Dir. Forsch.-Inst. f. Nichteisen-Metalle Freiberg/Sa. [Eig. Mitt.]
*1891, April 27, Ratibor/OS.

Biogr. ● C. Schiffner, Aus d. Leben alter Freiberger Bergstudenten **3** (Freiberg '40) 150f. (m. Bildn.).

S. ● Walzwerkswesen (J. Puppe u. G. Stauber) **1** (Düsseld. '29) 626–51: Walzvorgang (m. F. Koerber u. E. Siebel).

W. ● Das Walzen v. Leichtmetallen zu Blechen u. Bändern (m. K.-H. Lucas) (Freiberg '44) 146 S.

Arch. Eisenhüttenwes. Formänderungswiderstand u. Breitg. b. Walzen u. Pressen v. Werkstoff m. gleichmäß. u. ungleichmäß. Querschnittshärte[2]): **12** ('38/39) 365–80.

Jahrb. Metalle. Walzen, Schmieden, Pressen, Ziehen: **1941,** 56–62; **1942,** 147–51; **1943,** 191–96.

Kalt-Walz-Welt. Grundleg. Bedingg. f. d. einwandfreie Arb. v. Walzenschleifmasch. f. Kaltwalzwerke[2]): **1937,** 13–15.

Metall. Eigensch. u. Verwendungsmöglichk. v. Blei-Arsenlegierg.: **4** ('50) 1–5, 48–53. — Werkstoff, Walztechn. u. Anforderg. an d. Bauart d. Walzwerke f. d. Herst. v. Aluminiumfolien: 407–16, 518. — Walzprogr. u. Walzendurchmesser b. Kaltwalzen v. Messingbändern u. -blechen, 1[4]): **6** ('52) 417–26; ~ 2: **7** ('53) 10–15.

Metallurgie u. Gießereitechn. Neuzeitl. Leichtbau-, Walz- u. Abkantprofile: **1** ('51) 25–30. — Vereinfachte Ermittlg. d. Gesamtwalzdruckes u. Umformungsmomentes b. Walzen v. Metallen u. Metallegierg.[4]): **2** ('52) 2–14.

Progressus [Berlin]. Neuzeitl. Block- u. Walzenbearb. in d. Eisen- u. Stahlind., 1: **5** ('40) 111–17; ~ 2: **6** ('41) 509–18 [auch: engl., franz., span. u. russ.].

Schleif-Ind.-Kalender. Erschütterungsfrei arbeit. neuzeitl. Walzenschleifmasch.: **1941,** März.

Schweizer Arch. angew. Wiss. u. Techn. Neue Ergebn. d. Walzwerksforschg. u. ihre Anwendg. auf d. Walzwerkspraxis b. Warm- u. Kaltwalzen v. Metallen, insbes. Leichtmetallen auf Aluminiumbasis: **18** ('52) 189–206.

Siemens-Z. Neuart. Verf. z. Ermittlg. d. reinen Walzarb.[1])[5]): **12** ('32) 341–46.

Stahl u. Eisen. Formungsvorgänge b. Rundwalzen v. Stahl m. wechs. Kohlenstoffgehalt[7]): **44** ('24) 1679–81. — Chromstahl f. Dauermagnete: **45** ('25) 537–40 [Diss. 1]. — Neuzeitl. Bestrebg. im ausländ. Walzwerksbetrieb: **49** ('29) 1334–39, 1370–78, 1405–09. — Auswalzen v. Sonderstählen auf Blockstraßen m. Kalibrierungsbeisp.: **51** ('31) 417–28. — Graph. Ermittlg. u. Nachprüfg. v. Vor- u. Streckkaliberreihen d. Flußstahlwalzg.: **52** ('32) 505–11 [Diss. 2]. — Zeichner. Best. d. Stichfolge b. Walzen frei breitender Querschnitte[1]): **54** ('34) 492–500, 512–17. — Breiten b. Walzen in Abhängigk. v. Walzengeschwindigk., Walzendurchmesser u. Stahlzusammensetzg.[6]): **56** ('36) 589–99. — Beanspruchg., Abnutzg. u. Schleifen v. Walzen f. d. Herst. v. Grob-, Mittel- u. Feinblechen: **58** ('38) 73–82, 112–17, 136–45.

Techn. Bl. [Düsseldorf]. Kenntn. d. Warmverformg. v. Spezialstählen: **15** ('25) 321f. — Neuzeitl. Walzenschleifmasch.: **29** ('39) 50–53.

Technik. Kaltwalzg. v. Breitband aus Flußstahl-Tiefziehqualität: **4** ('49) 435–40. — Bauart, Betriebsweise u. Wirtschaftlichk. v. Warm- u. Kaltwalzen f. d. Herst. v. Metallblechen u. -bändern: **5** ('50) 305–10.

Techn. Mitt. Stand u. Fortentwicklg. d. Walzenkalibrierg.: **30** ('37) 94–110.

VDI-Jahrb. Spanlose Formg.: **1938,** 149–52; **1939,** 148–50; **1940,** 146–51.

Z. Metallkunde. Vereinfachte Kalibrierungsverf. f. d. Auswalzen v. Nichteisenmet.: **25** ('33) 127–32. — Formänderungswiderstand v. Kupfer b. Warmwalzen[4]): **29** ('37) 10–16. — Formänderungswiderstand u. Breitg. v. gleichförm. u. geschichteten metall. Werkstoffen b. Walzen u. Pressen[2]): **30** ('38) Sonderh. 68–70. — Einfl. d. Walzgeschwindigk. auf d. Formänderungswiderstand einiger Nichteisenmetalle auf d. Walzenbeanspruchg.[4]): 89–94. — Spanlose Formg. v. Bunt- u. Leichtmet. im gleichen Betriebe: **31** ('39) 217–28. — Grundleg. Unters. üb. d. Kalt- u. Warmwalzen v. Met. zu Blechen u. Bändern[4]): **34** ('42) 25–38, 49–58 [auch: Kalt-Walz-Welt **1943,** 9–11, 17–21, 25–29, 33–37 u. Z. VDI **87** ('43) 435–38].

Z. VDI. Schwingungsunters. an Walzenschleifmasch.[2]): **80** ('36) 1159–62 [auch in engl. u. franz. Sprache]. — Betriebsbeanspruchg. v. Walzen z. Blechherst.: **83** ('39) 1163–65.

Mit: [1]) Hans Allhausen; [2]) Heinz Benad; [4]) Karl-Heinz Lucas; [5]) Wilhelm Mauksch; [6]) Eberhard Pachaly; [7]) Max Rodenbach.

III–VI **Emmerling,** Oskar. Chem. – 1897 ao. Prof. U Berlin.
1853, Apr. 24, Beudeleben/Schwarzb.-Sondersh.; †1933, Sept. 4, Sondershausen.

*Mitt.: Standesamt Sondershausen.

V, VI **Emmert,** Bruno. Chem. – 1927–51 o. Prof. Chem. U Würzburg; '51 em. [Eig. Mitt.]
*1880, Mai 15, Karlstadt/Main.

Ber. Dtsch. chem. Ges. Einige innere Komplexsalze d. zweiwert. Eisens[2]): **66** ('33) 1871–74. — Komplexe Eisenverbb. d. α-Pyridyl-hydrazins[6]): 1875f. — Alkoholate innerkomplex gebund. 3-wert. Eisens[3]): **67** ('34) 286–89. — Einwirkg. v. Phenylhydrazin auf Metall-acetyl-acetonate[6]): **69** ('36) 1316–19. — Einige innere Komplexsalze d. 2-wert. Mangans u. 1-wert. Kupfers[2])[9]): 1319–21. — Verbb. v. Dipyridyliumsalzen m. Metallsalzen[4]): **71** ('38) 240–42. — Alkoholate innerkomplex gebund. 3-wert. Eisens[7]): 242–45. — Synth. v. α-Pyridyl-dialkyl-carbinolen[1]): **72** ('39) 1188–94. — Synth. v. α-Pyridyl- u. α-Chinolyl-dialkyl-carbinolen[5]): **74** ('41) 714–19. — Reakt.

d. N,N'-Diacetyl-[tetrahydro-γ,γ'-dipyridyls][10]): 1015–18. — Einwirkg. v. Schwefel auf α-Picolin[1a]): **86** ('53) 205–07. — Einwirkg. v. Schwefel auf ein Gemisch v. α-Picolin m. aromat. Nitro-Verbb. oder Aminen[1a]): 208–13. — Synth. unter d. dehydrierenden Einfl. elementaren Schwefels, 2: Einwirkg. v. Schwefel auf ein Gemisch methylierter Heterocyclen mit aromat. Aminen oder Nitroverbb. [2a]): **87** ('54) 676–81.

Mit: [1]) Erich Asendorf; [1a]) Manfred Groll; [2]) Hermann Gsottschneider; [2a]) Alfons Holz; [3]) Eugen Jacob; [4]) Heinrich Lauritzen; [5]) Ernst Pirot; [6]) Oskar Schneider; [7]) Wilhelm Seebode; [8]) Hans Stanger; [10]) Alfons Wolpert.

Emmrich, Rolf. Physiol. Chemie, innere Med. – 1930–35 stud. U Tübingen, Freiburg/Br.; '37 Dr. med. U Tübingen (W. Birk, dess. Ass. '36); '36/37 Ass. U München (W. Borst), '37–40 U Leipzig (K. Thomas), '40–41 U Klin. Frankfurt/M. (W. Nonnenbruch); '47 Ass., '48 Oberarzt II. med. U Klin. Halle (M. Ratschow); '49 PDoz., '53 Prof. U Halle; '54 o. Prof. MA Magdeburg. [Eig. Mitt.] *1910, Aug. 26, Freiberg/Sa.

S. ● 450 Jahre Martin-Luther-Univ. Halle-Wittenberg **2** (Halle '52) 543–48: Franz Volhard u. sein wiss. Erbe.

W. ● Spina bifida u. Familien m. Spina bifida. Diss. (Zeulenroda/Thür. '36) 66 S. — ● Makromolekulare Struktureigensch. d. Serumproteine u. ihre Bedeutg. f. d. Klinik. Hab.schr. (Halle '49) 117 S. — ● Das Bluteiweißbild. Diagnose u. Therap. d. Bluteiweißstörg. (Stuttg. '52) 100 S. (Vortr. aus d. prakt. Med. 30).

Ärztl. Wschr. Humusstoffe z. internen Therap.: **4** ('49) 378f.

Ber. Sächs. Akad. Wiss. Best. ätherlösl. Säuren im Harn[9]): **92** ('40) 3–18. — W-Oxydat.[4]): **93** ('41) 3–8.

Dtsch. Arch. klin. Med. Verhalten d. Sebacinsäure im Stoffwechsel d. kranken Menschen: **187** ('41) 504–18. — Pathogenese d. diabet. Glomerulosklerose: **196** ('49) 116–22.

Dtsch. Gesundheitswes. Erythema nodosum: **3** ('48) 111–15. — Differentialtherap. m. Eiweißpräpar.[21]): **4** ('49) 475–78. — Konstellationstypen im Protogramm: **5** ('50) 871–76. — Papier-Elektrophorese z. Trenng. d. Serumeiweißkörper: **6** ('51) 585–88. — Bluteiweißbild in d. ärztl. Praxis: **8** ('53) 957–65.

Dtsch. med. J. Leber u. Bluteiweißbild: **4** ('53) 202–05.

Dtsch. med. Wschr. Medikamentöser Heilschlaf in d. Behandlg. d. Sklerodermie u. ihr verwandter Krankheitsbilder[19]): **79** ('54) 1003–07.

Dtsch. Militärarzt. Flockungsreakt. nach Gros im Verlaufe d. Hepatitis infectiosa: **1944,** 8–11.

Dtsch. Z. Verdauungs- u. Stoffwechselkrankh. Diabetes mellitus, nephrot. Syndrom u. Hypertonie[20]): **11** ('51) 123–30. — Behandlg. chron. Leberparenchymschäden m. Corhormon u. Cholininfusionen[8]): **12** ('52) 261–68.

Hoppe-Seylers Z. physiol. Chem. Stoffwechselvers. m. einigen methylierten niedermolekul. Dicarbonsäuren: **261** ('39) 61–70. — Stoffwechselvers. m. natürl. Kokosfett u. einem aus Kokosfett bereiteten Fett m. ungeradzahl. Fettsäuren[8]): **266** ('40) 174–82. — Stoffwechselvers. m. höheren geradzahl. gesättigten Dicarbonsäuren[4]): 183–92. — Verhalten einiger alkylierter Malonsäuren, Bernsteinsäuren u. Glutarsäuren im Tierkörper[16])[4]): **267** ('41) 227–41.

Klin. Wschr. Vorkommen d. Bernsteinsäure im Harn Leberkranker: **26** ('48) 659f. — Beeinflussg. d. Albumin- u. Globulin-Cystingehaltes d. Serumproteine durch perorale Cystingaben: **28** ('50) 563–65. — Beeinflussg. d. Cystingehaltes d. Serumalbumine u. -globuline durch Methionin: **29** ('51) 82–85. — Depotwirkg. v. Hypophysenhinterlappen-Transplantaten b. Diabetes insipidus[10]): 553f. — Lokalisatoreffekt in d. Pathogenese d. exp. Endangiitis[19]): **30** ('52) 488–92. — Änderg. d. anaphylaktogenen Potenz artfremden Eiweißes[18]): 596–98. — Tierexp. Unters. z. Frage einer Leberschädigg. durch Rimifon (Isonicotinylhydrazin)[19]): 1081–83. — Histamin-Bindehauttest während u. nach d. Schlaftherap.[11]): **32** ('54) 514–16.

Med. Welt. Hepatitis epidemica u. Ikterus catarrhalis, zum Verlaufe d. Hepatitis: **19** ('50) 1265–68. — Ascites-Reinfus. als Therap. d. dekompensierten Lebercirrhose[5]): **20** ('51) 931–33.

Mschr. Kinderheilkunde. Spina bifida u. Bettnässen: **68** ('37) 87–93.

Münch. med. Wschr. Anginabehandlg. m. Sulfapyridin: **89** ('42) 1096–98. — Blutzellbild u. Bluteiweißbild: **100** ('53) 1289–93.

Naunyn-Schmiedebergs Arch. exp. Pathol. Pharmakol. Veränderg. d. Serumproteine nach Benzol- u. Röntgenschädigg. d. Ratte[22]): **210** ('50) 236–46. — Ponndorf-Impfstoff u. seine Wirkungsweise[12])[13]): **213** ('51) 94–101. — Wirkg. „lipotroper" Stoffe auf d. Regenerat. d. Rattenleber[19]): **214** ('52) 333–40. — Wirkung d. Magnesiums auf d. Regenerat. d. Rattenleber[19]): **217** ('53) 10–12.

Plasma. Tierexp. Unters. üb. Regulat. d. Bluteiweißbildes[1]): **1** ('53) 49–59. — Bluteiweißbild b. Leberparenchymschäden: 495–512.

Therapiewoche. Kritisches z. Therap. m. Aminosäuren b. Herzinsuffizienz: **1** ('50/51) 449–51. — Therap. d. chron. Polyarthritis m. Eiweiß- u. Eiweißabbaustoffen unt. Berücks. d. vegetat. Ausgangslage: **2** ('51/52) 357f. — Üb. eine neue Form d. Lebertherap. m. wachstumsanregenden Stoffen: **3** ('52/53) 524f.

Urania. Bedeutg. d. Fette f. d. Ernährg.: **12** ('49) 147.

Verh. Dtsch. Ges. inn. Med. Strukturänderg. d. Serumproteine: **55** ('49) 299–302.

Verh. Dtsch. Ges. Kreislaufforsch. Protogramm b. peripheren Durchblutungstörg.: **1951,** 265–68.

Z. ges. exp. Med. Leberfunktionsprobe m. p-Oxyphenylbrenztraubensäure, 1: **109** ('41) 604–17; ~2: **110** ('42) 667–77. — Bluteiweißbild nach partieller Resekt. d. Rattenleber[1a]): **122** ('53) 264–69.

Z. ges. inn. Med. Grenzgebiete. Makromolekulare Chem. d. Serumproteine, 1: **3** ('48) 162–65; ~2: 165–70; ~3: 242–49; ~4: Glukosepeptisat. b. Eiweißmangel: 312–16; ~5: Biuretcolorimetrie: **4** ('49) 178–81; ~6: Hypoproteinämien: 604–10; ~7: Gros-Reakt. u. Elektrophorese-Diagramme: **7** ('52) 316–18. — Hepatorenales Syndrom u. d. Hyposthenurie „N" b. Kreislaufkranken: **3** ('48) 718–28. — Cystingehalt normaler u. pathol. Seren: **5** ('50) 402–07. — Beeinflussg. d. Kapillarfragilität durch Homoseran[3]): **6** ('51) 747–49. — Exp. Unters. z. Frage d. Leberschädigg. durch TBI[9a]): **7** ('52) 625–28. — Skleropathie: 987–95. — Zytomorphol. Veränderungen d. Knochenmarkes u. Veränderg. d. Bluteiweißbildes b. Retikulosen[18]): **8** ('53) 401–10. — Tierexp. Unters. üb. d. Wirksamk. d. „Leberparenchymfaktors“[19]): **9** ('54) 95–98. — Einfl. d. partiellen Hepatektomie auf d. Formalinarthritis d. Ratte[3]): 146–49. — Pflanzenzytolog. Unters. m. Tumorfiltraten[7])[14]): 181–84. — LCPC (least coagulable protein concentrat.)[6]): 393–95.

Z. klin. Med. Pathogenese u. Therap. d. Sklerodermie u. ihr verwandter Krankheitsbilder[10]): **146** ('50) 578–92. — Myokardose u. hämodyn.-dystroph. Insuffizienz: **148** ('51) 279–87.

Z. Krebsforsch. Wachstumbeeinflussende Stoffe d. Blutes[7])[17]): **59** ('53) 191–208.

Mit: [1]) Ruth Becker; [2]) Wolfgang Blech; [3]) Hartmut Bödecker; [4]) Ilse Emmrich-Glaser; [5]) Hans Joachim Fliege; [6]) Georg Folk; [7]) Eva Götze; [8]) Gerhard Heidelmann; [9]) Ernst Höhne; [10]) Horst zur Horst-Meyer; [11]) Joachim Huth; [12]) Hans Jürgen Keutel; [13]) Albrecht Morgenstern; [14]) Brigitte Morgenstern; [15]) Erich Nebe; [16]) Paul Neumann; [17]) Gerhard Penitzka; [18]) Eberhard Perlick; [19]) H. Petzold; [20]) Elfriede Pötzsch; [21]) Max Ratschow; [22]) Karl Wandel.

Emschermann, Hans Heinrich. Hochfrequenztechn. – 1932–34 stud. TH Aachen; '34–36 Telefunken Berlin; '36–38 stud., '44 Dr.-Ing. TH Berlin; '38–48 wiss. Ass. bzw. Obering. TU Berlin; Reg.-Rat Bundesanst. f. Materialprüfg., zugl. '48 LBeauftr. f. Hochfrequenzmeßtechn., '50 f. elektrotechn. Messen TU Berlin. [Eig. Mitt.]
*1913, Okt. 13, Essen.

S. ● K. Fink, Grundlagen u. Anwendg. d. Dehnungsmeßstreifens (Düsseld. '52) 106–10: Dehnungsmessg. an einem Hochbahnviadukt; 169–72: Dehnungsmessungen an Umlaufbiegeproben (m. Wolfg. Gruhn).

W. ● Entwicklung v. konzentr. Meßleitungen z. Scheinwiderstandsmessg. b. Dezimeter- u. Zentimeterwellen. Diss. (o. O. '44) 40 gez. Bl. Masch. schr. autogr.

Arch. techn. Messen. Messg. v. Induktivitäten b. Hochfrequenz[7]): V 3523-1 ('48) 1f. — Messg. v. Kapazitäten b. Hochfrequenz[7]): V 3533-2 ('51) 1–4. — Opt. Speicherverf. f. Meßwerte b. schnellverlaufenden Prüfvorgängen[6]): V 142–13 ('51) 1f.

Betonstein-Ztg. Tragb. Härteprüfgerät f. Fußböden[1])[3]): **19** ('53) 466–68.

Chemie-Ing.-Techn. Flüssigkeitsdruck in Propan- u. Butanbehältern m. hohem Füllungsgrad[2]): **24** ('52) 447–51.

Feinwerktechnik. Luminogr. Speicherverf. in d. Viskosimetrie[6]): **56** ('52) 235–37.

Konstruktion. Geräte z. Festigkeitsforschg.: **3** ('51) 352. — Dehnungsmeßverf. in d. Festigkeitsforschg.: **4** ('52) 200–04.

Papier. Messg. d. Flächenveränderg. an Papier m. Setzdehnungsmesser[4]): **5** ('51) 299–302.

Schweißen u. Schneiden. Messen der in d. Autogentechn. u. b. Schweißen auftretenden Einflußgrößen: **5** ('53) Sonderh. 170–76.

VDI-Forschungsh. Beanspruchg. eines Biegeträgers bei schlagart. Querbelastg.[5]): **20** ('54) Nr. 443.

Ferner Mitt. in Zentr. wiss. Ber. Wes. 1939: Hochfrequenzstromwandler f. d. Frequenzbereich v. 0–100 MHz[4]).

Mit: [1]) Kurt Charisius; [2]) Paul Dittmar; [3]) Alfred Kretschmer; [4]) Joachim Kruse; [5]) Karl Rühl; [6]) Hans Umstätter; [7]) Otto Zinke.

I, III **Encke,** Joh. Franz → VIIa/Suppl.

vom **Ende,** Erich → **vom Ende.**

Endell, Joachim. Silikatchem. – 1933–39 stud. U München, Rostock; '39 Dr. phil. U Rostock (U. Hofmann, dess. Ass. '40–45 U Rostock u. TH Wien); '45–46 LBeauftr. Baustoffkde TH Braunschweig; '48 LBeauftr., '52 PDoz. BA Clausthal. [Eig. Mitt.]
*1913, Sept. 8, Berlin.

Sohn von Kurd Endell[VIIa].

W. ● Bildung, Aufbau u. Verhalten d. Aschen rhein. Braunkohlen. Hab.schr. (BA Clausthal '52). — ● Dampfgehärtete Baustoffe (Wiesb. '52) 50 S. (Sonderausg. Nr. 2 v. Zement-Kalk-Gips).

Angew. Chem. Prüfg. auf Montmorillonit m. Benzidin[3])[2]): **54** A ('41) 376f. — Neue Baustoffe, neue Bindemittel: **19** B ('47) 155.

Arch. Eisenhüttenwes. Lösungsvers. an Hüttenkalken: **24** ('53) 281–84.

Bautechnik. Bentonit im Baugewerbe: **30** ('53) 71–73.

Beih. Z. Ver. Dtsch. Chemiker. Abhängigk. d. Kationenaustausches u. d. Quellg. b. Montmorillonit v. d. Vorerhitzg.[2]): Nr. **35** ('39) 1–10 [Auszug: Angew. Chem. **52** ('39) 708f.].

Ber. Dtsch. keram. Ges. Röntgenograph. u. elektromikroskop. Unters. an Tonen u. Kieselgur: **25** ('44) 113–26. — Kohlenaschen, ein Rohstoff d. Ziegelind.: **26** ('49) 176. — Zusammensetzg. u. Gestalt d. Mineralien eines engl. ballclays: **27** ('50) 13–16.

Braunkohle. Bildg. v. Braunkohlenaschen: **4** ('52) 138–47. — Aufbau u. Verhalten d. Aschen rhein. Braunkohlen: 446–54.

Erdöl u. Kohle. Tone in d. Erdölind.: **3** ('50) 105–09.

Feuerungstechnik. Best. d. Röntgenfeinstrukt. mineral. Bestandteile v. Kohlen u. Aschen sowie ihre techn. Bedeutg.[1]): **31** ('43) 137–43.

Keram. Rdsch. Bedeutg. d. Elektronenmikrosk. z. Kenntn. d. Feinstbaus v. Tonen: **49** ('41) 23–26.

Kolloid-Z. Röntgenograph. Nachw. kristalliner Zwischenzustände b. d. Bildg. v. Cristobalit aus Kieselgur b. Erhitzen: **111** ('48) 19–22.

Tonind.-Ztg. Gestaltg. u. Strukt. d. Tonmineralien: **73** ('49) 2–7. — Kohlenasche, ein Rohstoff f. d. Industrie d. Steine u. Erden: **74** ('50) 1–7. — Kalkbrennen: 18–20. — Verhalten v. Ton im Beton: 153–55.

Zement-Kalk-Gips. Herst. v. Kalksandsteinen: **6** ('53) 406–09.

Z. Naturforsch. Nachw. d. Faserstrukt. v. Fullererde (Attapulgit) im Elektronenmikroskop: **1** ('46) 646–49.

Mit: [1]) Kurd Endell; [2]) Ulrich Hofmann; [3]) Renate Zorn.

v, vi **Endell,** Kurd Eduard Karl Heinrich. Technol., Chem., Mineral. – 1921–45 ao. Prof. u. Leiter d. Labor. f. bauwiss. Technol. TH Berlin. [Mitt. d. Sohnes: Joachim Endell[VIIa]]
*1887, Febr. 1, Stade;
†1945, März 22, Berlin (sd).

Enkel d. Breslauer Mathematikers Heinrich Schroeter[IV] (1829–92).

Nekr. Tonind.-Ztg. **74** ('50) 127–29 (m. Bildn. u. Schr.verz.). — Ulrich Hofmann, Angew. Chem. **63** ('51) 275 (m. Bildn.).

S. ● Beiträge z. Theor. d. Heftens, Klebens, Bindens ('45) 70–81: Beisp. d. Bindens anorg. Stoffe u. Versuche ihrer Deutung (m. U. Hofmann).

W. ● Über Zusammenhänge zw. Wasserhaushalt d. Tonminerale u. bodenphysik. Eigensch. bindiger Böden (m. W. Loos, H. Meischeider u. V. Berg) (Bln '38) 24 S. (Veröff. d. Inst. d. Dtsch. Forsch.-Ges. f. Bodenmech. an der TH Berlin 5). — ● Zusammenhang zw. kolloidchem., sowie bodenphysik. Kennziffern bindiger Böden u. Frostwirkg. (m. W. Loos u. H. Breth) (Bln '39) 55 S. (Forschungsarb. aus d. Straßenwes. 16). — ● Über Temp.-Zähigkeitsbeziehg. von Steinkohlenschlacken (m. C. Wens) (Bln '35) 21 S. (Beih. zu Angew. Chem. 12). — ● Über d. Einfl. d. Ionenradius u. d. Wertigkeit d. Kationen auf d. Flüssigkeitsgrad v. Silicatschmelzen (m. H. Hellbrügge) (Bln '40) 14 S. (~ 38).

Angew. Chem. Röntgenogr. u. kolloidchem. Unters. üb. Ton[14])[29]): **47** ('34) 539–47. — Aktivierg. d. rohen Bleicherde[14]): **48** ('35) 187–91.

Arch. Eisenhüttenwes. Flüssigkeitsgrad v. Kalksilikaten, Kalkferriten u. bas. Siemens-Martinschlacken bis 1625°[11])[10]): **10** ('36) 85–90. — Zusammenhänge zw. chem. Zusammensetzg. u. Flüssigkeitsgrad v. Hüttenschlacken sowie ihre techn. Bedeutg.[12]): **14** ('41) 307–15.

Arch. Metallkunde. Natur d. tonischen Bindemittel in Formsanden u. ihre Bedeutung für d. Gießereitechn.: **1** ('47) 57–63.

Bautechnik. Beitr. z. chem. Erforschg. u. Behandlg. v. Tonböden: **13** ('35) 226–29. — Quellfähigk. d. Tone im Baugrund u. ihre bautechn. Bedeutg.: **19** ('41) 201–09 [auch in: Z. VDI **85** ('41) 687f.].

Ber. Dtsch. keram. Ges. Kationen- u. Wasserhaushalt keram. Tone im rohen Zustand[25]): **13** ('32) 377–412. — Elast. Verdrehg. u. plast. Verformg. feuerfester Steine b. 20° u. b. höh. Temp.[19]): **14** ('33) 16–28. — Natur d. keram. Tone[14])[29]): 407–38. — Steigerg. d. Plastizität durch Bentonitzusatz[28]): **15** ('34) 271–80. — Bem. zu d. Arb. v. H. Salmang u. J. Kind: Üb. Beziehg. versch. physik., chem. u. techn. Eigensch. v. Tonen[14]): 480–84. — Basenaustauschfähigk. v. Tonen u. Formgebungsprobl. in d. Keramik (Gießen, Drehen, Pressen): 595–624. — Steinguttone[17]): **16** ('35) 306–14. — Probl. d. modernen Tonforschg.: **19** ('38) 328–31. — Verdrehungsfähigk. v. Itakolumit (biegsamer brasilian. Sandstein), Crummendorfer Quarzschiefer u. einigen Sandsteinen[1]): 359–66. — Vorgang d. Verschlackg. feuerfester Steine: 491–513. — Flüssigkeitsgrad niedrig schmelz. Mischg. einiger f. d. Verschlackg. feuerfester Steine wicht. Metalloxyde[4]): **20** ('39) 493–507. — Unters. feinster Frakt. v. Bentoniten u. Tonböden m. d. Universalelektronenmikroskop[2])[14]): **21** ('40) 209–27. — Was bringt d. moderne Tonforschg. d. Keramiker?: **23** ('42) 110–13. — Sintern keram. Rohstoffe im Erhitzungsübermikroskop[2])[17]): **24** ('43) 73–88. — Sintern u. Schmelzen keram. Stoffe im Lichte neuerer Unters.-Verf. (Erhitzungsübermikroskop u. Flüssigkeitsgrad): **25** ('44) 127–39.

Bergbau u. Energiewirtsch. Beziehg. zw. chem. Zusammensetzg. u. Zähigk. flüss. Kohlenschlacken in Schmelzkammerfeuerg.[30]): **3** ('50) 70–73.

Braunkohle, Wärme u. Energie. Chem. Zusammensetzg., Mineralaufbau u. Flüssigkeitsgrad geschmolzener Braunkohlenschlacken b. hohen Temp.: **2** ('50) 333–40.

Chem. Fabrik. Zwei neue Appar. z. Messg. d. Viscosität v. Schlämmen u. d. Verformbark. plast. Massen[9]): **7** ('34) 401–03. — Stand d. keram., Glas- u. Zementind. in Zentralbrasilien: **10** ('37) 127–32.

Feuerungstechnik. Sintern u. Schmelzen v. Kohlenaschen im Erhitzungs-Übermikroskop sowie d. Bedeutg. d. Schlackenviscosität f. d. Schmelzkammerfeuerg.[31])[2]): **31** ('43) 73–84. — Best. d. Röntgenfeinstrukt. mineral. Bestandteile v. Kohlen u. ihrer Aschen sowie ihre techn. Bedeutg.[6]): 137–43.

Gießerei. Bedeutg. d. Quellfähigk. tonischer Bindemittel f. Gießereisande[20])[15])[5]): **27** ('40) 465–75, 499–502. — Natur d. Schlämmstoffe natürl. Formsande[27])[6])[17]): **29** ('42) 145–53, 170–73. — Synthet. Gießereisande m. Zement als Bindemittel[22]): 349–56. — Sintern v. Tonmineralien u. v. Schlämmstoffen natürl. Formsande im Erhitzungs-Übermikroskop[2]): **30** ('43) 6–12.

Glüterei. Was ist d. Ursache d. „Zufrierens" v. Kupolöfen?: **29** ('39) 197–200.

Glastechn. Ber. Zähigkeitsmessg. an techn. Gläsern u. ihre Bedeutg. f. d. Wirtschaftlichk. d. maschinellen Formgebg.[19]): **11** ('33) 161–70. — Berechnung d. Temperaturwechselbeständigkeit feuerfester Steine aus ihren physikal. Konst.: 178–82. — Temp.-Zähigkeitsbeziehg. dünnflüss. Gläser[23]): **12** ('34) 84–87. — Beziehg. zw. Dichte, Flüssigkeitsgrad u. Schamottsteinangriff v. Gläsern u. Schlacken b. hohen Temp.[28]): **13** ('35) 78–86. — Abhängigk. d. Dichte u. d. Zähigk. v. d. Temp. im Syst. Na_2O-SiO_2[11]): **14** ('36) 89–102. — Vers. einer Kontrolle d. Gleichartigk. v. Glasgemengen durch Photometerkurven ihrer Röntgenbilder[14])[9]): **19** ('41) 185–91. — Einfl. v. Oxyden, Fluoriden, Chloriden u. Sulfiden auf d. Temp.-Viscositätsbeziehg. v. Natriumsilicatschmelzen[12]): 281–97, 313–19. — Einfl. d. Ionenradius u. d. Wertigk. d. Kationen auf d. elektr. Leitfähigk. v. Silicatschmelzen zw. 1250–1450° C[12]): **20** ('42) 277–87 [gekürzt in: Naturwiss. **30** ('42) 421f.]. — Veranschaulichg. d. Sinterns u. Schmelzens v. Glasgemengen, Soda u. Sodaschlacken im Erhitzungsübermikroskop[2]): **21** ('43) 121–28.

Glückauf. Röntgenograph. Nachw. v. Tridymit in Silicakoksofensteinen u. seine technol. Bedeutg.[14])[18]): **71** ('35) 862f.

J. Amer. ceram. Soc. Influence of fluidity, hydrodyn. characteristics, and solvent act. of slag on the destruct. of refractories at high temp.[7])[18]): **22** ('39) 105–16.

Jernkontorets Ann. Feuerfeste Materialien im Stahlwerk: **1930,** 335–55.

J. Soc. Glass Technol. Existenz v. Verbb. in geschmolz. Glas[11]): **21** ('37) 263. — Viscositätsmessg. an Na_2O-SiO_2-Gläsern v. E. Preston[11]): **22** ('38) 235f.

Keram. Rdsch. Neues Widerstandsviscosimeter f. keram. Gießmassen u. Zementstrohschlamm[8]): **58** ('34) 870–72.

Kolloid-Z. Veranschaulichg. d. Sinterns u. Schmelzens v. keram. Rohstoffen, Glasgemengen, Schlacken u. Kohlenaschen im Erhitzungsübermikroskop[2]): **104** ('43) 223–31.

Metall u. Erz. Viscosität v. Mansfelder Kupferhochofenschlacken in Abhängigk. v. Temp., chem. Zusammensetzg. u. Kristallisat.[19])[26]): **29** ('32) 368–75. — Einfl. d. wichtigsten Schlackenbildner auf d. Temp.-Viscositäts-Beziehg. d. Mansfeldschlacke[19])[26]): **30** ('33) 425–31. — Temp.-Viscositäts-Beziehg. einiger Bleischlacken[23])[28]): **31** ('34) 353–57; **32** ('35) 75–77.

Mh. Chem. Kleben anorg. Bindemittel u. d. Plastizität d. Tons[14]): **78** ('48) 258–72.

Neue Gießerei. Prakt. Erfahrg. üb. synthet. Formsande m. Bentonit in d. USA: **1** ('48) 35–39.

Sprechsaal. Quarz- u. glimmerhalt. Tone[14])[29]): **67** ('34) 293–95, 309–11, 325–28. — Bedeutg. v. Röntgeninterferenzunters. b. hohen Temp. f. d. keram. Forschg.[29])[14]): 573–75. — Best. d. Verformbark. u. Plastizität versch. Tone u. Massen[8]): **68** ('35) 209–12. — Zusammenhänge zw. chem. Zusammensetzg. u. Flüssigkeitsgrad v. Steingutglasuren sowie ihre techn. Bedeutg.[17])[12]): **73** ('40) 307–12, 321–26. — Temp.-Viscositäts-Beziehg. v. Natriumsilicat-Schmelzen m. Zirkonoxyd[13]): **75** ('42) 475f.

Stahl u. Eisen. Gegen Temp.-Änderg. unempfindl. Magnesitsteine: **52** ('32) 759–63. — Abhängigk. d. Temp.-Zähigkeitsbeziehg. saurer Hochofenschlacken v.d. chem. Zusammensetzg.[16]): **59** ('39) 677–85. — Einfl. v. Kieselsäure, Titansäure u. Tonerde auf d. Zähigk. einer sauren synthet. Schlacke u. Berechng. d. Zähigk. saurer u. bas. Hochofenschlacken aus d. chem. Zusammensetzg.[4]): 1319–21. — Stabile Dolomitsteine: **66/67** ('47) 290–93.

Straße. Quantitat. Best. d. Mineralanteile in Tonen u. Böden auf röntgenograph. Wege[18]): **1940**, Nr. 3/4.

Technik. Röntgenfeinstrukt. mineral. Bestandteile v. Kohlen u. ihren Aschen: **1** ('46) 80.

Tekn. Tidskr. Feuerfestes Material in Dampfkesselfeuerungsanlagen: **60** ('30) 114–20.

Tonind.-Ztg. keram. Rdsch. Bentonit: **74** ('50) 122–26.

Z. Elektrochem. Quellg. v. Bentonit u. seine techn. Anwendg.[14])[3]): **41** ('35) 469–71.

Zement. Verwendg. temperaturwechselbeständiger Magnesitsteine f. d. Sinterzone v. Zement-, Schacht- u. Drehöfen: **21** ('32) 522. — Bleibende u. elast. Verdrehg. v. Zementmörteln[24]): **22** ('33) 579–82. — Natur d. Tonanteils in Rohstoffen d. dtsch. Zementind.[14])[18]): **24** ('35) 625. — Schmelzen d. Klinkermineralien C_3A u. C_4AF, sowie d. Frakt. $< 3\mu$ einiger Portlandzementklinker im Erhitzungsübermikroskop[2]): **31** ('42) 313–16. — Beeinflussg. d. Flüssigkeitsgrades u. d. elektr. Leitfähigk. d. Portlandzement-Klinkerglases im Temp.-Bereich v. 1300° bis 1450° durch Flußmittel, sowie seine techn. Bedeutg.[13]): 387–96, 416–19.

Z. Kristallogr. Kristallstruktur u. Quellg. v. Montmorillonit[14])[29]): **86** ('33) 340–48.

Mit: [1]) F. Angeleri; [2]) Manfred v. Ardenne; [3]) Wilhelm Bilke; [4]) Günter Brinkmann; [5]) P. Csaki; [6]) Joachim Endell; [7]) R. Fehling; [8]) H. Fendius; [9]) Hans Freytag; [10]) Ludwig Hax; [11]) Günter Heidtkamp; [12]) Heinrich Hellbrügge; [13]) G. Hendrick; [14]) Ulrich Hofmann; [15]) H. Jensch; [16]) Rudolf Kley; [17]) H. Lehmann; [18]) E. Maegdefrau; [19]) W. Müllensiefen; [20]) H. Reininger; [21]) P. Rosin; [22]) W. Strasmann; [23]) A. Tielsch; [24]) S. Uchida; [25]) P. Vageler; [26]) K. Wagemann; [27]) E. Wagner; [28]) C. Wens; [29]) Diederich Wilm; [30]) D. Zauleck; [31]) A. Zinzen.

Ender, Fritz. Physikal. Chem. — 1928–35 stud. TH Darmstadt, U München; '35 Dr. phil. U München (K. Fajans); '37 Heereswaffenamt Abt. C, Berlin-Spandau; '46–48 Leiter d. med.-chem. Labor., Füssen; '49 wiss. Mitarb. Physik.-chem. Inst. U Heidelberg; '50 LAuftr., '51 PDoz. U Heidelberg. [Eig. Mitt.]

*1909, Mai 19, Dillingen/Donau.

S. ● Handbuch physiol.-chem. u. pathol.-chem. Analyse (Hoppe-Seyler-Thierfelder) **1** [10](Bln '53) 527–616: Wasserstoffionenkonzentrat.; 629–713: Redoxpotentiale.

Angew. Chem. Polarogr. Kennzeichnung org. Strukturtypen[1])[3]): **66** ('54) 293.

Biochem. Z. Polarograph. Best. v. Kobalt u. Vitamin B_{12} in biol. Material[2]): **321** ('51) 426–50.

Experientia. Inkonsequenz unserer Zeitrechng.: **7** ('51) 114–16.

Physik. Z. Lichtelektr. Spannungskompensat.: **41** ('40) 297–301.

Z. Elektrochem. Methodik d. elektrolyt. Leitfähigkeitsmessg.: **43** ('37) 217–33 [Diss.]. — Individualität d. osmot. Verhaltens d. Alkalikarbonate: 234–38. — Konjugataktivierg., ein quantitat. Maß d. bes. Reaktionsfähigk. v. Verbb. m. Schlüsselatomen: **54** ('50) 219–22.

Mit: [1]) Erich Fahrbach; [2]) Horst Steeg; [3]) Hans Joachim Teuber.

Enders, Alfred Adolf. Pharmakol. — 1939 Dr. med., seit '51 Doz. U Freiburg/Br. [Eig. Mitt.]

*1912, Febr. 18, Antwerpen/Belgien.

Anaesthesist. Einfl. d. Isopropylchloridnarkose auf Herz u. Kreislauf im Tierexp.[5]): **1** ('52) 113.

Arch. int. Pharmacodynam. Thérap. Meth. z. gleichzeit. Best. v. Minutenvolumen, Schlagvolumen u. Rhythm. d. Froschherzens[7]): **88** ('52) 379. — Kreislaufwirkg. d. Parathions: **89** ('52) 169. — Wirkg. d. Parathions auf d. Zentralnervensyst.[8]): **90** ('52) 175. — Angriffspunkt d. atmungsanregenden Wirkg. d. Papaverins[9]): **91** ('52) 157.

Arzneimittel-Forsch. Blutveränderg. b. chron. Vergiftg. m. d. Schädlingsbekämpfungsmittel Parathion[2]): **1** ('51) 79. — Blutdruckwirkg. v. Phenylalkylderiv. nach oraler Applikat.: 288. — Atmungsstörg. durch Morphin u. ihre Abhängigk. v. d. gleichzeit. Narkose[9]): **2** ('52) 155. — Wirkg. d. Papaverins auf Atmungsstörg.[9]): 221. — Wirkg. v. Dodekylthiophenol auf d. Haarkleid d. Säugetiere[7]): 587–89.

Ber. naturforsch. Ges. Freiburg/Br. Unters. üb. d. pharmakol. wirksamen Stoffe in d. Mistel: **36** ('39) 277–90 [Diss.].

Chem. Labor Betrieb. Abwandlg. v. Molekülstrukt. u. pharmakol. Wirkg.: **1952.**

Dtsch. med. Wschr. Wirkg. v. Sulfonamiden auf d. Darmperistaltik: **76** ('51) 1404–06.

Klin. Wschr. Wirkstoffe d. Mistel[1])[4]): **20** ('41) 311–14. — Toxizität künstl. Brunststoffe[3])[5]): **22**

('43) 737f. — Appetitvermindernde Wirkg. von Phenylalkylderiv. b. Entfettungskuren: **30** ('52) 995.

Med. Welt. Wirksame Bekämpfg. d. Keuchhustens durch Sulfathiazol: **18** ('44) 489.

Münch. med. Wschr. Vitamin C als Heilmittel gegen Infekt.: **86** ('39) 822f.

Naturwiss. Acylcholin m. Laktonstrukt.[10]): **40** ('53) 292.

Naunyn-Schmiedebergs Arch. exp. Pathol. Pharmakol. Chem. d. wirksamen Stoffe d. Mistel: **196** ('40) 290–301. — Pharmakol. d. herzwirksamen Stoffes d. Mistel: 328–40. — Verträglichk. u. Ausscheidungsverhältn. v. Dicarbonsäuren: **197** ('41) 597–610. — Einfl. d. Insulins auf d. Mast nach Hunger: **199** ('42) 606–17. — Beeinflussg. d. Darmbewegg. durch Sulfonamidderiv.: **201** ('43) 366–76. — Ausschaltg. d. Geruchssinns b. Dauervers. m. künstl. Fetten: **214** ('52) 404–10. — Beeinflussg. d. Leberschädigg. b. chron. Thiopenthalvergiftg. durch Methionin-Cholin[5]): **215** ('52) 177–80. — Verstärkung d. blutdrucksenkenden Wirkg. d. Papaverins durch Suprarenin[9]): **216** ('52) 353–57.

Mit: [1]) Oswald Feuchtinger; [2]) Günther Grupp; [3]) Paul Gumbrecht; [4]) Sigurd Jansen; [5]) Friedrich Körner; [6]) Arnold Loeser; [7]) A. Moench; [8]) Hugo Ruf; [9]) Ludwig Schmidt; [10]) Ulrich Schmidt.

Enders, Curt. Gärungschem. — 1931–35 stud., '36 Dr.-Ing. (H. Lüers), '38 PDoz. TH München; Dir. d. Wiss. Stat. f. Brauerei e.V. München.
*1912, Febr. 8, Wiesbaden;
†1951, Juni 12, München.

Nekr. H. Lüers, Brauwelt **91** ('51) 528f. (m. Bildn.).

W. ● Zur Kenntnis d. Kältetrübungen in Würze u. Bier. Diss. (o. O. '37) 57 S. Masch.schr. autogr. — ● Das Brauereilaboratorium (Bln '37) 33 S. Masch.schr. autogr.

Angew. Chem. Wie entsteht d. Humus in d. Natur?: **56** ('43) 281.

Ber. Dtsch. chem. Ges. Chemism. d. Huminsäurebildg. unt. physiol. Bedingg.[13]): **76** ('43) 560.

Biochem. Z. Spezifität d. Phenolreagens nach Folin u. Ciocalten f. d. Tryptophanbest.[11]): **286** ('36) 220–24. — Dyn. u. Best. d. Hefewuchsstoffwirkg.[4]): **298** ('38) 16–26. — Wuchsstoffgehalt v. Hefen[4]): **299** ('38) 346–58. — Eiweiß d. Bierpediokokken[9])[2]): **301** ('39) 1–8; **303** ('39) 10. — Cellobiase in Gerste u. Malz[10]): **306** ('40) 430–33.— Nikotinabbau im Tabakblatt[3]): **312** ('42) 278–88. — Chemism. d. Huminsäurebildg. unt. physiol. Bedingg.: 339–48. — p_H-Abhängigk. u. Gleichgewichtsreakt. d. Aufspaltg. v. Zucker zu Methylglyoxal: 349–53. — Vork. v. Methylglyoxal in Erde[13]): **313** ('42) 174. — Chemism. d. Huminsäurebildg. unt. physiol. Bedingg.[13]): **318** ('47/48) 44–46. — Abbau v. Nikotin durch Hefen[18]): 54–63.

Brauer- u. Hopfen-Ztg. Best. d. Schwefels in Gerste[8]): **78** ('38) 891.

Brauwelt. Bier[1])[6a]) u. a.: **1948,** 237-45.

Brauwiss. Plasmolyse, Zytorrhyse u. Autolyse d. Hefen u. ihre Anwendg. b. techn. Prozessen, 1[18]): **1946,** 151-53; ~ 2: 183–85; ~ 3: 202f.; ~ 4: 217-20. — Beurteilg. d. Bieres: **1949,** 161-66, 185–89. — H. Lüers: **1950,** 19–24. — Günstigste Zusammensetzg. d. Mälzungsluft[16])[8]): 37. — Heilwirkg. v. Bier: 161–64, 183–88. — Der bittere Geschmack d. Hopfenbittersäure[5a])[19]): 225f. — Ultraschall in d. Brauerei[8a]): **1951,** 33-37.

Brennstoff-Chem. Melanoidine u. ihre Beziehg. zu d. Huminsäuren[16]): **19** ('38) 360–65, 402–07, 439–49.

Kolloid-Z. Analogie v. Melanoidinen in Huminsäuren[1a]): **76** ('36) 289. — Photoelektr. Sedimentationsmessg.[14]): **77** ('36) 37. — Melanoidine: **85** ('38) 74–87. — Vergl. Unters. einiger kolloider Eigensch. v. natürl. Huminsäuren u. synthet. Melanoidinen[17])[3]): **110** ('48) 240–44.

Mitt. Inst. angew. Mikrobiol. Heilwirkg. v. Bier: **7/8** ('50) 90–98. — Physiol. Wirkg. d. Hopfens[19]): **11/12** ('50) 150–54.

Naturwiss. Existenz u. Bedeutg. d. Zucker-Triose-Gleichgewichtes[13]): **31** ('43) 92. — Neue Bildungsweise v. B-Alanin: 209.

Wschr. Brauerei. Trübg. in Würzen u. Bier: **53** ('36) 211–15. — Adsorptionsvermögen v. Trub f. Schwermetallsalze[11]): 273. — Farbstoffe d. Bieres u. ihre Bedeutg. f. d. Bierqualität[6]): 305–09. — Polarogr. Stud. an Bieren u. Melanoidinlösg.[16]): **54** ('37) 250. — Keimfähigk. während d. Lagerreife d. Gerste[12]): 353–55. — Senkungsgeschwindigk. d. Hefe[5]): 403. — Veränderg. d. Bieres b. Pasteurisieren[4]): **55** ('38) 305. — Behandlg. v. Nachgüssen m. Adsorptionsmitteln[7]): **56** ('39) 243. — Malzanalyse u. d. Aufschlüsse, die sie üb. d. Güte d. Malzes liefern kann: 309–12. — Ausdarrungsgrad v. Malz durch Ermittlg. seines Katalasegehaltes[7]): **57** ('40) 58. — Hat d. Hefewuchsstoffgehalt d. Hopfens f. d. Brauprozesse eine Bedeutg.?[15]): 77. — Verbesserg. d. Bierqualität durch Nachgußveredelg.[7]): 137–41.

Mit: [1]) Dirr; [1a]) G. Fries; [2]) H. W. Gergs; [3]) R. Glawe; [4]) M. Hegendörfer; [5]) K. Kärnbart; [5a]) E. Kuchinke; [6]) A. Löther; [6a]) H. Lüers; [7]) G. Nowak; [8]) A. Pfahler; [8a]) K. Raible; [9]) K. Röed; [10]) T. Saji; [11]) E. Schild; [12]) F. Schneebauer; [13]) S. Sigurdsson; [14]) A. Spiegel; [15]) A. Suchier; [16]) K. Theis; [17]) M. Tschapek; [18]) Siegfried Windisch; [19]) Anneliese Zocher.

Endres, Günther. Biochem. — 1923–30 stud. TH Karlsruhe, U München; '30 Dr. phil. U München; '28–37 Ass. chem. Staatslabor., München; '38 Doz., seit '45 apl. ao. Prof. U Hamburg. [Eig. Mitt.]
*1905, Juli 21, Mannheim.

Ber. Dtsch. chem. Ges. Einwirkg. v. Halogenen auf Knallquecksilber[1]): **65** ('32) 65–69.

Hoppe-Seylers Z. physiol. Chem. Neue Meth. z. Mikrobest. v. Jod u. Jodiden[5]): **243** ('36) 144–48.

Liebigs Ann. Chem. Stickstoffassimilierende Bakterien, 1: **512** ('34) 54–80; ~ 2: Bindg. d. Luftstickstoffs durch Azotobacter: **518** ('35) 109–26; ~ 3: Nitrit- u. Nitratassimilat. d. Azotobacters[5]): **535** ('38) 1–16. — Best. kleinster Mengen v. Hydroxylamin, Nitrit u. Nitrat[5]): **530** ('37) 184–94. — Blattpigmente[4])[5]): **537** ('39) 205–13. — Kenntn. d. bactericiden Wirkg., 1: Desinfektionsvermögen d. Alkohole in nichtwässerigen Lösungsmitteln[6]): **552** ('42) 167–75; ~ 2: Einwirkg. v. Alkylhalogeniden auf Bakteriensporen[3])[6]): **559** ('48) 42–48. — Zellatmungsgröße aerober Bakterien[2])[6]): **561** ('48) 1–13.

Naturwiss. Zwischenprod. d. N_2-Assimilat.: **22** ('34) 662.

Z. anorg. allg. Chem. Basizität d. Seltenen Erden: **205** ('32) 321–34 [Diss.].

Mit: [1]) H. Bottmann; [2]) Hertha Bumbacher; [3]) Fritz Hammer; [4]) Rudolf Hüttel; [5]) Liese Kaufmann; [6]) Ellen Rohr.

VI **von Engel,** Alfred Hans. Physik. – 1922–37 wiss. Mitarb. Siemens-Werke, Berlin-Siemensstadt; '40 U Oxford, Clarendon Labor. [Eig. Mitt.]
*1898, Sept. 10, Wien.

W. ● Elektrische Gasentladg., ihre Physik u. Technik (m. M. Steenbeck) **1**: Grundgesetze (Bln '32) 7+248 S.; **2**: Entladungseigensch., techn. Anwendg. ('34) 8+352 S.

Arch. techn. Messen. Gas- u. Flammen-Temperaturmessg.: V 2163-1 ('33) 1-4. — Fortschr. auf d. Geb. d. magnet. Messverf.: V 391–6 ('50) 1–4.

Bull. Schweiz. elektrotechn. Ver. Selbstregelg. v. Widerstandsöfen f. hohe Temp. (Stratit-Öfen): **30** ('39) 162–66.

Elektroschweißung. Natur d. Werkstoffwanderg. im elektr. Schweißbogen: **9** ('38) 50f. — Wärmewirkg. b. d. Lichtbogenschweißg.: 52–55.

Elektrotechn. u. Maschinenbau. Wechselspannungskoronaentladg. an oxydierten Kupferelektroden[9]): **50** ('32) 157. — 10. Dtsch. Physiker- u. Mathematikertag 1934: **53** ('35) 55–58. — Wichtigste Eigensch. d. elektr. Bogenentladg. u. ihre techn. Bedeutg.: **54** ('36) 325–32.

Nature [London]. Current distribution and throwing power in electrolytes: **146** ('40) 66. — Low pressure electrical discharges[3]): **159** ('47) 404. — Optical transmission of a colloidal solution in a magnetic field[11]): **161** ('48) 728. — Life and work of Augusto Righi: **167** ('51) 174. — Gaseous Electronics Conference at Schenectady: **169** ('52) 317. — New electron multiplication process[3a]): **171** ('53) 517. — Ionization phenomena in gases[2]): **172** ('53) 198.

Naturwiss. Einfl. chem. Reakt. auf Kathode u. Anode einer Bogenentladg.: **23** ('35) 305f.

Nuovo Cimento (Suppl.). Survey of recent advances in discharge physics: (9) **8** ('51) 103.

Philos. Magazine. Theory of the anode fall in glow discharges: **32** ('41) 417–26.

Philos. Trans. Roy. Soc. London (A). Growth of high frequency electrodeless discharge[2]): **246** ('53) 143–80.

Physic. Rev. Origin of retrograde motion of arc cathode spots[7]): **93** ('54) 1121.

Physik. Z. Gültigkeitsgrenze d. Diffusionstheor. f. d. Quecksilberdampf-Niederdrucksäule: **37** ('36) 830–33.

Proc. physic. Soc. (B). Development of the low pressure electrodeless discharge[2]): **63** ('50) 823. — Mechanism of the low frequency electrodeless discharge in chlorine and the influence of irradiation[3a]): **64** ('51) 915–29. — Dispersion of electron beams in gases[6]): **65** ('52) 459.

Proc. Roy. Soc. [London] (A). Transverse magnetization in ferromagnetic crystals[12]): **188** ('47) 464–84. — Starting potentials of electrodeless discharges[2]): **192** ('48) 446–63; **197** ('49) 107–24. — Role of light quanta in the electric breakdown of gases[7]): **222** ('54) 490–508. — Hollow cathode effect and theory of glow discharges[5]): **224** ('54) 209–27.

Rep. Progr. Physics. Mechanism of the cathode fall in glow discharges: **8** ('41) 348–57.

Siemens-Z. Neuere Entwicklg. d. Elektronenröhren-Feinregler u. ihre Anwendg.[1]): **14** ('35) 214–22.

Vacuum [London]. New trends in vacuum research based on ionization phenomena: **1** ('51) 257–65.

Wiss. Veröff. Siemens-Konz. Messg. d. zeitl. Verlaufes d. Gastemp. in d. Säule eines Wechselstrom-Luftlichtbogens[10]): **12** ('33) 74–88. — Temp. in d. Gassäule eines Lichtbogens (Nachtr.)[10]): 89. — Stromlöschg., Wellenform u. Blindbelastg. b. Wechselrichtern[4]): **13** ('34) 38–62. — Energet. Verhältn. an den Elektroden eines Metallbogens (Gleichstr.-Schweißbogen): **14** ('35) 38–52. — Prüfg. d. Trägergesetze f. d. Quecksilberdampf-Gleichrichterbogen[10]): **15** ('36) 42–59. — Natur d. Werkstoffwanderg. im elektr. Schweißbogen: **16** ('37) 70–88.

Z. Physik. Glimmentladg. b. hohen Drucken[8])[10]): **85** ('33) 144–60.

Z. techn. Physik. Temp. d. elektr. Lichtbogens: **13** ('32) 577. — Trägergesetze f. d. Quecksilberdampfgleichrichterbogen[10]): **18** ('37) 491f.

Mit: [1]) Rud. Gottfr. Berthold; [2]) G. Francis; [3]) E. W. B. Gill; [3a]) W. L. Harries; [4]) Hans Klemperer; [5]) P. F. Little; [7]) A. E. Robson; [8]) Rudolf Seeliger; [9]) O. Sieber; [10]) Max Steenbeck; [11]) F. D. Stott; [12]) M. S. Wills.

IV–VI **Engel,** Friedrich. Math. – 1913–31 o. Prof. U Gießen; '31 em.
*1861, Dez. 26, Lugau b. Chemnitz/Sa.; †1941, Sept. 29, Gießen.

Schr.verz. Dtsch. Math. **3** ('38) 701–19.

Nekr. Gedenkband (K. Faber u. E. Ullrich), Mitt. math. Sem. Univ. Gießen **34/36** ('45). — P. Heegard, Norsk mat. T. **23** ('41) 129–31. — E. Ullrich, Mitt. math. Sem. U Gießen **40** ('51). — Nachr. Gießen. Hochschulges. **20** ('51) 139–54 (m. Erg. z. Schr.verz.).

HZ. Mitt. math. Sem. Univ. Gießen **1921** ff.

MH. ● S. Lie, Ges. Abh. **2**, 2 (Lpz.-Oslo '37) 10+332+174 S.

S. ● Pommersche Lebensbilder **2** (Stettin '36) 74–84: Herm. Graßmann.

W. ● Die Liesche Theor. d. partiellen Differentialgleichg. 1. Ordng. (bearb. v. Karl Faber) (Lpz.-Bln '32) 11+367 S.

Ber. Sächs. Akad. Wiss. Lies Invariantentheor. d. endl. kontinuierl. Gruppen: **90** ('38) 137–74.

Dtsch. Math. Umkehrg. d. Reisschen Satzes üb. Kurven n-ter Ordng.: **4** ('39) 340–47.

Jber. Dtsch. Math. Ver. Pasch in Gießen: **44** ('34) 120–24. — Friedrich Schur: **45** ('35) 1–31.

J. reine u. angew. Math. Neue Darst. d. Integrationstheor. d. vollständigen Syst.: **180** ('39) 73–85.

Mh. Math. u. Physik [Wien]. Geodät. Abb. d. Flächen: **43** ('36) 44–50.

Nachr. Gießen. Hochschulges. Sprachenkampf in Norwegen: **12** ('38) 80–94.

Rend. Circ. mat. Palermo. Theor. d. Translationsflächen: **59** ('35) 165–84.

S.-Ber. Heidelberg. Akad. Wiss. Kegelschnitte als Elementvereine: **1934**, 1–4.

Engel, Hans-Joachim. Physiol. – Dr. med.; PDoz. FU Berlin. [Ohne eig. Mitt.]
*1918, März 1, Berlin.

Dtsch. Gesundheitswes. Penicillin u. Ulcus serpens: **6** ('51) 1420f.

Klin. Mbl. Augenheilkunde. Erf. m. „gereinigtem Tuberkulin" (GT) u. weißem Blutbild b. tuberkuloseverdächtigen Augenerkrankg.: **117** ('50) 476–95.

Münch. med. Wschr. Behandlg. d. Lungentuberkulose m. Neoteben: **95** ('53) 270–72.

I **Engel,** Johannes → I **Angelus** VIIa/Suppl.

Engel, Ludolf. Allg. Maschinenbau, Dampfkraftmasch. – 1919–23 stud. TH Karlsruhe, München; '31 Dr.-Ing. TH Braunschweig; '48 o. Prof. Maschinenwesen BA Clausthal. [Eig. Mitt.]
*1896, Dez. 25, Halle.

W. ● Die Rücklaufdrehzahlen der Kreiselpumpen. Diss. (Brschw. '31) 75 S. Masch.schr. autogr.

Demag-Nachr. Großkolbenverdichter f. d. Ferngasversorgung: **13** ('39) 17–25. — Das größte Walzwerk d. Welt[2]): **15** ('42) 13–27.

Glückauf. Dyn. d. Abbauhammers[1]): **87** ('51) 1067–69.

Maschine u. Werkzeug. Dampfmaschinenantriebe f. Walzwerke: **40** ('39) 14.

Schlägel u. Eisen. Druckluftverdichtg. unt. Tage: **1** ('50) 206–09, 230–33.

Stahl u. Eisen. Entwicklg. v. Walzwerksantrieben in baulicher u. wirtschaftl. Hinsicht: **59** ('39) 173–85. — Neuzeitl. Großkolbenmaschine in Hütten- u. Bergwerksanlagen: **60** ('40) 897–904. — Konstruktive Fortschr. auf d. Geb. d. Kolbenmaschinen: **61** ('41) 25–35.

Mit: [1]) Max Heinr. Gloeckner; [2]) F. Münker.

IV **Engel,** Theodor → VIIa/Suppl.

Engelbrecht, Alfred Ferdinand. Chem. (anorg.). – 1943–48 stud. U Innsbruck; '48 Dr. phil. U Innsbruck (E. Hayek, dess. Ass. seit '49); '50 Inh. UNESCO-American chem. Soc. Fellowship, Western Reserve U Cleveland/Ohio u. U of Washington, Seattle/Washington, USA; '51 Forschungsarb. am Temple U Research Inst. Philadelphia/USA; LBeauftr. qualitat. u. quantitat. Analyse U Innsbruck; '53 Research Associate Research Inst. of Temple U Philadelphia/USA; '54 Research Chemist Penna. Salt Manuf. Co. Philadelphia/USA. [Eig. Mitt.]
*1923, Nov. 20, Silz/Tirol.

W. ● Sulfate hochwertiger Kationen. Diss. (Innsbr. '48) 73 S.

Angew. Chem. Bildungsweise d. Chlorylfluorides, ClO_2F: **66** ('54) 442.

Bull. Amer. physic. Soc. Microwave spectrum of ReO_3F[6])[5]): **29** ('54) 52.

J. Amer. chem. Soc. Temp. of the hydrogen fluorine flame[8])[3])[2]): **73** ('51) 5514. — Pure chromyl fluoride[3]): **74** ('52) 5262. — Fluorids of permanganic and perrhenic acid: MnO_3F and ReO_3F[3]): **76** ('54) 2042.

Mh. Chem. Sulfate v. Metallen hoher Wertigkeitsstufe[4]): **80** ('49) 640–47 [Diss.]. — Deriv. d. Pyrosulfamids[4])[7]): **83** ('52) 939–45. — Fluorid des Perchlorsäure-Perchlorylfluorid[1]): 1087–89.

Z. anorg. allg. Chem. Pyrosulfurylchlorofluorid: **273** ('53) 269–71.

Mit: [1]) H. Atzwanger; [2]) J. B. Conway; [3]) A. V. Grosse; [4]) Erich Hayek; [5]) Ali Javan; [6]) J. F. Lotspeich; [7]) F. Wagner; [8]) R. H. Wilson jun.

Engelhardt, Wilhelm Karl Albrecht. Physiol. – 1933 stud. U Erlangen, Berlin, München; '39 Dr. med. U Erlangen (R. Matthaei); '42 habil., '43 PDoz. U Erlangen. – '42 Carl-von Eicken-Preis (Med. Fak. U Berlin). [Eig. Mitt.] [Nürnberg.
*1913, April 1, Büchenbach üb. Roth,

Erf. Gerät z. Projekt. eines Stereofilms: Pflügers Arch. ges. Physiol. **248** ('44) 444. — Mikro-Blutsenkungspipette: Ärztl. Praxis **5** ('53) Nr. 17, 1. — Artunspezif. Tierserum „Adaequan".

Ärztl. Praxis. Akust. Wahrnehmg. d. Raumes: **5** ('53) H. 7, 2. — Z. Virusprobl.: H. 12, 1f. — Neue Bestimmungsmeth. f. d. Blutsenkg.[1]): H. 17, 1f. — Blut u. Blutersatz: H. 21, 2. — Homologe Serumhepatitis u. Bluttransfusion: **6** ('54) H. 16, 2. — Erste Promot. einer Frau [D. Chr. Erxleben] in Dtschl.: H. 28, 5 S.

Arch. Kreislaufforsch. Sicherg. d. Bestandes an Blut u. Erythrozyten u. ihre Beeinflussg. durch Blutersatzmittel: **12** ('44) 73–124 [Hab.schr.].

Arzneimittel-Forsch. Biochem. Eigensch. des z. Zwecke d. Anwendbark. b. Menschen despezifizierten Rinderserums: **4** ('54) 494–96.

Chirurg. Ist es zweckmäßig, einer Blutersatzflüssigk. ein Kolloid zuzusetzen?: **15** ('43) 259–63, 648.

Fortschr. Med. Funkt. d. elast. Elem. in d. Lunge: **70** ('52) 431f. — Vitamin-E-Therap.: 461f. — Schädigg. d. Blutspenders: **71** ('53) 17f. — Pflanzl. Farbstoffe als Arzneimittel: 43. — Ulcus-Behandlg. m. Succ. liquir.: 55f. — Kobalthalt. Wirkstoffe u. Arzneimittel: 67f. — Klin. Anwendg. v. Curare u. Curare-Ersatzmitteln: 87f. — Farbensehen in d. Netzhautperipherie: 109f. — Pharmakol. d. Penicillins: 175f. — Ultraviol. Licht in d. Med.: 195f. — Vitamin-B-Komplex: 207f.

Hippokrates. Arbeitswechsel im Organism. als biol. Ordnungsgesetz: **15** ('44) 175–77.

Med. Welt. Hautatmg. b. Menschen: **18** ('44) 243f. — Stereo-akust. Hören: **27** ('53) 555f.

Pflügers Arch. ges. Physiol. Lokale bronchomotor. Reakt.: **244** ('41) 536–69. — Erklärg. d. Zustandekommens einer d. Machschen u. Pulfrichschen Phänomen ähnl. Stereoerscheing. u. Würdigg. ihrer Bedeutg. f. einen Raumfilm: **248** ('44) 443–53.

S.-Ber. physik.-med. Soz. Erlangen. Neue Gedanken z. Physiol. d. Atmg. u. ihre Bewährg.: **72** ('41) 189–215. — Spirometr. Befunde an Aluminiumstaubkranken: **73** ('43) 58–65.

Z. Biol. Verlauf d. Entlüftg. d. Lunge b. reiner Sauerstoffatmg.: **99** ('39) 596–613 [Diss.]. — Best. d. Blutmenge am Lebenden: **100** ('40) 34–48. — Atemsperre: 518–27. — Einf. Vorrichtg. zum Zeigen d. Atempulses: 528–31. — Gähnen als Atembewegg.: 596–614. — Versch. Kohlensäuregehalt einzelner Lungenabschn.: **101** ('41) 21–29. — Einfl.

d. Suprarenins auf d. Lungendurchlüftg.: 446–50. — Paradoxe Überschneidg. d. Grenzen d. Gesichtsfeldes u. d. Blickfeldes: **103** ('50) 381–88. — Abhängigk. d. Gerinnungszeit d. Blutes v. d. Temp.: **104** ('51) 37–44. — Unt. gewöhnl. Lebensbedingg. scheinb. ungenutzte Elastizität d. Lunge: 289–306. — Sehen v. Buntfarben in d. Netzhautperipherie: 307–14. — In der rot-grünblinden Zone unbunt oder gelb aussehende Farben: 459–68. — In d. rot-grün-blinden Zone blau u. viol. aussehende Farben: **105** ('52) 83–90. — Antagonism. v. Zwerchfellkontr. u. Rippenhebg.: 170–73. — Lokalisat. eines aus 2 Schallquellen kommend. Geräusches: 174–80. — Helligkeitsempfinden in d. total farbenblinden Zone d. Netzhaut: 232–36. — Aubsreitg. d. Kontraktionswelle im quergestreiften Muskel: 313–23. — Ist d. Faser d. quergestreiften Muskels wendelartig gebaut?: 405–08.

Z. ges. exp. Med. Atemnot u. Atemsperre im Selbstvers.: **113** ('43) 141–54.

Z. Kreislaufforsch. Vorschlag zu Blutmengenmessg. am Menschen: **35** ('43) 689–92.

Z. vergl. Physiol. Temp.-Abhängigk. u. Erregungsgeschwindigk. im Kalt- u. Warmblüternerven: **33** ('51) 125–28. — Abhängigk. d. Erregungsleitungsgeschwindigk. v. Bau d. Fasern d. periph. Nerven: 378–86. — Funkt. d. arter.-venös. Anastomosen in d. Haut: **34** ('52) 370–75.

Mit: [1]) W. Fekl.

III, IV **Engelhardt,** Hermann. Paläontol. — 1869 Oberlehrer, '96 Prof. Dreikönigsschule Realgymn. Dresden-Neustadt; seit 1907 i. R. in Dresden lebend.

*1839, März 10, Oberhohndorf bei [Zwickau; †1918, Jan. 24, Dresden.

Nekr. J. Deichmüller, S.-Ber. u. Abh. Isis, Dresden 1918 ('19) V–X (m. Bildn. u. Faks.); Leopoldina **55** ('19) 64–68, 70–72 (m. Schr.verz. 125 Nr.).

VI **Engelhardt,** Victor Josef Karl. Elektrochem. — Dir. Siemens & Halske AG, Berlin.

*1866, Okt. 26, Wien [nicht *1886]; †1944, März 9, Berlin.

Biogr. ● Reichshandbuch Dtsch. Ges. **1** ('30) 394f.

Zum 70. Geb.tag. K. Illig, Z. Elektrochem. **42** ('36) 721f.

Nekr. Elektrotechn. Z. **65** ('44) 151 (m. Bildn.).

Chemiker-Ztg. Oligodynamie in Theorie u. Praxis[1]): **62** ('38) 3–5, 20f.

Wiss. Veröff. Siemens-Konz. Streuvermögen v. galvan. Bädern[2]): **12** ('33) 34–38.

Mit: [1]) M. Hosenfeld; [2]) Nikolaus Schönfeldt.

VI **Engelhardt,** Viktor August Joseph. Philos. — Oberreg. Rat; jetzt an d. Bildungsstätte Fredeburg/Sauerland. [Ohne eig. Mitt.]

*1891, Aug. 4, Wien.

W. ● Das heilige deutsche Antlitz (Bln '34) 47+15 S. (Greif-Büch. 9). — ● Gesetze, Verordng. u. Verfügg. üb. d. pädagog. Betreuung Erwerbsloser (Breslau '32) 35 S. — ● Kirche in d. Zeit (Bln '35) 74 S. (Greif-Büch. 17). — ● Die Kunst zu reisen in alter u. neuer Zeit (Aachen '37) 77 S. (Privatdr. Waggonfabrik Talbot GmbH 2). — ● Erziehung z. Elternschaft (Hildesheim l'36) 128 S. (Schr. z. Erziehungsberatg. u. Famienpädagog. 7). — ● 1848–1948 (Altenberg/Bez. Köln '48) 99 S. (Gerechtigk. u. Liebe 2). — ● Fredeburg (Ratingen '50) 128 S. (Fredeburg-Schr.-Reihe).

Naturwiss. Vokaltheor.: **22** ('34) 690–93.

von Engelhardt, Wolf Jürgen Frhr. Mineral. — 1929–35 stud. U Halle, Berlin, Göttingen; '35 Dr. phil. U Göttingen (V. M. Goldschmidt); '35–39 Ass. U Rostock, '39–44 U Göttingen (C. Correns); '39 Dr. habil., '44–45 pl. ao. Prof. U Göttingen; '48 Leiter geol. Labor. Elwerath-Erdölwerke Hannover; '52 Hon.Prof. U Göttingen. [Eig. Mitt.]

*1910, Febr. 9, Dorpat/Estland.

Ue. Aus d. Latein.: ● Gottfried Wilhelm Leibniz, Protogaea (Stuttg. '49) 182 S. — ● Gottfried Wilh. Leibniz, Schriften aus d. J. 1668-86 (Marb. '51) 544 S.

S. ● Nat. u. Med. Dtschl. 1939–46, **49** (Wiesb. '48) 63–71: Härteunters. — ● Gmelins Handb. d. anorg. Chem. Syst. Nr. 3 [8](Heidelb. '52) Lfg. 2: Vorkommen v. Sauerstoff u. Ozon.

Angew. Chem. Molekularsymmetr. u. opt. Aktivität: **57** ('44) 133f. — Zusammenhänge zw. Festigk. u. Grenzflächenenergie: **61** ('49) 337.

Chem. d. Erde. Geochem. d. Barium: **10** ('36) 187–246 [Diss.]. — Mineral. Beschreibg. eines mecklenburg. Bodenprofils: **11** ('37) 17–37. — Neue Unters. üb. d. Verwitterg. d. Kalifeldspates[1]): **12** ('38) 1–22. — Unterscheidg. wasser- u. windsortierter Sande auf Grund d. Korngrößeverteilg. ihrer leichten u. schweren Gemengteile: 445–66. — Zerfall u. Aufbau v. Mineralen in norddtsch. Bleicherdewaldböden: **13** ('40) 1–43 [Hab. schr.]. — Bildg. v. Gips aus Anhydrit: **15** ('45) 424–28.

Erdöl u. Kohle. Wasserabgabe u. Filterkuchenbildg. v. Tiefbohrspülg.: **6** ('53) 191–94, 247–52.

Fortschr. Mineral. Silikat. Tonminerale: **21** ('37) 276–340. — Vers. üb. d. Verwitterg. d. Feldspates: **23** ('39) 120–23.

Geol. Jahrb. (Beih.). Geol. u. sedimentpetrogr. Unters. im Westteil d. ungefalteten Molasse d. süddtsch. Alpenvorlandes [3a])[2]): **1953,** H. 11, 109 + 64 S.

Heidelberg. Beitr. Mineral. Petrogr. Zusammenhänge zw. Permeabilität, Porosität u. Korngröße b. Sanden u. Sandsteinen[4]): **2** ('51) 477–91. — Strömen v. Flüssigk. durch Sandsteine[6]): **4** ('53) 12-25.

Kolloid-Z. Theor. d. Thixotropie: **102** ('43) 217. — Filtrat. v. Tonsuspensionen[5]): **127** ('52) 150-64.

Nachr. Akad. Wiss. Göttingen. Röntgenogr. Unters. üb. d. Mineralbestand sedimentärer Eisenerze: **1941,** 131–37. — Unters. üb. d. Schleifhärte d. Quarzes: **1942,** 7–34. — Anisotropie d. Teilbark. d. Quarzes: **1944,** 43–56.

Naturwiss. Schleiffestigk. u. Grenzflächenenerg. fester Stoffe: **33** ('46) 195–203. — Leibniz als Naturforscher: **34** ('47) 97–104. — Goethes Geol.: **37**

('50) 205f. — Quantitat. Phasenanalyse feinkörniger Gemische m. Röntgenstrahlen[2][3]): **39** ('52) 82f. — 25 J. mineral. Forschg. in d. Inst. v. Rostock u. Göttingen: **41** ('54) 149–56.

Öl u. Kohle. Unters. an d. Schwermineralien d. nordwestdtsch. Rät: **38** ('42) 259–64. — Vers. z. Verminderg. d. Bohrarb. in harten Quarzgesteinen: **39** ('43) 707–09. — Kolloidchem. Grundlagen d. Spülungstechn.: **40** ('44) 620–34.

Studium generale. Symmetr.: **2** ('49) 203–12. — Sinn u. Begriff d. Symmetr.: **6** ('53) 524–35.

Z. angew. Mineral. Schwermineralsande d. Ostseeküste zw. Warnemünde u. Darsser Ort: **1** ('38) 30–59.

Zbl. Mineral. (A). Meth. z. Best. d. Lichtbrechg. submikroskop. Teilchen: **1938**, 212–20.

Z. Kristallogr. (A). Strukt. v. Thuringit, Bavalit, Chamosit u. ihre Stellg. in d. Chloritgruppe: **104** ('42) 142–59.

Mit: [1]) Carl Wilh. Correns; [2]) H. Füchtbaur; [3]) H. Goldschmidt; [3a]) K. Lemcke; [4]) H. Pitter; [5]) E. Schindewolf; [6]) W. Tunn.

III–VI **Engelmann,** Theodor Wilhelm → VIIa/Suppl.

Engels, Hubert. Wasserbau. — 1874–77 stud. Akad. f. Architektur Berlin u. TH München; '77 Regierungsbauführer; '81 Regierungsbaumeister; '87 o. Prof. TH Braunschweig; 1890–1924 o. Prof. TH Dresden. — '13 Dr.-Ing. e. h. (TH Danzig). [Mitt.: Karl Beger VIIa]
*1854, Jan. 25, Mülheim/Ruhr;
†1945, Okt. 29, Jena.

Zum 70. Geb.tag. Zbl. Bauverwalt. **44** ('24) 47; Bauingenieur **5** ('24) 130.

Zum 80. Geb.tag. Sorger, Wasserkraft u. Wasserwirtsch. **29** ('34) 23. — Gg. de Thierry, Forsch. u. Fortschr. **10** ('34) 62; Bauingenieur **15** ('34). — Zbl. Bauverwalt. **54** ('34) 153; Z. Binnenschiffahrt **66** ('34) 37; Rdsch. techn. Arb. **17** ('34) Nr. 5, 5; Gesundheits-Ing. **57** ('34) 72.

Zum 85. Geb.tag. Heiser, Dresdner Nachr. u. Dresdner Anzeiger. — Rdsch. Dtsch. Techn. **19** ('39) Nr. 5, 4; Z. Binnenschiffahrt **71** ('39) 48.

Zum 90. Geb.tag. Dantscher, Wasserkraft u. Wasserwirtsch. **39** ('44) 54f. (m. Bildn.).

Zum 100. Geb.tag. W. Hensen, Bauingenieur **29** ('54) 75f. — O. Kirschmer, Gas- u. Wasserfach **95** ('54) 234f. (m. Bildn.).

Biogr. ● Ein Jahrhundert Sächs. Techn. Hochschule 1828–1928 (Dsdn '28) 64–66.

Nekr. Jahrb. hafenbautechn. Ges. **19** ('51) XIXf.

S. ● Unterrichtswesen im Dtsch. Reich (W. Lexis) **4**, 1 (Bln '04) 115–24: Wasserbau an d. dtsch. techn. Hochschulen. — ● Lehrb. d. Tiefbaues (K. Esselborn) **2** [6–8](Lpz. '25) 641–743: Seebau. — ● Taschenbuch f. Bauing. (M. Foerster) **2** [5](Bln '28) 501–631: Wasserbau u. Wasserwirtschaft (m. H. Heiser).

W. ● Die Not ums Wasser (Dsdn '07) 25 S. (Neue Zeit- u. Streitfragen 13, 8). — ● Handbuch d. Wasserbaues (Lpz. u. Bln '14) 12+1499 S.; [2]('21); [3]('23) 10+7+1649 S.; Erg.-H. ('26) 4+63 S. — ● Mitteilungen aus d. Dresdner Flußbau-Labor. (Bln '17) 55 S. (Forsch.-Arb. auf d. Geb. d. Ingenieurwes. 200.201). — ● Der dtsch. Seehafen Hamburg u. seine Zukunft (Lpz. '18) 31 S.

Bauingenieur. Modellvers. üb. d. Verhalten d. bewegl. Sohle in den geschiebeführenden Flüssen: **5** ('24) 293. — Abschließg. d. Zuidersee: **6** ('25) 2. — Tore d. Raffelberg-Schleuse b. Mülheim/Ruhr: **9** ('28) 408.

Bautechnik. Geschiebebewegg. in S-förm. gekrümmten Flußläufen: **4** ('26) 20.

Dtsch. Bau-Ztg. Vollendg. d. Mittelland-Kanales: **53** ('19) 93–95, 109–12.

Hansa. Heutiger Stand d. techn. Durchbildg. d. dtsch. Binnenschiffahrt: **66** ('29) 1051f.

Jahrb. hafenbautechn. Ges. Entwurf zu einem Verkehrs- u. Ind.-Hafen in Linz: **4** ('22) 209–20.

Jahrb. schiffsbautechn. Ges. Schleppversuch m. Kanalkahnmodellen im unbegrenzt. Wasser u. 3 versch. Kanalprofile[1]): **8** ('07) 389–416. — Schleppvers. m. Kahnmodellen in Kanalprofilen[1]): **9** ('08) 487–94.

Marine-Rdsch. Hafenanlage in Swakopmund: **20** ('09) 322.

Mitt. staatl. Versuchsamt. Wert v. Modellvers.[3]): **14** ('25) 35–47.

Österr. Wschr. öffentl. Baudienst. Schiffsmodell-Versuchsanst.[4]): **15** ('09) 617f.

Techn. Mh. Flußbaulabor.: **2** ('11) 225.

Wasserkraft u. Wasserwirtsch. Schiffahrtskanal als Kraftwasserstraße: **17** ('22) 24. — Großmodellvers. üb. d. Verhalten eines geschiebeführenden gewund. Wasserlaufes unt. d. Einwirkg. wechselnder Wasserstände u. verschiedenart. Eindeichg.: **27** ('32) 25–31, 40–43.

Wasserstraßen-Jahrb. Elbe als Wasserstraße: **1924**, 76–81.

Weiße Kohle. Was wollen Flußbaulabor.?: **4** ('11) 369.

Z. Bauwes. Gußeiserner Leuchtturm b. Kykduin/Holland: **39** ('89) 391–98. — Straßenbrücke üb. d. Norder-Elbe b. Hamburg[2]): **40** ('90) 219–50, 333–68. — Schutz v. Strompfeiler-Fundamenten geg. Unterspülg.: **44** ('94) 407. — Seitendruck d. Erde auf Fundamentkörper: **46** ('96) 409. — Modellvers. üb. d. Einfl. d. Form u. Größe d. Kanalquerschnittes auf d. Schiffswiderstand: **48** ('98) 655. — Flußbau-Labor. d. Kgl. techn. Hochschule in Dresden: **50** ('00) 343. — Wirkg. d. Strömg. auf sand. Boden unt. Einfl. v. Querbauten: **54** ('04) 449–68. — Bettausbildg. gerader od. schwachgekrümmter Flußstrecken m. bewegl. Sohle: **55** ('05) 663–80. — Steile od. flache Buhnenköpfe: **56** ('06) 673–77. — Größe d. Wasserdruckes im Boden: **61** ('11) 469–88. — Vers. üb. d. Reibungswiderstand zw. strömend. Wasser u. Bettsohle: **62** ('12) 473–88.

Z. Binnenschiffahrt. Exp. Forschg. im Flußbau: **18** ('11) 325–36. — Heut. Stand d. techn. Durchbildg. d. dtsch. Binnenschiffahrt: **36** ('29) 375–81.

Zbl. Bauverwalt. Gründg. mittels Dynamits: **7** ('87) 506f. — Unterseeische Bauausführg. aus Beton: **8** ('88) 196. — Neues selbstwirkendes Klappenwehr v. Carro: 230f. — Beschädigg. u. Ausbesserg. d. Molen d. Nordseehafens b. Ymuiden: 488. — Rollklappenwehr v. Carro: **10** ('90) 211–13. — Bodenfeuchtigk. u. Sickerwassermengen: 472. — Durchlässigk. d. Bodens f. Wasser: **11** ('91) 229. — Abflußmengen v. vollk. Überfallwehren: **12** ('92) 254f. — Zylinderwehr: **13** ('93) 72–74. — Flachgründg. u. Tiefgründg. v. Brückenpfeilern: **14** ('94) 236. — Richtg. d. Erddruckes auf Stützmauern: **17** ('97) 144–46. — Berechng. d. Bohlwerke: **23** ('03) 273–76. — Anstalt z. Prüfg. v.

Schiffswiderständen u. hydrometr. Instrum. in Dresden-Übigau: **25** ('05) 272–74. — Theor. d. Schleusen-Körper: 275f. — Vers. üb. d. Aufschlickg. d. Mündg. d. Kaiser-Wilhelm-Kanals b. Brunsbüttel: **26** ('06) 201–04, 427f. — Vers. üb. d. Räumungskraft d. fließ. Wassers: **28** ('08) 105–09, 677–80. — Volkswirtschaftl. Sem. f. Bauing. an d. TH Dresden: 495f. — Neue Formel z. Ermittlg. d. mittl. Geschwindigk. in natürl. Wasserläufen: **30** ('10) 398f. — Geschwindigkeitsformel v. M. Matakiewicz: 646f. — Ufer- u. Küstenschutzbauten nach d. de Muraltschen Bauart: **31** ('11) 562–64. — Geschwindigkeitsformel ohne wählb. Beiwert: **32** ('12) 30f. — Vers. üb. d. Reibungswiderstand zw. ström. Wasser u. Bettsohle: 678–80; **33** ('13) 122f. — Neue Flußbau-Labor. d. TH Dresden: **36** ('16) 213–19. — Auftrieb unt. d. Grundsohle v. Bauwerken: 528. — Bergung d. Dampfers Gneisenau: **37** ('17) 426f. — Allg. Gesichtspunkte f. Flußregelg.[3]): **38** ('18) 60f. — Treibende Kraft u. Widerstand b. fließ. Bewegg. d. Wassers: **39** ('19) 132. — Tore d. Raffelbergschleuse b. Mülheim/Ruhr: **48** ('28) 153.

Z. Österr. Ing.- u. Archit.-Ver. Zweck, techn. u. wirtsch. Wert d. Dresdner Flußbaulabor.: **59** ('07) Nr. 20. — Vers. üb. d. Versandg. d. Einfahrt d. Freudenauer Winterhafens b. Wien: Nr. 8.

Z. VDI. Neues Flußbaulabor. d. TH Dresden: **60** ('16) 121–27, 147, 170. — Mitt. aus d. Dresdner Flußbaulabor.: **62** ('18) 412–16. — Tore d. Raffelbergschleuse b. Mülheim/Ruhr: **72** ('28) 334.

Mit: [1]) F. Gebers; [2]) C. O. Gleim; [3]) H. Krey; [4]) A. Schromm.

von Engerth, Wilhelm. Maschinenbau. – Stud. Polytechn. Wien; 1840 Ass., '44 Prof. Maschinenlehre am Johanneum Graz; '50–55 techn. Rat im Min. f. Handel u. Gewerbe; '55 Zentraldir., Stellvertr. d. Generaldir. Österr.-Ungar. Staatseisenbahnges.

*1814, Mai 26, Pleß / Preuß.-Schlesien; †1884, Sept. 4, Leesdorf b. Baden/ Niederösterr.

Biogr. Gölsdorf in: ● Enzyklopädie d. Eisenbahnwes. (V. Röll) 4 [2](Bln-Wien '13) 340. — J. Rihosek in: ● Österr. Naturforsch. u. Techniker (Wien '51) 138f. (m. Bildn.); Z. Österr. Ing.- u. Archit.-Ver. 1904.

Zum 100. Geb.tag. ● Eduard v. Engerth, Wilh. v. E. (Wien '14) 8 S.

Erf. Engerth-Bauart v. Lokomotiven.

Engesser, Friedrich. Ing.Wiss. – 1865–69 stud. Polytechn. Karlsruhe; '69–85 Mitarb. Schwarzwaldbahn u. Zentralinsp. Staatseisenbahn Karlsruhe; 1885–1915 o. Prof. TH Karlsruhe; '15 em. – '03 Dr.-Ing. e. h. (TH Braunschweig). [Mitt.: Otto Steinhardt VIIa]

*1848, Febr. 12, Weinheim/Baden; †1931, Aug. 29, Karlsruhe.

Zum 70. Geb.tag. Chr. Vlachos, Zbl. Bauverwalt. **38** ('18) 164.

Zum 100. Geb.tag. O. Steinhardt in: ● Engesser-Festschr., Aus Lehre u. Forschg. (Abh. u. Ber. TH Karlsruhe) (hrsg. v. A. Schlötzer) (Karlsr. '48) 5f. (m. Bildn.). — ● O. Steinhardt, Vortrag (Karlsr. '49) 24 S. (m. Bildn. u. Schr.-verz.). — Bautechn. **25** ('48) 235.

W. ● Theorie u. Berechng. d. Bogenfachwerkträger ohne Scheitelgelenk (Bln '80) 8+483 S. — ● Denkschrift im Dienst d. Bad. Eisenbahnverwaltg. ('85): Gangart der Tenderlokomotive Gattg. IVa im Vergl. m. Personenzuglokomotiven. — ● Knickfestigkeit gerader Stäbe (Bln '91) 13 S. — ● Zusatzkräfte u. Nebenspanng. eiserner Fachwerkbrücken **1** (Bln '92) 7+83 S.; **2** ('93) 6+191 S. — ● Berechnung d. Rahmenträger m. bes. Rücks. auf d. Anwendg. (Bln '13) 3+51 S.; [2]('19) 3+48 S. — ● Technik, Ing. u. Hochschulstudium (Bln '21) 52 S.

Armierter Beton. Einf. u. doppelte Armierg. rechteck. Querschnitte: **4** ('11) 250–55. — Rißfestigk. u. Rißsicherh. v. Eisenbetonbalken: **6** ('13) 431–40.

Bauingenieur. Graph. Ermittlg. d. Formänderg. u. d. Knickwiderstandes längs- u. querbelasteter Stäbe v. beliebig. Querschnittsanordng.: **2** ('21). — Erhaltg. d. Kapitalwerte: **3** ('22). — Verdübelte Balken: **3** ('22).

Beton u. Eisen. Querdehng. längs beanspruchter Stäbe u. Poissonsche Zahl: **17** ('18) 154.

Dtsch. Bau-Ztg. Fachwerkträger doppelten symmetr. Syst. m. Vertikalen: **6** ('72) 203–05. — Belastungsäquivalente b. Eisenbahnbogenbrücken: **13** ('78) 322. — Lage d. Stützlinie in Gewölben: **14** ('79) 184–86. — Stat. unbest. Trägersyst., m. bes. Berücks. d. Bogenkonstrukt.: **15** ('81) 231. — Festigk. v. Beton-Bogen: 580–83. — Erddruck gegen innere Stützwände: **16** ('81) 91–93. — Tragfähigk. d. Eisenbauten b. hohen Wärmegraden: **23** ('89) 486. — Richtg. u. Größe d. Erddruckes gegen Stützwände: **27** ('93) 325. — Eisenbahnbrücken u. künft. Verkehrsentwicklg.: **32** ('98) 253.

Eisenbau. Knickvers. m. einer Strebe d. eingestürzten Hambg. Gasbehälters: **4** ('13) 241. — Beanspruchg. durchgehender Träger durch Wärmeeinfl. u. Stützensenkg.: **5** ('14) 1–3. — Knickfestigk. eines m. einem gleichwert. Zugstab durch undehnbare Querstäbe verbundenen Druckstabes: 45. — Bogenträger m. zwei Gelenken: **9** ('19) 26. — Vers. u. Unters. üb. Knickwiderstand d. seitl. gestützten Stabes: 28–34. — Berechng. d. Stockwerkrahmen: **11** ('20) 81–88.

Physik. Z. Knickfestigk. gerader Stäbe: **12** ('11) 512.

Z. Architektur- u. Ing.-Wes. Mittelgelenkbalken: **36** ('90) 405. — Eigengewicht schmiedeeiserner Brückenpfeiler: **40** ('94) 319–35. — Einfl. d. Formänderg. auf d. Kräfteplan stat. best. Syst., insbes. d. Dreigelenkbogen: **49** ('03) 177–85. — Weitgespannte Wölbbrücken: **52** ('07) 403–41. — Erddruck: **53** ('08) 77–91. — Rahmenträger u. Beziehg. zu d. Fachwerkträgern: **59** ('13) 67–84 [auch in: Z. Bauwes. **63** ('13) 343–64]. — Erddruck gegen Stützwände: **65** ('19) 173–82. — Wärmespanng. v. Mauerkörpern, insbes. v. Stütz- u. Staumauern: **66** ('20) 41–54.

Z. Bauwes. Entwicklg. einer Formel f. d. Eigengewicht schmiedeeiserner Bogenbrücken: **27** ('77) 207–20. — Eigengewicht schmiedeeiserner Fachwerksbrücken mit paralleler Gurtg.: **28** ('78) 203–20. — Geom. Erddrucktheorie: **30** ('80) 189. — Horizontalverb. b. Bogenbrücken: **31** ('81) 57–70. — Zusätzl. Beanspruchg. kontinuierl. Brückenkonstr.: **44** ('94) 305–16. — Bogenbrücken m. elast. Pfeilern (Bogenreihen): **51** ('01) 311–52. — Das elast. Tonnengewölbe als räuml. Syst.: **59**

('09) 107–18. — Berechng. d. Rahmenträger m. Rücks. auf d. Anwendg.: **63** ('13) 531–44. — Elast. stabförm. Träger v. belieb. Gestaltg.: **70** ('20) 186–95.

Zbl. Bauverwalt. Einfl. d. Temp. auf d. Lastverteilg. b. Brücken m. mehreren Hauptträgern: **1** ('81) 355–57. — Sicherg. offener Brücken gegen Ausknicken: **4** ('84) 415–17; **5** ('85) 71f. — Knickfestigk. v. Ringen u. Röhren: **8** ('88) 307–09. — Beanspruchg. d. Baugrundes b. d. Widerlagern v. Bogenbrücken: **20** ('00) 308f. — Elastizitätsgesetz b. Körpern v. gleichbleib. Elastizität: **22** ('02) 134f. — Laststellg. m. Hilfe d. Einflußlinien: 510f. — Einfl. v. Wärmeänderg. auf Bogenträger m. 2 Gelenken: **27** ('07) 155f. — Berechng. stat. unbest. Syst.: 606f. — Festigkeitszuwachs v. Beton m. d. Alter u. üb. seine Verwendg. b. Eisenbetonbauten: **28** ('08) 593f. — Knicksicherh. d. Druckgurte off. Brücken: **29** ('09) 178–80. — Knickfestigk. v. Rahmenstäben: 136–30. Zeichner. Best. d. Ablaufgeschwindigk. u. Ablaufzeit b. Eselsrücken: **32** ('12) 378–80. — Bei gleichförm. Wasserabfluß wirkende Kräfte u. Energien: **37** ('17) 409, 520. — Fachwerke m. einkräft. Stäben u. Lagern: **38** ('18) 334, 340, 344. — Sehr kurzer Beweis d. Pythagoräischen Lehrsatzes: 384. — Treibende Kraft u. Widerstand b. fließender Bewegg. d. Wassers: **39** ('19) 131. — Bewegg. d. Ruderschiffe: 289, 544. — Einfl. d. Wasserauftriebs auf d. Standfestigk. d. Bauwerke: 429–32, 443f. — Ing., Zeugmeister u. Techniker: **40** ('20) 318. — Biegungslinien belasteter, bes. gedrückter Stäbe: **42** ('22) 357–59.

Z. Österr. Ing.- u. Archit.-Ver. Knickfestigk. v. Stäben veränderl. Trägheitsmomente: **61** ('09). — Best. d. Knickfestigk. gegliederter Stäbe: **65** ('13).

Z. VDI. Nebenspanng. d. Fachwerkstäbe b. steifen Knotenverbb.: **32** ('88) 813–17. — Spannungszahlen b. Eisenbauten: **33** ('89) 324–27. — Vers. üb. d. Festigk. v. Nietverbb.: 399–401. — Umbau d. Glasträgerbrücke: **34** ('90) 498f. — Zusammengesetzte Druck- u. Biegungsfestigk. schmiedeeiserner Stäbe: 731–36. — Vorschriften üb. d. Bau u. d. Prüfg. eiserner Brücken: **36** ('92) 899f. — Knickfestigk. offener Brücken: **39** ('95) 1021–25. — Widerstandsmomente u. Kernfiguren b. beliebigem Formänderungsgesetz (Spannungsgesetz): **42** ('98) 903–07, 927–31. — Knicksicherh. v. Gitterstäben: **52** ('08) 359f. — Knickvers. m. einer Strebe d. eingestürzten Hamburger Gasbehälters: **57** ('13) 980. — Geschwindigkeitsverteilg. b. gleichmäß. Bewegg. offener Wasserläufe: **62** ('18) 240–43. — Verringerg. d. Nebenspanng. v. Fachwerkbrücken b. d. Aufstellg.: **65** ('21) 1024.

Z. Verb. Dtsch. Archit.- u. Ing.-Ver. Z. Philos. d. Techn.: **6** ('17) 73f.

Engi, Gadient. Farbstoffchem. — 1899–03 stud. ETH Zürich, '03–04 U Genf; '04 Dr. sc. nat. U Genf; '04–44 b. d. Schweizer Ges. f. chem. Ind. Basel, '27–37 als Präsident. — '29 Dr. techn. Wiss. e. h. (ETH Zürich); '31 Dr. phil. h. c. (U Basel); '35 Gold-Medaille (Int. Ver. d. Chemiker-Koloristen).
*1881, Dez. 13, Chur;
†1945, Mai 19, Riehen.

Biogr. M. Isler, Helvet. chim. Acta **28** ('45) 897–900. — R. Tobler, ebda 901–11. — ● Neue Schweizer Biogr. (A. Bruckner) (Basel '38) 134 (m. Bildn.); Verh. Schweiz. naturforsch. Ges. **127** ('47) 233–36 (m. Bildn. u. Schr.verz. 32 Nr.); ● Zum Andenken an G. Engi-Hollenweger (Basel '45) 43 S. (m. Bildn.).

Zum 63. Geb.tag u. 40jähr. Jubil. ● 40 J. Chemie (Basel '44) 90 S. (m. Bildn.).

Erf. auf d. Geb. d. indigoiden Küpenfarbstoffe.

III–VI **Engler,** Carl Oswald Viktor. Chem. — 1887–1919 o. Prof. TH Karlsruhe.
*1842, Jan. 5, Weisweil/Rhein;
†1925, Febr. 7, Karlsruhe.

Engler-Medaille (Dtsch. Ges. f. Mineralölforschg.).

Biogr. L. Ubbelohde, Öl, Kohle, Erdöl, Teer **13** ('37) 1189. — H. Weil u. T. J. Williams, Nature [London] **166** ('50) 1000f.

Zur Biogr. A. Flachs, An. Minelor România **18** ('35) 57f.

Zum 100. Geb.tag. Öl u. Kohle **38** ('42) 1 (m. Bildn.).

Engler, D. C. → VIIa/Suppl.

Epheser, Helmut. Math. — 1943 Dr. rer. nat. Dtsch. TH Brünn; seit '52 PDoz. TH Hannover. [Eig. Mitt.]
*1917, Aug. 2, Hannover.

W. ● Über einige Verallgemeinerg. d. Schwarz-Christoffelschen Integralansatzes. Diss. (o. O. '43) 63 S. Masch.schr.

Ann. Physik. Moderne Darst. d. Gullstrandschen Arb. z. Strahlenopt.: (5) **38** ('40) 501–41. — Flächengrößen u. elektrodyn. Grenzbedingg. bei bewegten Körpern[2]): (6) **8** ('50) 211–20.

Arch. Math. Konforme Abb. eines Parallelstreifens m. Halbkreiskerbe[3]): **3** ('52) 276–81.

Elektr. Nachr.-Techn. Grundlagen d. Siebschaltungstheor. u. ihre Anwendg.[1]): **17** ('40) 169–92.

J. reine u. angew. Math. Konforme Abb. einf. zusammenhäng. Geb., die v. Bögen konzentr. logarithm. Spiralen berandet sind: **187** ('50) 131–52.

Mit: [1]) Hellmut Glubrecht; [2]) Theodor Schlomka; [3]) Friedemann Stallmann.

V, VI **Ephraim,** Fritz. Chem. (anorg.). — 1932–35 o. Prof. U Bern.
*1876, Sept. 4, Berlin;
†1935, Jan. 17, Bern.

Nekr. E. Michel, Helvet. chim. Acta **18** ('35) 1448–64 (m. Schr.verz. 119 Nr.). — Verh. Schweiz. naturf. Ges. **116** ('35) 440–45 (m. Bildn. u. Faks.); Ber. Dtsch. chem. Ges. **68** A ('35) 62–65.

W. ● Anorganische Chem. [5](Lpz. '34) 12+841 S.; span. [2](Barcelona '40) 16+926 S.; engl. [3](New York '39); [4](Lond. '43); [5](Lond. '48) 12+939 S.

Helvet. chim. Acta. Nachw. sehr kleiner Vanadinmengen: **14** ('31) 1266–69. — Reflexionsspektr. einiger Halogenide seltener Erdmetalle, insbes. d. Erbiums[2])[4]): **16** ('33) 261–67. — Absorptionsspektr. v. Uranverbb.[3]): 1257–72. — Ammoniakate v. Vanadinhalogeniden[1]): 1273–87. — Ammoniakate v. Chromverbb.[4]): **17** ('34) 287–95. — Ammoniakate v. Chromaten u. Perchloraten[4]): 296–308.

J. Indian chem. Soc. Opt. Unters. an Uranverbb.: **1933**, 243–50.

Mit: [1]) Emil Ammann; [2]) G. Jantsch; [3]) Martin Mezener; [4]) Clemente Zapata.

VI **Eppenstein,** Martin Otto. Optik. — 1900 Dr. phil. U Jena (A. Winkelmann); '01–07 Ass. Seismogr. Stat. d. Carl-Zeiss-Stiftg. Jena; '07–42 Aufbau u. Leitg. d. Abt. f. Entfernungsmesser u. '19–38 Aufbau u. Leitg. d. Feinmeß-Abt. d. Zeisswerks Jena. [Mitt. d. Schwagers: Ernst Wandersleb VII a]
*1876, Okt. 10, Breslau;
†1942, Okt. 7, Jena.

Nekr. Cl. Münster, Optik **9** ('52) 431f. (m. Bildn.).

Kurzbiogr. ● F. Schomerus, Gesch. d. Jenaer Zeisswerks 1846–1946 (Stuttg. '52) 245f. (m. Bildn.).

Biogr. ● H. Boegehold u. E. Wandersleb ('51) 25 S. (m. Bildn.) [Ms. im Pogg.-Arch.].

Erf. Patentliste (78 Nr.) im Pogg.-Arch. — 1907–42 Arbeitsgeb. opt. Entfernungsmesser (vgl. dazu: ● A. König, Die Fernrohre u. Entfernungsmesser [2](Bln '37) 181: Koinzidenz-Entfernungsmesser m. fester Skala; 183: Topogr. Schnittbild-Entfernungsmesser f. doppelte Messg.; 209: Altimeter m. Doppel-Drehkeilen; 302: Abs. Justierg. f. Entfernungsmesser). — 1919–38 Opt. u. mech. Feinmeßgeräte (Opt. Umgehg. d. Abbe'schen Komparatorprinzips; Monobjekt. Oberflächenprüfgerät nach d. Lichtschnittverf.).

S. ● Czapski-Eppenstein, Grundzüge d. Theor. d. opt. Instrum. nach Abbe [3](Lpz. '24) 146–212: Wirkg. d. Strahlenbegrenzg. u. d. Auffangschirms.

W. (Bearb.) ● S. Czapski, Theor. d. opt. Instrum. nach Abbe [2](Lpz. '04) 480 S. (m. S. Czapski u. M. Rohr).

Gerlands Beitr. Geophysik. Vertikalseismometer in d. seismogr. Stat. zu Jena[1]): **5** ('08) 593–604.

Z. Feinmech. u. Präzis. Prüfg. v. Führg. u. Flachstangen: **42** ('34) 177–81.

Z. VDI. Optik im Dienste d. Fertigg.: **78** ('34) 993–1001, 1111–16.

Mit: [1]) Rudolf Straubel.

Eppler, Wilhelm Friedrich. Mineral. — 1921–26 stud. U Bonn u. Hamburg; '26 Dr. U Hamburg (H. Rose); Dir. Fachschule f. Diamant-, Edelstein- u. Goldschmiedeberufe, Idar-Oberstein; '41 Doz. U Frankfurt/M., '43–45 U Straßburg; '55 Hon. Prof. U München. [Eig. Mitt.]
*1902, Aug. 6, Detmold.

S. ● Fiat final Report (Washington '47) 1038: Lagersteine aus gehärtetem synthet. Spinell.

W. ● Der Diamant und seine Bearb. (Lpz. '33) 165 S. — (Bearb.) ● Alfr. Eppler, Edelsteine u. Schmucksteine [2](Lpz. '34) 554 S. — ● Die Lagerstätten d. Edelsteine u. Schmucksteine (m. O. Stutzer) (Bln '35) 17 + 567 S.

Fortschr. Mineral. Brillanz durchsichtiger Edelsteine: **23** ('38) 1–40.

Gems and Gemol. Observat. on red synthetic spinel: **1953**, 306.

J. Gemmol. The fine cut of synthetic rutile: **2** ('49) 1–10.

Naturwiss. Rdsch. Synthet. Hartstoffe: **2** ('49) 554f.

Neues Jahrb. Mineral. Beil.-Bd (A). Üb. d. opt. Verhalten, d. Dichte u. Zustandsänderg. d. Zirkons: **55** ('27) 401–87 [Diss.]. — Prakt. Brillantschliff d. Diamanten[1]): **75** ('40) 135–44.

Z. angew. Mineral. Härten synthet. Spinelle: **4** ('43) 345–62.

Zbl. Mineral. (A). Einige Beob. am Diamant: **8** ('25) 251–53. — Idealschleifformen durchsicht. Edelsteine: **1938**, 1–5. — Beitr. z. Brillanzprobl.: **1939**, 53–60; ∼ 2: **1940**, 93–96. — Außergewöhnl. großer Olivinkristall v. Edelsteingüte: 102–05. — Relative Korrosionshärte d. Achates u. einiger anderer Mineralien: **1941**, 1–10. — Relative mech. Korrosionshärte d. synthet. Korunds u. einiger anderer Mineralien: 73–85.

Mit: [1]) E. Klüppelberg.

Epprecht, Willfried Theodor. Mineral. — 1937–42 stud., '46 Dr. rer. nat. (P. Niggli), '51 PDoz. ETH Zürich. [Eig. Mitt.]
*1918, März 16, Schöftland/Aargau.

W. ● Die Eisen- u. Manganerze des Gonzen. Diss. (Zürich '46) 8+129 S.

Chimia. Kristallchem. d. Metallkarbide u. ihre Bedeutg. in d. Metallkde: **5** ('51) 49–60. — Methodik d. qualitat. Röntgenanalyse: **8** ('54) 165–75.

Experientia. Röntgenogr. feinstrukturelle Unters. v. parasitären Verkalkg.[8])[9]): **6** ('50) 187f.

Fortschr. Röntgenstrahlen. Chem., mineral. u. Feinstrukt.-Unters. an Gallensteinen d. Menschen u. d. Rindes[6])[7]): **79** ('53) 1–20.

Helvet. chim. Acta. Serpentinmineralien u. ihre Synth.[3])[5]): **30** ('47) 9–14. — Kristallstrukt. v. Chinuclidiniumhalogeniden[1])[4]): **34** ('51) 222–31.

Schweiz. Arch. angew. Wiss. u. Techn. Röntgen-Feinstrukt.-Unters. üb. d. Kriechen v. Stahl: **18** ('52) 10–21.

Schweiz. med. Wschr. Ergebn. d. Feinstrukturunters. v. Blasensteinen aus d. vorderen Orient[8]): **80** ('50) 792–95.

Schweiz. mineral. u. petrogr. Mitt. Manganmineral. v. Gonzen u. ihre Paragenese: **26** ('46) 19–27. — Entwässerg. v. Chrysotil u. Antigorit[3]): 230–56. — Vers. z. Synth. v. Serpentin-Mineral.: **27** ('47) 1–20. — Das Nummulitenerz v. Lowerz: **28** ('48) 84–89. — Röntgenogr. u. spektroskop. Unters. an Schweiz. Hydroxylapatiten[6]): **31** ('51) 181–87. — Weitere Vers. z. Synth. v. Chrysotilasbest[5])[2]): 293–305. — Gitterkonst. d. Turmaline: **33** ('53) 481–505.

Vjschr. naturforsch. Ges. Zürich. Techn. wichtige Kristallreakt.: **97** ('52) 82–92.

Mit: [1]) H. Auerswald; [2]) F. Balduzzi; [3]) Ernst Brandenberger; [4]) H. Günthard; [5]) Paul Niggli; [6]) R. L. Parker; [7]) H. Rosenmund; [8]) Hans R. Schinz; [9]) H. Vogel.

V, VI **Epstein,** Paul. Math. — Seit 1919 ao. Prof. U Frankfurt/M.
*1871, Juli 24, Frankfurt/M.;
†1939, Aug. 11.

Bildn. Acta math. 1882-1912, Table générale (Uppsala-Stockholm '13) 139.

W. ● Enzyklopädie d. Elem.-Math. (H. Weber, J. Wellstein). Ein Handb. f. Lehrer u. Studierende, 1: Arithmetik, Algebra u. Analysis [5](Lpz.-Bln '34) 16+582 S.

Forsch. u. Fortschr. Goethes Stellg. z. Math.: 8 ('32) 86-88.

J. reine u. angew. Math. Auflösbark. d. Gleichg. $x^2-Dy^2=-1$: **171** ('34) 243-52.

Erb, Karl Ludwig. Geol. — 1912-14 stud. U Jena, '19-21 U Freiburg/Br.; '21 Dr. phil. nat. U Freiburg/Br. (W. Deecke); '21 Landes-Geol. Bad. geol. Landesanst. Freiburg/Br. [Eig. Mitt.]

*1893, Nov. 20, Ravensburg.

S. ● Der Feldberg im Schwarzwald (Freiburg/Br. '48) 22-96: Geol. d. Feldbergs.

W. ● Geol. Spezialkarte v. Baden m. Erläuterg.: Blätter Nassig ('28), Hilzingen ('31), Überlingen ('34), Reichenau ('34), Mainau ('35).

Bad. geol. Abh. Begrabener diluvialer Spaltenfrostboden im Breisgau: **5** ('33) 132-35.

Ber. Reichsstelle Bodenforsch. Eisenoolith. Horizonte (ohne d. Kellaway) im Jura d. Oberrheintalgrabens u. d. angrenz. Geb.: **1941,** 49-61. — Eigenart. Thermalwasserverluste in einem Tiefbohrloch v. Bad Krozingen (Baden): **1942,** 200-05.

Fortschr. Geol. Paläontol. Tektonik d. Hegaus: **11** ('32) 511-20.

Gas- u. Wasserfach. Öffentl. Wasserversorgg. in Südbaden[1])[2]): **94** ('53) 281-87.

Geognost. Jh. Stratigr. u. Tektonik d. Allgäuer Molasse: **35** ('22) 167-92 [Diss.].

Mitt. Bad. geol. Landesanst. Bodenverhältn. d. Viehweiden im Hochschwarzwald: **10** ('29) 261-89. — Stratigr. d. mittl. u. jüng. Diluviums in Südwestdtschl. u. d. Schweizer. Grenzgeb.: **11** ('36) 189-220.

Mitt. Bad. Landesver. Naturkunde (N.F.). Riedheimer Basaltgang, eine alte Erdbebenspalte im Hegau: **2** ('32) 285f. — Gletschermühle v. Brünnensbach b. Überlingen: **3** ('34) 41-43. — Kohlensäureaustritte im Hegau: 197f. — Flugsanddünen v. Salem u. ihr Alter: **3** ('36) 201-04. — Zeitpunkt d. Wutachablenkg. u. d. Parallelisierg. d. würmeiszeitl. Stadien d. Schwarzwaldes m. denen d. Rheingletschers: **3** ('37) 314-19. — Mechanism. d. Donauversinkg. u. d. Aachquelle: **5** ('52) 267-80. — W. Schmidle †: 321f.

Mitt.-Bl. Bad. geol. Landesanst. Schwarzwaldglazial im Feldberggeb.: **1947** ('48) 42-44. — Jungquartäre Hebg. d. südl. Schwarzwalds: **1948** ('48) 49-51. — Flußgesch. d. Radolfzeller Aach: **1949** ('50) 56-59. — Wilhelm Spitz z. Gedächtn.: **1950** ('51) 3-5. — Adolf Schinzinger z. Gedächtn.: 5f.

Mitt. Naturkunde u. Naturschutz. 80. Geb.tag v. W. Schmidle: **4** ('40) 253-59.

Mit: [1]) Karl Braun; [2]) Kurt Sauer.

Erbach, Rudolf. Schiffstechnik. — 1924 Dr.-Ing. TH Danzig; '27-45 o. Prof. TH Danzig; in Duderstadt lebend. [Eig. Mitt.]

*1880, Apr. 23, Benrath/Düsseldorf.

W. ● Rückblicke u. Ausblicke im Segelschiffbau. Diss. [Ausz. in: Jahrb. d. Diss. TH Danzig f. 1924, 112-18].

Jahrb. schiffsbautechn. Ges. Freibord u. Seefähigk.: **31** ('30) 68-86. — Vermessg. u. Freibord d. Frachtschiffe: **32** ('31) 289-309. — Dtsch. Segelschiffahrt u. dtsch. Segelschiffbau z. Zt. d. Reichsgründg.: **41** ('40) 287-307.

Kruppsche Mh. Motor-Segler u. ihr Bau auf d. Germaniawerft: **2** ('21) 90-100; **3** ('22) 264.

Schiffbau. Widerstand u. Vortrieb d. leicht beladenen Frachtschiffes: **29** ('28) 476-79. — Stabilität selbsttrimm. Kohlenschiffe: **30** ('29) 583-99. — Zum Vortr. v. Dir. Bauer in d. Schiffbautechn. Ges. auf d. 30. Hauptvers.: **31** ('30) 59-61. — Berechng. d. flutbaren Länge: 362-67, 384-88. — Doppelschrauben-Motor-Yacht „Nimet Allah" f. Abbas Hilmi II.: **36** ('35) 1-5, 17-22, 65-70.

Technik-Gesch. Geschichtl. Entwicklg. d. Kampfmittel zur See: **26** ('37) 15-30.

Werft, Reederei, Hafen. Motorsegler, erbaut v. d. Fa Krupp-AG. Germaniawerft[2]): **2** ('21) 420-29. — Motor-Viermastbark „Magdalene Vinnen": **4** ('23) 1-12. — Neues Flettner-Ruder[1]): 579. — Stabilitätsvermittlg. b. Segelschiffen: **6** ('25) 371-76. — Freibord u. Seefähigk.: **10** ('29) 332. — Mängel d. heut. Freibordvorschr. u. Vorschr. zu ihrer Beseitigung: **11** ('30) 162-65, 285-91.

Mit: [1]) Fritz Horn; [2]) v. Kajdacsy.

VI **Erbacher,** Otto Hermann. Anorg. u. physikal. Chem. — 1925 Ass. KWInst. Berlin; '35 PDoz., '40 apl. Prof. U Berlin; Prof. u. Abt.Leiter KWInst. Chem. Mainz.

*1900, Febr. 9, Neubeuern/Inn; †1950, Aug. 13, Freising/Obb.

Nekr. O. Hahn, Angew. Chem. **63** ('51) 83 (m. Bildn.).

S. ● Handbuch d. analyt. Chem. (Fresenius-Jander) **3**,2a (Bln '40) 403-46: Radium u. Isotope; **3**,3 (Bln '42) 826-52: Aktinium u. Mesothor 2. — ● Nat. u. Med. Dtschl. 1939-46, **22** (Wiesb. '49) 381f.: Strukturunters. m. Radiumstrahlen; **23** ('49) 113-20: Kernchem. Trenng. m. unwägbaren Substanzmengen u. Anwendg. d. gewonnenen Prod.

W. ● Über einatomare Deckschichten auf Uranmetall b. Temp. bis 220° C (m. M. Ebert) (Bln '51) 17 S. (Metallkdl. Ber. 4).

Angew. Chem. Identifizierg. d. durch Neutronen erzeugten künstl. Radioelem. u. ihre Verwendg. in d. Chem. als Indicatoren[3]): **48** ('35) 409-14. — Radiochem. Trenng. v. Elem. in unwägbarer Menge: **54** ('41) 485-91. — Isolierg. radioakt. Atomarten: **59** ('47) 6-10. — Aktivstellen an Metallen: **62** ('50) 403f.

Arch. Metallkunde. Neue Meth. d. Korrosionsschutzes v. Metallen in Elektrolyten durch einatomare Bedeckg. m. einem edleren Metall[3])[2])[1]): **3** ('49) 409-13.

Ber. Dtsch. chem. Ges. Gewinng. d. künstl. radioakt. Halogene in unwägbarer Menge aus d. stabilen Isotopen[3]): **69** ('36) 893-98.

Chemiker-Ztg. Elektrochem. Vorgänge u. ihre Auswertg. z. Absolutbest. v. Metalloberfl.: **62** ('38) 601-04.

Korrosion u. Metallschutz. Versch. Arten v. Löslichkeitselem.: **17** ('41).

Naturwiss. Neuart. elektrochem. Verf. d. Radiochem.: **20** ('32) 390–93. — Absol. Größe v. Metalloberfl.: 944f. — Regenerierg. gealterter Radiothorpräpar.[10]): **32** ('44) 37.

Z. anorg. allg. Chem. Gewinng. d. künstl. radioakt. Schwefels $^{35}_{16}S$ in unwägbarer Menge aus Tetrachlorkohlenstoff[6]): **259** ('49) 249–54.

Z. Elektrochem. Metallionenadsorpt. an Metalloberfl.: **44** ('38) 594.—Verteilg. d. reagierenden Stellen, Störstellen bzw. akt. Stellen an Metalloberfl.: **53** ('49) 54–67. — Wirksamk. d. Oberflächenatome, Störstellen bzw. akt. Stellen an Metalloberfl.: 67–75.

Z. Metallkunde. Weg z. Best. d. absol. Oberfl. v. unedlen Metallen[4])[7]): **40** ('49) 249–55.

Z. Naturforsch. Metallionenadsorpt. an Metalloberfl.[3])[11]): **3a** ('48) 637–45.

Z. physik. Chem. (A). Best. d. Löslichk. v. Radiumsulfat in Wasser b. 20° C[8]): **158** ('32) 216–30. — Beitr. z. Gültigk. d. Massenwirkungsgesetzes, 1: Löslichk. v. Radiumsulfat in Schwefelsäure- u. Natriumsulfatlösg.[8]): 231–36. — Vorgänge b. Austausch zw. Metallatomen u. edleren Ionen: **163** ('33) 196–214. — Meth. z. Best. d. absol. Oberfl. v. Metallen: 215–30. — Meth. z. absol. Best. d. akt. Fläche v. Edelmetallen: 231–39. — Natur d. spontanen Abscheidg. v. Polonium auf Silber in versch. Säuren: **165** ('33) 421–26. — Chem. Verhalten d. Poloniums[5]): 427–32. — Austausch zw. Atomen u. Ionen eines Metalles: **166** ('33) 23–26.— Trenng. d. radioakt. Atome v. d. isotopen stabilen Atomen[9]): **176** ('36) 169–81. — Elektrochem. Belegg. v. Metalloberfl. m. einer einatomaren Schicht edlerer Atome: **178** ('36) 15–28. — Einfl. d. Vorbehandlg. v. Metalloberfl. auf d. elektrochem. Abscheidg.: 43–56. — Gewinng. d. künstl. radioakt. Phosphors in unwägbarer Menge aus d. stabilen Isotop[9]): **179** ('37) 263–74. — Best. d. Entladungsortes b. elektrochem. Austausch ohne Lokalelementwirkg.: **180** ('37) 141–53. — Primäre u. sekundäre Adsorpt. v. Metallionen an Metalloberflächen: **182** ('38) 243–55. — Unmittelb. Gleichgewichtsverschiebg. infolge Metallionenadsorpt. an Platin: 256–64.

Z. physik. Chem. (B). Struktur v. Metallhydroxyden m. d. Emaniervermögen 100: **33** ('36) 47–53. — Gewinng. d. künstl. radioakt. Phosphors $^{32}_{15}P$ in unwägbarer Menge aus Schwefelkohlenstoff: **42** ('39) 173–78.

Mit: [1]) H. v. Babo; [2]) M. Ebert; [3]) Wilfried Herr; [4]) Gisela Jensen-Hellmann; [5]) Hans Käding; [6]) Hilde v. Laue-Lemcke; [7]) Auguste Mellin; [8]) Boris Nikitin; [9]) Kurt Philipp; [10]) Gerhard Radoch; [11]) Malene Wiedemann.

VI **Erben,** Franz X. Physiol. – 1931 i. R. Wien; weitere Daten nicht bekannt.
*1876, Aug. 22, Wien.

Erber, Wolfram. Chem. (anorg.). – 1924–32 stud., '32 Dr. techn. (J. Urbanek), '30–36 Ass. TH Wien; '36 Ass. (W. Fischer), '39 Doz. U Freiburg/Br. [Mitt. d. Witwe: Gertrud Erber, Freiburg/Br.]
*1905, Dez. 23, Wien;
†1943, Jan. 24, Woronesch/UdSSR.

W. • Kinetik d. Auflösg. v. Silber in salpetriger Säure. Diss. (Wien '32) 201 S. — • Beiträge z. Kenntn. d. Auflösungsvorgänge u. verwandter Reakt. Hab.schr. (Freiburg '39) 62 S. Masch.schr.

Angew. Chem. Gesamtanalyse d. Chromeisensteins u. chromithalt. feuerfester Stoffe: **50** ('37) 382f. — Auflösg. v. Silber u. Jodsilber in Jodwasserstoffsäure: **51** ('38) 192, 753 [auch in: Atti X. Congr. int. Chim., Roma **2** ('38) 633f.].

J. prakt. Chem. (N.F.). Komplexsalze, 1: Löslichk. v. Silberchlorid in Salzsäure[1]): **158** ('41) 176–85.

Z. analyt. Chem. Jodidbest. m. Hilfe v. Eisen(III)-chlorid u. ihre Anwendg. z. Trenng. v. Chlorion u. z. Silberbest.: **123** ('42) 161–65.

Z. anorg. allg. Chem. Komplexverbb., 2: Löslichk. v. Silberbromid in wässeriger Bromwasserstoffsäure: **248** ('41) 32–35; ~3: Löslichk. v. Silberjodid in wässeriger Jodwasserstoffsäure: 36–44. — Auflösg. d. Silberhalogenide in wässerigen Halogenwasserstoffsäuren als Beisp. f. d. Beeinflussg. d. Geschwindigk. heterogener Diffusionsreakt. durch d. Gleichgewicht in d. Grenzfläche: **250** ('42) 145–58.

Mit: [1]) Alfred Schühly.

Erbring, Hans Werner. Kolloidchem. – 1923–29 stud., '29 Dr. phil. U Leipzig (Wolfg. Ostwald); '37 Doz. U Leipzig; '42 apl. Prof. TH München u. Leiter d. Inst. f. Kunstfaserforschg.; seit '48 Leiter Chem. Abt. Madaus Köln-Merheim; '54 Hon.Prof. U Köln. [Eig. Mitt.]
*1903, Okt. 29, Coswig/Anhalt.

S. • Kolloid-chem. Taschenb. (A. Kuhn) (Lpz. '35) 334–39: Chem. Reakt. in Gallerten. — • Üb. d. Anwendungsmöglichk. v. Bentonit u. Netzmitteln f. d. graph. Gewerbe (Lpz. '43) 55–64: Bentonit in d. Papierveredlg. (m. H. Lehmann).— • Nat. u. Med. Dtschl. 1939–46, **30** (Wiesb. '48) 113–50: Kolloidchem.

Chemiker-Ztg. Kolloidchem. u. nation. Ernährungswirtsch.: **61** ('37) 641f.

Dtsch. Apotheker-Ztg. Messg. d. enzymat. Aktivität am Milchsaft d. Caria papaya[3]): **91** ('51) 91–93. — Vergleich. Unters. an Aconitum napellus[6]): **93** ('53) 332.

Dtsch. med. Wschr. Redoxsyst. Chlorophyll-Glutathion in d. chirurg. Wundbehandlg.[9])[10]): **36** ('52) 1076.

J. Amer. pharmac. Assoc. A strip of filter paper or capillary hydrostatics, capillary diffusion and capillary osmosis, 1: **23** ('34) 213–21; ~ 2: 324–31; ~ 4: 414–17. — Method of measuring of the mechanical qualities of films and emulsions: **25** ('36) 386–91.

Kolloid-Beih. Flüssig-flüssige Entmischg. d. Natronseifen höh. Fettsäuren m. Natriumsulfat u. d. Beziehg. dieser Syst. z. Phasenregel: **31** ('30) 291–346 [Diss.]. — Stabilität v. Metall-Organosolen[11])[4]): **38** ('33) 337–83. — Unters. üb. d. Spinnbark. flüss. Syst.: **44** ('36) 171–237 [Hab.schr.]. — Rheolog. Unters. konzentrierter Suspensionen m. bes. Berücks. ihrer Verwendg. in d. Papierveredlg.[2])[1]): **54** ('43) 365–434.

Kolloid-Z. Einfl. d. „Reaktionselektrolyten" auf d. period. Niederschlagsbildg. v. Bleichromat: **56** ('31) 194–200. — Gleichrichterwirkg. u. heterogene Katalyse an Kupfer-Kupferoxydulsyst.[11]): **57** ('31) 7–14. — Aufnahme org. Flüssigk. durch Gelatinegele ohne Volumenänderung: 195f. — Strukturviscosimetr. Unters. wässer. u. alkohol.

Tanninsyst. versch. Konzentrat.[10]): 58 ('32) 79–85. — Strömungsdoppelbrechg. krit. Flüssigkeitsgemische[11]): 64 ('33) 229–32. — Mech. Eigensch. gedehnter u. ungedehnter Schwefelfäden u. ihre zeitl. Änderg.[13]): 72 ('35) 129–35. — Wirkg. v. Alkoholen auf Organsole (insbes. Polystyrol, Kautschuk u. Acetylcellulose)[13]): 73 ('35) 191–201. — Spinnbark. lyophiler, kolloider Lösg., 2: 77 ('36) 32–36; ~ 3: Spinnbark. v. Flüssigk.: 213–19; ~ 4: Verflüssigende Wirkg. v. Calciumsalzen auf Gelatine: 80 ('37) 20–27; ~ 5: Einige Beob. an Polystyrolfäden: 82 ('38) 132–34. — Dyn. gewisser Flüssigkeitsbewegg. in Kapillarsyst. (Lloyd-Effekt)[11]): 83 ('38) 13–19. — Cellulose-Neutralsalzlösg.[5]): 84 ('38) 25–42. — Aufschließg. pflanzl. Faserstoffe m. mehrwert. Alkoholen[3]): 215–22. — Stabilität v. Organosolen[15]): 85 ('38) 342–50. — Quellungs- u. Lösungsvers. v. Casein u. Stärke in Formamid: 87 ('39) 308–11. — Stabilitätsverhältn. in Organosolen einiger Hochmolekularer: 90 ('40) 257–68. — Dielektr. Unters. an Azetylzellulose in versch. Lösungsmitteln[14]): 94 ('41) 312–18. — Konzentrationsabhängigk. d. Viskosität b. Azetylzellulose[14]): 95 ('41) 207–11. — Konzentrationsabhängigk. v. Viskosität b. org. Hochpolymeren[14]): 322–26. — Lignin[12]): 96 ('41) 47–71. — Assoziat. u. Solvotat. b. Acetylcellulose nach dielektr. Messen[10]): 336–40. — Kolloidchemischer Zustand spinnbarer Lösg.: 98 ('42) 164–72. — Vibrationsviscosimetr. Messg. an konzentrierten Suspensionen[2]): 100 ('42) 332–35. — Fällungstitrat. v. Azetylzellulose[14]): 101 ('42) 59–64. — Vers. z. Kennzeichng. verschiedenart. Bentonite[7]): 103 ('43) 126–29. — Austauschreakt. an Na-Bentoniten[7]): 107 ('44) 201–05. — Lösungszustand d. Zellulose: 108 ('44) 16–20. — Couettemessg. an Viscosen: 152–55. — Papierchromatograph. Analyse als Hilfsmittel z. Erforschg. pflanzl. Inhaltsstoffe[16]): 125 ('51) 99–105.

Madaus Jber. Nachweis einiger Inhaltsstoffe in Vitex agnus castus L.[16]): 6, 1952 ('53) 93–97. — Erforschung v. Placenta-Inhaltsstoffen[16]): 98–106. — Wirkungsweise v. Cenat[16]): 113–23. — Die papierchromatogr. Analyse als Hilfsmittel z. Erforschung pflanzl. Inhaltsstoffe[16]): 200–04. — Neue Bestimmungsmeth. v. Ascorbinsäure im pflanzl. Material[17]): 7, 1953 ('54) 67–73. — Erforschung v. Placenta-Inhaltsstoffen[17]): 8, 1954 ('55) 33–40.

Naturwiss. Modifiziertes Trennverf. z. quantitat. Best. v. Pflanzeninhaltsstoffen m. Hilfe der Papierchromatographie[17]): 41 ('54) 216f.

Papierfabrikant. Aufschluß v. Faserrohstoffen durch mehrwert. Alkohole: 37 ('39) 168–70.

Pharmaz. Zentralhalle. Filme u. ihre Bedeutg. f. d. Herst. u. Verwendg. v. Salben: 81 ('40) 541–46.

Mit: [1]) H. Bauer; [2]) S. Broese; [3]) F. Corcilius; [4]) J. F. Ehlers; [5]) H. Geinitz; [6]) E. Grünewald; [7]) H. Lehmann; [8]) John Uri Lloyd; [9]) F. Niedner; [10]) Jusuti Nisizawa; [11]) Wolfgang Ostwald; [12]) H. Peter; [13]) K. Sakurada; [14]) M. Takai; [15]) K. Wenstöp; [16]) W. Wulf; [17]) P. Patt.

Ercker, Lazarus → VIIa/Suppl.

Erdmann, Hans. Gerbereichem. — 1930–36 stud. TH Darmstadt, U Freiburg/Br., TH Karlsruhe; '37 Dr.-Ing. TH Darmstadt (A. Küntzel); '37–39 Ass. Inst. physik. Chem. U Heidelberg; '42–45 wiss. Mitarb. KWInst., Berlin-Dahlem; '48 Leiter d. Versuchsgerberei Inst. f. Gerbereichem., Darmstadt; '52 habil., '53 PDoz. TH Darmstadt. [Eig. Mitt.]

*1911, Okt. 3, Straßburg/Elsaß.

Angew. Chem. Konstitutionsermittlg. v. Sulfato-Chrom-(III)-Komplexen m. Hilfe v. Leitfähigkeitsmessg.: 64 ('52) 500–10.

Braunkohlenarchiv. Charakteristik d. bad. Erdöles: 47 ('37) 43–46.

Collegium. Beitr. z. Theor. d. Mineralgerbg., 9: Verhalten v. Polywolframatlösg. b. Altern[2])[4]): 1938, 257–72 [Diss. 1]; ~ 10: Gerbwirkg. d. sauren Salze d. Isopolysäuren d. Wolframs, Molybdäns u. Vanadins[2]): 630–38 [Diss. 2]; ~ 11: Gerbwirkg. v. Phosphorwolframaten[2]): 639–48 [Diss. 3].

Leder. Kontrolle d. pflanzl. Gerbg. durch d. Best. d. Salz- u. Säuregehaltes d. Gerbbrühen[2]): 1 ('50) 14–18, 40–45; 2 ('51) 131–38. — Konduktometr. Unters. z. Charakterisierg. v. Chrom-(III)-salzlösg.: 1 ('50) 162–66, 185–88, 228–31, 239–43, 262–65, 291–95. — Begriff d. Zügigk. b. d. Zurichtg. v. Pelzfellen[1]): 2 ('51) 173–80. — Einfl. d. wichtigsten Pelzzurichteverf. auf d. Eigensch. d. Pelzleders: 180–85. — Sämischgerbg.[2])[3]): 196–201. — Entstehg. einfacher, maskierter Chromkomplexe, 1[2])[6]): Konduktometr. Meth. z. Best. d. stöchiometr. Zusammensetzg. v. maskierten Chromkomplexen m. einheitl. Komplexliganden: 3 ('52) 30–37; ~ 2: Komplexaktivität d. Sulfations: 49–53; ~ 3: Sulfatochromkomplexe in reinen Chromsulfatlösg.: 73–78; ~ 4: Einfl. v. NaCl u. Na_2SO_4 auf d. in Chromsulfatlösg. existier. bas. Chromkomplexe: 102–07; ~ 5: Konduktometr. Messg. d. Umsetzg. v. Chromsulfatlösg. m. Formiat, Acetat u. Oxalat: 148–53; ~ 6: Konstitut. org. maskierter Chromverbb. (Chromformiat, -acetat u. -oxalat): 4 ('53) 73–82; ~ 7: Konst. v. Chromkompl. m. Dicarbonsäureresten[2])[2a])[6]): 5 ('54) 73–82. — Existenz v. Chlorchromkompl. in bas. Chromchloridlösg.[2])[6])[6a]): 4 ('53) 169–76.

Z. analyt. Chem. Colorimetr. Peroxydbest. in Fetten u. Ölen[5]): 128 ('48) 303–12.

Z. physik. Chem. (A). Strukt. submikroskop. Seifenbäder[7]): 193 ('44) 367–77.

Mit: [1]) Ulrich Hanns Dienstmann; [2]) Adolf Küntzel; [2a]) Otto Mischitz; [3]) Thilo Nungesser; [4]) Carl Riess; [5]) Franz Seelich; [6]) Heinrich Spahrkäs; [6a]) HansWerner von Thaden; [7]) Peter Adolf Thiessen.

Erdmann-Jesnitzer, Friedrich. Metallkunde. — 1940 Dr.-Ing., '44 Doz. TH Berlin; seit '49 o. Prof. BA Freiberg/Sa. [Eig. Mitt.]

*1912, Mai 3, München.

H. ● Schr. d. Dtsch. Ges. f. Metallkde 1949.

MH. ● Werkstoff u. Schweißung. Handb. f. d. Werkstoff- u. werkstoffbedingte Verfahrenstechn. d. Schweißung 1 (Bln '51) darin eig. Beitr.: 548–57: Verschweißbark. v. Flachstabelektroden unt. Pulver (m. H. Neese); 795–818: Wärmebehandlg. verschweißter Eisenwerkstoffe (m. W. Küntscher).

MHZ. Z. Metallkunde 40 ('49) ff.

Aluminium-Arch. Aluminium-Ecke d. Dreistoffsyst. Alum.-Magn.-Chrom: 29 ('40) 15 S. [Diss.].

Arch. Eisenhüttenwes. Einfl. d. Wasserstoffdiffus. auf d. krit. Reckgrad v. weichem unlegiertem Stahl[12]): **24** ('53) 211–13. — Diffusionskornbildg. in Eisenlegierg.[12])[2]): 215–28. — Einfl. d. Werkstoffzustandes auf d. Wasserstoffdiffus. in unlegiertem Stahl[12]): 353–60. — Einfl. d. Umhüllg. v. Schweißelektroden auf d. Fleckenbildg. in unlegiertem Schweißgut v. Stahl u. ihre Entstehg.[8]): 361–68.

Bergakademie, Freiberger Forschungsh. (B). Einfl. d. gegenseit. Kristallorientierg. auf Verwachsungsvorgänge[10]): **5** ('54) 59–77.

Bergakademie, Freiberger Forschungsh. (C). Tagg. Schmelzen u. Erstarren d. Dtsch. Ges. f. Metallkde: **4** ('52) 115–22. — Einfl. d. Benetzungsmittels auf d. Plastizität v. Steinsalzkristallen bei Biegg.[4]): **5** ('53) 73–75. — Wasserstoffdiffusion durch Stahlblech[12]): 218–30. — Diffusionsstengelkornbildung in metall. Syst.[2])[12]): 457–64.

Chem. Fabrik. Härte u. Härteprüfg. v. Zink u. Zinklegierg.: **13** ('40) 309.

Chem. Techn. Plastizität v. Steinsalz b. Benetzg. m. versch. Medien[4]): **5** ('53) 276.

Fertigungstechnik. Kurzgefaßte Werkstoffprüfg. v. Zink u. Zinklegierg.: **1951,** 56–60.

Film u. Bild. Unterr.-Filme u. ihre techn. wiss. Auswertung: **3** ('51) 121–23.

Forsch. u. Fortschr. Röntgenogr. Beitr. z. Anlaß-Sprödigk.[1]): **26** ('50) 32 [auch in: Technik **5** ('50) 203–07].

Metall. Einwirkg. v. HNO_3 konz. auf Ferro-Siliziumüberzüge b. Stahl: **2** ('48) 264f. — Strukt. v. Kupferfeinstdrähten im Bereich v. 0,15 bis 0,02 mm ⌀[10]): **7** ('53) 250–54. — Reaktionsgeschwindigk. metall. Phasen im Bereich allotroper Umwandlg.[9]): 499–501.

Metallurgie u. Gießereitechn. Modellvers. f. d. Auf- u. Entgasg. v. CO_2 in Wasser: **1** ('51) 30f. — Frage, ob Magnetfelder d. Härtg. v. Kohlenstoffstahl beeinflussen: 38f. — Druckverformg. v. Reinzink[1]): **3** ('53) 138–40.

Metallwirtsch. Härte- u. Zugfestigkeitsprüfg. v. Zink u. Zinklegierg.: **19** ('40) 627–34.

Schweißen u. Schneiden. Diffus. bei Schweißprozessen: Sonderh. **1953,** 39–98. — Werkstoffübergang b. Bündelschweißen v. Stahl[2a]): 106–12.

Schweißtechnik. Grundlagen f. d. elektrolyt. Preßschweißg.[11]): **3** ('53) 101–08. — ESA, ein neues Lichtbogen-Sauerstoff-Schneidverf.[3]): 116–18. — Mechanik d. Werkstoffüberganges im Schweißlichtbogen: 164–71. — ESA-Lichtbogen-Sauerstoffschneidverfahren m. Kohleelektrode f. Maschinenschnitt[3]): 179–81.

Technik. Verwendg. v. Methanerdgas f. Sauerstoffschneidbrenner: **3** ('48) 364. — Verf. d. Kaltschweißg.: 365. — Akute Fragen d. Schweißtechn.: 401–06. — Punktschweißlacke als Korrosionsschutz: 416. — Schweißtechn. im Wiederaufbau: **4** ('49) 2f. — Stand d. deutschen Leichtmetallschweißg.: 26–31. — Arb. d. Fachausschusses Schweißtechn. d. KdT im Zeitabschn. 1948/49: **5** ('50) 16–22. — Engl. Vorrichtungsbau f. Autogenschnitte: 89. — Brennschneiden im Paket: 131. — Röntgenogr. Beitrag z. Anlaßsprödigkeit v. Cr-Mn-V-Stahl[4]): 203–07. — Best. d. Materialeigensch. v. Schlackenwolle: **6** ('51) 13f. — Berg- u. hüttenmänn. Tag d. BA Freiberg: 26–28. — Erste fahrbare Prüfstat. d. DDR: 283. — Verschweißbark. v. Flachstab-Elektroden unt. Pulver: 325–29.

Werkstatt u. Betrieb. Beizen durch Schwitzwasserbildg. korrodierter Al-Mg-Bleche: **80** ('47) 237f.

Wirtschaft. Wiss. Metallforschg., eine dringende volkswirtsch. Aufg.: **3** ('53) 3.

Z. Elektrochem. Oberflächenbeschaffenh. v. Kupfer zw. 500° u. 850° C[4]): **56** ('52) 386–90. — Joffé-Effekt b. Steinsalz unt. Druck[4]): 446–49.

Z. Metallkunde. Verschweißbark. v. Blei u. Bleilegierg.[5]): **32** ('40) 118f. — Biegezahl v. Blechen u. Bändern aus Zink u. Zinklegierg.[5]): **33** ('41) 317–22. — Tiefziehen v. Zink u. Zinklegierg.[5]): **34** ('42) 59–70. — Besonderh. d. Schlagbiegefestigk. u. Kerbschlagzähigk. v. Zink u. Zinklegierg.[6]): 216–19. — Herst. v. Zerreißstäben aus gewalztem Zink u. gewalzten Zinklegierg.[5]): 219–21. — Dauerbiegefestigk. v. gewalztem Zink u. v. Zinklegierg.[5])[7]): 222–24. — Festigk. u. Dehng. eines Zinklegierungsbleches b. tiefen Temp.: 269f. — Einf. Gerät. z. Best. d. Ziehverhältn.[5]): **35** ('43) 104. — Schlagbiegefestigk. u. Kerbzähigk. von Zinklegierg.[6]): 211f. — Temperaturabhängigk. d. Schlagbiegefestigk. v. Zinklegierg.[6]): **39** ('48) 65. — Kreuzschweißprüfung v. Leichtmetallblechen geringer Dicken: 385–90. — Gasschmelzschweißg. von Aluminium-Magnesium-Blechen geringer Dicken: **40** ('49) 389–97. — Legierg. d. Fünfneunerzinks (99, 999)[6])[5]): 417–21.

Mit: [1]) Hildegard Ahr; [2]) Manfred Beckert; [2a]) Kurt Briese; [3]) Erich Brünn; [4]) Fritz Günther; [5]) Heinr. Hanemann; [6]) Wilh. Hofmann; [7]) Julius Kohlmeyer; [8]) Hans Kowalkowski; [9]) Liselotte Marx; [10]) Martin May; [11]) Heinz Mitbauer; [12]) Hermann Schumann.

VI **Erdmannsdörffer,** Otto Heinrich. Mineral., Petrogr. – 1901 [nicht 1900] Dr. phil. nat. U Heidelberg (H. Rosenbusch); '26–50 o. Prof. Mineral. u. Petrogr. U Heidelberg; '50 em. — '53 Hans-Stille-Medaille (Dtsch. geol. Ges.). [Eig. Mitt.]

*1876, März 11, Heidelberg;
†1955, Apr. 14, Heidelberg.

Biogr. ● P. Trommsdorff, Lehrkörper TH Hannover 1831–1931 ('31) 36 (m. Bildn.).

Nekr. P. Ramdohr, Ruperto-Carola **7** ('55) Nr. 17, S. 13f. (m. Bildn.).

MH. ● Mineral. u. Petrogr. in Einzeldarst. (m. F. K. Drescher-Kaden) **1** ('48) ff.

HZ. Heidelberger Beitr. Mineral. Petrogr. **1** ('47/49) ff.

W. ● Mineralogie einst u. jetzt. Rekt. Rede (Heidelb. '31) 17 S. (Heidelberger Univ. Reden 15).

Chem. d. Erde. Hydrotherm. Zwischenstufen im Kristallisationsablauf v. Tiefengesteinen: **15** ('43) 283–95.

Fortschr. Mineral. Neuere Arb. üb. Metamorphism. u. seine Grenzgeb.: **20** ('36) 143–67.

Heidelberger Beitr. Mineral. Petrogr. Diorite d. Bergsträßer Odenwaldes u. ihre Entstehungsweise: **1** ('47) 37–85. — Magmat. u. metasomat. Prozesse in Graniten, insbes. Zweiglimmergraniten: 213–49. — Entwicklg. u. jetzige Stellg. d. Granitprobl.: **2** ('50) 334–75.

J. Geology. Eklogit im Schwarzwald u. seine retrograde Umwandlg.: **46** ('38) 438–47.

Nachr. Akad. Wiss. Göttingen. Unausgereifte Magmatite (Aorite): **1946,** 96. — Intergranularsymplektite u. ihre Bedeutg.: 97f.

S.-Ber. Heidelberg. Akad. Wiss. Buchonit v. Poppenhausen in d. Rhön: **1933,** Nr. 3, 12 S. —

Wollastoniturtit u. d. Entstehungsweisen v. Alkaligesteinen: **1935**, Nr. 2, 19 S. — K. H. F. Rosenbusch zu seinem 100. Geb.tag, 24. Juni: **1936**, Nr. 3, 12 S. — Stud. im Gneisgebirge d. Schwarzwaldes, 1: Nr. 8, 1–5; ~ 3: Gesteine v. d. Fehren b. Neustadt: Nr. 10, 1–12; ~ 5: „Kalksilikatfelse“ v. Schollach: **1937**, Nr. 3, 1–14; ~ 7: „Kalksilikatfelse“ v. Urach: Nr. 5, 1–9; ~ 8: Gneise im Linachtal: **1938**, Nr. 2, 1–25; ~ 11: D. Rolle d. Anatexis: **1939**, Nr. 7, 1–72; ~ 13: Granitstrukt.: **1942**, Nr. 2, 1–28. — Beitr. z. Petrographie d. Odenwaldes, 1: **1941**, Nr. 1, 3–23; ~ 3: **1949**, Nr. 2, 12 S.

Zbl. Mineral. (A). Vers. z. Nachbildg. ptygmat. Faltg.: **1938**, 257–61. — Myrmekit u. Albitkornbildg. in magmat. u. metamorph. Gesteinen: **1941**, 41–55.

Außerdem: Abh. u. Vortr. üb. Metasomatose in Graniten, metasomat. Grenzgeb., Endoblastese u. a.

Erhard, Hubert. Gesch. d. Naturwiss. u. Med. – 1903–09 stud. U München, U Jena; '09 Dr. phil. U München (R. Hertwig); '12 Ass. Tierärztl. H München; '13 habil., '13–14 Ass. Zool. Inst. U Münster; '14–22 Ass. Zool. Inst., PDoz., '22 ao. Prof. m. LAuftr. Zool. U Gießen; '28–37 o. Prof. Zool. u. vergl. Anatom. U Freiburg/Schweiz; '37–45 LAuftr. Zool. U München; seit '45 i. R. in Adelholzen lebend. [Eig. Mitt.]
*1883, Jan. 9, München.

MH. ● J. W. v. Goethe, Werke (R. A. Schröder) **8**: Naturwiss. (Bergen II/Obb. '50) 627 S.

S. ● Jahrbuch d. Erziehungswiss. u. Jugendkde (E. Stern) **1** (Bln '25) 158–89: Aufgaben u. Wege d. biol. Unterr. — ● Erziehg. u. d. sexuelle Frage (E. Stern) (Bln '27) 13–92: Biol. d. Fortpflanzg. u. Entwicklg. — ● Handb. d. biol. Arbeitsmeth. (E. Abderhalden) **V**, 2, 1 ('28) 153–212: Meth. z. Unters. d. Protoplasmabewegg. u. anderer primitiver Bewegungsarten; 213–80: Meth. z. Stud. d. Flimmer-, Geißel- u. Spermatozoenbewegg. — ● Handb. d. normalen u. pathol. Physiol. (A. Bethe) **13** (Bln '29) 193–263: Farbwechsel u. Pigmentierg. u. ihre Bedeutg. — ● Alpines Handb. **1** (Lpz. '31) 105–204: Tierwelt d. Alpen. — ● Tierbestimmungsbuch (P. Brohmer) (Lpz. '32) 9–30: Vögel; 33–37: Fische. — ● Der Große Brockhaus (Lpz. '30–35): Die Biologenbiogr. v. H–Z.

W. ● Studien üb. Flimmerzellen. Diss. (Lpz. '10) 132 S. [Aus: Arch. Zellforsch. **4** H. 2/3]. — ● Tierphysiologisches Praktikum (Jena '16) 26 + 127 S. — ● Geschichte d. Zool. u. ihrer wiss. Probl. (m. Rud. Burckhardt) **1, 2** ²(Bln '21) 1: 103 S., 2: 136 S. (Slg. Göschen 357. 823). — ● Hypnose b. Tieren (Gießen '24) 32 S. — ● Unsere Nutzfische (Bln' 25) 154 S. (Wege z. Wissen 43). — ● Tierbeobachtungen in d. Alpen (Münch.-Bln '26) 91 S. (Alpenfreundbücherei 18).

Zahlr. Arb. in: Arch. Zellforsch., Zool. Jahrb., Arch. mikroskop. Anatom., Ber. Schweiz. naturforsch. Ges., Ber. naturforsch. Ges. Freiburg/Schw., Sudhoffs Arch. Gesch. Med. u. Naturwiss., Voits Z. Biol.

Erhardt, Albert Otto Julius Karl August Alfred. Zool., Parasitol. – 1924–28 stud. U Rostock; '28 Dr. phil. U Rostock (P. Schulze); '29 Ass. U Göttingen (Kühn), '30 U Königsberg (F. Eichholtz), '33 U Rostock (P. Schulze), '39 U Paris (E. Brumpt), U Heidelberg (F. Eichholtz), '41 U Posen (K. Friederichs); '35 habil., '37 Doz. Zool. U Rostock; '40 Doz. U Heidelberg, '41–44 Doz. U Posen; '46 Leiter d. parasitol. Abt. d. Asta-Werke AG, Chem. Fabr. Brackwede/W.; '48 LBeauftr. Parasitol. u. angew. Zool. U Münster/W. [Eig. Mitt.]
*1904, Mai 7, Rostock.

Ue. ● E. Brumpt u. M. Neveu-Lemaire: Prakt. Leitfaden d. Parasitol. d. Menschen. Übers. u. Bearb. d. 3. franz. Aufl. ¹(Bln '42) 9 + 275 S.; ~ d. 4. franz. Aufl. ²(Bln-G.-H. '51) 10 + 326 S.

S. ● Nat. u. Med. Dtschl. 1939–46, **63** (Wiesb. '48) 23–43: Wurmmittel. — ● Merkbl. f. med. Parasitol. **2** (Stuttg. '48) 24 S.: Askaridiasis (m. Rud. Wigand); **3** ('49) 24 S.: Oxyuriasis (Enterobiasis) (m. Wigand). — ● Weltseuchenatlas **1** (Hambg '52) 103–06: Opisthorchiasis in Europa u. Westsibirien 1836–1951; **2** (Hambg '54) 141–46: Filarieninfekt. in Afrika seit 1939 (m. U. Wellensiek).

Ann. Parasitol. Recherches de chimiothérap. sur la strongyloidose des rats³): **17** ('39) 199–205.

Arch. Schiffs- u. Tropenhyg. Chemotherapeut. Unters. an d. Opisthorchiasis d. Katzen: **36** ('32) 22–31, 610–16. — Testierungsmeth. dreiwert. Antimonpräpar. an d. Opisthorchiasis d. Katze: **37** ('33) 131–35. — Wirkg. d. Brenzkatechindisulfosäure u. ihrer Komplexverbb. auf Opisthorchis felineus (Riv.) in vitro u. in vivo²): 182–90. — Wirkungsbedingg. d. Fuadins b. d. Opisthorchiasis d. Katze (Kombinat. m. Emetin, Wismut u. Quecksilber)⁴): **38** ('34) 524–34. — Testierungsmeth. Ancylostoma-wirksamer Präpar. u. chemotherapeut. Unters. an d. Ancylostomiasis d. Katze: **42** ('38) 108–17. — Einfl. d. Wasserstoffionenkonzentrat. unt. aeroben u. anaeroben Bedingg. d. osmot. Druckes u. d. Temp. auf d. Lebensdauer v. Opisthorchis in vitro: **43** ('39) 15–19.

Arzneimittel-Forsch. Pharmakotherap. d. Oxyuriasis, 1: Pharmakol., toxikol. u. chemotherapeut. Unters. m. Pararosanilinfarbstoffen u. ihren Carbinolbasen¹): **1** ('51) 5–12; ~ 3: Vergl. therapeut. Unters. an d. Kaninchenoxyuriasis: 220–23.

Biochem. Z. Lebensdauer, Redoxlage u. Fuadinwirkg. b. Opisthorchis in vitro⁷): **287** ('36) 287f.

Biol. Zbl. Helligkeitsreakt. v. Planaria lugubris O. Schm.: **52** ('32) 321–29.

Dtsch. med. Rdsch. Serol. Unters. am Gorilla: **2** ('48) 261.

Dtsch. med. Wschr. Opisthorchiasis in Ostpreußen u. therapeut. Vers. an Katzen m. Fuadin⁸): **57** ('31) 1322–24. — Grundsätzl. Bem. z. Wirkg. v. Oxyurenmitteln: **74** ('49) 406f. — Behandlg. d. Oxyuriasis m. Atrimon: **77** ('52) 240–42.

Dtsch. tropenmed. Z. Chemotherapeut. Unters. m. 430 Kl, einem Spezificum m. großem therapeut. Index gegen d. Ancylostomiasis, Trichuriasis, Ascaridose u. Taeniose (Taenia- u. Dipylidiuminfekt.) d. Katze: **45** ('41) 449–56. — Testierungsmeth. f. Oxyuren-Präpar. u. chemotherapeut.

Unters. m. 430 Kl an d. Oxyuriasis d. Kaninchens[5]): 531–41. — Wurmmittel. Nachw. ihrer Spezifität in chemotherapeut. Vers. unt. bes. Berücks. d. Phenolabkömmlings 430 Kl (Knoll)[4]): **46** ('42) 275–84.

J. Ornithol. Serodiagnost. Unters. in d. Ornithol.: **78** ('30) 214–34.

Med. Klinik. Zur Frage „Wurmmittel": **42** ('47) 836. — Krit. Beitr. z. Behandlg. d. Oxyuriasis: 859–61; **43** ('48) 493f. — Überbl. üb. d. medikamentöse Therap. d. Askaridose: 114–17. — Würmer im Ohr: 626. — Atebrin als Bandwurmmittel: **44** ('49) 623. — Coccidiose: 879. — Feststellg. d. Infektiosität v. Wurmeiern: **46** ('51) 189.

Naunyn-Schmiedebergs Arch. exp. Pathol. Pharmakol. Weinsäurewirkg. b. chron. Opisthorchiasis[6]): **167** ('32) 334–37. — Verzettelg. d. therapeut. Antimondosis[4]): **174** ('33) 208f. — Behandlg. d. Askarideninfekt. v. Katze, Hund u. Fuchs m. d. Mandelsäureisoamylester: **209** ('50) 130–37.

Pharmazie. Biol. Grundlagen f. d. klin. Beurteilg. d. Wirkg. v. Oxyurenmitteln: **2** ('47) 104–09. — Chemotherapeut. Prüfg. v. Wurmmitteln: **3** ('48) 49–58. — Chemotherapeut. Prüfg. v. Protozoenmitteln: **5** ('50) 297–303.

Therapiewoche. Therapie d. Wurmkrankh.: **3** ('52/53) 280.

Tierärztl. Umschau. Mandelsäureisoamylester („Mandaverm"), ein neues Wurmmittel f. d. Veterinärmed.: **4** ('49) 387f. — Betrachtg. über Olchenopodii u. Mandelsäureisoamylester: **7** ('52) 239f.

Z. hyg. Zool. Vergl. Unters. üb. d. Helminthenbefall v. Deutschen, Turkestanern u. Armeniern auf d. Balkan: **39** ('51) 1–5.

Z. Immunitätsforsch. exp. Therap. Wert d. Immunitätsreakt. f. phylogenet. Unters. in d. Zool.: **60** ('29) 156–66 [auch in: Fortschr. Ergebn. Zool. **7** ('29) 279–377] [Diss.].

Zool. Anzeiger. Neuer Fall v. Mißbildg. b. d. Katzenleberegel Opisthorchis felineus (Riv.)[8]): **106** ('34) 157–61.

Z. Parasitenkunde. Verbreitg. v. Opisthorchis felineus (Riv.) u. anderen Katzenhelminthen in Ostpr.: **7** ('34) 121–24. — Systematik u. geogr. Verbreitg. d. Gattg. Opisthorchis R. Blanchard 1895, sowie Beitr. z. Chemotherap. u. Pathol. d. Opisthorchiasis: **8** ('35) 188–225 [Hab.schr.]. — Fall v. Darmperforat. durch Spulwürmer (Toxocara cati) b. d. Katze: **14** ('48) 1f.

Z. Psychol. u. Physiol. Sinnesorgane. Krit. Bem. zu Bierens de Haan, „Stieglitz als Schöpfer": **130** ('33) 393–98.

Z. Tropenmed. u. Parasitol. Chemotherapeut. Unters. m. Hetrazan: **5** ('54) 302–05.

Mit: [1]) Brock; [2]) L. Brumpt; [3]) Denecke; [4]) Fritz Eichholtz; [5]) Gieser; [6]) Werner Keil; [7]) Werner Kollath; [8]) Orgel; [9]) Szidat.

VI **Erk,** Sigmund Hugo Georg. Techn. Physik. – Seit 1931 Mitgl. Physik.-Techn. Reichsanst., Berlin. [Mitt.: Siegfried Kießkalt VIIa u. Fritz Höppler VIIa] *1895, Juli 11, München; [einwirkg.). †1939, Dez. 18, Frankfurt/M. (Kriegs-

Nekr. W. Fritz, Wärme- u. Kälte-Techn. **42** ('40) 59f. — H. Hausen, Z. ges. Kälte-Ind. **47** ('40) 32. — F. Henning, Physik. Z. **41** ('40) 153–55. — S. Kießkalt, Z. VDI **84** ('40) 60. — Gesundheits-Ing. **63** ('40) 108.

S. ● Handb. Exp. Physik **4**,4 (Lpz. '32) 463–605: Zähigkeitsmessg. — ● Der Chemie-Ing. (Eucken-Jakob) **1**,1 ('33) 57–96: Zähigk. als hydrodyn. maßgebende Stoffeigensch.; 97–136: Förderg. homogener Stoffe; 137–47: Förderg. inhomogener Stoffe; 380–421: Den Wärmeaustausch hindernde Maßnahmen; 422–517: Den Wärmeaustausch fördernde Maßnahmen; **1**,3 ('33) 1–70: Materialtrenng. durch Verdampfungswärme (m. E. Kirschbaum); **3**,2 ('38) 360–400: Physik. Eigenschaften, Verwendg. u. Verarb. d. Kunststoffe. — ● Prakt. Physik (F. Kohlrausch)[17](Lpz.-Bln '35) 65–68: Dyn. Volumenmessg.; 68: Therm. Volumen-(Geschwindigkeits) Messg.; 122–29: Zähigk.; 234–39: Diffus.; 239f.: Osmose; **1** [18]('43) 52–57: Volumen v. Gasen u. Flüssigk.; 93–100: Zähigk.; 243–47: Diffus.; 247f.: Osmose. — ● Wärmetechn. Richtwerte (F. Henning) (Bln '38) 41–53: Zähigk. v. Flüssigk., Gasen u. Dämpfen.

W. ● Die Grundgesetze der Wärmeübertragg. (m. H. Gröber) [2](Bln '33) 11+259 S.

Forsch. Ing.-Wes. Forsch.-Arb. auf d. Geb. d. techn. Hydrodyn.: **2** ('31) 19–27. — Wärmeübergang b. Kondensieren strömenden Dampfes in einem vertikalen Rohr[2])[4]): **3** ('32) 161–70.

Gesundheits-Ing. Licht- u. Wärmestrahlungsdurchlässigk. v. Fensterglas: **57** ('34) 237f. — Unters. u. Berechng. v. Flächenheizg.: **60** ('37) 593f.

Glas u. Apparat. Neuere Anschauungen üb. d. Gefüge d. Glases[1]): **16** ('35) 147f., 157f.

Kolloid-Z. Aufg. u. Bedeutg. d. Fließkde: **89** ('39) 208–11.

Kunststoffe. Best. d. Eindruckhärte v. Kunstharzen[3]): **29** ('39) 129–33.

Physik regelmäß. Ber. Reibg. u. Schmierg., 1: **3** ('35) 57–62; ~ 2: **7** ('39) 47–52.

Physik. Z. Verbesserte Messg. u. Berechng. d. Wärmeüberganges b. Kondensieren strömenden Dampfes in einem vertikalen Rohr[2])[4]): **36** ('35) 73–84. — Verf. f. mikroskop. Arb. b. tiefen Temp.: 451f. — Temp.-Abhängigk. d. Zähigk. v. Schmierölen[2]): **37** ('36) 113–19. — Wärmeleitfähigk. v. Glyzerin-Wassergemischen[5]): 353–58. — Grundlagen d. Zähigkeitsmessg. an d. Physik.-Techn. Reichsanst.[7]): 489–96. — Wärmeleitfähigk. v. Kunststoffen[5])[6]): **38** ('37) 394–402. — Fließwiderstand v. Schmierölen b. tiefen Temp.: 449–53. — Kinemat. Zähigk. in Sayboltsekunden u. CGS-Einheiten[2]): 469–76. — Nachwirkungserscheing. b. mech. u. therm. Beanspruchg. v. Kunstharzen[3]): **39** ('38) 535–40.

Z. Elektrochem. Vorrichtg. f. mikroskop. Arb. b. tiefen Temp.: **41** ('35) 521.

Z. Physik. Zu M. Reiner: Haftet eine Flüssigk. an einer Wand, d. sie nicht benetzt?: **79** ('32) 141f.

Z. VDI. Schmieröle b. tiefen Temp.: **76** ('32) 33–36. — National Physical Labor. im J. 1932: **77** ('33) 1119f. — Schmierfähigk. v. Ölen u. Starrfetten: **78** ('34) 389f. — 50 J. Physik.-Techn. Reichsanst.: **81** ('37) 1364f.

Z. VDI. Beih. Verf.-Techn. Techn. Aufg. auf d. Geb. d. Grenzflächenkräfte: **1936**, 13–18. — Verf.-Techn. als Aufg. f. d. techn. Physik: **1937**, 53–57.

Mit: [1]) Hermann Ebert; [2]) Hans Eck; [3]) Werner Holzmüller; [4]) Max Jakob; [5]) A. Keller; [6]) H. Poltz; [7]) A. Schmidt.

VI **Erlenmeyer,** Hans Friedrich Albrecht. Chem. (anorg.), Geochem. —

1933–41 ao. Prof., '41 o. Prof. anorg. Chem. U Basel. [Eig. Mitt.]
*1900, März 20, Straßburg.

Sohn von F. G. C. Emil Erlenmeyer[IV–VI]; Enkel von R. A. C. Emil Erlenmeyer[III–V].

S. • Handb. d. techn. Elektrochem. (V. Engelhardt) **2**, 2 (Lpz. '33) 207–52: Anod. Oxydat. org. Stoffe (m. Fr. Fichter); 252–307: Kathod. Redukt. org. Stoffe (m. Fr. Fichter).

W. • Über d. asymmetr. Synthese. Diss. 48 S. Masch.schr. [Auszug: Biochem. Z. **133** ('22) 52–62].

Amer. Rev. Tubercul. A toxic lipid component of the tubercle bacillus (cord factor), 1: Isolat. from petroleum ether extracts of young bacterial cultures[11])[71]): **67** ('53) 629–43.

Biochem. Z. Unters. üb. d. Bedeutg. d. Strukt. d. Antigene f. d. Entstehg. u. f. d. Spezifität d. Antikörper[7]): **252** ('32) 22–36. — Beziehg. zw. d. Strukt. d. Antigene u. d. Spezifität d. Antikörper[7]): **255** ('32) 429–33; ~ 5[7]): **262** ('33) 196–202; ~ 6: Bedeutg. d. Molekulargröße d. Haptene f. deren Affinitätsgrad zu d. Antikörpern[7]): **264** ('33) 113–19. — Spezif. Bindg. v. Präcipitinen gegen chemospezif. Antigene in vivo durch Einverleibg. von einf. konstit. Subst.[7]): **255** ('32) 434–45. — Potentiometr. Meth. z. Best. eines Antikörper-Haptengleichgew.[7])[42]): **266** ('33) 355–59.

Chem. d. Erde. Entstehg. v. Salzlagern: **6** ('31) 390–401. — Wandern v. Salzen im Boden: **8** ('33) 317–20.

Chimia [Zürich]. F. Fichter achtzigjährig: **3** ('49) 157–59.

Experientia. Austestg. v. Wachstumsinhibitoren f. Tuberkelbazillen in vitro[11])[75]): **3** ('47) 199.

Giorn. Batteriol. Immunol. Neutralisat. d. Wirkung eines Haptens durch d. Antikörper im Organismus[7]): **1** ('34) Nr. 2, 1–8.

Helvet. chim. Acta. Trachten gekletterter Kristalle: **13** ('30) 1006–08. — Elektrolyt. Bindg. v. komprimiertem Stickstoff b. gewöhnl. Temp.[22])[27]): 1228–36. — Affinität asymmetr. Säuren u. Basen[31]): **15** ('32) 1140–57. — Pseudoatome[42]): 1171–86. — Beziehg. zw. d. Strukt. d. Antigene u. d. Spezifität d. Antikörper, 7[7])[42]): **16** ('33) 733–38. — Pseudoatome u. isostere Verbb., 2: Vergl. d. Gruppen $-N_2-$ u. $-CO-$[42]): 897–904; ~ 3: Vergl. Stud. m. Benzol, Thiophen u. Furan[42]): 1381–89; ~ 5: Zusammenhänge zw. Konstitut. u. Wirkg. b. Pyrazolon-Deriv.[87]): **18** ('35) 740–43. — Elektrolyt. Anreicherg. d. schweren Wasserstoffisotops[25]): **17** ('34) 30f. — Elektromot. Verhalten v. org. Deriv. d. Arsensäure u. d. arsenigen Säure[2]): 308–11. — Vergl. Stud. an isosteren Verbb.[59]): 329–34. — Gehalt d. Wassers d. Milch an H^2H^2O[25]): 334. — Gehalt biol. Flüssigk. an H^2H^2O[25]): 549f. — Verteilg. v. H_2^1O u. H_2^2O in versch. Syst.[25]): 970–73. — Beständigk. v. $[Co(NH_3^1)_6](NO_3)_3$ in H_2^2O-halt. Wasser[25]): 1008–10. — Labor-Anlage zu elektrolyt. Fraktionierg. d. Wasserstoffisotopen[25]): 1226–31; ~ 3[25]): **18** ('35) 419–26. — Bem. zu d. Arb. Perret, Perrot u. v. Plätz: **17** ('34) 1558f. — Beziehg. zw. Redoxpotentialen u. Aciditätspotentialen b. org. Deriv. d. Arsensäure[67]): **18** ('35) 733–40. — Notiz über d. durch einen Brandpilz verursachte Geschlechtsumstimmg. b. Melandrium album[26]): 921–23. — Verhalten von Metallammoniakaten in deuteriumoxydhalt. Wasser[43]): 1213–15. — KWStoff C_6D_6[43]): 1464–66. — Analyse H^1- u. H^2-halt. org. Verbb.[25]): **19** ('36) 129–44. — Asymmetr. Kohlenstoffatom H^1-H^2-CR'R'', 1: Konstitut. einer aus Zimtsäure m. H^2 entstandenen H^1-H^2-Hydrozimtsäure[25]): 145–48; ~ 2: Vers. z. Spaltg. einer deuterierten Zimtsäure in opt. Antipoden[25]): 331–35; ~ 3: Phenyl-d_5-phenylessigsäure[62]): 1169f. — Benzol-d_6- u. Phenyl-d_5-carbonsäure[43])[25])[20]): 336f. — Therm. Zersetzg. v. Diacylperoxyden[66]): 338–42. — Best. v. akt. Wasserstoffatomen in org. Verbb. m. Hilfe d. H,D-Isotopenanalyse[20])[43])[25]): 354–57. — Best. d. Zahl d. austausch. Wasserstoffatome b. Strychnin, Vomicin u. Phloroglucin[20])[43]): 543–45. — Reakt. mit Benzol-d_6[43])[20]): 546f. — Dissoziationsverhältn. d. Wassers d_1 (HOD), 1[20]): 677–80. — Darst. von Phenyl-d_5-carbonsäure[43])[20]): 793f., 1056–59. — Racemisierungsreakt. m. Deuterium als Indikator[62])[20]): 1053–56. — Opt. Drehungsvermögen v. Wasserstoff- u. Deuterium-Verbb.[62]): 1199f. — Dissoziationskonst. in Wasser u. Deuteriumoxyd. Messungen mit d. Deuteriumelektrode[20])[68]): 1292–1304. — Chem. u. biochem. Dehydrierg. einer Äthan-α-d, α'-d-dicarbonsäure[66])[74]): 1370–80. — D_2O u. H_2O als Lösungsmittel f. opt.-akt. Stoffe[62]): 1381f. — Darst. u. Eigensch. d. Acetyl-d_3-cholins[43]): **20** ('37) 142f. — Darst. u. Eigensch. einiger Thiazolverbb.[51]): 204–06. — Kolbesche elektrochem. Synth. in Deuteriumoxyd[66]): 222f. — Normalaciditätspotential der Thiazol-5-carbonsäure[20])[51]): 310–12. — Katalyt. Racemisierg. m. Deuterium als Indikator[62])[20]): 367f. — Verhalten d. Thiazol-5-carbonsäureesterjodmethylats b. Reduktionsvers.[20])[51]): 514f. — Darst. v. (Pyridyl-3)-aminomethan[20]): 690f. — Austauschvers. in Wasser u. Deuteriumoxyd[66])[68]): 726–32. — Synth. d. trans-trans-Muconsäure aus Fumarsäure[66]): 1008–12. — Synth. eines Glycerins-d_1 aus opt. akt. Aceton-d-glycerinaldehyd[23])[8]): 1012–14. — Therm. Zersetzg. v. Dibenzoylperoxyd in Gegenw. v. Deuterium[66]): 1015f. — Eigensch. isosterer u. strukturähnl. Verbb., 3: Synth. in 5-Stellg. geminal substit. 2,4-Dioxothiazolidine m. narkot. Eigenschaften[51]): 1388–93; ~ 5: Vergl. Unters. m. Verbb. v. Typus R=N—R u. R=CH—R'[51]): **21** ('38) 108–11; ~ 6: Einige Deriv. d. Thiazols u. d. Oxazols[87]): 111–13; ~ 7: Darst. d. 4-Oxybenzthiazols[79])[84]): 709–11; ~ 7 [8?]: Dissoziationskonst. einiger 5,5-Dialkyl-2,4-dioxooxazolidine u. 5,5-Dialkyl-2,4-dioxothiazolidine[87])[44]): 1010–13; ~ 8 [9?]: Narkot. Eigensch. einiger Deriv. d. 2,4-Dioxooxazolidins: 1013–16; ~ 9 [10]: Vergl. Unters. m. 4-Oxy-benzthiazol[79]): 1695–98; ~ 11: Darst. u. Eigensch. d. 2,2'-Dithiazolyls[63]): **22** ('39) 698–700; ~ 12: Darst. u. Eigensch. d. 4,4'-Dithiazolyls[79]): 938f.; ~ 13: Furylisopropylamin u. and. Amine d. Furanreihe[70]): **24** ('41) 1210–13; ~ 14: Wirkg. d. Pyridin-3-sulfonsäure u. d. Thiazol-5-carbonsäureamids auf d. Wachstum v. Proteus vulgaris[88]): **25** ('42) 249–52; ~ 15: Thiazol-5-carbonsäureamid[63])[87]): 375f.; ~ 16: 4-Oxy-benzthiazol[79]): 515–21; ~ 17: Deriv. d. Pyrimidinothiazols[24]): **26** ('43) 366–68. — Normalaciditätspotentiale einiger 2,4-Diketothiazolidine[87])[20]): **20** ('37) 1446. — Benzol-d_6 als Lösungsmittel f. opt.-akt. Stoffe[62]): **21** ('38) 114. — Acetylierungsreakt. unt. Verwendg. v. Acetyl-d_3-Verbb.[74])[62]): 401–04. — Verhalten v. Acetoxim in Deuteriumoxyd, ein Beitr. z. Stereochem. d. Ketoxime[84]): 614f. — Austauschvers. m. Acetyl-d_3-Verbb.[62]): 706–08. — Strukt. d. Thiazols[84]): 863–66. — Strukt. heterocykl. aromat. Verbb. m. Deuterium als Indicator, 2[84])[86]): 1017–22. — Beitr. z. Chem. d. Deuteriumverbb. Darst. v. Glyoxal-d_2, trans-Äthylen-d_2-dicarbonsäure u. d, l-1,2-Dioxyäthan-d_2-dicarbonsäure-(1,2)[10])[84]): **22** ('39) 701–06; ~ 2: Opt.-akt. Natrium-Ammoniumsalz d. 1,2-Dioxyäthan-d_2-dicarbonsäure-(1,2)[10]): **23** ('40)

207–09. — Dissoziationskonst. v. heterocycl. Verbb. d. Formel $R_2C \cdot CO \cdot NH \cdot CO \cdot X$[87]): **22** ('39) 851f. — Chromatogr. Meth. in d. anorg. Chem.[18]): 1369–71; ~ 2[66]): **24** ('41) 878f.; ~ 3: Vers. z. quantitat. Best. v. Kalium- u. Natriumionen[64]): 1213–18. — Strukt.-chem. Unters., 1: Ni··-spezif. Gruppe[79]): **23** ('40) 197–206; ~ 2: Strukt. d. Thiazolverbb. u. d. Fe··-spezif. Gruppe[79]): 1268–75; ~ 3: Amminkomplexe m. Thiazol u. Dithiazolyl[63]): **24** ('41) 869–77; ~ 4: Mills-Nixon-Effekt b. Thiazolderiv.[66]): **24** Sond.Nr. ('41) 172 E–79 E; ~ 5: Cyclohexenothiazol[70]): **25** ('42) 362–64; ~ 6: Reduzier. Aufspaltg. d. 5-Phenyl-4-methyl-thiazols[70]): 528–30; ~ 7: Reakt. Verhalten des Thioharnstoffs gegenüb. ungesätt. Säuren[30]): 832–36; ~ 8: Thiazol-4,5-dicarbonsäure u. d. Thiazol-4-carbonsäure[53]): 1073–77; ~ 9: Adipinsäuredithioamid[8]): **27** ('44) 412f.; ~ 10: Reakt. Verhalten v. Dithioamiden aliphat. Dicarbonsäuren[41]): 489–93; ~ 11: Reakt. Verhalten v. Dithioamiden gegenüb. Tribromtriacetylbenzol[85])[8]): 947f.; ~ 12: Thiazolderiv. aus dem Dithioamid d. Benzol-1,4-dicarbonsäure[17])[41]): 969f.; ~ 13: Malonsäuredithioamid[41])[29]): 970–72; ~ 14: Dithioamide d. Azelain- u. Sebacinsäure[41])[52]): **28** ('45) 165–67. — Darst. d. Pyridino-2′, 3′ : 4,5-benzthiazols (Chinthiazol)[79]): **23** ('40) 328–32. — Analyt. Verwendg. d. 4-Oxybenzthiazols[63]): **24** ('41) 1159–62. — Flotationsvers. m. 8-Oxychinolin als Sammler[72])[76]): **25** ('42) 241–45; ~ 3[72])[76]): **26** ('43) 363–65; ~ 4: Verhalten v. Eisenoxydhydraten gegenüb. 8-Oxychinolin[34])[76]): 463–68; ~ 5: Flotationsvers. an oxyd. Verbb. in Gegenw. v. Metallsalzen[34])[76]): 1129–31; ~ 6[76]): **27** ('44) 1313–15; ~ 7: Fraktionierte Flotat. als Meth. z. Charakterisierg. fester Stoffe[76]): 1315–19. — Vergl. Flotationsvers. m. 8-Oxychinolin u. 4-Oxybenzthiazol als Sammler[72])[76]): **25** ('42) 511–14. — Wirkg. v. β-[Naphthyl-(1)]-acrylsäure auf d. Wachstum v. Bacterium coli[11]): 694–97. — Wirkg. versch. Säuren auf d. Wachstum v. Bacterium coli[11]): 1063–66. — Wirkg. einiger Pyridin- u. Thiazolderiv. auf d. Wachstum v. Staphylococcus aureus[11])[36]): 1066–72. — Stoffwechsel v. Tuberkelbacillen, 1: Wachstumsvers. m. synthet. Glycerin[11])[24]): **27** ('44) 414–17; ~ 3: Einfl. primärer Amine auf das Wachstum von Tuberkelbazillen[11])[41]): **28** ('45) 1406–10; ~ 4: Einfl. v. 1,2-Diketonen auf d. Wachstum v. Tuberkelbazillen[11])[41])[81]): 1410—13; ~ 5: Einfl. v. Kondensationsprod. aus Diketonen u. primären Aminen auf d. Wachstum v. Tuberkelbazillen[41])[11]): 1413f.; ~ 6: Einfl. v. Kondensationsprod. aus Monosacchariden und primären Aminen auf d. Wachstum v. Tuberkelbazillen[41])[11]): 1415; ~ 11: Systemat. Unters. üb. d. Wirkg. primärer aromat. Amine auf d. Wachstum v. Tuberkelbacillen[11])[15])[75]): **30** ('47) 539–43. — Flotationsvers. m. Flußspat[76]): **27** ('44) 1319–21. — Flotationsvers. m. Pegmatit[76]): 1428f. — Vergl. Flotationsvers. m. Fettsäuren u. α-Oxyfettsäuren als Sammler[13])[76]): 1429–32. — Deriv. von Thiazolcarbonsäuren[16])[62]): 1432–36. — 4-Methylthiazol-2-carbonsäure[62])[48]): 1437f. — Thiazol-4-carbonsäure und Thiazol-4-essigsäure[53]): **28** ('45) 362–65. — β-(4-Thiazolyl)-äthylamin[54]): 922–24. — Thiazol-2-carbonsäure[48])[62]): 924f. — Thiazol-4-sulfonsäure und Thiazol-5-sulfonsäure[36]): 985–91. — Dithioamide der Bernstein- und Glutarsäure[41])[29]): 1281f. — N-Glykoside des β-Naphthylamins[41]): **29** ('46) 66–68. — Kondensat. d. Diacetyls m. aromat. Aminen[41]): 69–71. — Polythiazolverbb.[21]): 275–79. — Cyclopentenothiazol u. Cyclohexenothiazol[8]): 280–83. — Kondensationsprod. aus höheren aliphat. 1,2-Diketonen und aromat. Aminen[81]): 1023f. — Makrocykl. Thiazolverbb.[19]): 1080–84; ~ 2[19]): **30** ('47) 592–96. — Deriv. d. 4-Aminothiazols[49]): **29** ('46) 1229–31. — Linearpolymere Thiazolderiv.[17]): 1924–29. — α-[Thiazolyl-(5)]-pyrrolidin[48]): 1946–49. — Reaktionsfähigk. d. Methylgruppe im 5-Methyl-thiazol[65]): 1957–59. — Probl. d. Ähnlichk. zw. Pyridin u. Nitrobenzol[32])[71]): 1960–62; ~ 2: p-Aminobenzolsulfonsäure-[2-nitroanilid][1])[71]): **30** ('47) 2066–69. — Synth. v. zwei m. Tryptophan isosteren Verbb.: β-[Cumaronyl-(3)]-alanin u. β-[Naphthyl-(1)]-alanin[28]): **30** ('47) 297–304. — Hydrazo- u. Azoverbb. d. Thiazols[49])[35]): 304–06. — Thiazolkondensat. m. 1,5-Dibromacetyl-aceton[61])[83]): 348–53. — Deriv. d. Pyrimidinothiazols, 2: Isostere d. Theophyllins, Methyladenins u. Methylpurins[24]): 585–92. — Nitrothiazolverbb., 1[60])[58]): 1200–04; ~ 2[60])[58]): 2110–13. — Thiazolidone-(4)[56]): 1329–35. — Thiazolidon-(2)-deriv.[67])[11]): 1336–38. — Deriv. d. 5-Aminothiazols, 1[50])[60]): 1865–69; ~ 2[60])[50])[21a]): **35** ('52) 187–95. — Einfl. primärer Amine zweikern., nichtkondensierter Ringverbb. auf d. Wachstum v. Tuberkelbacillen[6])[71])[11])[75]): **30** 2058–62. — Einfl. v. Deriv. d. p- u. m-Aminobenzoesäure auf d. Wachstum v. Tuberkelbacillen[12])[71])[11])[75]): 2063–66. — 5-Chloracetylthiazol[58]): **31** ('48) 26–28. — Thiazol-5-essigsäure[1]): 28f. — Probl. d. Ähnlichk. in d. Chem.[82])[71]): 32–40; ~ 2[71])[88]): 65–75; ~ 3: Vers. üb. d. Aufwachsen org. Verbb. auf Kochsalz[54]): **32** ('49) 17–22. — 5-Aminocumaron[28])[11]): **31** ('48) 75–77. — Bromierte Cumaronderiv. u. neue Darst. v. Cumaronyl-3-essigsäure[28]): 78–83. — Eigensch. v. zwei m. DDT isosteren Verbb.[9])[71]): 466–70. — 5-Aminothiazol und Modifikation des Säureabbaus nach Curtius[1]): 470–72. — Pyridin-4-deriv.[60])[45]): 571–77. — Kondensat. v. 4,5-Dimethylthiazol u. 5-Methylthiazol m. Aldehyden[21]): 652–65. — p-Aminosalicylsäure u. strukturähnl. Verbb.[60])[71])[75]): 988–92. — Carbonsäuren d. Thiazols[33])[29])[21]): 1342–49. — Tuberkulostat. Wirkg. d. 8-Oxychinolins u. d. 4-Oxy-benzthiazols[78a])[71])[75]): 1975–77. — Vergl. Unters. üb. d. Strukt. d. Thiazols u. d. Isochinolins[5])[71]): 1978–93. — Immunochem. Vergl. zw. Ring-Pseudoringverbb.[77])[69])[78]): **32** ('49) 31–34. — Einige Deriv. d. 2-Aminothiazols[32]): 35–38. — Verhalten v. Tbc-Kulturen gegenüb. m. ^{35}S indiziertem Sulfat[55])[71]): **33** ('50) 23f. — Geochem. Unters., 1: Best. v. Uran in Gesteinen[57])[73])[12]): 25—36; ~ 2: Analysen schweiz. Sediment-Gesteine[12]): 45–56. — Zersetzg. v. Diazoketonen in Gegenw. v. Kupferoxyd u. z. Kenntn. d. Thiazol-5-essigsäure[1]): 503–05. — Chem. u. biol. Eigensch. einiger α-Aminoketone[40])[14])[39])[71])[81]): 1217–26. — Wirkg. eines m. ^{35}S indizierten Sulfathiazols auf Kulturen v. Escherichia coli[55])[38a])[71]): **34** ('51) 340. — Eigensch. einiger Metallkomplexe der p-Aminosalicylsäure[60b])[89])[71]): 430–33. — Üb. ein Deriv. d. 1,3-diaza-bicyclo-[3,3,1]-nonans[4])[71]): 459–62. — Eigenschaft d. Nitrile d. Chinolinsäure[21a]): 488–96. — 2-Oxy-4-aminopyridin[4])[71]): 496–500. — Einige Deriv. d. Triazolopyrimidins[9]): 835–40. — Qualitat. u. quantitat. Best. papierchromatogr. getrennter Metallionen[69a])[71]): **35** ('52) 120–28. — Phosphobenzol[85a])[60]): 616–18. — Aryl-dichlorphosphine[85a])[60]): 1412f. — Semiquantitat. Best. v. kleinen Mengen Uran, Kupfer u. Eisen in Gesteinen[85b])[21a]): 1588–91. — Papierchromatogr. Best. v. Alkali- u. Erdalkaliionen in biol. Materialien[69a])[71]): 2483–86. — Metallionen u. biol. Wirkg., 16: Deriv. heterocycl. Carbonsäuren, 1[60])[25a])[30a]): **37** ('54) 90–94; ~ 17: Tuberkulostat. Eigensch. d. Hydrazide d. Isonikotinsäure u. d. Benzoesäure[60b]): 95–97; ∼18: ∼2[29a])[60]): 147–54; ∼19: Ähnlichk. b. Komplexverbb.[60a]): 234–39; ∼20[69a])[67a]): 239–41; ∼22: Metallionen u. Resistenzbildg. b. Tbc-Kulturen[21a])[60])[60b]): 636-41.

Klin. Wschr. Immunochem. Unters. üb. Pyridin u. Pyridinderiv.[7]): **14** ('35) 536f.

Korrosion u. Metallschutz. Korrosionsprobl.: **8** ('32) 29–35.

Nature [London]. Exp. üb. schweres Wasser[25]): **134** ('34) 327. — Schweres Wasser im tier. Körper[25])[46])[80]): 1006f. — Eigensch. d. Pentadeuteriobenzoesäure C_6D_5COOH[20]): **138** ('36) 367. — Verwendg. v. Deuterium als Indikator b. stereochem. Unters.[62])[20]): 547.

Naturwiss. Dissoziationskonst. versch. Säuren in Deuteriumoxyd[68])[20]): **24** ('36) 714.

Naunyn-Schmiedebergs Arch. exp. Pathol. Pharmakol. Immunchem. Unters. in d. Pyrazolonreihe[1]): **177** ('34) 116–18.

Schweiz. Z. Pathol. Bakteriol. Analyse u. Interpretat. d. Wirkg. tuberkulosestat. Stoffe in vitro[75])[71])[11]): **11** ('48) 193–223.

Schweiz. Z. Tuberkulose. Stoffwechsel v. Tuberkelbazillen, 7: Wirkg. d. Zimtsäure u. einiger verwandter Verbb. auf d. Wachstum v. Tuberkelbazillen[11])[67])[41]): **4** ('47) 39–43.

Verh. naturforsch. Ges. Basel. Aus K rk isolierte Phellonsäure[54]): **56** ('45) 366–71.

Z. Biol. Hat schweres Wasser Einfl. auf physiol. Vorgänge?[80]): **97** ('36) 519–21.

Z. Elektrochem. Herst. d. schweren Wasserstoffverbb.: **44** ('38) 8–14.

Z. Hyg. Infektionskrankh. Stoffl. Beziehg. zw. Antigen u. Antikörper[7]): **113** ('31) 79–89.

Z. physik. Chem. (B). Pseudoatome u. isostere Verbb., 4: Systematik d. einf. anorg. Säuren: **27** ('35) 404–08.

Mit: [1]) Max Aeberli; [2]) H. Arni; [3]) Erich Baer; [3a]) J. Bang; [4]) James Bäumler; [5]) Harry Baumann; [6]) Carlo Becker; [7]) Erwin Berger; [8]) Gustav Bischoff; [9]) Peter Bitterli; [10]) Otto Bitterlin; [11]) Hubert Bloch; [12]) Max E. Blumer; [13]) Alfred A. Bossardt; [14]) A. Bretscher; [15]) Georg Brubacher; [16]) Paul Buchmann; [17]) Willy Büchler; [18]) Hans Dahn; [19]) Karl Degen; [20]) Alfred Epprecht; [21]) Max Erne; [21a]) Silvio Fallab; [22]) Friedrich Fichter; [23]) Hermann O. L. Fischer; [24]) Hans Peter Furger; [25]) Hans Gärtner; [25a]) R. Gall; [26]) Max Geiger-Huber; [27]) Pierre Girard; [28]) Werner Grubenmann; [29]) Waldemar Guex; [29a]) M. Häring; [30]) Frédy Heitz; [30a]) R. Hinderling; [31]) Karl G. Hoffmann; [32]) Jean Pierre Jung; [33]) Jean Junod; [34]) Hazim Kam; [35]) M. Kellerhals; [36]) Hans Kiefer; [37]) Anton Kleiber; [38]) Willy Krähenbühl; [39]) Hubert Kühne; [40]) Fritz E. Lehmann; [41]) H. Lehr; [42]) Martin Leo; [43]) H. Lobeck; [44]) A. Loebenstein; [45]) August H. Lutz; [46]) E. J. McDougall; [48]) Roman Marbet; [49]) Dieter Markees; [50]) Willy Mengisen; [51]) Harald v. Meyenburg; [52]) H. J. Micheels; [53]) Charles J. Morel; [54]) Marcel Müller; [55]) Hans Noll; [56]) Viktor Oberlin; [57]) Walter Oppliger; [58]) Jürg Ostertag; [59]) Peter Preiswerk; [60]) Bernhard Prijs; [60a]) H. Rey-Bellet; [60b]) W. Roth; [61]) Paul Ruggli; [62]) Hans Schenkel; [63]) Erich H. Schmid; [64]) J. Schmidlin; [65]) Paul Schmidt; [66]) Wolfgang Schoenauer; [67]) Heinz Schulthess; [67a]) Margrit Schuster; [68]) G. Schwarzenbach; [69]) H. Schwarzweiß; [69a]) H. Seiler; [70]) Marion Simon; [71]) Ernst Sorkin; [72]) Jost v. Steiger; [73]) Karl Stier; [74]) H. Süllmann; [75]) Emanuel Suter; [76]) Wilhelm Theilheimer; [77]) Josef Tomcsik; [78]) Martha Trissler; [79]) Hellmut Ueberwasser; [80]) Fritz Verzár; [81]) Karl Vogler; [82]) Dieter Waldi; [83]) A. v. Wartburg; [84]) H. M. Weber; [85]) Oskar Weber; [85a]) Th. Weil; [85b]) A. Weiß; [86]) P. Wiessmer; [87]) Ernst Willi; [88]) W. Würgler; [89]) F. Zuber.

Erlinger, Edwin. Metallkunde. — 1924–30 stud., '35 Dr. techn., '50 PDoz. TH Graz. [Eig. Mitt.]
*1903, Juni 14, Marburg/Drau.

W. • Untersuchungen üb. d. Verwendungsmöglichk. statisch geeichter Meßfedern z. dyn. Kraftmessg. Diss. (Graz-Leoben '35) 72 S. — • Entwicklung zweier neuer Auswuchtmasch. Hab.schr. (Graz '50).

Ann. Physik. Knicken v. Drähten unt. d. Einfl. d. Eigengewichtes[2]): (5) **20** ('34) 635–45.

Arch. Eisenhüttenwes. Prüfmasch. z. Erzeugg. wechselnder Zug-Druck-Kräfte: **10** ('37) 317–20.— Wechselbiegemasch.: **11** ('38) 455f. — Prüfanlagen z. Ermittlg. d. Wechselfestigk. v. Maschinenteilen: **12** ('39) 613–21.

Fördertechnik. Umlaufbiegemasch. f. Drahtproben: **35** ('42) 43–45.

Geol. u. Bauwes. Einfl. d. Gefrieranlage auf d. Abkühlungsverhältn. b. d. Frostprobe[1]): **5** ('33) 71–76.

Luftwissen. Dauerprüfmasch. f. große Proben: **8** ('41) 177–81.

Meßtechnik. Genauigk. v. dyn. Materialprüfmaschinen: **12** ('36) 109–11. — Rüttelprüfg. v. Instrum. u. Appar.: **15** ('39) 68–71.

Metallwirtsch. Schwingprüfmaschine f. 200 kg Zug- od. Druckkraft: **20** ('41) 414–16. — Neue Umlaufbiegemasch.: 748f. — Neue Baureihe schwingender Zugdruckmaschinen: **22** ('43) 12–17.

Métaux et Corrosion. Une machine d'essais de fatigue par résonance pour efforts de torsion alternée: **14** ('39) 11–14.

Österr. Maschinenmarkt. Berechng. v. Wälzlagern b. veränderl. Belastg.: **1953**, 36f.

Tonind.-Ztg. Frostdauer b. d. Frostprobe an Baustoffen[1]): **57** ('33) 389–91.

Mit: [1]) Hans Kostron; [2]) Alfons Leon.

I, III **Erman,** G. Adolph → VIIa/Suppl.

I **Erman,** Paul → VIIa/Suppl.

Erni, Arthur. Geol. — 1906 stud., '10 Dr. phil. U Zürich, dann Adjunkt d. Geol. Komm. d. Schweiz. naturforsch. Ges.; '12–31 als Erdölgeologe am Kaukasus, in USA, Rumänien u. Persien tätig; seit '36 Verwalter d. geol.-paläontol. Sammlg. d. naturforsch. Ges. Basel.
*1885, Dez. 19, Olten;
†1945, Jan. 12, Basel.

Nekr. Walter Bernoulli, Verh. naturforsch. Ges. Basel **56**, Tl 1, 1944/45 ('45) 156–63 (m. Bildn., Faks. u. Schr.verz. 24 Nr.). — W. K[amber], Oltner Tagblatt v. 18. Jan. 1945. — M. Mühlberg, Mitt. Aargau. naturforsch. Ges. **22** ('45) 43–46. — W. Staub, Bull. Vereinig. Schweiz. Petroleum-Geol. u. -Ing. **38**, April 1945.

Ernst, Herzog **von Sachsen-Altenburg.** Astron. — 1891–93 stud. U Jena und Heidelberg; arbeitete 1922–41 auf dem Schlosse Fröhliche Wiederkunft in Wolfersdorf in der dort von ihm

gegründeten Sternwarte (mit Kiesshauer, Gengler, E. J. Meyer). [Eig. Mitt.]
*1871, Aug. 31, Altenburg/Thür.;
†1955, März 22, Wolfersdorf bei Neustadt/Orla.

Zum 60. Geb.tag. Sachsen-Altenburgischer vaterländischer Geschichts- u. Hauskalender **98** ('31) 113 (Bildn. u. Faks.); darin eig. Beitr. 113–16: Fröhliche Wiederkunft.

Nekr. C. Hoffmeister, Herzog E. v. Sachsen-Altenburg u. d. Sternwarte Wolfersdorf, Sterne **32** ('56) 16–19 (m. Bildn.).

HZ. Jber. d. Sternwarte Wolfersdorf bei Neustadt/Orla.

Mitt. aus d. Osterland (N. F.). Anwendung d. Photometrie in d. Astron.: **8** (1898) 15–37. — Neueste Errungenschaften auf d. Geb. d. Astrophysik u. d. Himmelsphotogr.: **9** (1900) 9–30.

VI **Ernst,** Emil Hermann. Kristallogr. — 1928 o. Prof. Mineral. u. Dir. Mineral.-petrogr. Inst. U Münster. [Mitt.: Hans Seifert VIIa]
*1889, Juni 6, Newark/N. J., USA;
†1942, Mai 26, Münster.

Z. Kristallogr. (A). Abhängigk. d. Verschiebungsgeschwindigk. d. Flächen eines wachsenden Kristalles v. seinen Begrenzungselem.: **96** ('37) 38–77.

Z. Kristallogr. (B). Plagioklase v. Linosa[1]): **46** ('34) 93–126.

Mit: [1]) H. Nieland.

Ernst, Hellmut. Maschinenbau. — 1922–27 stud. TH München, Danzig; '27–30 Ass., '33 Dr.-Ing., '43–45 o. Prof. TH Danzig; Dir. d. MAN-Kranbaues, Nürnberg. [Eig. Mitt.]
*1903, Sept. 12, Zeiden.

W. ● Die Hebezeuge **1** [1]('Brschw. '50) 7+300 S.; [2]('52) 7+304 S.; [3]('53); **2** [1]('51) 8+302 S.; [2]('53); **3** ('53) 8+287 S. — ● Neuzeitliche Bekohlungsanlagen (Nürnb. '51) 17 S. (Zwanglose Mitt. aus dem Kranbau d. MAN).

Engineering. Cableway dragline excavators: **411** ('36) 85–150.

Fördern u. Heben. Steuerungsprobl. b. Krananlagen: **1951,** 147–53.

Fördertechn. u. Frachtverkehr. Beurteilg. d. behördl. Vorschriften f. d. Seile v. Personenschwebebahnen: **26** ('33) 225–29, 258–62, 276–80, 306–12; **27** ('34) 29–35 [Diss.].

MAN-Forschungsh. Entwicklg. u. Forschg. im Kranbau: **1** ('51) 147–62.

Mitt. Forsch.-Anst. Konz. Gutehoffnungshütte. Antriebsfragen b. neuzeitl. Wagenhebekranen[1]): **5** ('37) 101–11. — Unters. üb. d. Beanspruchg. d. Seiltrommeln v. Kranen u. Winden: **6** ('38) 195–215. — Wärmeabführg. b. fettgeschmierten Kunstharzlagern im aussetz. Kranbetrieb: 135–43. — Anwendungsbereich v. Kurzschlußläufermotoren im Hebezeugbau: **7** ('39) 89–95. — Neue Wege in d. Konstrukt. d. Drehwerke v. Drehkranen: 205–11. — Die Beanspruchg. d. Fahrbahn v. Unterflanschlaufkatzen: **10** ('43) 22 S.

Stahl u. Eisen. Neuere konstrukt. Entwicklg. d. Hüttenkrane: **73** ('53) 538–45.

Werft, Reederei, Hafen. Neuer Bordkran m. selbsttät. Schnellgang f. leichte Lasten u. leere Haken: **21** ('40).

Z. VDI. Zweistufige Fahrwerkbremse f. Krane u. Verladebrücken: **83** ('39) 630. — Lastsenkvorrichtg. f. Krane m. mech. Bremse u. Hilfsmotor: **84** ('40) 157–59. — Verladebrücke m. Verschiebeträger: 959–61. — Sonderkran z. Umschlag v. Schlacke: **85** ('41) 809–11. — Dieselkran m. Blockgetriebe u. neuartiger Steuerung: **91** ('49) 70f. — Berechng. d. Schienenringdurchm. v. Drehkranen[2]): 82–84. — Aus d. neuesten Entwicklung d. Kranbaues: **94** ('52) 307–13.

Mit: [1]) A. Strobel; [2]) Albrecht Wolf.

VI **Ernst,** Otto. Chem. — Bis 1932 Leiter d. katalyt. Labor. d. Farbwerke Hoechst.
*1870, Okt. 7, Wiesbaden;
†1936, Okt. 5, Wiesbaden.

Zahlr. Erfindungen u. DRP auf d. Gebiete d. Celluloseäther u. Ester, d. Chloracetaldehyds u. d. Vinyl-Verbb.

Ernst, Karl Theodor Heinrich. Kristallogr., Mineral., Petrogr. — 1926–32 stud. U Jena, Göttingen; '32 Dr. phil. U Göttingen (V. M. Goldschmidt), '29–42 Ass. Mineral. Inst., '36 habil., '37 Doz. Mineral. U Göttingen; '42 Wiss. Rat, '44 apl. ao. Prof. U Straßburg; '45–49 Doz. U Göttingen; '49 LAuftr. U Erlangen; '50 o. Prof. TH München, '50 U Erlangen. [Eig. Mitt.]
*1904, Jan. 3, Uelzen/Hannover.

S. ● Taschenbuch f. Chemiker u. Physiker (J. d'Ans u. E. Lax) (Bln '43) 275–309: Minerale; 1266–74: Geochem.; 1281–87: Mineral. Rohstoffe. — ● Zahlenwerte u. Funkt. (Landolt-Börnstein) [6](Bln-G.-H. '55) **1**: Atom- u. Molekularphysik, Tl. 4, 1–503: Kristalle.

Chem. d. Erde. Melilith-Basalt d. Westberges b. Hofgeismar, nördl. v. Kassel, ein Assimilationsprod.: **10** ('36) 631–66 [Hab.schr.].

Geol. Rdsch. Tiefeneinschlüsse d. Basalte: **27** ('36) 73f. — Olivinfelseinschlüsse d. Basalte: **36** ('48) 39f.

Keram. Z. Ber. üb. d. neue Mineral. Inst. d. Univ. Erlangen: **7** ('55) 329f.

Nachr. Ges. Wiss. Göttingen (Geol.-mineral. Abt. N. F.). Olivinknollen d. Basalte als Bruchstücke alter Olivinfelse: **1** ('35) 147–54. — Best. v. Vanadium, Nickel u. Molybdän im Meerwasser: 205–08.

Nachr. Ges. Wiss. Göttingen (Physik.-chem. Abt.). Kristallstrukt. d. α-Natriumhydroxydes: **1946,** 76–78. — Kristallstrukt. d. α-Kaliumhydroxydes[3]): **1947,** 49–52.

Naturwiss. Ber. üb. d. 22. Jahresvers. d. Dtsch. Mineral. Ges. München: **25** ('37) 40–42. — Sichtbarmachg. d. Charakters (+ bzw. —) äußerst schwacher Doppelbrechungseffekte[2]): 68f.

Z. angew. Mineral. Kornregelg. im Sinterkorund[4]): **1** ('38) 115–24. — Sonnenbrand d. Basalte¹): **3** ('40) 73–141. — Schmelzgleichgew. im Syst. Fe_2O_3—FeO—TiO_2 u. Bem. üb. d. Minerale Pseudobrookit u. Arizonit: **4** ('43) 394–409.

Z. Metallkunde. Verformg. v. Magnesium u. seiner Legierg.²): **40** ('49) 1–12.

Z. physik. Chem. (B). Darst. u. Kristallstrukt. v. Lithiumhydroxyd: **20** ('33) 65–88 [Diss.] [auch in: Naturwiss. **20** ('32) 124].

Mit: ¹) Friedr. Karl Drescher-Kaden; ²) Fritz Laves; ³) Rolf Schober; ⁴) Hans v. Wartenberg.

Ernst, Wilhelm. Geol., Mineral. — 1906–12 stud., '15 Dr. phil. U Tübingen; '12 ständ. wiss. Hilfsarb., '23 wiss. Ass., '26–53 Kustos Geol. Staatsinst. Hamburg; seit '49 Hon.Prof. U Hamburg. [Mitt.: Walter Häntzschel VIIa]
*1888, Febr. 23, Witten/Ruhr; †1953, März 2, Hamburg.

Nekr. K. Gripp, Mitt. mineral.-geol. Staatsinst. Hamburg **23** ('54) 5–8 (m. Schr.verz. 9 Nr.).

Mitt. mineral.-geol. Staatsinst. Hamburg. Üb. d. Perm v. Lieth b. Elmshorn (Holstein) m. Bem. üb. d. Perm v. Stade: **12** ('31) 49–124. — Joh. Wysogórski †: **21** ('52) 3–7.

Neues Jahrb. Mineral., Geol. Paläontol. (Beil.-Bd. B). Üb. d. Gault v. Helgoland: **58** ('27) 113–56.

Palaeontographica. Stratigr. u. Fauna d. Lias ζ im nordwestl. Dtschl., 1: **65** ('23) 1–95; ∼2: **66** ('24) 1–126 [Diss.].

Verh. naturwiss. Ver. Hamburg. Saxon. Faltg. im nördl. Harzvorland: (3) **23** ('15) XCIf.

Z. Dtsch. geol. Ges. (B). Jura- u. marine Unterkreidegeschiebe aus d. Diluv. Schlesw.-Holst.: **72** ('20) 285–89. — Üb. d. oberen Gault v. Lüneburg: **73** ('21) 291–321. — Perm v. Lieth b. Elmshorn/Holst.: **82** ('30) 126.

Z. Geschiebeforsch. u. Flachlandsgeol. Ahrensburger Geschiebesippe im norddtsch. Diluvium: **14** ('38) 73–104.

Ernsthausen, Wilhelm. Techn. Physik, Elektro-Physiol. — 1921–27 stud. U Köln, TH Karlsruhe; '36 Dr.-Ing. TH Karlsruhe (R. Richter, dess. Ass. '27–35); '35 Ass., '37 Abt.Leiter DVL Berlin; '37–38 Telefunken-Labor.; '41 habil.; '43 Leiter d. Helmholtz-Inst. Reichsst. f. Hochfrequenzforschg., Berlin; USA Luftfahrt-Med.; '52 PDoz. TH Karlsruhe. — '54 Freudenberg-Preis (TH Karlsruhe). [Eig. Mitt.]
*1902, Juli 8, Bukarest/Rumänien.

S. ● German aviation medicine (Washington '50) 651: Sound and vibration in aircraft; 686: Measurement of sound and vibration with reference to physical and physiol. problems in aviat. (m. W. v. Wittern).

W. ● Das elektr. Herzbild (Münch. '53) 227 S.

Akust. Z. Unters. üb. d. Luftschraubengeräusch: **3** ('38) 141–46. — Strahlergruppen m. umlaufender Phase: 380–89. — Absoluteichg. v. Mikrophonen: **4** ('39) 13–19. — Meth. z. Best. d. akust. Reflexionsvermögens v. Bodenflächen¹): 353–59. — Einfl. aerodyn. Eigensch. auf Schallfeld u. Strahlungsleistg. einer Luftschraube: **6** ('41) 245–61 [Hab.schr.].

Arch. Elektrotechn. Geräuschanalyse an elektr. Maschinen: **31** ('37) 299–311 [Diss. 1]. — Verzerrg. d. Niederfrequenzkondensatormikrophons: 487–94 [Diss. 2].

Pflügers Arch. ges. Physiol. Messg. v. Strömungsvorgängen in d. herznahen Gefäßen über d. Rückwirkg. d. Blutbewegg. auf d. Körper: **251** ('49) 56–72. — Herztätigk. als Schwingungsvorgang: 140–66.

Telefunken-Mitt. Piezoelektr. Verhalten v. Kristallen m. bes. Berücks. d. Seignettesalzes: **79** ('38) 72–78.

Z. angew. Math. u. Mech. Der rotierende Tragflügel als Strahlungsprobl.: **31** ('51) 20–35.

Mit: ¹) Wolf-Wito v. Wittern.

VI **Errulat,** Friedrich Wilhelm. Geophysik. — 1924 PDoz., '30 n.beamt. ao. Prof., seit '39 apl. Prof. Geophysik U Hamburg; '37 Reg.Rat., '40 Ob.Reg.Rat Dtsch. Seewarte, seit '45 Ob.Reg.Rat Dtsch. Hydrogr. Inst. Hamburg; '37 Leiter d. Observat. Wingst; seit '54 i.R. [Eig. Mitt.]
*1889, Okt. 18, Heinrichswalde/Ostpr.

H. ● Jahrb. Observat. Wingst d. Dtsch. Hydrogr. Inst. Hamburg f. 1943 ff. (Hambg '49 ff.), darin v. ihm: 1950 ('51) Nr. 3: Erdmagnet. Karten f. Westdeutschland.

S. ● Nat. u. Med. Dtschl. 1939–46, **17** (Wiesb. '48) 27–38: Erdmagnetism.

W. ● Magnetische Reichsvermessg. 1935, Tl 1 (m. R. Bock u. F. Burmeister) (Bln '48) 53 S. (Abh. Geophysik. Inst. Potsdam 6).

Ann. Hydrogr. Erdmagn. Deklinat. in Ostpr. 1935: **65** ('37) 519–21. — Erdmagn. Observat. Wingst d. Dtsch. Seewarte: **67** ('39) 355–60. — Erdmagn. Karten f. d. nördl. Ostpr.: **69** ('41) 173–78. — Erdmagn. Messg. auf See m. d. Doppelkompaß als Tauchgerät: 376–85. — Messungen d. Vertikalintensität d. erdmagn. Feldes auf See m. einem Tauchgerät¹): **71** ('43) 127–30.

Dtsch. hydrogr. Z. Erdmagnet. Profil üb. d. Daciabank: **1** ('48) 30–32. — Mittlere Intensität magnet. Stürme in Abhängigk. v. d. geomagnet. Breite: 72–79. — Messg. d. Horizontalintensität d. erdmagnet. Feldes auf d. Ostsee in d. Jahren 1938 u. 1939: **2** ('49) 1–21. — Lokale u. regionale Anomalien d. Säkular-Variat.: **3** ('50) 153–61. — Messg. d. erdmagnet. Vertikalintensität auf See z. Prüfg. d. Genauigk.: 249–57.

Mitt. geophysik. Warte Königsberg. Erdbebenregistrierg. d. J. 1931: **21** ('34) 30 S.; ∼ 1932: **23** ('35) 18 S.; ∼ 1932/33: **25** ('35) 40 S. — Erdmagn. Beob. während d. 2. int. Polarjahres 1935: **24** ('35) 26.

Naturwiss. Rdsch. Erde als Magnet: **4** ('51) 391–94.

Mit: ¹) Horst Podszus.

VI **Ertel,** Hans Richard Max. Geophysik, Meteorol., Hydrogr. — 1932–34 Ass. (H. v. Ficker), '35–40 Observator, '41 Observ. u. Prof. Meteorol. Inst. U

Berlin; '38 PDoz. U Berlin; '42 Hauptobserv. u. Prof. Zentralanst. f. Meteorol. u. Geodyn. Wien; '43–45 o. Prof. U Innsbruck; '46 o. Prof. Geophysik u. Dir. Inst. Meteorol. u. Geophysik Humboldt-U Berlin u. seit '49 Dir. Inst. f. physik. Hydrogr. Dtsch. Akad. Wiss. Berlin. — '50 Nationalpr. 2. Kl. d. DDR; '51 Vizepräs. Dtsch. Akad. Wiss. Berlin. [Eig. Mitt.]

*1904, März 24, Berlin.

MH. • Veröff. Meteorol. Inst. Univ. Berlin **1–4** (Bln '36–42).

MHZ. Geofis. pura e appl. **13** ('49) ff. — Forsch. u. Fortschr. **26** ('50) ff. — Dtsch. Literatur-Ztg. **72** ('51) ff. — Z. Meteorol. **4** ('50) ff. — Gerlands Beitr. Geophysik **62** ('52) ff. — Acta hydrophysica **1** ('53) ff.

S. • Meteorol. Taschenb. (Linke) [5](Lpz. '39) 1–33: Theoret. Grundlagen der dyn. Meteorol. — • Miscellanea Acad. Berolinensia (Bln '50) 62–68: Theorem üb. asynchron.-period. Wirbelbewegg. kompressibler Flüssigk.

W. • Adjektivdynamische Theorie d. Luftdruckschwankg. u. ihrer Periodizitäten (Bln '36) 31 S. (Veröff. Meteorol. Inst. Univ. Bln **1**,1). — • Singuläre Advekt. u. ihre Darst. durch C. G. Rossby's Advektionsfunkt. (Bln '36) 24 S. (~ **1**,6). — • Methoden u. Probl. d. dyn. Meteorol. (Bln '38) 122 S. (Ergebn. d. Math. u. ihrer Anwendg. 5,3) [Amer. Ausg. (Ann Arbor, Mich. '43)]. — • Elemente d. Operatorenrechng. m. geophysik. Anwendg. (Bln '40) 6 + 133 S. — • Entwicklungsphasen d. Geophysik (Bln '53) 24 S. (Dtsch. Akad. Wiss. Berlin, Vortr. u. Schr. 52).

Abh. Preuß. Akad. Wiss. Allg. Variationsprinzip d. Hydrodyn.: **1939**, Nr. 7, 1–9. — Durch Niederschläge verursachte Störg. d. Salzgehaltes im Ozean[1]): Nr. 10, 1–10.

Abh. Preuß. meteorol. Inst. Theor. d. durch Variat. d. magnet. Potentials induzierten Erdströme b. ungleichförm. Leitfähigk. d. Erdrinde: **10** ('32) Nr. 2, 1–18 [Diss.].

Ann. Hydrogr. Geschwindigkeitsverteilg. im station. geostroph.-antitript. Windfeld u. im station. Triftstrom b. variablem Turbulenzkoeff. als Eigenwertprobl.: **62** ('34) 35f. — Tensorielle Theor. d. Turbulenz: **65** ('37) 193–205. — Neue atmosph. Bewegungsgleichg. u. ihre Anwendg. auf d. Theor. d. Zyklonenbewegg.: **68** ('40) 421–31. — Thermodyn. Wirkungsgrad d. Atmosph.[1]): **70** ('42) 161–68. — Einf. Bew. d. Clairautschen Theorems[1]): **71** ('43) 122f. — Grundgleichg. d. Wasserhaushaltes d. Atmosph. u. d. Berechng. d. mittleren Austauschkoeff. d. spezif. Feuchtigk. aus d. Niederschlagsmenge[1]): 269–73.

Ber. Preuß. meteorol. Inst. Theor. d. Erdstroms: **1931**, 105–09. — Grundgleichg. f. elektromagnet. Vorgänge im irdischen Gravitationsfeld im Hinblick auf d. Frage d. erdmagnet. N-Feldes: **1932**, 127–29.

Geofis. pura e appl. Thermodynam. efficiency of steady atmosph. circulat.[3]): **13** ('48) 1–8. — New conservat.-theorem of hydrodynam.[7]): **14** ('49) 1–7.

Gerlands Beitr. Geophysik. Zu: Becker, Reibg. u. Gleitflächen: **23** ('29) 10–12. — Abhängigk. d. Turbulenzkoeff. v. d. vertikalen Temp.-Verteilg.: **35** ('32) 291–94. — Energet. Beeinflussg. d. Troposphäre durch stratosph. Druckschwankg.: **37** ('32) 7–15. — Bewegg. v. Elektronen in inhomogenen Magnetfeldern: **38** ('33) 142–46. — Berechng. d. Polfluchtkraft: **43** ('35) 327–30. — Beziehg. zw. Tangentialdruck d. Windes u. Oberflächenstrom: **44** ('35) 225f. — Advektiv-dynam. Theor. d. Luftdruckschwankg. u. ihrer Periodizitäten: **46** ('35) 227–36. — Erweiterg. d. V. W. Ekman'schen Theor. station. Driftströme: **49** ('37) 368–72.

Meteorol. Z. Einfl. d. Stratosphäre auf d. Dynamik d. Wetters: **48** ('31) 461–75. — Turbulenz u. Druckerniedrigg. auf Bergstat.: **49** ('32) 199–201. — Vertikale Luftbewegg. b. Starkregen: **50** ('33) 149–52. — Berechng. d. Massenaustausches b. d. allg. atmosph. Zirkulat.: 152f. — Thermodynam. Begründg. d. atmosph. Stabilitätskriterien: 176f. — Vorschläge z. Vereinheitlichg. d. Vektor- u. Tensorschreibweise in d. Meteorol.: 190–92. — Variationsprinzip d. atmosph. Dynamik: 195f. — Mittelwerte turbulenter Schwankg. u. Austauschkoeff.: 275f. — Bew. d. Wilh. Schmidtschen konjugierten Potenzformeln f. Austausch u. Windgeschwindigk. in d. bodennahen Luftschichten: 386–88. — Satz üb. d. zonale Zirkulat. d. Atmosph.: **52** ('35) 25. — Berechng. d. Advekt.[5]): 256f. — Stromfelddivergenz u. Luftdruckänderg.: **53** ('36) 1–2. — Singuläre Advekt.: 280–84. — Zusammenhang v. Druckänderg. u. Beschleunigg. an Diskontinuitäten: 394. — Arten d. Unstetigk. d. Windfeldes an d. Tropopause: 450–55. — Best. d. Parameter im Verteilungsgesetz turbulenter Windschwankg.[2]): **55** ('38) 205–07. — Hydrodynam. Gleichgew. in prae-kanonischer Form u. Variationsprinzipien d. atmosph. Dynam.: **56** ('39) 105–08. — Thermodynam. Begründg. d. Richardson'schen Turbulenzkriter.: 109–11. — Integrat. d. Rossby'schen Differentialgleichg. d. Antizyklogenesis[2]): 127f. — Allg. Variationsprinzip d. atmosph. Dynam.: 169–71. — Kompensat. aus Vertikalbewegg. oder aus Advekt.?: 311f. — Singuläre Advektion u. Zyklonenbewegg.: 401–07. — Stabilität d. zonalen atmosph. Zirkulat.: **57** ('40) 397–400. — Neue atmosph. Bewegungsgleichg. u. eine Differentialgleichg. d. Luftdruckfeldes: **58** ('41) 77f. — Individuelle Änderg. d. vertikalen Temp.-Gradienten in d. Atmosph.: 233–36. — Unmöglichk. einer exakten Wetterprognose auf Grund synopt. Luftdruckarten v. Teilgebieten d. Erde: 309–13. — Tensorielle Theor. d. Stabilität[2])[5]): 389–92. — Vertikaler Turbulenz-Wärmestrom in der Atmosphäre: **59** ('42) 250–53. — Neuer hydrodynam. Wirbelsatz: 277–81. — Verhältn. d. neuen hydrodynam. Wirbelsatzes z. Zirkulationssatz v. V. Bjerknes: 385–87. — Aerolog. Abschätzg. d. Wassergehaltes d. Wolken: **60** ('43) 64–66. — Winddivergenz auf Isobarenflächen u. Luftdruckänderg.: 188–91. — Turbulenz-Wärmestrom in d. Atmosph. u. d. Entropieprinzip: 246. — Hydro-thermodynam. Grundgleichg. turbulenter Luftströmg.: 289–95. — Stationäre oszillator. Luftströmg. auf d. rotierenden Erde: 332–34. — Westwindgeb. d. Troposphäre als Instabilitätszonen: 397–400. — Richtg. d. troposph. Turbulenz-Wärmestroms: **61** ('44) 8–11. — Statist. Theor. d. vertikalen Turbulenz-Wärmestromes: 14–18. — Theor. rhythm. wandernder Stromfeld-Oszillat.: 109–13. — Wettervorhersage als Randwertprobl.: 181–90.

Naturwiss. Hebungseffekt u. Grönlanddrift: **20** ('32) 170f. — Gegenwärt. Stand d. Theor. d. durch magnet. Variat. induzierten Erdströme: 860–62.—

Ursachen d. Häufung v. Blitzeinschlägen: **21** ('33) 259f. — Seicheserscheing. in unregelm. gestalteten Seen als wellenmech. Störungsprobl.: **22** ('34) 96. — Zusammenhang zw. Atom- u. kosm. Konst. im expandierenden Universum: **23** ('35) 36f. — Zusammenhang d. universellen physik. Konst. m. d. kosmol. Konst.: 70. — Absol. Feldkonst. in d. Bornschen neuen Feldtheor.: 512. — Zusammenhang d. universellen physik. Konst.: **26** ('38) 463. — Gravitationskonst., spezif. Ladg. u. Massenverhältn. v. Proton u. Elektron: 498f. — Quantenmech.-relativist. Begründg. d. Zusammenhangs d. universellen physik. Konst.: 499f. — Mittlere freie Weglänge d. Mesotronen[4]): **27** ('39) 550f. — v. Ficker: **29** ('41) 697–700. — Neuer hydrodynam. Erhaltungssatz: **30** ('42) 543f.

Physik. Z. Massenverhältn. v. Proton u. Elektron: **36** ('35) 464f. — Gravitationskonst. u. Zahl d. Massenteilchen im Weltall: **37** ('36) 138f. — Hydrodynam. Form d. Wellenmechan.: **38** ('37) 797–99. — Hydrodynam. Wirbelsätze: **43** ('42) 526–29.

S.-Ber. Dtsch. Akad. Wiss. Meth. z. approximat. Vorausberechng. v. Luftmassenverlagerg.: **1948**, Nr. 3, 1–23. — Neuer Erhaltungssatz d. Hydrodynam.[7]): **1949**, Nr. 1, 1–11. — Psychophysik d. Windstärke-Schätzg.: **1950**, Nr. 1, 1–20. — Physikal. Bedeutg. v. Funkt., welche in d. Clebsch-Transformat. d. hydrodynam. Gleichg. auftreten: **1952**, Nr. 3, 1–19. — Symmetriecharakter d. Turbulenz-(Austausch)-Tensors: **1953**, Nr. 2, 1–8. — Statist. Thermodyn. d. vertikalen Temperaturgradienten d. Atmosph.: Nr. 4, 1–14. — Kausalität, Teleologie u. Willensfreiheit als Problemkomplex d. Naturphilosophie: **1954**, Nr. 1, 1–29. — Theorem üb. d. Feldstärke in Potentialfeldern: Nr. 2, 1–10. — Kanonischer Algorithmus hydrodyn. Wirbelgleichungen: Nr. 4, 1–10. — Ein neues Wirbel-Theorem d. Hydrodyn.: Nr. 5, 1–11. — Ein Probl. d. meteorol. Akustik: **1955**, Nr. 2, 1–18.

S.-Ber. Preuß. Akad. Wiss. Allg. Theor. d. Turbulenzreibg. u. d. Austausches: **1932**, 1–12. — Neuer Bew. d. hydrodyn. Zirkulationstheorems: **1933**, 447–49. — Variationsprinzip d. atmosph. Dyn.: 461–64. — Neue Meth. z. Berechng. d. Eigenschwingg. v. Wassermassen in Seen unregelmäß. Gestalt: 746–50. — Verallg. eines Satzes von A. Defant üb. d. Parallelität v. Stromlinien u. Isohypsen: 751–53. — Integrat. d. linearisierten hydrodyn. Gleichg. f. inkompress. Flüssigk.: 860–69. — Einsteins kosmolog. Konst. u. d. Zusammenhang v. Atom- u. kosm. Konst. im expandierenden Universum: **1935**, 3–7. — Zusammenhang v. Luftdruckänderg .u. Singularitäten d. Impulsdichte-Feldes: **1936**, 257–66.

Z. angew. Math. u. Mech. Unstetigk. d. 2. Ableitg. d. Schwerepotentials an Diskontinuitätsflächen d. Dichte: **25/27** ('47) 186–89. — Neues Verf. z. Konstrukt. v. Trajektorien in Strömungsfeldern: **28** ('48) 270–74. — Graph. Konstrukt. v. Trajektorien in Strömungsfeldern: 286–89. — Theorem üb. d. station. Wirbelbewegg. kompressibler Flüssigk.[3]): **29** ('49) 109–13.

Z. Meteorol. Akkumulat. v. Chlorionen in driftenden Meernebeln: **1** ('46/47) 213–15. — Therm. u. potentielle Energie atmosph. Aktionszentren: 225–29. — Theor. d. virtuellen Reibungskoeff.[6]): 459–61. — Probl. d. Wettervorhersage v. Standpunkt d. theoret. Meteorol.: **2** ('48) 97–106. — Psychophysik d. Windstärkeschätzg.: **5** ('51) 32.— Neuer Erhaltungssatz d. Hydrodyn.[7]): 92.

Z. Physik. Advektionsmechanism. d. atmosph. Druckschwankg.[5]): **94** ('35) 662–73. — Sommerfeldsche Feinstrukturkonst.: **95** ('35) 775–77.

Mit: [1]) Albert Defant; [2]) Jeou-jang Jaw; [3]) Hilding Köhler; [4]) Werner Kolhörster; [5]) Sjan-szi Li; [6]) Sokrates Rombakis; [7]) Carl Gustaf Rossby.

V **Esau,** Abraham. Hochfrequenztechn. – 1927–39 o. Prof. U Jena; '39–45 o. Prof. TH Berlin u. Präsident d. Physik.-Techn. Reichsanst.; Gastdoz. Techn. Akad. Bergisch-Land; seit '49 Gastprof. f. Kurzwellentechn. TH Aachen, zugl. Leiter d. Inst. f. Hochfrequenztechn. in d. Dtsch. Versuchsanst. f. Luftfahrt in Mülheim/Ruhr. – '54 Dr. med. h. c. (U Freiburg/Br.). [Ohne eig. Mitt.]
*1884, Juni 7, Tiegenhagen;
†1955, Mai 12, Düsseldorf.

Kurzbiogr. ● Reichshandbuch Dtsch. Ges. **1** ('30) 402.

Zur Biogr. Jahrb. Dtsch. Akad. Luftfahrtforsch. **1** ('37/38) 61, 198; Rdsch. Dtsch. Techn. **19** ('39) H. 16, S. 4.

Zum 60. Geb.tag. L. Bergmann, Akust. Z. **9** ('44) 1f. (m. Bildn.). — Elektrotechn. Z. **65** ('44) 178 (m. Bildn.).

Zum 70. Geb.tag. Arch. elektr. Übertr. **8** ('54) 284; Elektrotechn. Z. **75** A ('54) 427 (m. Bildn.).

Bildn. 50 Jahre Lorenz 1880–1930 (Bln '30) 342.

Nekr. H. Rindfleisch, Physik. Bl. **11** ('55) 318f. — H. Rukop, Arch. elektr. Übertr. **9** ('55) 291.

W. ● Weltnachrichtenverkehr u. Weltnachrichtenmonopole (Jena '32) 18 S. (Jenaer akad. Reden 15). — ● 375 Jahre U Jena (Jena '33) 36 S. (∼ 17). — ● Die Entwicklg. d. dtsch. drahtlosen Nachrichtentechn. (Jena '34) 36 S. (∼ 19). — ● Einführung zu den Ber. d. Herren Frhr. v. Handel u. Plendl (Bln '39) 93 S. (Schr. d. Dtsch. Akad. d. Luftfahrtforsch. 6). — ● Elektrische Wellen im Zentimetergeb. (Bln '40) 18 S. (∼ 20). — ● Über d. Wirkungsweise parabol. Spiegelreflektoren b. sehr kurzen elektr. Wellen (m. Helm. Schiffers) (Münch. '42) (Mitt. d. Dtsch. Akad. d. Luftfahrtforsch. 3). — ● Werner v. Siemens (Bln '43) 20 S. (Preuß. Akad. Wiss., Vortr. u. Schr. 15).

Forsch. Ing.-Wes. Einfl. d. Wechselstrom-Magnetisierg. auf d. Werkstoffdämpfg. b. Drehschwingg.[5]): **3** ('32) 144–50.

Hochfrequenztechn. u. Elektroakust. Ausbreitungsvers. m. d. 1,3-m-Welle[4]): **41** ('33) 153–56. — Empfangsstörg. durch Ultrakurzwellen-Diathermieappar.[7]): **48** ('36) 113–17. — Durchlässigk. v. Drahtgittern f. elektr. Wellen[1])[3]): **53** ('39) 113–15.

Jahrb. Dtsch. Luftfahrtforsch. Physik u. Techn. d. Zentimeterwellen: **1938**, Erg.-Bd, 227–30 (Bildn. S. 227).

Meßtechnik. Dämpfungsmessg. als Grundlage eines Verf. z. Best. d. Schwingungsfestigk.[5]): **10** ('34) 21–23.

Naturwiss. Temperaturmessg. an geschicht. biol. Geweben b. Frequenzen $v = 2{,}7 \times 10^7$ Hz bis $v = 1{,}2 \times 10^9$ Hz[6])[1]): **24** ('36) 520f. — Temperaturverteilg. in geschicht. biol. Geweben nach d. Behandlg. im elektromagnet. Strahlenfeld[6])[1]): **26** ('38) 477f.

Physik. Z. Reflexions- u. Absorptionsmessg. an Wasser u. Alkoholen b. Zentimeterwellen[2]): **38** ('37) 774f. — Max Wien: **40** ('39) 41–43.

Verh. Dtsch. physik. Ges. Gedenkworte auf Max Wien: (3) **19** ('38) 118–21. — Durchgang elektr. Wellen durch Drahtgitter[1])[3]): **20** ('39) 81.

Z. Physik. Effekt, den ferromagnet. Stoffe im elektromagnet. Wechselfeld zeigen[6]): **73** ('32) 602–19.

Z. techn. Physik. Relaxationszeiten einiger Werkstoffe b. dyn. Beanspruchg.: **12** ('31) 492–95. — Max Wien: **20** ('39) 1–3.

Z. VDI. Veränderlichk. d. Werkstoffdämpfg.[5]): **77** ('33) 1133–35.

Mit: [1]) E. Ahrens; [2]) G. Bäz; [3]) W. Kebbel; [4]) W. Köhler; [5]) H. Kortum; [6]) J. Pätzold; [7]) O. H. Roth.

Escales, Ernst Erich. Chem. Technol. — 1927–32 stud. TH München, TH Darmstadt; '34 Dr.-Ing. TH Darmstadt (E. Berl); Chemiker in Wiesbaden. [Eig. Mitt.]
*1907, Apr. 7, München.

Sohn des Chemikers Richard Escales (1861–1923).

Erf. Gelatinieren v. filmbild. thermoplast. Polyvinylverbb. (m. G. Wick, J. Grassl u. C. Dey), Schwed. P. 100245 ('38); weitere Patente.

HZ. Kunststoffe **23** ('33) - **28** ('38).

MHZ. Kunststoffe **36** ('46) ff.

W. ● Beiträge z. Kenntn. d. Mischsäure. Diss. (Münch.-Bln '37) 55 S.

Kunststoffe. Mischsäure[2])[1]): **27** ('37) 23–29. — Metallisierte Kunststoffe: **36** ('46) 112–14. — Silikone: **37** ('47) 1–4. — Kunststoffind. in d. Ver. Staaten v. Amerika. Ein Querschnitt aus d. Entwicklg. d. letzten Jahre[3])[4]): 117–22.

Mit: [1]) Karl Andress; [2]) Ernst Berl; [3]) Kurt Hultzsch; [4]) Ernst Römer.

VI **Esch,** Werner. Chem. Technol. — 1905–43 Handelschem. u. Sachverst. f. Kautschuk, Guttapercha, Balata, Hamburg; dann bis jetzt in Leipzig lebend. — '33 Harries-Medaille u. '35 Bronzeplakette der Dtsch. Kautschuk-Ges. [Eig. Mitt.]
*1878, Jan. 9, Duisburg/Rh.

H. ● Taschenb. f. Gummitechniker Jg. 1936; darin eig. Beitr.: Anh. 1, Lehrreiches aus d. Gesch. d. Gummiherst. d. Mischungsmethodik; Anh. 2, Übers. üb. d. Herst. d. Gasrußes.

Chemiker-Ztg. Moderne Rußherst.: **56** ('32) 453f., 644. — Nervierg. v. Vulkanisaten durch Kautschukkonzentrate: **57** ('33) 526. — Fadenringe f. Falzdosen: **61** ('37) 981f.

Farben-Chemiker. Angebl. Gefahren b. d. Verarbeitg. v. amer. Gasruß: **5** ('34) 125f. — Wirtschaftl. Betrachtg. üb. Gasrußherst. u. -verbrauch: 407f. — Herstellungsverf. v. leicht rieselndem Gasruß: **8** ('37) 117–19 [auch in: Gummi- u. Asbest-Ztg. **36** ('37) 5f.]. — Vom Erdgas bis z. Druckerschwärze: 150–54. — Herstellungsverf. v. leicht rieselndem Gasruß: 193f. — Nebenwirkg. b. Mischen u. Kneten: **10** ('39) 10f. — Gibt es nur 2 Faktisarten?: 101–04. — Warng. vor Vers. m. zu kleinen Versuchsmengen: 129f.

Gelatine, Leim, Klebstoffe. Kautschukarten als Klebstoffe: **1** ('33) 10–12. — Verhütg. d. Schäumens v. Kaolin-Casein-Einstrichmassen f. Papiere: **2** ('34) 51f. — Techn. Bedeutg. d. Phosphatide b. d. Herst. plast. Massen: 209–11. — Gummizement: 233–35. — Kautschukdichtungsringe f. Konservenfalzdosen: 279–81.

Gummi u. Asbest. Gummi u. Asbest: **1** ('48) 7f. — Unsichere Prüfungsergebn. an Kautschukvulkanisaten: 9f; ~ 2: 87; ~ 3: **2** ('49) 31; ~ 4: 36, 44. — Gummiabfall als wertvoller Rohstoff: **1** ('48) 21, 31f. — Exakte Prüfg. v. Kautschukvulkanisaten: 46f., 87–89. — Neuzeitl. Isoliermischg. f. Kabel u. Elektrikerhandschuhe: 65f. — Neue Produktionsweisen: 104–06. — Kieselgur in kautschuk-technol. Betrachtg.: **2** ('49) 260–62. — Altersprüfg. b. Kautschukvulkanisaten: **3** ('50) 91f. — Nachprüfg. v. Angaben üb. spez. Gew.: **4** ('51) 233–35. — Fehlprüfung an Gummifüllstoffen: 309–11. — Neue Ermittlg. d. Einreißwiderstandes an Kautschukvulkanisaten: 437f. — Abnutzungsprüfg. an Gummivulkanisaten: **5** ('52) 90f. — Gummimischg. z. Metall-Gummi-Verb.: **6** ('53) 50–53, 94–96, 135–37, 181f., 184, 186.

Gummi- u. Asbest-Ztg. Herst. v. Treibriemen u. Förderbändern aus gummierten Geweben: **35** ('36) Nr. 23, 3–5, Nr. 24, 4–6. — Bem. z. Vortr. „Wirkungsweise d. disulfid. Vulkanisationsbeschleuniger": **36** ('36) 7f. — Verteilerwirkg. v. „Mineral-Rubber" f. Füllstoffe in Kautschukmischg.: **36** ('37) Nr. 2, 6–9. — Herst. d. Radiergummis: Nr. 6, 5–7, Nr. 7, 5–8. — Erfindg. d. Vulkanisat. v. Kautschuk m. Schwefel unt. Erhitzg.: Nr. 8, 6–8. — Herst. v. Dichtungsplatten: Nr. 11, 6–9. — Sachgemäßes Herst. v. Kautschukmischg.: Nr. 13, 5–7. — Herst. d. Druckfarbenauftragwalzenbezüge: Nr. 14, 6–9 [auch: Gelatine, Leim, Klebstoffe **5** ('37) 119–21]. — Weichmacher u. Versteifer f. Kautschukmischg.: Nr. 16, 7–9.

Gummi-Ztg. Herst. v. Testmischg. f. d. wesentl. Kautschukfüllstoffe: **46** ('32) 1229f. — Techn. Rotfärbg. v. Gummiwaren: **47** ('33) 863. — Sind heiß vulkanisierte Tauchgummiwaren gesundheitsschädlich?: 939. — Betrachtg. üb. Gewebegummierg.: **48** ('34) 517f. — Verfärbg. v. cellulosehalt. Stoffen durch Berührg. m. vulkanisiertem Kautschuk u. deren Ursachen: **49** ('35) 628. — Gummilösg.: **50** ('36) 110f. — Herst. d. Radiergummis: **51** ('37) 267f., 291f. — Unters. d. Itplatten entsprechend d. heute geltenden Vorschr.: 573. — Asbest u. Asbestine als Werkstoffe f. d. Gummiwarenherst.: 617. — Gelieren v. schwefelhalt. Kautschuklösg.: 819. — Klarstellg. d. Tatsachen üb. d. ersten Reifen m. Gasruß in d. Laufsohle: 1097. — Kautschukschädlinge oder Kautschukgifte: **52** ('38) 1300f. — Nebenwirkg. b. Mischen u. Kneten: 1328f. — Nachträgl. Trübg. anfängl. durchsichtiger Kautschukheißvulkanisate: **53** ('39) 168, 934. — 100 J. Kautschukvulkanisat.: 1179–84. — 100 J. Kautschukmischg.: **54** ('40) 68f., 184, 186, 371. — Schaden u. Nutzen d. Kautschukcyclisierg.: 228f. — Nachprüfg. v. Schrifttumsangaben üb. Kautschuk u. verw. Stoffe: 416f., 435, 455, 472. — Schüttgewichte u. Feinheitsgrade v. Füllstoffpulvern: 879. — Unterscheidg. d. Ruße: 959–61. — Verfärbg. zinkweißhalt. Kautschukvulkanisate: **55** ('41) 161f. — Gesonderte Einverleibg. v. Vulkanisationshilfsmitteln in Kautschuk: 307f. — Neuigk. aus d. USA-Schrifttum: 450f. — Anfänge u. Entwicklg. d. Milchflaschengummisaugerherst.: **56** ('42) 30f. — Zinkweiß in Kautschukmischg.: 267f.

Gummi-Ztg. u. Kautschuk. Regeneratunters.: **1943**, 121f.

Herolith. Entwicklungsgesch. d. „Herolith"-Edelkunstharze: **1** ('26/27) 2f. — Gutachten üb. „Elastolith": 29.

India Rubber World. Verteilerwirkg. v. „Mineral Rubber" auf d. Füllstoffe in Gummimischg.: **95** ('37) 39f., 44.

Kautschuk. Wirkg. v. Selen in Kautschukmischg., 2: **8** ('32) 10–13. — Die fünfzehn großen Erfindg. in d. Kautschukind. seit 1898: **9** ('33) 38–40, 53–56. — Bem. zu Hauser: Fünfzehn große Erfindg. in d. Kautschukind. seit 1898: 90f. — Entwicklg. d. Gasrußherst. in Nordamerika: 104–06. — Rationelle Anwendg. v. Kautschukregenerat.: **10** ('34) 84f. — Sicherg. d. Rohstoffversorgg. f. d. Gummiwarenherst.: **11** ('35) 2–6, 28–30, 50–54. — Umschau v. d. Hamburger Kautschukwarte: 73f., 99–101, 138–40. — Ursachen d. Entstehg. v. Bränden in Gummiwerken: **12** ('36) 64–67. — Erleichterg. d. Einmischens v. Füllstoffen in Kautschukgemische: 106–11, 163f. — Herst. v. Treibriemen u. Förderbändern aus gummierten Geweben: **13** ('37) 7–10. — Vergl. zw. Kanalgasruß u. „weichen" Gasrußen: 92. — Ist Ruß amorpher oder kristalliner Kohlenstoff, also verfeinerter Graphit?: **14** ('38) 30f. — Einfl. v. Gasruß auf Kabelmischg.: **15** ('39) 119.

Kautschuk u. Gummi. Weichmacher f. Kautschuk u. Wege zu ihrer Wirkungssteigerg.: **1** ('48) 283, 314–16.

Kunststoffe. Temperatureinfl. b. Kunststoffen: **36** ('46) 118f.

Rev. gén. Caoutchouc. Fortschr. in d. Herst. v. leicht rieselndem Gasruß: **14** ('37) Nr. 130, 12–14. — Herst. d. Druckfarbenauftragwalzenbezüge: Nr. 132, 26–28. — Akt. u. inakt. Ruße in Vergangenh., Gegenw. u. Zukunft: Nr. 135, 3–18.

Rev. gén. Matières color. Entdeckungsgesch. d. Vulkanisationsbeschleuniger: **37** ('33) 82–84.

Seifen-Öle-Fette-Wachse. Technol.-geschichtl. Entwicklg. d. Kunstleder: **74** ('48) 45f., 65–67, 89–91. — Vorgänge b. d. Altgummiregenerat.: **75** ('49) 168–70, 189f., 209f.

L III **Escher von der Linth,** Arnold → VIIa/Suppl.

I **Escher von der Linth,** Hans Conrad → VIIa/Suppl.

III–VI **von Escherich,** Gustav. Math. *1849, Juni 1, Mantua; †1935, Jan. 28, Wien.

Nekr. W. Wirtinger, Alm. Akad. Wiss. Wien **85** ('36) 237–42 (m. Bildn. u. Faks.).

I **von Eschwege,** Wilhelm Ludwig → VIIa/Suppl.

IV, VI **Eschweiler,** Wilhelm. Analyt. Chem. — 1921 ao. Prof. TH Hannover. *1860, Dez. 1, Euskirchen/Rheinpr.; †1936, März 21.

Kurzbiogr. ● P. Trommsdorff, Lehrkörper TH Hannover ('31) 23 (m. Bildn.).

Nekr. Angew. Chem. **49** ('36) 290.

Esdorn, Ilse Helene Hildegard Wilhelmine. Angew. Bot. — 1920–22 stud. U Rostock, Leipzig u. TH Braunschweig; '24 Dr. phil. U Kiel (G. Gassner); '22–27 Ass. TH Braunschweig (G. Gassner); '30 habil., '41 apl. Prof. Angew. Bot. U Hamburg; wiss. Angestellte am Staatsinst. f. Angew. Bot. Hamburg. [Eig. Mitt.]
*1897, Jan. 8, Braunschweig.

H. ● Monogr. alter Heilpflanzen **1** ('38) ff.

W. ● Untersuchungen üb. Einwirkg. v. Röntgenstrahlen auf Pflanzen. Diss. (Kiel '24) 30 S. [in: Fortschr. Geb. Röntgenstrahlen **33** ('25) 527–99]. — ● Untersuchungen üb. d. Hartschaligk. d. gelben Lupine. Hab.schr. (Hambg '30) 52 S. [in: Wiss. Arch. Landwirtsch. **4** (A) ('30) 497–549].

Angew. Bot. Feststellg. d. Wirkg. v. Trockenbeizmitteln im Labor.-Vers.: **10** ('28) 178–86.

Angew. Chem. Aufgaben d. Chem. b. Anbau v. Heilpflanzen: **48** ('35) 255–59.

Arb. biol. Reichsanst. Land- u. Forstwirtsch. Beiträge z. Frage d. chemotherapeut. Bewertg. v. Quecksilberverbb. als Beizmittel gegen Weizensteinbrand[1]): **11** ('23) 373–85.

Beitr. Kolonialforsch. Fettliefernde Bäume u. Sträucher d. trop. Afrikas[2]): **4** ('43) 7–38.

Heil- u. Gewürzpflanzen. Laminarien d. Nordsee u. ihre heut. Verwendungsmöglichk.: **16** ('35) 86–94. — Alkaloidgehalt v. Lobelia inflata in Abhängigk. v. äußeren u. inneren Faktoren: **19** ('40) 1–19.

Landwirtsch. Versuchsstat. Bewertg. harter Leguminosensamen[4]): **114** ('32) 137–47.

Pharmazie. Gehalt an äther. Öl u. Kampfer in Ocimum canum Sims: **4** ('49) 70–77. — Äther. Ölgehalt welkender Pflanzen: **5** ('50) 481–88. — Meth. z. Best. d. Gehaltes an äther. Öl in welkenden Pflanzen: **8** ('53) 79–83. — Unters. üb. d. Schleim v. Calluna vulgaris (L.) Hull[3]): **9** ('54) 994–1002.

Mit: [1]) Gustav Gassner; [2]) Ilse v. Nolde; [3]) Reglind Schanze; [4]) Herbert Stütz.

Eser, Franz. Aerodynamik, Gesch. d. Naturwiss. u. Techn. — 1936–44 stud. Philos. H Augsburg, TH u. U München; '42 Dr. rer. nat. U München (W. Müller, dess. Ass. '44–45); '46 LBeauftr., '49 Vertretg. naturwiss. Prof. Philos.-theol. H Passau. [Eig. Mitt.]
*1916, März 20, Mertingen/Schwaben.

W. ● Beiträge z. Theor. d. stationären Strömg. kompress. Flüssigk. um feste Körper m. Unterschallgeschwindigk. Diss. (Münch. '42) 121 S. Masch.schr. — ● Neue Physik u. Weltanschauung (Nürnb.-Bambg. '46) 32 S. (Reden u. Vortr. d. H Passau 2).

Forschungsber. Oberbayer. Forsch.-Anst. Oberammergau. Theor. d. Strömg. um rotationssymmetr. Rumpfkörper[1]): **1944** [Mech. vervielfält.].

Luftfahrtforsch. Strömg. kompress. Flüssigk. um feste Körper m. Unterschallgeschwindigk.: **20** ('43) 220–30.

Mit: [1]) Wilhelm Müller.

Eßberger, John Augustus. Elektrotechn. – Stud. Gewerbeschule bzw. TH Berlin (Schüler v. Slaby); 1883 Obering. Fabrik f. Elektrotechn. v. J. Einstein & Co., München; '88 Dir. Fabrik f. Elektrotechn. u. Maschinenbau, Bamberg; '92 Abt.Leiter Union, Elektr.Ges. Berlin; zuletzt „Schiffsunion".

*1856, Juli 5, Greenock/Australien; †1946, Jan. 6, Trittau/Bez. Hamburg.

Nekr. G. Dettmar, Elektrotechn. Z. **69** ('48) 69f.

Erf. Schmelz-Sicherung; Differentialbogenlampe; magnet. Bandbremse ('94) u. Universalsteuerung f. Krane ('98).

Esser, Alexander Albert Maria. Gesch. d. Med. – 1904–09 stud. U Bonn, Berlin, München, Würzburg, Heidelberg; '09 Dr. med. U Heidelberg (C. Menge); '09–11 Ass. Evangel. Krankenhaus Düsseldorf, '16–19 Corps-Augenstat. Paderborn und Städt. Augenklin. Düsseldorf; '26–29 stud. Indol. U Bonn, U Köln; '30 Dr. phil. U Köln (J. Scheftelowitz); '40 habil. U Heidelberg; '46 Hon.Prof. Gesch. d. Med. u. Leiter d. Med.-geschichtl. Inst. MA Düsseldorf. [Eig. Mitt.]

*1885, Jan. 25, Düsseldorf.

MHZ. Ärztl. Forsch. **1** ('47)ff. — Grenzgeb. Med. **2** ('49). — Klin. Mbl. Augenheilkunde **108** ('42) - **110** ('44).

S. ● Medizinische Akad. in Düsseldorf. Kleiner Hochschulführer (Düsseld.'55) [1]-[6]: Zur Gesch. d. MA in Düsseldorf.

W. ● Beiträge z. Statistik d. puerperalen Thrombosen u. Embolien. Diss. (Düsseld. '10) 32 S. — ● Die Ophthalmol. d. Bhāvaprakāśa. Quellenkrit. bearb. **1**: Anat. u. Pathol. Diss. (Lpz. '30) 55 S. (Stud. z. Gesch. d. Med. 19). — ● Die Ophthalmol. d. Suśruta. Textkrit. bearb., übers. u. m. Concordanztab. zu Bhāvamiśra versehen (Lpz. '34) 83 S. (~ 22). — ● Das Antlitz d. Blindheit in d. Antike. Hab.schr. (Stuttg. '39) 16 + 178 S.

Ärztl. Forsch. Die Med. im Gang d. abendländ.-morgenländ. Geistesgutes: **1** ('47) 317–23.

Antike. Vernebelungsmeth. in d. antiken Taktik: **17** ('41) 186f.

Ber. Dtsch. ophthalmol. Ges. Heidelberg. Blindheitsursachen in d. Antike: **52** ('38) 221–27.

Dtsch. med. Wschr. Theoret. Grundlagen d. altindischen Med. u. ihre Beziehg. z. griech.: **61** ('35) 600–02. — Agrippinische Geburt: **76** ('51) 1028f.

Forsch. u. Fortschr. Asklepios u. Schlange: **24** ('48) 196–98.

Graefes Arch. Ophthalmol. Frühester altind. Augenarzt: **143** ('41) 498–500.

Grenzgeb. Med. Bem. zu Kirfels Arbeit „Gehen d. med. Syst. Altindiens u. d. Mittelmeerraumes auf einen gemeinsamen Ursprung zurück?": **1** ('48) 252; **2** ('49) 90.

Gymnasium. Homer, Ilias u. Heilkde: **39** ('28) 170–74. — Invaliden- u. Hinterbliebenenfürsorge in d. Antike: **52** ('41) 25–29. — Z. Frage d. Lebenszeit Heliodors v. Athen: **54/55** ('43/44) 114–17.

Klin. Mbl. Augenheilkunde. Erste Erwähng. d. Schneeblindh. in d. Antike: **76** ('26) 718. — Erste Beschreibg. d. plötzlich, doppelseit. u. gleichzeit. auftret. Erblindg. in d. Gesch. d. Med.: **77** ('26) 409. — Augenärztl. Fabel d. Aesop: 553f. — Kyklopenauge, Kyklopen u. Arimasper: **79** ('27) 398–400. — Erblindg. durch Pflanzensaft b. d. Alten: 400f. — Z. Wissen d. Antike um d. Vererbg. v. Augenleiden: 643f. — Beitr. z. Gesch. d. altindischen Augenheilkde: **80** ('28) 254–56. — Der Name Homer u. d. Ophthalmol.: 257. — Beitr. z. Gesch. d. klass.-antiken Augenheilkde: 541–43.— Ophthalmol. bei T. Lucretius Carus: **81** ('28) 315–23. — Hatte Alexander d. Große heterochrome Augen?: **84** ('30) 704–06. — Augenkrankh. Ciceros: **85** ('30) 68–70. — Quellenkde d. Fabel v. d. Auto-Operat. starblinder Ziegen: 273–75. — Antike Schutzvorrichtg. gegen Sonnen- u. Schneeblendg.: 430f. — Augen- u. Haarfarbe d. alten Griechen: 551–54. — Indische Augenheilkde m. bes. Berücks. d. Bhāvamiśra: **86** ('31) 83–91. — Augenunters. im Bhāvaprakāśa: 245f. — Augenkrankh. Hannibals: 677f. — Zu Knapps Mitt. v. d. Staroperat. b. d. alten Griechen: 679. — Sehphänomen d. Kaisers Tiberius: **87** ('31) 111f. — Augenverletzg. Philipps II. v. Macedonien: 251–53. — Von Augen antiker Philosophen: 664–69. — Üb. plötzl. u. doppelseit. auftr. Erblindg. im Altertum: 814–16. — Altindische Entropiumoperat.: **88** ('32) 99–101. — Cäsarenaugen: 535–41. — Gefährl. Augenärzte in d. Antike: **89** ('32) 243–46. — Schwangerschaft u. Blindh. in d. Antike: 399f. — Gesichtsverletzung b. antiken Faustkampf: 807f. — Therap. in d. Ophthalmol. d. Bhāvaprakāśa: **90** ('33) 85–87. — Plötzl. u. doppelseit. erfolgte Erblindg. im Altertum: 88. — Vermitteln d. Augen d. griech. Bildwerke d. Eindruck v. blinden Augen?: 537–40. — Senile Sehstörg. in d. Antike: 670–76. — Beeinträchtigg. d. Sehens in ihrer Bedeutg. f. d. antike Strategie u. Taktik: **91** ('33) 106–09. — Augenverletzg. Lykurgs: 538–40. — Augenverletzg. d. Horatius Cocles: 540f. — Einäugigkeit d. Antigonos: 541–43. — Augenverletzg. d. Sertorius: **92** ('34) 237. — Weitere Einäugige d. Antike: 237–41. — Augenschädigg. b. Halsverletzg. in d. Antike: **93** ('34) 99f. — Z. Frage d. Heterochromie Alexanders d. Großen: 202. — Altindische Kataraktoperat.: 388–91. — Lehre vom Auge b. Suśruta: 803–11. — Bem. zu Pfisters „Antiken Ber. üb. Heterophthalmie": **94** ('35) 687f. — Augen als Angriffspunkte f. Vögel u. Insekten: **95** ('35) 670–76. — Dikorie in d. Antike: 802–04. — Triophthalmie: **96** ('36) 242–53. — Pathol. u. Therap. d. Lider b. Vāgbhaṭa: **97** ('36) 216–23. — Auge u. Orakel: 223–34. — Antike Quellen zu Goethes Spruch: „Wär nicht d. Auge sonnenhaft, d. Sonne könnt' es nie erblicken": 403–10. — Blindh. u. Blindsein in d. ind. Spruchweish.: **99** ('37) 94–103. — Brauen, Wimpern u. Lider in d. indischen Sprüchen: 692–97. — Auge in Schnee u. Frost d. Antike: **100** ('38) 100–03. — Tränen u. Bernstein im antiken Mythus: **101** ('38) 88–94. — Von altindischer Ophthalmol.: 263–71. — Asket. Selbstblendg.: 580–85. — Nächtl. Gespenstersehen in d. Antike: **102** ('39) 412–17. — Zur Ätiol. antiker Blindh.: **103** ('39) 100–07. — Augenleiden Nietzsches: **104** ('40) 90. — Auge u. Alkohol in d. Antike: 91–101. — Antike Diplopie: 449–57. — Augenfremdkörper in d. Antike: **105** ('40) 613–18. — Lange Supercilien: **106** ('41) 486–89. — Äugigk. u. Tätigk. in d. Antike: **107** ('41) 201–05. — Vom antiken Weinen: 533–39. — Antike Monophthalmie: **108** ('42) 102–12. — Frühgesch.

d. Starlehre: 366–70. — Augenheilkde im handschriftl. frühesten med. Text Altindiens: 629–31. — Bem. z. Beitr. Dr. phil. W. J. Becker „Wotans Auge“: **109** ('43) 709f. — Blitz u. Auge in d. Antike: **110** ('44) 399–404. — Auge als Heilmittel b. Augenleiden in d. Antike: **111** ('46) 46–49. — Auge u. Wasser in d. Antike: 184–92. — Z. antiken Kenntn. d. Verbindungsweges zw. Auge u. Nasenrachenraum: **114** ('49) 93f. — Weiterer Beitr. z. Heterochromie Alexanders des Großen: 267f. — Sprachl. Bedeutungswandel v. Glaukom u. Kollyrium in d. Gesch. d. Med.: **115** ('49) 562–66. — Gesch. d. Erfindg. d. Augenspiegels: **116** ('50) 1–14. — Ältestes Datum altgriech. Kenntn. d. Staroperat.: 313f. — Neros Seh-Smaragd: **118** ('51) 185–87. — Z. Sehphänomen d. Kaisers Tiberius: **119** ('51) 428–30. — Verhältn. d. Augenfarbe z. Körperkonstitut.: **123** ('53) 99–101. — Athenes Augen: 605–09. — Augenverletzungen im antiken Faustkampf: **124** ('54) 103–05. — Über d. einäugigen Lykurg u. andere Lichtgottheiten: **125** ('54) 361–63. — Die erste Staroperation in Allgemeinnarkose: 610–14. — Krähe u. Auge: **126** ('55) 492–96.

Med. Welt. Blindheit König Georgs V. v. Hannover: **14** ('40) 853. — Augenkrankh. berühmter Persönlichk. in d. Antike: 894–97, 921–24, 949–51. — Ärzte als Historiker in d. Antike: **15** ('41) 873–76. — Somatol. Kriegslisten in d. Antike: **17** ('43) 257–61. — Bedeutg. d. männl. u. weibl. Anteiles an d. Zeugg. in altindischer u. altgriech. Auffassg.: **18** ('44) 491–95, 523–25.

Münch. med. Wschr. Modern-europ. u. altindische Embryol.: **72** ('25) 1643–45. — Ärztl. Fabeln d. Aesop: **74** ('27) 73f. — Altindisches Arzttum: **81** ('34) 758–63.

Rhein. Ärztekorrespond. Über Arzt, Kunst, Wiss. u. ihr Verhältn. zueinander: **1919**, H. 2.

Sudhoffs Arch. Gesch. Med. Ophthalmol. Therap. d. Bhāvaprakāśa (Der Ophthalmologe d. Bhāvaprakāśa 2. Tl): **25** ('32) 184–213. — Antike Gasvergiftungen: **32** ('39) 21–26. — Vom Schnarchen in d. Antike: **34** ('41) 90–96. — Die Ophthalmol. im Bower-Manuskr.: **35** ('42) 28–42.

Außerdem 4 populäre Aufsätze in: Masken ('26), Mitt. d. Westdtsch. Ges. f. Familienkde ('27 u. '34), Vegetar. Warte ('17).

12 rein med. Arb. in: Boll. d'Oculistica ('25), Zbl. f. prakt. Augenheilkde ('18), Dtsch. med. Wschr. ('20), Klin. Mbl. f. Augenheilkde ('23, '24, '25, '26, '27), Clinique ophthalmolog. ('27), Z. Augenheilkde ('19, '20).

VI **Esser,** Hans. Theoret. Werkstoffkde. — 1929 PDoz., '34–45 ao. Prof. TH Aachen; jetzt Esser-Werke GmbH, Warstein/Sauerland. [Eig. Mitt.]
*1901, Febr. 17, Neuwied/Rh.

Arch. Eisenhüttenwes. Wärmeeinheit einiger Metalle, Legierg. u. Schlackenbildner b. Temp. bis 1200°[2])[11]): **6** ('33) 289–92. — Kalorimeter m. hochfrequenztechn. Messg. d. Wärmeausdehng. d. d. Probe aufnehmenden Metallblocks[11]): 353–56. — Härtungsschaubild d. Eisen-Kohlenstoff-Legierg.[8])[18]): 389–93. — Gefügeaufbau abgeschreckter Kohlenstoffstähle[9]): 395–98. — Gitterkonst. v. reinem Eisen u. Eisenkohlenstofflegierg. b. Temp. bis 1100°[14]): **7** ('33) 265–68. — Einfl. d. Abschrecktemp. auf d. Stahlhärtungsvorgänge[12]): 319–22. — Einfl. versch. Legierungselem. auf d. Abschreckhärtbark. v. Stahl[8])[12]): 367–70. — Innere Reibg. v. flüss. Roheisen[11a])[5]): 385–88. — Wärmetöng. d. Austenit-Martensit-Umwandlg.[5]): 533–36. — Wärmetöng. b. Anlassen abgeschreckter unlegierter Stähle[5]): 585f. — Vorgänge b. Anlassen abgeschreckter Stähle[7]): 693–97. — Einfl. d. Untersuchungsverf. auf d. gemessenen Wärmeinhalt d. Eisens[6]): **8** ('34) 37f. — Härte d. Zementits u. d. Chromcarbids Cr_4C_2[7]): 125–27. — Einfl. d. Wärmebehandlg. auf d. magnet. Sättigg. unlegierter Stähle[15]): 173–76. — Änderg. d. magnet. Sättigg. b. Anlassen abgeschreckter unlegierter Stähle[13]): 177–80. — Spektralanalyt. Unters. an Flocken in Chrom-Nickel-Stählen[8])[6]): 419–23. — Unters. üb. d. Wärmetöng. b. Zugvers. m. Stahlproben[7])[4]): **9** ('36) 529–33. — Streckgrenze b. Zugvers. unt. Berücks. d. Einfl. d. Belastungsweise u. d. Maschinenfederg.: **11** ('38) 327. — Wärmeleitfähigk. v. techn. reinem Eisen u. versch. Stählen[8])[16]): 619–22. — Röntgenograph. Unters. v. Metallen b. hohen Temp.[8])[5]): **12** ('38) 157–61. — Vers. m. einem neuen Dauerstandprüfer üb. d. Verlauf v. Zeit-Dehnungs-Schaulinien versch. Stähle[7a]): **13** ('39) 209–22. — Kann die 0,2%-Grenze durch eine übereinkommenfreie Dehngrenze ersetzt werden?[1]): 425–28. — 1 h-Stufenvers. als Schnellprüfverf. f. d. Dauerstandfestigk.[7a]): 533–38. — Tiefziehprüfg. v. Blechen[1]): **14** ('41) 223–31. — Unters. d. Wärmeausdehng. v. einigen Metallen u. Legierg. m. einem verbesserten Dilatometer[10]): 341–55, 577–80. — Elastizitätsmodul u. Rückdehng. b. Dauerstandvers.[7a]): 397–401. — Wahre spezif. Wärme v. reinem Eisen u. Eisenkohlenstofflegierg. v. 20–1100°[3]): 617–24. — Temperaturabhängigk. d. Dauerstandfestigk.[17]): **15** ('42) 19–31. — Einfl. einiger Versuchsbedingg. b. Verschleißvers. nach M. Spindel[1]): 103–06. — Streuung b. d. Ermittlg. d. Dauerstandfestigk. v. Stahl im Luftofen[7a]): **16** ('42/43) 1–20. — Prüfg. d. Dauerstandfestigk. dünnwandiger Rohre in Abhängigk. v. d. Wärmebehandlg. u. Verarbeitg.[7a]): 131–35.

Arch. Wärmewirtsch. Knickpunktdehng. als übereinkommenfreie Dehnungsgrenze: **21** ('40) 125.

Stahl u. Eisen. Wärmetöng. d. Austenit-Perlit-Umwandlg.[11]): **53** ('33) 92. — Gefügeunters. b. Temp. bis 1100°[7]): 532–35. — Einfl. v. Wasserstoff auf d. A_3- u. A_1-Umwandlg. d. Eisens[7]): 885f.

Mit: [1]) Heinr. Arend; [2]) Robert Averdieck; [3]) E. F. Baerlecken; [4]) Werner Banck; [5]) Walter Bungardt; [6]) Adolf Bungeroth; [7]) Heinr. Cornelius; [7a]) Siegfr. Eckardt; [8]) Walter Eilender; [9]) Erwin Engelhardt; [10]) H. Eusterbrock; [11]) Walter Grass; [11a]) Franz Greis; [12]) Hans Majert; [13]) Gerhard Momm; [14]) Georg Müller; [15]) Günther Ostermann; [16]) Elmar Pütz; [17]) H. Schmitz; [18]) Erwin Spenlé.

VI **Estermann,** Immanuel. Physikal. Chem. — 1929 PDoz. physik. Chem. U Hamburg; '33 Carnegie Inst. of Technol., Dep. Physics, Pittsburgh/Penns. [später in VIIb].
*1900, März 31.

VI **Estermann,** Theodor. Math. — 1929 Reader Univ. College, London. [Eig. Mitt.]
*1902, Febr. 5, Neubrandenburg/Meckl.

W. ● Introduction to modern prime number theory (Cambridge '52) 9+75 S.

Acta arithm. On Waring's probl. for fourth and higher powers: **2** ('37) 197–211.

Canad. J. Math. On the number of primitive lattice points in a parallelogram: **5** ('53) 456–59.

J. London math. Soc. Proof of Kronecker's theorem by induct.: **8** ('33) 18–20. — New proof of a theorem of Minkowski: **17** ('42) 158–61. — On the sign of the Gaussian sum: **20** ('45) 66f. — Note on a theorem of Minkowski: **21** ('46) 179–82. — Elementary evaluation of $\zeta(2k)$: **22** ('47) 10–13. — On Dirichlet's L-functions: **23** ('48) 275–79.

Prace mat.-fiz. On the representat. of a number as a sum of squares: **45** ('37) 93–125 [auch in: Acta arithmetica **2** ('36) 47–79].

Proc. London math. Soc. On the representat. of a number as the sum of four or more N-numbers[1]): **38** ('35) 340–53. — Proof that every large integer is a sum of seventeen biquadrates: **41** ('36) 126–42. — Proof that every large integer is the sum of two primes and a square: **42** ('37) 501–16. — On Goldbach's probl.: Proof that almost all even positive integers are sums of two primes: (2) **44** ('38) 307–14. — On sums of squares of square-free numbers: **53** ('51) 125–37.

Quarterly J. Math. New result in the additive prime-number theory: **8** ('37) 32–38.

Sci. Rep. nat. Tsing Hua Univ. On Waring's probl.: A simple proof of a theorem of Hua: **5** (A) ('48) 226–37.

Mit: [1]) Cyril Lawrence Barham.

Estorff, Walther. Hochfrequenztechn. — 1904–09 stud., '15 Dr.-Ing. TH Berlin (Wedding, Kloss); seit '16 in den Siemens-Schuckert-Werken tätig. — '53 Dr.-Ing. e. h. (TH Darmstadt). [Ohne eig. Mitt.]
*1884, Jan. 22, Berlin.

Zum 70. Geb.tag. H. v. Cron u. M. Zühlke, Elektrotechn. Z. **75** ('54) 96 (m. Bildn.).

S. ● Elektrotechnische Isolierstoffe. Entwicklung, Gestaltg., Verwendg. (R. Vieweg) (Bln '37): Org. Isolierstoffe in d. Hochspannungstechn.

W. ● Beiträge z. Kenntn. d. Kugelfunkenstrecke. Diss. (Bln '15) 67 S. [gekürzt in: Forsch.-Arb. auf d. Geb. d. Ing.-Wes. 199].

Elektrotechn. Z. Kugelfunkenstrecke: **37** ('16) 60–64, 76–80. — Ausmessg. d. elektrostat. Felder v. Isolatoren nach d. Elektrolytverf.: **39** ('18) 53–55, 62–67, 76–78. — Lypro-Kabelschutz: **43** ('22) 1029–32. — Spannungsmessg. m. d. Kugelfunkenstrecke in Luft, Vorwort: **51** ('30) 777. — Frage d. elektr. Sicherheitsgrades: **58** ('37) 525–27. — Bemessg. d. Isolat. elektr. Hochspannungsanlagen: **60** ('39) 825–31, 860–64. — Nebelisolatoren f. Freiluftschaltanl.: **61** ('40) 645–48, 669–73. — Abspritzen v. Hochspannungsisolatoren im Betrieb[1]): 817–22. — Sicherheitsgrad u. Betriebssicherh. elektr. Hochspannungsanl.: **65** ('44) 390–96.

Siemens-Z. Neuer Ölprüfer d. Siemens-Schuckert-Werke: **2** ('22) 614–20.

Mit: [1]) Werner Weber.

Etienne, Erich. Geophysik. —1933 stud. U Exeter (Engl.), '33–34, '37–38 U Leipzig, '34–37 U Oxford; '37 BA U Oxford; '38 Teiln. d. „Oxford University Greenland Exped."; '40 Dr. phil. U Leipzig (L. Weickmann).
*1915, Febr. 24, Leipzig;
†1942, Juli 23 (gef.).

Zum 10jähr. Todestag. H. G. Macht, Polarforsch. **3** ('52) 197f.

Veröff. geophysik. Inst. U Leipzig. Expeditionsber. d. Grönland-Expedit. d. U Oxford 1938: **13** ('40) 227 S. [Diss.].

Etrich, Igo (Ignaz). Flugzeugbau. — Stud. HH Leipzig; dann im Textilunternehmen d. Vaters in Oberaltstadt; '12 Gründg. d. Etrich-Flieger-Werke in Liebau/Schles.; '44 Dr.-Ing. e. h. (TH Wien); nach '45 Daten nicht bekannt.
*1879, Oberaltstadt/Trautenau.

Erbauer d. 1. erfolgr. österr. Flugzeuges ('07 Motorflugzeug Etrich I, '09 Etrich II („Etrich-Taube"). — ● Die Etrich-Taube (Liebau/Schles. '13) 30 S.

Biogr. ● P. Supf, Das Buch d. dtsch. Fluggeschichte **1** (Bln-Grunew. '35) 198 (m. Bildn.); **2** ('35) 52 (m. Bildn.). — F. Magyar in: ● Österr. Naturf. u. Techniker (Wien '51) 152–55 (m. Bildn.). Lit. dort: Der Etrich-Monoplan. Österr. Flug-Z. 1911, S. 407 u. ● E. Swoboda, Igo Etrich u. seine „Taube". Einzelschr. d. Kriegswiss. Abt. d. Luftwaffe, Zweigst. Wien (Wien '42) 87 S.

W. ● Die hist. Entwicklg. d. Taubenprinzips u. dessen Bedeutg. f. d. Zukunft (Liebau/Schles. '29) 16 S. — ● Anleitung f. d. Raufen, Trocknen, Riffeln u. Rösten d. Stengelflachses (Oberaltstadt '40) 11 S.

VI **von Ettenreich,** Robert. Physik. — 1936–51 ao. Prof. U Wien. [Mitt. d. Witwe: Frau Elisabeth Ettenreich]
*1890, Nov. 1, Wien;
†1951, Jan. 7, Wien (▭ Baden b. Wien).

Bildn. Pogg.-Arch.

Nekr. L. Ebert, Österr. Chemiker-Ztg. **52** ('51) 39f. — K. Przibram, Wiener Univ.-Ztg. v. 15. 1. 1951. — H. Thirring, Jber. d. Rektors d. U Wien üb. d. Jahr 1951. — Radiotechnik **2** ('51) 91 (m. Bildn.); Große Österreich-Illustr. v. 3. 2. '51 (m. Bildn.); Österr. Bl. f. gewerbl. Rechtsschutz u. Urheberrecht v. 26. 7. 1952, S. 25. — ● Festschr. z. 75jähr. Bestand d. Technol. Gewerbe-Mus. (Wien '54) 20f.

Kurzbiogr. ● Große Österreicher (Wien '51) 46f. (m. Bildn.).

S. ● Festschr. z. 400-jähr. Bestande d. Obergymn. Kremsmünster (Wels '49): Probl. u. gegenwärt. Stand d. Fernsehtechn.

Elektrotechn. u. Maschinenbau. Hochfrequenzheizg. im Dienste d. Industr.: **65** ('48) 86–92.

VI **Ettisch,** Georg. Physiol. — 1929–35 PDoz. Physiol. U Berlin; '36 Serv. de Biol. Physico-Chim. Inst. Portugais d'Oncol., Lisbonne; weitere Daten nicht bekannt.
*1890, Jan. 8, Posen.

Arch. Patol. Lisboa. Biol. Wirkung d. nicht wässer. Lösg.: **8** ('36) 225f. — Strukt. einer. Lösg. u. biol. Wirksamk.[1]): **9** ('37) 107–21.

Ber. Dtsch. chem. Ges. Auflösbark. v. Kupferhydroxyd in Ammoniak[5])[6]): **67** ('34) 22.

Biochem. Z. Molekularmorphol. u. molekularkinet. Unters. an Proteinen, 2: Elektrochem. Analyse d. Einwirkg. v. Alkali auf Casein[8]): **245** ('32) 189–209. — Meth. z. Herst. v. Membranen, Dialysierhülsen usw. aus reiner Cellulose[5]): **248** ('32) 65f. — Einwirkg. v. Äther u. Alkohol auf festes Protein[8]): **259** ('33) 418f. — Gültigk. d. Massenwirkungsgesetzes b. d. Reakt. v. Eiweißkörpern m. Säuren u. Basen[8]): **265** ('33) 338–69. — Sekundärreakt. zw. Ovalbumin u. Säure[8]): 370–74. — Meth. d. Elektrodialyse[7]): **266** ('33) 422–35. — Serumfraktionierg. durch Elektrodialyse: 436–40. — Darst. reiner Hämoglobinlösg. durch Elektrodialyse[3]): 441–47.

C. R. Séances Soc. Biol. Sur les différences de réaction des substances biol. aux solutions aqueuses et huileuses d'un même composé[1]): **127** ('38) 239–41.

J. Chim. physique. Les propriétés électrolytiques des protéines et leur structure: **34** ('37) 473–506.

Med. Klinik. Walther Nernst z. 70. Geb.tag: **30** ('34) 887.

Naturwiss. Standardisierg. d. Goldsols z. C. Langeschen Goldsolreakt.[2]): **19** ('31) 506–10.

Pflügers Arch. ges. Physiol. Quergestreifte Skelettmuskelfaser im Dunkelfeld: **232** ('33) 754–72.

Z. physik. Chem. (A). Primärreakt. u. Sekundärreakt. d. Eiweißkörper m. Säuren u. Basen[8]): **164** ('33) 97–120. — Sprunghafte Zeitverläufe v. Reakt. zw. Proteinen u. Alkali[8]): 417–27. — Ideale u. reale Eiweißlösg.[4]): **174** ('35) 199–221.

Mit: [1]) Gomes da Costa; [2]) O. Einstein; [3]) G. Grosscurth; [4]) R. Havemann; [5]) E. Hellriegel; [6]) Deodata Krüger; [7]) J. A. de Loureiro; [8]) Günther Viktor Schulz.

I **Etzlaub,** Erhard → VIIa/Suppl.

Etzold, Felix Hellmuth. Physik. — 1928–33 stud. U Leipzig, U Freiburg/Br.; '33 Dr. phil. nat. U Freiburg/Br. (G. v. Hevesy); '33–35 Ass. U Leipzig (A. Karolus); '37–39 Doz. u. Abt.Leiter Kinotechn. Dtsch. Filmakad.; '39–45 Leiter Abt. Tonfilmtechn. Forschungsges. f. Funk- u. Tonfilmtechn.; '46 Ober-ing. u. '47 LAuftr., '51 PDoz. Elektroakustik TU Berlin. [Eig. Mitt.]
*1909, Apr. 30, Leipzig.

Erf. Zahlreiche Patente.

S. ● Handbuch f. Hochfrequenz- u. Elektro-Techniker (C. Rint) (Bln '49) 299f.: Photozellen, Fernsehen; 461–87: Tonfilmtechn.

Funk u. Ton. Zweikanal m. Frequenz- u. Amplitudenmodulat.: **1** ('47) 82–92. — Gleichstromverstärker m. Netzanschlußbetrieb: 200–05. — Beitr. z. Ermittlg. d. Empfindlichkeitsgrenze vollnetzbetriebener Gleichstromverstärker[2]): **4** ('50) 605. — Beurteilg. v. Räumen auf elektroakust. Übertragg.: **6** ('52) 191–96. — Speichernde Schallmeßtechn.: **7** ('53) 307–15.

Kinotechnik. Lichtstärke photogr. Optik: **24** ('42) 5–7. — 24 od. 25 Bilder in d. Sekunde: 8. — Belichtungsmesser: 34.

Schalltechnik. Mensch u. Schall: **13** ('53) 4.

VDE-Fachber. Opt. u. akust. Übertragungsprobl. als Arbeitsgeb. d. heut. Elektrophysik: **14** ('50) 139–43.

Z. Elektrotechn. Diffus. in Metallen[1])[3]): **40** ('34) 322–26 [Diss. 1]. — Beweglichk. v. Gold in festem Blei: 829–32 [Diss. 2].

Mit: [1]) E. Hofer; [2]) H. Jahn; [3]) W. Seith.

V, VI **Eucken,** Arnold Thomas. Physikal. Chem. — 1930–50 o. Prof. physik. Chem. u. Dir. Physik.-chem. Inst. U Göttingen. — '49 Dr.-Ing. e. h. (TH Karlsruhe).
*1884, Juli 3, Jena;
†1950, Juni 16, Chiemsee (sd).

Zum 60. Geb.tag. L. Ebert, Österr. Chemiker-Ztg. **47** ('44) 135–37. — F. Patat, Naturwiss. **32** ('44) 101f. (m. Bildn. u. Faks.). — R. Plank, ebda 103f. — R. Suhrmann, Z. Elektrochem. **50** ('44) 169f.

Zum 65. Geb.tag. H. Sachse, Z. Elektrochem. **53** ('49) 181f. (m. Bildn. u. Faks.) in: Eucken-Festschr. 181–260.

Nekr. E. Bartholomé, Naturwiss. **37** ('50) 481–83 (m. Bildn.). — S. Kießkalt, Chem.-Ing.-Techn. **22** ('50) 321 (m. Bildn.). — R. Oesper, J. chem. Educat. **27** ('50) 540f. (m. Bildn.). — F. Patat, Z. Naturforsch. **5a** ('50) 689. — Kl. Schäfer, Z. Elektrochem. **54** ('50) 391f. (m. Bildn.). — G. Scheibe, Jahrb. Bayer. Akad. Wiss. **1950**, 200–03. — E. Schmidt, Z. VDI **92** ('50) 972f. — R. Suhrmann, Forsch. u. Fortschr. **26** ('50) 317f. — W. Trillhaas, Naturwiss. Rdsch. **3** ('50) 429. — E. Wicke, Umschau **54** ('50) 544. — Bildn. u. Faks.: Z. physik. Chem. **196** (A) ('50) 1.

H. ● Landolt-Börnstein: Zahlenwerte u. Funkt. aus Physik, Chem., Astronomie, Geophysik u. Technik **1** [6](Bln-G.-H. '50/52).

MH. ● Der Chemie-Ingenieur. Handb. d. physik. Arbeitsmeth. in chem. u. verw. Industriebetrieben **1** (Lpz. '33); **2** ('32/33); **3**, 5 ('37/40) m. eigenen Beitr. — ● Hand- u. Jahrb. d. chem. Physik (Lpz. '32/35).

HZ. Naturwiss. **33** ('46) – **37** ('50).

W. ● Physikalisch-chemische Praktikumsaufgaben (m. Rudolf Suhrmann) [1](Lpz. '32) 32 S.; [2]('48); [3]('52) 12 + 329 S. — ● Wärmeleitfähigkeit keram. feuerfester Stoffe (Bln '32) 16 S. (Forsch.-Heft 353). — ● Grundriß d. physik. Chem. [4](Lpz. '34) 23 + 699 S.; [5]('42); [6]('44/48); [7]('51) 24 + 740 S. — ● Lehrbuch d. chem. Physik **1** [2](Lpz. '38) 29 + 717 S.; **1**, 2 [3]('49) 20 + 730 S.; **2**, 1 [2]('43) 8 + 524 S. (m. K. Schäfer); [3]('48) 524 S.; **2**, 2 [2]('44) 20 + 1005 S.; [3]('49) 20 + 1012 S. (m. K. Schäfer); span. (Barcelona '41).

Abh. Ges. Wiss. Göttingen. Theoret. u. prakt. Probl. auf d. Geb. d. Reaktionskinetik: **18** ('37) 26–35.

Angew. Chem. Gesetzmäßigk. f. d. Veränderlichk. d. Affinitätskonst. substit. org. Säuren: **45** ('32) 203–08. — Schmelzprozeß: **55** ('42) 163–72. — Spezif. Wärme d. Gase: **56** ('43) 129f. — Katalyt. Äthylenhydrierg. an Nickel-Kontakten: **58** ('45) 78.

Ann. Physik. Atomare Widerstandserhöhg. verdünnter Bleilegierg. zw. 273 u. 14° absol.[34]): (5) **33** ('38) 1–20. — Wärmeleitvermögen einiger verfestigter Flüssigk. u. Gase[33]): **36** ('39) 609–20. — Einfl. d. gehemmten Austauschs d. Translations-

u. Schwingungsenergie auf d. Wärmeleitvermögen d. Gase[32][29]: **42** ('42) 176–202.

Ber. Dtsch. chem. Ges. Messg. d. Ausdehnungskoeff. fester Körper m. tiefem Schmelzpunkt mittels einer volumenometr. Meth.[23]: **75** ('43) 1953–62.

Ber. Ges. Kohlentechn. Dortmund-Evlng. Wasserstoffelektroden m. hoher Stromleistg.[7]: **4** ('33) 290–304.

Brennstoff-Chem. Selbsttätig arbeitende Meth. z. mikro-analyt. Trenng. v. niedrigsiedenden KW-Stoffen durch Desorpt.: **17** ('36) 241–44.

Chem. Fabrik. Forschg. auf d. Geb. d. chem. Apparatebaues: **7** ('34) 233–39.

Feinwerktechnik. Nachwuchsförderg. tut not!: **54** ('50) 202.

Forsch. u. Fortschr. Austauschkontaktkatalysen: **21/23** ('47) 79–81.

Forsch. Ing.-Wes. (A). Allgem. Gesetzmäßigk. f. d. Wärmeleitvermögen versch. Stoffarten u. Aggregatzust.: **11** ('40) 6–20. — Halbempir. Zustandsgleichg. f. Flüssigk.: **12** ('41) 113–16.

J. Physique Radium. Calor. u. therm. Eigenschaften d. schweren u. leichten Wasserstoffs b. tiefen Temp.: (7) **7** ('36) 281–88.

Metallwirtschaft. Metalldampfdrucke: **15** ('36) 27–32, 63–68.

Nachr. Akad. Wiss. Göttingen. Physik.-chem. Betrachtg. üb. d. früheste Entwicklungsgesch. d. Erde: **1944**, 1–25. — Konstitut. d. Wassers: **1946**, 38–48. — Einfl. gelöster Stoffe auf d. Konstitut. d. Wassers: **1947**, 33–36. — Unterschiede zw. d. therm.-calor. Eigensch. d. schweren u. leichten Wassers: **1949**, 1–11.

Nachr. Ges. Wiss. Göttingen. Molwärme d. gasförm. Stickoxyds b. tiefen Temp.[26]: **1932**, 107–12. — Molwärmen u. Normalschwingg. d. einfachsten KW Stoffe[27]: 274–82. — Zustandsgleichg. u. Parachor: **1933**, 340–49. — Ermittlg. d. freien Weglänge d. Metallelektronen in Wismut durch Best. d. elektr. Widerstandes sehr dünner Einkristalldrähte[14]: N. F. **1** ('34) Fachgr. 2, 43–54. — Mittlere freie Elektronenweglänge in Silber auf Grund d. elektr. Leitvermögens sehr dünner Silberfäden[14]: 129–37. — Anreicherg. schweren Wassers im Gletschereis u. d. Schmelzdiagr. d. Syst. $H_2O—D_2O$[32]: **1** ('35) Fachgr. 3, 109–25. — Pictet-Troutonsche Regel bei einatom. Stoffen: 127–35. — Weitere Unters. üb. d. **Anreicherg. schweren Wassers im Gletschereis**[32]: 137–46. — Therm. Hysterese d. Methanumwandlg. bei 20,4° absol.[3]: **2** ('36) 51–64. — Therm. Hysterese bei d. Umwandlg. d. Bromwasserstoffs bei 89° absol.[16]: 167–80. — Calorimetr. Unters. d. Umwandlg. d. festen CF_4 u. SF_6 bei 76,2 u. 93,3° absol.[33]: **3** ('38) 65–70.

Naturwiss. Einstellungsdauer d. Schwingungswärme zweiatom. Molekeln[24][4]: **20** ('32) 85f. — Vers. z. exp. Best. d. freien Weglänge d. Elektronen in Blei u. Cadmium[29][8]: **24** ('36) 696. — Energie- u. Stoffaustausch d. Grenzflächen: **25** ('37) 209–18. — Vers., d. Lebenswerk W. Gibb's d. Gegenw. nahezubringen: **26** ('38) 230–33. — Rückschlüsse aus d. bisher. Erf. üb. d. gehemmte Reakt. d. CH_3-Gruppen in einf. KW Stoffen auf d. gegenseitige Bindg. d. Atome[32]: **27** ('39) 122–27. — Rückblick auf d. Entwicklg. unserer Kenntn. üb. d. Molwärme d. Gase: **31** ('43) 314–22. — Zustand d. Erdinnern: **32** ('44) 112–21. — Deutg. heterogener Dehydratisierungskatalysen durch d. Austausch v. Wasserstoffatomen[40]: 161f. — G. N. Lewis †: **33** ('46) 127. — Homogenität d. Erdinnern[22]: 311f. — Kontaktkatalyse: **36** ('49) 48–53, 74–81. — Dissoziationsenergie d. Fluors[40]: **37** ('50) 233f.

Österr. Chemiker-Ztg. Affinitätswirkg. b. molekularen Zusammenstößen: **38** ('35) 162–66. — Allg. physik.-chem. Grundl. d. therm. Trennungsverf.: **41** ('38) 137–44.

Physik regelmäß. Ber. Physik. Wärmelehre: **3** ('35) 63–90; **7** ('39) 13–34.

Physik. Z. Fortsetzg. d. Dampfdruckkurve oberhalb d. krit. Punktes[5]: **35** ('34) 708–11. — Diskuss. üb. d. thermodyn. Gleichgew. v. E. Justi u. M. v. Laue: **36** ('35) 147. — Stoßanregg. intramolekularer Schwingg.[21]: **39** ('38) 831–35 [auch in: Z. techn. Physik **19** ('38) 517–21].

Schr. Dtsch. Akad. Luftfahrtforsch. Grundsätzl. üb. d. Zerfallsmechanism. einfacher KW-Stoffe: **1939**, 93–115.

Z. anorg. allg. Chem. Schmelzkurve d. Mischg. v. schwerem Wasser u. Wasser[32]: **225** ('35) 319f.

Z. Elektrochem. Ermittlg. d. absol. Größe d. Diffusionsstromes in bewegten Elektrolyten: **38** ('32) 341–45. — Empfehlg. bestimmter thermodynam. Formelzeichen seitens d. Dtsch. Bunsen-Ges.[13]: 681 [auch: Z. physik. Chem. (A) **161** ('32) 233f.; (B) **18** ('32) 441f.]. — Vorläufige Neuberechng. d. Molwärme c_v d. NaCl u. einiger Metalle bei hohen Temp.[10]: **40** ('34) 789–92. — Therm. Ausdehng. einiger Alkalihalogenide u. Metalle b. hohen Temp.[10]: 814–21. — Nachwort z. Arbeit v. H. Martin u. L. Meyer: **41** ('35) 146f. — Veränderlichk. d. therm. u. elektr. Widerstandes bei d. Ausscheidungshärtg. v. Al-Cu-Legierg.[37]: 331–37. — Walter A. Roth zum 65. Geb.tag: **44** ('38) 843–45. — Rotat. v. Molekeln u. Ionengruppen in Kristallen: **45** ('39) 126–50. — Ionenhydrate in wässeriger Lösg.: **52** ('48) 6–24. — Assoziat. in Flüssigk.: 255–69. — Weiteres z. Assoziat. d. Wassers: **53** ('49) 102–08. — Hydrierg. ungesätt. KW Stoffe an Nickelkontakten, 1: Adsorpt. d. Wasserstoffs an Nickel: 285–90. — Adsorpt. v. Wasserstoff an Platin nach Messg. d. Polarisationskapazität[38]: **55** ('51) 114–19. — Unters. d. Assoziationsstrukt. in schwerem Wasser u. n-Propanol m. Hilfe therm.-calor. Eigensch., insbes. Messg. d. spezif. Wärmen[11]: 343–54.

Z. ges. Kälte-Ind. I-T-Diagramm d. Methans[5]: **41** ('34) 145–52. — Exp. Best. d. Wärmeleitvermögens einiger verfestigter Gase u. Flüssigk.[12]: **45** ('38) 109–18.

Z. Metallkunde. Natur d. metall. Zustandes: **23** ('31) 293–96, 329–34. — Vers. z. direkten Ermittlg. d. freien Weglänge d. Elektronen in Metallen[14]: **26** ('34) 232–35.

Z. Naturforsch. Wasserstoffaustauschkatalyse an oxyd. Kontakten: **2a** ('47) 163–66.

Z. physik. Chem. (A). Erwiderg. auf W. Hückel: Bem. zu einer angebl. kinet. Energie d. osmot. Druckes: **168** ('34) 309–12. — Elektrolyt. Trenng. d. Isotopen d. Lithiums[7]: **174** ('35) 269–72. — Elektrolyt. Trennfaktor d. Wasserstoffisotopen unter versch. Versuchsbedingg.[7]: 273–90. — Aussalzeffekt u. Ionenhydratat.[17]: **195** ('50) 1–23.

Z. physik. Chem. (B). Best. d. wahren spezif. Wärme einiger Gase b. hoher Temp. nach d. Lummer-Ringheimschen Meth.[24]: **18** ('32) 167–88. — Molwärme u. Normalschwingg. d. Äthans u. Äthylens: **20** ('33) 184–94. — Umsatz v. Translationsenergie in Schwingungsenergie b. molekularen Stoßprozessen[15]: 460–66. — Übergang v.

Translations- in Schwingungsenergie b. Zusammenstoß verschiedenart. Molekeln auf Grund v. Schalldispersionsmessg.[4]): 467–74. — Best. d. inneren Rotationswärme d. Äthans[39]): **23** ('33) 265—80. — Normalschwingg. d. Schwefelhexafluorids[1]): **26** ('34) 297–311. — Intramolekulare Kräfte in Oktaedermolekeln, spez. im SF_6, auf Grund d. Normalschwingg.[31]): 463–72. — Stoßanregg. intramolekularer Schwingg. in Gasen u. Gasmischg. auf Grund v. Schalldispersionsmessg., 1: Versuchsmeth. u. Auswertg. b. exakt. Messg. d. Schallgeschwindigk. im Ultraschallgeb.[4]): **27** ('34) 219–34; ~2: Schalldispers. b. versch. Temp. in Chlor u. Kohlendioxyd[4]): 235–62; ~3: Messg. an Stickoxydul: **30** ('35) 85–112; ~4: Schalldispersions- u. -absorptionsmessg. an N_2O u. CO_2 b. hohen Temp.[25]): **36** ('37) 163–83; ~6: Schallabsorpt.- u. Dispersionsmessg. an CH_4, COS u. ihren Mischg. m. Zusatzgasen[2]): **46** ('40) 195–211. — Dielektrizitätskonst. schwach polarer Kristalle u. ihre Temperaturabhängigk.[8]): **27** ('34) 321–49. — Ermittlg. d. Molwärme einiger Gase b. tiefen Temp. nach d. Wärmeleitfähigkeitsmeth.[6]): **31** ('36) 361–81. — Temperaturabhängigk. d. photochem. Ozonbildg.[28]): **33** ('36) 459–74. — Molwärme d. Methans in festen CH_4-Kr-Mischg.[36]): **34** ('36) 275–99; **38** ('37) 393f. — Vers. z. Nachw. eines Einfl. d. therm. Vorbehandlg. auf d. Molwärme d. kondens. N_2O[36]): **35** ('37) 463–66. — Calor. Tieftemperaturmessg. an einigen Fluoriden (BF_3, CF_4, SF_6)[33]): **41** ('38) 307–19. — Calorimetr. Unters. d. physik. u. aktivierten Adsorpt. d. Wasserstoffs an Nickel[18]): **44** ('39) 163–84. — Ausgestaltg. d. Wärmeleitfähigkeitsmeth. z. Messg. d. Molwärme sehr verdünnter Gase[20]): **45** ('40) 175–92. — Kenntn. d. Molwärme org. Dämpfe, 1: Meßverf. u. vorläufige Ergebn.[30]): **50** ('41) 143–70. — Strukt. d. Kohlenoxydsulfidmolekel[32]): **51** ('41) 60f., 126.

Z. techn. Physik. Appar. z. exakt. Messg. d. isothermen Drosseleffektes b. versch. Temp. u. Drukken[9])[5]): **13** ('32) 267–70. — Isothermer Drosseleffekt d. Methans[5]): **15** ('34) 369–76. — Probl. d. Zustandsumwandlg. höherer Art: 530–35 [auch: Physik. Z. **35** ('34) 954–59]. — Appar. z. Messg. d. Wärmeleitfähigk. v. Metallblechen[37]): **16** ('35) 99–105.

Z. VDI. Beih. Verfahrenstechn. Zusammenarb. zw. physik. Chem. u. Ingenieurwiss. auf d. Geb. d. Verfahrenstechn.: **81** ('37) 45f.

Mit: 1) H. Ahrens; 2) S. Aybar; 3) E. Bartholomé; 4) Rudolf Becker; 5) W. Berger; 6) A. Bertram; 7) K. Bratzler; 8) A. Büchner; 9) K. Clusius; 10) W. Dannöhl; 11) M. Eigen; 12) H. Englert; 13) K. Fajans; 14) F. Förster; 15) James Franck; 16) W. Güttner; 17) G. Hertzberg; 18) W. Hunsmann; 19) Max Jacob; 20) H. Krome; 21) L. Küchler; 22) W. Kuhn; 23) Erika Lindenberg; 24) O. Mücke; 25) E. Nümann; 26) L. d'Or; 27) A. Parts; 28) F. Patat; 29) W. Rating; 29a) L. Riedel; 30) B. Sarstedt; 31) F. Sauter; 32) K. Schäfer; 33) E. Schröder; 34) H. Schürenberg; 35) R. Suhrmann; 36) H. Veith; 37) Hildegard Warrentrup; 38) B. Weblus; 39) K. Weigert; 40) E. Wicke; 41) H. Woitinek.

Eujen, Ernst Robert. Strömungsphysik. – 1928 stud., '34 Dipl.-Ing., '40 Dr.-Ing. TH Darmstadt; '36–45 wiss. Mitarb. Aerodyn. Versuchsanst. Göttingen; '46–51 wiss. Mitarb. MPInst. f. Strömungsforschg. Göttingen; seit '51 Leiter d. Labor. f. Gasmeßgeräte Physik.-Techn. Bundesanst. Braunschweig. [Eig. Mitt.]
*1909, März 19, Emden.

S. ● Festschrift zum 60. Geb.tag v. A. Betz (Gött. '45) 44-55: Unters. üb. d. Energiemessg. im Schraubenstrahl (m. K. Solf).

Arch. techn. Messen. Messg. kleiner Flüssigkeitsgeschwindigk. nach d. Abkühlungsprinzip: V 144-1 ('50) 1f.

Jahrb. Luftfahrtforsch. Gleichgewichtsbedingg. d. unbeschleunigten Fluges in flugmech. Auswertg.: **1939**, 1 189–95. — Einfl. d. Steuerungsmassen auf d. dyn. Längsstabilität m. losem Höhenruder: **1940**,1 392–405 [Diss.]. — Vergl. zw. Rechng. u. Flugvers. b. freien Schwingg. eines Flugzeuges um d. Querachse: **1941**,1 232–51.

Luftfahrtforsch. Flugmessg. üb. d. Einfl. d. Schraubenstrahls auf Abwind u. Staudruck am Leitwerk: **16** ('39) 38–46; **18** ('41) 345–51.

Luftwissen. Statische u. dyn. Längsstabilität: **8** ('41) 119–25.

Techn. Ber. Flugstaudruck- u. Anstellwinkelmessg. im Geb. d. Tragflügelenden: **9** ('42) 101–05. — Versuchsmäß. Ermittlg. d. Trägheitsmomentes um d. Querachse b. Großflugzeugen: 139–43.

Z. Flugwiss. Vers. z. Erzeugg. dicker laminarer Grenzschichten: **1** ('53) 170-75.

Z. VDI. Messen kleiner Strömungsgeschwindigk.: **93** ('51) 669–74.

I **Euler,** Joh. Albrecht → VIIa/Suppl.

Euler, Karl Joachim. Angew. Physik. – 1940–44 stud., '46 Dr.-Ing., '41–45 Ass. Physik. Inst. TH Hannover; '46–47 wiss. Mitarb. Pertrix GmbH, Hannover; '47–52 Obering. Physik. Inst. TH Braunschweig; '52–54 Leiter d. Forschungs- u. Entwicklungslabor. d. Pertrix-Union GmbH, Ellwangen/Jagst; '54 Physiker Zentral-Labor. Akku.-Fabr. Frankfurt/Main. [Eig. Mitt.]
*1922, Mai 24, Gelsenkirchen.

W. ● Über d. zeitl. u. spektralen Ablauf v. Kondensatorhochstromentladg. in techn. Quecksilberhochdrucklampen. Diss. (o. O. '46) 140 S. Masch.schr.photokop.

Abh. Braunschweig. wiss. Ges. Opt. Eigensch. farbiger $KClO_3$-Kristalle[1])[4]): **3** ('51) 21–33.

Ann. Physik. Graphitbogen als spektralfotometr. Strahldichtenormal im Geb. v. 0,25–1,8μ: (6) **11** ('53) 204–24. — Vergl. zw. Grafitbogen u. UV-Standard: **14** ('54) 145–73.

Arch. techn. Messen. Transparenzmessg. an fotograph. Objektiven: V 462-2 ('53) 105 f.

Elektrotechn. Z. Strahlungsmessg. an Heizleitern im Spektralgeb. v. 0,5 bis 7μ: **70** ('49) 427–31. — Fotokathoden m. Wechselspannungs-Speisg.: 517f. — Elektrete, eine kurze Übersicht: **71** ('50) 373f. — Neue Entwicklg. am Hochintensitätsbogen: 494–96. — Fortschr. auf d. Geb. d. Trockenbatterien: **75** ('54) 513.

Naturwiss. Wärmeleitvermögen künstl. hergest. Grafitstifte b. Temp. zw. 3300 u. 3700° K: **39** ('52) 568f.

Optik. Quantitat. Schlierenverf. ohne Photometr.[5]): **6** ('50) 332–36. — Absol. Transparenzmessg. diopt. Objektive: **9** ('52) 180–88. — Lichtelektr. Kontrastmessg. an photogr. Objekt.[9]): **10** ('53) 206–15.

Photogr. Korresp. Meth. z. Transparenzmessg. an fotogr. Objektiven[7]): **88** ('52) H. 10, 171–76, H. 11, 187–90. — Aufnahmen an Lichtbogenkratern: **89** ('53) H. 1, 1–6. — Kleinbildkamera m. Federwerk als Spektrographenkamera: H. 2, 1–4.

Physik. Bl. Vergütg. opt. Syst.[2]): **10** ('54) 105–13, 158–66.

Z. angew. Physik. Rohrmeth. z. Messg. d. Strahlenkonst. glühender Heizungsleiter: **1** ('49) 252–56. — Höhere mittl. Kraterleuchtdichte durch mit nicht konst. Stromstärke brennende Beckbögen: 411–16. — Reflexionsmessg. an gesandetem Aluminium: 569–73. — Flickern d. Bogenlichtkohlen[3]): **2** ('50) 8f. — Meßbereichänderg. an Quotientenmessern durch äußere Schaltmaßnahmen: 117–19. — Zwei Nomogramme z. Gebrauch b. Messg. m. opt. Pyrometern[6]): 362–66. — Fortschr. auf d. Geb. d. opt. Pyrometrie in d. Jahren 1940–1950: 505–09. — Temp. d. posit. Kraters im Graphitnormalbogen nach McPherson: **3** ('51) 260–63. — Spektroskop. Unters. v. Kondensatorstößen in Hg-Höchstdruck-Entladg.: **4** ('52) 82–88. — Graphit-Normalbogen nach McPherson: **5** ('53) 64–69. — Meßgenauigk. b. Fadenpyrometern[8]): 459–67.

Z. Elektrochem. Veränderg. d. Aktivkohle in Luftsauerstoffzellen: **55** ('51) 316–22.

Z. Physik. Ultrarotopt. Eigensch. u. freie Weglänge d. Metallelektronen: **137** ('54) 318.

Z. VDI. Elektrete: **94** ('52) 481–83.

Mit: [1]) Günther Cario; [2]) W. Cirkler; [3]) A. Fiebiger; [4]) Herbert Fricke; [5]) W. Hüppner; [6]) R. Ludwig; [7]) Karl Kurt Rosenbruch; [8]) Wilhelm Schneider; [9]) G. Zickwolff.

I–IV, VI **Euler,** Leonhard → VIIa/ Suppl.

IV–VI **von Euler-Chelpin,** Hans Karl August Simon. Org. u. physiol. Chem., Biochem. – 1929 Dir. Biochem. Inst. U Stockholm, '39 Dir. Inst. org.-chem. Forschg., '45 Dir. Vitamin-Inst. Stockholm. [Eig. Mitt.]
*1873, Febr. 15, Augsburg.

Biogr. • The Nobel prize-winners and the Nobel foundation 1901-37 (Zürich '38) 153 (m. Bildn. S. 465). — A. J. Virtanen, Suomen Kemistilehti **14** ('41) 61–64. — • E. Farber, Nobel prize winners in chemistry 1901-50 (New York '53) 111–17 (m. Bildn.). — Herm. Engelhard in: • Via triumphalis (Münch.-Wien '54) 175–87 (m. Bildn. nach S. 176).

Zum 60. Geb.tag. Svenska Bryggareantören. Månadsbl. **48** ('33) 45–47. — Suomen Kemistilehti **6** ('33) 11–13. — L., Dtsch. Brauer-Nachr. **41** ('33) 74f. (m. Bildn.).

Zum 70. Geb.tag. K. Myrbäck, Svenska Bryggareantören. Månadsbl. **58** ('43) 35f. — A. J. Virtanen, Suomen Kemistilehti **16** A ('43) 4. — Kunststoffchem. **13** ('43) 53 (m. Bildn.).

Zum 80. Geb.tag. B. Eistert, Chemiker-Ztg. **77** ('53) 65 (m. Bildn.). — W. Franke, Naturwiss. **40** ('53) 177–80. — A. J. Virtanen, Suomen Kemistilehti **26** A ('53) 43–48 (m. Bildn.).

S. • Handb. d. biol. Arbeitsmeth. (E. Abderhalden) Abt. **4**, Tl 2 ('36) 2009–16: Co-Enzym d. alkohol. Gärg., d. Co-Zymase, ihre Best. u. Isolierg. (m. K. Myrbäck). — • Fortschr. Chem. org. Naturstoffe **1** ('38) 99–120: Cozymase. — • Meth. d. Fermentforschg. (E. Bamann, K. Myrbäck) **3** (Lpz. '41) 2528–30: Hexosephosphorylase (Hexokinase, Heterophosphatase). — • J. Arvid Hedvall Festskrift (Stockholm '48) 169–76: Weichmachungsmittel aus Phlobaphenfrakt. d. Pyrolyse v. Kiefernrinde (m. H. Hasselquist, U. Lööv u. S. Edelö). — • Festschr. z. Feier d. 200-jähr. Bestehens d. Akad. d. Wiss. Gött. **1** Math.-physik. Kl. (Bln-G.-H. '51) 123–40: Chlorophylldefekte Mutanten.

W. • Nicht-enzymatische Katalysen (m. Arne Ölander) (Bln '31) 108 S. (Homogene Katalyse 1). — • Chemie d. Enzyme, Tl **2**, 3: Spez. Chemie d. Enzyme: D. Katalasen u. d. Enzyme d. Oxydat. u. Redukt. [3](Münch. '34) 11+663 S. — • Wirkung d. Röntgenstrahlen auf d. Umsatz d. Nukleinsäure im Jensen-Sarkom (m. Georg v. Hevesy) (København '42) 38 S. (Kgl. Danske Videnskabernes Selskab, Biologiske Meddelelser 17,8). — • Biochemie d. Tumoren (m. Boleslaw Skarzynski) (Stuttg. '42) 7+260 S. — • Entstehung, Wachstum u. Rückbildg. v. Tumoren (Uppsala-Stockholm '44) 40 S. (Veröff. d. Dtsch. wiss. Inst. Stockholm 3,2). — • Reduktone. Ihre chem. Eigensch. u. biochem. Wirkg. (m. Hans Hasselquist) (Stuttg. '50) 55 S. (Slg. chem. u. chem.-techn. Vorträge N. F. H. 50).

Angew. Chem. Wachstumsstoffe u. biochem. Aktivatoren: **45** ('32) 220–23. — Coenzyme: **50** ('37) 831–36. — Enzymchem. Ergebn. u. Aufgaben in d. Krebsforschg.: **53** ('40) 352–55. — Bildg. u. Bau v. Phenolplasten: **54** ('41) 458–61.

Annu. Rev. Biochem. Water-soluble vitamins: **5** ('36) 355–78.

Arch. Augenheilkunde. Neue Vers. üb. Ascorbinsäure (C-Vitamin) in tier. Augenlinsen[76]): **109** ('35) 225–34.

Ark. Kemi. Ribonucleic acid in plants[47]): **1** ('50) 23–26. — Karzinolyse, 1: Freund-Kaminer react.[17a])[51]): 49–54; ∼ 2: 373–83. — Biochem. d. Tumorentwicklg. u. d. Tumorhemmg.[69]): 87–97. — Tier. Phosphatasen, 5[24])[47]): 117–27. — Oxydo-Reduktions-Reakt. an Endiolen u. am Dichlor-phenol-Indophenol[49]): 257–61. — Antagonist. u. aktive Wirkg. v. Ribonukleinsäure, Streptomycin, Co- u. Mg-Ionen b. Samenkeimg. u. Blutbildg.: **263–68**. — Biochem. Wirkg. d. Streptomycins u. d. Streptidins[51]): 293–98. — Wirkg. d. heterol. u. homologen Normalseren auf fixierte Rattenleberzellen[17a])[51]): 299–305. — Oxydat. Spaltg. d. Stearinsäure in 2-bas. Säuren u. üb. Deriv. ders.[49])[71]): 307–12. — Reduktone, 5[48]): 325–30; ∼ 6[49]): **2** ('50) 373–81; ∼ 7[48])[49]): **3** ('52) 81–87; ∼ 8[49]): 139–45; ∼ 9[49]): 405–11. — „Karyolyt. Effekt" b. einigen Rattenseren[51]): **1** ('50) 425–29. — Aktivatoren u. Inhibitoren d. Entwicklg. pflanzl. u. tier. Zellen: 485–92. — Fortpflanzungsfähigkeit fettreich ernährter Ratten b. Eingabe v. Wachstumsstoffen[31])[69]): 541–54. — Ester d. Reduktone[49])[71]): 555–64. — Spontane Regression implantierter Tumorgewebe[31]): **2** ('50) 119–24. — Neue Reduktonderiv.[49]): 297–302. — Serumfibrinolysin-Aktivierg. b. d. exp. Serumüberempfindlichk. d. Kaninchens[51]): 313–19. — Einfl. v. Wirkstoffen auf Lebensvorgänge normaler u. sarkomtrag. Ratten[31]): 529–34. — Dien-Reakt., 1[49]): Nr. 23; ∼2[48])[49]): **3** ('52) 49–57. — Deriv. v. Reduktonen u. Dienen[48])[49]): **3** ('52) 1–10. — Infl. of fat nutrit. upon the growth, the fertility and the longevity of rats, 4[31]): 31–39. — Einfl. v. Triose-Redukton u. Deriv. desselb. auf Gärg. u. Wachstum v. Hefen[66]): 89–95. — Exp. rheumatism, 1[51]): 111–14; ∼2: 511–15; **4** ('52) 185–92; **5** ('53) 387–91. — Methodik d. Protease-Best. in Tierorganen[49]): **3** ('52) 309–13. — Beziehg. zw. d. Alter u. d. Wirkstoff-Gehalt normaler u. canceröser Org., 1: 389–95. — Enzym-chem. Stud. an Blättern v. Espen u. an Keimblättern v. Gerste, 1[43]): 447–59. — Bildg. u. Spaltg. v. Nitro-Verbb., 1[49])[71a]): 557–64. — Ascorbinsäure u. Dehydro-Ascorbinsäure[49]): **4** ('52) 169–74. — Resistenz u. Immunität gegen Tumoren, 1: 289–95. — Buttergelb-Hepatom u. seine Entstehg., 1[31])[49]): 443–48; ∼2[28a])[49]): 487–94; ∼3[28a])[49]): **5** ('53) 251–59. — Mechanism. d. Decarboxylierg., 1[49]): **4** ('52) 479–85; ∼2: **5** ('53) 193–201. — Ascorbinsäure, Dehydro-Ascorbinsäure u. Diketo-l-Gulonsäure[49]): 49–55. — Einfl. d. Histidins auf d. Zahl d. vitalfärbbaren roten Rattenblut-Zellen[7]): 261–66. — Krebserregg. durch chem. definierte Noxen: 469–88. — Chemotherap. d. Tumoren[49]): **6** ('53) 123–32.

Ark. Kemi, Mineral. Geol. (A). Kondensat. d. Isoprens[8]): **11** ('32) Nr. 2, 18 S. — Biol. Aktivatoren u. Hemmungsstoffe: Nr. 12, 7 S. — Einfl. v. Reduktoren u. sulfhydrylhalt. Subst. auf Katalase[66]): **11** ('34) Nr. 13, 7 S. — Mikrotitrimetr. Beob. üb. enzymat. Peptid- u. Protaminsynth.[102]): Nr. 16, 8 S. — Gehalt einiger Moor-Erdarten an Carotinoiden[8]): **11** ('35) Nr. 21, 10 S. — Strukturerscheing. u. Absorptionsverhältn. in Chromosomen d. Speicheldrüsen v. Drosophila virilis[62])[14]): **12** ('36) Nr. 6, 16 S. — Cozymasebilanz im Rattenkörper[50])[76])[98])[96]): Nr. 25, 12 S. — Einwirkg. d. Fette auf d. Kalkresorpt., 1[31])[76])[73]): **13** ('38) Nr. 2, 20 S.; ∼2[31])[76]): **13** ('39) Nr. 9, 1–12. — Neue Vers. üb. Vitamin-B-Faktoren[76])[98]): Nr. 10, 1–8. — Abbau v. Nukleotiden u. Nukleinsäuren in Tumoren[1]): **13** ('40) Nr. 26, 14 S. — Bildg. d. Phenolformaldehydharze, 8[1])[17]): **14** ('41) Nr. 14, 1–20. — Permeabilität d. Zellwand d. Sarkoms f. Phosphat[53]): **15** ('42) Nr. 15, 17 S. — Reakt. b. d. Unters. d. Cozymase u. ihrer Spaltprod.[54])[98]): Nr. 18, 9 S. — Reakt. v. Phenolen m. Acetylen[1])[17]): Nr. 19, 10 S. — Einwirkg. v. Röntgenstrahlen auf Hefen u. Hefebestandteile[3])[54]): **16** ('42) Nr. 5, 14 S. — Vitamin-Antivitamin, 1: Reversible Hemmg. v. Dehydrasen durch Verdrängg. d. Codehydrase[1])[113]): **16** ('43) Nr. 9, 11 S.; ∼ 4: Cozymaseverdrängg.[1])[108]): **17** ('43) Nr. 2, 1–15; ∼ 5[2])[87])[109]): Nr. 8, 1–14. — Chinonmethide. Oxydoredukt. Dimerisierg.[1])[16]): **16** ('43) Nr. 11, 1–14; ∼ 2[1])[49])[74]): **18** ('44) Nr. 7, 1–23. — Bildung v. 2,4-Dimethyl-benzo-1,3-dioxinen u. deren Spaltung zu o-Vinylphenolen[1])[42]): **16** ('43) Nr. 12, 20 S. — Strukt. v. o-Oxybenzaldazinen[1])[29]): **17** ('43) Nr. 16, 1–15. — Wachstumswirkg. fettlösl. Vitamine[31])[94]): Nr. 19, 1–15. — Enzymhemmg.[3])[54]): Nr. 20, 1–11. — Tumorentwicklg. b. Ratten[94])[103]): **17** ('44) Nr. 24, 1–11. — Einfl. d. Vitamins A auf epitheliales Gewebe u. auf d. Entwicklg. v. Tumoren[2])[103]): Nr. 29, 1–13. — Wirkg. d. Röntgenstrahlen auf d. Umsatz d. Nucleinsäure im Jensen-Sarkom, 2[53]): Nr. 30, 1–60. — Einwirkg. v. Jodwasserstoffsäure auf phenol. Pinakone u. Pinakoline[1])[42]): **18** ('44) Nr. 1, 1–21. — Acetylsalicyl-cholin[49])[55]): **18** ('45) Nr. 17, 9 S. — Wachstumsfaktoren d. Magermilch, 1[31])[54])[94]): **19** ('45) Nr. 3, 10 S.; ∼ 2: **20** ('45) Nr. 9, 14 S. — Coenzyme, Enzyme, Wuchsstoffe u. Reizstoffe in Pflanzenorganen, 1[3])[54])[87]): **19** ('45) Nr. 4, 15 S. — Wirkg. v. Röntgenstrahlen auf d. Nukleinsäureumsatz in d. Organen d. Ratte[3])[53]): Nr. 9, 16 S. — Nukleoproteide in normalen u. cancerösen Zellen, 1[3])[103]): Nr. 12, 7 S.; ∼2[3])[34a])[47])[55]): Desoxyribonukleinsäuren: **20** ('45) Nr. 15, 23 S.; ∼3[34a]): Viskositätsstud. an gelöst. Zellkernen u. darin isol. Nukleoproteiden: **22** ('46) Nr. 4, 23 S.; ∼4[3])[47]): Schonend isol. Desoxyribonukleinsäuren aus Zellkernen: Nr. 13, 14 S. — Indir. Wirkg. v. Röntgenstrahlen auf das Jensensarkom[3])[53]): **19** ('45) Nr. 13, 16 S. — Hydrazone u. Pyrrolderiv. durch Kondensat. v. Säurehydraziden u. Diketonen[45a]): Nr. 29, 10 S. — Wirkg. v. Vitaminen u. Antivitaminen auf Samenkeimg. u. Mitose[86a]): **20** ('45) Nr. 2, 17 S. — Einfl. v. Wirkstoffen auf d. Brenztraubensäuregehalt d. Rattenblutes[87])[94]): Nr. 12, 10 S. — p-Aminobenzoyl-Choline[33a])[49]): Nr. 16, 14 S. — New choline esters and exp. on their biol. activities[49])[54]): Nr. 20, 11 S. — Bildg. v. Nukleinsäure in Sarkomschnitten[3])[53]): **21** ('45) Nr. 6, 15 S. — Stability of isolated cell nuclei in differ. media[34a])[49])[59]): Nr. 12, 15 S. — Fate of the nucleic acid introd. into the circulat.[3])[53])[119a]): **22** ('46) Nr. 7, 10 S. — Infl. of fat nutrit. upon the growth, the fertility and the longevity of rats, 1[31])[94]): Nr. 8, 12 S., ∼2. **24** ('47) Nr. 15, 9 S.; ∼ 3: Nr. 20, 22 S. — Absorptionsspektren v. Nucleoproteiden u. gelösten Zellkernen im Ultraviol.[54]): **22** ('46) Nr. 9, 13 S. — Einwirkg. v. Saponinen u. Digitalisglukosiden auf Samenkeimg. u. Mitose: Nr. 14, 10 S. — Protein-Kompon. d. Thymusnukleohistone, 1[47]): Nr. 17, 14 S.; ∼2: **23** ('46) Nr. 5, 10 S. — Neue Meth. z. Best. v. Ribonukleinsäure in Anwesenh. v. Desoxyribonukleinsäure[47]): **22** ('46) Nr. 23, 11 S. — Tox. Wirkg. v. Thymus-Histonen u. Protaminen[3]): **23** ('46) Nr. 3, 10 S. — Antigenic properties of the components of cell nuclei[103]): Nr. 4, 11 S. — Attempts to find products blocking nucleic acid format. in the circulat. of an irradiat. organism[3])[53])[119a]): Nr. 10, 6 S. — Desoxyribonucleic acid in rat liver and in Jensen sarcome, 1[94]): Nr. 11, 8 S. — Dehydrierg. v. Nukleiproteid-Komponenten aus normalen u. cancerösen Zellkernen, 1[106]): Nr. 14, 11 S. — Bacteriostat. u. tox. Wirkg. v. Komponenten normaler u. canceröser Zellen, 1[59]): Nr. 17, 13 S. — Tier. Phosphatasen, 1[47]): **24** ('47) Nr. 5, 15 S.; ∼3[24])[47]): **26** ('49) Nr. 9, 17 S. — Salicylsäure- u. Sulfonamid-Deriv., 1[49]): Nr. 9, 12 S.; ∼2[49])[59]): Nr. 19, 12 S. — Turnover of nucleic acid in retrograde sarcomata[3])[53]): **24** ('47) Nr. 12, 20 S. — Enzymat. Hydroperoxyd-Spaltg. durch Pflanzen-Extrakte: Nr. 13, 15 S.; ∼2[28])[41]): **26** ('48) Nr. 5, 10 S. — Sauerstoffaufnahme in ungesätt. Fettsäuren u. Fettsäureestern, 1[3])[24]): **24** ('47) Nr. 17, 12 S. — Brenztraubensäure-Effekt im Blut v. Sarkomtieren nach Eingabe v. antibiot. Stoffen[106]): Nr. 24, 11 S. — Applicat. of labelled substrates in the study of enzymic processes[3])[53]): Nr. 27, 9 S. — Ribonukleinsäuren u. Ribonukleotide in Hefen, 1[47]): Nr. 28, 1–9; ∼2[47]): **25** ('48) Nr. 11, 1–10. — Free histidine in the blood serum of normal and Jensen sarcoma bearing rats[51]): **24** Nr. 37, 23 S. — Wachstum v. E. coli in Nukleinsäuren und Nukleinsäure-Komponenten enthalt. synthet. Nährlösg.[22]): Nr. 38, 12 S. — Freilegg. basenbind. Gruppen b. d. Depolymerisat. v. Thymusnucleinsäure[35]): **25** ('47) Nr. 3, 1–13. — Gleichzeit. Wirkg. wachstumsfördernder u. bakteriostat. Stoffe[59]): **25** ('48) Nr. 7, 1–19. — Nucleinsäuren als Wuchsstoffe in Gegenw. v. Colchicin u. v. Streptomycin: Nr. 8, 1–9. — Sulfanilamide resistance[22]): Nr. 12, 1–12. — Oxydat. d. 5-Aminosalicylsäureäthylesters[49])[71]): Nr. 14, 1–12. — Adsorpt. reversible Inaktivierg. einer tier. Glycerophosphatase[35]): Nr. 15, 1–11. — Freies Histidin im Blute normaler u. tumortrag. Individuen[51]): Nr. 16, 1–10. — Keimg. v. Samen unt. Einwirkg. antibiot. Stoffe, 1: Beeinflussg. d. Chlorophyllbildg.: Nr. 17, 1–9. — Free alanine in the blood of normal and sarcomatous rats[51]): Nr. 22, 1–10. — Enzymsyst. d. Phosphatabspaltg. aus Ribonucleinsäure, 1[35]): Einheitlichk. d. alkal. Darmphosphatase: Nr. 23, 1–12; ∼ 2: Ribonucleophosphatase u. Ribonucleinase[35]): Nr. 24, 1–12. — Nucleoproteide aus Pollen v. Birke (Betula pubescens)[51])[55]): **26** ('48) 1–15. — Turnover of ribonucleic acid in the Jensen sarcoma of the rat[53])[106]): Nr. 4, 1–12. — Beob. üb. biol. u. chem. Wirkg. d. Streptomycins: **26** ('49) Nr. 6, 8 S. — Cultivation of streptococcus haemolyticus in chem. defined media[58]): Nr. 8, 1–8. — Schonende Darst. d. cytoplasmat. Nucleoproteide mittels Streptomycin u. anderen Fällungsmitteln[51]): Nr. 10, 1–16. — Nucleinsäuregehalt grüner Blätter, 2[47]): Nr. 11, 1–8. — Fällg. v. Nukleoproteiden, Nukleinsäuren u. Nukleotiden durch Streptomycin[51]): Nr. 14, 12 S. — Primäre Wirkg. d. A-Vitamins u. d. primären Symptome d. A-Vitamin-Mangels im tier. Organism.[13]): Nr. 15, 12 S. — Reduktone, 3: Nr. 17, 1–12; ∼4: Nr. 25, 1–18. — Katalyt. Wirkg. pflanzl. Zellen[33]): Nr. 22, 1–12. — Paraffinoxydat.[49]): Nr. 23, 1–8. — Biochem. Unters. an diploiden u. triploiden Espen aus normalen u. röntgenbestrahlten Pollen: Nr. 30, 1–19.

Ark. Kemi, Mineral. Geol. (B). Isomere Carotine[60])[51]): **10** ('31) Nr. 15, 1–6. — Physik.-chem. Beob. u. Messg. an Carotinoiden: Nr. 18, 4 S. — Adsorptionsvers. an Carotinoiden[39]): **10** ('32) Nr. 19, 1–6. — Wachstumswirkg. v. Carotinoiden[63]): Nr. 20, 1–6. — Vitamin A, Thyroxin u. Follikulin[63]): **11** ('32) Nr. 1, 6 S. — Carotinoide, Vitamin E u. Sexualhormone[121])[63]): Nr. 2, 5 S. — Oxydat. d. β-Carotins[60])[52])[63]): Nr. 3, 5 S. — Hormone u. Wachstumsstoffe[52])[91])[15]): Nr. 5, 5 S. — C-Vitamin[60])[52]): **11** ('33) Nr. 6, 6 S. — Biochem. Vers. an C-Vitamin u. Zuckerderiv.[63]): Nr. 7, 6 S. — Reduktionsvers. u. Zuckerderiv.[63]): Nr. 8, 6 S. — Vitamin C u. verw. Stoffe[75]): Nr. 9, 5 S. — Hochreduzier. Zwischenprod. (Reduktone) b. d. alkal. Umwandlg. einf. Zuckerarten[63]): Nr. 12, 6 S. — Redukt. v. Methylenblau durch Prod. d. alkal. Zuckerspaltg.[63]): Nr. 13, 6 S. — Vers. üb. d. Gluco-Redukton[77]): Nr. 14, 4 S. — Vers. üb. wasserlösl. Wachstumsvitamine der B-Gruppe[60]): Nr. 16, 4 S. — Beob. üb. Carotin u. Ascorbinsäure[63]): Nr. 17, 6 S. — Beob. üb. d. Vitamine A u. C: Nr. 18, 6 S. — Biol. Vitaminwirkg.: Nr. 19, 6 S. — Sehpurpur[1]): Nr. 20, 6 S. — Nachw. eines Lyochroms im Pigmentepithel d. Auges[1]): Nr. 21, 4 S. — Enzymat. Oxydo-Reduktionswirkg. durch eine Hefendehydrase[77]): **11** ('34) Nr. 22, 1–6. — Enzymat. Studien[63]): Nr. 23, 1–6. — Kondensat. v. Redukton m. Harnstoff[77]): Nr. 26, 6 S. — Freies Flavin u. gebundenes Flavin (Flavinenzym) in tier. Organen u. Flüssigk. u. in Hefe[1]): Nr. 28, 6 S. — Flavine u. Vitamin B_2[60])[1]): Nr. 33, 6 S. — Üb. d. aus Gerstenmutanten Albina 1 u. 3 gewonnene Indolbase u. ihre Umwandlg.[52])[46]): Nr. 36, 6 S. — Einfl. v. Wuchsstoffen auf Gerstenmutanten, 1[15])[76]): Nr. 38, 6 S.; ∼2[15])[66]): Nr. 39, 5 S. — Enzymchem. Studien, 2: **11** ('35) Nr. 42, 6 S. — Vitazyme u. Hormozyme[15])[63]): Nr. 45, 6 S. — Aktivierg. enzymat. Reakt., 1[108]): Nr. 47, 6 S. — Temperaturstabilität u. Bildg. d. Co-Zymase[45]): Nr. 50, 6 S. — Blaufluorescier. Stoff im Corpus luteum[14]): Nr. 51, 5 S. — Charakterisierg. dreier an biol. Oxydoreduktionsvorgängen beteiligter Co-Enzyme[1])[98])[45]): Nr. 52, 6 S. — Flavin aus Fischaugen: Nr. 54, 2 S. — Hochgereinigte Co-Zymasepräpar.[5])[4])[98])[45]): **12** ('35) Nr. 4, 6 S. — Bindungszustand d. Co-Zymase u. ein gärungshemmender Stoff in Hefezellen[1]): Nr. 5, 6 S. — Mitwirkg. v. Adenosintriphosphorsäure b. d. enzymat. Dehydrierg. v. Hexosen[1]): Nr. 6, 6 S. — Oberhefen: Nr. 11, 4 S. — Beteiligg. v. Adenylsäure u. Cozymase in d. Umphosphorylierg.[1]): Nr. 12, 6 S. — Vitamine u. Katalysatoren in Weizenembryonen[76]): **12** ('36) Nr. 14, 6 S. — Dehydrasesyst., 1: Nr. 15, 1–6. — Enzymat. Mechanism. d. Oxydoreduktionsvorgänge b. Gärg. u. Glykolyse[1]): Nr. 16, 1–6. — Einwirkg. v. ultraviol. Licht auf Co-Zymase[98]): Nr. 19, 5 S. — Verhalten d. Co-Zymase gegen Alkali[98]): Nr. 20, 5 S. — Nikotinsäureamide aus Cozymase[5])[98]): Nr. 21, 3 S. — Cozymase u. Cophosphorylase, 1: Co-Enzym d. Umphosphorylierg.[1])[45])[50])[112]): Nr. 24, 6 S.; ∼2: Vers. z. Abgrenzg. v. Codehydrase u. Cophosphorylase[1])[45])[50])[112]): Nr. 25, 7 S. — Einwirkg. v. Hypojodit auf einige Pyridiniumbasen[60])[98]): Nr. 26, 4 S. — Enzymsyst. u. Vitamingehalt b. Ratten[76])[45])[86]): **12** ('37) Nr. 30, 7 S. — Cozymase als Wasserstoffüberträger b. d. Muskelglykolyse[1])[45]): Nr. 31, 7 S. — Vitaminstud., 1[76])[98])[44]): Nr. 33, 1–8; ∼2[98])[44]): Nr. 34, 1–7. — Physiol. Funkt. d. Flavinenzyms[1]): Nr. 36, 1–7. — Enzymat. Wasserstoffüberträger im Muskel[1])[52]): Nr. 38, 7 S. — Zufuhr v. Cozymase u. ihren Komponenten in d. Nahrg. v. Ratten[76])[50])[98]): Nr. 39, 5 S. — Enzymat. Synth. d. Glutaminsäure[1])[21]): Nr. 40, 5 S. — Gehalt v. Muskeln an Aneurin (Vitamin B_1)[118]): Nr. 43, 6 S. — Enzymat. Umwandlg. d. Codehydrase I in Codehydrase II[112]): Nr. 44, 9 S. — Enzymstud., 1[98]): **12** ('38) Nr. 49, 7 S.; ∼2[52])[36]): **13** ('39) Nr. 2, 1–4. — Vers. üb. d. Glykogenumsatz im Jensen-Sarkom[9]): **12** ('38) Nr. 52, 4 S. — Desaminocozymase[98])[45]): Nr. 53, 8 S. — Enzymat. Aldehyddismutat. u. Alkoholdehydrierg.[1])[45]): Nr. 54, 7 S. — Oxydoreduktionsgleichgewicht im Syst. Desaminocozymase-Alkoholapodehydrase-Alkohol[52]): Nr. 55, 7 S. — Einwirkg. v. Phosphatase auf Cozymase[98])[45]): Nr. 56, 5 S. — Enzymsyst. d. Atmg.[52]): **13** ('38) Nr. 1, 8 S. — Reversibility of d-amino acid deaminat.[21]): Nr. 3, 6 S. — Isocitronensäuredehydrase[1])[90]): Nr. 4, 1–5. — Enzyme u. Co-Enzyme d. Kohlenhydratabbaues in Jensen-Sarkomen[98])[45])[36])[54]): **13** ('39) Nr. 6, 1–6. — Enzymat. Sarkomstud., 1[52])[45]): Nr. 8, 1–6. — Enzymat. Phosphorylierg. u. Dehydrierg. in Gehirn, Nerven u. Sarkomen: Nr. 11, 1–6. — Bildg. d. Phenol-Formaldehydharze, 1: Kondensat. d. Guajacols m. Formaldehyd[1])[38]): Nr. 12, 1–7. — Brenztraubensäurestoffwechsel[54]): Nr. 16, 1–5. — Desaminierg. d. d- u. l-Glutaminsäure durch Schnitt u. Brei v. Sarkomen u. Nieren[103]): Nr. 17, 8 S. — Aneurinmonophosphat[114])[98]): **13** ('40) Nr. 20, 1–6. — Spaltg. opt. akt. Dipeptide durch maligne Tumoren u. durch Serum, 1[103]): **14** ('40) Nr. 2, 1–6; ∼ 2: Nr. 3, 1–7; ∼ 3: Nr. 11, 1–4. — Bildg. d. Phenol-Formaldehydharze[1])[42]): Nr. 9, 1–7; ∼ 3: Kondensat. m. Dioxybenzolen u. Dioxybenzolalkoholen u. üb. ein Prinzip d. Bakelitgewinng. aus Holzteerphenolen[1])[61])[34]): Nr. 10, 1–20; ∼ 5: Mechanismus d. „Härtg." v. Resolen: Konstitut. d. Härtungsprod. aus Di-p-kresylmethanmonoalkohol[1])[49]): **14** ('41) Nr. 24, 1–8; ∼ 6: Härtg. d. Di-p-kresylmethandialkohols[1])[12]): Nr. 25, 1—6; ∼ 7: Cyclischer Äther aus Di-p-kresylmethandialkohol[1])[12]): Nr. 30, 1–6; ∼ 11: Mechanism. d. „Härtung" v. Resolen. Weitere Vers. z. Bildg. v. Dioxydibenzyläthern[1])[25])[110]) : **15** ('41) Nr. 9, 8 S.; ∼13: Reaktionsphasen b. d. „Härtg." v. zweikern. Dialkoholen[1])[109]): Nr. 10, 11 S.; ∼15: Mechanism. d. „Härtg." v. Resolen: Reaktionsfolge b. d. „Härtg." v. o- u. p-Phenolalkoholen [1])[17])[110]) : Nr. 11, 19 S. — Enzymat. Vorgänge in d. Hefe, 1: Reakt. d. Brenztraubensäure[54]): **14** ('40) Nr. 13, 1–6. — Amino-Formaldehydkondensat. b. d. Bildg. v. Anilinformaldehydharzen u. v.

Aminoplasten, 1[86]): Nr. 26, 1–7. — Brenztraubensäure in Hefe, Blut u. Milz[54]): Nr. 29, 1–5. — Einwirkg. v. Fetten u. fettlösl. Subst. auf d. Wachstum v. Ratten[31])[94]): Nr. 34, 1–7; ~ 2[31])[94]): **15** ('41) Nr. 8, 1–3. — Beob. üb. d. Entwicklg. v. Jensen-Sarkomen u. d. gleichzeit. Änderung d. Brenztraubensäuregehaltes im Blut[32]): **14** Nr. 36, 1–7. — Permeabilität der Zellwand d. Sarkoms f. Phosphat u. d. Geschwindigk. d. Neubildg. v. phosphorhalt. Verbb. in d. Sarkomzellen[53]): **15** ('41) Nr. 15, 1–77. — Vitamin-B-Gruppe, 1[31])[94]): **15** ('42) Nr. 20, 5 S.; ~ 2[3])[49]): Nr. 21, 8 S. — p-Aminobenzoesäure (Vitamin H') u. Sulfonamide, 1: Wirkg. an höheren Tieren[3])[116]): **16** ('42) Nr. 1, 9 S.; ~2: Wirkg. an Hefen[3])[116]): Nr. 2, 6 S. — Vitamingehalt v. Nahrungsmitteln, 1[3])[54])[109]): Nr. 11, 8 S. — Hemmg. im Enzymsyst., 1[3]): **16** ('43) Nr. 16, 8 S. — Atmosphär. Einflüsse auf biochem. Vorgänge im leb. Organism.: **17** ('43) Nr. 6, 1–5. — Biochem. u. bakteriostat. Wirkg. d. Salicylsäure u. d. N-Nicotinylsalicylsäureamids[54]). Nr. 14, 1–8. — Einfl. v. Ultraschallwellen auf höhere Tiere u. auf Bakterien[103]): Nr. 15, 1–8. — Substrate u. Wirkstoffe d. Wachstums: **18** ('44) Nr. 3, 1–8. — Beständigk. d. in Fetten u. Ölen gelösten β-Carotins[31]): Nr. 12, 1–8. — Kurzlebige durch Röntgenstrahlen bewirkte Hemmg. d. Nucleinsäurebildg.[3])[53]): Nr. 13, 1–5. — Wachstumsfaktoren d. Magermilch, 2[31])[54])[94]): **19** ('45) Nr. 3, 8 S. — Synth. einiger Salicylsäure- u. p-Aminobenzoesäure-Deriv.[54a]): Nr. 10, 6 S. — Wirkg. injizierter Zellkerne u. Desoxyrobi-Nucleinsäuren norm. u. canceröser Gewebe: **21** ('46) Nr. 6, 6 S. — Note on the number of pollen grains identified in the fruit of the aspen[25a])[53]): **23** ('47) Nr. 5, 5 S. — Ninhydrin-Reakt. d. Plasmas normaler u. Jensen-Sarkom tragender Ratten[51]): **24** ('47) Nr. 10, 8 S. — Nucleinsäuregehalt grüner Blätter, 1[47]): **25** ('47) Nr. 1, 1–8. — Biol. Ergebn. üb. Vaccensäure[31]): **25** ('48) Nr. 2, 1–4; ~ 2[31])[69]): **26** ('49) Nr. 3, 5 S. — Tier. Phosphatasen, 2: Darst. u. Reinigg. d. Glycerophosphatase aus Darmschleimhaut[24])[47]): **25** ('48) Nr. 3, 1–6; ~ 4[24])[47]): **26** ('49) Nr. 10, 1–6. — Resistance of Escherichia coli to streptomycin induced in vitro[22]): **25** ('48) Nr. 4, 1–5. — Biochem. d. Tumorentwicklg. u. Tumorhemmg.: Nr. 5, 1–7. — Furan u. Furanderiv., 1[49])[71]): Nr. 10, 1–6. — Reduktone, 1[49])[71]): **26** ('49) Nr. 5, 1–7; ~ 2[49])[71]): Nr. 8, 1–8.

Atti X. Congr. int. Chim., Roma. Vitamine, Hormone u. ihre Vorstufen in unserer Nahrg. u. in unseren Organen: **1** ('39) 178–87.

Atti R. Accad. naz. Lincei, Rend. Verlauf d. Bildg. v. Endiolgruppen aus p-Chinon u. einigen Pentosen[7]): (8) **8** ('50) 438–43.

Ber. Dtsch. chem. Ges. Alkaloid Gramin[30])[52]): **69** ('36) 743–47. — Konstitutionsermittlg. d. Cozymase; Isolierg. d. Spaltstückes Adenosindiphosphorsäure[112])[98]): **70** ('37) 1369–74. — Umwandlg. v. Codehydrase I in Codehydrase II[9]): **71** ('38) 411–15. — Desamino-cozymase[98])[52]): 1471–79. — Co-Enzyme u. Hemmstoffe, Vitamine u. Antivitamine: **75** ('43) 1876–85.

Biochem. J. Activation of oxido-reduct. by cozymase[84]): **25** ('31) 2168–71. — Isocitric dehydrogenase and glutamic acid synthesis in animal tissues[1])[45])[90]): **33** ('39) 1028–45.

Biochem. Z. Carotinoide u. Vitamin A im Blutserum u. in Organen höherer Tiere[113]): **245** ('32) 252–64. — Wasserlösl. Wachstumsfaktoren[89]): 418–30. — Einfl. Vitamin-C- u. Vitamin-D-armer Kost auf d. Quotienten Ca/PO_4 im Serum v. Ratten u. Meerschweinchen[96]): **249** ('32) 141–56. — Gärungsaktivatoren Z u. Wachstumsstoffe[89]): 245–56. — Einfl. v. Magnesiumsalzen auf d. Wachstum v. Ratten b. konst. Carotineingabe[115]): 393–403. — Carotinoide u. Hormone im Sexualsyst.[63]): **250** ('32) 1–6. — Rolle d. Carotinoide im Tierkörper[63]): **256** ('32) 11–17. — Sauerstoffzehrg. tier. Gewebe nach Thyroxineingaben[28]): **261** ('33) 226–34. — Dipeptidspaltg. in keim. Chlorophyll-Mutanten d. Gerste[102]): **264** ('33) 237–45. — Reduktionsanalyse d. Reduktone u. Sulfhydrylverbb.[77]): **271** ('34) 9–14. — Follikulin u. Pflanzen[121]): 64–73. — Merkmale d. durch Mangel an Hautfaktoren in d. Nahrg. verursachten Avitaminosen b. Ratten[76]): **278** ('35) 351–63. — Ausscheidg. u. Speicherg. d. C-Vitamins im Menschen- u. Tierkörper[76]): **279** ('35) 338–52. — Fluorescenz v. Pyrimidin-, Purin- u. Pyrimidazinderiv.[14])[83]): **281** ('35) 206–14. — Bildg. v. Flavinenzymsyst. in keim. Pflanzen[18]): **282** ('35) 235–41. — Ursprung d. C-Vitamins in Organen C-frei ernährter Ratten[40])[76]): 399–405. — Ascorbinsäurebest. im Harn durch Titrat.[15]): **283** ('35) 153–57. — Körpergewichtszunahme durch Körner v. Weizen, Hafer u. Gerste b. Vitamin-A-frei ernährten Ratten[76]): **284** ('36) 238–43. — Aktivatoren d. Kohlenhydratabbaues als wasserlösl. Nahrungskomponenten[76]): 455–60. — Co-Zymase[5])[98]): **286** ('36) 140f. — Rattendermatitisheilende u. wachstumsfördernde Faktoren[76]): **291** ('37) 368–84.

Bull. Soc. Chim. biol. Carotin u. Vitamin A: **14** ('32) 838–60.

Chemiker-Ztg. Wasserlösl. Vitamine u. Vitaminenzyme: **59** ('35) 673–75. — Drei Dezennien Enzymchem.: **61** ('37) 15f. — Aufgaben d. Vitaminforschg.: **67** ('43) 70f. — Enzymchem. Beitr. z. Tumorforschg. Enzymat. Umsetzg. d. Proteine u. Nucleoproteine d. Tumoren: **68** ('44) 94–96. — Reduktone u. ihre biol. Rolle: **75** ('51) 21–24.

Chimia. Eigensch. u. Wirkg. d. Reduktone: **3** ('49) 209–13.

C. R. Acad. Sci. Paris. Actions de la streptomycine sur les grains en germinat. des plantes vertes et sur les polynucléotides[13])[51]): **227** ('48) 16–18.

Dtsch. med. Wschr. Biochem. Krebsprobl.: **64** ('38) 1712–16, 1758–60. — Enzymchem. Beitr. z. Tumorforschg.[3])[54]): **66** ('40) 1078. — Wirkg. v. Kobaltkomplexen auf Katalyse[43]): **75** ('50) 631–33.

Dtsch. Schlachthof-Ztg. Abwehr u. Immunität gegen Bildg. u. Entwicklg. d. Krebsgewebe: **42** ('42) 310–12.

Enzymologia [Den Haag]. Isocitronensäuredehydrase u. Glutaminsäuresynth. in höheren Pflanzen u. in Hefe[1])[45])[26]): **6** ('39) 337–41. — Sterische Spezifität d. Glutaminsäuredehydrase[1]): **7** ('39) 21–24.

Ergebn. Enzymforsch. Neuere Ergebn. an enzymat. Oxydat.- u. Reduktionssyst.: **3** ('34) 135–62. — Beziehg. d. Enzyme zu d. übrigen Wirkstoffen: **10** ('49) 302–51.

Ergebn. Hyg., Bakteriol., Immunitätsforsch. exp. Therap. Tumorimmunität u. Tumorabwehr[103]): **25** ('43) 1–25.

Ergebn. Vitamin- u. Hormonforsch. Bedeutg. d. Wirkstoffe Ergone, Enzyme u. Hilfsstoffe im Zellenleben: **1** ('38) 159–90.

Ernährung. Kalkresorpt. im Darm v. Ratten unt. d. Einwirkg. v. Fetten[31])[76]): **4** ('39) 257–70. — Nährwert versch. Fette[31])[94]): **7** ('42) 65–74. — Nahrungsfaktoren d. Butter[31])[94]): **8** ('43) 257–64.

Experientia. Chromoplastin aus reifen Tomaten[14]): **4** ('48) 431f.

Finska Kemistsamfundets Medd. Chem. Arb. im Geb. d. Serumforschg.: **40** ('31) 9–22.

Forsch. u. Fortschr. Vitamine im tier. Stoffwechsel: **15** ('31) 372–74. — Abwehr u. Immunität gegen Bildg. u. Entwicklg. d. Krebsgewebe: **18** ('42) 197–99 [auch in: Chemiker-Ztg. **66** ('42) 411f.].

Helvet. chim. Acta. Einfl. d. Blattxanthophylls auf d. Wachstum v. Ratten[60])[96]): **14** ('31) 1428–31. — Lovibondwerte d. Leberöle versch. Tiere u. üb. Zuwachswirkg. versch. Vitaminpräpar.[60])[101]): **15** ('32) 493–95. — Spektrometr. Messg. an Carotinoiden[60])[63])[81]): 502–07. — Oxyd d. Carotins[60])[115]): 1507–10. — Wachstumsvers. m. Carotinoiden[60])[122]): **17** ('34) 24–29. — Verhalten v. Vitamin C (Ascorbin) u. anderer Reduktone gegen kathept. u. andere Enzyme[60])[119]): 157–62. — Wachstumswirkg. d. Flavine[60])[1])[76]): 1157–65. — Oxydationsprod. d. α-Carotins. Zusammenhänge zw. Konstitut. u. Vitamin-A-Wirkg.[60])[105]): 1169–72. — Synth. d. Lactoflavins (Vitamin B_2) u. anderer Flavine[60])[76])[101])[11])[10])[87]): **18** ('35) 522–35. — Wachstumswirkg. d. l- u. d. Araboflavins (6,7-Dimethyl-9-(l- bzw. d-1'-arabityl)-isoalloxazim)[60])[76]): 1336–38. — Charakterisierg. v. Zuckerphosphorsäuren u. Konstitut. d. Pentoxphosphorsäure aus Cozymase[60])[10]): **19** ('36) 1060–62. — Homologe d. Vitamins A (Axerophtols) u. ein Abbauprodukt des α-Carotins, α-Apo-2-carotinal[60])[105]): **21** ('38) 211–22. — Axerophtol aus β-Apo-2-carotinal in d. Rattenleber[45])[76])[60]): 1619–21. — Zucker d. Cozymase[60])[111]): **25** ('42) 323–25. — Tetrahydronicotinsäure u. Hexahydronicotinsäure als Wachstumsfakt. b. Staphylococcus aureus u. Bacillus Proteus vulgaris[54])[60])[97])[95]): **27** ('44) 382–90, 1016. — Hexahydro-p-aminobenzoesäure als Antagonist d. Sulfanilsäure[60]): 1697f. — Isoalloxazinderiv. als Antagonisten d. Riboflavins[60]): **29** ('46) 353f. — Vitamin-A-Wirkg. d. β-Carotindiepoxyds u. d. Luteochroms[60]): **33** ('50) 1481f.

Hoppe-Seylers Z. physiol. Chem. Kinetik d. Formaldehyd-Phenolkondensat.[61]): **189** ('31) 109–21. — Oxydationsvorgang in Erythrocyten[120]): **195** ('31) 35–38. — Funkt. d. Magnesiums b. enzymat. Kohlenhydratabbau[84])[6]): **200** ('31) 1–26. — Sauerstoffaufnahme durch Spaltprod. d. Hexosen u. dabei wirksame Katalysatoren[3]): 233–45. — Chem. Natur d. Co-Zymase[82]): **203** ('31) 143–53. — Katalase- u. Zuckerbest. in chlorophylldefekten Pflanzen[89])[92]): 165–77. — Co-Zymase u. Adenosintriphosphat[84]): **204** ('32) 204–10. — Spektrometr. Messg. an Alkoholextrakten d. Laubblätter v. Chlorophyllmutanten d. Gerste[52]): **208** ('32) 43–49. — Vitamin A u. Wachstumswirkg. v. Vogeleidotter[63]): **50–54**. — Adenosintriphosphorsäure u. Co-Zymase[84]): 173–81. — Biokatalysatoren b. d. Keimg.[89])[15]): 281–84. — Hefen-Co-Zymase[82])[52]): **212** ('32) 7–25; **214** ('33) 184. — Entwicklungschem. Stud. an Chlorophyllmutanten d. Gerste[15])[52])[64]): **212** ('32) 53–60. — Carotin (Vitamin A) u. Thyroxin[63]): **213** ('32) 21–34. — Messg. üb. d. Argininggehalt in chlorophylldefekten Blättern[15]): **215** ('33) 47–50. — Sauerstoffaufnahme durch Vitamin-C-haltige Organe u. durch Glucoredukton[82])[66]): **217** ('33) 1–22. — Indólderiv. aus zwei chlorophyllmutier. Gerstensippen[52]): 23–27. — Physiol. Vers. üb. Vitamin C (Ascorbinsäure) u. Redukton (Enol-Tartronaldehyd)[63]): 167–76. — Chlorophyllgehalt d. Laubblätter v. Gerstenmutanten[52])[15]): **218** ('33) 241–48. — Biochem. d. Carotinoide u. d. Vitamins C (Ascorbinsäure)[63]): **219** ('33) 215–23. — Enzymwirkg. u. Enzymbildg. in lebenden Zellen[45]): **220** ('33) 69–85. — Gehalt d. Augenlinsen an Sulfhydrylverbb. u. an Ascorbinsäure[77]): **222** ('33) 65–69. — Asterinsäure, eine Carotinoidsäure aus Seesternen[52]): **223** ('34) 89–97. — Vorkommen v. Flavinen in tier. Geweben[1]): 105–12. — Bios u. Faktor Z, 1: Einteilg. d. Wuchsstoffe[66]): 189–206. — Einfl. d. Carotins (Vitamin A) auf d. Puringehalt wachs. normaler u. pathol. Gewebe[100]): 215–28. — Einfl. v. Flavinen auf d. Atmg. v. Milchsäurebakterien (Thermobacterium helveticum)[1]): **225** ('34) 41–45. — Nucleoproteide d. Fisch-Testikel[100]): 92–102. — Verbreitg. d. gebundenen u. d. freien Flavins in Pflanzen[1])[99]): **226** ('34) 87–94. — Komponenten d. Dehydrasesyst., 1: Dehydrierg. v. Alkohol u. Robisonester[1]): 195–212; ∼ 2[1]): **232** ('35) 6–9; ∼ 3 u. 4[1]): 10–27; ∼ 5: Wirkg. d. Co-Zymase, d. Warburgschen Co-Fermentes u. d. Adenylpyrophosphates[1])[98])[45]): **233** ('35) 120–47; ∼ 6: Dehydrierg. v. Hexosen unt. Mitwirkg. v. Adenosintriphosphorsäure[1]): **235** ('35) 122–53; ∼ 8: Aktivatoren: 164–73; ∼9: Co-Dehydrasen: Co-Zymase u. Co-Dehydrase II. Co-Zymase als Wasserstoffüberträger[1]): **238** ('36) 233–60; ∼12: Mechanism. d. Dehydrierg. v. Alkohol u. Triosephosphaten u. d. Oxydoredukt.[1])[52]): **241** ('36) 239–72; ∼13: Verschiedenh. v. Alkohol- u. Triosephosphorsäureapodehydrase[1])[65]): **242** ('36) 215–24; ∼14: Glutaminsäuredehydrase aus Hefe[1])[107]): **248** ('37) 227–41; ∼15: Dehydrierg. v. α-Glycerinphosphorsäure im Tierkörper[1])[45]): **249** ('37) 1–15; ∼18: Glycerophosphatdehydrase[1])[57]): **252** ('38) 1–23. — Flavin u. ein blaufluorescier. Stoff in d. Netzhaut d. Fischaugen[1]): **228** ('34) 1–12. — Carotinoidgehalt einiger Evertebraten[52])[63]): 77–89. — Antiskorbut. Wirkg. d. Augenlinsen u. ihr Gehalt an Reduktonen u. Sulfhydrylen[76]): **230** ('34) 225–30. — Keratinisierg. d. Epithelschleimhäute b. Vitamin-A- u. Carotinmangel; Antiinfektionswirkg. A[76]): **232** ('35) 1–5. — Entwicklg. dehydrier. Enzymsyst. b. d. Keimg. v. Samen, 1[117]): **233** ('35) 81–86. — Hochgereinigte Co-Zymase[5])[98]): **234** ('35) I–II. — Zur chem. Genetik chlorophyllmutier. Gerstensippen[52])[70]): 151–64. — Gramin u. 2 Begleiter desselben in Laubblättern v. Gerstensorten[14])[52])[70]): **235** ('35) 37–42. — C-Vitamin im Gehirn nach versch. C-Vitaminzufuhr[76]): 97–106. — Aktivatoren d. Glykolyse, 1: Co-Zymase u. Adenosintriphosphorsäure[45]): 104–14; ∼2[45]): **237** ('35) 221–26; ∼3[45]): **239** ('36) 83–88. — Vorkommen eines gärungshemmenden Stoffes in Hefezellen[1])[19]): **236** ('35) 119–30. — Co-Zymase[5])[98]): **237** ('35) I–II. — Wirkg. d. Co-Zymase[112]): 1–7. — Chem. Unters. an hochgereinigter Co-Zymase[5])[98]): **240** ('36) 113–26. — Phosphate u. Phosphatstoffwechsel in roten Blutzellen[14]): 215–31. — Glykolyse u. Phosphatumsatz in zellfreien Gehirnextrakten normaler Säugetiere[45])[112]): 265–78. — Redukt. v. Cozymase[1])[52]): **242** ('36) 225–49. — Kohlehydratresynth. in d. Leber[45]): **243** ('36) 1–8. — Blutzellenbestand u. Ascorbinsäuregehalt b. Meerschweinchen[76]): 121–43. — Leicht hydrolisierbares Phosphat aus Cozymase[112]): **245** ('36) I-III. — Cozymase d. wasserstoffübertrag. Co-Enzym b. d. Muskelglykolyse[1])[45])[52]): 217–45. — Cozymase[98]): **246** ('37) 64–82. — Phosphatübertrag. Co-Enzyme (Co-Phosphorylasen)[1]): 83–98. — Kataphoresevers. an Alkoholapodehydrase[52]): 149–54. — Enzymat. Inaktivierg. d. Codehydrase II[50])[98]): **247** ('37) IV-V. — Einwirkg. v. Alkali auf Cozymase[98])[50])[44])[86]): 23–33, [112]) 43–51. — Vergl. Stud. üb. Dehydrasesyst.

im Muskel u. Jensensarkom d. Ratte[1][45]: 65–78. — Wirkg. v. Cozymase, Adenylsäure u. Cocarboxylase u. ihre Beeinflussg. durch Mn[1][45][112]: 127–34. — Einfl. d. Eingaben v. Ascorbinsäure u. Vitamin P (Citrin) auf d. Gehalt d. Meerschweinchenblutes an vitalfärbbaren Erythrocyten[76]: **249** ('37) 85–92; ∼2[76]: **252** ('38) 24–30; ∼3[76]: **256** ('38) 243–51. — Wachstum v. Lactoflavinfrei ernährten Ratten[76]: **250** ('37) 158–60. — Enzymat. Wasserstoffüberträger im Muskel, 2: **252** ('38) 31–40. — Gegenseit. enzymat. Umwandlg. v. Codehydrase I u. Codehydrase II[1]: 41–48. — Enzymat. Abbau u. Aufbau d. Glutaminsäure, 2: In tier. Geweben[1][45][21]: **254** ('38) 61–103. — Enzymsyst. d. Atmg. in Muskel, Jensensarkom, Lunge u. Milz[52]: **255** ('38) 159–68. — Cozymase- u. Nicotinsäureamidgehalt im Tierkörper u. in d. Hefe[98][50][54]: **256** ('38) 208–28. — Diaphorasevork. im Blut u. in Augenlinsen[45]: 229–35. — Oxydationssyst. in Ober- u. Unterhefe[19][45]: **258** ('39) 47–56. — Nicotinsäureamid u. Cozymase in normalen u. in avitaminos. Ratten[98][79][54]: 212–18. — Enzymat. Vers. an Sarkomen u. chlorophylldefekten Gerstenmutanten[52][45][26][27]: **259** ('39) 201–03. — Enzymat. Sarkomstud., 1: Einfl. d. Cytochromkomponenten u. d. Diaphorase auf d. Dehydrierg. v. l- u. d-Lactat u. Succinat[52]: **260** ('39) 163–68. — Wachstum junger Ratten u. Bildg. vitalfärbbarer roter Blutzellen[76]: **261** ('39) 103–09. — Vers. z. phosphorylier. Abbau v. Polysacchariden in Muskel u. Sarkom[9]: 125–36. — Vitamin-B_1-Wirkg., 1[54]: **263** ('40) 49–54. — Vitamin E in Sarkomen[31]: **264** ('40) 141–45. — Spaltg. v. Dipeptiden in carcinomatösen u. nichtcarcinomatösen Seren[103]: **265** ('40) 133–46. — Methodik d. chem. Vitamin-E-Best.[31]: 147–51. — Wechsel d. Brenztraubensäuregehaltes im frischen Rattenblut während d. Glykolyse[78][109][54]: **267** ('40) 103–07. — Umwandlg. d. Brenztraubensäure durch Hefenenzyme[3][54]: 154–62. — Einfl. v. Sexualhormonen auf d. Brenztraubensäure u. d. Zuckergehalt d. Blutes v. normalen u. sarkomtrag. Ratten[94][54]: **268** ('41) 171–78; ∼ 2[94][54]: 235–44. — Einfl. v. Hormonpräpar. auf d. Brenztraubensäuregehalt d. Blutes u. d. Geschwulstentwicklg. b. sarkomtrag. Ratten[94][31]: **270** ('41) 125–40. — Spaltg. v. d-Leucylglycylglycin u. d-Leucylglycin[3][54]: **273** ('42) 129–57. — Brenztraubensäuregehalt d. Blutes krebskranker Tiere während Zunahme u. Rückgang exp. Tumoren[54][94]: **274** ('42) 285–90. — Veränderg. d. Hefezellen durch Röntgenstrahlen u. durch chem. Subst., 1[3][54]: **277** ('42) 1–17; ∼2: 18–25. — Bedarf höherer Tiere an Vitamin-B-Komponenten b. fettarmer u. fettfreier Diät[31][94]: 26–46; ∼2: **280** ('44) 177–85. — Einfl. v. Na-Salicylat auf Enzymsyst.[3]: **279** ('43) 175–86. — Beziehg. zw. Konstitut. u. cancerogener Wirkg. aromat. KW Stoffe; Bem. zu d. gleichn. Mitt. v. Lettré[103]: **281** ('44) 117–20.

Hygiea [Stockholm]. Üb. d. Bedürfnisse z. Standardisierg. biol. Subst. in unserem Land[62][68]: **98** ('36) Nr. 23, 64 S.

Inst. int. Chim. Solvay, Cons. Chim. Carotinoidart. Vitamine: **6** ('38) 121–62. — Vitamin B_2 od. Lactoflavin: 185–216.

IVA (Ingeniörsvetenskapsakademien) Stockholm. Neue biochem. Erfahrg.: **1937**, 5.

J. prakt. Chem. (N.F.). Phenoplaste u. Aminoplaste, 1: Phenolalkohole u. ihre Reakt. m. Aminen[56]: **159** ('41) 121–29. — Kondensat. d. Naphthohydrochinons m. Formaldehyd u. m. Xylenolalkohol[61]: **160** ('42) 195–202.

Kem. Arb. Stockholms Högskolas. Hormone u. Vitamine: N. F. **13** ('37) 6 S.

Kgl. Danske Vidensk. Selsk. biol. Medd. Wirkg. d. Röntgenstrahlen auf d. Umsatz d. Nucleinsäure im Jensen-Sarkom[53]: **17** ('42) Nr. 8, 3–38.

Klin. Wschr. Nicotinsäureamid u. Cozymase im Blut[98]: **18** ('39) 1109–11. — Blutkörperchensenkg. im Blut sarkomtrag. Ratten[31]: **21** ('42) 275–78.

Kungl. Landtbruks-Akad. Handl. Tidskr. Bedeutg. d. Vitamine f. d. Tierernährg.: **77** ('38) 337–56.

Kunststoff-Techn. u. Kunststoff-Anwend. Krystallisier. Kondensationsprod. v. Aldehyden u. Phenolen, 1[56]: **10** ('40) 62f.

Liebigs Ann. Chem. Redukton [Enol-Tartronaldehyd] u. Ascorbinsäure[77]: **505** ('33) 73–87. — Gramin aus schwed. Gerstensippen[30]: **520** ('35) 1–10.

Nature [London]. Action of co-zymase as the specific co-enzyme of lactic dehydrogenase from heart muscle[1][52]: **138** ('36) 968f. — Enzymic dephosphorylat. of co-zymase[21]: **141** ('38) 604f. — Lactoflavin in the eyes of fish[1]: 790f.

Naturwiss. Reduktionsvers. an C-Vitamin u. Zuckerderiv.: **21** ('33) 236. — Anti-Pneumoniefaktor in C-vitaminhalt. Früchten[76]: **22** ('34) 205. — Beschleunigg. einer enzymat. Dehydrierg. durch Belichtg.[63]: 777. — Photochem. Oxydoreduktionsgleichgew. in Lösg. v. Methylenblau[52][14]: **23** ('35) 486–89. — Blaufluorescier. Subst. im Corpus luteum[14]: 544. — Cozymase[98]: **24** ('36) 794f. — Enzymat. Inaktivierg. d. Cozymase[50]: **25** ('37) 269. — Adenosindiphosphorsäure aus Cozymase[98][112]: 318. — Enzymat. Synth. v. Cocarboxylase aus Vitamin B_1 u. Phosphat[112]: 416. — Dehydrasensyst. in Jensen-Sarkomen[98][36]: **26** ('38) 11f. — Cozymase als wasserlösl. Vitamin[76][93][98]: 45. — Diaphorase im Tierkörper[48]: 187f. — Glykogenangriff im Kaninchenmuskel u. im Sarkom v. Ratten[9]: 235f. — Glykogenphosphorylierg. in Muskelextrakten[9]: 431. — Diaphorase[45]: 676f. — Amyloamylose- u. Amylopektinfrakt. als Substrate phosphorylier. enzymat. Abbaues[9][72]: 790f. — Zahl d. vitalfärbbaren roten Blutzellen in Vitamin-A-armen Ratten[76]: **27** ('39) 166f. — Umaminierg. u. Glutaminsäuredehydrierg. durch Jensen-Sarkomextrakt[45]: 214f. — Konzentrat. d. Brenztraubensäure in normalem u. avitaminot. Blut[54]: 769f. — Vitamin B_1, Insulin u. Phosphatstoffwechsel[54]: **28** ('40) 29. — Insulin u. Vitamin B_1[3][98]: 188f. — Beziehg. zw. Vitamin-E-Einnahme u. Vitamin-A-Bedarf b. weibl. Ratten[85][20]: 515. — Brenztraubensäurestoffwechsel als Funkt. d. Sexualcyclus b. Ratten[31][87]: **29** ('41) 63. — Dermatitissymptome u. Haarausfall b. Lactoflavinmangel u. fettfreier Diät[31][94]: **30** ('42) 266. — Einwirkg. v. Ultraschallwellen auf Hefe[103]: **31** ('43) 389.

Nord. Kemikermøde, Forh. Vitamine u. unsere Nahrg.: **5** ('39) 133–42.

Problemy Biologii i Meditziny. Keratinisierg. d. Epithelschleimhäute durch Vitamin-A- u. Carotinmangel[76]: **1935**, 456–68.

Rapp. Congr. int. Soc. sci. Hyg. alimentaire. Vererbg. u. Sehvorgang: **2** A-61 ('39).

Res. and Progr. Role of vitamins in animal metabolism: **6** ('40) 106–11 [auch in: Chemiker-Ztg. **64** ('40) 361f.].

Roczniki Chem. Enzymat. Unters. über d. Kohlenhydratabbau[45][52]: **18** ('41) 502–09.

Scientia [Milano]. Aktivatoren des Kohlenhydratstoffwechsels u. d. Wachstums: **50** ('31) 209–18.

Skand. Arch. Physiol. Follikulinausscheidg. im Harn d. Kindes, d. Frau u. d. Mannes. Gonadales, extragonadales u. placentares Follikulin. Nahrungsaufnahme u. Follikulin[121]): **67** ('34) 259–65. — Stabilität d. Prolans. Ein Hinw. auf seine enzymat. Natur[121]): **68** ('34) 232–44. — Dehydrasen u. Jodessigsäure[1])[45]): **80** ('38) 1–15. — Flavinenzyme im Tierkörper[1])[45])[90]): **82** ('39) 61–78.

Suomen Kemistilehti. Vitamine, Vitazyme u. Hormozyme: **7 A** ('34) 97–101. — Ergone u. Antiergone in Biochem. u. Therap.: **16** ('43) 45–50.

Suomen Kemistiseuran Tiedonantoja. Co-Enzyme u. prosthet. Gruppe d. Vitamin-B-Reihe; Ergone I. u. II. Ordng.: **52** ('44) 155–68.

Svenska Bryggarefören. Månadsbl. Antirachit. Wirkg. d. bestrahlten Hefe[31]): **49** ('34) 218–21. — Vitamin B_2 d. Hefe: 385–90. — Biokatalysatoren d. Hefe: **51** ('36) 501–13. — Z. Gedächtn. an S. P. L. Sørensen: **54** ('39) 102–06. — B-Vitaminkomplex d. Hefe: 107–14. — Antigrauhaarvitamin Pantothensäure, ein wichtiger Bestandteil d. Hefe: **55** ('40) 386–90. — Neuere Resultate üb. Hefefaktoren: **56** ('41) 133–39. — Neues B-Vitamin, p-Aminobenzoesäure: 365–72. — Neue Ergebn. üb. Gärungs- u. Zuwachsfaktoren d. Mikroorganism.[3])[54]): **57** ('42) 39–46. — Einwirkg. v. Röntgenstrahlen auf Hefezellen: 141–46.

Svensk kem. Tidskr. Leberöle v. Fischen u. Vögeln[31]): **43** ('31) 174–78. — Entwicklungschem. Stud. an Gerstenmutanten[14])[52]): **44** ('32) 23–28. — Carotinoide u. Vitamin A in tier. u. pflanzl. Organen[39])[52]): 191–98. — Carotinoidsynth. in Pflanzen[63]): 198–204. — Carotin u. Vitamin A: 223f. — Vers. m. d. Reagens v. Folin-Denis u. m. Naphthoresorcin[14])[52]): 288–90. — C-Vitamin, Reakt. pflanzl. u. tier. Organextrakte m. 2,6-Dichlorphenol-Indophenol[63]): 290–94. — Hochreduz. Zuckerderiv.[77]): **45** ('33) 73f. — Zwei Vitamin-E-Frakt.[52])[63]): 132f. — Sahnensäure, ein Carotinoid d. Lachses[52])[76]): 151f. — C-Vitamin in Meeresfischen u. Evertebraten[31]): 173–80. — Lyochrom aus Eiern v. Myxine glutinosa[52]): 180. — Carotin in d. Retina u. d. vermutl. Beziehg. zw. Carotinoidmangel u. Nachtblindh.[52]): 203–05. — Verbreitg. v. Lyochromen u. v. Vitamin B_2[1]): 276–80. — Katalase, Ledoxasen u. Entwicklungsfaktoren in Gerstenmutanten[52])[14])[66]): **46** ('34) 66–70. — Reduktone u. Sulfhydrylderiv. in d. Augenlinsen: 201–03. — Phytohormone[14])[45]): 250–56. — Biochem. chlorophylldefekter Gerstenmutanten[117]): 301–06. — Phosphatasewirkg.: **47** ('35) 16–25. — Verbrauch u. Speicherg. d. C-Vitamins im Tierkörper[76]): 25–28. — Einfl. d. Phosphagens auf d. Verlauf d. zellfreien alkohol. Gärg.[45]): 52–55. — Ascorbinsäure im Diabetikerharn[76]): 55–57. — Wachstumswirkg. d. synth. d-Riboflavins, 6,7-Dimethyl-9-[d,l'-ribityl]-iso-alloxazins[60])[76])[101])[11]): 99–101. — Biol. Wirkg. d. 7-Methyl-9-[d,l'-ribityl]-iso-alloxazins[60])[76]): 153f. — Aktivierg. d. Glykolyse durch thermoinaktivierte Co-Zymasepräpar.[45]): 189. — Chem. d. Chromosomen, 1[52])[15]): 207–11; ~2[14])[52]): 248. — Aktivierter Phosphatumsatz b. d. Glykolyse[112]): 231. — Vork. d. Adenosintriphosphorsäure in leb. Hefe[1])[88]): 249–51. — Stabilität d. durch Erhitzen d. Cozymase entsteh. Aktivators d. Glykolyse u. d. Warburgschen Co-Fermentes[45]): 285–90. — Cozymase als Wasserstoffüberträger[1])[52]): 290–93. — Zusammensetzg. d. Cozymasemoleküls[98]): **48** ('36) 135–37. — Umphosphorylierg. in Gegenw. v. Cozymase[112])[50]): 176–83. — Cozymase u. Dihydrocozymase in lebenden Zellen[1]): 221–26. — Gleichgew. in Dehydrasesyst.[50])[1]): **49** ('37) 194–96. — Flavinenzyme im Tierkörper[1]): **51** ('39) 11–13. — Reinigg. tier. Succinodehydrase[52]): 68–70. — Axerophtol u. d. Vitamine A (A_1 u. A_2): 136. — S. P. L. Sørensen†: 248–51. — Sven Otto-Pettersson: **53** ('41) 28–32. — Kondensat. v. Phenolalkoholen m. Aminen u. d. Einwirkg. v. Formaldehyd auf Oxyazobenzole[38]): 209–21. — Spaltg. d. Nucleoproteide u. Nucleinsäuren aus Leber u. Jensen-Sarkom in Gegenw. v. Serum normaler u. sarkomtrag. Ratten[3])[49]): **56** ('44) 239–47.

Umschau. Wirkg. d. Carotins u. d. Vitamins A: **36** ('32) 761–64.

Uppsala Läkarefören. Förh. Cocarboxylase u. Brenztraubensäure in menschl. u. tier. Blut[98])[54]): **45** ('39) 301–07.

Z. Hyg. Infektionskrankh. Wirkg. d. Nahrungsfaktors J auf d. Entwicklg. d. Pneumonie v. Meerschweinchen[104])[76]): **116** ('35) 672–82.

Z. Krebsforsch. Biochem. d. Tumoren. Enzymsyst. im Jensen-Sarkom[45])[36]): **49** ('39) 46–56. — Biochem. d. Tumoren, 2 A: Brenztraubensäure im Blut v. Ratten nach Implantat. v. Jensen-Sarkom[103])[54]): **50** ('40) 230–44. — Beob. am Blut v. Ratten m. implantiert. Jensen-Sarkom: **51** ('41) 193–98. — Spaltg. v. d-Leucylglycin durch Seren, Blut u. Organextrakte[3])[54])[67]): 248–72; ~2[3])[54]): 433–50.

Z. Naturforsch. UV-Absorpt. in Lösg. v. Reduktonen, 1[49])[47a]): **8b** ('53) 636–40.

Z. physik. Chem. (A). Verlauf d. Reakt. v. Halogenessigsäuren m. Cystein u. m. Thioglykolsäure[46]): **171** ('34) 379–84.

Z. physik. Chem. (B). Ramanspektr. v. Carotinoiden[52]): **15** ('32) 342–46.

Z. Vitaminforsch. Einfl. d. Nahrg. auf Hautanomalien b. Ratten[76]): **6** ('37) 325–27.

Mit: [1]) Erich Adler; [2]) J. Ahlström; [3]) Lucie Ahlström; [4]) E. Albers; [5]) Herb. Albers; [6]) E. Auhagen; [6a]) Zoltan G. Banhidi; [7]) Nora Baroni; [8]) Oskar Baudisch; [9]) Erwin Bauer; [10]) B. Becker; [11]) F. Benz; [12]) Brita Bergström; [13]) Mario Bracco; [14]) Knut Brandt; [15]) Dagmar Burström; [16]) A. Olof C-aspersson; [17]) J. Oskar Cedwall; [17a]) Christina Curman; [18]) Olle Dahl; [19]) G. Dahlgren; [20]) Marta Dalén; [21]) Nalin Banda Das; [22]) Egon Diczfalusy; [23]) Sif Edelö; [24]) Barbro Ek; [25]) G. Eklund; [25a]) C. Eklund-Ehrenberg; [26]) Larissa Elliot; [27]) S. Elliot; [28]) Ragnar Enderlein; [28a]) Erik Eriksson; [29]) J. Ettlinger; [30]) Holger Erdtman; [31]) Beth v. Euler; [32]) Curt v. Euler; [33]) Jan v. Euler; [33a]) U. S. v. Euler; [34]) Ann-Mari Fagerlund; [34a]) Inga Fischer; [35]) Andreas Fonø; [36]) Nils Forsman; [37]) P. Frei; [38]) Dagmar Friedmann; [39]) Ulla Gard; [40]) Carola Gartz; [41]) Inger Gernow; [42]) Gert Gie; [43]) Armin Glaser; [44]) Wilhelm Gleim; [45]) Gunnar Günther; [45a]) Bengt Hägglund; [46]) John Hagen; [47]) L. Hahn; [47a]) Gunnar Hanshoff; [48]) Kurt Hasse; [49]) Hans Hasselquist; [50]) Heinz Heiwinkel; [51]) Leo Heller; [52]) Harry Hellström; [53]) Georg v. Hevesy; [54]) Bertil Högberg; [54a]) Erik Högberg; [55]) Karl Gustav Högberg; [56]) Gösta Holmberg; [57]) W. Hughes; [58]) G. Ivanivics; [59]) Maire Jaarma; [60]) Paul Karrer; [61]) Suzanne de Kispéozy; [62]) C. Kling; [63]) Erika Klussmann; [64]) B. v. Köhler; [65]) S. Kyrning; [66]) Henry Larsson; [67]) Anne Marie Lilja; [68]) G. Liljestrand; [69]) Greta Lindeman; [70]) Nils Löfgren; [71]) Uno Lööv; [71a]) Ingrid Loeper; [72]) Karin Lundberg; [73]) Bo Lundberg; [74]) M. Lundin; [75]) Mignon Mahn; [76]) Maj Malmberg; [77]) Carl Martius; [78]) Lars Melander; [79]) Lotti Melzer; [80]) Th. Moll; [81]) R. Morf; [82]) Karl Myrbäck; [83]) G. Neumüller; [84]) Ragnar Nilsson; [85]) Barbro Numa; [86]) Holger Nyström; [86a]) Ann-Margret Perje;

87) Inga Petterson; 88) M. Pétusson; 89) Tore Philipson; 90) Marianne Plass; 91) L. Pulkki; 92) Gustaf Rislund; 93) J. Robeznicks; 94) Inez Rönnestam (geb. Säberg); 95) H. Ruckstuhl; 96) Margareta Rydbom; 97) H. Salomon; 97a) E. Saluste; 98) Fritz Schlenk; 99) Arnulf Schlötzer; 100) Gerhard Schmidt; 101) K. Schöpp; 102) Birger Sjöman; 103) Boleslaw Skarzynski; 104) Harald Söder; 105) U. Solmssen; 106) Wanda Solodkowska; 107) T. Steenhoff-Eriksen; 108) Tore Svensson; 109) Sven Tingstam; 110) O. Törngren; 111) E. Usteri; 112) Ragnar Vestin; 113) Ebba Virgin; 114) Richard Vowles; 115) O. Walker; 116) Gun Wallerström; 117) Ruth Weichert; 118) Harry Willstaedt; 119) F. Zehender; 119a) K. Zęhran; 120) Karl Zeile; 121) Bernhard Zondek; 122) A. Zubrys.

VI **Everling,** Emil August. Techn. Physik. – 1923 ao. Prof., '36–46 o. Prof. TH Berlin; als freier Forscher in Berlin-Schlachtensee lebend. [Ohne eig. Mitt.] *1890, Juni 19, St. Goar/Rh.

Kurzbiogr. ● Reichshandb. Dtsch. Ges. **1** (Bln '30) 407f. (m. Bildn.). — Blick in d. Wiss. **1** ('48) 370 (m. Bildn.).

W. ● Mechanik d. Motor- u. Segelflugs (m. Horst Müller) (Bln '36) 126 S. (Slg. Göschen 841). — ● Luftverkehr (Bln-Lpz. '37) 114 S. (Slg. Göschen 1114).

Acta aerophysiol. Messen v. Drehgeschwindigk. durch d. Gleichgewichtsorgan: **1** ('34) 30–40.

Blick in d. Wiss. Lebende Natur-Lehrmeisterin d. Techn.: **1** ('48) 370–72.

Forsch. u. Fortschr. Messg. v. Drehgeschwindigk. durch d. Gleichgewichtsorgan: **8** ('32) 190f. — Segelflugzeug u. Wind: **18** ('42) 231f. — Flug d. Ahornfrucht: **25** ('49) 20–22. — Die Bogengänge als Winkelgeschwindigkeitsmesser: 126–28.

Schiffbau. Nebelflug: **33** ('32) 187–91.

Technik. Psychophysiol. Forderg. an d. Techn.: **3** ('48) 511–13.

Z. VDI. Widerstandsverminderg. v. Sternmotoren: **77** ('33) 1117–1200. — Leichtbau b. strömungsgünstigen Kraftwagen: **91** ('49) 247–51.

Evers, Wilhelm Friedrich. Geogr. – 1927–34 stud. U Göttingen, Heidelberg, Grenoble, Greifswald; '33 Dr. phil. U Greifswald (G. Braun, dess. Ass. '32); '36 Ass. (E. Obst), '40 habil., seit '51 apl. Prof. TH Hannover. [Eig. Mitt.] *1906, Juli 24, Söhlde/Hannover.

Erf. Thermo-Cryocinegraph, Instrum. z. Registrierg. d. Bewegung v. Gletschern: Z. Instrumentenkunde **61** ('41) 347–52. — H. Bolte, Beschreibg. einer v. W. Evers konstruiert. Gletscheruhr: Z. ges. Naturwiss. **6** ('40) 26–29.

H. ● Kleine Länderkunden. Unser Wissen v. d. Erde (Stuttg. '50ff.). — ● G. Frebold, Profil u. Blockbild (Brschw. '51).

MHZ. Z. Erdkunde **9** ('40) - **12** ('44).

S. ● Kosmos-Lexikon d. Naturwiss. m. bes. Berücks. d. Biol. (W. F. Reinig) (Stuttg. '51ff.): Geogr. — ● Festschr. Erich Obst (Remagen '51) 123–26: Gletscherwinde am Nigardsbre (Südnorwegen), Beitr. z. Landschaftskde v. Gletschertälern. — ● Dtsch. Geographentag Frankfurt 1951 (Remagen '52) 249–58: Tagungsber. u. wiss. Abh.

W. ● Suomi-Finnland. Land u. Volk im hohen Norden (Stuttg. '50) 167 S. (Kleine Länderkunden). — ● Ortsnamen u. Siedlungsgang im mittl. Ostfalen (Stuttg. '51) 18 S. (Ber. z. dtsch. Landeskde 9).

Dtsch. geogr. Bl. Reisen u. Forschg. in Norwegen 1937: **40** ('38) 293–332. — Grundzüge einer Oberflächengestaltg. Südnorwegens mit bes. Berücks. d. Strandfläche (strandflate) u. d. untermeer. Bankgeb.: **44** ('41) 1–158 [Hab.schr.]. — Morphol.-tekton. Ursachen d. diluvialen Vereisg. Norddtschl.: **45** ('49) 7–24.

Geogr. Anz. Standortfragen d. niedersächs. Zuckerrübenanbaues: **38** ('37) 217–20. —Norweg. Wasserkraftwirtsch. Ihre Grundlagen, Entwicklg. u. Bedeutg.: **42** ('41) 339–43.

Geogr. Jahrb. Norwegen: **56** ('41) 4–26.

Geogr. Rdsch. Schweden. Eine geogr.-soziol. Studie: **6** ('54) 22–28.

Geogr. Wschr. Der nordschwed. Erzbezirk, seine Entwicklg. u. Bedeutg.: **2** ('34) 369–78.

Geogr. Z. Seefischerei Norwegens, eine wirtschaftsgeogr. Unters. ihrer Grundlagen, ihres Aufbaues u. ihrer Bedeutg.: **47** ('41) 257–70.

Jber. Niedersächs. geol. Ver. Oberflächengestaltg. d. Niedersächs. Berg- u. Hügellandes: **26** ('34) 71–138.

Mh. Fischerei. Seefischerei Norwegens: N. F. **9** ('41) 109–16.

Neues Arch. Niedersachsen. Wüstungen d. Hildesheimer Landes: **1950,** 143–53.

Petermanns Mitt. Terrassen im Hardanger-, Sogne- u. Nordfjord (Südnorwegen) u. ihre Bedeutg. f. morphol.-tekton. u. kulturgeogr. Fragen: **87** ('41) 345–52. — Entwicklg. u. Stand d. Kartographie Norwegens: **89** ('43) 355–62. — Norweg. Seekarten u. d. norweg. Seekartenwerk: **90** ('44) 47–55. — Hof- u. Dorf-Probl. auf Grund neuer Unters. im mittleren Ostfalen (um Hildesheim): **96** ('52) 254–60.

Umschau. Tägl. Bewegungsrhythm. v. Gletschern: **45** ('41) 520–23.

Z. Erdkunde. Stand u. Aufgaben d. Geogr. in Norwegen: **7** ('39) 689–706. — Norwegen als Pelztierland: **8** ('41) 89–96. — Kopenhagen. Entwicklungsgeschichtl. Skizze einer nord. Hauptstadt: **10** ('42) 144–59.

Z. ges. Naturwiss. Wichtiges Probl. d. Gletscherforschg. u. ein Vorschlag zu seiner Lösg.: **6** ('40) 17–23.

Z. Instrumentenkunde. Thermo-Cryocinegraph, ein Instrum. z. Registrierg. d. Bewegg. v. Gletschern: **61** ('41) 347–52.

Ewald, Heinz. Physik. – 1933 stud. U Jena, '35 U Freiburg/Br., '35–38 U Göttingen; '38 Dr. rer. nat. U Göttingen (G. Joos); '39–51 KW Inst., später MPInst. f. Chem., Berlin-Dahlem, Tailfingen, Mainz; '52 Doz. u. Konservator Physik. Inst. TH München. [Eig. Mitt.] *1914, Juni 16, Stolzenau/Weser.

Bildn. ● Zeitschriften u. Bücher 1953, Verlag Chemie, Weinheim, Tafel XIV.

S. ● Physik. Wörterb. (W. Westphal) (Bln-G.-H. '52). — ● Nat. u. Med. Dtschl. 1939–46, **13,** 1 (Wiesb. '48) 109–25: Kernmassen u. Häufigkeiten; **13,** 2 ('48) 80–85: Massenspektrogr. Konstrukt. u. Berechng.; **23** ('48) 12–25: Massenspektroskop. Atomgewichtsbest. — ● Mass spectroscopy in physics research (Washington '53) 37–46: Accuracy of mass spectrographic isotope mass measurements; 205–10: Observat. of ion dissociat. in a parabola spectrograph (m. A. Henglein); ~: Improved focusing in combinat. of radial electric and magn. field (m. H. Hintenberger).

W. ● Methoden u. Anwendg. d. Massenspektroskopie (m. H. Hintenberger) (Weinh. '53) 288 S.

Angew. Chem. Photometr. Best. d. relativen Isotopenhäufigk. m. d. Massenspektrographen: **60** ('48) 126f.

Ann. Physik. Analyse u. Deutg. d. Neodymsalzspektren: (5) **34** ('39) 209–36 [Diss.].

Naturwiss. Isotopenverteilg. u. d. Atomgew. v. Hafnium[4]): **31** ('43) 487–90.

Physik. Bl. Massenspektrogr. u. seine Anwendg.[3]): **4** ('49) 506–19.

Z. angew. Physik. Photoelektr. Magnetstrom-Konstanthaltg.: **5** ('53) 387. — Hilfskondensatoren z. besseren Ausleuchtg. d. Massenspektrographenspaltes[5]): 387f.

Z. Naturforsch. Neukonstr. d. Mattauch-Herzogschen doppelfokussierenden Massenspektrogr.: **1** ('46) 131–36. — Fehlermöglichk. b. massenspektrogr. Dublettmessg., 1: **2a** ('47) 384–88; ~2: **3a** ('48) 114–24. — Masse v. ^{4}He: **5a** ('50) 1–5. — Eintrittsspalt d. Präzis.-Massenspektrogr.: 229. — Feinregulierende Nadelventile: 230. — Massen v. ^{1}H, ^{2}D, ^{12}C u. anderer leichter Atome: **6a** ('51) 293–302 [Hab.schr.]. — Beob. v. Ionendissoz. m. Hilfe eines Parabelspektrogr.[2]): 463f. — Graph. Darst. d. Energietal-Fläche: **8a** ('53) 116–20.

Z. Physik. Temperaturabhängige Übergangswahrscheinlichk. in d. Absorptionsspektr. d. Seltenen Erden: **110** ('38) 428–35. — Hat ein Caesium - Isotop langer Halbwertszeit existiert?[1])[4])[6]): **120** ('43) 598–617. — Neue Meth. z. Messg. relativer Häufigk. v. Isotopen[4]): **122** ('44) 314–56. — Relative Isotopenhäufigk. u. d. Atomgew. v. Kupfer u. Ruthenium: 487–93. — Photometr. Best. seltener Isotope: 686–96.

Mit: [1]) Otto Hahn; [2]) Arnim Henglein; [3]) Heinrich Hintenberger; [4]) Josef Mattauch; [5]) Gerhard Sauermann; [6]) Fritz Straßmann.

I, III **Ewald,** Jul. Wilh. → VIIa/Suppl.

V, VI **Ewald,** Peter Paul. Physik. — 1922 o. Prof. TH Stuttgart, dann U Belfast; Polytechn. Inst. of Brooklyn, New York, USA. [Eig. Mitt.]

*1888, Jan. 23, Berlin.

HZ. Acta crystallogr. **1** ('48)ff.

MHZ. Z. Kristallogr. **60** ('24)–**102** ('40).

S. ● Struct. and properties of solid surfaces (R. Gomer, C. S. Smith) (Chicago '53) 82–100: Atomic theory of surface energy.

W. ● Der Weg d. Forschg. (insbes. d. Physik) (Stuttg. '32) 15 S. (TH Stuttgart, Reden u. Aufsätze 8).

Acta cristallogr. P. Niggli †: **6** ('53) 225f.

Ann. Inst. Henri Poincaré. Opt. cristalline (lumière et rayon X): **8** ('39) 79–110.

Ann. Physik. Röntgeninterferenzen an Diamant als wellenmech. Probl., 1[2]): (5) **25** ('36) 281–308; ~2[1]): **26** ('36) 673–96.

Current Sci. Development of intensity interpretat. in crystal X-ray diffract.: **1937,** 11–13.

Metallwirtschaft. Max Born z. 50. Geb.tag: **11** ('32) 674.

Nachr. Ges. Wiss. Göttingen (Fachgr. 2). Elektrostat. u. opt. Potentiale im Kristallraum u. im Fourierraum: N. F. **3, 4** ('38) 55–64.

Nature [London]. A. Berliner †[1]): **150** ('42) 284f. — Theor. of X-ray diffract.: 450f. — Int. status of crystallogr., past and future: **154** ('44) 628–30. — A. Sommerfeld †: **168** ('51) 364–66.

Naturwiss. Entdeckg. d. Röntgeninterferenzen vor 20 Jahren: **20** ('32) 527–30.

Physic. Rev. Force of excitat. in the theor. of dispers.: (2) **54** ('38) 893f.

Physics today. Some personal experiences in the int. coordinat. of crystal diffractometry: **6** ('53) 12–17.

Proc. physic. Soc. X-ray diffract. by finite and imperf. crystal lattices: **52** ('40) 167–74.

Trans. Faraday Soc. Some remarks on the general physical aspects of natural optical activity: **26** ('30) 308–10.

Z. Kristallogr. Zur Arb. v. A. Hettich, Abschn. 4: Eigendiagr. v. Atomgruppen: **90** ('35) 493f. — Hist. u. Syst. z. Gebr. d. „Reziproken Gitters" in d. Kristallstrukturlehre: **93** ('36) 396–98. — Opt. u. Interferenz-Totalreflex. b. Röntgenstrahlen, 1[3]): **94** ('36) 150–64. — Begründg. d. Kristallopt., 4: **97** ('37) 1–27.

Mit: [1]) Max Born; [2]) Helmut Hönl; [3]) E. Schmid.

Ewest, Hans. Physik, Lichttechn. — 1908–13 stud. U Berlin, TH Dresden; '13 Dr. phil. U Berlin (R. Luther); '13 Ass. BA Berlin; '13–45 wiss. Ass., Labor.-Leiter, zuletzt Prokurist u. Geschäftsführer Studien-Ges. elektr. Beleuchtg. (Osram-Konzern); '45 i. R. in Berlin. [Eig. Mitt.]

1886, Nov. 15, Königsberg/Neumark; †1953, Sept. 24, Berlin.

*Mitt. der Witwe.

S. ● Das freie Elektron in Physik u. Techn. (C. Ramsauer) (Bln '40) 250–66: Leuchtröhren. — ● Handb. d. Lichttechnik (R. Sewig) **1** (Bln '38) 149–55: Glimmlampen; 191–208: Entladungslampen f. Sonderzwecke (m. Kurt Larché).

W. ● Beiträge z. quantitat. Spektralphotogr. Diss. (Bln '13) 101 S. — ● Anwendungsmöglichkeiten d. Glimmlampen (Bln '35) 14 S.

Bull. Schweiz. elektrotechn. Ver. Gasentladungslampen u. ihre Anwendungsmöglichk.: **23** ('32) 634–36.

Elektrizitätswirtschaft. Hochleistungsröhren, insbes. Natriumröhren, u. ihre Anwendg. f. Beleuchtungszwecke: **1932,** 2 S.

Fernsehen u. Tonfilm. Neuere Entwicklg. d. Gasentladungslampen f. Fernsehzwecke: **3** ('32) 7–9.

Gas- u. Wasserfach. Physik. Grundlagen d. Oxydstrahler, im bes. d. Auerstrumpfes: **70** ('27) 873–77.

Licht u. Lampe. Strom- u. Spannungsmessg. an wechselstrombetriebenen Gasentladungsröhren[3]): **21** ('32) 234–41.

Mühle. Getreideentmuffg. durch ultraviol. Strahlen[4]): **76** ('39) 569.

Physik regelmäß. Ber. Lichttechn.[5])[6]): **6** ('38) 181–92.

Physik. Z. Beob. b. Übergang d. Glimmbogens in d. normalen Lichtbogen[7]): **29** ('28) 337–39.

Techn.-wiss. Abh. Osram-Konz. Anwendg. d. Glimmlampe: **1** ('30) 94–99.

VDE-Fachber. Quecksilberhochdruckröhren: **8** ('36) 115–17. — Derzeit. Stand d. Techn. d. Glühlampen u. Entladungslampen: **11** ('40) 224.

Z. techn. Physik. Zündungsvorgang d. Gleich- u. Wechselstrom-Wolframbogenlampe b. Wechselstrom[7]): **6** ('25) 327–29. — Entferng. u. Verhalten v. an Gasoberfl. absorbierten Gasschichten[3]): 329–32. — Druckmessg. in Vakuumglühlampen mittels Außenelektrode[1]): **8** ('27) 407–10. — Einfl. d. Anodenheizg. auf d. Zündungsbedingg. v. Metallichtbögen[1]): **9** ('28) 221–23. — Physik u. strahlungstechn. Eigensch. d. Tantalcarbids[2]): **11** ('30) 148–50, 216–20. — Lichtquellen f. Tonfilmaufnahmen: **12** ('31) 645–47. — Strom-, Spannungs- u. Leistungsbest. v. m. Wechselstrom betriebenen Leuchtröhren: **14** ('33) 478–80. — Schaltungsordnung f. Quecksilberhöchstdrucklampen z. Erzeugg. v. Lichtblitzen: **20** ('39) 294.

Mit: [1]) Hans Alterthum; [2]) Karl Becker; [3]) W. Daudt; [4]) A. Leicher; [5]) M. Reger; [6]) R. Rompe; [7]) Alfred Rüttenauer; [8]) E. O. Seitz.

Exner, Christof. Geol., Petrogr. — 1933–38 stud., '39 Dr. phil. U Wien (L. Kober, A. Himmelbauer); '38–40 Ass., '45 PDoz. Geol. U Wien; Chefgeologe Geol. Bundesanst. Wien. [Eig. Mitt.]
*1915, März 20, Innsbruck.

Sohn von Felix Exner-Ewarten $^{IV-VI}$.

H. (Red.) ● Geol. Lit. in Österr. 1945–1950 (Wien '51) 44 S. (Verh. Geol. Bundesanst. Wien, Sonderh. B).

S. ● Festschr. z. 100-Jahrfeier d. Geol. Bundesanst. Wien ('50) 1–57: Granosyenit. Gneis u. Gesteinsradioaktivität (m. E. Pohl).

W. ● Das Ostende d. Hohen Tauern zw. Mur- u. Maltatal. Diss. (Wien '39) 250 S. Masch.schr.

Berg- u. hüttenmänn. Mh. [Wien]. Geol. Posit. d. Radhausberg-Unterbaustollens b. Badgastein: **95** ('50) 92–102, 115–26.

Jahrb. geol. Bundesanst. Wien. Ostende d. Hohen Tauern zw. Mur- u. Maltatal, 1: **89** ('39) 285–314. — Mallnitzer Rollfalte u. Stirnfront d. Sonnblick-Gneiskernes: **93** ('49) 57–81. — Granosyenit. Gneis u. Gesteinsradioaktivität b. Badgastein: **94**, 2 ('51) 1–57.

Mitt. geol. Ges. Wien. Geol. Beob. in d. Katschbergzone: **35** ('42) 49–106 [Hab.schr.]. — Rezenter Sial-Tiefenwulst unter d. östl. Hohen Tauern: **39/41** 1946/48 ('51) 75–84.

Mitt. Reichsstelle Bodenforsch. Wien. Bewegungsbild d. Silbereckmulde in d. östl. Hohen Tauern: N.F. **1** ('40) 241–311.

S.-Ber. Akad. Wiss. Wien (I). Geol.-petrogr. Profil d. Siglitz-Unterbaustollens zw. Gastein- u. Rauristal: **158** ('49) 375–420.

Tschermaks mineral. petrogr. Mitt. Gneisprobl. in d. östl. Hohen Tauern: (3) **1** ('48/49) 82–87. — Tektonik, Feldspatausbildg. u. deren gegenseit. Beziehg. in d. östl. Hohen Tauern: 197–284. — Feldspatausbildg. in d. Gesteinen d. östl. Hohen Tauern u. ihre petrogenet. Deutg.: **2** ('51) 129–32. — Mikroklinporphyroblasten m. helizit. Einschlußzügen b. Badgastein: 355–74.

Verh. geol. Bundesanst. Wien. Lagerstättenkundl. Unters. im Golderzgeb. b. Badgastein: **1950/51**, 1 ('51) 54–56. — Aufnahme auf Bl. Rauris (154) m. d. östl. Grenzgeb. auf Bl. Hofgastein (155): **1950/51**, 2 ('51) 18f.; **1952**, 13–16. — Exkursionsführer Tauernfenster Gastein-Mallnitz: **1951**. — Geol. Probl. d. Hohen Tauern: **1952**. — Aufnahmen b. Bau d. Kampkraftwerke: 30–32; **1953**, 20. — Aufnahmen 1952 auf d. Bl. Hofgastein (155) u. Rauris (154): 27–31.

Mit: [1]) E. Pohl.

Extermann, Richard C. Physik. — 1937 Dr. U Genf; '40–45 Mitarb. v. P. Scherrer ETH Zürich; '45 PDoz., '48 ao. Prof., '49 o. Prof. U Genf. [Eig. Mitt.]
*1911, Jan. 24, Menton.

Arch. Sci. physiques natur. Genève. Relaxat. magnét. nucléaire dans les solut. aqueuses de paramagnét.[2]): **2** ('49) 369f. — Spins des noyaux ayant protons et neutrons en nombre impair[2]): 549–53. — Emploi de la résonance magnét. nucléaire à la déterminat. des courants électr. intenses[2]): **3** ('50) 49–51. — Sect. de capture des neutrons lents et struct. nucléaire[2]): 162–65. — Mesure de la relaxat. nucléaire transversale[2]): 452–55. — Amplitude des signaux d'induct. nucléaire[2]): **4** ('51) 266–68. — Observat. stationnaire d'un phénomène transitoire en résonance nucléaire[2]): **5** ('52) 32–34. — Moments magnét. nucléaires[2]): 65–83. — Dispositifs pour l'étude des champs magnét. par la résonance nucléaire[2])[3]): 406–08. — Présentation nouvelle de certaines expériences au moyen d'images en relief à l'oscilloscope cathodique[2]): **6** ('53) 279f. — Résonance magnét. de noyaux orientés[2])[3]): 284–86.

C. R. Acad. Sci. Paris. Observat. de la résonance magnét. nucléaire sans balayage permanent[2]): **231** ('50) 1294.

C. R. Soc. Physique Hist. natur. Genève. Réflexion de Bragg sur un milieu perturbé par des ultra-sons[8]): **54** ('37) 142–44.

Experientia. Cyclotron-Anlage d. ETH[1])[4])[5])[6]): **1** ('45) 69.

Helvet. physica Acta. Théor. math. de la diffract. de la lumière par les ultrasons[7]): **9** ('36) 337–39, 520–32; ~ 2: **10** ('37) 185–217 [Diss.]. — Stabilisation du champ magnét. du cyclotron[1])[4])[5])[6]): **15** ('42) 330f. — Anomalie de la chaleur spécifique du chlorure d'ammonium[8]): 455–61. — Induct. nucléaire, phénomènes de battements[3])[2]): **22** ('49) 388–90. — Spins, moments magnét. et struct. nucléaires[2]): 606–09. — Evidence de struct. nucléaires privilégiées[2]): **23** ('50) 493–500. — Résonance et dispers. paramagnét.[4a])[5a]): 537f. — Effet Faraday des ondes centimétr.[4a])[5a]): 539–41. — Résonance magnét. nucléaire dans un champ à air[2]): **24** ('51) 304–07. — Déterminat. des courants électr. intenses par la résonance magnét. nucléaire[2]): 633–35. — Catalyses de relaxat. magnét. nucléaire[2]): **25** ('52) 458.

J. Physique Radium. Caractérist. des noyaux stables[2]): **11** ('50) 41D–47D. — Etude des champs magnét. à l'aide de la résonance magnét. nucléaire[2]): **13** ('52) 71 S.

Nature [London]. Diffraction of light by ultrasonic waves: **138** ('36) 843.

Physica. Battements de battements[2]): **17** ('51) 308f.

Physic. Rev. Electric quadrupole moments of nuclei[2]): **76** ('49) 1255. — Upper limit of spin-spin interaction factor[2])[3]): (2) **77** ('50) 288. — Nuclear magnetic moments of the gallium isotopes[2])[3]): **78** ('50) 66.

Mit: [1]) H. Baumgartner; [2]) Georges Jean Béné; [3]) P. M. Denis; [4]) P. C. Gugelot; [4a]) R. Lacroix; [5]) Peter Preiswerk; [5a]) Ch. Ryter; [6]) Paul Scherrer; [7]) G. Wannier; [8]) Jean Weigle.

Eyer, Hermann Georg. Hyg., Mikrobiol. – 1924–33 stud. TH Karlsruhe, Aachen, U Heidelberg; '29 Dr. phil. nat. (K. Freudenberg), '32 Dr. med. U Heidelberg; '27–33 Ass. U Heidelberg (K. Freudenberg, H. Wieland, R. Siebeck, A. Fraenkel und H. Sachs), '33–37 U Erlangen (E. v. Angerer); '36 PDoz. Hyg. u. Bakteriol. U Erlangen; '37 PDoz., '43 apl. Prof. U Berlin; '46 o. Prof. Hyg. u. Dir. d. Hyg. Inst. U Bonn. [Eig. Mitt.]
*1906, Juni 29, Mannheim.

Erf. Herst. v. Salben m. in Wasser u. Fetten oder Ölen unlösl. Farbstoffen oder deren Abkömml. (m. Oscar Schäfer), DRP 713917 ('39). — Techn. Durchbildg. d. Weiglschen Verf. z. Herst. einer Fleckfiebervaccine im Großeinsatz ('39/45). — Herst. sanitärer Papiere. — Herst. hydrophiler, sterilisierfähiger Sulfitzellstoffwatte.

S. ● Handbuch d. Viruskrankh. (Gildemeister, Haagen u. Waldmann) **2** (Jena '39) 440–42: Molluscum contagiosum; 443–46: Warzen; 447–51: Mumps; 452f.: Speicheldrüsenvirus d. Nager; 454–57: Virus III; 624–28: Trachom. — ● Wehrhygiene (S. Handloser u. W. Hoffmann) (Bln '44) 49–57: Fleckfieber. — ● Handb. d. Inn. Med. **1,1** (Bln '52) 638–82: Rickettsiosen.

W. ● Beiträge z. Chem. d. Insulins. Diss. (Bln-Lpz. '30) 89–119 [aus: Hoppe-Seylers Z. physiol. Chem. **187**]. — ● Gesundheitspflege u. Bevölkerungspolitik in der Ostmark (Erlangen '37) 206 S. [als Hab.schr. unt. d. T.: Eine med. Topogr. eines ausgewählten Landbezirks im Bereich d. oberpfälz. Grenzmark]. — ● Das Probl. d. Fleckfieberschutzimpfg. u. ihre Bedeutg. f. d. Praxis (Lpz. '41) 97–106 [aus: Der öffentl. Gesundheitsdienst **7** ('41) H. 5]. — ● Verlausung u. Entlausg. unt. bes. Berücks. d. Fleckfieberbekämpfg. (Bln '41) 2 Bl. [aus: Der prakt. Desinfector 1941, H. 5]. — ● Über d. Fleckfieber (Stuttg. '42) 4 S. [aus: Hippokrates 1942, H. 46].

Arch. Hyg. Bakteriol. Bakterienvariabilität: **116** ('36) 16–26.

Dtsch. Ärztebl. Gesundheitspflege in ländl. Grenzgeb.: **68** ('38) 441. — Fleckfieberprophylaxe b. dtsch. Heer: **71** ('41) 61.

Dtsch. Arch. klin. Med. Klin. Studien üb. allerg. Krankh., 5: Insulin-Allergie[7]): **174** ('32) 133–42.

Hoppe-Seylers Z. physiol. Chem. Chem. d. Insulins, 5[5])[4]): **187** ('30) 89–119 [Diss.]; ∼ 6: Opt. Verhalten d. Insulins u. seiner Deriv.[8])[5]): **202** ('31) 97–115; ∼8[5])[4]): 128–58; ∼11[5]): **213** ('32) 226–47.

Med. Welt. Strahlg. d. Nordseewassers: **8** ('34) 1602-04. — Äußerl. Prontosil-Therap.[11]): **13** ('39) 458–61. — Die durch Läuse übertragbaren Infektionskrankh. u. ihre Bekämpfg.: **14** ('40) 261–64.

Münch. med. Wschr. Z. Blutsenkungsgeschwindigk. unt. Mitt. einer verbess. Kapillarmeth.[9]): **81** ('34) 174–77. — Lichtfilter zum erleichterten Auffinden der nach Ziehl-Neelsen gefärbten Tuberkelbazillen: **82** ('35) 348f.

Naturwiss. Vers. üb. Insulin[5])[4]): **17** ('29) 603f. — Insulin u. Pitutocin[5])[13]): **20** ('32) 658.

Öffentl. Gesundheitsdienst. Prakt. Ergebn. d. Virusforschg.: **1952,** 306.

S.-Ber. physik.-med. Soz. Erlangen. Chem. d. Insulins: **67/68** ('37) 329–44. — Ergebn. d. Virusforschg.: **70** ('38) 35–66.

Wiener klin. Wschr. Fleckfieber u. seine neuzeitl. Bekämpfg.: **56** ('43) 657–61.

Zbl. Bakteriol. (I). Vergl. Unters. üb. pathol.-anatom. Veränderg. u. d. Vorkomm. v. Paschenschen u. Guarnierischen Körperchen in d. Organen v. Mäusen nach Infekt. m. Variola-Vakzine-Virus: **140** ('37) 172–80. — Virusprobl. in physik. u. chem. Sicht: **160** ('53) 98–123.

Z. Hyg. Infektionskrankh. Kohlenoxydbest. in Luft- u. Gasgemischen: **121** ('39) 604–11. — Kälte-Hochvakuum-Trocknung empfindl. biol. Substrate, 1[11]): **122** ('40) 584–88. — Fleckfieber b. Schutzgeimpften[10])[3]): 702–19. — Serodiagnostik d. Fleckfiebers: **125** ('43) 308–30. — Feinbau d. Fleckfieber-Rickettsie[12]): 483–92.

Z. Immunitätsforsch. u. exp. Therap. Gruppenspezif. Reaktionsfähigk. d. Menschenblut-A-Antisera: **82** ('34) 74–81. — Antigenfunkt. b. d. Serodiagnostik d. Tuberkulose: **85** ('35) 249–53.

Mit: [1]) K. v. Angerer; [2]) Waldemar Brix; [3]) Hermann Dillenberg; [4]) Wilh. Dirscherl; [5]) Karl Freudenberg; [6]) Lieselotte Grützner; [7]) Karl Hansen; [8]) Werner Kuhn; [9]) Georg Linzenmeier; [10]) Zislav Przybylkiewicz; [11]) Annemarie Rohrmann; [12]) Helmut Ruska; [13]) Emil Weiss.

Eymann, Constanz. Brennstoff-Chem. – 1922–29 stud. TH Hannover, TH Braunschweig; '29 Dr.-Ing. TH Braunschweig (W. A. Roth); '44 Dr.-Ing. habil. TH Aachen; '29–36 Chemiker Fa Heinr. Koppers, Essen; '36–51 Betriebs-Chemiker, dann Leiter d. Kokerei Stadtwerke Düsseldorf; '51 Betriebsdir. Thyssensche Gas- u. Wasserwerke Duisburg-Hamborn; '53 Betriebsdir. Bergwerksges. Walsum mbH, Walsum/Niederrhein. [Eig. Mitt.]
*1901, Mai 27, Ankum/Osnabrück.

Sohn des Arztes u. Schriftstellers Alfred Eymann (1861-1925); blutsverwandt m. Oskar Hecker[VIIa].

Erf. Entfernen v. Schwefelkohlenstoff aus Gasen (m. Christian Johannes Hansen), Can. P 323513 ('31); Herst. v. Acetylen, AP 1157254 ('31); Entfernen v. Schwefelwasserstoff aus Ammoniak u. diesen enthalt. Gasen, AP 2002365 ('32). — Verf. z. Entferng. v. Cyanwasserstoff aus Kohlendestillationsgasen od. ähnl. Gasen, DRP 868953 ('40).

W. ● Über d. Absorpt. v. Schwefelwasserstoff u. Kohlendioxyd in Ammoniakwasser u. ihre Bedeutg. für d. Auswaschg. v. Ammoniak u. Schwefelwasserstoff aus Kohlendestillationsgasen. Hab. schr. (Aachen '44) 58 S. Masch.schr.

Gas- u. Wasserfach. Meth. z. Best. v. Schwefelwasserstoff u. Blausäure in Gasen: **81** ('38) 484–88. — Trockene Reinigg. v. Wassergas[2]): 535–37. — Rasch ausführbare Analysenmeth. z. Best. d. Cyanwasserstoffs in Kohlendestillations- u. ähnl. Gasen: **83** ('40) 52–55. — Auswaschg. v. Ammoniak, Schwefelwasserstoff u. Kohlendioxyd aus Kohlendestillationsgasen: **84** ('41) 573–79. — Entferng. v. Cyanwasserstoff aus Kohlendestillationsgasen durch Wasserwäsche: **88** ('47) 86–89. — Physik.-chem. Grundlagen d. Ammoniak-Rohwasseranreicherg.: **89** ('48) 10–13. — Maßnahmen z. Verhinderg. v. Blausäure-Korros. an Hochdruckgasflaschen: 183–87. — Genauigk. d. Heizwertanzeige d. m. Reduziervorrichtg. ausgerüsteten automat. Junkers-Kalorimeters[3]): **90** ('49) 9f. — Reinigg. d. Gases v. Ammoniak u. Schwefelwasserstoff mittels Wasser bzw. Ammoniakwasser: 505–12, 534–38, 568–70,577–81. — Verbesserg. d. trockenen Schwefelreinigg. v. Koks-Wassergas [2])[4]): **93** ('52) 22–27.

Gaswärme. Anwendungsbeisp. d. Häufigkeitsanalyse aus d. Gas- u. Kokereifach: **3** ('54) 157–65.

Glückauf. Cyan u. Cyanwasserstoff u. deren Best. in Kohlendestillationsgasen: **76** ('40) 586–89. — Herst., Vergasg. u. Verhüttg. v. eisenreichem Koks zur Schwachgasherst.[1]): **88** ('52) 1090–94. — Herst. v. Eisenkoks aus Feinerz u. Gaskohle: **89** ('53) 993-1003.

Z. physik. Chem. (A). Kalorimetr. Methodik u. Allotropie an d. Hand v. Lösungswärmen d. Kaliumnitrats u. -chlorids[5]): **143** ('29) 321–53 [Diss.].

Mit: [1]) Herbert Barking; [2]) Ernst Jaworski; [3]) Chrysanth Marnet; [4]) Kurt Osterloh; [5]) Walter Anton Roth.

I **Eytelwein,** J. A. → VIIa/Suppl.

J. C. POGGENDORFF

BIOGRAPHISCH-LITERARISCHES HANDWÖRTERBUCH DER EXAKTEN NATURWISSENSCHAFTEN

Unter Mitwirkung der Akademien der Wissenschaften zu Berlin, Göttingen, Heidelberg, München und Wien

herausgegeben von der

Sächsischen Akademie der Wissenschaften zu Leipzig

Redigiert von

PROF. DR. RUDOLPH ZAUNICK
und PROF. DR. HANS SALIÉ

BAND VIIa · TEIL 1: A—E

Vierte Lieferung

1956

AKADEMIE-VERLAG · BERLIN W8

Dieser Lieferung liegt der Titelbogen
für den Teil I: A—E bei

Erschienen im Akademie-Verlag GmbH, Berlin W 8, Mohrenstraße 39
Lizenznummer 202 100/104/55

Satz und Druck: (III/18/203) VEB Leipziger Druckhaus, Leipzig
Bestell- und Verlagsnummer 3013/I/4
Printed in Germany